大学物理基础教程
——力学分册

主　编　段鹏飞　王玉林
副主编　蔡　群　李茂泉
　　　　郑文礼　段志刚
主　审　樊则宾

科学出版社
北　京

内 容 简 介

本书以教育部高等学校物理学与天文学教学指导委员会编制的《理工科类大学物理课程教学基本要求（2010 年版）》为指导，以应用型本科学生“理论适度够用，突出实际应用”的培养特点为编写依据. 本书在用简练的语言表述质点运动学、质点动力学、刚体的定轴转动、机械振动与机械波等内容的基础上，增加了“刚体静力学基础”的内容，供部分专业选讲.

本书适合作为普通高等学校大学物理课程的教材，也可作为相关人员的参考用书.

图书在版编目（CIP）数据

大学物理基础教程：力学分册/段鹏飞，王玉林主编. —北京：科学出版社，2014

ISBN 978-7-03-041300-0

Ⅰ. ①大… Ⅱ. ①段…②王… Ⅲ. ①物理学—高等学校—教材 ②力学—高等学校—教材 Ⅳ. ①O4

中国版本图书馆 CIP 数据核字（2014）第 140577 号

责任编辑：李淑丽 / 责任校对：刘亚琦

责任印制：赵 博/ 封面设计：华路天然工作室

科 学 出 版 社 出版

北京东黄城根北街 16 号

邮政编码：100717

http://www.sciencep.com

三河市骏杰印刷有限公司印刷

科学出版社发行 各地新华书店经销

*

2014 年 8 月第 一 版 开本：720×1000 1/16

2025 年 1 月第十二次印刷 印张：11 1/4

字数：221 000

定价：33.00 元

（如有印装质量问题，我社负责调换）

教材编写委员会

丛　书　序

随着经济转型和经济增长方式的转变，国家亟需大量的高素质技术应用型和职业技能型高级专门人才．在此背景下，应用型本科教育迅速发展，招生规模逐年扩大．为切实培养出符合国家需求的人才，结合应用型本科教育的培养目标和办学特点，制定出有效的培养方案，是十分重要的．在培养方案的制定过程中，有针对性的、高质量的教材建设是最基础的工作．

以力学、电磁学、热学、光学及近代物理知识为主要内容的大学物理课程，是理学类、工程类、信息类、机电类、农林类、医学类等专业的重要基础课程．它不仅是学生进行后续专业课程学习的桥梁，也是提高学生逻辑思维能力、理论和实践结合能力以及实际动手能力的一门和实验紧密结合的课程．对应用型本科人才培养而言，上述课程的相关教材中理论知识的深度和广度适中即可，但需要特别突出理论知识和实际应用的结合，让学生学习到“理实结合”的方法和特点，即教材需要具备“理论适度够用、突出实际应用”的特征．为此，昆明理工大学、西南林业大学、云南民族大学、大理学院、玉溪师范学院、红河学院等多所高校联合编写了本套应用型本科院校“十二五”规划教材——大学物理系列．

这套教材的编写目的是开展不同层次、不同类别、不同模式、不同侧重的应用型木科人才培养的教学改革．编者在编写过程中以教育部物理学与天文学教学指导委员会编制的《理工科大学物理课程教学基本要求（2010 年版）》为指导，考虑了应用型本科的培养特点和地方院校学生的实际情况，并结合了历年来参编高校在应用型本科教育的培养经验和参编人员的实际教学经验．在保证理论体系完整的前提下，教材中略去了部分理论难度过大而应用型本科学生又不是迫切需要的章节；适度简化了对部分内容的理论推导；增加了相关知识在实际中应用的内容；并选编了对部分专业的学生后续学习有帮助的章节，可供有需要的专业选讲．本教材配置了难度适中的例题与典型习题，并适当增加了具有实际工程应用背景的习题，便于学生巩固基础知识和提高运用知识解决问题的能力．整体上具备了“理论适度够用、突出实际应用”的特点．

我期待这套教材在经过试用并修订完善之后，能够为应用型本科大学物理课程的教学质量和教学效果的提高、为学生的科学素养和理实结合能力的提高做出积极的贡献．

中国科学技术大学

蒋　一

2014 年 6 月 26 日

前　　言

为满足应用型本科高校人才培养方案的要求，考虑到地方高校学生的实际情况，在昆明理工大学等多所应用型高校的共同努力下，编写了本套大学物理系列教材．本套教材是为应用型本科学生量身打造的，教材以应用型本科学生“理论适度够用，突出实际应用”的培养特点为编写依据．

教材内容围绕“框架、概念、思路、方法、应用”展开，在讲述物理现象、物理概念的同时，注意引导学生对物理过程进行分析，并培养学生将实际问题抽象为物理图像的能力．让学生在对整个物理框架有所认识的同时，学会处理一般物理问题的方法和技巧．全书注重培养学生独立获取知识的能力、分析问题和解决问题的能力、科学观察和理实结合的能力．在保证理论体系完整的前提下，编者对部分内容的理论推导进行了适当简化，略去了部分理论难度过大而不属于应用型本科学生迫切需要的内容，同时选编了一些工程应用的实例和对部分专业的学生后续学习有帮助的章节供需要的专业选讲，彰显了应用型本科大学物理教材的特色．每章开篇都有根据生活中的实例图片提出的问题作为该章的引例，以引导学生进行思考和学习．部分章节选编工程应用实例，帮助学生掌握本章知识的实际应用．每章最后有本章提要，方便学生学完一章后对所学内容进行梳理．每一章均配置难度适中的例题与典型习题，并适当增加具有实际工程应用背景的习题．习题形式多样，包括思考题、选择题、填空题、计算题．题目从对有关基本概念和规律的分析讨论，到处理问题的一般思路、方法，再到具体问题的求解和应用，按层次依次展开，形成一个完整的、引导学习的框架结构．

本套教材共有力学、电磁学、热学、光学与量子物理四个分册．本书为力学分册，本分册将传统教材中的三章（“牛顿定律”、“功和能”和“动量和角动量”）内容合并为一章（“质点动力学”），并用简练的语言进行表述，让学生更容易抓住重点．同时增加了“刚体静力学基础”一章，供部分专业选讲．

力学分册由段鹏飞、王玉林主编，全书的编写分工如下：昆明理工大学的段鹏飞编写第一章、第四章、第五章和全书所有章节的引例及工程应用部分，红河学院的蔡群编写第二章、第三章，玉溪师范学院的李茂泉参编第五章，云南民族大学的王玉林编写第六章，西南林业大学的段志刚、河北民族师范学院的郑文礼编写部分章节的习题. 全书由段鹏飞负责统稿和定稿.

昆明理工大学的樊则宾教授仔细阅读了本分册，并提出许多宝贵的意见，在此表示衷心的感谢!

由于编者水平有限，书中难免会出现错误，恳请读者提出宝贵意见.

编　者

2014 年 7 月

目　　录

力　学

17 世纪，伽利略通过实验发现并论述了物体的惯性，后来牛顿在此基础上提出了著名的牛顿三大运动定律，自此力学作为一门独立的科学理论登上了历史舞台．以牛顿定律为基础的力学理论被称之为牛顿力学或者经典力学，该理论曾经被奉为完美而普遍的理论兴盛了约 300 年．直到 20 世纪初，随着人们对自然界的探索越来越深入，它在高速领域和微观领域才分别被相对论力学和量子力学所取代．但是在低速、宏观领域，包括现今人们生活中最常接触到的工程技术领域，如机械制造、土木建筑、水利工程、交通航运等，经典力学仍然作为基础理论而适用，这也是我们今天仍然要学习经典力学的原因．本书的前五章内容均属于经典力学的范畴，第六章将简单介绍相对论力学．

经典力学的研究对象是物体的机械运动（简称物体的运动），所谓机械运动，就是物体的空间位置随着时间发生变化的过程，比如汽车在公路上的行驶、飞机在天空中的飞行、重物被吊车吊起、地球绕着太阳运动等．

经典力学的基本内容可以分为三大块：第一，运动学．运动学主要是从几何观点出发描述物体的运动，不考虑运动产生或改变的原因，比如质点的斜抛运动、刚体的转动等问题．本书的第一章和第三章第一节均属于运动学的内容．第二，动力学．动力学主要是从物体的运动与产生和改变物体运动的外在原因（比如力、力矩等）之间的关系出发来研究物体的运动，比如在力的作用下质点发生了运动，在力矩的作用下刚体发生了转动等问题．本书的第二章和第三章的二、三节均属于动力学的内容．第三，静力学．静力学主要是研究物体在力、力偶等外因的作用下达到平衡时外因应满足的条件．比如房屋建筑、桥梁工程等的平衡问题．本书第四章属于静力学的内容．

第一章　质点运动学

2010 年 4 月 8 日，澳大利亚著名越野摩托车手罗比·麦迪逊驾驶摩托车成功飞跃希腊的科林斯运河（Corinth Canal），跨越宽度达 85 米。他曾经创造驾驶摩托车在空中飞越 106.9 米的世界记录。

摩托车选手在跨越运河时，应该按照什么样的跨越方向和跨越速度，才能保证自己能成功到达对面？我们怎么描述他在运动过程中的位置、速度、加速度？

本章将告诉你答案。

§1.1　参考系和坐标系

一、参考系

宇宙间的一切物体都在不停地运动着，即使我们习惯上认为是静止的物体，比如地球上的山川、道路，也在绕地轴高速转动，并和地球一起绕着太阳做椭圆运动；而太阳又在绕着银河系的中心转动，银河系相对于其他星系也在不停地运动. 可见，在宇宙中不存在绝对静止的物体，宇宙万物都在不停的运动. **运动是绝对的，静止是相对的.**

虽然运动是绝对的，但如果观察者选择的参考物体不同，则得到的观察结果（对运动的描述）就可能存在差别. 坐在运行着的火车上的人，看到火车上的座椅相对于自己是静止的，但相对于铁路边的树木却是运动的. 这种同一物体相对于不同的参考物体运动状态不相同的性质，称为**运动描述的相对性**. 因此，要准确描述物体的运动，必须首先选定参考物体，这个被选定的参考物体就称为**参考系**. 比如，观众看到百米短跑运动员以 10m/s 的速度冲过终点，是选择地面上静止的物体为参考系；一架向南行驶的飞机的飞行员，看到一架向北飞行的飞机正在以700m/s的速度向自己飞过来，是以向南行驶的飞机为参考系；地球以29.79km/s的平均速度绕太阳公转，是以太阳为参考系. 对物体运动的描述，参考系的选择可以是任意的，但选择合适的参考系可以使研究的问题得到简化.

二、坐标系

为了定量的描述物体在参考系中的运动情况，可在选定的参考系中选择一个固定在参考系的坐标系，用数值的方法说明物体相对于参考系的位置. 常用的坐标系有直角坐标系、极坐标系、自然坐标系、球坐标系、柱坐标系等. 下面将重点讨论如何在直角坐标系和自然坐标系中描述质点的运动.

§1.2 质点 质点运动的描述

一、质点

为了便于研究，物理学中常常将所研究的对象加以简化，突出研究对象的主要特征，忽略次要因素，将其抽象为理想模型. 在研究物体的机械运动时，如果物体的形状和大小不起作用或者所起的作用很小，是次要因素，我们就可以把它看作一个具有质量而没有形状和大小的理想物体，这样的物体称为**质点**.

应该指出，质点模型毕竟不同于真实的研究对象，而是为了研究便利引入的. 将物体简化为质点需要满足一定的条件，不能不加分析地到处搬用. 实际上，任何物体都有一定的形状和大小，物体运动时，其内部各点的运动情况一般也是各不相同的，而且其形状和大小也可能发生变化. 只有当物体的形状和大小在所研究的问题中可以被忽略，或者物体内部各点的运动情况相同时，才可以将物体视为质点. 比如地球既绕太阳公转又在自转，地球上各点相对于太阳的运动是各不相同的，但是由于地球与太阳的距离约为地球直径的上万倍，所以在研究地球公转时可以不考虑地球的大小和形状对运动的影响，认为地球上各点的运动情况基本相同，可以把地球看成为一个质点.

在以后的学习中，我们还会看到，如果所研究的物体不能作为一个质点处理时，还可以把它看成若干质点的集合体，称为质点组.

二、质点运动的描述 矢量法

1. 位置矢量（位矢）

要准确描述质点的运动，首先要确定质点的空间位置. 如图1-1所示，一质点沿曲线AB运动，在某一时刻t质点位于曲线上的P点，我们只需从坐标原点O到

点 P 作一矢量 $\boldsymbol{r}$，$\boldsymbol{r}=\overrightarrow{OP}$，$\boldsymbol{r}$ 的大小确定了质点和原点的距离，$\boldsymbol{r}$ 的方向确定了质点相对于原点的空间方位，因此，$\boldsymbol{r}$ 可以准确描述质点的空间位置，我们将 $\boldsymbol{r}$ 称为质点的**位置矢量**（简称**位矢**）.

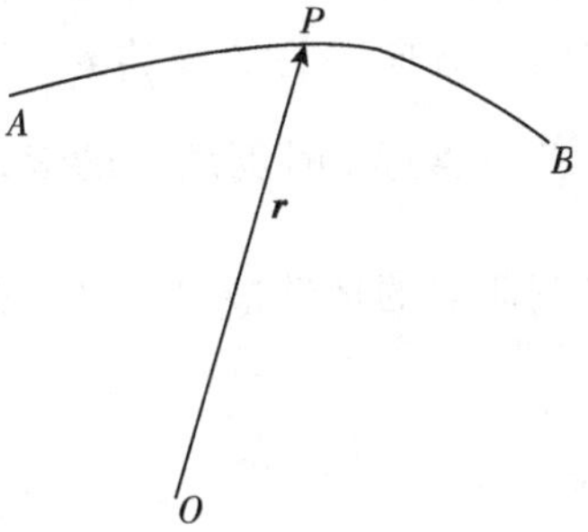

图 1-1

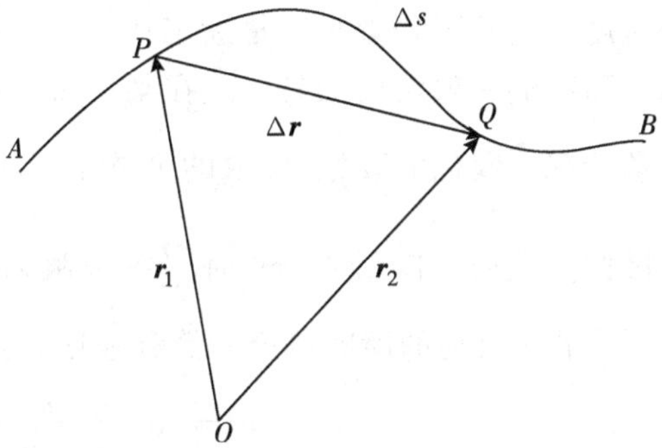

图 1-2

当质点运动时，其空间位置是随时间变化的，其位置矢量 $\boldsymbol{r}$ 相应的也是随时间变化的，即 $\boldsymbol{r}$ 是时间的函数：

$$\boldsymbol{r}=\boldsymbol{r}(t) \tag{1-1}$$

上式能详细描述质点在任意时刻的空间位置，我们称之为质点的**运动方程**. 运动学的一个主要任务就是找出质点的运动方程.

2. 位移

设质点沿如图 1-2 所示的曲线 AB 运动，t 时刻质点位于点 P，位置矢量为 $\boldsymbol{r}_1$，$t+\Delta t$ 时刻质点位于点 Q，位置矢量为 $\boldsymbol{r}_2$，从 P 点到 Q 点引一矢量$\overrightarrow{PQ}$，我们称矢量$\overrightarrow{PQ}$为质点在 t 到 $t+\Delta t$ 这段时间间隔中的**位移**，用矢量 $\Delta\boldsymbol{r}$ 表示. 很显然，位移 $\Delta\boldsymbol{r}$ 等于这段时间间隔内位矢的增量 $\boldsymbol{r}_2-\boldsymbol{r}_1$，即

$$\Delta\boldsymbol{r}=\boldsymbol{r}_2-\boldsymbol{r}_1 \tag{1-2}$$

需要注意的是位移和位矢都是矢量，既有大小又有方向，其大小一般用其模表示，比如位矢 $\boldsymbol{r}$ 的大小为 $|\boldsymbol{r}|$，位移 $\Delta\boldsymbol{r}$ 的大小为 $|\Delta\boldsymbol{r}|$. 从图 1-2 中我们还可以看出，质点在 t 到 $t+\Delta t$ 这段时间间隔中的路程为曲线$\overset{\frown}{PQ}$的长度，用符号 Δs 表示. 当 $\Delta t\to 0$ 时，Q 点无限趋近于 P 点，位移 $\Delta\boldsymbol{r}$ 的大小 $|\Delta\boldsymbol{r}|$ 也无限趋近于曲线$\overset{\frown}{PQ}$的长度 Δs，即

$$\lim_{\Delta t\to 0}|\Delta\boldsymbol{r}|=\Delta s \tag{1-3}$$

3. 速度

要准确描述质点的运动，除了知道质点在某时刻的位矢，还需知道质点在该时刻运动的快慢和方向，为此我们需要引入质点的速度概念.

如图 1-2 所示，质点在 t 到 $t+\Delta t$ 这段时间间隔中的**平均速度** $\bar{\boldsymbol{v}}$ 定义为单位时间内的位移，即

$$\bar{\boldsymbol{v}}=\frac{\Delta \boldsymbol{r}}{\Delta t} \tag{1-4}$$

平均速度只是从平均效果上描述了质点在 t 到 $t+\Delta t$ 这段时间间隔中运动的快慢和方向，而我们一般需要的是质点在某一时刻运动的快慢和方向，为了描述 t 时刻质点运动情况，我们需要把 Δt 取的足够小，Δt 越小，$\frac{\Delta \boldsymbol{r}}{\Delta t}$越逼近 t 时刻质点的运动情况. 因此，我们可以用 $\Delta t\to 0$ 时$\frac{\Delta \boldsymbol{r}}{\Delta t}$的极限来描述 t 时刻质点的运动情况，这个极限称为质点在 t 时刻的**瞬时速度**，简称速度，用 $\boldsymbol{v}$ 表示，即

$$\boldsymbol{v}=\lim_{\Delta t\to 0}\bar{\boldsymbol{v}}=\lim_{\Delta t\to 0}\frac{\Delta \boldsymbol{r}}{\Delta t}=\frac{\mathrm{d}\boldsymbol{r}}{\mathrm{d}t} \tag{1-5}$$

瞬时速度是矢量，其方向为 $\Delta t\to 0$ 时 $\Delta \boldsymbol{r}$ 的方向. 由图 1-2 可知，当 Δt 无限趋近于零时，Q 点将无限趋近 P 点，此时 $\Delta \boldsymbol{r}$（即$\overrightarrow{PQ}$）的方向沿 P 点的切线方向，所以 t 时刻瞬时速度 $\boldsymbol{v}$ 的方向，沿质点此时所在曲线处的切线方向. 由式（1-5）可知，瞬时速度 $\boldsymbol{v}$ 的大小 $|\boldsymbol{v}|$ 可以表示为

$$|\boldsymbol{v}|=\lim_{\Delta t\to 0}|\bar{\boldsymbol{v}}|=\lim_{\Delta t\to 0}\frac{|\Delta \boldsymbol{r}|}{\Delta t} \tag{1-6}$$

结合公式（1-3），可以得到瞬时速度 $\boldsymbol{v}$ 的大小 $|\boldsymbol{v}|$ 可以表示成

$$|\boldsymbol{v}|=\lim_{\Delta t\to 0}\frac{|\Delta \boldsymbol{r}|}{\Delta t}=\lim_{\Delta t\to 0}\frac{\Delta s}{\Delta t}=\frac{\mathrm{d}s}{\mathrm{d}t}=v \tag{1-7}$$

其中，$\frac{\Delta s}{\Delta t}$称为 Δt 时间内质点的**平均速率**. $\frac{\mathrm{d}s}{\mathrm{d}t}$则称为 t 时刻质点的**瞬时速率**，描述的是 t 时刻质点运动的快慢. 由式（1-7）可知，某时刻瞬时速度的大小等于该时刻的瞬时速率.

4. 加速度

当质点作任意曲线运动时，质点的速度会随着时间发生变化，即速度是时间的函数. 设质点沿图 1-3 所示的曲线 AB 运动，t 时刻位于 P 点，速度为 $\boldsymbol{v}_1$，$t+\Delta t$ 时刻位于 Q 点，速度为 $\boldsymbol{v}_2$，那么在 t 到 $t+\Delta t$ 这段时间间隔中速度的增量 $\Delta \boldsymbol{v}$ 为

$$\Delta \boldsymbol{v}=\boldsymbol{v}_2-\boldsymbol{v}_1 \tag{1-8}$$

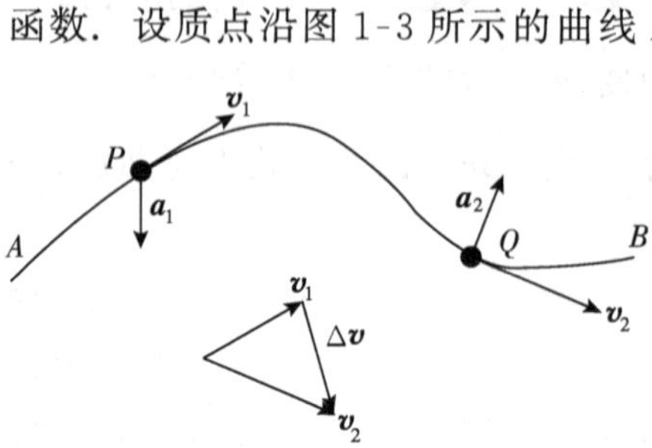

图 1-3

如图 1-3 所示将 $\boldsymbol{v}_1$ 和 $\boldsymbol{v}_2$ 矢量的始端移到同一点，则由 $\boldsymbol{v}_1$ 末端指向 $\boldsymbol{v}_2$ 末端的矢量即为速度的增量 $\Delta \boldsymbol{v}$. 速度增量 $\Delta \boldsymbol{v}$ 与时间间隔 Δt 的比值，定义为 Δt 时间内的**平均加速度**，用

$\bar{\boldsymbol{a}}$ 表示，即

$$\bar{\boldsymbol{a}} = \frac{\Delta \boldsymbol{v}}{\Delta t} \tag{1-9}$$

当 $\Delta t \to 0$ 时，平均加速度趋于一极限，这一极限称为质点在 t 时刻的**瞬时加速度**，简称**加速度**，用 $\boldsymbol{a}$ 表示，则

$$\boldsymbol{a} = \lim_{\Delta t \to 0} \frac{\Delta \boldsymbol{v}}{\Delta t} = \frac{\mathrm{d}\boldsymbol{v}}{\mathrm{d}t} \tag{1-10}$$

加速度是矢量，其方向为 $\Delta t \to 0$ 时，速度增量 $\Delta \boldsymbol{v}$ 的极限方向，因为 $\Delta \boldsymbol{v}$ 的方向总是指向曲线凹的一侧，所以加速度 $\boldsymbol{a}$ 的方向总是指向曲线凹的一侧，如图 1-3 所示的质点在 P 点和 Q 点的加速度 $\boldsymbol{a}_1$、$\boldsymbol{a}_2$ 的方向.

因

$$\boldsymbol{v} = \frac{\mathrm{d}\boldsymbol{r}}{\mathrm{d}t}$$

故

$$\boldsymbol{a} = \frac{\mathrm{d}\boldsymbol{v}}{\mathrm{d}t} = \frac{\mathrm{d}^2 \boldsymbol{r}}{\mathrm{d}t^2} \tag{1-11}$$

如果已知质点的运动方程 $\boldsymbol{r} = \boldsymbol{r}(t)$，可将任意时刻 t 代入运动方程，求出该时刻的位置矢量，或者按照上面两式，用求导的方法求出任意时刻的速度和加速度；反过来，如果已知质点的速度或加速度和时间的关系，辅以质点的初始运动状态（$t=0$ 时，位矢或速度的值），就可以利用积分的方法求出任意时刻的位矢或速度. 上述的两种情况被称为质点运动学的两类基本问题. 为了在数值上求解这两类问题，必须将位矢 $\boldsymbol{r}$、位移 $\Delta \boldsymbol{r}$、速度 $\boldsymbol{v}$ 和加速度 $\boldsymbol{a}$ 写成坐标分量式的形式，下面我们讨论这些描述物体运动状态的物理量在直角坐标系、自然坐标系下的表示，分别称为质点运动描述的**直角坐标法**和**自然法**.

三、质点运动的描述　直角坐标法

直角坐标系是最常用的坐标系. 如图 1-4 所示，以参考系上的某一固定点 O 为坐标原点建立直角坐标系，质点沿直角坐标系中的曲线 AB 运动，在时刻 t 质点位于 P 点，该时刻的位置矢量 $\boldsymbol{r}$（即矢量 $\overrightarrow{OP}$）在 Ox、Oy 和 Oz 轴上的投影分别为 x、y 和 z，取 $\boldsymbol{i}$、$\boldsymbol{j}$、$\boldsymbol{k}$ 分别为沿 Ox、Oy 和 Oz 轴正方向的单位矢量，则位置矢量 $\boldsymbol{r}$ 可以在该直角系中表示为

$$\boldsymbol{r} = x\boldsymbol{i} + y\boldsymbol{j} + z\boldsymbol{k} \tag{1-12}$$

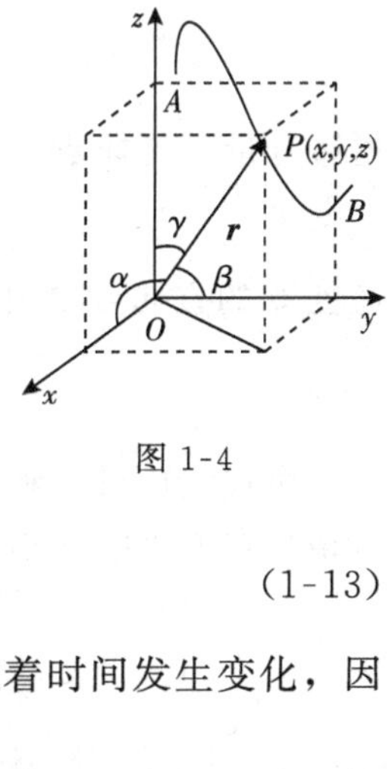

图 1-4

其大小为 $r = |\boldsymbol{r}| = \sqrt{x^2 + y^2 + z^2}$，方向由其和三个坐标轴夹角 α、β、γ 的方向余弦确定

$$\cos\alpha = \frac{x}{r}; \quad \cos\beta = \frac{y}{r}; \quad \cos\gamma = \frac{z}{r} \tag{1-13}$$

当位矢随时间发生变化时，其在各坐标轴上的投影也会随着时间发生变化，因

此运动方程（1-1）式可以表示为

$$\boldsymbol{r}(t) = x(t)\boldsymbol{i} + y(t)\boldsymbol{j} + z(t)\boldsymbol{k} \tag{1-14}$$

其分量式为

$$\begin{cases} x = x(t) \\ y = y(t) \\ z = z(t) \end{cases} \tag{1-15}$$

式（1-15）是运动方程的直角坐标表示，与式（1-1）等价．式（1-14）反映了任何复杂的质点运动都可以看成沿不同直角坐标轴直线运动的矢量合成，即运动具有叠加性．比如质点的平抛运动可以看成沿水平方向的匀速直线运动和沿竖直方向的匀加速直线运动的叠加．从式（1-15）中消去参数 t，可以得到方程 $f(x、y、z)=0$，此方程称为质点的轨道方程，根据轨道方程可以确定质点运动的轨道.

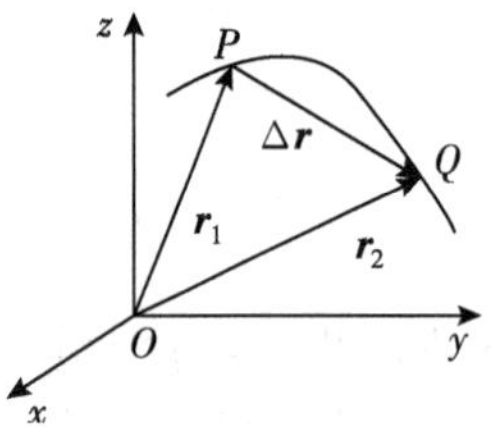

图 1-5

如图 1-5 所示，如果质点在 t 时刻位于 P 点，该时刻位矢 $\boldsymbol{r}_1$ 在直角坐标系下可以表示成 $\boldsymbol{r}_1=x_1\boldsymbol{i}+y_1\boldsymbol{j}+z_1\boldsymbol{k}$，质点在 $t+\Delta t$ 时刻位于 Q 点，该时刻位矢 $\boldsymbol{r}_2$ 在直角坐标系下表示成 $\boldsymbol{r}_2=x_2\boldsymbol{i}+y_2\boldsymbol{j}+z_2\boldsymbol{k}$，则在 t 到 $t+\Delta t$ 这段时间间隔中的位移 $\Delta\boldsymbol{r}$ 在直角坐标系下的表示为

$$\Delta\boldsymbol{r} = \boldsymbol{r}_2 - \boldsymbol{r}_1 = (x_2 - x_1)\boldsymbol{i} + (y_2 - y_1)\boldsymbol{j} + (z_2 - z_1)\boldsymbol{k} \tag{1-16}$$

由式（1-5）和（1-12）可知，质点的速度在直角坐标系中的表达式为

$$\boldsymbol{v} = \frac{\mathrm{d}\boldsymbol{r}}{\mathrm{d}t} = \frac{\mathrm{d}x}{\mathrm{d}t}\boldsymbol{i} + \frac{\mathrm{d}y}{\mathrm{d}t}\boldsymbol{j} + \frac{\mathrm{d}z}{\mathrm{d}t}\boldsymbol{k} \tag{1-17}$$

如果令 v_x、v_y、v_z 分别表示速度 $\boldsymbol{v}$ 在 x、y、z 轴上的分量，则有

$$\boldsymbol{v} = v_x\boldsymbol{i} + v_y\boldsymbol{j} + v_z\boldsymbol{k} \tag{1-18}$$

其中，

$$v_x = \frac{\mathrm{d}x}{\mathrm{d}t}, \quad v_y = \frac{\mathrm{d}y}{\mathrm{d}t}, \quad v_z = \frac{\mathrm{d}z}{\mathrm{d}t} \tag{1-19}$$

这些分量都是标量，可正可负．速度 $\boldsymbol{v}$ 的大小 v 可以表示成

$$v = |\,\boldsymbol{v}\,| = \sqrt{v_x^2 + v_y^2 + v_z^2} \tag{1-20}$$

速度 $\boldsymbol{v}$ 的方向可以由其和三个坐标轴的夹角 α、β、γ 的方向余弦确定

$$\cos\alpha = \frac{v_x}{v}; \quad \cos\beta = \frac{v_y}{v}; \quad \cos\gamma = \frac{v_z}{v} \tag{1-21}$$

由式（1-11）和位置矢量、速度在直角坐标系中的表达式，可以将加速度 $\boldsymbol{a}$ 在直角坐标系中表示为

$$\boldsymbol{a} = \frac{\mathrm{d}v}{\mathrm{d}t} = \frac{\mathrm{d}v_x}{\mathrm{d}t}\boldsymbol{i} + \frac{\mathrm{d}v_y}{\mathrm{d}t}\boldsymbol{j} + \frac{\mathrm{d}v_z}{\mathrm{d}t}\boldsymbol{k} \tag{1-22a}$$

或
$$\boldsymbol{a}=\frac{\mathrm{d}^2\boldsymbol{r}}{\mathrm{d}t^2}=\frac{\mathrm{d}^2x}{\mathrm{d}t^2}\boldsymbol{i}+\frac{\mathrm{d}^2y}{\mathrm{d}t^2}\boldsymbol{j}+\frac{\mathrm{d}^2z}{\mathrm{d}t^2}\boldsymbol{k} \tag{1-22b}$$

如果令 a_x、a_y、a_z 分别表示加速度 $\boldsymbol{a}$ 在 x、y、z 轴上的分量，则有
$$\boldsymbol{a}=a_x\boldsymbol{i}+a_y\boldsymbol{j}+a_z\boldsymbol{k} \tag{1-23}$$
其中
$$a_x=\frac{\mathrm{d}v_x}{\mathrm{d}t}=\frac{\mathrm{d}^2x}{\mathrm{d}t^2},\quad a_y=\frac{\mathrm{d}v_y}{\mathrm{d}t}=\frac{\mathrm{d}^2y}{\mathrm{d}t^2},\quad a_z=\frac{\mathrm{d}v_z}{\mathrm{d}t}=\frac{\mathrm{d}^2z}{\mathrm{d}t^2} \tag{1-24}$$
加速度 $\boldsymbol{a}$ 的大小 a 可用各分量表示为
$$a=|\boldsymbol{a}|=\sqrt{a_x^2+a_y^2+a_z^2} \tag{1-25}$$
加速度 $\boldsymbol{a}$ 的方向可以由其和三个坐标轴夹角 α、β、γ 的方向余弦确定
$$\cos\alpha=\frac{a_x}{a},\quad \cos\beta=\frac{a_y}{a},\quad \cos\gamma=\frac{a_z}{a} \tag{1-26}$$

用位矢、位移、速度和加速度在直角坐标系的表示来描述质点的运动，不仅使物理概念和规律具有更为简洁明了的形式，也可以简化表述和运算.

在直角坐标系下定量描述质点的运动时，物理量可以用其在各坐标轴上的分量和单位矢进行矢量叠加，这表明物体的实际运动均可以表示成几个分运动的叠加. 如图 1-6（a）所示，在空中水平飞行的飞机上投掷的炸弹，如果忽略空气的阻力，炸弹将在竖直方向上在重力作用下自由下落；在水平方向上，由于炸弹离开飞机时有一个水平速度，将因惯性作水平方向的匀速直线运动，因此炸弹的实际运动是由竖直方向的自由落体运动和水平方向的匀速直线运动叠加而成的. 叠加的结果是，炸弹实际上作平抛运动. 如图 1 6（b）所示，一条小船以恒定的速度横渡水流速度均匀的河流时，小船参与了两种运动，自身的横渡运动 $A\rightarrow B$ 和它随流水的漂浮运动 $B\rightarrow C$，这两种运动的叠加结果，使小船由 $A\rightarrow C$.

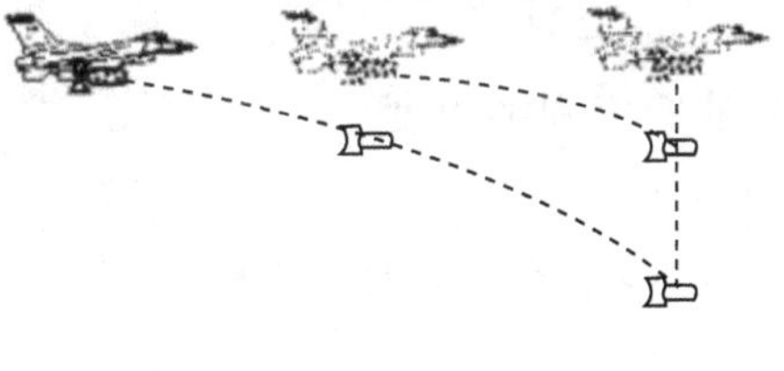
(a)

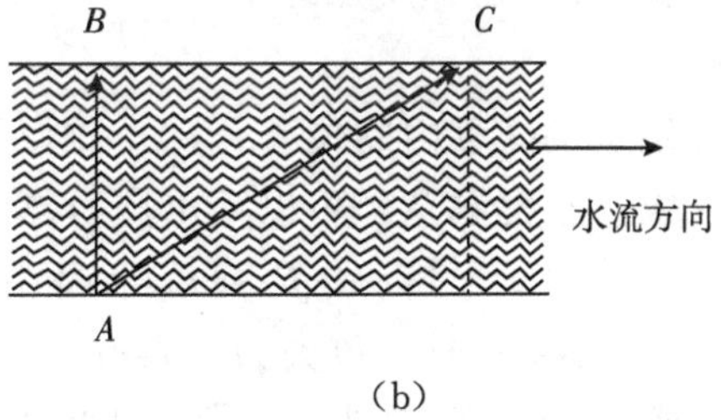

(b)

图 1-6　飞机投弹（a）和小船横渡河流（b）示意图

根据运动的叠加性，几个分运动可以叠加成一个合运动，一个运动也可以分解为若干个分运动. 运动的叠加性提示的这一“法则”，对质点运动学的相关运算提供了益处.

例 1-1　某质点沿 x 轴方向运动，位置与时间的关系为 $x=5+6t-3t^2$（SI）. 试求：(1) 第 1 秒内和第 3 秒内的平均速度；(2) 质点在第 1 秒末和第 3 秒末的速

度和加速度.

解 因质点是沿 x 轴的一维运动，所以我们可以确定质点的位矢、位移、速度和加速度方向均沿 x 轴，在求解中可以先用标量求解，如果所得结果是正，则方向沿 x 轴正向，反之，沿 x 轴负向. “SI”是国际单位制的意思，出现在某个公式后面，代表本公式中所有出现的物理量都取国际单位制单位，比如本题中位移的大小 x 的单位是 m，时刻 t 的单位是 s.

(1) $t_0=0\text{s}$ 时，$x_1=5\text{m}$；$t_1=1\text{s}$ 时，$x_2=8\text{m}$

则第 1s 内的位移大小为 $\Delta x = x_2 - x_1 = 3\text{m}$

第 1s 内的平均速度大小为 $\bar{v}_1=\dfrac{\Delta x}{\Delta t}=\dfrac{x_2-x_1}{t_2-t_1}=\dfrac{3\text{m}}{1\text{s}}=3\text{m/s}$，方向沿 x 轴正向.

$t_2=2\text{s}$ 时，$x_2=5\text{m}$；$t_3=3\text{s}$ 时，$x_3=-4\text{m}$

则第 3 秒内的位移大小为 $\Delta x=x_3-x_2=-9\text{m}$

则第 3 秒内的平均速度大小为 $\bar{v}_3=\dfrac{\Delta x}{\Delta t}=\dfrac{x_3-x_2}{t_3-t_2}=\dfrac{-9\text{m}}{1\text{s}}=-9\text{m/s}$，方向沿 x 轴负向.

(2) 因为 $v_x=\dfrac{\mathrm{d}x}{\mathrm{d}t}=6-6t$ (SI)

所以第 1s 末的速度大小 $v_1=6-6\times1=0$ (m/s)

第 3s 末速度大小 $v_3=6-6\times3=-12$ (m/s) 方向沿 x 轴负向.

因为 $a_x=\dfrac{\mathrm{d}^2x}{\mathrm{d}t^2}=-6$ (m/s^2)

所以质点做加速度恒定的匀减速运动，第 1s 末和第 3s 末的加速度相同，即

$$a_1=a_3=-6\text{m/s}^2\text{，方向沿 } x \text{ 轴负向.}$$

例 1-2 已知质点运动方程的直角坐标表示为 $\begin{cases}x=4+3t-2t^2\\y=5+2t+t^2\\z=t^3\end{cases}$，求：(1) 质点开始运动的 3 秒内的位移；(2) 质点在第 3s 末的速度和加速度.

解 根据题意，可以写出该质点的运动方程：

$$\boldsymbol{r} = x\boldsymbol{i} + y\boldsymbol{j} + z\boldsymbol{k} = (4+3t-2t^2)\boldsymbol{i} + (5+2t+t^2)\boldsymbol{j} + t^3\boldsymbol{k}$$

(1) $t=0\text{s}$ 时，位矢为 $\boldsymbol{r}_0=4\boldsymbol{i}+5\boldsymbol{j}$

$t=3\text{s}$ 时，位矢为 $\boldsymbol{r}_3=-5\boldsymbol{i}+20\boldsymbol{j}+27\boldsymbol{k}$

所以质点开始运动的 3s 内的位移为 $\Delta\boldsymbol{r}=\boldsymbol{r}_3-\boldsymbol{r}_0=-9\boldsymbol{i}+15\boldsymbol{j}+27\boldsymbol{k}$

(2) 速度的矢量表示式可写为

$$\begin{aligned}\boldsymbol{v} &= \frac{\mathrm{d}\boldsymbol{r}}{\mathrm{d}t} = \frac{\mathrm{d}x}{\mathrm{d}t}\boldsymbol{i} + \frac{\mathrm{d}y}{\mathrm{d}t}\boldsymbol{j} + \frac{\mathrm{d}z}{\mathrm{d}t}\boldsymbol{k}\\&= v_x\boldsymbol{i} + v_y\boldsymbol{j} + v_z\boldsymbol{k}\\&= (3-4t)\boldsymbol{i} + (2+2t)\boldsymbol{j} + 3t^2\boldsymbol{k}\end{aligned}$$

则第 3 秒末的速度为 $v_3=-9\boldsymbol{i}+8\boldsymbol{j}+27\boldsymbol{k}$

第 3 秒末速度的大小为 $v_3=\sqrt{v_x^2+v_y^2+v_z^2}=\sqrt{(-9)^2+8^2+27^2}\approx 30(\mathrm{m\cdot s^{-1}})$

速度方向与 x、y、z 轴的夹角 α、β、γ 的余弦值分别为：

$$\cos\alpha=\frac{v_x}{v}=-\frac{3}{10};\quad \cos\beta=\frac{v_y}{v}=\frac{4}{15};\quad \cos\gamma=\frac{v_z}{v}=\frac{9}{10}$$

同理，可以根据运动方程写出质点加速度的矢量表达式：

$$\begin{aligned}\boldsymbol{a}&=\frac{\mathrm{d}^2\boldsymbol{r}}{\mathrm{d}t^2}=\frac{\mathrm{d}^2x}{\mathrm{d}t^2}\boldsymbol{i}+\frac{\mathrm{d}^2y}{\mathrm{d}t^2}\boldsymbol{j}+\frac{\mathrm{d}^2z}{\mathrm{d}t^2}\boldsymbol{k}\\&=a_x\boldsymbol{i}+a_y\boldsymbol{j}+a_z\boldsymbol{k}\\&=-4\boldsymbol{i}+2\boldsymbol{j}+6t\boldsymbol{k}\end{aligned}$$

则第 3 秒末的加速度为 $\boldsymbol{a}_3=-4\boldsymbol{i}+2\boldsymbol{j}+18\boldsymbol{k}\ (\mathrm{m\cdot s^{-2}})$

第 3 秒末加速度的大小为 $a_3=\sqrt{a_x^2+a_y^2+a_z^2}=\sqrt{(-4)^2+2^2+18^2}$

$$=2\sqrt{86}(\mathrm{m\cdot s^{-2}})$$

加速度方向与 x、y、z 轴的夹角 α'、β'、γ' 的余弦值分别为

$$\cos\alpha'=\frac{a_x}{a}=-\frac{2}{\sqrt{86}};\quad \cos\beta'=\frac{a_y}{a}=\frac{1}{\sqrt{86}};\quad \cos\gamma'=\frac{a_z}{a}=\frac{9}{\sqrt{86}}$$

上述例 1-1 和例 1-2，均是根据质点的运动方程 $\boldsymbol{r}=\boldsymbol{r}(t)$，用求导的方法求出任意时刻的速度和加速度，属于质点运动学的第一类基本问题. 下面两个例题是根据已知的加速度，用积分的方法和初始条件求出速度和运动方程，属于运动学的第二类基本问题.

例 1-3 以与水平方向夹角为 θ_0 的初速度 $\boldsymbol{v}_0$，将一可视为质点的物体斜抛出去，如果忽略空气阻力，试求该物体的速度和运动方程.

解 由题意，已知物体的加速度为重力加速度，物体的初速度 $\boldsymbol{v}_0$ 为初始条件. 以物体的抛出点为坐标原点，以水平向右为 x 轴正方向，以竖直向上为 y 轴正方向建立直角坐标系，如图 1-7 所示. 取物体初始时刻为 $t=0$，则初始时刻速度 $\boldsymbol{v}_0$ 在 x 轴和 y 轴上的分量分别为

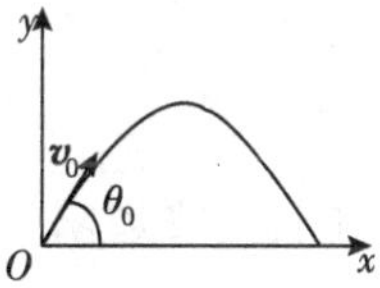

图 1-7

$$v_{x_0}=v_0\cos\theta_0,\quad v_{y_0}=v_0\sin\theta_0$$

物体的加速度为恒矢量，即

$$\boldsymbol{a}=-g\boldsymbol{j}$$

用分量式表示为 $$a_x=\frac{\mathrm{d}v_x}{\mathrm{d}t}=0,\quad a_y=\frac{\mathrm{d}v_y}{\mathrm{d}t}=-g$$

对上式求定积分 $$\int_0^t a_x\mathrm{d}t=\int_{v_{x_0}}^{v_x}\mathrm{d}v_x,\quad \int_0^t a_y\mathrm{d}t=\int_{v_{y_0}}^{v_y}\mathrm{d}v_y$$

解之得 $$v_x=v_{x_0}=v_0\cos\theta_0,\quad v_y=v_{y_0}-gt=v_0\sin\theta_0-gt \tag{1-27}$$

则该物体的速度为 $\boldsymbol{v} = v_x\boldsymbol{i} + v_y\boldsymbol{j} = v_0\cos\theta_0\boldsymbol{i} + (v_0\sin\theta_0 - gt)\boldsymbol{j}$

因为质点在 $t=0$ 时，位于坐标原点，对速度的分量表达式

$$v_x = \frac{\mathrm{d}x}{\mathrm{d}t},\quad v_y = \frac{\mathrm{d}y}{\mathrm{d}t},$$

求定积分

$$\int_0^t v_x \mathrm{d}t = \int_0^x \mathrm{d}x,\quad \int_0^t v_y \mathrm{d}t = \int_0^y \mathrm{d}y$$

将式（1-27）代入解之得

$$x = (v_0\cos\theta_0)t,\quad y = (v_0\sin\theta_0)t - \frac{1}{2}gt^2 \tag{1-28}$$

这就是物体运动方程的直角坐标表示，其矢量表示为

$$\boldsymbol{r} = x\boldsymbol{i} + y\boldsymbol{j} = (v_0\cos\theta_0)t\boldsymbol{i} + \left[(v_0\sin\theta_0)t - \frac{1}{2}gt^2\right]\boldsymbol{j}$$

将式（1-28）中两个表达式的参数 t 消去，可得质点运动的轨道方程：

$$y = x\tan\theta_0 - \frac{gx^2}{2v_0^2\cos^2\theta_0}$$

此式表明物体的轨道为一抛物线，如图 1-7 所示.

例 1-4　如图 1-8 所示，液压减震器在工作时，它的活塞在套筒内部做直线往返运动，已知活塞运动的加速度的大小和速度大小的关系为 $a=-Cv^2$，C 是常量. 设活塞的初速度大小为 v_0，试求活塞任意时刻的速度和位置.

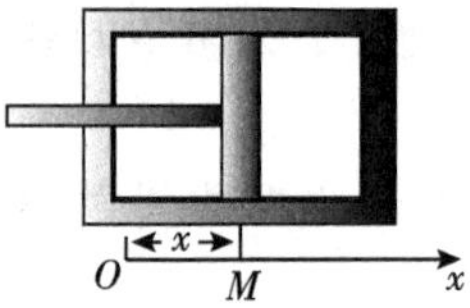

图 1-8

解　活塞的运动为一维直线运动，沿其运动方向建立坐标轴 Ox 如图 1-8 所示. 由于是一维运动，可以用标量形式运算，用正负号表示方向.

依题意

$$a = \frac{\mathrm{d}v}{\mathrm{d}t} = -Cv^2$$

分离变量得

$$\frac{\mathrm{d}v}{-Cv^2} = \mathrm{d}t$$

对上式两边求定积分得

$$\int_{v_0}^{v} \frac{\mathrm{d}v}{-Cv^2} = \int_0^t \mathrm{d}t$$

解之得

$$v = \frac{v_0}{Cv_0t + 1}$$

根据速度和位矢的关系

$$\mathrm{d}x = v\mathrm{d}t \tag{1-29}$$

设活塞初始时刻位于 x_0，对式（1-29）两边同取定积分，并将 $v=\frac{v_0}{Cv_0t+1}$ 代入得

$$\int_{x_0}^{x} \mathrm{d}x = \int_0^t \frac{v_0}{Cv_0t + 1}\mathrm{d}t$$

解之得

$$x = x_0 + \frac{1}{C}\ln(Cv_0t + 1)$$

四、质点运动的描述　圆周运动　自然法

当质点作曲线运动时，如果已知其运动轨迹，我们常常采用自然坐标系来分析、研究质点的运动，这要比直角坐标法更加方便、更加直观. 为了能更自然地引入自然坐标系，并给出各描述质点运动的物理量在自然坐标系下的表示，我们先对特殊的平面曲线运动——圆周运动进行分析和讨论.

1. 圆周运动

圆周运动是一种特殊的平面曲线运动，也是我们现实生活中十分常见的运动形式. 比如，绕定轴转动的机器，其转动构件上每一点的运动都是圆周运动，另外，任意形状的运动曲线都可以看成由许多曲率不同的小段圆弧组成，因此，有关圆周运动的知识，对于研究定轴转动和质点的任意曲线运动十分有用. 为了方便起见，我们首先讨论匀速率圆周运动，然后讨论变速圆周运动.

(1) 匀速率圆周运动　向心加速度

质点在作圆周运动时，如果它的速率保持不变，则其运动称为匀速率圆周运动. 质点作匀速率圆周运动时，虽然速度的大小不变，但其方向却时刻发生着变化，因此匀速率圆周运动是一种变速运动，存在加速度.

设质点沿半径为 r 的圆周，以匀速率 v 作圆周运动，在时刻 t 质点位于圆周上的 A 点，速度为 $\boldsymbol{v}_A$，经过 Δt 时间后，质点运动到 B 点，速度为 $\boldsymbol{v}_B$，如图 1-9 (a) 所示，则在该 Δt 时间内速度的增量为

$$\Delta \boldsymbol{v} = \boldsymbol{v}_B - \boldsymbol{v}_A$$

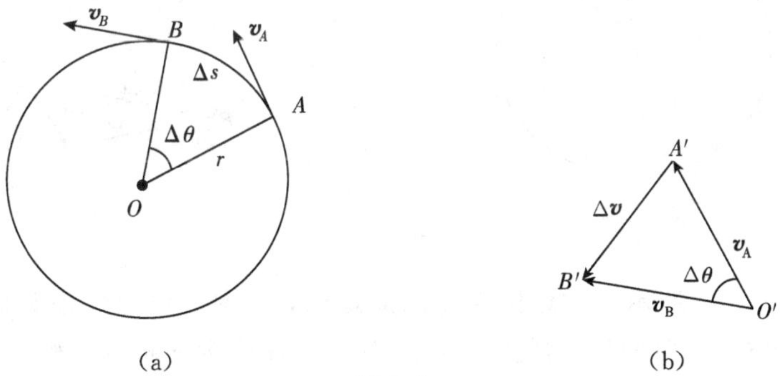

图 1-9

$\Delta \boldsymbol{v}$、$\boldsymbol{v}_A$ 和 $\boldsymbol{v}_B$ 构成矢量三角形，如图 1-9 (b) 所示. 由几何关系可知等腰三角形 OAB 与等腰三角形 $O'A'B'$ 相似，顶角为 $\Delta\theta$，根据相似三角形的性质有

$$\frac{AB}{r} = \frac{|\Delta \boldsymbol{v}|}{|\boldsymbol{v}|}$$

其中，$|\Delta \boldsymbol{v}|$ 为速度增量的大小，$|\boldsymbol{v}|$ 为速度的大小即速率 v，由此有

$$\frac{|\Delta \boldsymbol{v}|}{\Delta t}=\frac{v}{r}\frac{AB}{\Delta t}$$

则加速度的大小为

$$a=\lim_{\Delta t\to 0}\frac{|\Delta \boldsymbol{v}|}{\Delta t}=\lim_{\Delta t\to 0}\frac{v}{r}\frac{AB}{\Delta t}=\frac{v}{r}\lim_{\Delta t\to 0}\frac{AB}{\Delta t}$$

当 $\Delta t\to 0$ 时，B 点无限趋近于 A 点，故弦长 AB 无限趋近于弧长 $\overset{\frown}{AB}$，即 Δt 时间内的路程 Δs，故有

$$a=\frac{v}{r}\lim_{\Delta t\to 0}\frac{\overset{\frown}{AB}}{\Delta t}=\frac{v}{r}\lim_{\Delta t\to 0}\frac{\Delta s}{\Delta t}=\frac{v^2}{r} \tag{1-30}$$

这就是匀速率圆周运动的加速度的大小，加速度的方向为 $\Delta t\to 0$ 时 $\Delta \boldsymbol{v}$ 的极限方向，当 $\Delta t\to 0$ 时，$\Delta\theta\to 0$，$\Delta \boldsymbol{v}$ 趋近于与 $\boldsymbol{v}_A$ 垂直，故 t 时刻质点的加速度方向必和半径 OA 平行，又因为加速度的方向总是指向曲线凹的一侧，所以加速度 $\boldsymbol{a}$ 的方向沿半径指向圆心，故被称为**向心加速度**或**法向加速度**.

(2) 变速圆周运动　切向加速度和法向加速度

如果质点作圆周运动时，其速度的大小也随着时间发生变化，则其运动称为变速圆周运动. 由上面的讨论可知，匀速率圆周运动的加速度仅由速度的方向改变而产生，而对于变速圆周运动，速度的大小和方向均发生变化，所以变速圆周运动的加速度是由速度的大小变化和方向变化共同产生的.

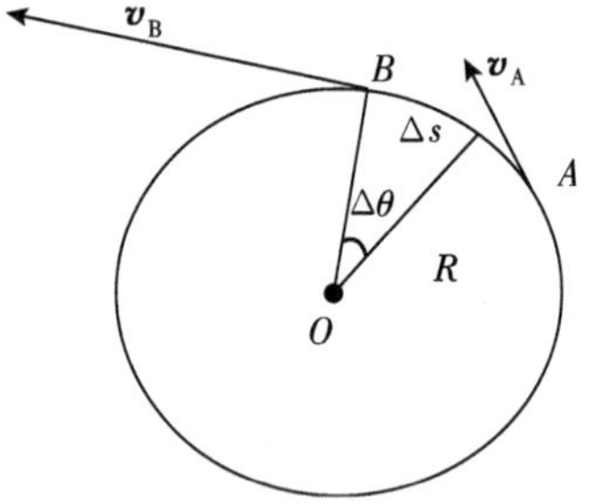

(a)

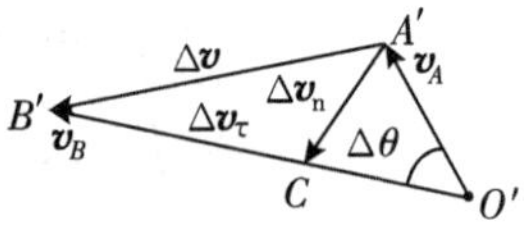

(b)

图 1-10

如图 1-10 (a) 所示，质点作变速圆周运动，时刻 t 质点位于圆周上的 A 点，速度为 $\boldsymbol{v}_A$，经过 Δt 时间后，质点运动到 B 点，速度为 $\boldsymbol{v}_B$，$\boldsymbol{v}_B$ 和 $\boldsymbol{v}_A$ 不仅方向不同，而且大小不等，Δt 时间内速度增量 $\Delta \boldsymbol{v}$ 和 $\boldsymbol{v}_A$、$\boldsymbol{v}_B$ 构成的矢量三角形 $O'A'B'$ 如图1-10 (b)所示，在 $O'B'$ 边上取一点 C，使 $O'A'=O'C=\boldsymbol{v}_A$，则速度的增量 $\Delta \boldsymbol{v}$ 可以分解为两个矢量 $\Delta \boldsymbol{v}_n$ 和 $\Delta \boldsymbol{v}_\tau$，即

$$\Delta \boldsymbol{v}=\Delta \boldsymbol{v}_n+\Delta \boldsymbol{v}_\tau$$

其中，$\Delta \boldsymbol{v}_n$ 为因速度方向改变而产生的速度增量，相当于匀速率圆周运动的速度增量，$\Delta \boldsymbol{v}_\tau$ 为因速度大小改变而产生的速度增量. 则变速圆周运动的加速度为

$$\boldsymbol{a} = \lim_{\Delta t \to 0} \frac{\Delta \boldsymbol{v}}{\Delta t} = \lim_{\Delta t \to 0} \frac{\Delta \boldsymbol{v}_{\mathrm{n}}}{\Delta t} + \lim_{\Delta t \to 0} \frac{\Delta \boldsymbol{v}_{\tau}}{\Delta t}$$

这表明变速圆周运动的加速度可以分解为两个分加速度，其中$\lim\limits_{\Delta t \to 0} \frac{\Delta \boldsymbol{v}_{\mathrm{n}}}{\Delta t}$为因速度方向改变而产生的分加速度，相当于匀速率圆周运动的向心加速度，用$\boldsymbol{a}_{\mathrm{n}}$表示，即

$$\boldsymbol{a}_{\mathrm{n}} = \lim_{\Delta t \to 0} \frac{\Delta \boldsymbol{v}_{\mathrm{n}}}{\Delta t} \tag{1-31}$$

其大小为

$$a_{\mathrm{n}} = \frac{v^2}{r} \tag{1-32}$$

其方向沿半径指向圆心，$\boldsymbol{a}_{\mathrm{n}}$被称为**法向加速度**.

$\lim\limits_{\Delta t \to 0} \frac{\Delta \boldsymbol{v}_{\tau}}{\Delta t}$为因速度大小改变而产生的分加速度，当 $\Delta t \to 0$ 时，$\Delta\theta \to 0$，$\Delta \boldsymbol{v}_{\tau}$ 趋近于与 $\boldsymbol{v}_A$ 平行，所以这个分加速度的方向沿 A 点的切线方向，因此这个分加速度称为**切向加速度**，用 $\boldsymbol{a}_{\tau}$ 表示，即

$$\boldsymbol{a}_{\tau} = \lim_{\Delta t \to 0} \frac{\Delta \boldsymbol{v}_{\tau}}{\Delta t} \tag{1-33}$$

因为 $\Delta \boldsymbol{v}_{\tau}$ 的数值 Δv_{τ}（可正可负）可以表示为速度大小的增量 $\Delta |\boldsymbol{v}|$，即

$$\Delta v_{\tau} = \Delta |v| = |\boldsymbol{v}_B| - |\boldsymbol{v}_A| = v_B - v_A = \Delta v$$

所以切向加速度的大小为

$$a_{\tau} = \lim_{\Delta t \to 0} \frac{\Delta v_{\tau}}{\Delta t} = \lim_{\Delta t \to 0} \frac{\Delta v}{\Delta t} = \frac{\mathrm{d}v}{\mathrm{d}t} \tag{1-34}$$

如果 a_{τ} 为正，则速度大小的增量 Δv 为正，此时 $\boldsymbol{a}_{\tau}$ 的方向与质点的运动方向相同，如果 a_{τ} 为负，则 $\boldsymbol{a}_{\tau}$ 的方向与质点的运动方向相反.

变速圆周运动的总加速度 $\boldsymbol{a}$ 可以写为法向加速度和切向加速度的矢量和，即

$$\boldsymbol{a} = \boldsymbol{a}_{\mathrm{n}} + \boldsymbol{a}_{\tau} \tag{1-35}$$

2. 自然法

(1) 自然坐标系　自然坐标

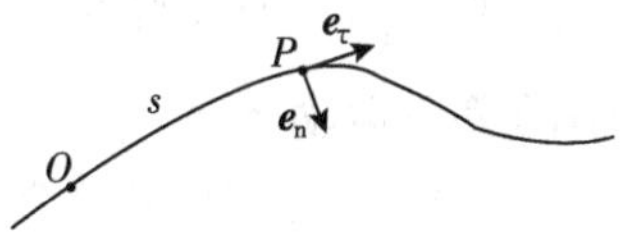

图 1-11

设质点的运动轨迹为图 1-11 所示的曲线，则质点在曲线上的位置可以这样确定：在轨道曲线上任选一定点 O 为参考点，把轨道当作自然坐标轴，并设点 O 的某一侧为自然坐标轴的正向，当质点在某时刻 t 位于曲线上的点 P 时，它的位置可由点 P 到参考点 O 之间的轨道长度 s 来确定，s 称为运动质点的自然坐标，是一个标量.

当质点运动时，其自然坐标 s 是随着时间发生变化的，即 s 是 t 的单值函数

$$s = s(t) \tag{1-36}$$

上式是质点沿轨迹的运动方程，称为以自然坐标表示的质点的运动方程，如果已知质点的运动方程（1-36），则可以确定任一瞬时质点的自然坐标 s 的值，也就确定了质点在该瞬时所在轨迹上的具体位置.

另外，为了研究问题的方便，可在任意时刻于质点所在处取两个相互垂直的单位矢量 $\boldsymbol{e}_\mathrm{n}$ 和 $\boldsymbol{e}_\tau$，如图 1-11 所示，$\boldsymbol{e}_\mathrm{n}$ 沿质点所在处的法向加速度方向，称为法向单位矢量，$\boldsymbol{e}_\tau$ 沿质点所在处的速度方向，称为切向单位矢量. 虽然 $\boldsymbol{e}_\mathrm{n}$ 和 $\boldsymbol{e}_\tau$ 的大小恒为 1，但因为轨迹曲线上不同点的法向和切向不同，所以 $\boldsymbol{e}_\mathrm{n}$ 和 $\boldsymbol{e}_\tau$ 的方向随质点的位置变化而改变，即 $\boldsymbol{e}_\mathrm{n}$ 和 $\boldsymbol{e}_\tau$ 不是恒矢量，这是和直角坐标系中的单位矢 $\boldsymbol{i}$、$\boldsymbol{j}$、$\boldsymbol{k}$ 不同的.

（2）速度在自然坐标系中的表示

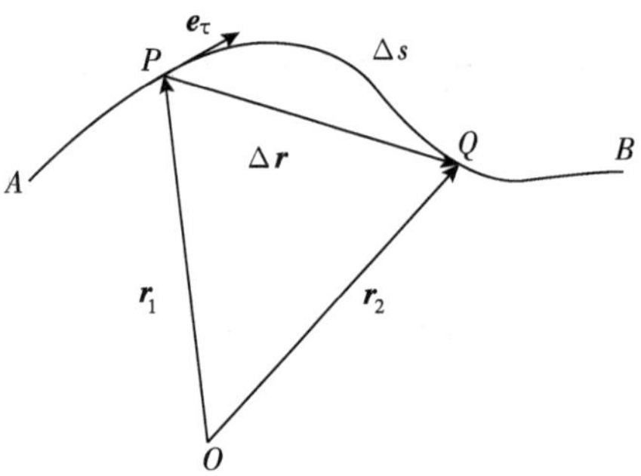

图 1-12

如图 1-12 所示，设质点沿曲线 AB 运动，在 t 时刻位于 P 点，$t+\Delta t$ 时刻位于 Q 点，则在 Δt 时间内质点走过的路程

$$\Delta s = s(t+\Delta t) - s(t)$$

根据质点运动描述的矢量法，可知 Δt 时间内质点的位移为 $\Delta \boldsymbol{r} = \boldsymbol{r}_2 - \boldsymbol{r}_1$，当 $\Delta t \to 0$ 时，$\Delta \boldsymbol{r}$ 的大小无限趋近于 Δs，方向沿 P 点的切向单位矢量 $\boldsymbol{e}_\tau$ 方向. 因此有

$$\boldsymbol{e}_\tau = \lim_{\Delta t \to 0} \frac{\Delta \boldsymbol{r}}{\Delta s} = \frac{\mathrm{d}\boldsymbol{r}}{\mathrm{d}s}$$

即

$$\mathrm{d}\boldsymbol{r} = \boldsymbol{e}_\tau \mathrm{d}s$$

从而有

$$\boldsymbol{v} = \frac{\mathrm{d}\boldsymbol{r}}{\mathrm{d}t} = \frac{\mathrm{d}s}{\mathrm{d}t}\boldsymbol{e}_\tau \qquad (1\text{-}37)$$

因此可得结论：质点速度的大小等于其自然坐标对时间的一阶导数的绝对值，质点速度的方向沿其所在位置的切向单位矢量方向.

如果 $\frac{\mathrm{d}s}{\mathrm{d}t} > 0$，则质点沿自然坐标轴的正向运动；如果 $\frac{\mathrm{d}s}{\mathrm{d}t} < 0$，则质点沿自然坐标轴的负向运动.

（3）加速度在自然坐标系中的表示

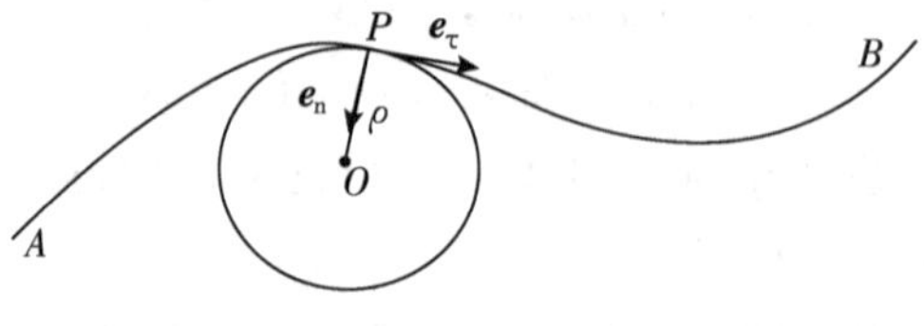

图 1-13

如图 1-13 所示，设质点沿一任意的曲线 AB 运动，在 t 时刻，质点位于 P 点，

现在我们来分析 P 点处质点的加速度. 在 P 点附近取一小段足够小的曲线，因为曲线足够小，所以可以看成一小段圆弧，作一个包含这段圆弧的圆，此圆称为 P 点的曲率圆，其圆心和半径称为轨道曲线在 P 点的曲率中心和曲率半径，曲率半径一般用 ρ 表示，其倒数 $\frac{1}{\rho}$ 称为该点的曲率. 因为质点在这一小段曲线上的运动可以看成圆周运动的一部分，所以在圆周运动中所得出的结论对这一段曲线上的任何一点都适用. 根据圆周运动加速度公式（1-32）、（1-34）和（1-35），结合圆周运动中对切向加速度和法向加速度的讨论，并将圆周的半径用曲率半径 ρ 表示，则可将 P 点的加速度在自然坐标系下表示成

$$\boldsymbol{a} = \boldsymbol{a}_{\mathrm{n}} + \boldsymbol{a}_{\tau} = a_{\mathrm{n}}\boldsymbol{e}_{\mathrm{n}} + a_{\tau}\boldsymbol{e}_{\tau} = \frac{v^2}{\rho}\boldsymbol{e}_{\mathrm{n}} + \frac{\mathrm{d}v}{\mathrm{d}t}\boldsymbol{e}_{\tau} \tag{1-38}$$

其中，法向加速度 $\boldsymbol{a}_{\mathrm{n}}$ 的大小为 $a_{\mathrm{n}}=\frac{v^2}{\rho}$，方向沿法向单位矢 $\boldsymbol{e}_{\mathrm{n}}$ 的方向；切向加速度 $\boldsymbol{a}_{\tau}$ 的大小为 $a_{\tau}=\frac{\mathrm{d}v}{\mathrm{d}t}$，方向由 $\frac{\mathrm{d}v}{\mathrm{d}t}$ 的正负确定：若 $\frac{\mathrm{d}v}{\mathrm{d}t}>0$，则 $\boldsymbol{a}_{\tau}$ 的方向和切向单位矢 $\boldsymbol{e}_{\tau}$ 的方向一致，若 $\frac{\mathrm{d}v}{\mathrm{d}t}<0$，则 $\boldsymbol{a}_{\tau}$ 的方向与 $\boldsymbol{e}_{\tau}$ 的方向相反；总加速度 $\boldsymbol{a}$ 的大小 a 可由下式给出

$$a = \sqrt{a_{\mathrm{n}}^2 + a_{\tau}^2} \tag{1-39}$$

总加速度 $\boldsymbol{a}$ 的方向可以由其与切向的夹角 φ 决定，其中 φ 的正切值为

$$\tan\varphi = \frac{a_{\mathrm{n}}}{a_{\mathrm{t}}} \tag{1-40}$$

例 1-5　如图 1-14 所示，设物体被斜抛出去，在某时刻位于其抛出曲线上 P 点，已知物体在该点的速度 $\boldsymbol{v}$ 与水平方向的夹角为 θ，若忽略空气阻力，求（1）物体在 P 点的切向加速度和法向加速度；（2）物体的运动曲线在 P 点的曲率半径，并给出曲率半径的最小值.

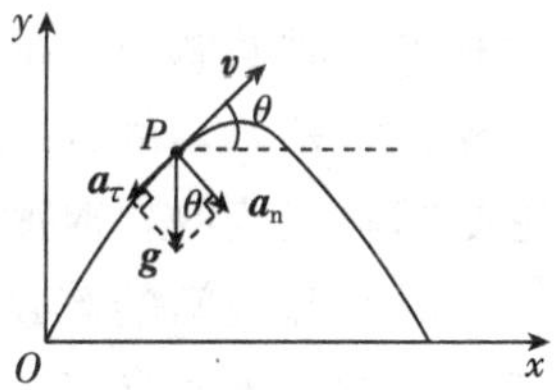

图 1-14

解　忽略空气阻力时，物体将作斜抛运动，其加速度为重力加速度，在物体的轨道曲线上建立自然坐标系，则重力加速度 $\boldsymbol{g}$ 可以分解为切向加速度 $\boldsymbol{a}_{\tau}$ 和法向加速度 $\boldsymbol{a}_{\mathrm{n}}$，其中 $\boldsymbol{a}_{\mathrm{n}}$ 总是指向曲线凹的一侧，$\boldsymbol{a}_{\tau}$ 的方向则根据质点是在曲线最高点的左侧还是右侧决定，如果质点在最高点左侧，则 $\boldsymbol{a}_{\tau}$ 和该点的速度方向相反，如果在右侧，则与速度方向相同.

如图 1-14，由几何关系可得

$$a_{\tau} = -g\sin\theta,\quad a_{\mathrm{n}} = g\cos\theta$$

由公式（1-38）可得质点在 P 点的曲率半径 ρ 为

$$\rho = \frac{v^2}{a_n} = \frac{v^2}{g\cos\theta}$$

上式表明，当 $\cos\theta=1$ 时，ρ 达到最小值 $\rho_{\min}=\dfrac{v^2}{g}$，此时 $\theta=0$，即质点到达轨迹的最高点.

由本题可以得到一个结论：对于任意的曲线，越弯曲的地方，曲率半径越小，曲率越大；越平坦的地方，曲率半径越大，曲率越小. 因此曲率的大小对应着曲线弯曲程度的大小.

§1.3　相对运动

一、经典力学时空观

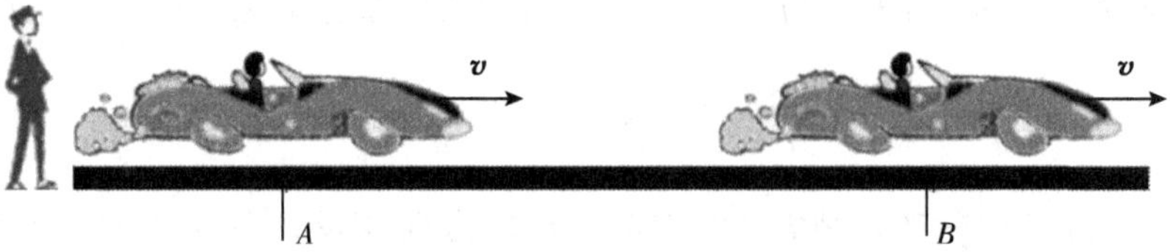

图 1-15

如图 1-15，小车以较低的速度 $\boldsymbol{v}$ 先后通过地面上的 A、B 两点，如果地面上的人和车上的人分别测汽车通过 A、B 两点的时间间隔和 A、B 两点之间的距离. 地面上的人测得时间间隔为 $\Delta t=t_B-t_A$，距离为 l；车上的人测得时间间隔为 $\Delta t'=t'_B-t'_A$，距离为 l'. 经典力学时空观认为 $\Delta t=\Delta t'$、$l=l'$，即在两个相对运动的参考系中，时间和空间的测量是绝对的，与参考系无关. 在人们的日常生活和一般的工程技术领域，因为相对运动的速度比光速小很多，所以经典力学时空观的上述结论是基本正确的，时间和长度测量的绝对性也是经典力学的基础. 以后我们将介绍，时间和空间的测量是依赖于相过运动的速度的，但是，当相对运动的速度远小于光速时，不同参考系测量结果的差异可以忽略不计，在相对运动的速度接近于光速，或者可以跟光速相比拟时，不同参考系测量结果的差异将不能被忽略. 在经典力学领域，虽然时间和空间的测量被视为与参考系的选择无关，但位矢、位移、速度和运动轨迹等却与参考系的选择有着密切的关系. 本节将重点讨论这方面的问题.

二、相对运动

在我们日常生活中，经常可以观察到物体的运动轨迹依赖于观察者所在的参考系，比如汽车在下雨天行驶在笔直的高速公路上，坐在汽车里的人观察到的雨滴的轨迹是斜向后的抛物线，而坐在地面上的人观察到的雨滴是竖直下落的，如

图 1-16所示．车上的人是以行驶的汽车为参考系，而地面上的人是以地面为参考系，这个例子告诉我们，物体的运动轨迹跟观察者所选的参考系有关．实际上，和物体的运动轨迹类似，物体（视为质点）的位矢、位移、速度和加速度都跟观察者选择的参考系有关．一般把固定在地球上的参考系 S 叫做**静止参考系**，把相对于地球运动的参考系 S′叫做**运动参考系**．下面我们重点讨论运动参考系和静止参考系下位矢、速度和加速度的关系．为简化讨论，我们假设运动参考系相对静止参考系作**平动**，即在运动参考系上的任意两点之间连接的直线的方位始终保持不变．

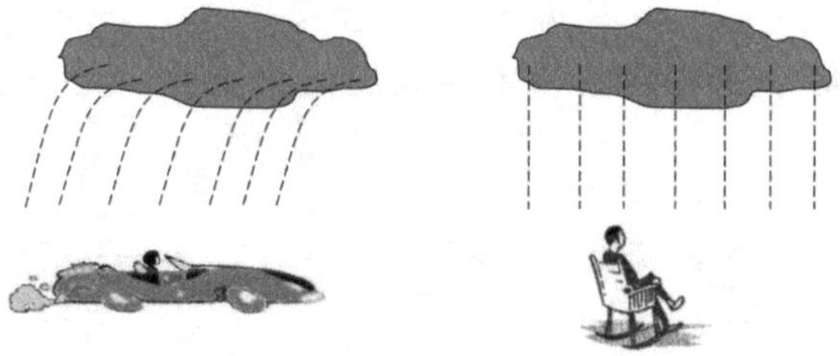

图 1-16

根据平动的定义可知，对以地球为参考系的观察者而言，相对于地球作平动的参考系上的所有各点，都具有相同的运动轨迹，在任意时间间隔都具有相同的位移，在任意时刻都具有相同的速度和加速度，因此，对以地球为参考系的观察者而言，任意时刻平动参考系上任意一点的速度和加速度，都可当作该时刻运动参考系相对于静止参考系（地球）的速度和加速度．

如图 1-17 所示，设直角坐标系 Oxy 和 $O'x'y'$ 是分别固定在静止参考系 S 和运动参考系 S′上的两个坐标轴，设运动参考系相对静止参考系作平动．某时刻 t，质点位于 P 点，则该时刻，质点在静止参考系和运动参考系中的位矢分别为 $\boldsymbol{r}$ 和 $\boldsymbol{r}_1$，其中 $\boldsymbol{r}=\overrightarrow{OP}$，$\boldsymbol{r}_1=\overrightarrow{O'P}$，设该时刻 O' 在静止参考系的位置矢量为 $\boldsymbol{r}_0$（$\boldsymbol{r}_0=\overrightarrow{OO'}$），则由图可知，$\boldsymbol{r}$、$\boldsymbol{r}_1$、$\boldsymbol{r}_0$ 之间满足下面的关系：

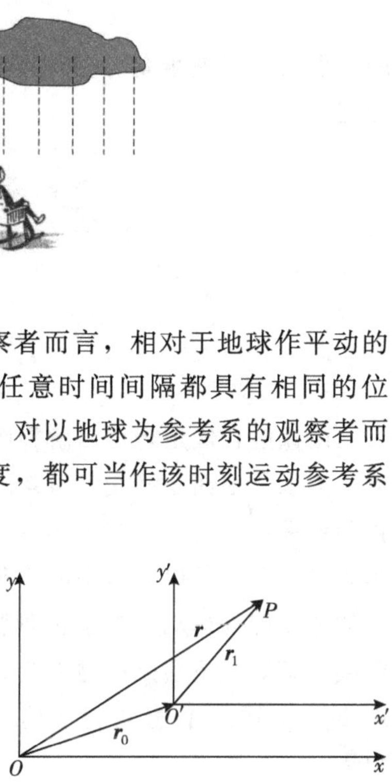

图 1-17

$$\boldsymbol{r}=\boldsymbol{r}_1+\boldsymbol{r}_0 \tag{1-41}$$

上式就是质点在不同参考系下位矢之间的关系，其中 $\boldsymbol{r}_0$ 代表由静止参考系坐标原点 O 指向运动坐标系坐标原点 O' 的矢量．

式（1-41）两边对 t 同取导数得

$$\frac{\mathrm{d}\boldsymbol{r}}{\mathrm{d}t}=\frac{\mathrm{d}\boldsymbol{r}_1}{\mathrm{d}t}+\frac{\mathrm{d}\boldsymbol{r}_0}{\mathrm{d}t} \tag{1-42}$$

上式中$\dfrac{\mathrm{d}\boldsymbol{r}}{\mathrm{d}t}$是质点对静止参考系 S 的速度，称为质点的**绝对速度**，用 v_{S} 表示；$\dfrac{\mathrm{d}\boldsymbol{r}_1}{\mathrm{d}t}$是质点对运动参考系 S′的速度，称为质点的**相对速度**，用 $\boldsymbol{v}_{\mathrm{S'}}$ 表示；$\dfrac{\mathrm{d}\boldsymbol{r}_0}{\mathrm{d}t}$是运动参考系 S′中的一点 O' 对静止参考系 S 的速度，因为 S′相对于 S 作平动，所以$\dfrac{\mathrm{d}\boldsymbol{r}_0}{\mathrm{d}t}$就是运动参考系 S′相对于静止参考系 S 的速度，称为**牵连速度**，用 $\boldsymbol{v}_{\mathrm{S'S}}$表示. 则式（1-42）可写为

$$\boldsymbol{v}_{\mathrm{S}} = \boldsymbol{v}_{\mathrm{S'}} + \boldsymbol{v}_{\mathrm{S'S}} \tag{1-43}$$

即质点的绝对速度等于相对速度和牵连速度的矢量和，这一结论称为**速度合成定理**.

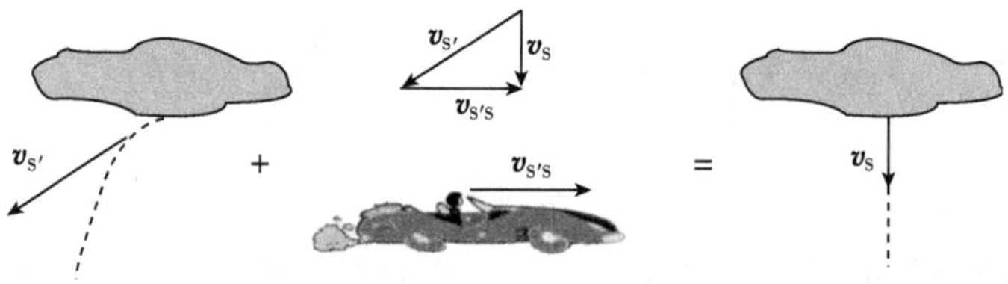

图 1-18

由速度合成定理可以解释图 1-16 的现象，行驶在笔直高速公路上的汽车是运动参考系，地面是静止参考系. 因为汽车沿公路直线行驶，所以运动参考系相对静止参考系作平动. 如图 1-18 所示，汽车中的人观察到雨滴沿斜后方运动，是以汽车为参考系，所以汽车中的人观察到的雨滴速度为相对速度 $\boldsymbol{v}_{\mathrm{S'}}$. 而汽车相对于地面的速度即为运动参考系相对静止参考系的牵连速度 $\boldsymbol{v}_{\mathrm{S'S}}$. 对于地面上的人，其观察到雨滴竖直下落是以地面为参考系，所以地面上的人观察到的雨滴速度是绝对速度 $\boldsymbol{v}_{\mathrm{S}}$. 上述三个速度满足速度合成定理，其构成的矢量图如图 1-18 的矢量三角形.

将式（1-42）两边对 t 再次同时求导得

$$\frac{\mathrm{d}^2\boldsymbol{r}}{\mathrm{d}t^2} = \frac{\mathrm{d}^2\boldsymbol{r}_1}{\mathrm{d}t^2} + \frac{\mathrm{d}^2\boldsymbol{r}_0}{\mathrm{d}t^2} \tag{1-44}$$

式中，$\dfrac{\mathrm{d}^2\boldsymbol{r}}{\mathrm{d}t^2}$是质点对静止参考系 S 的加速度，称为质点的**绝对加速度**，用 $\boldsymbol{a}_{\mathrm{S}}$ 表示；$\dfrac{\mathrm{d}^2\boldsymbol{r}_1}{\mathrm{d}t^2}$是质点对运动参考系 S′的加速度，称为质点的**相对加速度**，用 $\boldsymbol{a}_{\mathrm{S'}}$ 表示；$\dfrac{\mathrm{d}^2\boldsymbol{r}_0}{\mathrm{d}t^2}$是运动参考系 S′相对于静止参考系 S 的加速度，称为**牵连加速度**，用 $\boldsymbol{a}_{\mathrm{S'S}}$表示. 则式（1-44）可写为

$$\boldsymbol{a}_{\mathrm{S}} = \boldsymbol{a}_{\mathrm{S'}} + \boldsymbol{a}_{\mathrm{S'S}} \tag{1-45}$$

即质点的绝对加速度等于相对加速度和牵连加速度的矢量和，这一结论称为**加速度合成定理**.

上述速度合成定理和加速度合成定理是在经典力学时空观和运动参考系相对于静止参考系作平动的两个前提条件下推导出来的，因此要应用这两个定理，必须满足两个条件：①运动参考系相对静止参考系的速度要远小于光速. ②运动参考系相对于静止参考系作平动.

对于非平动（比如转动、平面运动等）情况下的速度和加速度的合成问题，相对比较复杂，本书不作介绍，感兴趣的读者可参考《理论力学》课程的教材.

例 1-6　如图 1-19，地面塔台监控雷达显示，在同一高度有 A、B 两架飞机，A 飞机以 $v_A=200$ km/h 的速率沿正北方向飞行，B 飞机以 $v_B=200\sqrt{3}$ km/h 的速率沿东偏北 60°方向飞行，而且 A 飞机在 B 飞机东偏北 30°方位 100 km 处.

求：(1) B 飞机机载雷达显示的 A 飞机的速度；

(2) A、B 两架飞机有没有相撞的危险？

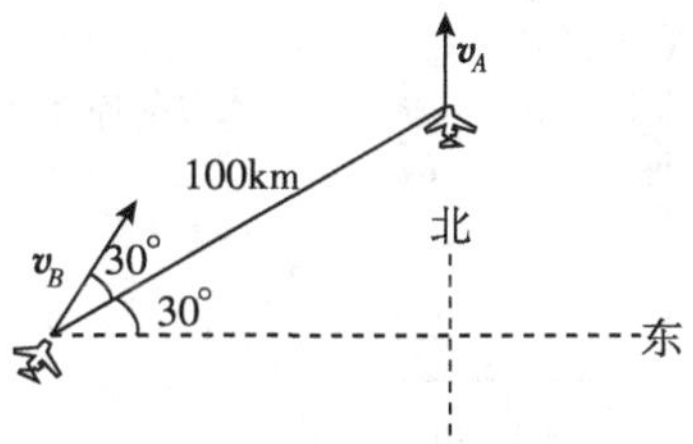

图 1-19

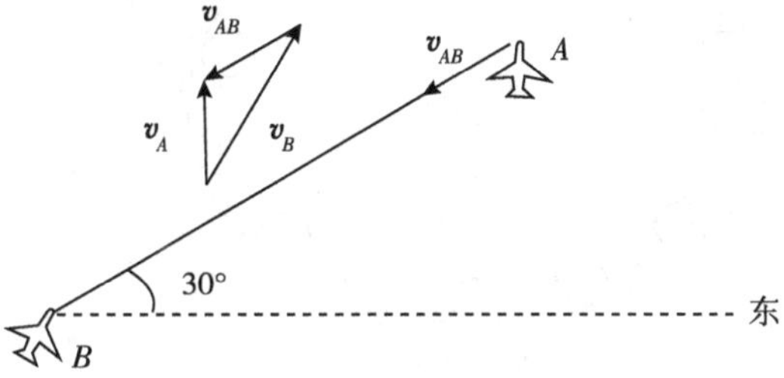

图 1-20

解　(1) B 飞机机载雷达显示的 A 飞机的速度即是 B 飞机参考系下 A 飞机的速度 $\boldsymbol{v}_{AB}$. 地面为静止参考系，B 飞机为运动参考系，研究对象是 A 飞机. 则 $\boldsymbol{v}_A$ 是绝对速度，$\boldsymbol{v}_{AB}$ 是相对速度，$\boldsymbol{v}_B$ 是牵连速度. 根据速度合成定理，$\boldsymbol{v}_{AB}=\boldsymbol{v}_A-\boldsymbol{v}_B$，其矢量合成图如图 1-20，则由几何关系可得 $v_{AB}=200$ km/h 方向沿南偏西 60°.

(2) 过 A 引一条与 $\boldsymbol{v}_{AB}$ 方向平行的直线，直线和 B 相交，如图 1-20 所示，所以两飞机有相撞的危险.

工程应用

A. 汽车速度和里程测量

在汽车方向盘附近都有两个表盘，一个是时速表，一个是里程表，司机通过表盘指针的指向可以获得此时的车速和汽车已经行驶的里程. 时速表和里程表的设计原理是什么呢？

下面我们首先介绍时速表的基本测量原理.

目前，汽车速度的测量主要有以下几种方式：机械式、电磁式、光电式和激光式，机械式主要利用离心原理，通过一个随转轴转动的固定质量重锤带动套轴上下运动，原理简单，但是精度不高；电磁式主要利用电磁感应引起电磁阻的变化形成脉冲，受本身的影响和最大脉冲计数限制，精度不高；光电式和电磁式类似，利用光电感应引起脉冲的变化，受到铝盘最小分隔和最大脉冲计数限制，精度比较高，成本也低；激光式利用多普勒效应获得瞬时速度，理论精度很高，但受技术影响成本较高. 本文主要介绍光电式测量车速的基本原理，利用多普勒效应测量车速的原理将在第五章介绍.

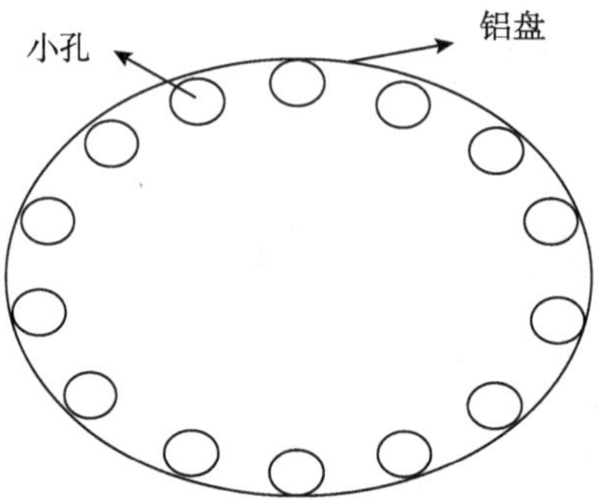

图 1-21

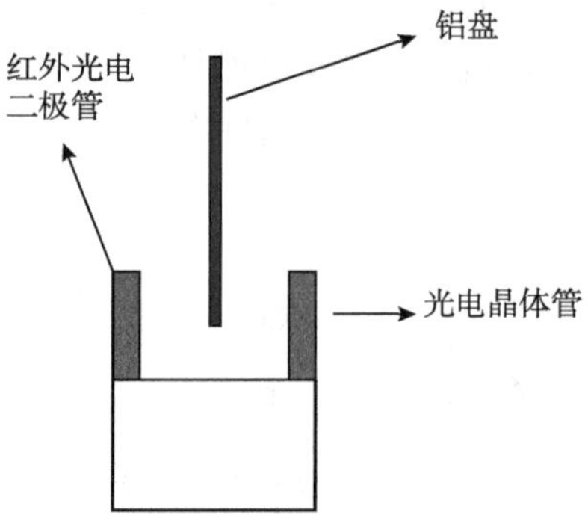

图 1-22

光电式测量车速的原理如图 1-21 和 1-22 所示，图 1-21 为一个刻有很多等间距小孔的铝盘示意图，图 1-22 为红外光电二极管发光产生脉冲信号示意图. 当汽车车轮转动时，会带动铝盘进行转动，铝盘边缘的小孔通过图 1-22 所示装置时，光线就会通过小孔形成一个脉冲. 当车轮速度不同时，在同样的时间就会产生不同数目的脉冲，根据脉冲数目可以计算出车速的大小.

设车轮直径为 R，铝盘小孔数目为 n，T 时间间隔内形成脉冲数目为 k. 则 T 时间间隔内车轮转动的圈数 N 为 $N=k/n$，行驶的路程 s 为 $s=\pi Rk/n$. 因此车速

$$v=\frac{s}{T}=\frac{\pi Rk}{nT}$$

如果车轮的直径 R 为 0.5m，小孔数目 n 为 50，选 $T=1\text{s}$ 为一个计时周期，则车速 v 与一个周期内的脉冲数 k 的关系为

$$v=0.01\pi k\ (\text{m/s})$$

从上式看出，对于一个设计好的铝盘，如果计时周期选定，则车速 v 与一个周期内的脉冲数目 k 成正比，是一阶线性关系. 只要我们将光脉冲信号转化为电信号输出，并进行计数，就可以根据电信号数目直接得出车速 v.

光电式测速的精度会受到小孔数目和计时周期的限制，理论上说，小孔数目越多，计时周期越小，精度越高．但实际上，小孔数目和计时周期都是有限的，只是实际设计中，我们尽量提高小孔的数目和缩短计时周期，这样测量值和真实值就会无限接近．

而对于里程表的测量原理与时速表类似，我们只需要将汽车开动时所有的光脉冲信号，转化为电信号输出并累加，就可以通过总的电信号数目推算出里程数．假设一辆汽车从第一次开动至今，总的光脉冲信号为 M，则汽车车轮总转动的圈数为：M/n，汽车行驶的总路程 l 为：

$$l=\frac{M\pi R}{n}\ (\mathrm{m})$$

B．绳拉船问题

如果一艘船快到岸边时，突然出现机械故障，现在需要岸上的人使用机械通过绳子将船拉到岸边．为了使船平稳的靠岸，船被拉动的速度要比较合适，而船被拉动的速度显然与机械拉绳的速度有关，那么这两个速度之间有什么关系呢？我们又该如何选择机械拉绳的速度呢？

下面我们讨论这个问题的物理原理．

设绳子通过一个定滑轮与船相连，定滑轮与船之间的绳子长度为 l，定滑轮的顶端与水面的垂直距离为 h，船和岸边的水平距离为 x，如图 1-23 所示．由几何关系我们可以得出

$$l^2=x^2+h^2$$

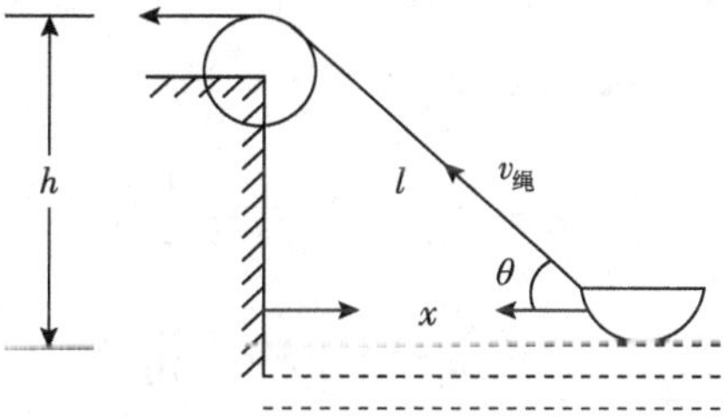

图 1-23

上式两边同时对时间求导，并考虑到垂直距离 h 是个常数，可得

$$2l\frac{\mathrm{d}l}{\mathrm{d}t}=2x\frac{\mathrm{d}x}{\mathrm{d}t}$$

其中，$\frac{\mathrm{d}x}{\mathrm{d}t}$即为船的速度大小 $v_{船}$，$\frac{\mathrm{d}l}{\mathrm{d}t}$为收绳的速度大小 $v_{绳}$，设定滑轮与船之间的绳子与水平方向的夹角为 θ，则有

$$v_{绳}=v_{船}\frac{x}{l}=v_{船}\cos\theta$$

由上式可知，因 θ 随着时间在一直发生变化，收绳的速度大小 $v_{绳}$ 与船的速度大小 $v_{船}$ 之间的关系也是随时间变化的．如果知道某时刻 $\cos\theta$ 的大小，可由收绳的速度大小 $v_{绳}$ 得出船的速度大小 $v_{船}$；同样可由 $v_{船}$ 的大小得到 $v_{绳}$．这样我们机械收绳的速度大小就可以根据需要的船速进行选择．

从上面的讨论，我们还可以知道，如果收绳的速度大小恒定，则船的速度是随着时间变化而越来越大的，即船在做变速直线运动．

本章提要

1. 定量描述物体运动的必要条件

(1) 参考系

(2) 坐标系

2. 描述质点运动的方法

(1) 矢量法

- 位置矢量（位矢）$\boldsymbol{r}$
- 位移 $\Delta\boldsymbol{r}=\boldsymbol{r}_2-\boldsymbol{r}_1$
- 速度 $\boldsymbol{v}=\dfrac{\mathrm{d}\boldsymbol{r}}{\mathrm{d}t}$
- 加速度 $\boldsymbol{a}=\dfrac{\mathrm{d}\boldsymbol{v}}{\mathrm{d}t}=\dfrac{\mathrm{d}^2\boldsymbol{r}}{\mathrm{d}t^2}$

(2) 直角坐标法

- $\boldsymbol{r}=x\boldsymbol{i}+y\boldsymbol{j}+z\boldsymbol{k}$
- $\Delta\boldsymbol{r}=(x_2-x_1)\boldsymbol{i}+(y_2-y_1)\boldsymbol{j}+(z_2-z_1)\boldsymbol{k}$
- $\boldsymbol{v}=\dfrac{\mathrm{d}x}{\mathrm{d}t}\boldsymbol{i}+\dfrac{\mathrm{d}y}{\mathrm{d}t}\boldsymbol{j}+\dfrac{\mathrm{d}z}{\mathrm{d}t}\boldsymbol{k}$
- $\boldsymbol{a}=\dfrac{\mathrm{d}v_x}{\mathrm{d}t}\boldsymbol{i}+\dfrac{\mathrm{d}v_y}{\mathrm{d}t}\boldsymbol{j}+\dfrac{\mathrm{d}v_z}{\mathrm{d}t}\boldsymbol{k}$

  $=\dfrac{\mathrm{d}^2x}{\mathrm{d}t^2}\boldsymbol{i}+\dfrac{\mathrm{d}^2y}{\mathrm{d}t^2}\boldsymbol{j}+\dfrac{\mathrm{d}^2z}{\mathrm{d}t^2}\boldsymbol{k}$

(3) 自然法

- 自然坐标 s
- $\boldsymbol{v}=\dfrac{\mathrm{d}s}{\mathrm{d}t}\boldsymbol{e}_\tau$
- $\boldsymbol{a}=\boldsymbol{a}_\mathrm{n}+\boldsymbol{a}_\tau=a_\mathrm{n}\boldsymbol{e}_\mathrm{n}+a_\tau\boldsymbol{e}_\tau=\dfrac{v^2}{\rho}\boldsymbol{e}_\mathrm{n}+\dfrac{\mathrm{d}v}{\mathrm{d}t}\boldsymbol{e}_\tau$

3. 质点运动学的两类基本问题

(1) 已知运动方程求速度和加速度——求导

(2) 已知加速度（或速度）及初始条件求运动方程——积分

4. 相对运动

(1) 速度合成定理

$$\boldsymbol{v}_\mathrm{S}=\boldsymbol{v}_{\mathrm{S}'}+\boldsymbol{v}_{\mathrm{S'S}}$$

(2) 加速度合成定理

$$\boldsymbol{a}_{\mathrm{SS}'}=\boldsymbol{a}_{\mathrm{S}'}+\boldsymbol{a}_{\mathrm{S'S}}$$

习　题

一、思考题

1. 在一个高速行驶的火车上，甲、乙两个乘客在争论：

甲：我静静地坐在这里好久了，我一点儿都没动.

乙：不对，你看看窗外，外面的树在飞快的后退，火车在飞快地前进，你也在飞快地运动.

甲、乙谁是正确的？你如何理解运动和静止的概念？

2. 有人说："原子很小，所以能看作质点；太阳很大，所以不能看作质点". 对吗？

3. 瞬时速度的大小等于瞬时速率，那么平均速度的大小等于平均速率吗？如果相等，需要满足什么条件？

4. 有人说："因为 $\boldsymbol{v}=\frac{\mathrm{d}\boldsymbol{r}}{\mathrm{d}t}$，$\boldsymbol{a}=\frac{\mathrm{d}^2\boldsymbol{r}}{\mathrm{d}t^2}$；所以速度的大小 v 和加速度的大小 a 可以如此表示：$v=\frac{\mathrm{d}r}{\mathrm{d}t}$，$a=\frac{\mathrm{d}^2 r}{\mathrm{d}t^2}$."这种说法对吗？

5. 试比较$\frac{\mathrm{d}\boldsymbol{r}}{\mathrm{d}t}$与$\frac{\mathrm{d}r}{\mathrm{d}t}$，$\frac{\mathrm{d}\boldsymbol{v}}{\mathrm{d}t}$与$\frac{\mathrm{d}v}{\mathrm{d}t}$是否相同？

6. 小明说："因为加速度 $\boldsymbol{a}=\frac{\mathrm{d}\boldsymbol{v}}{\mathrm{d}t}$，当 $\boldsymbol{v}=0$ 时，0 对 t 的导数是 0，所以 $\boldsymbol{v}=0$ 时，$\boldsymbol{a}=0$."小华举例反驳小明："作竖直上抛运动的物体，当物体到达最高点时，其速度为 0，但加速度等于重力加速度，所以你说的不对."试分析小明错在哪里？设想是否存在下面的情形：(*a*) $\boldsymbol{v}=0$，$\boldsymbol{a}=0$；(*b*) $v<0$，$a>0$.

7. 举例说明物体能不能（1）速率保持不变，速度不断变化；（2）速度保持不变，速率不断变化.

8. 小张说："作匀速率圆周运动的质点只有一个加速度，作变速圆周运动的质点有两个加速度". 小张说的对吗？

9. 质点作曲线运动时，下列说法是否正确：

（1）若切向加速度为零，则质点速度为恒矢量；

（2）若切向加速度为零，则质点速率为恒矢量；

（3）若质点速度不为零，则质点加速度必不为零；

（4）若质点加速度不为零，则质点速度必不为零.

10. 有人说："质点的相对速度就是将运动参考系相对静止参考系的速度看作 0 时，在运动参考系中测得的速度."这种说法对吗？

二、选择题

1. 质点在某瞬时位于矢径 $\boldsymbol{r}(x, y)$ 的端点处，则其速度大小为　（　）

A. $\dfrac{\mathrm{d}r}{\mathrm{d}t}$　　B. $\dfrac{\mathrm{d}\boldsymbol{r}}{\mathrm{d}t}$　　C. $\dfrac{\mathrm{d}|\boldsymbol{r}|}{\mathrm{d}t}$　　D. $\sqrt{\left(\dfrac{\mathrm{d}x}{\mathrm{d}t}\right)^2+\left(\dfrac{\mathrm{d}y}{\mathrm{d}t}\right)^2}$

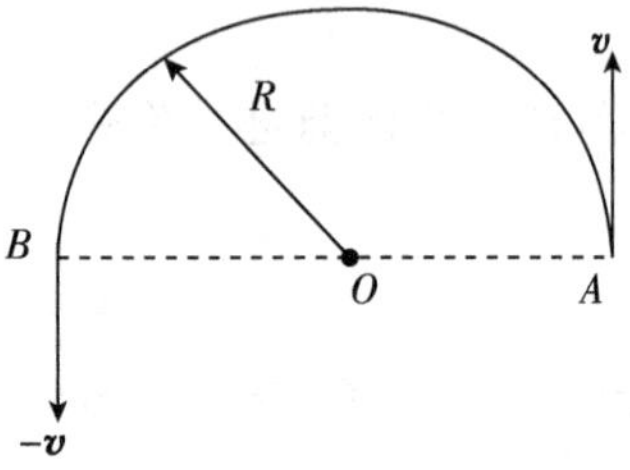

图 1-24

2. 如图 1-24 所示，质点作匀速圆周运动，其半径为 R，从 A 点出发，经半圆到达 B 点，试问下列叙述中哪一个是不正确的？　（　）

A. 速度增量的大小为 $|\Delta\boldsymbol{v}|=0$

B. 速率增量 $\Delta v=0$

C. 位移大小 $|\Delta\boldsymbol{r}|=2R$

D. 路程 $S=\pi R$

3. 质点在平面上运动，已知质点位置矢量的表示式为 $\boldsymbol{r}=at^2\boldsymbol{i}+bt^2\boldsymbol{j}$（SI）（其中 a、b 为非零常量），则该质点作　（　）

A. 匀速直线运动　B. 变速直线运动　C. 抛物线运动　D. 一般曲线运动

4. 一小球沿斜面向上运动，其运动函数为 $s=5+4t-t^2$，则小球将在何时开始从斜面往下运动？　（　）

A. 4s　　B. 6s　　C. 2s　　D. 3s

5. 质点作曲线运动，$\boldsymbol{r}$ 表示位置矢量，s 表示路程，$\boldsymbol{v}$ 表示质点的速度，v 表示质点的速率，a_τ 表示切向加速度的大小，下列表达式中：(1) $\dfrac{\mathrm{d}\boldsymbol{v}}{\mathrm{d}t}=a_\tau$；(2) $\dfrac{\mathrm{d}r}{\mathrm{d}t}=v$；(3) $\left|\dfrac{\mathrm{d}s}{\mathrm{d}t}\right|=v$；(4) $\left|\dfrac{\mathrm{d}\boldsymbol{v}}{\mathrm{d}t}\right|=a_\tau$. 表达正确的是　（　）

A. 只有 (1)、(4)　　B. 只有 (2)、(4)

C. 只有 (2)　　D. 只有 (3)

6. 如图 1-25 所示，湖中有一小船，有人用绳绕过岸上一定高度处的定滑轮拉湖中的船向岸边运动. 设该人以匀速率 v_0 收绳，绳不伸长，湖水静止，则小船的运动是：　（　）

A. 匀加速运动　B. 匀减速运动　C. 变加速运动

D. 变减速运动　E. 匀速直线运动

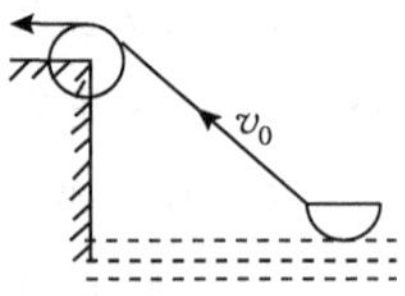

图 1-25

7. 下列说法中正确是　（　）

A. 质点作曲线运动时，其切向加速度一定不为零

B. 在曲线运动中，质点的加速度一定不为零

C. 若质点的加速度为恒矢量，则其运动轨道一定为直线

D. 当质点做抛体运动时，其法向加速度 $\boldsymbol{a}_n$ 和切向加速度 $\boldsymbol{a}_\tau$ 是不断变化的，因此 $a=\sqrt{a_n^2+a_\tau^2}$ 也是不断变化的

8. 下列说法中，哪一个是正确的？　　(　　)

A. 质点作匀速率圆周运动时，其切向加速度一定等于零

B. 质点作匀速率圆周运动时，其加速度恒定

C. 质点作变速率圆周运动时，其加速度方向与速度方向处处垂直

D. 质点作变速率圆周运动时，其加速度方向必与速度方向相同

9. 质点沿半径为 R 的圆周作匀速率运动，每 T 秒转一圈. 在 $3T$ 时间间隔中，其平均速度大小与平均速率大小分别为　　(　　)

A. $\frac{2\pi R}{T}$，$\frac{2\pi R}{T}$　　B. 0，$\frac{2\pi R}{T}$　　C. 0，0　　D. $\frac{2\pi R}{T}$，0

10. 在相对地面静止的坐标系内，A、B 二船都是以 2m/s 的速率匀速行驶，A 船沿 x 轴正向，B 船沿 y 轴正向，今在 A 船上设置与静止坐标系方向相同的坐标系（x、y 方向单位矢量用 $\boldsymbol{i}$、$\boldsymbol{j}$ 表示），那么在 A 船上的坐标系中，B 船的速度为　　(　　)

A. $2\boldsymbol{i}+2\boldsymbol{j}$　　B. $-2\boldsymbol{i}+2\boldsymbol{j}$　　C. $-2\boldsymbol{i}-2\boldsymbol{j}$　　D. $2\boldsymbol{i}-2\boldsymbol{j}$

11. 某人骑自行车以速率 v 向正西方向行驶，遇到由北向南刮的风（设风速大小也为 v），则他感到风是从　　(　　)

A. 东北方向吹来　　B. 东南方向吹来

C. 西北方向吹来　　D. 西南方向吹来

三、填空题

1. 一质点沿直线运动，其运动方程为：$x=2t^3-8t+10$（SI），则第 2 秒末质点的速度大小为________；加速度大小为________.

2. 已知质点运动方程为 $\boldsymbol{r}=\left(8+2t-\frac{1}{2}t^2\right)\boldsymbol{i}+\left(2t+\frac{1}{3}t^3\right)\boldsymbol{j}$，当 $t=2\text{s}$ 时，$\boldsymbol{v}=$________；$\boldsymbol{a}=$________.

3. 一质点的运动方程为：$\boldsymbol{r}=4\cos2t\boldsymbol{i}+3\sin2t\boldsymbol{j}$，则该质点的轨迹方程为________；该质点的运动轨迹为________.

4. 如图 1-26 所示，一质点作斜抛运动，初速度为 $\boldsymbol{v}_0$，与水平方向成 θ_0 角抛出，不计空气阻力. 则在 O 点的切向加速度大小 $\frac{\mathrm{d}v}{\mathrm{d}t}=$________，在 O 点的曲率半径为________；在最高点 B 的曲率半径为________.

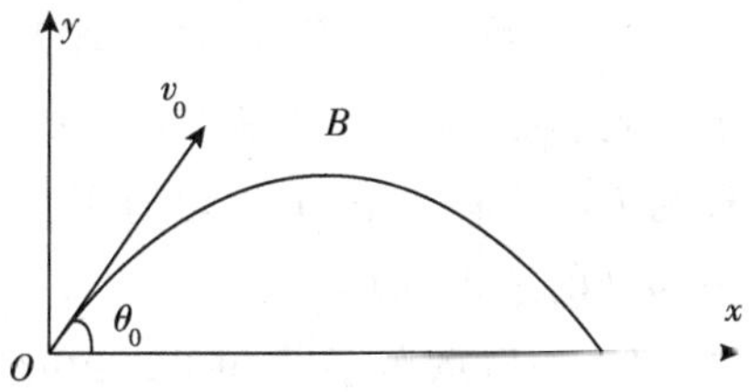

图 1-26

5. 在一个转动的齿轮上，一个齿尖 P 沿半径为 R 的圆周运动，其路程 S 随时间的规律为 $S=v_0t+\frac{1}{2}bt^2$，其中 v_0 和 b 都是正

的常量，则 t 时刻齿尖 P 的速度大小为________，加速度大小为________.

6. 当一列火车以 10m/s 的速率向东行驶时，若相对于地面竖直下落的雨滴在列车的窗子上形成的雨迹偏离竖直方向 30°，则雨滴相对于地面的速率是________；相对于列车的速率是________.

四、计算题

1. 一质点沿直线运动，运动方程为 $x=6t^2-2t^3$（SI）. 试求：(1) 前 2s 内的位移和平均速度；(2) 第 1s 末及 2s 末的瞬时速度，前 2s 内的路程；(3) 第 1s 末的瞬时加速度和前 2s 内的平均加速度.

2. 一质点在平面直角坐标系 Oxy 内作平面运动，其运动方程为 $x=t$，$y=\dfrac{t^2}{4}$.

求：(1) 运动方程的矢量表示式；(2) 质点在第 1 秒末和第 2 秒末的位矢以及这段时间内的位移；(3) 质点的轨道方程.

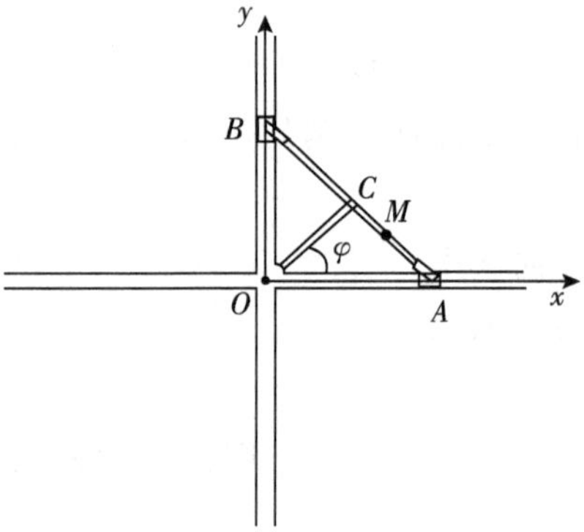

图 1-27

3. 如图 1-27 所示，椭圆规的曲柄 OC 可绕定轴 O 转动，其端点 C 与规尺 AB 的中点以铰链相连接，而规尺 A，B 两端分别在相互垂直的滑槽中运动. 已知：$OC=AC=BC=l$，$MC=a$，OC 与 OA 的夹角为 φ. 求规尺上的点 M 的运动方程和运动轨迹.

4. 一质点沿直线运动，其加速度大小为 $a=4+3t$（SI）. 初始运动时，$x=5\text{m}$，$v=0\text{m/s}$，求该质点在 $t=10\text{s}$ 时的速度和位置.

5. 某物体的运动规律为 $\dfrac{\mathrm{d}v}{\mathrm{d}t}=-kv^2t$，式中 k 为大于零的常数，求速度大小 v 与时间 t 的函数关系式.

6. 一质点沿 x 轴运动，其加速度大小 a 与位置坐标 x 的关系为 $a=2+6x^2$（SI），如果质点在原点处的速度为零，试求其在任意位置处的速度.

7. 湖中有一小船，岸边有人用绳子跨过一定滑轮拉船靠岸，如图 1-28 所示. 设绳子原长为 l_0，人以匀速 $\boldsymbol{u}$ 拉动绳子，试求小船向岸边移动的速度和加速度.

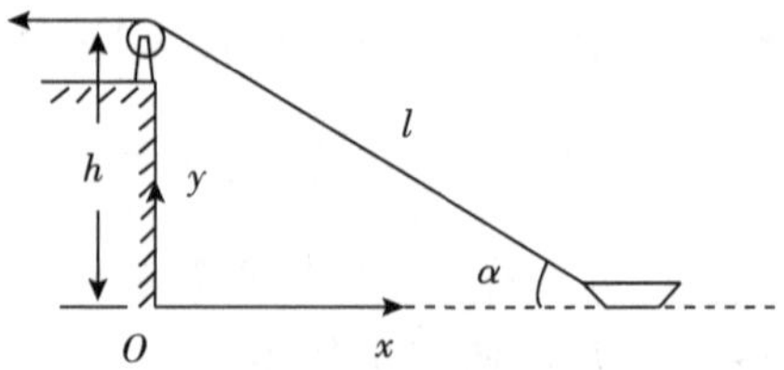

图 1-28

8. 一质点作半径为 32cm 的圆周运动，其切向加速度的大小恒为 8cm/s^2，若质点由静止开始运动，试求多长时间后：(1) 质点的法向加速度等于其切向加速度；(2) 质点的法向加速度是切向加速度的 4 倍.

9. 一飞机在离地面 100m 的高空，以 100m/s 的速度沿直线飞行，驾驶员要把物品空投到前方某一地面目标处，若忽略空气阻力，问：(1) 此时目标在飞机正下方前面多远处，驾驶员才能投中目标？(2) 物品被投出 2s 后，它的速度、切向加速度、法向加速度和该点的曲率半径各为多少？

10. 某人以相对水 2m/s 的速率横渡宽为 100m 的河，当他到达对岸时，发现自己被水流带到了下游方向 50m 处. 求：(1) 该人渡河所用的时间；(2) 水的流速；(3) 该人相对河岸的实际速度.

第二章　质点动力学

马的拉力，使得汽车的运动状态发生改变，反映了力的瞬时效应——加速度；吊车将汽车吊起，使得汽车的重力势能发生改变，反映了力对空间的累积效应——功；棒对球作用一定时间，使得球的动量发生了改变，反映了力对时间的累积效应——冲量。

功是能量改变的量度，冲量是动量改变的量度。那么功和能之间，动量和冲量之间满足什么规律？

本章将告诉你答案。

在力学中，将物体间的相互作用称为力．研究物体在力作用下的运动规律称为动力学．力、能量、动量在力学以至整个物理学中都是很重要的概念．本章将围绕这几个物理量来讨论物体间的相互作用所遵循的力学规律．概括地说，本章主要研究力的三种效应：瞬时效应、空间累积效应和时间累积效应．

§2.1　牛顿运动定律　惯性系

通过第一章的学习，我们对描述质点运动的相关概念有了较为详尽的了解，知道可以用位矢 $\boldsymbol{r}$ 来描述质点的位置，用位矢的时间变化率即速度 $\boldsymbol{v}=\frac{\mathrm{d}\boldsymbol{r}}{\mathrm{d}t}$来描述质点运动的快慢程度，用速度的时间变化率即加速度 $\boldsymbol{a}=\frac{\mathrm{d}\boldsymbol{v}}{\mathrm{d}t}$来描述质点速度改变的快慢程度．接下来的问题是：物体为什么会运动？物体运动的原因是什么？物体运动有什么规律？这些规律如何描述？

被誉为“近代科学之父”的伽利略将物理实验与数学极限思想相结合，对运动和力的关系进行了有效的研究，得到一个重要的结论：物体在不受外力的作用时，将保持原来的运动状态不变；力是物体运动状态改变的原因.

与伽利略同时代的其他物理学家们也对力学现象进行了多方面的研究，得到很多重要结论，为牛顿完成经典力学的大综合提供了基本的条件. 牛顿在开普勒、伽利略等人的基础上经过分析概括，再根据他自己的研究成果，将质点运动规律总结成三条定律，即牛顿三定律.

一、牛顿第一定律（惯性定律）

伽利略做了很多关于物体运动的实验，其中最著名的是“永远滚动着的青铜球”实验. 参考图 2-1. 一个光滑的青铜小球沿光滑斜面 AO 自 A 点自由滚下，小球滚至 O 点后，将沿光滑斜面 OB_1 上行，在不考虑摩擦和空气阻力的理想情况下，小球将上升到与点 A 等高的位置 B_1. 如果改变右侧斜面的倾角，使之分别处于 OB_2、OB_3……则小球在右侧光滑斜面上运动的距离将越来越长. 伽利略进一步想，如果使右侧光滑斜面水平放置，那么小球必将在光滑水平面上永远滚动下去.

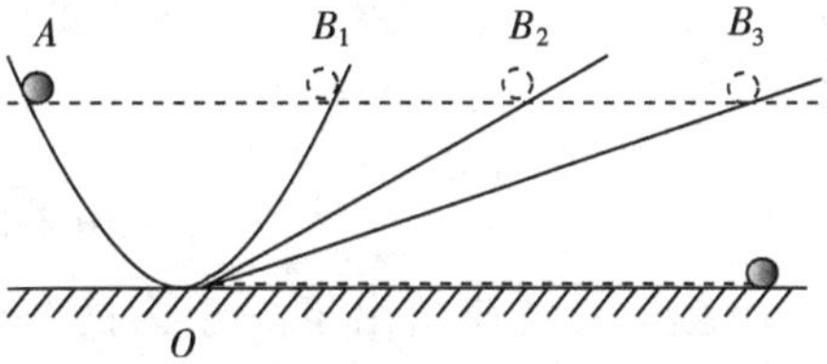

图 2-1　伽利略“永远滚动着的青铜球”示意图

在真实情形下，因为滚动的小球受到摩擦阻力的作用，最后会停下来. 后来笛卡尔进一步指出，如果能把摩擦阻力减小到零，小球不但运动速度大小不变，其运动方向也将不变，即小球将保持匀速直线运动状态.

后来，牛顿把伽利略的研究结果纳入了他的力学体系，建立了牛顿第一定律. 表述为：

任何物体都要保持静止或匀速直线运动状态，直到有外力迫使它改变运动状态为止.

牛顿第一定律的数学表述为

$$\text{若}\quad \sum \boldsymbol{F}=0,\text{则}\quad \boldsymbol{a}=0 \tag{2-1}$$

牛顿第一定律中的物体被视为自由质点，即只涉及平动而不涉及转动.

“任何物体都要保持原来的运动状态”，这一性质被称为**惯性**. 因此牛顿第一定律也被称为惯性定律.

从牛顿第一定律可以得到一个重要推论：**力的作用是物体获得加速度的原因.**

在理解上，应当注意牛顿第一定律中的外力，指的是作用于物体上的所有力的矢量和. 当物体所受外力的矢量和 $\sum \boldsymbol{F}=0$ 时，物体的加速度 $\boldsymbol{a}=0$，意味着物体的速度不随时间变化，即 $\boldsymbol{v}$=恒矢. 说明原来处于静止状态的物体仍静止，运动的物体仍运动，总之是保持原来的运动状态不变.

惯性是一切物体的固有属性，无论是固体、液体或气体，无论物体是运动还是静止，都具有惯性. 惯性的大小反映了物体运动状态改变的难易程度.

惯性的大小只与物体的质量有关. 质量大的物体运动状态相对难以改变，也就是惯性大；质量小的物体的运动状态相对容易改变，也就是惯性小.

可以参考图 2-2 进一步理解惯性概念及其应用.

图 2-2　惯性的例子

牛顿第一定律给出了关于力的科学涵义，认为物体所受的力是外界对它的作用，作用的效果是使该物体改变运动状态，产生加速度. 牛顿运动定律的确立，是与对力的这种认识联系在一起的. 因此，正确理解力的概念也是学习和掌握牛顿运动定律的关键.

二、牛顿第二定律

不受外力作用的物体将保持原来的运动状态，那么有外力作用在物体上，物体又是如何改变其运动状态的呢？所加的外力与运动状态的改变有什么关系？

在中学阶段，我们对运动状态及其改变有了较多的认识，知道了只要物体速度的大小或方向发生改变，物体的运动状态就改变了. 可见物体的运动状态是否改变取决于它的速度是否改变，研究物体的运动，首先必须考虑物体的速度. 同样的，要定义一个关于“运动的量”，也必须将物体的速度纳入其中.

在牛顿所处的时代，人们对“运动的量”这一概念如何定义争议很大，后来倾向于用 $m\boldsymbol{v}$ 来表示，现在我们知道 $m\boldsymbol{v}$ 就是动量.

伽利略和牛顿都先后研究过运动物体“运动量的改变量”与所受外力的关系. 牛顿发现，在物体上所施的外力 $\boldsymbol{F}$ 将使物体“运动的量”发生改变，进一步的精确实验表明外力 $\boldsymbol{F}$ 与“运动的量”有确定的数量关系. 据此总结出牛顿第二定律：“物体动量随时间的变化率与作用在物体上的外力成正比.”

牛顿第二定律的数学表述为

$$\boldsymbol{F}=\frac{\mathrm{d}(m\boldsymbol{v})}{\mathrm{d}t} \tag{2-2}$$

牛顿第二运动定律通常表述为：**在外力作用下，物体获得的加速度 $\boldsymbol{a}$ 的大小与所受合外力 $\boldsymbol{F}$ 的大小成正比，与物体的质量 m 成反比，$\boldsymbol{a}$ 的方向与 $\boldsymbol{F}$ 的方向相同**．即

$$\boldsymbol{F} = m\boldsymbol{a} \tag{2-3}$$

式（2-2）与式（2-3）的两种数学表述是等价的．

对牛顿第二定律的理解需要注意以下几点：

（1）牛顿第二定律阐明了在力的作用下物体运动状态变化的规律，$\boldsymbol{a}$ 与 $\boldsymbol{F}$ 是瞬时关系；

（2）牛顿第二定律定律只适用于质点的运动；

（3）$\boldsymbol{F}$ 是合外力，它概括了力的独立性原理和力的迭加原理，在解题时通常用其分量式．

在直角坐标系中，$\boldsymbol{F}=ma_x\boldsymbol{i}+ma_y\boldsymbol{j}+ma_y\boldsymbol{k}$．分量式为

$$\begin{cases} \sum F_x = ma_x = m\dfrac{\mathrm{d}v_x}{\mathrm{d}t} \\ \sum F_y = ma_y = m\dfrac{\mathrm{d}v_y}{\mathrm{d}t} \\ \sum F_z = ma_z = m\dfrac{\mathrm{d}v_z}{\mathrm{d}t} \end{cases} \tag{2-4}$$

在自然坐标系中，$\boldsymbol{F}=ma_\tau\boldsymbol{e}_\tau+ma_\mathrm{n}\boldsymbol{e}_\mathrm{n}$．分量式为

$$\begin{cases} \sum F_\tau = ma_\tau = m\dfrac{\mathrm{d}v}{\mathrm{d}t} \\ \sum F_\mathrm{n} = ma_\mathrm{n} = m\dfrac{v^2}{\rho} \end{cases} \tag{2-5}$$

质量是标量，在国际单位制（SI）中，质量是七个基本物理量之一，它的单位为千克（kg）．力是矢量，在 SI 中，它的单位为牛顿（N）．

三、牛顿第三定律

牛顿第三定律表述为**作用力和反作用力大小相等，方向相反，分别作用在两个物体上**．

当物体 A 以力 $\boldsymbol{F}_{\mathrm{AB}}$作用于物体 B 时，物体 B 也必定同时以力 $\boldsymbol{F}_{\mathrm{BA}}$作用于物体 A，$\boldsymbol{F}_{\mathrm{AB}}$与 $\boldsymbol{F}_{\mathrm{BA}}$等大、反向，并处于同一直线上．即

$$\boldsymbol{F}_{\mathrm{AB}} = -\boldsymbol{F}_{\mathrm{BA}} \tag{2-6}$$

牛顿第三定律告诉我们物体之间的作用总是相互的，我们常把其中的一个力称为作用力，而把另一个力称为反作用力．

对牛顿第三定律的理解，需要注意以下几点：

（1）作用力和反作用力总是成对出现的，并且同时产生，同时消失．它们中的任何一个都不可能独立存在．

（2）作用力和反作用力的大小相等，方向相反，分别作用在两个物体上，绝对不是一对平衡力，不能相互抵消.

（3）作用力和反作用力是一对性质相同的力. 即是说如果作用力为万有引力（弹性力、摩擦力），则反作用力也为万有引力（弹性力、摩擦力）.

（4）作用力和反作用力的作用效果不同. 虽然作用力大小相等，但因作用对象不同，所以作用效果不同. 比如：手用力打鼻子，鼻子会流血，手却没事；鸡蛋碰石头，鸡蛋会碎，而石头安然无恙.

牛顿的运动三定律，在经典力学体系中占有重要的地位. 第一定律定性说明了物体运动状态的变化与所受外力之间的关系；第二定律定量说明了物体运动状态的变化与所受外力之间的关系；第三定律说明物体之间作用力的相互联系和相互制约的关系.

四、惯性参考系

在第一章中曾经指出，描述物体的运动时，需要指明所选的参考系，在运动学中，参考系的选择可以是任意的. 那么在动力学中，应用牛顿运动定律研究物体的运动时，参考系的选择也是任意的吗？也就是说牛顿运动定律在任何参考系下都适用吗？下面我们举例进行讨论.

设想火车车厢内的桌面是光滑的，在桌面上放置一小球. 当火车车厢沿水平的铁轨做匀速直线运动时，小球相对桌面处于静止状态，此时车厢里的乘客分析发现小球受到的合外力为零，而且观察到小球处于静止状态，所以牛顿运动定律适用于此时的车厢参考系；此时铁轨附近的人观察到小球随车厢一起做匀速直线运动，而且分析发现小球所受的合外力为零，因此牛顿运动定律对地面参考系也适用. 因此我们可以得出结论：当车厢相对地面做匀速直线运动时，牛顿运动定律在车厢参考系和地面参考系都适用. 下面我们讨论当车厢以加速度 $\boldsymbol{a}$ 向前运动的情况，此时，地面上的人观察到小球仍然做匀速直线运动，而且所受合外力为零，所以牛顿运动定律对地面参考系仍然成立；但是，车厢里的乘客发现，小球虽然受合外力为零，但却以加速度 $-\boldsymbol{a}$ 向后运动，小球不受力却有加速度，所以牛顿运动定律不适用于此时的车厢参考系. 由此可见，牛顿运动定律不是对任意的参考系都适用. 我们把牛顿运动定律适用的参考系叫做**惯性参考系**，简称**惯性系**；反之，称为**非惯性系**.

一个参考系是不是惯性系要由观察和实验的结果来判断. 生活实践和实验表明，地球可近似看作惯性系，但考虑到地球的自转和公转，地球并不是一个严格的惯性系，但对地球上运动的物体而言，地球对太阳的向心加速度以及地面上物体对地心的向心加速度都比较小，所以，研究地面上物体的运动时，地球可以视为惯性系.

理论和实践证明，相对于已知惯性系静止或匀速直线运动的物体都可视为惯性系．所以，研究地面上物体的运动时，相对地面静止或匀速直线运动的物体都可看作惯性系．因为牛顿运动定律只能在惯性系中才成立，所以惯性系是牛顿力学的基础.

五、国际单位制和量纲

1．国际单位制（SI）

物理学涉及很多物理量，为了定量地描述这些物理量，就需要用一定的标准去衡量和表示，如果所取的标准不同，那么测得的结果也就不同.

国际单位制（SI）是在米制基础上发展起来的较为完善而且科学的单位制．在国际单位制中，物理学单位可分为三类：基本单位、导出单位和辅助单位.

为规范和简化物理量的单位制，选用一组数目最少的物理量作为基本物理量，其对应的单位为基本单位；其余物理量叫导出量，导出量的单位可通过物理量的定义和物理定律导出，叫导出单位.

1971 年第 14 届国际计量会议确定，以七个基本物理量为基本量，其单位为基本单位．见表 2-1.

表 2-1　SI 基本单位

基本物理量	基本单位		国际符号
	中文名称	英文名称	
长度	米	metre	m
质量	千克	Kilometre	kg
时间	秒	Second	s
电流强度	安培	Ampere	A
热力学温度	开尔文	Kelvin	K
物质的量	摩尔	Mole	mol
发光强度	坎德拉	Candela	Cd

导出单位数量很多，其中具有专门名称的 SI 导出单位共 19 个，其中 17 个是以杰出科学家的名字命名的，如牛顿、帕斯卡、焦耳等，以纪念他们在本学科领域里作出的贡献．同时，为了表示方便，这些导出单位还可以与其他单位组合表示另一些更为复杂的导出单位，见表 2-2.

表 2-2　SI 常用导出单位

物理量名称	物理量符号	单位名称	单位符号	备注
面积	S	平方米	m^2	
体积	V	立方米	m^3	
速度	$\boldsymbol{v}$	米每秒	m/s	
加速度	$\boldsymbol{a}$	米每二次方秒	m/s^2	
角速度	$\boldsymbol{\omega}$	弧度每秒	rad/s	
频率	f	赫【兹】	Hz	$1\ Hz=1\ s^{-1}$
质量密度	ρ	千克每立方米	kg/m^3	
力	$\boldsymbol{F}$	牛【顿】	N	$1\ N=1\ kg\cdot m/s^2$
力矩	$\boldsymbol{M}$	牛【顿】米	N · m	
动量	$\boldsymbol{p}$	千克米每秒	kg · m/s	
功	W	焦【耳】	J	1 J=1 N · m
能量	E	焦【耳】	J	
功率	P	瓦【特】	W	1 W=1 J/s
电荷量	Q	库【仑】	C	1 C=1 A · s
电场强度	$\boldsymbol{E}$	伏【特】每米	V/m	
电势、电压、电势差	U	伏【特】	V	1 V=1 W/A
电容	C	法【拉】	F	1 F=1 C/V
电阻	R	欧【姆】	Ω	1 Ω=1 V/A
电阻率	ρ	欧【姆】米	Ω · m	
磁感应强度	$\boldsymbol{B}$	特【斯拉】	T	$1\ T=1\ Wb/m^2$
磁通量	Φ	韦【伯】	Wb	1 Wb=1 V · s
电感	L	亨【利】	H	1 H=1Wb/A
电导	σ	西【门子】	S	1 S=1A/V

有些单位，国际计量大会尚未规定它们是属于基本单位还是导出单位，这些国际制单位被列为第三类，即所谓“辅助单位”. 这类单位目前只有两个，即平面角的国际制弧度和立体角的国际制球面度，见表 2-3.

表 2-3　SI 辅助单位

物理量	中文名称	英文名称	国际代号	定　义
平面角	弧度	radian	rad	圆的两条半径在圆周上截取的弧长与半径相等时，两条半径之间的平面角定义为 1rad.
立体角	球面度	steradian	sr	以 r 为半径，以球的中心为顶点，展开的立体角所对应的球面表面积为 r^2，该立体角的大小定义为 1sr.

2. *量纲*

量纲表示导出量与基本量之间的关系. 在力学中的三个基本物理量长度、质量、时间的量纲分别为 L、M、T，导出量的量纲表达式为 $[Q]=\mathrm{L}^p\mathrm{M}^q\mathrm{T}^r$，其中 p、q、r 称为量纲指数.

例如，速度的量纲为 $[v]=\dfrac{[s]}{[t]}=\mathrm{LT}^{-1}$；加速度的量纲为 $[a]=\dfrac{[v]}{[t]}=\mathrm{LT}^{-2}$；力的量纲为 $[F]=[m][a]=\mathrm{LMT}^{-2}$

量纲法则：只有量纲式相同的量才能进行加减运算或用等号联接.

量纲这个概念除了表示导出量与基本量的关系外，还有以下用途：①用于单位换算. ②用于检验公式的正确性. ③为寻找复杂的物理规律所满足的公式提供线索. 详见本章工程应用 A.

六、力学中常见的几种力

在动力学中，分析物体的受力情况是十分重要的. 力学中常见的力有万有引力、弹力、摩擦力等，它们分属不同性质的力，万有引力属于场力，弹力和摩擦力属于接触力. 下面我们来介绍这几种力.

1. *万有引力*

无论是宇宙中的星系之间，还是地球上的物体之间，都存在着相互吸引的力. 我们通常说宇宙是和谐的，那么，这种和谐就是由物体之间相互吸引的力形成的.

物体之间存在相互吸引的力称为万有引力. 研究表明，在空间内存在一种特殊的物质，物理学家将其称为引力场，认为引力作用就是通过引力场传递的.

万有引力定律：任何两个质点之间都存在着相互作用的引力，引力的方向沿两质点的连线，力的大小与两质点质量的乘积成正比，与两质点间距离的平方成反比. 即

$$\boldsymbol{F}_{12}=-G\frac{m_1m_2}{r_{12}^2}\hat{\boldsymbol{r}}_{12} \tag{2-7}$$

万有引力常量：

$$G=6.67\times10^{-11}\,\mathrm{N\cdot m^2\cdot kg^{-2}}$$

必须注意，引力 $\boldsymbol{F}_{12}$ 是 m_1 对 m_2 的引力，式中的“－”号表示 $\boldsymbol{F}_{12}$ 的方向与单位矢量 $\hat{\boldsymbol{r}}_{12}$ 相反．见图 2-3.

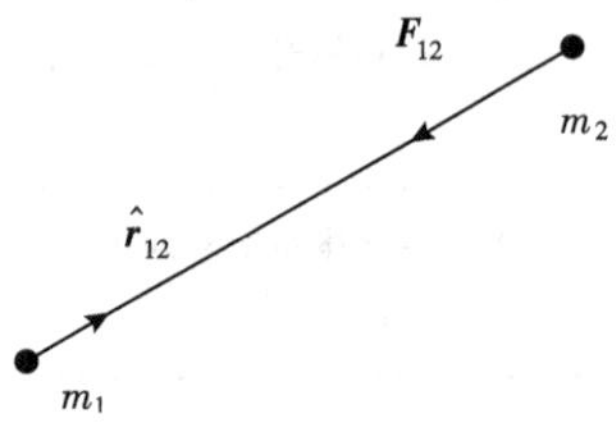

图 2-3　万有引力图示

万有引力的大小与两质点的距离的平方成反比，这种关系称为**平方反比律**．今后我们还碰到类似的满足平方反比律的情况，例如电磁学中的库仑定律等.

万有引力之所以称为“万有”，是因为它广泛存在于世间万物之间．但由于引力常量很小，两质点的质量一般不是很大，所以两个质点的距离稍大一点，相互的引力就很小．因此在分析一般的力学问题时，我们可以不考虑引力作用.

重力：地球表面的物体由于地球的吸引而受到的竖直向下的力.

若把地球（质量为 M，半径为 R）近似看作质量均匀分布的球体，则地面上一质量为 m 的物体与地球间的引力大小即重力为

$$F = G\frac{Mm}{R^2} = mg \tag{2-8}$$

重力加速度为

$$g = \frac{GM}{R^2} \tag{2-9}$$

式（2-9）表明：①重力加速度 g 与所考察的物体质量无关；②g 的数值随 R 的不同而不同．这就是为什么地球上纬度不同的地方 g 不同的缘故.

在实际应用中，通常取 $g=9.8\text{m/s}^2$.

2. 弹力

物体受力作用时形状会发生变化，当外力撤出后，若物体能完全恢复到原来的形状，则称这种形变为**弹性形变**.

两物体相互接触时，物体由于形变而产生的力称为弹性力，简称**弹力**.

弹力与物体的形变量相关，在物体的弹性限度内，形变越大弹力也越大．若形变消失则弹力也消失.

如果外力超过一定的限度，则外力撤出后物体不能恢复到原来的形状，这一限度称为**弹性限度**.

在弹性形变的问题中，最典型的是弹簧的弹性形变．有一个重要的定律描述弹簧的弹性形变，这一定律是与牛顿同时代的物理学家胡克发现的，称为胡克定律.

胡克定律：在弹性限度内，弹簧产生的弹性力与弹簧的形变量成正比．即

$$\boldsymbol{F} = -k\boldsymbol{x} \tag{2-10}$$

k 称为弹簧的劲度系数，它表示每伸长单位长度所需施加的外力．k 与弹簧的材料和形状有关.

3. 摩擦力

当一个物体在另一个物体表面滑动或有滑动趋势时，在接触面上产生的阻碍相对滑动的力，称为摩擦力. 摩擦力产生的原因非常复杂，除了接触面凹凸不平而互相嵌合外，还与分子之间的引力作用和静电作用有关.

对于摩擦力在此仅讨论以下两种类型.

1）静摩擦力

当两物体间有相对滑动趋势但尚未滑动时，产生的摩擦力叫静摩擦力. 静摩擦力与所施加的外力大小相等，方向相反. 如果增大外力，静摩擦力 $\boldsymbol{f}$ 也随之增大. 当静摩擦力增大到一定数值时，若再增大拉力，物体将发生相对滑动，此时的静摩擦力为最大，称为最大静摩擦力.

实验表明，最大静摩擦力的大小与正压力成正比. 即

$$f_{\max} = \mu_0 N \tag{2-11}$$

μ_0 称为静摩擦系数，由物体的材料和表面粗糙程度决定，通常由实验测定.

2）滑动摩擦力

当相互接触的两物体间有相对滑动时，物体接触面间的摩擦力就称之为滑动摩擦力.

实验表明：滑动摩擦力 $\boldsymbol{f}$ 的大小与物体间的相互压力 $\boldsymbol{N}$ 的大小成正比，即

$$f = \mu N \tag{2-12}$$

μ 称为滑动摩擦系数，由物体的材料和表面粗糙程度决定.

一般来说，对于给定的两个物体，滑动摩擦系数 μ 比静摩擦系数 μ_0 略小.

七、牛顿运动定律的应用

牛顿运动定律有着重要的应用，在力学中，它较多地用于求解两类问题：已知力求运动（已知受力情况，分析运动状态）和已知运动求力（已知运动状态，分析受力情况）. 但是无论是哪一类问题，求解过程中的关键是求解加速度 a.

有人总结了应用牛顿定律的十六字诀，可以帮助我们尽快掌握基本的解题技巧，即**隔离物体、具体分析、建立坐标、写出方程**.

“隔离物体”，是指在明确研究对象的情况下，将相连接的物体“隔离”开来，以避免分析过程中的失误. “具体分析”是指判断研究对象的运动情况，并用速度、加速度等符号表明，或者对物体进行受力分析，作出受力图示并注意力的三要素在图中的体现，并标明相关的符号. “建立坐标”是指在参考系上选定合适的参考点为坐标原点，建立坐标系以便于定量表示. “写出方程”指的是在分析的基础上写出相应的分量式. 可以认为，以上这些环节是很重要的，这些工作完成了，接下来的联立求解就水到渠成了.

例 2-1 为验证牛顿第二定律而设置的滑轮装置称为“阿特伍德机”如图 2-4 所示，一根不能伸长的轻绳跨过一个轴承光滑的质量可以忽略的定滑轮，轻绳两端

悬挂着质量分别为 m_1 和 m_2 的物体，已知 $m_1>m_2$. 求：

（1）物体的加速度和绳子的张力；

（2）定滑轮对悬挂点 A 的作用力.

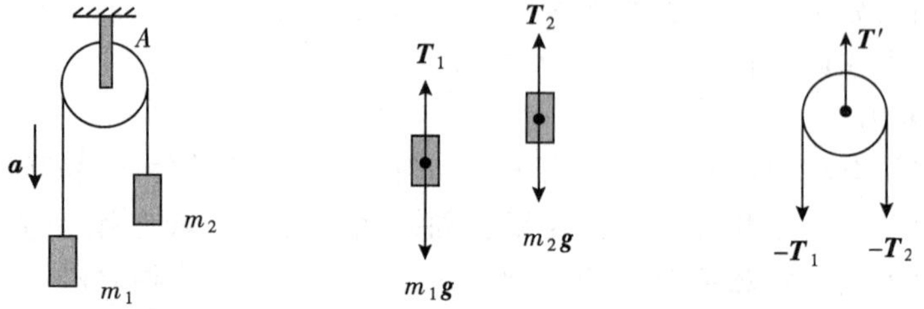

图 2-4

解　用隔离物体法对物体和滑轮分别进行受力分析，如图所示.

（1）依题意知，可以认为绳子上各部分的张力都相等，设 $\boldsymbol{T}_1=\boldsymbol{T}_2=\boldsymbol{T}$. 根据牛顿第二定律，分别对 m_1 和 m_2 建立方程为

$$\begin{cases} m_1g-T=m_1a \\ T-m_2g=m_2a \end{cases}$$

以上两式联立求解，得

$$\begin{cases} a=\dfrac{m_1-m_2}{m_1+m_2}g \\ T=\dfrac{2m_1m_2}{m_1+m_2}g \end{cases}$$

（2）由受力分析图知，悬挂点 A 对定滑轮向上的作用力为

$$T'=T_1+T_2=2T=\frac{4m_1m_2}{m_1+m_2}g,$$

根据牛顿第三定律知，定滑轮对悬挂点 A 向下的作用力 T'' 的大小为

$$T''=|-\boldsymbol{T}'|=\frac{4m_1m_2}{m_1+m_2}g$$

讨论：有兴趣的同学可以尝试证明　$T''<(m_1+m_2)g$.

例 2-2　一重物 m 用绳悬起，绳的另一端系在天花板上，绳长 $l=0.5\text{m}$，重物经推动后，在一水平面内作匀速率圆周运动，这种装置叫做圆锥摆. 设每秒转过一转，求这时绳和竖直方向所成的角度.

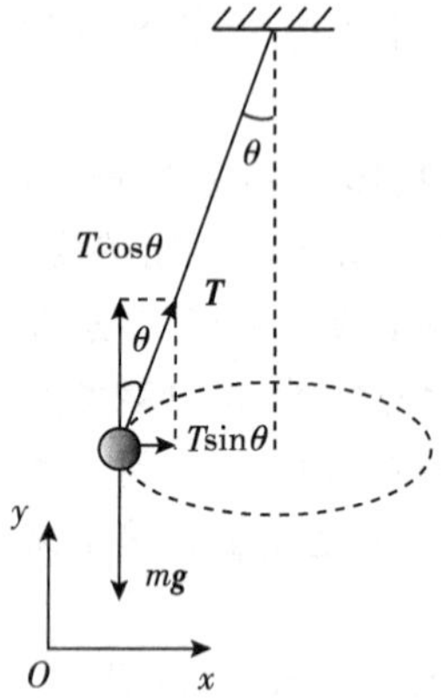

图 2-5

解　建立坐标系如图 2-5 示. 以小球为研究对象，对其进行受力分析：小球受重力及绳子的拉力作用. 对拉力进行正交分解，在竖直方向的分量与重力平衡，水平方向的分力提供向心力使小球作匀速圆周运动. 利用牛顿第二定律，列方程：

$$\begin{cases} T\sin\theta = m\omega^2 r = m\omega^2 l\sin\theta \\ T\cos\theta = mg \end{cases}$$

利用题给转速 $n=1\text{r/s}$，求出角速度为：$\omega=2\pi n$

进而可得

$$\begin{cases} T = 4\pi^2 n^2 ml \\ \theta = \arccos\dfrac{mg}{T} = \arccos\dfrac{g}{4\pi^2 n^2 l} = 60.2^\circ \end{cases}$$

由以上的计算知，物体的转速 n 愈大，θ 也愈大，但 θ 与重物的质量 m 无关.

例 2-3 如图 2-6 所示，质量分别为 m_A 和 m_B 的两个物体 A 和 B 叠摞在水平桌面上. A 和 B 之间的静摩擦系数为 μ_1，B 与桌面的滑动摩擦系数为 μ_2，现用水平向右的力 F 拉物体 B，试求当 A、B 之间无相对滑动并以共同的加速度向右运动时，F 的最大值.

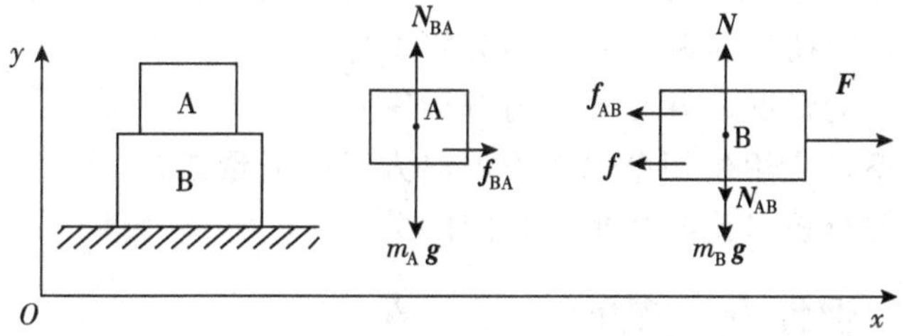

图 2-6

解 建立坐标系 Oxy 如图 2-6 所示. 对 A、B 两物体分别作受力分析如图示，建立方程

对物体 A：$\left.\begin{vmatrix} f_{BA} = m_A a \\ N_{BA} - m_A g = 0 \\ f_{BA} = \mu_1 N_{BA} \end{vmatrix}\right\} \Rightarrow \begin{cases} N_{BA} = m_A g \\ a = \dfrac{\mu_1 N_{BA}}{m_A} = \mu_1 g \end{cases}$

对物体 B：$\left.\begin{vmatrix} F - f_{AB} - f = m_B a \\ N - N_{AB} - m_B g = 0 \\ f = \mu_2 N \\ f_{AB} = \lvert -f_{BA} \rvert \end{vmatrix}\right\} \Rightarrow \begin{cases} N = (m_A + m_B)g \\ f = \mu_2(m_A + m_B)g \end{cases}$

由以上方程式联立可解得 $F = (\mu_1 + \mu_2)(m_A + m_B)g$

由于在考虑 A、B 之间的摩擦力时，使用的是最大静摩擦力 $\boldsymbol{f}_{BA}$ 和 $\boldsymbol{f}_{AB}$，所以上面求得的 F 值是使 A、B 之间无相对滑动，且以共同的加速度向右运动时的最大值.

若 $F>(\mu_1+\mu_2)(m_A+m_B)g$，则 A、B 间必定出现相对滑动.

例 2-4 一质量为 10kg 的质点在力 $\boldsymbol{F}=(120t+40)\boldsymbol{i}$ 作用下沿 x 轴运动，在 $t=0$ 时，质点处于 $x_0=5\text{m}$ 处，其速度为 $v_0=6\text{m}\cdot\text{s}^{-1}$. 求质点在任意 t 时刻的速度和位置.

解　根据牛顿第二定律　　$\boldsymbol{F}=m\boldsymbol{a}=m\dfrac{\mathrm{d}\boldsymbol{v}}{\mathrm{d}t}$

有　　$$120t+40=10\frac{\mathrm{d}v}{\mathrm{d}t}\Rightarrow \mathrm{d}v=(12t+4)\mathrm{d}t\Rightarrow\int_{v_0}^{v}\mathrm{d}v=\int_{t_0}^{t}(12t+4)\mathrm{d}t$$

$$\int_6^v\mathrm{d}v=\int_0^t(12t+4)\mathrm{d}t\Rightarrow v-6=6t^2+4t$$

进而可求得　　$$v=6t^2+4t+6$$

又由于　　$$v=\frac{\mathrm{d}x}{\mathrm{d}t}\Rightarrow \mathrm{d}x=v\mathrm{d}t\Rightarrow\int_{x_0}^{x}\mathrm{d}x=\int_{t_0}^{t}v\mathrm{d}t$$

$$\Rightarrow\int_5^x\mathrm{d}x=\int_0^t(6t^2+4t+6)\mathrm{d}t\Rightarrow x-5=2t^3+2t^2+6t$$

进而可求得

$$x=2t^3+2t^2+6t+5$$

通过以上例题的分析，可以总结出求解动力学问题的一般方法与步骤：

①根据题意选定研究对象，并适当分隔离体；

②分析物体受力情况，并画出受力分析图；

③选定坐标系，应用牛顿第二定律列出方程的分量式；

④解方程，并分析讨论各物理量之间的关系.

八、非惯性系和惯性力（简介）

由前面的讨论可知，相对于惯性系 S 作变速运动或转动的参考系属于非惯性系.

在实际问题中，我们常常需要观察和研究非惯性系中所发生的力学现象，但是，在非惯性系中牛顿定律不成立. 而我们习惯于用牛顿定律去解释或解决相关的力学问题，现在面对非惯性系的问题，牛顿定律不能用了，这确实是“美中不足”.

研究表明，如果在非惯性系中引入一种特殊的“惯性力”，则仍可用牛顿定律解决问题.

需要强调的是，惯性力不同于通常的力，它既无施力物体也不存在反作用力，它与“力是物体间的相互作用”的定义是冲突的. 所以，惯性力是一种“虚拟力”.

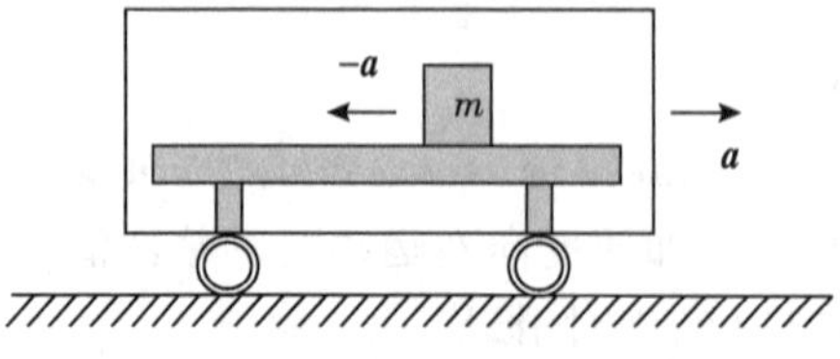

图 2-7　作匀加速直线运动的非惯性系

1. 作匀加速直线运动的非惯性系

如图 2-7 所示，固定在车厢内的光滑桌面上有一个质量为 m 的滑块，车厢以加速度 $\boldsymbol{a}$ 由静止开始向右作直线运动.

地面观察者观察结果：滑块在水平方向不受力，处于静止状态. 滑块的运动符合牛顿运动定律.

在车厢内的观察者观察结果：滑块在水平方向不受力，但以 $-\boldsymbol{a}$ 的加速度在桌面上运动．这显然违背了牛顿运动定律．

结论：**在加速运动的参考系（非惯性系）中，牛顿运动定律不成立．**

有意思的是，在车厢内的观察者试图让牛顿运动定律仍然能够解释滑块的运动，进一步能解决加速运动的非惯性系中的运动问题，他“无中生有”地想到：如果认为在与车厢加速运动的相反方向上滑块受到一个力的作用，那么问题就可解决．

于是，在作匀加速直线运动的非惯性系中引入惯性力

$$\boldsymbol{F} = -m\boldsymbol{a} \tag{2-13}$$

“—”表示惯性力的方向与非惯性系相对于惯性系的加速度方向相反．

在图 2-4 中，滑块受到的惯性力为 $\boldsymbol{F}=-m\boldsymbol{a}$．当车厢以 $\boldsymbol{a}$ 向右运动时，滑块受到向左的惯性力而以 $-\boldsymbol{a}$ 向左运动．可见，引入惯性力后就可以解释清楚滑块在运动的车厢里的运动情况了．

2. 匀速转动参考系中的惯性力

如图 2-8 所示，长为 R 的细绳一端固定于圆盘中心，一端系一质量为 m 的小球．小球随圆盘一起转动．

以地面为参考系，细绳的张力作为小球作圆周运动的向心力，小球的运动符合牛顿定律，且有

$$|\boldsymbol{T}| = m\omega^2 R$$

若以圆盘这个非惯性系为参考系，小球受细绳的拉力却静止，这不符合牛顿定律．于是，在匀速转动的非惯性系中引入惯性力

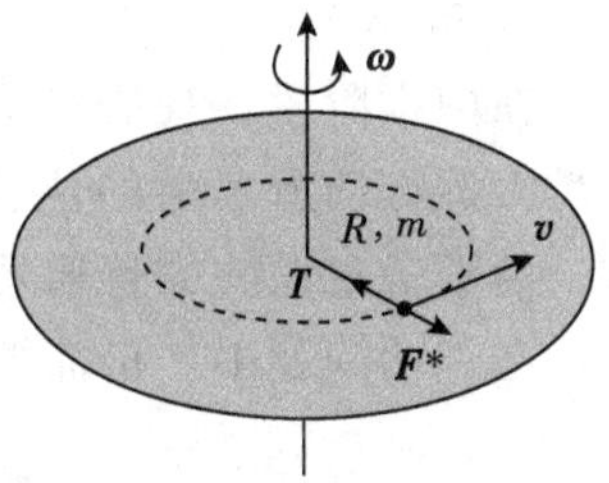

图 2-8　作匀速转动的非惯性系

$$\boldsymbol{F}^* = m\omega^2 \boldsymbol{r} \tag{2-14}$$

$\boldsymbol{F}$ 也称惯性离心力．$\boldsymbol{r}$ 为转轴到质点的有向线段，与转轴垂直．

小球受力关系为 $\boldsymbol{T}+\boldsymbol{F}^*=0$，小球静止，牛顿定律仍成立．

例 2-5　一质量为 60kg 的人，站在电梯中的磅秤上，当电梯以 $a=0.5\text{m/s}^2$ 的加速度匀加速上升时，磅秤上指示的读数是多少？试用惯性力的方法求解．

解　以竖直向上为上方向，从电梯这个非惯性系来看，人除受向下的重力 $\boldsymbol{G}=-m\boldsymbol{g}$ 和磅秤对它的向上的支持力 $\boldsymbol{N}$ 之外，还要另加一个惯性力 $\boldsymbol{F}=-m\boldsymbol{a}$．此人相对于电梯是静止的，则以上三个力必须恰好平衡．即

$$\boldsymbol{N} + \boldsymbol{G} + \boldsymbol{F} = 0$$

于是，有

$$N = m(g + a) = 618\text{N}$$

由此可见，磅秤上的读数（根据牛顿第三定律，它读的是人对秤的正压力，而正压力和 N 是一对大小相等的相互作用）不等于物体所受的重力 G．当加速上升时，$N>G$，人处于“超重”状态；加速下降时，$N<G$，人处于“失重”状态．如果电梯以重力加速度下降时，人则处于“完全失重状态”，此时磅秤上的读数将为 0．

§2.2　功和能　机械能守恒定律

牛顿运动定律是经典力学的基本定律，力学体系中的其他规律都是牛顿运动定律的必然结果．能量是自然科学最重要的一个概念，但长久以来并没有很好地描述，只有物理学发展起来后，能量这一概念才得到准确的定义．非但如此，物理学还发现了自然界的能量是守恒的，虽然形式可以不同．

在这一节里，我们首先阐明功、动能和势能的概念，然后讨论反映功和能之间关系的动能定理和功能原理，最后讨论机械能守恒定律．我们很快就会发现，本节讨论的问题实际上就是力对物体施加作用的空间累积效应．

一、功和功率

1．*功*（W）

在中学阶段，我们对功和能有了基本的认识，知道功是作用于物体上的力与物体沿力的方向所发生的位移的乘积．不过那是特指力与物体移动的方向一致的情形．为了考察作功的普遍情形，这里作进一步的讨论．

在作功问题中，最简单的是恒力作功．

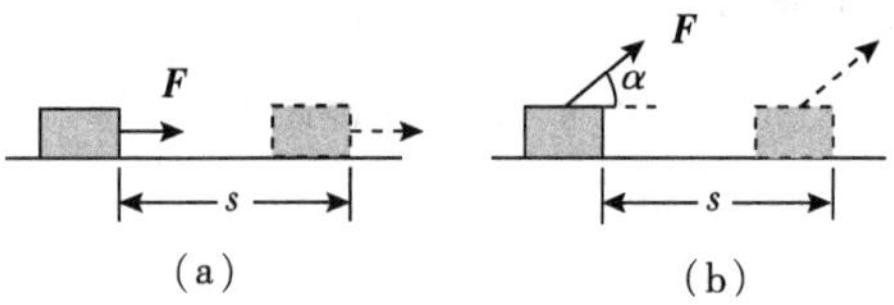

图 2-9　恒力作功示意图

如图 2-9（a）所示，物体在恒力 $\boldsymbol{F}$ 作用下，沿力的方向移动了距离 s，在这一过程中，力对物体发生作用的累积效果可以用功来描述．力对物体作功为 $W=\boldsymbol{F}\cdot\boldsymbol{s}$.

如图 2-9（b）所示，恒力 F 与物体移动的方向不一致，有一夹角 α，对移动物体起作用的只是 F 在物体移动方向的分量 $F\cos\alpha$，所以在这一过程中，力对物体作功为

$$W=F\cos\alpha\cdot s=\boldsymbol{F}\cdot\boldsymbol{s} \tag{2-15}$$

其中，$\boldsymbol{s}$ 代表物体的位移．

以上讨论的是恒力作功使物体沿直线运动，但在实际问题中，更多的问题是变力作功，质点也不一定沿直线运动．

现在考虑作功的一般情形．如图 2-10 所示，一质点在变力 $\boldsymbol{F}$ 作用下沿曲线 L 运动，力 $\boldsymbol{F}$ 的大小和方向都在随时间变化，物体在力 F 作用下沿任意曲线从 P 点运动到 Q 点．我们将总位移分为若干位移元 $\mathrm{d}\boldsymbol{r}$，则在每个位移元内，可以认为 $\boldsymbol{F}$ 是恒定的．故有

$$\mathrm{d}W=\boldsymbol{F}\cdot\mathrm{d}\boldsymbol{r} \tag{2-16}$$

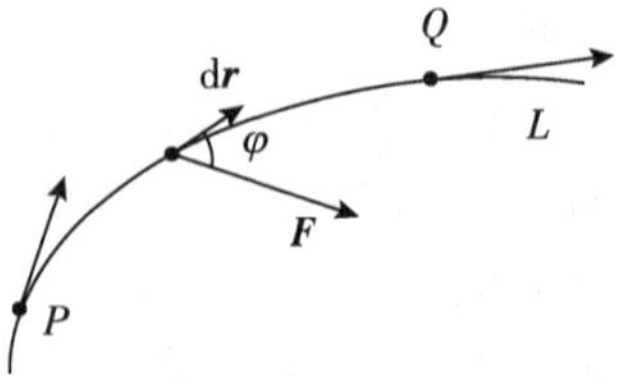

图 2-10　变力作功

式中，$\mathrm{d}W$ 称为元功，$\mathrm{d}\boldsymbol{r}$ 称为元位移．物体从 P 到 Q，力 $\boldsymbol{F}$ 对物体作的总功为

$$W=\int_{r_P}^{r_Q}\boldsymbol{F}\cdot\mathrm{d}\boldsymbol{r}=\int_{r_P}^{r_Q}F\,\mathrm{d}r\cos\varphi \tag{2-17}$$

在谈到功时，一定要指明是什么力对物体作功，或者物体克服什么力作功．

在 SI 制中，功的单位是焦耳(J)．

$$1\mathrm{J}=1\mathrm{N}\cdot\mathrm{m}$$

在实际问题中，还有多个力对同一物体作功的情形．

设物体同时受 $\boldsymbol{F}_1$，$\boldsymbol{F}_2$，…，$\boldsymbol{F}_i$ 的作用时，当物体由 P 运动到 Q，合力作功为

$$W=\int_P^Q\boldsymbol{F}\cdot\mathrm{d}\boldsymbol{r}=\int_P^Q\sum_i\boldsymbol{F}_i\cdot\mathrm{d}\boldsymbol{r}=\sum_i\int_P^Q\boldsymbol{F}_i\cdot\mathrm{d}\boldsymbol{r}=\sum_i W_i \tag{2-18}$$

结论：**合力对物体所作的功等于各分力所作功的代数和．**

在直角坐标系中，作用于物体的合力和位移分别表示为

$$\begin{cases}\boldsymbol{F}=F_x\boldsymbol{i}+F_y\boldsymbol{j}+F_z\boldsymbol{k}\\ \mathrm{d}\boldsymbol{r}=\mathrm{d}x\boldsymbol{i}+\mathrm{d}y\boldsymbol{j}+\mathrm{d}z\boldsymbol{k}\end{cases},$$

则合力作功为

$$W=\int_P^Q\boldsymbol{F}\cdot\mathrm{d}\boldsymbol{r}=\int_P^Q F_x\mathrm{d}x+\int_P^Q F_y\mathrm{d}y+\int_P^Q F_z\mathrm{d}z=W_x+W_y+W_z \tag{2-19}$$

结论：**在直角坐标系中，合力所作的功等于其直角分量作功的代数和．**

最后强调一点，功是个与过程相关的量，这类量可以称为“过程量”，顾名思义，过程量既然与过程有关，那么功必然与物体所经历的路径有关．

2．功率（P）

功率是描述作功的快慢程度的物理量．单位时间内完成的功称为功率．用符号 P 表示．

在 Δt 时间内，机械作功 ΔW，则在这段时间内，机械作功的平均功率为

$$\overline{P}=\frac{\Delta W}{\Delta t}$$

平均功率只能粗略地描述机械作功的快慢程度．当 $\Delta t\to 0$ 时，比值$\dfrac{\Delta W}{\Delta t}$的极限值就能反映在一个瞬时（即极短过程）机械作功的快慢程度．所以瞬时功率（简称功率）可以表示为

$$P=\lim_{\Delta t\to 0}\frac{\Delta W}{\Delta t}=\frac{\mathrm{d}W}{\mathrm{d}t} \tag{2-20}$$

考虑到　$\mathrm{d}W=\boldsymbol{F}\cdot\mathrm{d}\boldsymbol{r}$，可以得到

$$P=\frac{\boldsymbol{F}\cdot\mathrm{d}\boldsymbol{r}}{\mathrm{d}t}=\boldsymbol{F}\cdot\boldsymbol{v} \tag{2-21}$$

式（2-21）表示，功率等于力在运动方向的分量大小与速率的乘积．因此，对于功率一定的机械，当速率小时力就大；当速率大时力必定小．在SI制中，功率的单位是瓦特（W）．1W=1J/s.

由式（2-20）知，功可以表示为 $W=\int P\mathrm{d}t$，所以功还有一个常用单位：千瓦时（kWh），它表示以1kW的恒定功率作功的机械，在1小时内所作的功为 $1\text{kWh}=3.6\times10^6\text{J}$.

例 2-6 质量为2kg的质点在力 $\boldsymbol{F}=12t\boldsymbol{i}$（SI）的作用下，从静止出发，沿 x 轴正向作直线运动，求前3秒内该力所作的功.

解 由题意知，质点的受力方向与运动方向都沿 x 轴正向，可判断为质点作的是沿 x 轴正方向的匀加速直线运动．所以可以用标量形式进行运算，作正负号区分方向.

所求的功为
$$W=\int F\mathrm{d}x=\int Fv\mathrm{d}t=\int 12tv\mathrm{d}t$$

式中有两个变量 t，v，需要找到 v 与 t 之间的关系，将之减少为一个变量，以便计算.

显然，
$$v=v_0+\int_0^t a\mathrm{d}t=0+\int_0^t\frac{F}{m}\mathrm{d}t=\int_0^t\frac{12t}{2}\mathrm{d}t=3t^2$$

所以，
$$W=\int_0^3 36t^3\mathrm{d}t=9t^4\big|_0^3=729(\text{J})$$

例 2-7 如图2-11所示，长为 R 的细绳固定于点 A，末端系一质量为 m 的小球．用水平推力将小球缓慢地从竖直位置移到细绳与竖起方向成 α 角的位置．在不考虑空气阻力的情形下，求推力所作的功.

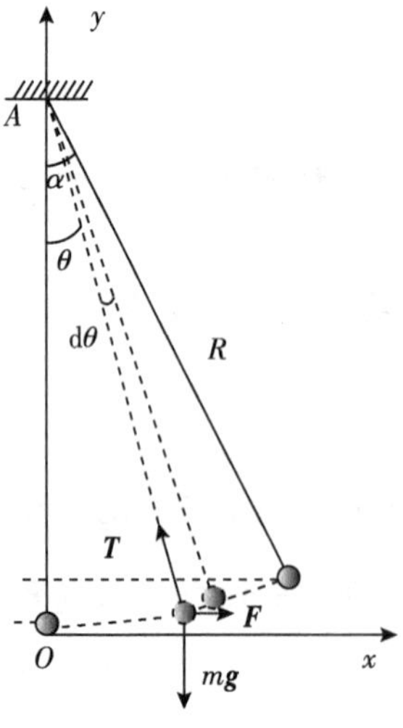

图 2-11

解 以小球自然下垂时的位置为坐标原点建立坐标系 Oxy.

由于小球是缓慢移动的，所以在它移动的过程中，可以认为小球在任意位置上所受的力平衡．即
$$\boldsymbol{F}+\boldsymbol{T}+m\boldsymbol{g}=0$$

将小球在任意位置时所受的力在 x、y 方向进行分解，写出分量式为
$$\begin{cases}T\sin\theta=F\\T\cos\theta=mg\end{cases}$$

以上两式相除，得
$$\tan\theta=\frac{F}{mg}\quad\Rightarrow\quad F=mg\tan\theta$$

以上所得关系式表明：水平推力 F 的大小并不恒定，它随着偏角 θ 的增大而增大，由此可判断小球在移动过程中，是变力在作功.

设小球在偏角为 θ 的位置上发生微小位移 $\mathrm{d}l$，与此位移对应的路程为 $\mathrm{d}s$，那么变力 F 所作的元功为

$$\mathrm{d}W = \boldsymbol{F}\cdot\mathrm{d}\boldsymbol{l} = F\cos\theta\mathrm{d}s = F\cos\theta R\,\mathrm{d}\theta$$

在小球的整个移动过程中，推力 F 作的总功为

$$W = \int \mathrm{d}W = \int_0^\alpha F\cos\theta R\,\mathrm{d}\theta = mgR\int_0^\alpha \tan\theta\cos\theta\mathrm{d}\theta = mgR\int_0^\alpha \sin\theta\mathrm{d}\theta = mgR(1-\cos\alpha)$$

讨论：严格地说，小球在移动过程中受力是不平衡的，否则它就不会运动. 但由于小球是“缓慢移动”的，所以可以把小球在运动中的每个位置所处的状态，近似地看成是平衡状态，从而建立方程求解.

二、动能和动能定理

当物体在外力作用下发生位置改变时，外力对物体作了功. 外力对物体作功的多少与物体运动状态的改变程度必然存在量的关系.

如图 2-12 所示，一质量为 m 的质点在变力 F 作用下沿任意曲线 L 运动，由点 P 至 Q. 在 P、Q 两点处速度分别为 $\boldsymbol{v}_P$ 和 $\boldsymbol{v}_Q$. 取曲线中任意点 C，质点在 C 点处受力 $\boldsymbol{F}$ 作用，在时间 $\mathrm{d}t$ 内发生位移 $\mathrm{d}\boldsymbol{r}$. 变力 $\boldsymbol{F}$ 所作元功为

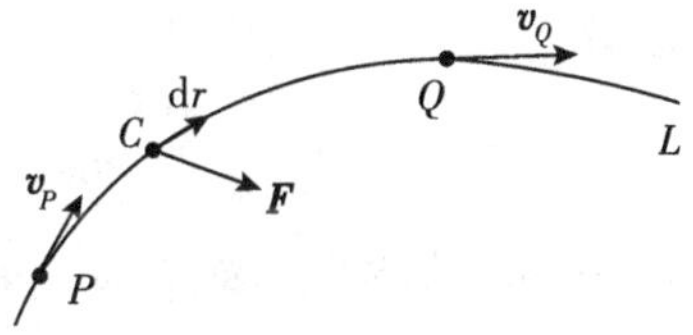

图 2-12　推导动能定理示意图

$$\mathrm{d}W = \boldsymbol{F}\cdot\mathrm{d}\boldsymbol{r} = F_\tau\mathrm{d}r$$

在质点由 P 至 Q 的过程中，变力 $\boldsymbol{F}$ 作功为

$$W = \int_P^Q \boldsymbol{F}\cdot\mathrm{d}\boldsymbol{r} = \int_P^Q ma_\tau\mathrm{d}r = \int_P^Q m\,\frac{\mathrm{d}v}{\mathrm{d}t}v\,\mathrm{d}t = \int_P^Q mv\,\mathrm{d}v$$

因此有

$$W = \frac{1}{2}mv_Q^2 - \frac{1}{2}mv_P^2$$

为使上式的物理意义更为直观，我们引入一个重要的物理量：动能. 动能定义为

$$E_\mathrm{k} = \frac{1}{2}mv^2 \tag{2-22}$$

显然，动能是由物体自身的质量和速率所决定的作功能力. 顾名思义，动能是物体由于运动而具有的能量. 由动能的表述知，动能可以属于某个物体所有，也可以属于某个系统所有.

定义了动能后，有

$$W = E_{kQ} - E_{kP} \tag{2-23}$$

这就是**动能定理**，表述为：**作用于质点的合外力所作的功，等于质点动能的增量**.

动能定理有助增强我们对正功和负功的理解.

①$W>0$，表示合外力对质点作正功，质点动能增加；

②$W<0$，表示合外力对质点作负功，质点动能减少；也可理解为质点减少自身动能而反抗合外力对外作功.

由以上分析知：**功是质点能量改变的量度**.

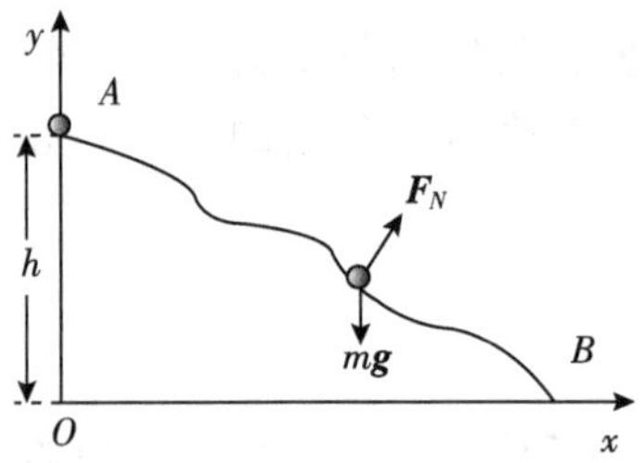

图 2-13

例 2-8　质量为 m 的小球以初速度大小 v_A 沿光滑曲面滚下，如图 2-13 所示. 当小球滚到最低点 B 时，速率为多大？

解　建立平面直角坐标系 Oxy 如图示.

小球在向下滚下的过程中，受到两个力的作用：重力 $m\boldsymbol{g}$ 和支持力 $\boldsymbol{F}_N$. 这两个力的合力为：$\boldsymbol{F}=m\boldsymbol{g}+\boldsymbol{F}_N$

设小球在 B 点时速率大小为 v_B，则根据动能定理有

$$\int_A^B m\boldsymbol{g}\cdot \mathrm{d}\boldsymbol{r}+\int_A^B \boldsymbol{F}_{\mathrm{N}}\cdot \mathrm{d}\boldsymbol{r}=\frac{1}{2}mv_B^2-\frac{1}{2}mv_A^2$$

由于 $m\boldsymbol{g}$ 始终沿 y 轴负向，$\boldsymbol{F}_N$ 始终垂直于 $\mathrm{d}\boldsymbol{r}$，上式中左边第二项为 0，于是有

$$\int_A^B m\boldsymbol{g}\cdot \mathrm{d}\boldsymbol{r}=\int_h^0 -mg\,\mathrm{d}y=mgh$$

进而可得待求的速率为 $v_B=\sqrt{v_A^2+2gh}$.

计算结果表明，小球的末速率与小球的质量无关，与曲面形状无关，其末速与竖直下落的情形相同. 事实上，求解这类问题时，运用动能定理更为便捷.

例 2-9　质量为 m 的滑块在半径为 R 的水平圆环内侧滑动，如图 2-14 所示. 滑动摩擦系数为 μ，求滑块的速度和它能运动的路程.

解　在图中标明相关的量，取滑块运动的任意点 C 分析，在 C 点的法向和切向两个方向进行力的分解，则有以下关系成立：$\begin{cases} N=m\dfrac{v^2}{R} \\ -\mu N=m\dfrac{\mathrm{d}v}{\mathrm{d}t} \end{cases}$

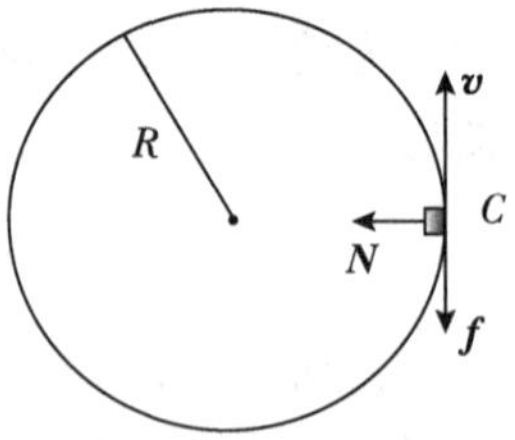

图 2-14

联立求解，可求得速度为

$$\int_{v_0}^{v}\frac{\mathrm{d}v}{v^2}=\int_0^t -\frac{\mu}{R}\mathrm{d}t \rightarrow v=\frac{v_0R}{R+\mu v_0 t}$$

路程为
$$s=\int_0^s \mathrm{d}s=\int_0^t v\mathrm{d}t=\frac{R}{\mu}\ln\left(1+\frac{\mu v_0 t}{R}\right)$$

由所得结果知，滑块的速度随 t 的增加而逐渐减小，而路程随 t 的增加而增大.

三、势能　保守力的功

在力学中，动能和势能统称为机械能. 现在我们知道，动能是由运动物体自身的质量和速率决定的能量. 而势能则不同，势能是由物体之间的相互作用和相对位置决定的能量.

力学中常见的势能有引力势能、重力势能和弹性势能三种，我们将在讨论万有引力、重力和弹力作功的基础之上分别介绍之.

1. 引力势能

牛顿的万有引力定律告诉我们，一切物体之间都存在着引力相互作用. 所以一切物体都存在与这种相互作用相对应的引力势能.

设地球质量为 M，半径为 R 的均匀球体，一质量为 m 的物体在地球引力作用下沿任意曲线 L 从 P 运动至 Q. 取地心为原点建立直角坐标系 Oxy，如图 2-15 所示，P、Q 两点的位矢分别为 $\boldsymbol{r}_P$ 和 $\boldsymbol{r}_Q$. 考察任意曲线 L 上的任意一点 C，其位矢为 $\boldsymbol{r}$. 当物体位于任意点 C 时，所受地球引力为

$$\boldsymbol{F}=-G\frac{mM}{r^2}\hat{\boldsymbol{r}}$$

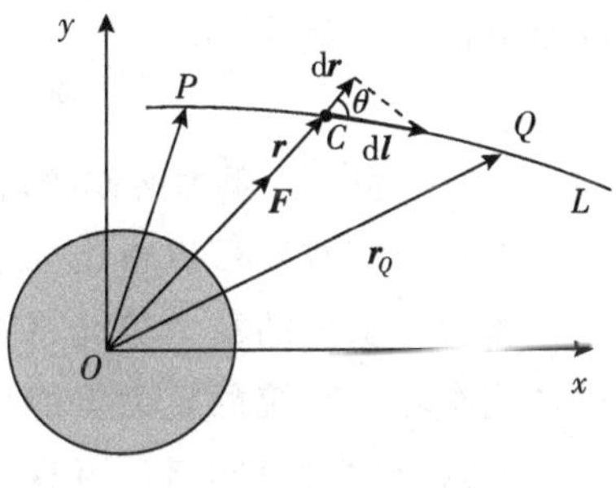

图 2-15　推导引力势能示意图

式中，$\hat{\boldsymbol{r}}$ 表示沿 $\boldsymbol{r}$ 方向的单位矢量.

在 C 点附近，设位移元 $\mathrm{d}\boldsymbol{l}$ 与位矢 $\hat{\boldsymbol{r}}$ 相交的角度为 θ，则有 $\mathrm{d}r=\mathrm{d}l\cos\theta$，物体移过位移元 $\mathrm{d}\boldsymbol{l}$，F 所作的元功为

$$\mathrm{d}W=\boldsymbol{F}\cdot\mathrm{d}\boldsymbol{l}=-G\frac{mM}{r^2}(\hat{\boldsymbol{r}}\cdot\mathrm{d}\boldsymbol{l})=-G\frac{mM}{r^2}\mathrm{d}l\cos\theta=-G\frac{mM}{r^2}\mathrm{d}r$$

物体由 P 至 Q，F 所作的总功为

$$W=\int_P^Q \mathrm{d}W=\int_P^Q -G\frac{mM}{r^2}\mathrm{d}r=G\frac{mM}{r_Q}-G\frac{mM}{r_P}$$

定义质量为 m、与地心相距 r 处的质点与地球组成的系统的引力势能为

$$E_P=-G\frac{mM}{r} \tag{2-24}$$

进而可得

$$W=-(E_{P_Q}-E_{P_P}) \tag{2-25}$$

上式表示，**万有引力所作的功等于系统引力势能增量的负值.**

以上讨论还告诉我们，**万有引力作功与路径无关.**

2. 重力势能

重力势能是处于地球附近的物体与地球之间万有引力作用的结果，是引力势能的一种简单而重要的特例.

设地球为球状，半径为 R，质量为 m 的质点处于地表附近，考察质点由点 P 至 Q 的过程中重力所作的功. 在通常情况下，处于地表附近的 P、Q 两点距地面不远，$r_P=R+h_P$，$r_Q=R+h_Q$，可近似认为 $r_Pr_Q=R^2$，故有

$$W=G\frac{mM}{r_Q}-G\frac{mM}{r_P}=GmM\left(\frac{1}{r_Q}-\frac{1}{r_P}\right)=-GmM\frac{r_Q-r_P}{r_Qr_P}$$
$$=-mg(r_Q-r_P)=-mg(h_Q-h_P)$$

定义质量为 m、距地面高度为 h 的物体与地球组成的系统所具有的重力势能为

$$E_P=mgh \tag{2-26}$$

进而可得

$$W=-(E_{P_Q}-E_{P_P}) \tag{2-27}$$

式（2-27）表示：**重力所作的功等于系统重力势能增量的负值，即重力势能的降低.**

由式（2-27）可以得出如下结论：如果重力作正功（$W>0$），即系统以重力对外界作功，系统的重力势能将降低；如果重力作负功（$W<0$），即外界克服重力而对系统作功，系统的重力势能将增加.

由以上的讨论知道：万有引力和重力所作的功，决定于质点的始、末位置，与质点运动的路径无关.

3. 弹性势能

顾名思义，弹性势能必然与弹力相关，所以要了解弹性势能，必须分析弹力和弹力作功的情况. 我们以大家熟悉的弹簧为例加以说明.

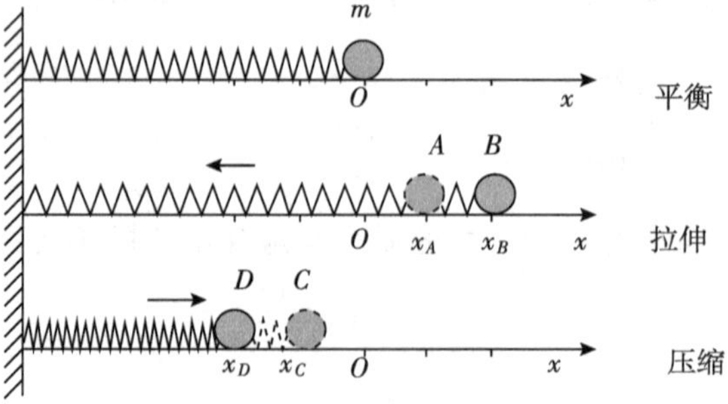

图 2-16　推导弹性势能的示意图

考虑如图 2-16 所示的弹簧系统，质量为 m 的小球与倔强系数为 k 的轻弹簧相连，弹簧另一端固定. 弹簧无形变时小球的位置称为**平衡位置**. 取平衡位置 O 点为坐标原点建立坐标系.

先考虑弹簧拉伸的情形. 在弹簧伸长量由 x_A 变为 x_B 期间，取其中任一点考察，当弹簧有形变 $\mathrm{d}x$ 时，弹力作的元功为

$$\mathrm{d}W = \boldsymbol{F} \cdot \mathrm{d}x\boldsymbol{i} = -kx\,\mathrm{d}x$$

从 A 到 B，弹力作的总功为

$$W = \int_A^B \mathrm{d}W = \int_{x_A}^{x_B} -kx\,\mathrm{d}x = -\left(\frac{1}{2}kx_B^2 - \frac{1}{2}kx_A^2\right)$$

定义弹性势能 E_P 为

$$E_P = \frac{1}{2}kx^2 \tag{2-28}$$

进而可得

$$W = -(E_{P_B} - E_{P_A}) \tag{2-29}$$

式（2-29）表示：**弹力所作的功等于弹性势能增量的负值**. 以上讨论表明，**弹力作功与路径无关**.

用同样的方法处理压缩的情形也可得到相同的结论.

4. 保守力的功

以上讨论的三种势能分别与万有引力、重力和弹力相对应，这只是力学范围内的情形. 事实上，物体之间的相互作用还很多，例如，相互接触的物体之间存在摩擦力，带电体之间存在静电力等. 但是，并非存在相互作用的物体之间就一定有与之对应的势能. 那么，什么力才存在与之对应的势能呢？

研究表明，只有保守力才存在与之对应的势能.

保守力：如果一种力能使物体在其作用下，沿任意闭合路径移动一周所做的功恒等于零，即

$$\oint \boldsymbol{F} \cdot \mathrm{d}\boldsymbol{l} \equiv 0 \tag{2-30}$$

则这种力就能使处于一定位置的物体具有一定的势能. 具有这种性质的力称为保守力；不具有这种性质的力称非保守力.

万有引力、重力、弹力都是保守力. 我们在力学范围内讨论的势能就是这三种力对应的势能.

定义了保守力后，对照上面的讨论，可得到一个结论：**保守力作的功等于势能增量的负值**.

需要说明的是，保守力的作用是相互的，势能属于相互作用保守力的物体所组成的系统. 例如重力势能是属于质量为 m 的物体和地球组成的系统的. 通常说的某个物体的势能，只是简称而已.

势能的值是相对的，与零势能点的选取有关．而零势能点的选取可视方便而定．参看表 2-4．需要说明的是，势能的大小没有任何意义，只有势能的改变量才有实际意义．

表 2-4　三种势能的零势能点的一般取法

种　类	势能表达式	零势能点的一般取法
引力势能	$E_p=-G\dfrac{Mm}{r}$	无穷远处（$r\to\infty$，$E_p=0$，恒负）
重力势能	$E_p=mgh$	地面或某参考面（$h=0$，$E_p=0$，可正可负）
弹性势能	$E_p=\dfrac{1}{2}kx^2$	弹簧无形变时的末端（$x=0$，$E_p=0$，恒正）

摩擦力、空气阻力、粘滞力、爆破力等都是非保守力，也称之为耗散力．对于与非保守力对应的非保守力场（也称为非保守场），不能引入势能概念．这是由于**非保守力作功不仅与物体的始末位置有关，还与物体的运行路径有关．**

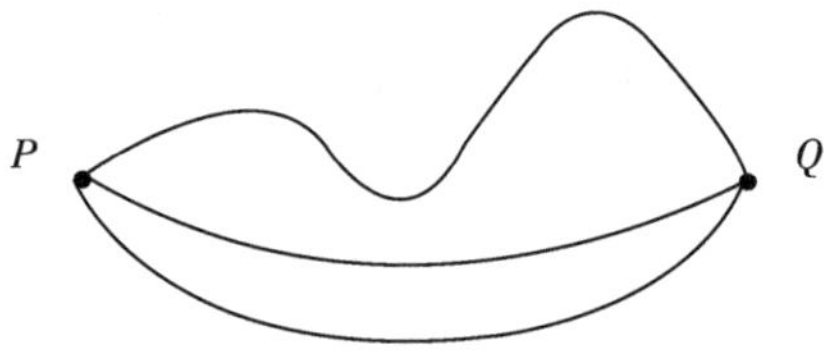

图 2-17　非保守力作功与路径有关

我们以摩擦力作功为例加以说明，如图 2-17示，物体由 P 至 Q 的运动过程中，需要克服摩擦力作功而损耗部分能量，在 P、Q 之间可以有无限多条路径，物体经历的路径不同，损耗的能量也不相等．这就是说摩擦力作功的特点决定了 P、Q 点的“势能”不具有唯一性，定义“势能”没有意义．

四、功能原理　机械能守恒定律

任何一个物体，都处于与其他物体相互作用和相互制约之中，这里我们将讨论由多个质点组成的系统（称为质点系）中，功与能之间的关系．

设一系统是由 n 个相互作用的质点所组成的质点系，通常系统中每一质点既受外力作用，也受系统内其他质点的内力作用．在这些力所作功的作用下，系统的状态将发生变化．对第 i 个质点根据式（2-23）有

$$W_{i外}+W_{i内}=E_{ki}-E_{ki0}$$

对于质点系，均可由式（2-23）列出 n 个质点的动能定理方程，把这 n 个方程相加有

$$\sum W_{i外}+\sum W_{i内}=\sum E_{ki}-\sum E_{ki0}$$

略去脚标 i 有

$$\sum W_{外}+\sum W_{内}=\sum E_{k}-\sum E_{k0} \tag{2-31}$$

即所有外力对质点系做的功和内力对质点系所作的功之代数和等于质点系总动能的增量，这就是**质点系的动能定理．**

考虑到

$$W_{内} = W_{内保} + W_{内非}$$

式 (2-31) 改写为

$$\sum W_{外} + \sum W_{内保} + \sum W_{内非} = \sum E_k - \sum E_{k0}$$

而

$$\sum W_{内保} = -(\sum E_p - \sum E_{p0})$$

经整理后即有

$$\sum W_{外} + \sum W_{内非保} = (\sum E_k + \sum E_p) - (\sum E_{k0} + \sum E_{p0})$$

通常，把质点系的动能与势能之和定义为**机械能** E. **则有：**

$$\sum W_{外} + \sum W_{内非} = (\sum E - \sum E_0) \tag{2-32}$$

上式表明：**在质点系统从一个状态变到另一个状态的过程中，其机械能的增量等于外力所作的功和系统的非保守内力所作功的代数和**，这一规律称为**质点系的功能原理**.

以上的讨论中，如果

$$\sum W_{外} + \sum W_{内非} = 0$$

则有

$$\sum E_k + \sum E_p = \sum E_{k0} + \sum E_{p0} \tag{2-33}$$

上式表明：**在外力和非保守内力都不作功或所作功的代数和为 0 时，系统内质点的动能和势能可以相互转化，但在转化过程中，系统的机械能总量保持不变**. 这一结论称为**机械能守恒定律**.

以上所述，只涉及机械能. 但是我们面对的物质世界中，运动形态多种多样，例如热运动、空气运动、潮汐运动、电磁运动、原子和亚原子粒子运动，以及化学运动、生命运动等等. 而与这些运动形态相对应的能量就有热能、风能、潮汐能、电磁能、核能、化学能、生物能等，可见能量的类别很多.

我们把与外界没有任何联系的系统称为**孤立系统**（或封闭系统）. 对于孤立系统来说，系统内各种形式的能量是可以相互转换的. 例如系统内的摩擦力（非保守力）作功可以使系统的机械能减少，爆炸冲力（非保守力）作功可以使系统的机械能增加，系统的机械能虽然改变了，但是系统内必然有等值的其他形式的能量增加或减少，系统内各种形式的能的总量仍然恒定. 也就是说系统的能量在转换过程中，总和保持不变. 这就是能量转换和守恒定律，简称为能量守恒定律. 一般表述为**能量不会自行产生或消失，不同形态的能量之间可以相互转换，但系统的总能量保持恒定**.

能量守恒定律是自然科学最重要、最基本的普遍规律之一，它不仅在宏观、低速领域适用，在微观、高速领域仍然成立. 大量的理论和实验都表明，自然界一切已经实现的过程都遵守能量守恒定律．恩格斯曾把它与生物进化论、细胞的发现誉为 19 世纪三个最伟大的科学发现．

能量守恒定律的确立，可以使我们更为深刻地认识功的意义．功总是和能量的转换过程相联系的，一个系统的能量发生变化时，必定会使另一系统的能量发生变化，而这种能量的传递通常是通过作功来实现的．也就是说，一个系统对另一个系统作功，会引起这一系统的能量变化，而能量的变化量必定与所作的功的大小相当．从这个意义上说，**功是能量传递的量度**．

凡是违反能量守恒定律的过程都是不可能实现的．历史上曾有不少人试图发明各种各样的永动机，最终都以失败而告终，这是因为永动机所谓的“原理”违背能量守恒定律．

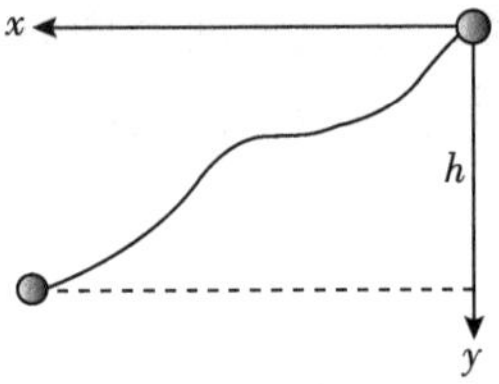

图 2-18

例 2-10 如图 2-18 所示，一质量为 m 的物体从某种高为 h 的弧形轨道顶端由静止滑下，测得物体滑到轨道底端时的速度大小为 $\sqrt{gh}$．问下滑过程中，轨道的摩擦力对物体做了多少功？

解 物体在下滑过程中受重力 $m\boldsymbol{g}$、轨道弹力 $\boldsymbol{N}$ 和摩擦力 $\boldsymbol{f}$ 的作用．其中，重力是保守力，弹力始终与物体运动的方向垂直，不做功．取底端所在水平位置为重力势能零点，由功能原理，摩擦力对物体所做的功应等于物体机械能的增量，即有

$$W_f = \frac{1}{2}mv^2 - mgh$$

亦即

$$W_f = \frac{1}{2}mgh - mgh = -\frac{1}{2}mgh$$

负号说明摩擦力做负功，在阻碍物体的运动．

例 2-11 如图 2-19 所示，物体 A 的质量 $m=0.5\text{kg}$，静止于光滑斜面上．它与固定在斜面底 B 端的弹簧相距 $s=3\text{m}$．弹簧的倔强系数 $k=400\text{N}\cdot\text{m}^{-1}$．斜面倾角为 45°．求当物体 A 由静止下滑时，能使弹簧长度产生的最大压缩量是多大？

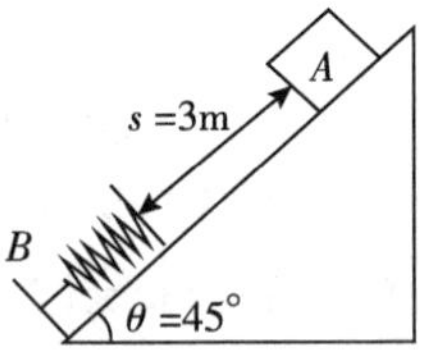

图 2-19

解 取弹簧自然伸长处为重力势能和弹性势能的零势点，由于物体 A 和弹簧组成的系统在整个过程中只有保守力做功，所以机械能守恒，设弹簧压缩最大量为 x，可得方程

$$mgs\sin\theta = -mgx\sin\theta + \frac{1}{2}kx^2$$

上式整理得

$$\frac{1}{2}kx^2 - mgx\sin\theta - mgs\sin\theta = 0$$

解得

$$x = \frac{mg\sin\theta \pm \sqrt{(mg\sin\theta)^2 + 2kmg\sin\theta}}{k}$$

分析知上式只能取正根，带入数据得　$x=0.14\text{m}$

例 2-12　讨论三个宇宙速度.

解　(1) 第一宇宙速度

由地面发射的卫星能绕地球作圆周运动的最小速度，称为第一宇宙速度.

显然，这个最小速度就是在半径等于地球半径的圆形轨道上运行的卫星所需要的速度. 视地球是半径为 R 的均匀球体，质量为 m 的卫星距地面高度为 h，不考虑其他天体对卫星的作用，那么卫星所受地球对它的引力即为它作圆周运动的向心力. 即

$$G\frac{Mm}{(R+h)^2}=\frac{mv_1^2}{(R+h)}\rightarrow v_1=\sqrt{G\frac{M}{(R+h)}}$$

令 $h=0$，即可求得第一宇宙速度为

$$v_1=\sqrt{gR}=7.9\text{km/s}$$

(2) 第二宇宙速度

由地面发射的卫星能脱离地球引力所需的最小速度，称为第二宇宙速度，也称逃逸速度.

质量为 m 的卫星欲摆脱地球引力的束缚，至少需要与引力势能等大的动能 $\frac{1}{2}mv_2^2$. 当卫星刚脱离地球引力时，地球的引力势能为 0，此时卫星的动能也为 0（全部用于克服地球引力作功）. 视卫星与地球为一系统，则系统的机械能总量为 0. 根据机械能守恒定律，有

$$\frac{1}{2}mv_2^2-G\frac{mM}{R}=0$$

解之，即得

$$v_2=\sqrt{2gR}=11.2\text{km/s}$$

我们可以根据上面得到的逃逸速度公式设想一下，如果在宇宙中存在一个这样的星球，它的质量足够大，以致算得的逃逸速度正好等于真空中的光速 c，那么由于一切物体的运动速度都不可能超过真空中的光速，这个星球上的一切物体都不能摆脱其引力束缚而逃逸，甚至光子也不能例外，即使它是宇宙中的最大的发光天体，我们也看不到它. 这种奇妙的天体就是在广义相对论所预言的“黑洞”. “黑洞”无疑是 21 世纪最具挑战性的天文学说之一，天文学家们多年来努力找寻黑洞存在的证据，并声称已经发现了几个黑洞，但还有待进一步确认.

既然连光线都传播不出来，那么是如何发现黑洞的呢？实际上，在黑洞外围空间由于强大的引力作用，当物质粒子或光子经过那里的时候，其运动轨道会发生弯曲，这种现象称为“引力透镜”效应. 天文学家们可以通过引力透镜效应去发现黑洞的存在.

(3) 第三宇宙速度*

由地面发射的卫星不仅能脱离地球引力，还能脱离太阳引力所需的最小速度，称为第三宇宙速度. 在一般情况下，计算第三宇宙速度是相当复杂的，这是因为卫星在运动中，不仅受到太阳、地球的引力作用，还受到其他天体的引力作用. 不过，我们可以作一些近似处理以求得近似结果.

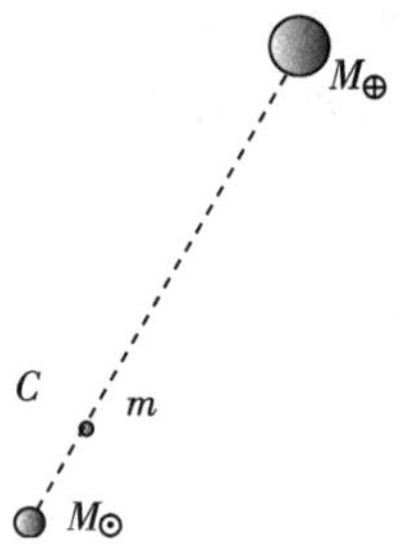

图 2-20

①从地面发射的卫星在到达地球引力范围之外的某点 C（如图 2-20 所示）的运动过程中，认为它仍处于地球绕太阳公转的轨道上. 并且只考虑地球的引力作用，忽略太阳和其他天体的引力作用.

②卫星从脱离地球引力进入太阳引力范围，直至脱离太阳引力作用范围的运动过程中，只考虑太阳的引力作用，忽略地球和其他天体的引力作用.

做了以上近似处理后，我们就可以认为卫星在点 C 处，至少应当具有与太阳引力势能相当的动能，才能脱离太阳的引力场而逃逸. 设卫星在点 C 相对于太阳的速度为 u_2，则必定存在

$$\frac{1}{2}mu_2^2 \geqslant G\frac{mM_{\oplus}}{r} \to u_2 \geqslant \sqrt{\frac{2GM_{\oplus}}{r}}$$

太阳的质量和日地平均距离分别为

$$M_{\oplus} = 1.99 \times 10^{30}\,\text{kg}, r = 1.50 \times 10^{11}\,\text{m}$$

所以，在点 C 处卫星相对太阳的速度应为

$$\frac{1}{2}mu_2^2 \geqslant G\frac{mM_{\oplus}}{r} \to u_2 \geqslant \sqrt{\frac{2GM_{\oplus}}{r}} = 42.1\text{km/s}$$

需要注意的是，要使从地球表面发射的卫星到达点 C 时的速度 $u_2 \geqslant 42.1\text{km/s}$，是十分困难的事. 一般地，可以利用地球公转的特点，使卫星沿公转方向发射.

地球的公转速度为

$$u_1 \geqslant \sqrt{\frac{GM_{\oplus}}{r}} = 29.7\text{km/s}$$

所以卫星到达点 C 时，相对地球的速度为

$$v = u_2 - u_1 = (42.1 - 29.7)\text{km/s} = 12.4\text{km/s}$$

显然，卫星在地面上发射时的动能必须足够大，卫星的动能在克服地球引力作功后，到点 C 时的相对地球的动能还必须为 $\frac{1}{2}mv^2$.

在①中我们已经讨论过，卫星到达点 C 的速度至少为第二宇宙速度，相应的动能为 $\frac{1}{2}mv_2^2$. 所以，欲使从地球表面发射的卫星不仅能脱离地球引力，又能脱离太阳引力，发射时的动能必须为

$$E_{k3} = \frac{1}{2}mv_3^2 = \frac{1}{2}mv^2 + \frac{1}{2}mv_2^2$$

进而可得出第三宇宙速度为

$$v_3 = \sqrt{v^2 + v_2^2} = \sqrt{12.4^2 + 11.2^2} = 16.7(\text{km/s})$$

§2.3　动量　动量守恒定律

本节讨论的主要内容是质点的动量和动量定理，在此基础之上进一步讨论质点系的动量和动量定理，然后得出物理学中具有普遍意义的动量守恒定律. 最后，作为动量守恒定律的应用，将讨论碰撞问题.

一、动量和动量定理

在物理学发展史上，关于如何定义“运动的量”这一问题，曾经有过长达半个世纪的争论，最后倾向于用 $m\boldsymbol{v}$ 来描述，牛顿将其命名为动量. 现在我们知道，动量是描述质点运动的重要的基本物理量.

动量表示为

$$\boldsymbol{p} = m\boldsymbol{v} \tag{2-34}$$

动量是矢量，动量的方向与质点速度的方向一致.

在 SI 制中，动量的单位为千克·米/秒（kg·m/s）.

在经典力学中，质量是恒定的，所以牛顿第二定律可以写成另一表达式：

$$\boldsymbol{F} = m\boldsymbol{a} = m\frac{\mathrm{d}\boldsymbol{v}}{\mathrm{d}t} = \frac{\mathrm{d}\boldsymbol{p}}{\mathrm{d}t}$$

上式表示，在任一瞬间，质点动量的时间变化率等于同一瞬间作用于质点的合力，其方向与合力的方向一致.

由于动量是描述物体运动的基本物理量，所以可视 $\boldsymbol{F}=\frac{\mathrm{d}\boldsymbol{p}}{\mathrm{d}t}$ 为力的定义式. 它表明：力是使物体的动量改变的原因. 或者说，引起物体动量改变的就是力. 物体的动量改变了，就是其运动状态发生了变化.

在经典力学中，$\boldsymbol{F}=m\boldsymbol{a}$ 与 $\boldsymbol{F}=\frac{\mathrm{d}\boldsymbol{p}}{\mathrm{d}t}$ 是一致的. 但当物体的运动速率增大到可与光速相比拟时，根据相对论原理，其质量会显著增大，$\boldsymbol{F}=m\boldsymbol{a}$ 不再正确，但 $\boldsymbol{F}=\frac{\mathrm{d}\boldsymbol{p}}{\mathrm{d}t}$ 仍成立.

设在 $t_1 \to t_2$ 时间内，质点的动量 $\boldsymbol{p}_1 \to \boldsymbol{p}_2$，则有 $\int_{t_1}^{t_2}\boldsymbol{F}\mathrm{d}t = \int_{\boldsymbol{p}_1}^{\boldsymbol{p}_2}\mathrm{d}\boldsymbol{p} = \boldsymbol{p}_2 - \boldsymbol{p}_1$.

定义冲量为

$$I=\int_{t_1}^{t_2}\boldsymbol{F}\mathrm{d}t \tag{2-35}$$

式（2-35）表明，冲量 I 是力对时间的累积效应.

于是可以得到动量定理

$$\boldsymbol{I}=\boldsymbol{p}_2-\boldsymbol{p}_1 \tag{2-36}$$

动量定理：物体在运动过程中所受到的合外力的冲量，等于该物体动量的增量.

冲量是矢量，冲量的方向必须根据质点动量增量的方向确定. 冲量是过程量，而动量是状态量.

动量定理与牛顿第二定律都反映了质点运动状态的改变与力的关系，但牛顿第二定律 $\boldsymbol{F}=\frac{\mathrm{d}\boldsymbol{p}}{\mathrm{d}t}$ 表示的是在力的作用下，质点动量随时间变化的瞬时关系. 而动量定理 $\int_{t_1}^{t_2}\boldsymbol{F}\mathrm{d}t=\boldsymbol{p}_2-\boldsymbol{p}_1$ 表示的是在力的作用下，质点动量的持续变化关系，是在一段时间内力对质点作用的累积效应. 这就是动量定理与牛顿第二定律的区别.

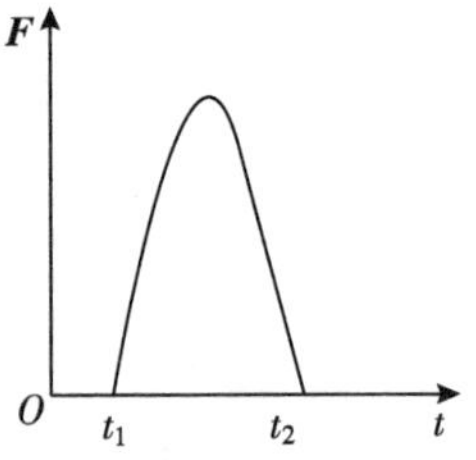

图 2-21　冲力是变力

动量定理主要用来处理碰撞或冲击这一类问题. 在这类问题中，冲力的作用时间极短，冲力是变力，如图 2-21 所示. 要确定冲力随时间变化的细节是困难的，因此很难应用牛顿第二定律来处理这类问题. 但是，只要知道物体在碰撞或冲击前后的动量或其变化量，就可以应用动量定理来确定物体所受的冲量，还可以根据冲力作用于物体的时间求得冲力的平均值. 尽管这个平均值不是对冲力的确切描述，但它足以说明问题. 因此在求解碰撞或冲击这类问题时，通常是求平均冲力.

一般将平均冲力定义为

$$\overline{\boldsymbol{F}}=\frac{\int_{t_1}^{t_2}\boldsymbol{F}\mathrm{d}t}{t_2-t_1} \tag{2-37}$$

$\boldsymbol{I}=\int_{t_1}^{t_2}\boldsymbol{F}\mathrm{d}t$ 的积分表示无限多个无限小冲量矢量的叠加，所以在实际应用时一般用其分量式. 在直角坐标系中的分量式为

$$\begin{cases} I_x=\int_{t_1}^{t_2}F_x\mathrm{d}t=mv_{2x}-mv_{1x} \\ I_y=\int_{t_1}^{t_2}F_y\mathrm{d}t=mv_{2y}-mv_{1y} \\ I_z=\int_{t_1}^{t_2}F_z\mathrm{d}t=mv_{2z}-mv_{1z} \end{cases} \tag{2-38}$$

式（2-38）表明：**冲量在某个方向上的分量等于在该方向上质点动量分量的增量**. 冲量在任一方向的分量只能改变这一方向的动量，而不能改变与它垂直的其他方向的动量. 由此我们可以得到，如果作用于质点的冲量在某个方向上的分量等于零，尽管质点的总动量在改变，但在这个方向的动量分量却保持不变.

如有 n 个力同时作用在质点上，则

$$\boldsymbol{I}=\int_{t_1}^{t_2}\boldsymbol{F}\mathrm{d}t=\int_{t_1}^{t_2}\boldsymbol{F}_1\mathrm{d}t+\int_{t_1}^{t_2}\boldsymbol{F}_1\mathrm{d}t+\cdots+\int_{t_1}^{t_2}\boldsymbol{F}_n\mathrm{d}t=\boldsymbol{I}_1+\boldsymbol{I}_1+\cdots+\boldsymbol{I}_n \quad (2\text{-}39)$$

式（2-39）表明：**合力在一段时间内的冲量等于各分力在同一段时间内冲量的矢量和**.

例 2-13　如图 2-22 所示，一个质量为 $m=0.2\mathrm{kg}$ 的排球以速度 $\boldsymbol{v}_1$ 击向墙壁，与墙壁碰撞后以速度 $\boldsymbol{v}_2$ 弹回. 碰撞前后的速度与墙壁的法线夹角均为 $\alpha=30°$，大小均为 5m/s，碰撞时间为 $t=0.01\mathrm{s}$，求排球对墙壁的平均冲力.

解　欲求得排球对墙壁的平均冲力，必须知道排球撞击墙壁导致墙壁发生的动量改变量，但是墙壁发生的动量改变量是无法求得的. 所以，我们可以先求得撞击过程中排球受到的平均冲力，然后根据牛顿第三定律确定排球对墙壁的平均冲力.

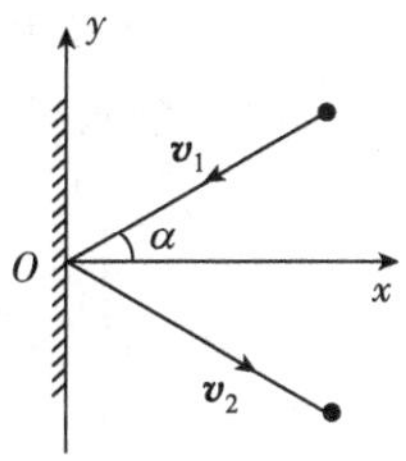

图 2-22

根据题意建立坐标系如图示，设排球受到的平均冲力在 x、y 方向的分量大小分别为 F_x、F_y，写出动量定理在坐标系中的分量式为

$$\begin{cases}F_x\Delta t=mv_2\cos\alpha-(-mv_1\cos\alpha)\\F_y\Delta t=mv_2\sin\alpha-mv_1\sin\alpha\end{cases}$$

解之，得 $F_x=173\mathrm{N}$，$F_y=0$

需要注意，以上所求得的 F_x 是墙壁对排球的平均冲力，方向沿 x 轴正向. 根据牛顿第三定律，可判定排球对墙壁的平均冲力大小为 $F'_x=-173\mathrm{N}$，“－”号表示方向与 x 轴正向相反.

通过此题的解析，同学们应注意到，由于动量是矢量，解题时特别要注意动量的方向性.

例 2-14　质量为 $m=3\mathrm{t}$ 的重锤，从高度 $h=1.5\mathrm{m}$ 处自由落到受锻压的工件上，工件发生形变. 如果作用的时间 $t=0.01\mathrm{s}$. 试求重锤对工件的平均冲力.

解　重锤对工件的冲力变化范围很大，通常计算平均冲力. 而要求得平均冲力，必须求得这一平均冲力导致的物体的动量改变量. 在此题中，我们可以先求得重锤的动量改变量，进而求得工件对重锤的平均冲力，然后根据牛顿第三定律确定重锤对工件的平均冲力.

以重锤为研究对象作受力图，见图 2-23. 设工件对重锤的作用力为 $\boldsymbol{F}_N$，由于 $F_N\gg mg$，通常忽略重力 $m\boldsymbol{g}$. 取竖直向上为正，在竖直方向利用动量定理，则有：

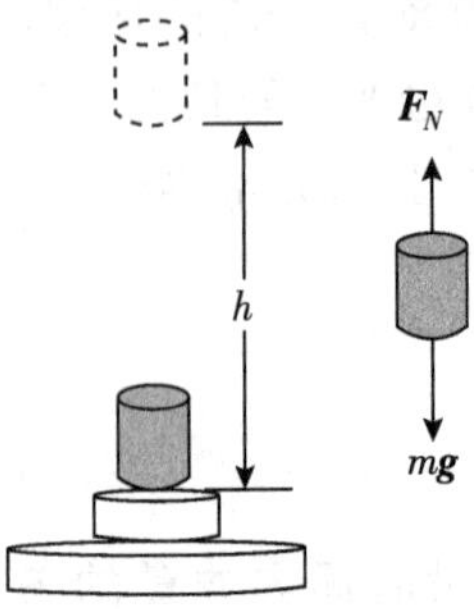

图 2-23

$$F_N\Delta t = mv - mv_0 = 0-(-m\sqrt{2gh})$$

可解得

$$F_N = \frac{m\sqrt{2gh}}{\Delta t} = \frac{3000\times\sqrt{2\times 9.8\times 1.5}}{0.01} = 1.63\times 10^6(\text{N})$$

$\boldsymbol{F}_N$ 的方向竖直向上.

根据牛顿第三定律，重锤对工件的平均冲力的大小为：$F'_N=|-F_N|=1.63\times10^6\text{N}$，$F'_N$的方向竖直向下.

说明：解题过程中，"重锤对工件""工件对重锤"这些陈述似乎很拗口，但必须明确，只有这样，才能说明它们之间的作用关系.

二、质点系动量定理和质心运动定理

1. 质点系动量定理

由 n 个质点组成的质点系，一般情形下，每个质点既受外力作用也受内力作用.

设第 $\begin{cases}1\\2\\\cdots\\n\end{cases}$ 个质点在初始时刻 t_0 的动量为 $\begin{cases}m_1\boldsymbol{v}_{10}\\m_2\boldsymbol{v}_{20}\\\cdots\\m_n\boldsymbol{v}_{n0}\end{cases}$，所受来自系统外的合外力为 $\begin{cases}\boldsymbol{F}_1\\\boldsymbol{F}_2\\\cdots\\\boldsymbol{F}_n\end{cases}$，系统内其他质点对它的作用力为 $\begin{cases}\boldsymbol{f}_{21}、\boldsymbol{f}_{31}、\cdots、\boldsymbol{f}_{n1}\\\boldsymbol{f}_{12}、\boldsymbol{f}_{32}、\cdots、\boldsymbol{f}_{n2}\\\cdots\\\boldsymbol{f}_{1n}、\boldsymbol{f}_{2n}、\cdots、\boldsymbol{f}_{(n-1)n}\end{cases}$；到时刻 t 时动量变为 $\begin{cases}m_1\boldsymbol{v}_1\\m_2\boldsymbol{v}_2\\\cdots\\m_n\boldsymbol{v}_n\end{cases}$.

其运动方程为 $\begin{cases}\boldsymbol{F}_1+\sum\limits_{i\neq1}^{n}\boldsymbol{f}_{i1}=\dfrac{\mathrm{d}}{\mathrm{d}t}m_1\boldsymbol{v}_1\\\boldsymbol{F}_2+\sum\limits_{i\neq2}^{n}\boldsymbol{f}_{i2}=\dfrac{\mathrm{d}}{\mathrm{d}t}m_2\boldsymbol{v}_2\\\cdots\\\boldsymbol{F}_n+\sum\limits_{i=1}^{n-1}\boldsymbol{f}_{in}=\dfrac{\mathrm{d}}{\mathrm{d}t}m_n\boldsymbol{v}_n\end{cases}$

将以上 n 个方程相加得到：

$$\sum_{i=1}^{n}\boldsymbol{F}_i+\sum_{i}^{n}\sum_{j\neq i}^{n}\boldsymbol{f}_{ij}=\frac{\mathrm{d}}{\mathrm{d}t}\Big(\sum_{i=1}^{n}m_i\boldsymbol{v}_i\Big)$$

式中求和 $\sum_{i}^{n}\sum_{j\neq i}^{n}\boldsymbol{f}_{ij}$ 表示，i 和 j 都从 1 到 n 变化所得的各项相加，但除去 $i\neq j$ 的那些项，即除去 f_{11}、f_{22}、…、f_{nn} 各项.

由于内力总是成对出现的，根据牛顿第三定律有：$\boldsymbol{f}_{ij}=-\boldsymbol{f}_{ji}$，$(i\neq j)$，故 $\sum_{i}^{n}\sum_{j\neq i}^{n}\boldsymbol{f}_{ij}=0$，则

$$\sum_{i=1}^{n}\boldsymbol{F}_i=\frac{\mathrm{d}}{\mathrm{d}t}\Big(\sum_{i=1}^{n}m_i\boldsymbol{v}_i\Big) \tag{2-40}$$

设外力作用时间 $t_0\to t$，对上式两边积分得

$$\int_{t_0}^{t}\sum_{i=1}^{n}\boldsymbol{F}_i\mathrm{d}t=\sum_{i=1}^{n}m_i\boldsymbol{v}_i-\sum_{i=1}^{n}m_i\boldsymbol{v}_{i0} \tag{2-41}$$

式中 $\sum_{i=1}^{n}m_i\boldsymbol{v}_{i0}$ 和 $\sum_{i=1}^{n}m_i\boldsymbol{v}_i$ 分别表示质点系在初状态和末状态的总动量. 式(2-40) 和式(2-41) 分别是质点系动量定理的微分形式和积分形式.

式 (2-41) 表明：**在一段时间内，作用于质点系的合外力的冲量等于质点系动量的增量，称为质点系动量定理**. 由此可知，质点系总动量的改变完全是外力作用的结果.

在处理具体问题时，通常应用其分量形式，直角坐标系中的分量式为

$$\begin{cases}\int_{t_0}^{t}\sum F_{ix}\mathrm{d}t=\sum m_iv_{ix}-\sum m_iv_{i0x}\\ \int_{t_0}^{t}\sum F_{iy}\mathrm{d}t=\sum m_iv_{iy}-\sum m_iv_{i0y}\\ \int_{t_0}^{t}\sum F_{iz}\mathrm{d}t=\sum m_iv_{iz}-\sum m_iv_{i0z}\end{cases} \tag{2-42}$$

式 (2-42) 表明：**外力矢量和在某一方向的冲量等于在该方向上质点系动量分量的增量.**

2. 质心

任何物体都有一个质量中心，简称质心. 讨论物体的运动规律时，质心是一个重要的概念.

当我们将一个不规则物体斜抛出去后，物体上各点的运动轨迹十分复杂，但必定有这么一个特殊点，它的运动轨迹是抛物线，好象物体的质量集中在这个点上，物体所受的外力也作用在这个点上一样，这个特殊点就是要讨论的“质心”.

需要说明一下，“质心”与“重心”并不是一回事，它们是两个完全不同的概念. 限于课程性质，此处不作详细比较.

设质点系由 n 个质点组成，各质点质量分别为 m_1、m_2、…、m_n，各质点的矢径分别为 $\boldsymbol{r}_1$、$\boldsymbol{r}_2$、…、$\boldsymbol{r}_n$，则质心的矢径 $\boldsymbol{r}_c$ 为

$$\boldsymbol{r}_c = \frac{m_1\boldsymbol{r}_1 + m_2\boldsymbol{r}_2 + \cdots + m_n\boldsymbol{r}_n}{m_1 + m_2 + \cdots + m_n} = \frac{\sum_{i=1}^{n} m_i\boldsymbol{r}_i}{\sum_{i=1}^{n} m_i} = \frac{\sum_{i=1}^{n} m_i\boldsymbol{r}_i}{m} \tag{2-43}$$

式（2-43）中，m 为质点系的总质量．在处理实际问题时，上式并不适用，常用的是其分量式．

如果物体的质量分布不连续，在直角坐标系中 $\boldsymbol{r}_c$ 的分量式为

$$x_c = \frac{\sum_{i=1}^{n} m_i x_i}{m}、y_c = \frac{\sum_{i=1}^{n} m_i y_i}{m}、z_c = \frac{\sum_{i=1}^{n} m_i z_i}{m} \tag{2-44}$$

如果物体的质量是连续均匀分布的，在直角坐标系中 $\boldsymbol{r}_c$ 的分量式为

$$x_c = \frac{\int x\mathrm{d}m}{\int \mathrm{d}m}、y_c = \frac{\int y\mathrm{d}m}{\int \mathrm{d}m}、z_c = \frac{\int z\mathrm{d}m}{\int \mathrm{d}m} \tag{2-45}$$

质量连续均匀分布的物体，其质量密度有以下几种情形：

一维	线分布	质量线密度　$\lambda = \frac{\mathrm{d}m}{\mathrm{d}l}$
二维	面分布	质量面密度　$\sigma = \frac{\mathrm{d}m}{\mathrm{d}s}$
三维	体分布	质量体密度　$\rho = \frac{\mathrm{d}m}{\mathrm{d}V}$

对于密度均匀、具有几何对称分布的物体，如匀质细棒、圆盘、立方体或球体，质心都位于几何中心处．对于质点系，其质心不一定在系统中某一个质点的位置上；对于质量连续分布的物体，其质心不一定位于物体内部．

3．*质心运动定理*

当质点系的各质点在空间运动时，其质心的运动遵从一定的规律．现在我们就从上面得到的质点系动量定理来探讨这种规律．

对式（2-43）$\boldsymbol{r}_c = \frac{\sum_{i=1}^{n} m_i\boldsymbol{r}_i}{m}$ 两边同时对时间 t 求一阶导数得

$$m\frac{\mathrm{d}\boldsymbol{r}_c}{\mathrm{d}t} = \sum_{i=1}^{n} m_i \frac{\mathrm{d}\boldsymbol{r}_i}{\mathrm{d}t}$$

即 $m\boldsymbol{v}_c = \sum_{i=1}^{n} m_i\boldsymbol{v}_i$，再对时间 t 求一阶导数，得

$$m\boldsymbol{a}_c = \frac{\mathrm{d}}{\mathrm{d}t}\left(\sum_{i=1}^{n} m_i\boldsymbol{v}_i\right)$$

上式 $\boldsymbol{a}_c = \frac{\mathrm{d}\boldsymbol{v}_c}{\mathrm{d}t} = \frac{\mathrm{d}^2}{\mathrm{d}t^2}\boldsymbol{r}_c$ 为质点系质心的加速度．与质点系动量定理微分形式（2-40）

对比，
所以有

$$\sum_{i=1}^{n} \boldsymbol{F}_i = m\boldsymbol{a}_c \tag{2-46}$$

式（2-46）表明：**作用在质点系统上的合外力等于系统的总质量乘以质心的加速度，称为质心运动定律.**

式（2-46）与牛顿第二定律形式相同，它表示质点系质心的运动与这样一个质点的运动具有相同的规律：该质点的质量等于质点系的总质量，作用于该质点的力等于作用于质点系的外力矢量和. 其实在质点力学中，是把物体抽象为一个点，其实这个点就是质心，它是整个质点系的代表点，它是忽略了物体各质点围绕质心的运动. 这正是质点模型的实质.

质心运动定理表示质点系作为一个整体的运动规律，这一规律是由质心的运动状况来表述的. 但是它不能给出各质点围绕质心的运动和系统内部的相对运动.

例 2-15　求半径为 R，顶角为 2α 的均匀扇形薄板的质心.

解　建立坐标系如图 2-24 所示. 设扇形薄板的质量面密度为 σ，在扇形薄板上任取一面元 $\mathrm{d}S$，其质量为

$$\mathrm{d}m = \sigma \mathrm{d}S = \sigma \mathrm{d}r \mathrm{d}l = \sigma r \mathrm{d}r \mathrm{d}\theta$$

根据对称性分析，所求质心必定在 Ox 轴上，其坐标为

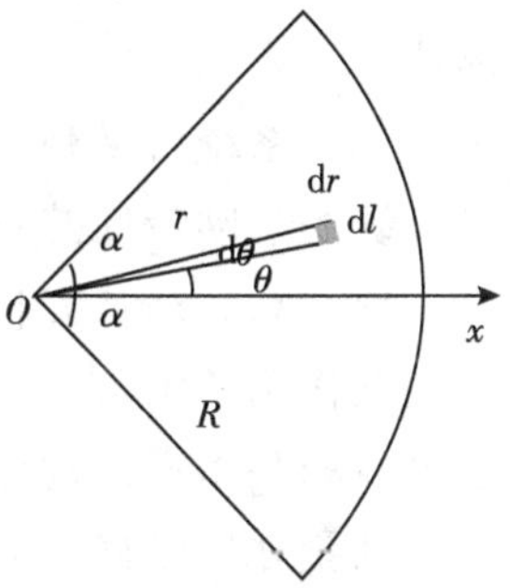

图 2-24

$$x_c = \frac{\int x \mathrm{d}m}{\int \mathrm{d}m} = \frac{\int x\sigma r \mathrm{d}r \mathrm{d}\theta}{\int \sigma r \mathrm{d}r \mathrm{d}\theta} = \frac{\int_0^R xr \mathrm{d}r \int_{-\alpha}^{\alpha} \mathrm{d}\theta}{\int_0^R r \mathrm{d}r \int_{-\alpha}^{\alpha} \mathrm{d}\theta}$$

$$= \frac{\int_0^R r^2 \mathrm{d}r \int_{-\alpha}^{\alpha} \cos\theta \mathrm{d}\theta}{\int_0^R r \mathrm{d}r \int_{-\alpha}^{\alpha} \mathrm{d}\theta} = \frac{\frac{1}{3}R^3 \cdot 2\sin\alpha}{\frac{1}{2}R^2 \cdot 2\alpha} = \frac{2R\sin\alpha}{3\alpha}$$

说明：这个例题求解过程中，在薄板上取面元 $\mathrm{d}S$，进而得出其元质量 $\mathrm{d}m$ 的方法，在其他类似的问题中经常应用.

三、动量守恒定律

由质点系动量定理的微分形式（2-40），很容易就可以得到动量守恒定律的数学形式为

$$\text{如果} \sum_{i=1}^{n} \boldsymbol{F}_i = 0, \quad \text{则} \sum_{i=1}^{n} m_i \boldsymbol{v}_i = \text{恒矢} \tag{2-47}$$

式（2-47）表明：**在某一段时间内，若质点系所受合外力的矢量和为零，则在该时间内质点系的总动量守恒，称为动量守恒定律.**

(2-47) 是矢量式，在实际应用时可用分量式. 在直角坐标系中，动量守恒定律的分量式为

$$\begin{cases} \sum_{i=1}^{n} F_{ix} = 0 \text{ 时}, & \sum_{i=1}^{n} m_i v_{ix} = \text{恒量} \\ \sum_{i=1}^{n} F_{iy} = 0 \text{ 时}, & \sum_{i=1}^{n} m_i v_{iy} = \text{恒量} \\ \sum_{i=1}^{n} F_{iz} = 0 \text{ 时}, & \sum_{i=1}^{n} m_i v_{iz} = \text{恒量} \end{cases} \tag{2-48}$$

根据分量式，我们知道：**如果系统所受外力在某个方向上的分量的代数和为0，那么系统的总动量在该方向上的分量保持不变.**

动量守恒定律的适用条件：

(1) 系统不受外力或系统所受的外力的合力为零.

(2) 系统所受外力的合力虽不为零，但比系统内力小得多，可不考虑外力的影响.

(3) 系统所受外力的合力虽不为零，但在某个方向上的分量为零，则在该方向上系统的总动量保持不变.

须注意，动量守恒定律成立的条件是系统所受合外力为零，而不计其内部质点间相互作用的细节. 这是由于内力总是成对出现并遵守牛顿第三定律，因此内力虽然可使相关质点的动量改变，但却不改变整个系统的总动量.

动量守恒定律是自然界最基本、最普遍的守恒定律之一，它既适用于宏观物体，也适用于微观粒子；既适用于低速运动物体，也适用于高速运动物体. 其适用范围已远远超出经典力学的界限，所以是一个具有普遍性的定律.

例 2-16　大炮在发射时，炮身会产生反冲现象. 设炮身和炮弹的质量分别为 M 和 m，炮弹射出时初速为 $\boldsymbol{v}$，炮管的仰角为 θ，如图 2-25 所示. 忽略炮身反冲时与地面的摩擦，求炮身的反冲速度.

图 2-25

解　反冲现象是动量守恒的典型例子. 由于不考虑摩擦，可以认为在水平方向上动量守恒，设炮身的反冲速度为 $\boldsymbol{u}$，其方向水平向左，选择水平向右为正，有

$$mv\cos\theta - Mu = 0$$

解之，即得炮身的反冲速度大小为 $u=\frac{mv}{M}\cos\theta$，方向水平向左.

例 2-17　如图 2-26 所示，长为 l、质量为 M 的平板车在水平光滑轨道上处于静止状态. 质量为 m 的人从车的一端走向另一端，相对地面的速度为 $\boldsymbol{v}_1$. 试求人和车相对地面各移动了多大的距离.

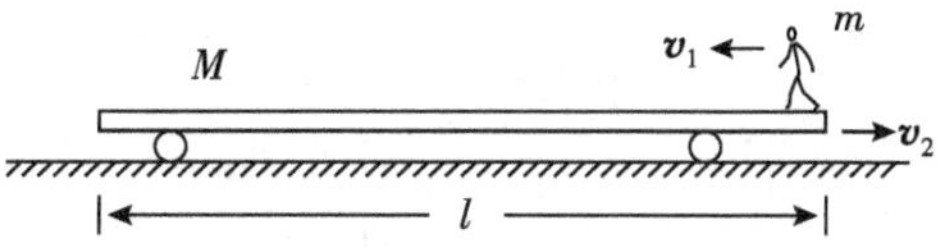

图 2-26

解　设人走动时，平板车相对地面的速度为 $\boldsymbol{v}_2$. 视人和车为一个系统，此系统在水平方向不受外力作用，因此在水平方向上动量守恒. 选择向左为正方向，有

$$mv_1 - Mv_2 = 0$$

再设人相对平板车速度为 $\boldsymbol{u}$，根据相对运动的速度叠加原理，有 $v_1=u-v_2$

由以上两式，可得 $u=v_1+v_2=v_1+\frac{m}{M}v_1=\frac{M+m}{M}v_1$

人相对平板车以速度 $\boldsymbol{u}$ 从一端直到另一端，需要的时间为 $t=\frac{l}{u}=\frac{M}{(M+m)\ v_1}l$

在这段时间内，人相对地面移动的距离为 $x_1=v_1t=\frac{M}{(M+m)}l$，人相对地面向左移动.

平板车相对地面移动的距离为 $x_2=v_2t=\frac{mv_1}{M}\cdot\frac{M}{(M+m)\ v_1}l=\frac{m}{M+m}l$，平板车相对地面向右移动.

四、碰撞

1. 碰撞现象

碰撞是一种常见的物理现象，如打夯、锻压、击球等都是宏观的碰撞现象，原子和亚原子粒子间的碰撞则属于微观领域的碰撞现象. 所以，研究碰撞的规律对宏观领域和微观领域都有着重要的意义.

物理学中的碰撞，一般是指两个或两个以上物体在运动中相互靠近，或发生接触时发生强烈相互作用的过程. 碰撞会使两个物体或其中的一个物体的运动状态发生明显的变化.

碰撞有两个显著特点，其一是作用时间极短，其二是碰撞的作用力远大于外力，所以在研究碰撞时，外力的作用成了次要因素，可忽略不计.

一般来说，碰撞过程都非常复杂，难于对过程进行仔细分析. 但由于我们通常了解物体在碰撞前后运动状态的变化，因而可以利用动量以及能量守恒定律进行分析.

可以将碰撞大体分为正碰和斜碰两大类，如图 2-27 所示. “正碰”也称为对心碰撞，是指碰撞前后的两个物体的速度都沿着其质心连线的碰撞，也称为一维碰撞.

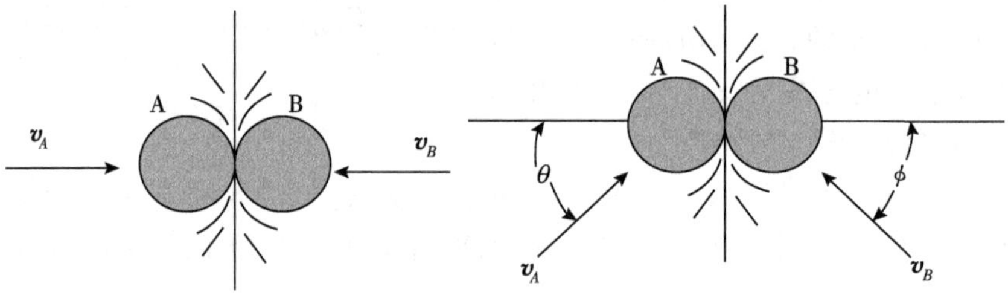

图 2-27　正碰和斜碰的示意

图 2-28 为两个小球对心碰撞的示意图，设两球的质量分别为 m_1、m_2，碰撞前的速度分别为 $\boldsymbol{v}_1$，$\boldsymbol{v}_2$，碰撞后的速度分别为 $\boldsymbol{u}_1$，$\boldsymbol{u}_2$.

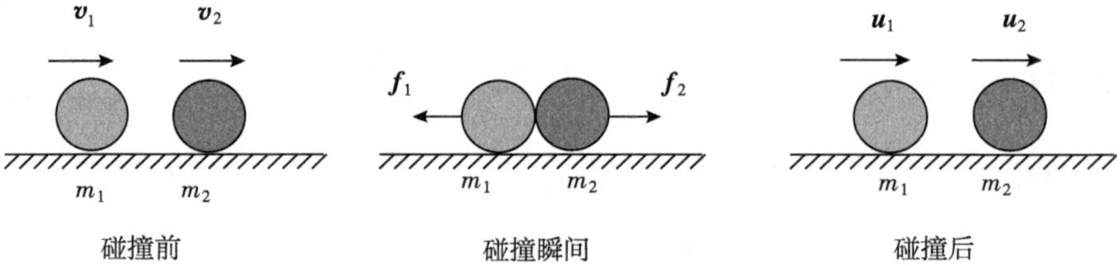

图 2-28

我们可以将小球的碰撞分为两个过程. 开始碰撞时，两球相互挤压而发生形变，由形变产生的弹性恢复力使两球的速度发生变化，直到两球的速度相等为止. 这时形变最大，这是碰撞的第一阶段，称为压缩阶段. 此后，由于形变仍然存在，弹性恢复力继续作用，使两球速度改变而有相互脱离接触的趋势，两球压缩逐渐减小，直到两球脱离接触时为止. 这是碰撞的第二阶段，称为恢复阶段. 整个碰撞过程到此结束.

2. 对心碰撞

为了便于对碰撞分类讨论，我们先引入恢复系数的概念.

恢复系数 e：碰撞后两球分离时的相对速度（u_2-u_1）与碰撞前两球接近时的相对速度 v_1-v_2 成正比，比值称为恢复系数 e，由两球的材料性质决定. 表示为

$$e=\frac{u_2-u_1}{v_1-v_2} \tag{2-49}$$

考虑到碰撞过程中动量守恒，有 $m_1v_1+m_2v_2=m_1u_1+m_2u_2$

将动量守恒关系与恢复系数关系联立解之，则可以得到两球碰撞后的速度与恢复系数的关系为

$$\begin{cases} u_1 = \dfrac{(m_1 - em_2)v_1 + (1+e)m_2v_2}{m_1 + m_2} \\ u_2 = \dfrac{(m_2 - em_1)v_2 + (1+e)m_1v_1}{m_1 + m_2} \end{cases} \tag{2-50}$$

根据恢复系数和碰撞过程中能量是否守恒，可以将对心碰撞分成三类：

(1) 完全弹性碰撞 ($e=1$)：分离速度等于接近速度，碰撞前后系统动能守恒，碰撞后物体能完全恢复原状.

(2) 完全非弹性碰撞 ($e=0$)：碰撞后两球结合为一体并以同一速度运动，碰撞前后系统动能不守恒，能量损失较多，碰撞后物体不能恢复原状.

(3) 非弹性碰撞 ($0<e<1$)：碰撞前后系统动能不守恒，能量损失较少，碰撞后物体能部分恢复原状.

以上三类碰撞，完全弹性碰撞和完全非弹性碰撞是碰撞问题中的两种极端情形.

3. 完全弹性碰撞

完全弹性碰撞是理想碰撞，在宏观的碰撞现象中几乎没有. 不过，我们将碰撞过程中能量耗散甚少的碰撞近似地视为完全弹性碰撞，所以研究这种碰撞还是有意义的.

对于完全弹性碰撞的恢复系数 $e=1$，代入式 (2-50)，即可得到碰撞后两球的速度分别为

$$\begin{cases} u_1 = \dfrac{m_1v_1 - m_2v_1 + 2m_2v_2}{m_1 + m_2} \\ u_2 = \dfrac{m_2v_2 - m_1v_2 + 2m_1v_1}{m_1 + m_2} \end{cases} \tag{2-51}$$

也可用下列方法：在完全弹性碰撞过程中，碰撞前后不仅动量守恒，而且动能也守恒，列出方程

$$\begin{cases} m_1v_1 + m_2v_2 = m_1u_1 + m_2u_2 \\ \dfrac{1}{2}m_1v_1^2 + \dfrac{1}{2}m_2v_2^2 = \dfrac{1}{2}m_1u_1^2 + \dfrac{1}{2}m_2u_2^2 \end{cases}$$

解以上方程组也得到式 (2-51).

讨论：

(1) 如果 $m_1=m_2$，根据式 (2-51)，则有 $u_1=v_2$ 和 $u_2=v_1$. 表明质量相等的两物体发生完全弹性碰撞后交换了彼此的速度.

(2) 如果 $m_2 \gg m_1$ 且 $v_2=0$，即小质量的物体与静止的大质量的物体发生完全

弹性碰撞，则有 $u_1 \approx -v_1$ 和 $u_2 \approx 0$. 表明在碰撞后，质量极大的物体几乎仍然静止，而质量极小的物体几乎以原来的速度被反弹回来.

(3) 如果 $m_1 \gg m_2$ 且 $v_2=0$，即大质量的物体与静止的小质量的物体发生完全弹性碰撞，则有 $u_1 \approx v_1$ 和 $u_2 \approx 2v_1$. 表明在碰撞后，质量极大的物体几乎保持原来的速度不变，而原来静止的质量极小的物体则“获得”两倍于大质量物体的速度.

4. 完全非弹性碰撞

完全非弹性碰撞是碰撞的一种极端情形，碰撞后两物体结合在一起以共同的速度运动. 对于完全非弹性碰撞，恢复系数 $e=0$，代入式 (2-50)，即可得到碰撞后两球的共同速度为

$$u = \frac{m_1 v_1 + m_2 v_2}{m_1 + m_2} \tag{2-52}$$

对于完全非弹性碰撞也可考虑碰撞的动量守恒关系，有：$m_1 v_1 + m_2 v_2 = (m_1 + m_2) u$，同样可得到式 (2-52).

完全非弹性碰撞机械能损耗较大，这主要是因为，在完全非弹性碰撞过程中物体要发生形变，致使物体各部分之间剧烈摩擦，从而使部分机械能转变为热能的缘故. 损失的能量为碰撞前后系统动能之差，即

$$\Delta E = \frac{1}{2} m_1 v_1^2 + \frac{1}{2} m_2 v_2^2 - \frac{1}{2}(m_1 + m_2) u^2 = \frac{m_1 m_2}{2(m_1 + m_2)}(v_1 - v_1)^2 \tag{2-53}$$

5. 非弹性碰撞

在碰撞问题中，更多的是非弹性碰撞. 非弹性碰撞的恢复系数 $0 < e < 1$，也就是说，这类碰撞介于以上两种极端情形之间.

在非弹性碰撞中，动量守恒定律仍然成立，但机械能守恒定律就不成立了. 这是因为在非弹性碰撞中，总要损失一部分动能. 其结果即为式 (2-50).

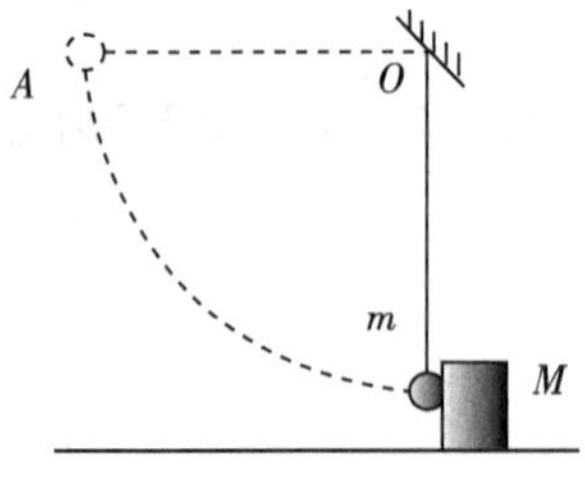

图 2-29

例 2-18　质量 $m=1\text{kg}$ 的钢球与长为 $l=0.8\text{m}$ 的细绳相连，细绳的另一端固定于点 O，如图 2-29 所示. 将钢球移到水平位置 A 处自然释放，则钢球将在最低点与 $M=5\text{kg}$ 的钢块发生完全弹性碰撞，求碰撞后钢球升高的高度 h.

解　对于这一类问题，可以将碰撞分三个过程分别讨论：

第一过程：钢球下落到最低点. 以钢球和地球为系统，机械能守恒. 以钢球在最低点为重力势能零点，有

$$\frac{1}{2} m v_0^2 = mgl$$

第二过程：钢球与钢块作完全弹性碰撞，设碰撞后，钢球以速度 $\boldsymbol{v}$ 反弹，钢块以速度 $\mathbf{V}$ 向右运动．以钢球和钢块为系统，动能和动量守恒．得

$$\begin{cases}\frac{1}{2}mv_0^2 = \frac{1}{2}mv^2 + \frac{1}{2}MV^2 \\ mv_0 = -mv + MV\end{cases}$$

第三过程：钢球上升．以钢球和地球为系统，机械能守恒．以钢球在最低点为重力势能零点．则有 $\frac{1}{2}mv^2 = mgh$

以上方程联解，得：$h=0.35\text{m}$

例 2-19　如图 2-30 所示，为碰撞实验的常用装置，可以验证动量守恒与机械能守恒定律．质量为 m 的小球从张角为 θ 的 A 处落下，然后与质量为 M 的蹄状物 B 相碰，并嵌入其中一起运动，求两物达最高处时的张角 φ.

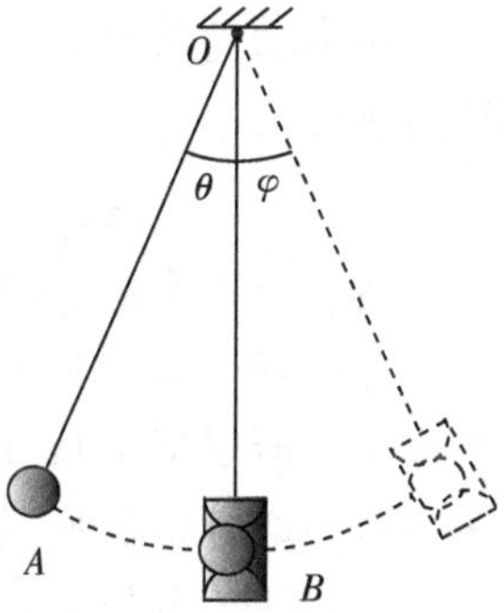

图 2-30

解　(1) 小球 A 从开始位置下落 h，而到最低位置，这是小球与蹄状物 B 碰撞前的过程，设小球 A 下落到最低位置时速度为 $\boldsymbol{v}$，此过程机械能守恒．有

$$\frac{1}{2}mv^2 = mgl(1-\cos\theta) \rightarrow v = \sqrt{2gl(1-\cos\theta)}$$

(2) 当小球与蹄状物碰撞时，两物作完全非弹性碰撞，动量守恒，有

$$mv = (m+M)u$$

(3) 小球与蹄状物开始运动后，机械能守恒，有

$$\frac{1}{2}(m+M)u^2 = (m+M)gl(1-\cos\varphi) \rightarrow u = \sqrt{2gl(1-\cos\varphi)}$$

将 v 和 u 代入 $mv=(m+M)u$ 得

$$\cos\varphi = 1 - \left(\frac{m}{m+M}\right)^2(1-\cos\theta)$$

工程应用

A. 跳水运动中游泳池的设计深度

跳台跳水是奥运会比赛项目，我国跳水代表队也被称为“梦之队”．如果让你设计跳水比赛项目的游泳池，其深度应该如何选择才合理呢？

下面我们以十米高台跳水游泳池的设计深度选择为例进行分析.

图 2-31　跳台跳水资料图片

跳水运动员自最高点至落水前的运动可近似看作是自由落体运动，其落到水面时的速度

$$v_0=\sqrt{2gh}=\sqrt{2\times 9.8\times 10}\,\mathrm{m\cdot s^{-1}}=14.0\,\mathrm{m\cdot s^{-1}}$$

运动员入水后，将受到向下的重力、向上的浮力和水的阻力作用. 根据阿基米德浮力原理，运动员所受浮力等于他所排开水的重量，因人体的密度和水的密度相差很小，所以运动员在水中所受重力与浮力大小几乎相等，相互抵消. 故水的阻力即是水中的运动员所受的合外力.

下面我们分析下，运动员在水中所受的阻力跟哪些因素有关. 我们首先可以做下面的实验，将相同密度、不同直径的钢珠，在相同的高度自由下落到相同瓶子装的水和油中，比较钢珠从水或油的表面到瓶底的时间，通过实验我们会发现：将相同直径的钢珠在相同的高度下落到不同液体中时，钢珠在油中所需时间较长；在相同的高度将钢珠下落到同一种液体中时，直径较大的钢珠下落时间较长. 相同的高度自由下落时，钢珠到达液体表面的速度近似相同，直径较大的钢珠代表其与运动方向垂直的截面面积较大，下落的时间长短间接反映了液体的阻力的大小，又因为油的密度大于水的密度，由此我们得到一个结论：当以相同的速度进入等高的液体时，阻力的大小与液体的密度 ρ、物体与运动方向垂直的截面积 S 成正比. 同时，我们在水下游泳时会体会到，当我们游的越快时，受的阻力越大，就像我们骑车时，速度越大会感觉到风越大类似. 因此物体在水中运行时所受阻力还和物体的运行速度有关，根据实验我们可以得出，当其他条件不变时，物体所受阻力的大小跟物体速度大小的平方（v^2）成正比. 综上，我们可以得出运动员在水中受到的阻力大小跟下面三个因素成正比：①水的密度（ρ）. ②运动员的身体与运动方向垂直的截面积（S）. ③运动员在水中前进的速度大小的平方（v^2）. 设比例系数（阻力系数）为 b，则我们可以得到运动员所受水的阻力 $\boldsymbol{F}$ 的大小为

$$F=-b\rho Sv^2$$

其中负号代表阻力方向总是与运动方向相反，令 $k=b\rho S$ 由阻力公式有

$$F=-kv^2$$

设水的密度为 $\rho=1.0\times10^{-3}\,\text{kg/m}^3$，运动员的身体与运动方向垂直的截面积 $S=0.08\text{m}^2$，运动员的手和腿以伸直的姿势入水，阻力较小，取阻力系数 $b=0.25$，则

$$k=0.25\times1.0\times10^3\times0.08\text{kg}\cdot\text{m}^{-1}=20\text{kg}\cdot\text{m}^{-1}$$

运动员在水中的下落过程可看成一维的直线运动，取运动员与水面的接触点为坐标原点，竖直向下为 y 轴正向，根据牛顿第二定律有

$$m\frac{\mathrm{d}v}{\mathrm{d}t}=-kv^2$$

将上式两边同乘以 $v\mathrm{d}t=\mathrm{d}x$ 的两端，得

$$mv\mathrm{d}v=-kv^2\mathrm{d}x$$

分离变量得

$$\frac{\mathrm{d}v}{v}=-\frac{k}{m}\mathrm{d}x$$

两边积分，即

$$\int_{v_0}^{v}\frac{\mathrm{d}v}{v}=\int_0^x-\frac{k}{m}\mathrm{d}x$$

解之得

$$x=\frac{m}{k}\ln\frac{v_0}{v}$$

如果运动员的质量 $m=50\text{kg}$，当其速度大小减小到 $v=2\text{m}\cdot\text{s}^{-1}$ 时脚蹬池底翻身上浮，则代入数据可解得

$$x\approx4.865\text{m}$$

考虑到运动员的身材不同，其身体与运动方向垂直的截面积稍有差异，当从 10m 跳台跳下时，一般会深入到水中 4.8～5.0m 处. 因此，国际跳水规则规定，10m 高台跳水台前端下面的水深为 4.50～5.00m. 水如果太浅会对运动员造成危险，水如果太深不利于运动员顺利完成翻身后脚蹬池底的动作.

从阻力公式 $F=-b\rho Sv^2$ 我们可以看出，物理学的很多公式都是由实验得到的，实验总结公式时需要满足的一个重要原则就是：公式两端的量纲一定一致. $F=-b\rho Sv^2$ 的左端力的单位为 $\text{kg}\cdot\text{m}\cdot\text{s}^{-2}$，而密度 ρ 的单位为 kg/m^3，面积 S 的单位为 m^2，速度的平方 v^2 单位为 m^2/s^2，阻力系数 b 为无量纲常数，故等式右边 $b\rho Sv^2$ 的单位相乘后也为 $\text{kg}\cdot\text{m}\cdot\text{s}^{-2}$，与等式左边相同. 利用量纲一致原则，对于我们猜想某一个物理量与哪些其他物理量相关也是很重要的，比如已知水阻力的单位为 $\text{kg}\cdot\text{m}\cdot\text{s}^{-2}$，已知其与密度 ρ、截面积 S 成正比，而 ρS 的量纲与力的量纲还差一个 m^2/s^2，因此我们可以猜想水的阻力还与物体的运动速度大小的平方成正比，然后进一步进行实验验证.

B. 质心运动定律在爆破中的应用

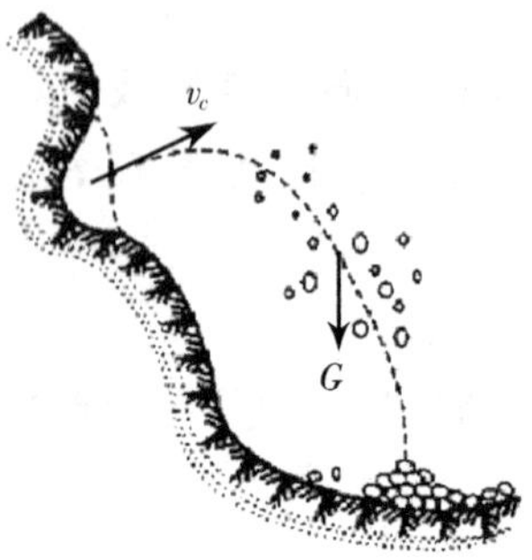

图 2-32　爆破山石示意图

在定向爆破时，预先估计大部分碎物堆落的地点十分重要．例如在爆破山石时，土石碎块向各处飞落，如图 2-32 所示．如果能估算出大部分土石碎块堆落的地点，可以事先采取应对措施并避免危险．

根据知心运动定律 $\sum \boldsymbol{F} = m\boldsymbol{a}_c$ 可知，质点系质心的运动，可以看成一个质点的远动，而且这个质点集中了质点系所有质点的质量及所受的外力．对于爆破山石而言，在碎石落地前，全部土石碎块的质心运动和一个抛射质点的运动一样，设想这个质点的质量集中了全部土石碎块的质量，作用在这个质点的力是所有土石碎块的重力之和．这样我们就可以预估出质心的运动轨迹，根据质心的运动轨迹，我们就可估算出大部分土石碎块堆落的地点．

除了山石爆破外，在房屋建筑、桥梁工程等的爆破中，也可应用质心运动定律预先估算大部分碎片堆落的地点．

本 章 提 要

1. 牛顿运动定律

- 牛顿第一定律：若 $\sum \boldsymbol{F} = 0$，则 $\boldsymbol{a} = 0$
- 牛顿第二定律：$\boldsymbol{F} = m\boldsymbol{a}$

  在直角坐标系中，分量式为 $F_x = m\,a_x$，$F_y = m\,a_y$，$F_z = m\,a_z$

  在自然坐标系中，分量式为 $F_\tau = ma_\tau = m\dfrac{\mathrm{d}v}{\mathrm{d}t}$，$F_\mathrm{n} = ma_\mathrm{n} = m\dfrac{v^2}{\rho}$
- 牛顿第三定律：$\boldsymbol{F}_{\mathrm{AB}} = -\boldsymbol{F}_{\mathrm{BA}}$
- 惯性系：牛顿运动定律适用的参考系．

2. 功和能　机械能守恒定律

(1) 功 (W)

- 恒力作功：$W = Fs\cos\alpha = \boldsymbol{F} \cdot \boldsymbol{S}$
- 变力作功：$W = \int_{r_P}^{r_Q} \boldsymbol{F} \cdot \mathrm{d}\boldsymbol{r} = \int_{r_P}^{r_Q} F\cos\varphi \mathrm{d}r$
- 合力作功：在直角坐标系中 $W = \int_P^Q \boldsymbol{F} \cdot \mathrm{d}\boldsymbol{r} = \int_P^Q F_x \mathrm{d}x + \int_P^Q F_y \mathrm{d}y + \int_P^Q F_z \mathrm{d}z$

$$= W_x + W_y + W_z$$

（2）功率（P）

- 平均功率 $\bar{P}=\dfrac{\Delta W}{\Delta t}$
- 瞬时功率（简称功率）$P=\lim\limits_{\Delta t\to 0}\dfrac{\Delta W}{\Delta t}=\dfrac{\mathrm{d}W}{\mathrm{d}t}=\boldsymbol{F}\cdot\boldsymbol{v}$

（3）动能和动能定理

- 动能：$E_k=\dfrac{1}{2}mv^2$
- 动能定理：$W=E_{kQ}-E_{kP}$

（4）功能原理　机械能守恒定律

- 功能原理：$\sum W_{外}+\sum W_{内非}=\sum E-\sum E_0$
- 机械能守恒定律：如果 $\sum W_{外}+\sum W_{内非}=0$，则有：$\sum E_k+\sum E_p=\sum E_{k0}+\sum E_{p0}$

3. 动量　动量守恒定律

- 动量：$\boldsymbol{p}=m\boldsymbol{v}$
- 冲量：$\boldsymbol{I}=\int_{t_1}^{t_2}\boldsymbol{F}\mathrm{d}t$
- 质点的动量定理：$\int_{t_1}^{t_2}\boldsymbol{F}\mathrm{d}t=\boldsymbol{p}_2-\boldsymbol{p}_1$
- 质点系的动量定理：$\int_{t_0}^{t}\sum\limits_{i=1}^{n}\boldsymbol{F}_i\mathrm{d}t=\sum\limits_{i=1}^{n}m_i\boldsymbol{v}_i-\sum\limits_{i=1}^{n}m_i\boldsymbol{v}_{i0}$
- 质心：$\boldsymbol{r}_c=\dfrac{\sum\limits_{i=1}^{n}m_i\boldsymbol{r}_i}{\sum\limits_{i=1}^{n}m_i}$

在直角坐标系中的分量式为 $x_c=\dfrac{\int_V\rho x\,\mathrm{d}V}{\int_V\rho\,\mathrm{d}V}$，$y_c=\dfrac{\int_V\rho y\,\mathrm{d}V}{\int_V\rho\,\mathrm{d}V}$，$z_c=\dfrac{\int_V\rho z\,\mathrm{d}V}{\int_V\rho\,\mathrm{d}V}$

- 质心运动定理：$\sum\limits_{i=1}^{n}\boldsymbol{F}_i=m\boldsymbol{a}_c$
- 动量守恒定律：如果 $\sum\limits_{i=1}^{n}\boldsymbol{F}_i=0$，则 $\sum\limits_{i=1}^{n}m_i\boldsymbol{v}_i=$ 恒矢量

在直角坐标系中的分量式为
$$\begin{cases}\sum\limits_{i=1}^{n}F_{ix}=0\text{ 时，}\sum\limits_{i=1}^{n}m_iv_{ix}=\text{恒量}\\ \sum\limits_{i=1}^{n}F_{iy}=0\text{ 时，}\sum\limits_{i=1}^{n}m_iv_{iy}=\text{恒量}\\ \sum\limits_{i=1}^{n}F_{iz}=0\text{ 时，}\sum\limits_{i=1}^{n}m_iv_{iz}=\text{恒量}\end{cases}$$

4. 碰撞

- 完全弹性碰撞（$e=1$）
- 完全非弹性碰撞（$e=0$）
- 非弹性碰撞（$0<e<1$）

习　　题

一、思考题

1. 在哪些条件下，物体可以作直线运动？如果初速度的方向和力的方向不一致，则物体是沿力的方向还是沿初速度的方向运动？试用一具体实例加以说明.

2. 在台秤上称物体重量，台秤上读数就是物体的“视重”或“表现重量”. 现在电梯中测视重，何时视重小于重量（称作失重）？何时视重大于重量（称作超重）？在电梯中，视重可能等于零吗？请再举一例说明使视重等于零的情况？

3. 有三种说法：当质点沿圆周运动时，

(1) 质点所受指向圆心的力即向心力；

(2) 维持质点作圆周运动的力即向心力；

(3) mv^2/r 即向心力.

这三种说法是否正确？

4. 人从静止开始步行，如鞋底不在地面上打滑，作用于鞋底的摩擦力是否做了功？人体的动能是哪里来的？

5. 质点的质量是 1 千克，它运动时的速度是 $\boldsymbol{v}=3\boldsymbol{i}+2\boldsymbol{j}+\sqrt{3}\boldsymbol{k}$，此质点的动量和动能的量值为多少？

6. 在什么情况下，力的冲量和力的方向相同？

7. 棒球运动员在接球时为何要戴厚而软的手套？篮球运动员接急球时为何要缩一下手？在运送贵重或易碎物品时，为何要用海绵、绒布等垫衬包裹？体育课跳高项目中，海绵垫是如何起到保护作用的？

二、选择题

1. 下面的说法正确的是　　(　　)

A. 合力一定大于分力

B. 物体速率不变，则物体所受合力为零

C. 速度很大的物体，运动状态不易改变

D. 物体质量越大，运动状态越不易改变

2. 用细绳系一小球，使之在竖直平面内作圆周运动，当小球运动到最高点时　(　　)

A. 小球受到重力、绳子拉力和向心力的作用

B. 小球受到重力、绳子拉力和离心力的作用

C. 绳子的拉力可能为零

D. 小球可能处于受力平衡状态

3. 下面说法正确的是　(　　)

A. 静止或做匀速直线运动的物体一定不受外力的作用

B. 物体的速度为零时一定处于平衡状态

C. 物体的运动状态发生变化时，一定受到外力的作用

D. 物体的位移方向一定与所受合力方向一致

4. 一个物体只受一个恒力作用，则此物体一定作　(　　)

A. 匀加速直线运动　　B. 匀速圆周运动

C. 平抛运动　　D. 匀变速运动

5. 将质量分别为 m_1 和 m_2 的两个滑块 A 和 B 置于斜面上，A 和 B 与斜面间的摩擦系数分别是 μ_1 和 μ_2，今将 A 和 B 粘合在一起构成一个大滑块，并使它们的底面共面地置于该斜面上，则该大滑块与斜面间的摩擦系数为　(　　)

A. $\dfrac{\mu_1 m_1+\mu_2 m_2}{m_1+m_2}$　　B. $\dfrac{\mu_1\mu_2}{m_1+m_2}$

C. $\dfrac{\mu_1+\mu_2}{2}$　　D. $\sqrt{\mu_1\mu_2}$

6. 下面关于保守力的说法，正确的是　(　　)

A. 只有保守力作用的系统，动能与势能之和保持不变

B. 保守力总是内力

C. 保守力做正功，系统势能一定增长

D. 质点沿任一闭合路径运动一周，作用于它的某种力所做的功为零，则这种力称为保守力

7. 质量完全相等的三个滑块 M、N 和 P，以相同的初速度分别沿摩擦系数不同的三个平面滑出，到自然停止时，M 滑过的距离为 l，N 滑过的距离为 $2l$，P 滑过的距离是 $3l$，则摩擦力对滑块做功最多的是　(　　)

A. M　　B. N

C. P　　D. 三个摩擦力的功相同

8. 跳伞运动员在刚跳离飞机，其降落伞尚未打开的一段时间内，下列说法中正确的是　(　　)

A. 空气阻力做正功　　B. 空气阻力做负功

C. 动能减小　　D. 重力势能增加

9. 如果一个系统在一个过程中只有保守力做功，那么该过程中　(　　)

A. 动能守恒　B. 机械能守恒

C. 动量守恒　D. 角动量守恒

10. 当重力对物体做正功时，物体的　(　　)

A. 重力势能一定增加，动能一定减少

B. 重力势能一定减少，动能一定增加

C. 重力势能一定减少，动能不一定增加

D. 重力势能不一定减少，动能一定增加

11. 关于机械能是否守恒，下列叙述中正确的是　(　　)

A. 只有重力对物体做功，物体机械能一定守恒

B. 作匀变速运动的物体机械能不可能守恒

C. 外力对物体做功为零时，机械能一定守恒

D. 作匀速直线运动的物体的机械能一定守恒

12. 自由落下的小球从接触竖直放在地上的弹簧开始，到弹簧被压缩到最短的过程中　(　　)

A. 小球的动能先减小后增大

B. 小球的机械能守恒

C. 小球的重力势能减小，动能增加

D. 小球的机械能减小，小球与弹簧的总机械能守恒

13. 物体的动量和动能的正确关系是　(　　)

A. 物体的动量不变，动能也不变　B. 物体的动能不变，动量也一定变化

C. 物体的动量变化，动能也不变　D. 物体的动能不变，动量却不一定变化

14. 质量为 m 的物体受到一冲量作用后，其速度的大小 v 不变，而方向改变 θ $(0<\theta<\pi)$，则此物体所受冲量的大小为　(　　)

A. $mv\cos\theta$　B. $mv\sin\theta$　C. $2mv\cos\dfrac{\theta}{2}$　D. $2mv\sin\dfrac{\theta}{2}$

15. 在任何相等的时间内，物体动量的增量总是相等的运动一定是　(　　)

A. 匀速圆周运动　B. 匀加速圆周运动

C. 直线运动　D. 抛体运动

16. 一粒子弹以水平速度 $\boldsymbol{v}_0$ 射入静止于光滑水平面上的木块后，随木块一起运动，对于这一过程的分析是　(　　)

A. 子弹和木块组成的系统机械能守恒

B. 子弹在水平方向动量守恒

C. 子弹所受冲量等于木块所受冲量

D. 子弹减少的动能等于木块增加的动能

17. 将质量为 m 的木块 A 和质量为 $2m$ 的木块 B 分别连接于一水平轻弹簧两端后，置于光滑水平桌面上，现用力压紧弹簧，弹簧被压缩，然后由静止释放，弹簧伸长到原长时，木块 A 的动能为 E_k. 弹簧原来处于被压紧状态时所具有的势能为　　　　(　　)

A. $\frac{3E_k}{2}$　　　　B. $2E_k$　　　　C. $3E_k$　　　　D. $\frac{\sqrt{2}E_k}{2}$

18. 动能一定守恒的碰撞过程为　　　　(　　)

A. 对心碰撞　　　　B. 非对心碰撞

C. 完全弹性碰撞　　　　D. 完全非弹性碰撞

三、填空题

1. 倾角为 30°的斜面体静止放置在水平桌面上，一质量为 2kg 的物体沿斜面以 3m/s^2 的加速度下滑，斜面体与桌面间的静摩擦力大小为________.

2. 两根质量忽略不计的弹簧，原长都是 0.1m，第一根弹簧挂质量为 m 的物体后，长度为 0.11m，第二根弹簧挂质量为 m 的同一物体后，长度为 0.13m，现将两弹簧并联，下面挂质量为 m 的物体，并联弹簧的长度为________.

3. 沿长度为 3m 的斜面将质量为 100kg 的物体拉上高 1m 的汽车车厢底板，物体与斜面间的摩擦系数为 0.20，所需的拉力大小至少为________.

4. 用长度为 1.4m 的细绳系住盛有水的小桶，杂技演员令其在竖直面内作圆周运动，为使桶内的水不致泼出，小桶在最高点的速度大小至少应等于________.

5. 质量为 0.25kg 的物体以 9.2m/s^2 的加速度下降，物体所受空气的阻力大小为________.

6. 电梯起动或制动过程可近似视为匀变速运动，电梯底板上放有质量为 100kg 的物体，当电梯被制动，以 2.25m/s^2 的减速度上升时，物体对电梯底板的压力大小为________.

7. 跨过定滑轮的细绳下端系质量为 m 的物体，在物体以 $g/4$ 的恒定加速度下落一段距离 h 的过程中，绳的拉力对物体做的功为________.

8. 高 100m 的瀑布每秒钟下落 1200m^3，假设水下落过程中动能的 75%由水力发电机转换成电能，则此发电机的输出功率为________.

9. 质量为 1000kg 的汽车以 36km/h 的速率匀速行驶，摩擦系数为 0.10. 在水平路面上行驶发动机的功率为________.

10. 速度为 v_0 的子弹射穿木板后，速度恰好变为零. 设木板对子弹的阻力恒定不变，那么，当子弹射入木板的深度等于木板厚度的一半时，子弹速度的大小为________.

11. 有一倔强系数为 k 的轻弹簧，竖直放置，下端悬一质量为 m 的小球，先使弹簧为原长，而小球恰好与地接触，再将弹簧上端缓慢地提起，直到小球刚能脱离地面为止. 在此过程中外力所作的的功为________.

12. 一皮球从 2.5m 高处自由落下，与地面碰撞后，竖直上跳，起跳速率为落地速率的 3/5，不计空气阻力，皮球跳起能达到的最大高度为________.

13. 质量为 2×10^{-2}kg 的子弹以 500m/s 的速度击入一木块后，随木块一起以 50m/s 的速度前进. 取子弹初速度的方向为坐标轴正方向，在此过程中，木块所受的冲量为________.

14. 机枪每分钟可射出质量为 2×10^{-2}kg 的子弹 900 粒，子弹射出时的速度约为 800m/s，射击时平均反冲力的大小为________.

15. 质量为 M 的平板车，以速率 v 在光滑水平面上滑行，一质量为 m 的粘性物体从高度为 h 处自由下落在车内，两者合在一起后速度的大小为________.

16. 质量为 0.98kg 的小球由长度为 1m 的不可伸长的细绳悬挂构成一单摆，并处于平衡状态，质量为 2×10^{-2}kg 的子弹，以 400m/s 的速率斜向下射入摆球中，子弹速度方向与悬线间的夹角为 30°，子弹射入后摆球的速度大小为________.

17. 质量为 $\boldsymbol{m}$ 的 A 粒子的初速度为 $3\boldsymbol{i}+4\boldsymbol{j}$，质量为 $4m$ 的 B 粒子的初速度为 $2\boldsymbol{i}-7\boldsymbol{j}$，两粒子相互作用后，A 粒子的速度变为 $7\boldsymbol{i}-4\boldsymbol{j}$，B 粒子的速度变为________.

四、计算题

1. 用轻细绳将质量为 10kg、20kg 和 30kg 的物体 A、B 和 C 依次连成一串，置于光滑水平桌面上. 今在物体 C 上作用一大小等于 60N 的水平拉力，拉力的方向与连接物体的细绳在同一条直线上，试求绳中的张力.

2. 质量为 20kg 的小车可以在水平面上无摩擦地运动，小车上面放着质量为 2kg 的木块，木块与小车间的滑动摩擦系数为 0.25，静摩擦系数为 0.30.

(1) 若在木块上作用 20N 的水平拉力时，木块与小车间的摩擦力为多少？木块和小车各以多大的加速度运动？

(2) 若作用在木块上的水平拉力为 2N 时，木块与小车间的摩擦力为多少？木块与小车的加速度如何？

3. 质量为 20kg 的物体放在倾角为 30°的斜面上，物体与斜面间的摩擦系数为 0.25. 今以水平力 F 推物体.

(1) F 多大时物体可沿斜面向上匀速滑动？

(2) F 多大时物体沿斜面向下匀速滑动？

4. 原长 l_0、劲度系数为 k 的轻弹簧一端固定，另一端系质量 m 的小球，小球和弹簧以恒定角速度 ω 在水平面内作圆周运动. 求小球作圆周运动的半径及小球所受弹性力的大小.

5. 质量为 6×10^5kg 的机车，由车站出发沿水平轨道行驶，经过 2.5×10^3m 后速度增加为 16.7m/s，经历的时间为 300s，若机车所受摩擦阻力是车重的 0.005

倍，求机车的平均功率.

6. 一地下蓄水池深 3m，面积为 $100m^2$，池中水面低于地面 2m.（取 $g=10m/s^2$）

（1）要用一台抽水机将池中的水全部吸到地面，至少应做多少功？

（2）若抽水机所消耗的电功率为 625W，效率 80%，抽完这池水所需的时间为多少？

7. 用铁锤将一根铁钉击入木板，设木板对铁钉的阻力与铁钉进入木板的深度成正比，第一次击钉时，铁钉被击入木板 1cm，设每次锤击时，铁钉获得的速度均相等，则第二次击钉，能将铁钉击入多深？

8. 质量为 m 的物体，从高度为 4m，长为 13.6m 的斜面顶端由静止开始向下滑动，物体到达斜面下端后，沿表面性质相同的水平面继续向前滑行. 已知摩擦系数为 0.16，试求：（1）物体滑到斜面下端时的速率；（2）物体在水平面上能滑行的最大距离.

9. 在半径为 R 的固定球面顶点处，一物体由静止开始下滑.

（1）如果为光滑球面，求物体离开球面处距离球面顶点的高度 h；

（2）如果物体与球面之间存在摩擦，物体离开球面处距球面顶点的高度 H 大于还是小于 h？

10. 质量为 0.1kg 的小球悬挂在劲度系数为 1N/m、原长为 0.8m 的轻弹簧一端，弹簧另一端固定. 开始时，弹簧水平放置且为原长，然后将小球静止释放任其下落，当弹簧通过铅垂位置时其长度为 1m，求此时小球的速度.

11. 将质量为 m 的小球系于长度为 l 的细线下端构成单摆. 开始时，单摆悬线与竖直向下方向成 θ_0 角 $\left(0<\theta_0<\frac{\pi}{2}\right)$，摆球的初速率为 v_0，试求：

（1）取摆球最低位置为重力势能零点，系统的总机械能是多少？

（2）摆球在最低位置的速率是多少？

（3）使此单摆的悬线能达到水平位置，初始时刻摆球应具有的最小速率是多少？

（4）使单摆不摆动，而不断地沿竖直圆周运动，初始时刻摆球应具有地最小速率是多少？

12. 力 $\boldsymbol{F}=(30+4t)\boldsymbol{i}$ 作用于质量为 10kg 的物体上，（F 的单位是 N，t 的单位为 s），试求：

（1）从 $t=0$ 开始的 2s 内，此力的冲量；

（2）要使冲量的大小等于 300N·s，此力从 $t=0$ 开始需要作用多少时间？

13. 质量为 200kg 的小车上有一只装着砂子的箱子，砂和箱的总质量为 100kg，小车以 1m/s 的速度在光滑水平轨道上滑行，质量为 50kg 的重物从高处自由落下，竖直落入砂箱中，求：

（1）重物落入后小车的速度；

(2) 重物落入砂箱后，若砂箱在小车上滑动，经过 0.2s 砂箱相对于车面静止，求车面与箱底间的平均摩擦力.

14. 长度为 0.8m 的细轻绳一端固定，另一端悬挂质量为 1kg 的钢球. 开始时，将绳拉至水平位置，然后释放让球自由摆下，球在最低点与一质量为 5kg 的钢块发生完全弹性碰撞，试求碰撞后钢球将升高的高度.

15. 质量为 1×10^{-2}kg 的子弹，以 750m/s 的速度水平射入质量为 5kg 的冲击摆内，摆线长 1m. 试求：(1) 摆上升的最大高度；(2) 子弹的初始动能；(3) 子弹射入摆内瞬间系统的动能.

16. 距地面 16m 的立柱顶端放有一个质量为 m 的小球 A，小球 A 正上方 1m 处悬挂着摆长为 1m 的单摆，摆球质量也是 m. 开始时，将摆线拉至水平位置，由静止释放，任其自己摆下与小球 A 发生完全弹性对心碰撞. 试求碰撞后，小球 A 落地点距两球相碰点之间的水平距离.

17. 质量为 $m_1=0.79$kg 和 $m_2=0.80$kg 的物体以劲度系数为 10N/m 的轻弹簧相连，置于光滑水平桌面上. 最初弹簧自由伸张. 质量为 0.01kg 的子弹以速率 $v=100$m/s 沿水平方向射于 m_1 内，问弹簧最多压缩了多少？

第三章　刚体的定轴转动

机械在工作时，其齿轮上的每一部分都在转动。自由滑雪的运动员在空中翻转时，其身体各个部位也在转动。

物体的转动怎么描述？满足哪些运动学和动力学规律？为什么自由滑雪运动员在空中时尽量蜷缩自己的身体，而在下落时尽量打开自己的身体？

学完本章你将知晓这些问题的答案。

刚体最简单的转动形式就是定轴转动，本章将在建立刚体模型后，对刚体定轴转动的描述方法，与刚体定轴转动相关的概念、特征量以及转动规律逐一介绍. 最后还要介绍角动量和角动量守恒定律，以便使同学们对经典力学中的守恒律有一个全面的认识.

§3.1　刚体运动的描述

物体运动的形式多种多样，一般可分为平动、转动、振动几大类. 转动是一种基本的运动形式，在复杂的物理世界中，大至星系的运动，小至原子、电子等微粒，都在永不停息地转动着. 在日常生活和生产活动中，更是经常会遇到转动的问题.

我们在研究物体的运动时，引入理想模型“质点”. 但是，在更多的研究环境下，物体的形状和大小不再是次要因素了，也就是说我们不可能将物体视为“质点”.

要研究转动，我们还得建立另一个理想模型——“刚体”. 物体可以由不同的材料构成，其形状、大小、质地等千差万别．一般而言，物体在转动过程中，形状会发生改变．这就会给研究带来很多困难．因此，我们为了突出问题的主要因素，也为了简化研究工作，引入“刚体”这一理想模型．

在任何情况下形状、大小均不发生变化的物体，就视为**刚体**．它是一种理想的物理模型．

在现实生活中，受力作用而不改变形状的物体几乎没有，所以“刚体”是一个理想模型．实际上，若物体自身的形状改变不影响运动过程，那么就可以将其视为刚体．例如，物理天平的横梁在力的作用下产生的形变很小，完全可以不加考虑，在研究天平平衡问题时，可以将横梁当作刚体．

对刚体进行研究时，我们可以认为刚体是由若干个连续分布的质元组成的，刚体上任意两个质元的间距保持不变．每个质元的运动都遵从质点力学的规律，而刚体的运动则是这些质元运动的总和．

一、刚体的平动

如图 3-1 所示，在刚体的运动过程中，如果刚体上的**任意两点连成的直线始终保持平行**，这种运动就被称为**平动**．例如：电梯的运动，汽缸中活塞的运动，车床上车刀的运动等，都是平动．

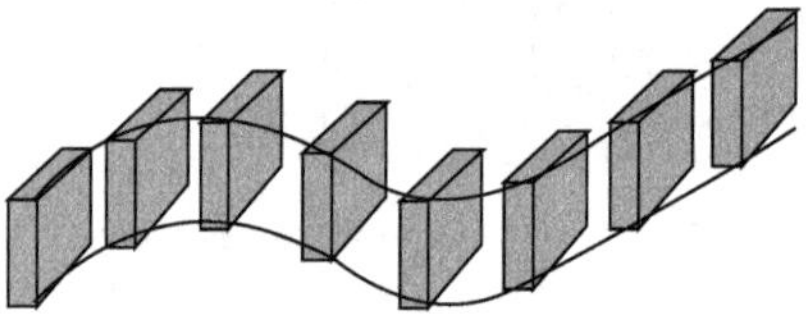

图 3-1　刚体平动示意图

在平动过程中，刚体上所有点的位置都发生了改变，但刚体的位形不变，刚体上各点的运动完全相同，具有相同的运动轨迹，也具有相同的位移、速度和加速度，可用刚体上任一点的运动来代表整个刚体的运动．因此在研究物体的平动时，可以不考虑物体的形状和大小，而把它作为质点来处理．

二、刚体定轴转动的描述

刚体运动时，如果各质元都绕同一直线作圆周运动，这种运动称转动．刚体的转动有多种类型，例如在某有限时段内，陀螺的转动属于定点转动，而门的转动属于定轴转动．

这里讨论的是刚体绕某固定轴的转动，这种转动称为**定轴转动**，固定轴称为**转轴**．

定轴转动有两个特点：

(1) 刚体上各点都在垂直于固定轴的平面内（转动平面）做圆周运动，其圆心都在转轴上．

(2) 刚体上各点到转轴的垂直线在相同的时间内所转过的角度都相同．因而用角量描述刚体的运动.

为便于研究，我们将过刚体上任意一点并垂直于转轴的平面称为**转动平面**. 显而易见，刚体上可以作出无数个转动平面，它们是等价的. 在研究刚体转动时，选择一个合适的转动平面进行分析就可以了. 图 3-2 所示的 Oxy 平面就是一个转动平面，固定转轴一般用 Oz 表示.

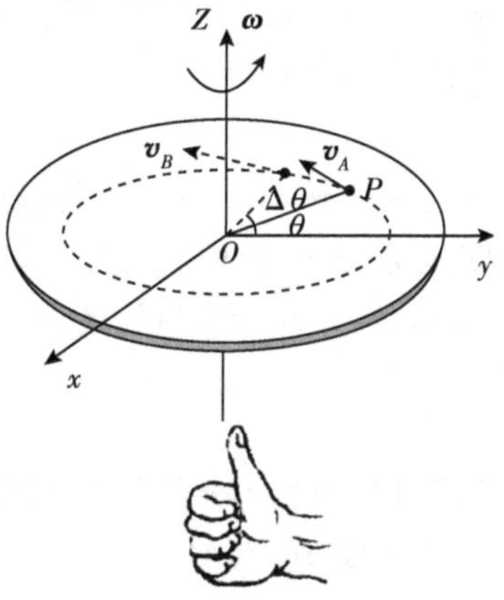

图 3-2　上：描述刚体定轴转动的角量
下：右手法则判断 **ω** 的方向

在刚体定轴转动过程中，刚体上的所有点都绕转轴作半径不同的圆周运动，各点都具有相同的角位移、角速度和角加速度. 在处理相关问题时，由于这些矢量均沿转轴方向，所以这些矢量均可用带正、负号的标量来表示. 由于刚体上各点到转轴的距离不同，故有不同的位移、速度和加速度.

如图 3-2 所示，转动平面上任意点 P 的位置，由 Oy 坐标轴转到任意 OP 位置的角度 θ 称为**角位置或角坐标**. 规定逆时针转向为正，顺时针转向为负.

刚体定轴转动的运动学方程为

$$\theta = \theta(t)$$

它用来表示刚体在某时刻所处的位置.

转动平面上任意点 P 在 Δt 时间内转过的角度称为**角位移**. 即 Δt 时间内角位置（或角坐标）的增量，是矢量，方向与转动方向满足右手螺旋法则沿转轴方向. 见图 3-2，用 $\Delta\theta$ 表示.

刚体转动的快慢程度用**角速度 $\boldsymbol{\omega}$** 描述，分为平均角速度和瞬时角速度.

刚体在 Δt 时间内角位置的增量 $\Delta\theta$ 与 Δt 之比定义为**平均角速度**，其 $\Delta t\to 0$ 时的极限就为**瞬时角速度**.

$$\omega = \lim_{\Delta t\to 0}\frac{\Delta\theta}{\Delta t} = \frac{\mathrm{d}\theta}{\mathrm{d}t} \tag{3-1}$$

θ 和 $\Delta\theta$ 的单位均为弧度（rad），1rad≈57.3°. ω 的单位为弧度/秒（rad/s）.

角速度是矢量，其方向沿转轴且与刚体转动的方向成右螺旋关系，通常用右手法则确定角速度的方向.

右手法则：**右手四指沿转动方向围绕转轴 z 弯曲，拇指所指的方向即为 $\boldsymbol{\omega}$ 的方向.**

刚体绕定轴 Oz 转动时，角速度只有两个可能的取向，因此我们一般将它写为标量形式，用正负号表示其取向. 同时规定：当 $\boldsymbol{\omega}$ 指向 Oz 轴正方向时 $\omega>0$，当 $\boldsymbol{\omega}$

指向 Oz 轴负方向时 $\omega<0$.

描述刚体转动快慢程度的量还有转速 n，转速表示单位时间内转过的圈数. 转速与角速度的关系为

$$\omega = 2\pi n \tag{3-2}$$

描述刚体转动状态（即角速度）变化的快慢程度的物理量称为**角加速度 $\boldsymbol{\beta}$**，角加速度也分为平均角加速度和瞬时角加速度. 刚体在 Δt 时间内角速度的增量 $\Delta\boldsymbol{\omega}$ 与 Δt 之比定义为**平均角加速度**，其 $\Delta t\to 0$ 时的极限就为**瞬时角加速度**.

$$\beta = \lim_{\Delta t\to 0}\frac{\Delta\omega}{\Delta t} = \frac{d\omega}{dt} = \frac{d^2\theta}{dt^2} \tag{3-3}$$

$\boldsymbol{\beta}$ 的符号根据 $\Delta\boldsymbol{\omega}$ 的符号和转动情形确定：刚体加速转动时，$\boldsymbol{\beta}$ 与 $\Delta\boldsymbol{\omega}$ 符号相同；反之 β 与 $\Delta\boldsymbol{\omega}$ 符号相反.

$\boldsymbol{\beta}$ 的单位为弧度/秒^2（rad/s^2）.

三、匀变速转动的运动方程

当刚体绕定轴转动时，如果在任意相等时间间隔 Δt 内，角速度的增量都相等，这种变速转动称为**匀变速转动**. 也即角加速度为一恒量的转动.

由式（3-1）有

$$d\theta = \omega dt$$

假设在时间间隔 $0\to t$ 内，刚体的角位置由 θ_0 变化到 θ，由上式得

$$\theta = \theta_0 + \int_0^t \omega(t)dt \tag{3-4}$$

刚体作匀速转动 $\omega=$常量时，　$\theta = \theta_0 + \omega t$

同样，由式（3-3）有　$d\omega = \beta dt$

假设在时间间隔 $0\to t$ 内，刚体的角速度由 ω_0 变化到 ω，由上式得

$$\int_{\omega_0}^{\omega} d\omega = \int_0^t \beta dt$$

当刚体作匀变速转动时，有

$$\omega - \omega_0 = \beta t \tag{3-5}$$

将式（3-5）代入式（3-4）得

$$\theta - \theta_0 = \omega_0 t + \frac{1}{2}\beta t^2 \tag{3-6}$$

将式（3-5）和式（3-6）两式中消去 t，可得

$$\omega^2 - \omega_0^2 = 2\beta(\theta - \theta_0) \tag{3-7}$$

以上三个方程式（3-5）、式（3-6）、式（3-7）与质点匀变速直线运动的三个基本公式相对应. 见表 3-1.

表 3-1　平动和转动的物理量与运动学公式类比

平动（以一维运动为例）	定轴转动	
位置矢量：$\boldsymbol{r}$	角位置：θ	线量与角量的关系： $s=r\Delta\theta$ $v=r\omega$ $a_t=r\beta$ $a_n=r\omega^2$
位移：$\Delta\boldsymbol{r}$	角位移：$\Delta\theta$	
速度：$\boldsymbol{v}=\lim\limits_{\Delta t\to 0}\dfrac{\Delta\boldsymbol{r}}{\Delta t}=\dfrac{\mathrm{d}\boldsymbol{r}}{\mathrm{d}t}$	角速度：$\omega=\lim\limits_{\Delta t\to 0}\dfrac{\Delta\theta}{\Delta t}=\dfrac{\mathrm{d}\theta}{\mathrm{d}t}$	
加速度： $\boldsymbol{a}=\lim\limits_{\Delta t\to 0}\dfrac{\Delta\boldsymbol{v}}{\Delta t}=\dfrac{\mathrm{d}\boldsymbol{v}}{\mathrm{d}t}=\dfrac{\mathrm{d}^2\boldsymbol{r}}{\mathrm{d}t^2}$	角加速度： $\beta=\lim\limits_{\Delta t\to 0}\dfrac{\Delta\omega}{\Delta t}=\dfrac{\mathrm{d}\omega}{\mathrm{d}t}=\dfrac{\mathrm{d}^2\theta}{\mathrm{d}t^2}$	
匀速直线运动：$x-x_0=v_0t$	匀速圆周运动：$\theta-\theta_0=\omega t$	矢量关系： $\boldsymbol{v}=\boldsymbol{\omega}\times\boldsymbol{r}$ $\boldsymbol{a}_t=\boldsymbol{\beta}\times\boldsymbol{r}$ $\boldsymbol{a}_n=\boldsymbol{\omega}\times\boldsymbol{v}=-\omega^2\boldsymbol{r}$
匀变速直线运动： $\begin{cases}v-v_0=at\\ x-x_0=v_0t+\dfrac{1}{2}at^2\\ v^2-v_0^2=2a(x-x_0)\end{cases}$	匀变速圆周运动： $\begin{cases}\omega-\omega_0=\beta t\\ \theta-\theta_0=\omega_0t+\dfrac{1}{2}\beta t^2\\ \omega^2-\omega_0^2=2\beta(\theta-\theta_0)\end{cases}$	

四、角量与线量的关系

角量是描述刚体转动时与角度有关的量：角位置 θ、角位移 $\Delta\theta$、角速度 ω、角加速度 β.

线量是描述刚体转动时，质元做圆周运动的相关量：位移 $\Delta\boldsymbol{r}$、速度 $\boldsymbol{v}$、加速度 $\boldsymbol{a}$.

当质元做圆周运动转过的弧长与转过的角度的关系为

$$s=r\Delta\theta$$

上式两边同除 Δt 取极限后得线速度与角速度的关系为

$$v=r\omega \tag{3-8}$$

切向加速度为

$$a_\tau=\frac{\mathrm{d}v}{\mathrm{d}t}=r\beta \tag{3-9}$$

法向加速度为

$$a_\mathrm{n}=\frac{v^2}{r}=r\omega^2 \tag{3-10}$$

角量与线量的关系详见表 3-1.

在实际问题中，刚体的运动较为复杂，图 3-3 表示为一个可视为刚体的轮了在水平地面滚动．对于这类问题，可以将刚体的运动看作其质心的平动与相对于过质心且垂直运动平面的轴的转动的叠加．所以，刚体最基本的运动形式是平动和转动.

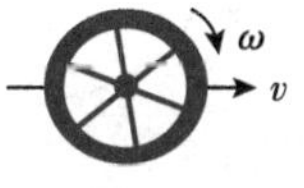

图 3-3　刚体的一般运动：可视为平动与转动的叠加

例 3-1　一飞轮半径为 0.2m、每分钟转过 150 圈，因受制动而均匀减速，经 30s 停止转动．试求：(1) 角加速度和在此时间内飞轮所转的圈数；(2) 制动开始后 $t=6$s 时飞轮的角速度；(3) $t=6$s 时飞轮边缘上一点的线速度、切向加速度和法向加速度．

解　(1) 飞轮的初角速度为：$\omega_0=2\pi n_0=2\pi\cdot 150/\text{min}=5\pi$ (rad/s)

角加速度为：$\beta=\dfrac{\omega-\omega_0}{t}=\dfrac{0-5\pi}{30}=-\dfrac{\pi}{6}$ (rad/s^2)

飞轮 30s 内转过的角度为：$\theta=\dfrac{\omega^2-\omega_0^2}{2\beta}=\dfrac{-(5\pi)^2}{2\times\left(-\dfrac{\pi}{6}\right)}=75\pi$ (rad)

飞轮 30s 内转过的圈数为：$N=\dfrac{\theta}{2\pi}=\dfrac{75\pi}{2\pi}=37.5$ (圈)

(2) 制动开始后 $t=6$s 时飞轮的角速度为：$\omega=\omega_0+\beta t=5\pi-\dfrac{\pi}{6}\times 6=4\pi$ (rad/s)

(3) $t=6$s 时，飞轮边缘上一点的线速度大小为：$v=r\omega=0.2\times 4\pi=2.5$ (m/s)

切向加速度大小为：$a_t=r\beta=0.2\times\left(-\dfrac{\pi}{6}\right)=-0.105$ (m/s^2)

法向加速度大小为：$a_n=r\omega^2=0.2\times(4\pi)^2=31.6$ (m/s^2)

§3.2　刚体定轴转动动力学

一、力矩

经验告诉我们，对绕定轴转动的刚体，外力对刚体转动的影响，不仅与力的大小有关，而且与力的方向以及力的作用线和转轴的距离有关．例如，我们用同样大小的力推门时，力的作用线和转轴的距离越大，越容易把门推开．如果力的作用线通过门的转轴，或力的方向与转轴平行，则无论用多大的力也无法将门推开．

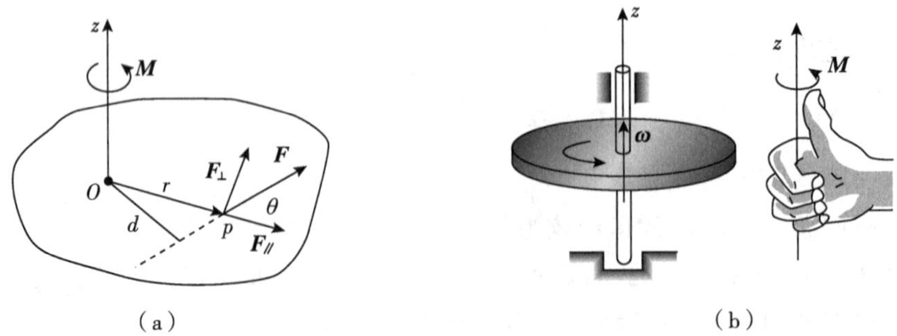

图 3-4　力矩概念图示

首先讨论力在垂直于转轴的平面内的情形．图 3-4 是刚体的一个横截平面，该平面可以绕通过点 O 且垂直于该平面的转轴 Oz 旋转．作用于刚体上点 P 的力 $\boldsymbol{F}$ 亦在此平面内．力的作用线和转轴间的距离为 d，d 称为力臂，力的大小 F 与力臂 d 的乘积称为**力 $\boldsymbol{F}$ 对转轴的力矩**．用 M 表示，即

$$M=Fd \tag{3-11}$$

设从 O 点到力的作用点的径矢为 $\boldsymbol{r}$，θ 为 $\boldsymbol{r}$ 与 $\boldsymbol{F}$ 的夹角，由图 3-4（a）可以看出，$d=r\sin\theta$，则式（3-11）可写为

$$M=Fr\sin\theta=F_{\perp}r$$

其中，$F_{\perp}$ 为力 $\boldsymbol{F}$ 在垂直于 $\boldsymbol{r}$ 方向的分量．上式表明只有力 $\boldsymbol{F}$ 在垂直于 $\boldsymbol{r}$ 方向的分量 $F_{\perp}$，才对力对转轴的力矩有贡献．当 $\theta=0°$ 或 $\theta=180°$ 时，力的作用线通过转轴，$M=0$．所以当力的作用线通过门的转轴时，无论用多大的力都推不开门．

如果力 $\boldsymbol{F}$ 不在垂直于转轴的平面内，可将其分解为垂直于转轴和平行于转轴的两分力，因平行于转轴的分力对转轴的力矩为零，对刚体绕轴的转动不起作用，可以不予考虑，只需计算平行于转轴的分力对转轴的力矩即可．因此在利用式（3-11）计算力对转轴的力矩时，F 应理解为外力在垂直于转轴平面内的分力大小．

应当说明的是，力对转轴的力矩是矢量，不仅有大小而且有方向．一般规定，当力矩使刚体有逆时针转动效果时，力矩为正；如果有顺时针转动效果时，力矩为负．用 $\boldsymbol{M}$ 表示力矩矢量，则 $\boldsymbol{M}$ 可以用径矢 $\boldsymbol{r}$ 和力矢 $\boldsymbol{F}$ 的矢积（叉乘）表示，即

$$\boldsymbol{M}=\boldsymbol{r}\times\boldsymbol{F} \tag{3-12}$$

$\boldsymbol{M}$ 的大小为

$$M=Fr\sin\theta$$

$\boldsymbol{M}$ 的方向垂直于径矢 $\boldsymbol{r}$ 和力矢 $\boldsymbol{F}$ 所构成的平面，可由图 3-4（b）所示的右手定则确定：

自然弯曲的右手四指由 $\boldsymbol{r}$ 的方向经小于 π 的角度转向 $\boldsymbol{F}$ 的方向，伸直的拇指则指向力矩 $\boldsymbol{M}$ 的方向．

对定轴转动来说，用矢积表示力矩的方向，与先规定转动正方向再按照力矩的正负来确定力矩方向所得结论是一致的．

若作用于刚体上点 P 的力 $\boldsymbol{F}$ 是多个力的合力，且各分力 $\boldsymbol{F}_1$、$\boldsymbol{F}_2\cdots\boldsymbol{F}_n$ 都在垂直于转轴的平面内，则

$$\boldsymbol{M}=\boldsymbol{r}\times\boldsymbol{F}=\boldsymbol{r}\times\boldsymbol{F}_1+\boldsymbol{r}\times\boldsymbol{F}_2+\cdots+\boldsymbol{r}\times\boldsymbol{F}_n=\boldsymbol{M}_1+\boldsymbol{M}_2+\cdots+\boldsymbol{M}_n \tag{3-13}$$

上式表明：**合力对转轴的力矩等于各分力对同一转轴力矩的矢量之和．**

考虑到定轴转动情形下，力对定轴 z 的力矩的方向只有沿 z 轴正向和沿 z 轴负向两种可能，根据一般规定，力矩方向沿 z 轴正向时力矩 M 取正，力矩方向沿 z 轴负向时力矩 M 取负，则式（3-13）可写成标量的形式，即

$$M=M_1+M_2+\cdots+M_n$$

应用上式时，一定要注意的是 M_1，M_2，…，M_n 的取值可正可负．

二、力矩的功

质点在外力作用下发生位移，力就对质点作了功．那么在刚体转动过程中，力矩使刚体发生了角位移，力矩是否也作了功呢？

显然，分析力矩是否作功，作功与那些因素有关，要比分析力对质点作功复杂得多．

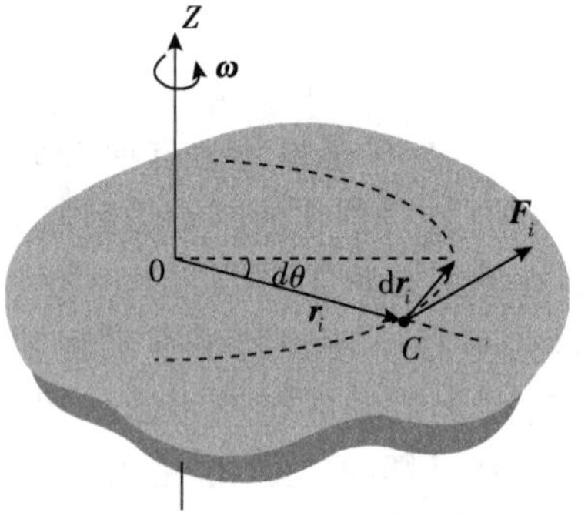

图 3-5　力矩作功图示

图 3-5 表示一个绕定轴转动刚体的转动平面，在其转动平面内，外力 $\boldsymbol{F}_i$ 作用于任意点 C（约定：为便于讨论，所涉及的外力都认为是处于转动平面内的，因沿轴向的外力对轴均不产生力矩），当刚体转过角位移 $\mathrm{d}\theta$ 时，设 C 点的位移 $\mathrm{d}\boldsymbol{r}_i$ 与力 $\boldsymbol{F}_i$ 间的夹角为 φ_i，$\boldsymbol{F}_i$ 沿 $\mathrm{d}\boldsymbol{r}_i$ 方向的分量为 $\boldsymbol{F}_t$，又因 $\mathrm{d}r_i$ 和相应的弧长 $\mathrm{d}l_i$ 均为无穷小量，利用关系式：

$$\mathrm{d}r_i = \mathrm{d}l_i = r_i\mathrm{d}\theta$$

则外力 $\boldsymbol{F}_i$ 所作的元功为：

$$\mathrm{d}W_i = \boldsymbol{F}_i \cdot \mathrm{d}\boldsymbol{r}_i = F_i\mathrm{d}r_i\cos\theta_i = F_\tau r\mathrm{d}\theta = M_i\mathrm{d}\theta$$

$\mathrm{d}W_i = M_i\mathrm{d}\theta$ 是我们考察的任意力 $\boldsymbol{F}_i$ 对转轴 Oz 的力矩 $\boldsymbol{M}_i$ 作的元功．如果我们将所有作用于刚体的力都加以考虑，那么所有力对转轴 Oz 的功都可用同样的方法求得．而这些功的代数和即是合力矩所作的功．即合力矩的总功为

$$\mathrm{d}W = \sum_{i=1}^{n}\mathrm{d}W_i = \Big(\sum_{i=1}^{n}M_i\Big)\mathrm{d}\theta = M\mathrm{d}\theta \tag{3-14}$$

式（3-14）表明：定轴转动的刚体在转过 $\mathrm{d}\theta$ 角的过程中，外力矩所作的元功等于外力对转轴 Oz 的合力矩 M_z 与转角 $\mathrm{d}\theta$ 的乘积．

如果刚体在力矩 $\boldsymbol{M}$ 的持续作用下绕定轴从角位置 θ_1 转到角位置 θ_2 时，力矩所作的功为

$$W = \int_{\theta_1}^{\theta_2} M\mathrm{d}\theta \tag{3-15}$$

三、刚体的转动动能

如图 3-6 所示，设绕 Oz 轴以角速度 $\boldsymbol{\omega}$ 转动的刚体由 n 个体元组成，那么整个刚体的转动动能应该等于这 n 个体元绕 Oz 轴作圆周运动动能的总和．

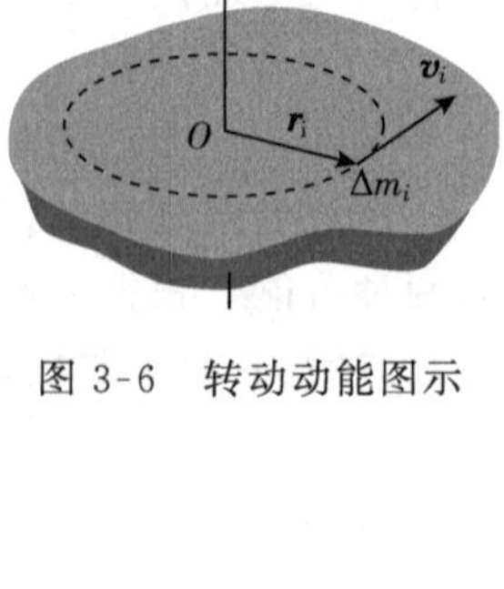

图 3-6　转动动能图示

设任一体元 i 的质量为 Δm_i，距转轴距离为 r_i，转动线速度 $\boldsymbol{v}_i$，则刚体的转动动能为

$$E_\mathrm{k} = \sum_{i=1}^{n}\frac{1}{2}\Delta m_i v_i^2 = \frac{1}{2}\Big(\sum_{i=1}^{n}\Delta m_i r_i^2\Big)\omega^2$$

定义刚体对转轴的**转动惯量**为

$$J=\sum_{i=1}^{n}\Delta m_i r_i^2 \tag{3-16}$$

则刚体的**转动动能**为

$$E_k=\frac{1}{2}J\omega^2 \tag{3-17}$$

刚体转动动能与质点运动动能在表达形式上的是相似的，这是因为刚体转动动能实际上是组成这个刚体的所有质点作圆周运动的动能总和. 下面我们会看到，这种表达形式上的相似性还表现在其他运动规律上.

四、刚体的转动惯量

在经典力学中，我们知道物体都有惯性，惯性的大小用其质量描述. 质量越大惯性也就越大，越不容易改变其运动状态. 与此类似，在转动问题中，转动的刚体也有惯性，转动的惯性用转动惯量描述. 同样的道理，转动惯量越大，越不容易改变其转动状态. 所以，刚体的转动惯量是刚体转动惯性的量度.

刚体的转动惯量与刚体的形状、转轴的位置、质量的分布有关（表 3-2). 对于质量分布离散的刚体来说，可利用定义式（3-16）求得转动惯量. 但是，我们碰到的刚体，大多数是质量连续、均匀分布的，求这类刚体的转动惯量就要在刚体上取质量元 dm，此时把式（3-16）中的求和号用积分号代替，即为

$$J=\int r^2\,\mathrm{d}m \tag{3-18}$$

在 SI 制中，转动惯量的单位为千克・米^2（kg・m^2).

表 3-2　质量连续、均匀分布的刚体，其质量分布分三种类型

分布类型	质量密度	质元的质量表示形式
线分布	质量线密度 $\lambda=\frac{m}{l}$	所取线元 dl 的质量为：$\mathrm{d}m=\lambda\mathrm{d}l$
面分布	质量面密度 $\sigma=\frac{m}{S}$	所取面元 dS 的质量为：$\mathrm{d}m=\sigma\mathrm{d}S$
体分布	质量体密度 $\rho=\frac{m}{V}$	所取体元 dV 的质量为：$\mathrm{d}m=\rho\mathrm{d}V$

从式（3-18）知，决定转动惯量的因素：①刚体的质量及其质量的分布；②转轴的位置.

表 3-3　几种常见形状刚体的转动惯量

细棒（长为 l）	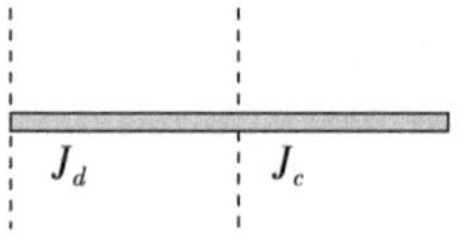	转轴通过质心并与细棒垂直 $J_c=\frac{1}{12}ml^2$	转轴通过端点并与细棒垂直 $J_d=\frac{1}{3}ml^2$
薄圆盘（半径为 r）	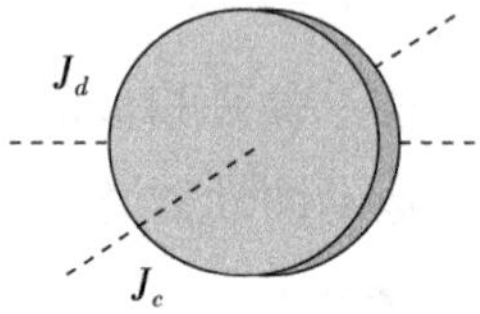	转轴通过中心并与盘面垂直 $J_c=\frac{1}{2}mr^2$	转轴沿盘的直径 $J_d=\frac{1}{4}mr^2$
圆环（半径为 r）	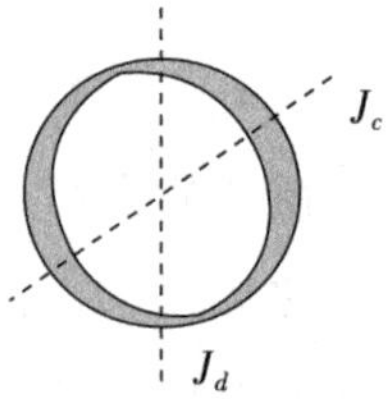	转轴通过中心并与环面垂直 $J_c=mr^2$	转轴沿环的直径 $J_d=\frac{1}{2}mr^2$
球体（半径为 r）	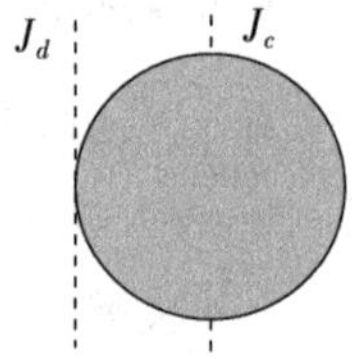	转轴通过球心 $J_c=\frac{2}{5}mr^2$	转轴沿着切线 $J_d=\frac{7}{5}mr^2$

我们讨论的是质量连续、均匀分布且形状规则的刚体．对于质量不连续也不均匀分布的不规则刚体，可以用实验方法测定其转动惯量．以下介绍两个**有助于计算刚体转动惯量的两个定理**：

（1）**平行轴定理**：如果刚体对过质心的轴的转动惯量为 J_c，那么对与此轴平行的任意轴的转动惯量可表示为

$$J=J_c+md^2 \tag{3-19}$$

式中，m 是刚体的质量，d 为两平行轴的距离．由式可知，在刚体对各平行轴的 J 中，以对过质心轴的转动惯量 J_c 最小．

（2）**垂直轴定理**：若 Oz 轴垂直于厚度无限小的刚体薄板板面，Oxy 平面与板面重合，则此刚体薄板对三个坐标轴的转动惯量有如下关系

$$J_z=J_x+J_y \tag{3-20}$$

以上两个定理都是物理学严格证明了的，对于形状规则的刚体，可以利用这两个定理很快求得转动惯量．通过以下例子可以帮助我们理解这两个定理的应用方法．

例 3-2　如图 3-7 所示，求质量为 m，长为 l 的匀质细杆绕通过棒的质心并与

棒相垂直的转轴的转动惯量 J_c 和绕距杆的末端为 h 并与杆垂直的转轴的转动惯量 J_d.

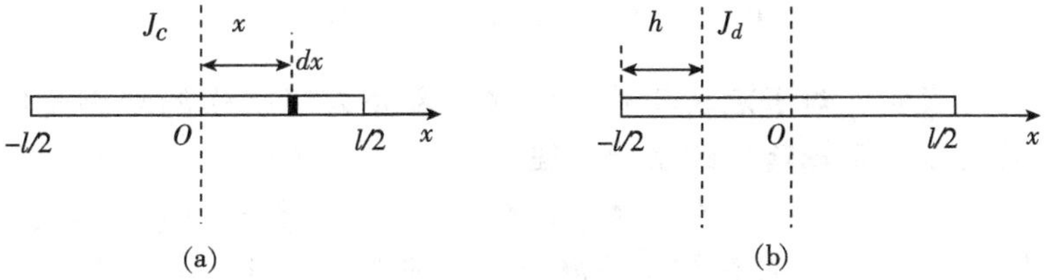

图 3-7

解　(1) 对于转轴通过质心并与杆垂直的情形，如图 (a) 所示. 选取细杆的质心为坐标原点建立坐标系 Ox. 在距转轴为 x 处取线元 $\mathrm{d}x$，其质量为 $\mathrm{d}m=\lambda\mathrm{d}x$ (λ 为细杆的质量线密度). 则细杆的转动惯量 J_c 为

$$J=\int x^2\mathrm{d}m=\int x^2\lambda\mathrm{d}x=\int_{-l/2}^{l/2}x^2\lambda\mathrm{d}x=\frac{1}{3}\lambda x^3\bigg|_{-l/2}^{l/2}=\frac{1}{12}\lambda l^3=\frac{1}{12}ml^2$$

(2) 对于转轴距末端 h 并与杆垂直的情形，如图 (b) 所示，可以利用 (1) 所得的结果，根据平行轴定理可以得到细杆的转动惯量 J_d 为

$$J_d=J_c+m\left(\frac{l}{2}-h\right)^2=\frac{1}{12}ml^2+m\left(\frac{l^2}{4}-hl+h^2\right)=\frac{1}{3}ml^2-mh(l-h)$$

例 3-3　如图 3-8，质量为 m，半径为 R 的均质薄圆盘，其转轴过圆心且与盘面垂直，求其转动惯量.

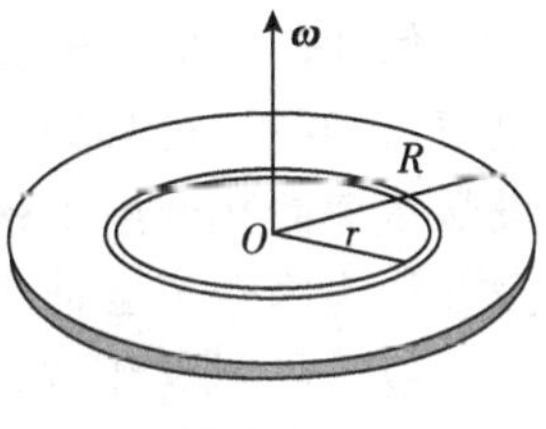

图 3-8

解　设薄圆盘的质量面密度为 σ. 把均质薄圆盘看成由若干个小圆环组成，如图所示. 取任意一个半径为 r、宽为 $\mathrm{d}r$ 的小圆环，其质量为

$$\mathrm{d}m=\sigma 2\pi r\mathrm{d}r$$

则均质薄圆盘的转动惯量为

$$J=\int r^2\mathrm{d}m=\int r^2\sigma 2\pi r\mathrm{d}r=2\pi\sigma\int_0^R r^3\mathrm{d}r=\frac{1}{2}\pi\sigma R^4=\frac{1}{2}\pi\frac{m}{\pi R^2}R^4=\frac{1}{2}mR^2$$

思考：(1) 飞轮的质量为什么大都分布于轮缘?

(2) 如果均质薄圆盘的转轴过圆心且与盘面平行，你能利用垂直轴定理求得其转动惯量吗?

五、动能定理

根据质点系动能定理式 (2-31)，所有外力对质点系做的功和内力对质点系所作的功之代数和等于质点系总动能的增量，这一原理也适用于刚体，但刚体内质点的间距保持不变，一切内力的功均为零. 对于定轴转动的刚体而言，外力的总功表现为外力矩所作的总功，对某一微小过程有

$$dW = dE_k \tag{3-21}$$

对式（3-21）积分并将转动动能式（3-17）代入得

$$W = \Delta E_k = \frac{1}{2}J\omega_2^2 - \frac{1}{2}J\omega_1^2 \tag{3-22}$$

式（3-22）表明：**对于定轴转动的刚体，合外力矩所作的功等于刚体转动动能的增量，称为刚体定轴转动的动能定理.**

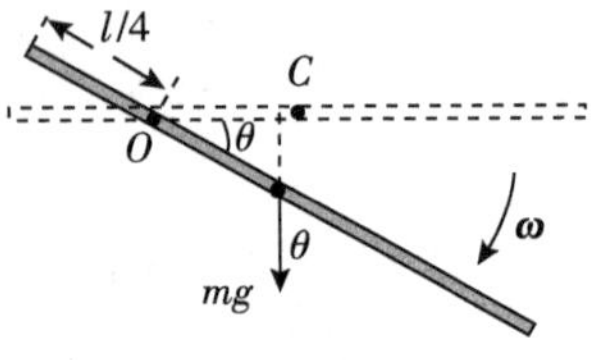

图 3-9

例 3-4　如图 3-9 所示，质量为 m，长为 l 的均质细杆最初水平静止. 设轴光滑，当细杆自然下摆至摆角为 θ 时，角速度多大？

解　在细杆下摆过程中，只有重力矩作功. 根据刚体定轴转动的动能定理建立方程：

$$\int_0^\theta mg\,\frac{l}{4}\cos\theta d\theta = \frac{1}{2}J\omega^2 - 0$$

细杆的转动惯量可由平行轴定理求得

$$J_0 = J_c + md^2 = \frac{1}{12}ml^2 + m\left(\frac{l}{4}\right)^2 = \frac{7}{48}ml^2$$

以上两式联解即得

$$\omega = 2\sqrt{\frac{6g\sin\theta}{7l}}$$

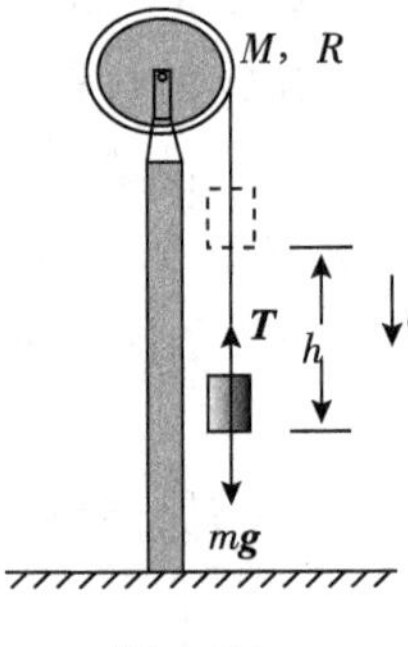

图 3-10

例 3-5　如图 3-10，质量为 M，半径为 R 的均质圆盘轮缘上绕有细绳，过其边缘与一质量为 m 的重锤相连，如图所示. 设从重锤静止开始下落并带动圆盘旋转，不计摩擦和绳子的质量并认为绳子不会伸长，求重锤下落 h 高度时的速率.

解　将圆盘和重锤视为一个系统（质点系），重锤下落 h 高度的过程中，重力作功使得重锤的动能和圆盘的转动动能增加，由质点系动能定理，有

$$mgh = \frac{1}{2}mv^2 + \frac{1}{2}J\omega^2 = \frac{1}{2}mv^2 + \frac{1}{2}\left(\frac{1}{2}MR^2\right)\omega^2$$

考虑到约束关系：$h=R\theta$ 和 $v=R\omega$

以上关系式联立求解，得 $v=2\sqrt{\dfrac{mgh}{M+2m}}$

六、转动定律

将力矩作功和转动动能的公式代入式（3-21）中，得

$$Md\theta = d\left(\frac{1}{2}J\omega^2\right) = J\omega d\omega$$

以 dt 除以上式各项，得

$$M\frac{\mathrm{d}\theta}{\mathrm{d}t}=J\omega\frac{\mathrm{d}\omega}{\mathrm{d}t}$$

可写成

$$\boldsymbol{M}=J\boldsymbol{\beta} \tag{3-23}$$

式（3-23）表明：**在定轴转动中，刚体相对于某转轴的转动惯量与角加速度的乘积，等于作用于刚体的合外力相对于同一转轴的力矩**，这就是**转动定律**.

转动定律与牛顿第二定律的形式相似，由此可进一步明确转动惯量的物理意义.

例 3-6　如图 3-11 所示，轻绳跨过一个半径为 r、质量为 M 的圆盘状定滑轮，其一端悬挂一质量为 m 的物体，另一端施加一竖直向下的拉力 F，使定滑轮按逆时针方向转动. 求物体与滑轮之间的绳子张力 T 和物体上升的加速度 a.

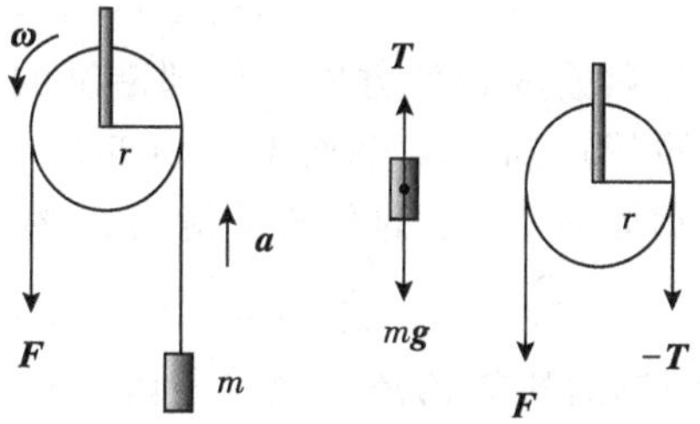

图 3-11

解　依题意作受力分析如图示，根据牛顿第二定律和转动定律列出方程.

对物体 m：

$$T-mg=ma$$

对滑轮 M：

$$Fr-Tr=J\beta=\frac{1}{2}Mr^2\beta$$

考虑到约束关系 $a=r\beta$

联立解之，得

$$T=\frac{m(Mg+2F)}{M+2m},a=\frac{2(F-mg)}{M+2m}$$

§ 3.3　刚体定轴转动的角动量守恒定律

在第二章中，我们研究了力对改变质点运动状态所起的作用. 我们从力对空间的累积作用出发，引出了动能定理，进而得出了机械能守恒定律和能量守恒定律；从力对时间的累积作用出发，引出了动量定理，进而得出了动量守恒定律. 相似地，力矩对刚体的作用也总是在一定的空间和时间里进行的. 上节中，我们已经讨论了力矩对空间的累积作用，并得出了刚体定轴转动的动能定理. 本节我们将从力矩对时间的累积作用出发，引出刚体定轴转动的角动量定理，进而得出角动量守恒定律.

一、刚体对转轴的角动量

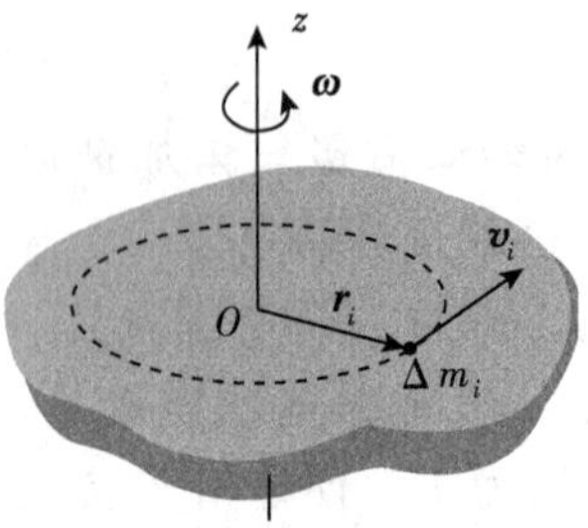

图 3-12　刚体对转轴的角动量示意

如图 3-12 所示，设刚体绕定轴 Oz 转动，角速度为 ω. 位于 P 点的质元 Δm_i 在转动平面上，即 Δm_i 在转动平面内绕 Oz 轴作圆周运动，则此质元对 Oz 轴的角动量定义为

$$l_{zi} = r_i \Delta m_i v_i$$

式中 r_i 和 v_i 分别是质元 Δm_i 到转轴的距离和线速度大小. Δm_i 作圆周运动，$\boldsymbol{r}_i \perp \boldsymbol{v}_i$. 再考虑到 $v_i = r_i\omega$，可得 Δm_i 对转轴的角动量为

$$l_{zi} = r_i \Delta m_i v_i = r_i^2 \Delta m_i \omega$$

角动量是矢量，方向与角速度 ω 的方向一致即沿轴的方向.

由刚体绕 Oz 轴转动的特点知转动平面上的所有质元都绕 Oz 轴作圆周运动，圆心都在轴上，所以整个刚体对 Oz 轴的总角动量为 l_{zi} 的代数和. 即

$$L_z = \sum l_{zi} = \left(\sum r_i^2 \Delta m_i\right)\omega = J\omega$$

结论：**作定轴转动的刚体对转轴的角动量等于刚体对同一转轴的转动惯量与角速度的乘积**. 角动量矢量又称为动量矩，其与角速度矢量 $\boldsymbol{\omega}$ 的关系可以表示为

$$\boldsymbol{L}_z = J\boldsymbol{\omega} \tag{3-24}$$

二、刚体对转轴的角动量定理

由转动定理和刚体对转轴的角动量关系式，有

$$\boldsymbol{M}_z = J\boldsymbol{\beta} = J\frac{\mathrm{d}\boldsymbol{\omega}}{\mathrm{d}t} = \frac{\mathrm{d}}{\mathrm{d}t}(J\boldsymbol{\omega}) = \frac{\mathrm{d}\boldsymbol{L}_z}{\mathrm{d}t}$$

上式表明：作定轴转动的刚体对转轴的角动量的时间变化率，等于刚体相对于同一转轴所受外力的合力矩.

这就是刚体对转轴的**角动量定理的微分形式**. 表示为

$$\boldsymbol{M}_z = \frac{\mathrm{d}\boldsymbol{L}_z}{\mathrm{d}t} \tag{3-25}$$

由式（3-25）可得

$$\boldsymbol{M}_z \mathrm{d}t = \mathrm{d}\boldsymbol{L}_z \tag{3-26}$$

$\boldsymbol{M}_z \mathrm{d}t$ 称为**冲量矩**.

式（3-26）表示：定轴转动刚体所受的冲量矩等于刚体对同一转轴的角动量的增量.

如果刚体在力矩作用下，在（$t_0 \to t$）时间内的角速度由 ω_0 变化到 ω，则有

$$\int_{t_0}^{t} \boldsymbol{M}_z \mathrm{d}t = J\boldsymbol{\omega} - J\boldsymbol{\omega}_0 \tag{3-27}$$

这就是**刚体对转轴的角动量定理的积分形式**.

三、刚体对转轴的角动量守恒定律

刚体在定轴转动中，如果 $M_z=0$，由角动量定理式（3-27）得到

$$L_z = J\omega = \text{恒量} \tag{3-28}$$

式（3-28）表明：当定轴转动的刚体所受的合外力矩为零时，刚体对同一转轴的角动量不随时间变化，这个结论称为**刚体对转轴的角动量守恒定律**.

刚体组在绕同一转轴作定轴转动时，整个系统对转轴的角动量保持恒定，可能有两种情形：

（1）系统的 J 和 ω 的大小均保持不变；

（2）J 和 ω 均改变但两者的乘积保持不变.

需要注意的是，角动量守恒定律应用于实际问题时，角速度、角动量和转动惯量诸量都是相对于同一个转轴的. 应用于刚体组时，刚体组中各刚体间可以发生相对运动，但是它们必须是相对同一转轴在转动，并且任意瞬间它们都具有相同的角速度.

为加深对角动量及其守恒定律的理解，我们分析以下几个实例.

实例一：图 3-13 表示花样滑冰运动员开始绕自身轴张开手臂转动时的角速度为 ω_0，转动惯量为 J_0；如果她将手臂收回使自身的转动惯量 J 减为 $J_0/3$，那么根据角动量守恒定律 $J\omega=J_0\omega_0$，可以得到 $\omega=\dfrac{J_0}{J}\omega_0=3\omega_0$. 也就是说，花样滑冰运动员将手臂收回后，角速度增大了很多. 同样的例子还有芭蕾舞演员的表演等.

图 3-13　花样滑冰运动员

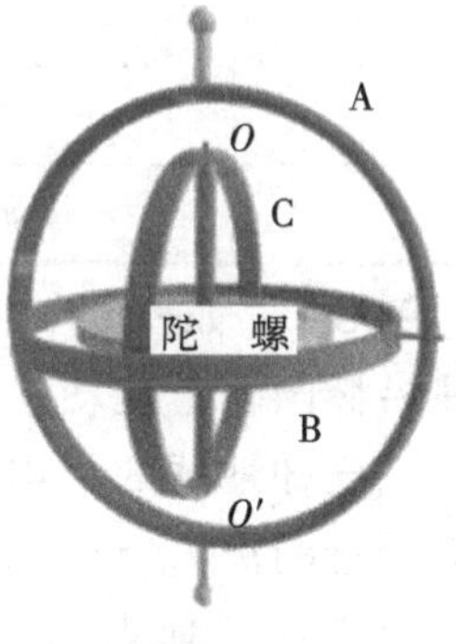

图 3-14　陀螺仪

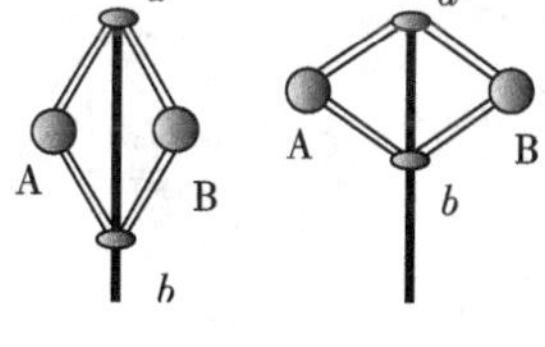

图 3-15　角动量守恒实例之三

实例二：刚体对转轴的角动量守恒定律有着重要的应用，陀螺仪就是其一. 陀螺仪也称回转仪，是一种惯性导航仪. 如图 3-14 所示，陀螺仪具有轴对称性，它相对于对称轴 OO' 有较大的转动惯量并绕此轴高速旋转. 而图中的 A 环、B 环和 C 环都各有其转轴，它们的转轴都过回转仪的重心. 由于陀螺仪高速旋转时不受外力矩作用，所以它的转轴 OO' 在空间的取向将恒定，它可以与自动控制系统配合，安装在飞机或导弹上用于导航.

实例三：如图 3-15 所示，小球 A、B 与连杆相连接，连杆通过套环 a、b 与转轴相连接，套环 b 可以在转轴上上下滑动．如果把这一装置与某转动设备同轴相接，那么随着转速加大，小球将逐渐远离转轴，从而使整个系统的转动惯量增大．根据角动量守恒定律，系统转动惯量增大必然导致转动的角速度减小．也就是说，小球偏离转轴的过程中，对整个系统的转动角速度起到“抑制”作用．事实上，这就是一种利用机械方法控制转速的方法．

现在我们将平动与转动的动力学物理量与动力学方程列表作个比较，如表 3-4 所示．

表 3-4　平动与转动的物理量、动力学方程对比

平　动	定轴转动
力：$\boldsymbol{F}$	力矩：$\boldsymbol{M}$
质量：m	转动惯量：J
动量：$\boldsymbol{p}=m\boldsymbol{v}$	角动量：$\boldsymbol{L}=J\boldsymbol{\omega}$
动量定理：$\int_{t_0}^{t}\boldsymbol{F}\mathrm{d}t=m\boldsymbol{v}-m\boldsymbol{v}_0$	角动量定理：$\int_{t_0}^{t}\boldsymbol{M}\mathrm{d}t=J\boldsymbol{\omega}-J\boldsymbol{\omega}_0$
动量守恒定律：$\sum m_i\boldsymbol{v}_i=$ 恒矢	角动量守恒定律：$\sum J_i\boldsymbol{\omega}_i=$ 恒矢
牛顿第一定律： 当 $\sum\boldsymbol{F}=0$ 时，$\boldsymbol{p}=$ 恒矢，即 $\boldsymbol{v}=$ 恒矢	角动量守恒定律： 当 $\sum\boldsymbol{M}=0$ 时，$\boldsymbol{L}=$ 恒矢，即 $\boldsymbol{\omega}=$ 恒矢
牛顿第二定律：$\sum\boldsymbol{F}=m\boldsymbol{a}$，或 $\sum\boldsymbol{F}=\frac{\mathrm{d}\boldsymbol{p}}{\mathrm{d}t}$	转动定律：$\Sigma\boldsymbol{M}=J\boldsymbol{\beta}$，或 $\Sigma\boldsymbol{M}=\frac{\mathrm{d}\boldsymbol{L}}{\mathrm{d}t}$
功：$W=\int\boldsymbol{F}\cdot\mathrm{d}\boldsymbol{r}$	力矩的功：$W=\int M\mathrm{d}\theta$
动能：$E_\mathrm{k}=\frac{1}{2}mv^2$	转动动能：$E_\mathrm{k}=\frac{1}{2}J\omega^2$
动能定理：$W=\frac{1}{2}mv^2-\frac{1}{2}mv_0^2$	转动动能定理：$W=\frac{1}{2}J\omega^2-\frac{1}{2}J\omega_0^2$

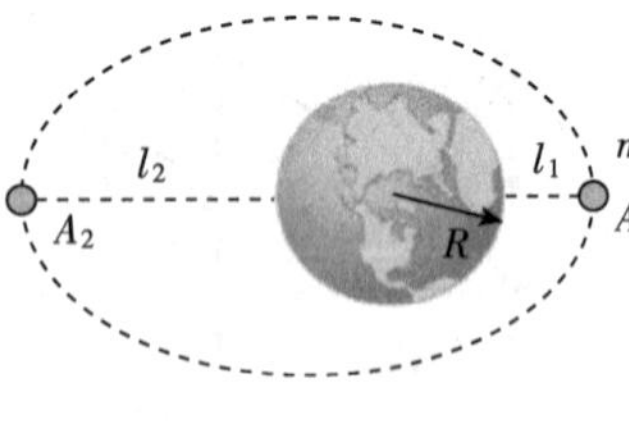

图 3-16

例 3-7　如图 3-16 所示，我国第一颗人造卫星绕地球沿椭圆轨道运动，地球的中心 O 为该椭圆的一个焦点．已知地球的平均半径 $R=6380\text{km}$，人造卫星距地面最近距离 $l_1=440\text{km}$，最远距离 $l_2=2380\text{km}$．若人造卫星在近地点 A_1 的速度大小 $v_1=8.1\text{km/s}$，求人造卫星在远地点 A_2 的速度大小 v_2．

解　人造卫星所受引力为有心力，所受合外力矩为零（$\boldsymbol{M}=0$），角动量守恒．有

$$mv_1(R+l_1)=mv_2(R+l_2)$$

解得

$$v_2=\frac{R+l_1}{R+l_2}v_1=6.3\text{km/s}$$

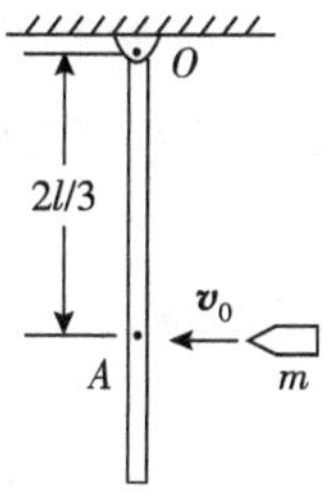

图 3-17

例 3-8　如图 3-17，长为 l 质量为 M 的均质杆可绕通过杆一端 O 的水平光滑固定轴转动，开始时杆竖直下垂，如图示．现有一质量为 m 的子弹以水平速度 $\boldsymbol{v}_0$ 射入杆上 A 点，并嵌在杆中．$OA=2l/3$，则子弹射入后瞬间杆的角速度为多少？

解　把子弹和细杆看做一个系统，系统所受的合外力矩为零，系统角动量守恒，则根据角动量守恒有：

$$mv_0\,\frac{2}{3}l=\left(\frac{1}{3}Ml^2+m\left(\frac{2}{3}l\right)^2\right)\omega$$

则子弹射入后瞬间杆的角速度

$$\omega=\frac{6v_0}{\left(4+\dfrac{3M}{m}\right)l}$$

工 程 应 用

A. 轮系的传动比

工程中，常常通过轮系间的传动来提高和降低机械的转动速度，常见的轮系传动有齿轮传动和带轮传动．在轮系传动中，一般将主动轮和被动轮的角速度比值称为传动比．传动比这个概念十分重要，是设计传动轮的主要依据．

下面我门分别介绍下齿轮传动和带轮传动的传动比．

1．齿轮传动

齿轮是机械中常用的传动部件，比如，为了将电动机的转动传到机床的主轴，常常需要用到变速箱降低转速，变速箱一般是由多个大小不一的齿轮组成的．齿轮传动一般是通过齿轮轮齿的啮合完成的．以圆柱形齿轮为例，其齿轮啮合一般有外啮合和内啮合两种，图 3-18（a）和图 3-18（b）分别是圆柱齿轮外啮合和内啮合的示意图．

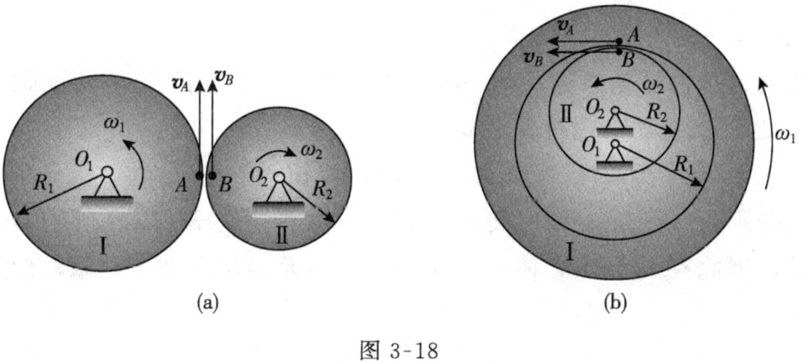

图 3-18

在图 3-18 中，两齿轮分别绕固定轴 O_1、O_2 转动，设其转动半径分别为 R_1、R_2，转动角速度分别为 ω_1、ω_2，两齿轮在啮合处的两点 A、B 的线速度分别为 $\boldsymbol{v}_A$、$\boldsymbol{v}_B$，因两齿轮在接触处无相对滑动，则 A、B 两点的线速度大小 v_A、v_B 必相等，即

$$v_A = v_B$$

而且两线速度的方向也相同，根据角量和线量的关系：$v_A = R_1\omega_1$，$v_B = R_2\omega_2$ 可得

$$R_1\omega_1 = R_2\omega_2$$

即

$$\frac{\omega_1}{\omega_2} = \frac{R_2}{R_1}$$

设两齿轮边缘的齿数分别为 n_1、n_2，因为两齿轮无缝啮合时，必然要求轮齿的间距是相等的，因此两啮合齿轮的齿数之比必然等于两齿轮圆的周长之比，也即等于两齿轮圆的半径之比，因此有

$$\frac{R_2}{R_1} = \frac{n_2}{n_1}$$

设这两个啮合齿轮中的轮Ⅰ为主动轮，轮Ⅱ为被动轮，用 A_{12} 代表这两个齿轮的传动比，则有

$$A_{12} = \frac{\omega_1}{\omega_2} = \frac{R_2}{R_1} = \frac{n_2}{n_1}$$

上式表明，两啮合齿轮的传动比与其半径和齿数成反比.

在工程设计中，为了区分齿轮的外啮合和内啮合，常常将内啮合（齿轮的转动方向相同）的传动比取为正值，将外啮合（齿轮的转动方向相反）的传动比取为负值，即

$$\begin{cases} A_{12}^{内} = \dfrac{\omega_1}{\omega_2} = \dfrac{R_2}{R_1} = \dfrac{n_2}{n_1} \\ A_{12}^{外} = -\dfrac{\omega_1}{\omega_2} = -\dfrac{R_2}{R_1} = -\dfrac{n_2}{n_1} \end{cases}$$

2. 带轮传动

带轮传动也是机械轮系传动的一种常见形式，比如柴油机带动水泵的传动装置（图 3-19）、电动机带动其他机械转动等.

图 3-20 为带轮传动的示意图，设主动轮和被动轮的转动半径分别为 r_1、r_2，转动角速度分别为 ω_1、ω_2，因在转动过程中，胶带不伸长，故胶带上各点的线速度大小相等，因此有 $v'_A = v'_B$，假定带轮与胶带间无相对滑动，并忽略胶带的厚度，则有

$$v_A = v'_A = v'_B = v_B$$

图 3-19

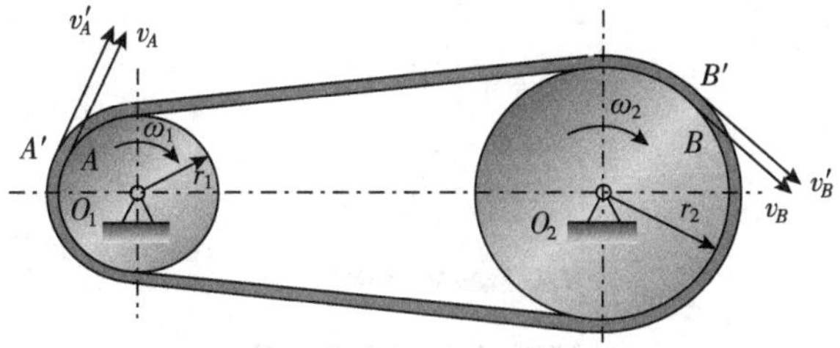

图 3-20

根据线量和角量的关系，可得

$$r_1\omega_1 = r_2\omega_2$$

因此可得带轮传动的传动比 A_{12} 为

$$A_{12} = \frac{\omega_1}{\omega_2} = \frac{r_2}{r_1}$$

上式表明带轮传动的传动比与两带轮的半径成反比.

B. 门的制动器安装位置选择

如图 3-21 所示，门的自动器有两部分组成，一部分安装在门上，另一部分装在墙上，其目的是为了避免在开门过程中门和墙的撞击. 但门的制动器却有着不利的一面，当开门时，门和制动器发生强烈碰撞，长期碰撞的后果是容易导致连接门和门框的铰链松弛或者门框被毁坏. 目前门的制动器安装位置一般比较靠近门的边缘，如图 3-21，这种安装方式合理吗？我们应该将制动器安装在门的什么位置，才能减少铰链和门框受到的冲击？

图 3-21

下面我们分析制动器安装的最佳位置. 为简化问题，设门的质量分布是均匀的. 以门框和地面的接触点为坐标原点 O，选门框所在直线为 z 轴，以门的底沿为 x 轴，建立空间直角坐标系 $Oxyz$，则门在 Oxz 平面内，如图 3-22 所示，这里我们讨论制动器在 x 方向的最佳安装位置. 我们设想把门横分成许多小窄条，如图 3-22 所示. 我们首先分析其中的一个小窄条 A 受到制动器撞击时的情况.

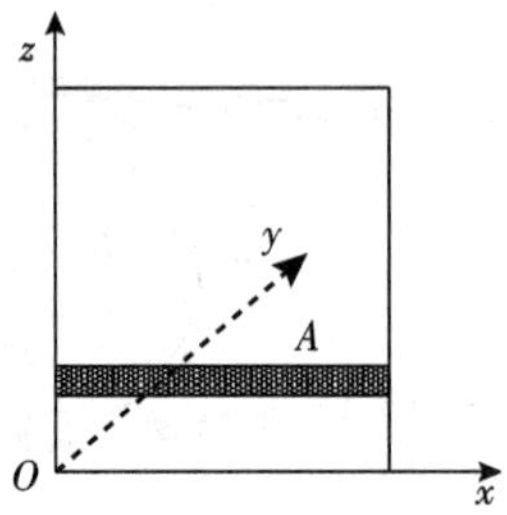

图 3-22

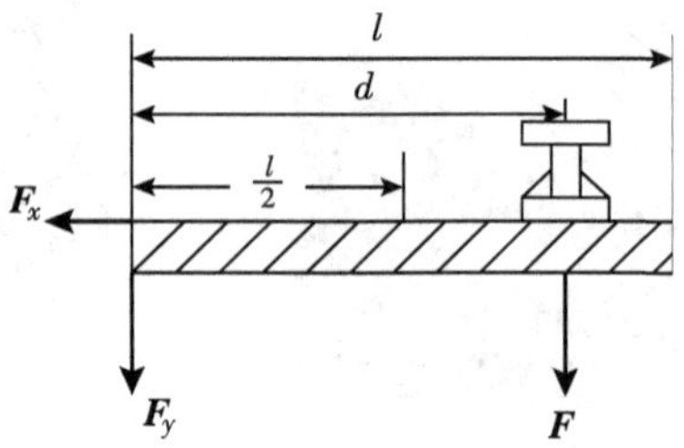

图 3-23

与制动器撞击时，小窄条的受力图如图 3-23 所示，设小窄条在 x 轴上的宽度为 l，则小窄条的质心与门转轴的距离为 $l/2$，设制动器与门轴的距离为 d，门与制动器发生碰撞时，制动器对小窄条的作用力为 $\boldsymbol{F}$，$\boldsymbol{F}$ 的方向必和 y 轴平行，铰链对门的作用力在 x 轴和 y 轴上的分量分别为 $\boldsymbol{F}_x$、$\boldsymbol{F}_y$. 经过分析可知，力 $\boldsymbol{F}_x$ 的作用是为窄条绕门轴转动提供向心力，而力 $\boldsymbol{F}$ 和力 $\boldsymbol{F}_y$ 是门受到的冲击力，正是在这两个力的作用下才使得门制动. 而力 $\boldsymbol{F}_y$ 的施力者正是铰链，根据牛顿第三定律，为使铰链和门框受到最小的冲击，应使 $\boldsymbol{F}_y$ 的大小最小.

为简化讨论，忽略小窄条在碰撞过程中的形变，将其看作一个沿 x 轴的刚性细棒，设其质量为 m，则其对门轴的转动惯量 $J=\dfrac{1}{3}ml^2$，设整个碰撞过程发生在 $t_0\sim t$ 的时间间隔内，小窄条和制动器碰撞前后的动量大小分别为 p_0 和 p，因为门最后制动，所以 $p=0$，根据动量定理在 y 轴上的分量表达式，可得

$$p-p_0=\int_{t_0}^{t}-(F+F_y)\mathrm{d}t \tag{3-29}$$

设小窄条碰撞前的 t_0 时刻角速度大小为 ω_0，则 $p_0=m\dfrac{l}{2}\omega_0$，则公式（3-29）可写为

$$m\frac{l}{2}\omega_0=\int_{t_0}^{t}(F+F_y)\mathrm{d}t \tag{3-30}$$

在整个碰撞过程中，对门轴产生力矩的力只有力 $\boldsymbol{F}$，其对门轴的力矩大小 $M=-Fd$，设碰撞前后小窄条对门轴的角动量大小分别为 L_0 和 L，则根据刚体对转轴的角动量定理可得

$$L-L_0=\int_{t_0}^{t}M\mathrm{d}t \tag{3-31}$$

考虑到门制动时的 t 时刻，小窄条对门轴的角动量为的 $L=0$；碰撞前的 t_0 时刻，小窄条对门轴的角动量为 $L_0=J\omega_0=\dfrac{1}{3}ml^2\omega_0$，则式（3-31）可写为

$$\frac{1}{3}ml^2\omega_0=d\int_{t_0}^{t}F\mathrm{d}t \tag{3-32}$$

联立式（3-30）和式（3-32）可得

$$\left(\frac{l}{2}-\frac{l^2}{3d}\right)m\omega_0=\int_{t_0}^{t}F_y\mathrm{d}t$$

今欲使 F_y 最小，只需使$\frac{l}{2}-\frac{l^2}{3d}=0$，即

$$d=\frac{2l}{3} \tag{3-33}$$

当 $d=\frac{2l}{3}$时，$\int_{t_0}^{t}F_y\mathrm{d}t=0$，也即铰链对门轴的力沿 y 轴的分量 $\boldsymbol{F}_y$ 的大小的平均值为 0.

式（3-33）表明，对门的任一横向的小窄条，在离门轴$\frac{2}{3}l$ 处安装制动器，可使铰链和门框在垂直于轴线方向受到的冲击力最少．对于我们分隔的所有横向小窄条，这一结论都成立．考虑到门一般有两个铰链与门框连接，所以对均质分布的门，制动器应安装在门的两铰链的中点所在高度、离门轴水平距离$\frac{2}{3}l$ 的地方．这样可以防止铰链和门框在多次碰撞后被损坏.

本章提要

1．刚体定轴转动的描述

（1）角位置或角坐标：$\theta=\theta(t)$.

（2）角位移：$\Delta\theta$.

（3）角速度：$\omega=\lim\limits_{\Delta t\to 0}\frac{\Delta\theta}{\Delta t}=\frac{\mathrm{d}\theta}{\mathrm{d}t}$.

（4）角加速度：$\beta=\lim\limits_{\Delta t\to 0}\frac{\Delta\omega}{\Delta t}=\frac{\mathrm{d}\omega}{\mathrm{d}t}=\frac{\mathrm{d}^2\theta}{\mathrm{d}t^2}$.

2．匀变速转动的运动方程

（1）$\theta-\theta_0=\omega_0t+\frac{1}{2}\beta t^2$.

（2）$\omega-\omega_0=\beta t$.

（3）$\omega^2-\omega_0^2=2\beta\ (\theta-\theta_0)$.

3．角量与线量的关系

（1）$s=r\Delta\theta$.

（2）$v=r\omega$.

（3）$a_\tau=\frac{\mathrm{d}v}{\mathrm{d}t}=r\beta$，$a_n=\frac{v^2}{r}=r\omega^2$.

4. 刚体定轴转动动力学

(1) 力矩：$\boldsymbol{M}=\boldsymbol{r}\times\boldsymbol{F}$.

(2) 力矩的功：$W=\int_{\theta_1}^{\theta_2} M\mathrm{d}\theta$.

(3) 刚体的转动动能：$E_{\mathrm{k}}=\frac{1}{2}J\omega^2$.

(4) 刚体的转动惯量：$J=\int r^2\mathrm{d}m$.

(5) 刚体的转动动能定理：$W=\Delta E_{\mathrm{k}}=\frac{1}{2}J\omega_2^2-\frac{1}{2}J\omega_1^2$.

(6) 转动定律：$\boldsymbol{M}=J\boldsymbol{\beta}$.

5. 刚体定轴转动的角动量守恒定律

(1) 角动量：$\boldsymbol{L}_z=J\boldsymbol{\omega}$.

(2) 冲量矩：$\boldsymbol{M}_z\mathrm{d}t$.

(3) 角动量定理：$\int_{t_0}^{t}\boldsymbol{M}_z\mathrm{d}t=J\boldsymbol{\omega}-J\boldsymbol{\omega}_0$.

(4) 角动量守恒定律：如果 $\boldsymbol{M}_z=0$，则有 $\boldsymbol{L}_z=\boldsymbol{J}\omega=$恒量.

习　　题

一、思考题

1. 什么是刚体？它的基本运动形式有哪些？

2. 只要刚体受到力的作用，它就会转动吗？

3. 刚体转动惯量的大小受哪些因素影响？

4. 在应用平行轴定理求刚体转动惯量时，如果两条平行线中没有一条是通过质心的，那么平行轴定理公式能否应用？如不能，可否加以修改后再用？

二、选择题

1. 均匀细棒 OA 可绕 O 端自由转动，现在让 OA 从水平位置由静止自由下落，那么下面正确的是 (　　)

A. 角速度从小到大，角加速度从小到大

B. 角速度从小到大，角加速度不变

C. 角速度从小到大，角加速度从大到小

D. 角速度不变，角加速度为零.

2. 质量为 m、半径为 r 的均质细圆环，去掉 $\frac{2}{3}$，剩余部分圆环对过其中点且与环面垂直的轴的转动惯量为　　（　　）

A. $\frac{mr^2}{3}$　　B. $\frac{2mr^2}{3}$　　C. mr^2　　D. $\frac{4mr^2}{3}$

3. 水平光滑圆盘的中央有一小孔，柔软轻绳的 A 端系一小球置于盘面上，绳的 B 端穿过小孔，现使小球在盘面上以匀角速度绕小孔作圆周运动的同时，向下拉绳的 B 端，则　　（　　）

A. 小球绕小孔运动的动能不变

B. 小球的动量不变

C. 小球的总机械能不变

D. 小球对通过盘心与盘面垂直的轴的角动量不变

4. 均质细杆可绕过其一端且与杆垂直的水平光滑轴在竖直平面内转动. 今使细杆静止在竖直位置，并给杆一个初速度，使杆在竖直面内绕轴向上转动，在这个过程中　　（　　）

A. 杆的角速度减小，角加速度减小　　B. 杆的角速度减小，角加速度增大

C. 杆的角速度增大，角加速度增大　　D. 杆的角速度增大，角加速度减小

5. 地球在太阳引力作用下沿椭圆轨道绕太阳运动，在运动的过程中　　（　　）

A. 地球的动量和动能守恒

B、机械能和地球相对于太阳的角动量守恒

C. 地球的动能和机械能守恒

D. 地球的动量和相对于太阳的角动量守恒

6. 均质细圆环、均质圆盘、均质实心球、均质薄球壳四个刚体的半径相等，质量相等，若以直径为轴，则转动惯量最大的是　　（　　）

A. 圆环　　B. 圆盘　　C. 均质实心球　　D. 薄球壳

三、填空题

1. 一半径为 10cm 的飞轮，原先转速为 200rad/s，开始制动后作匀变速转动，经过 50s 停止，则飞轮的角加速度为________，轮边缘的切向加速度为________，开始制动后转过 3750rad 时的角速度为________，线速度为________.

2. 某发动机飞轮在 t 时刻的角位移为 $\theta = at + bt^3 - ct^4$，则 t 时刻的角速度为________，角加速度为________.

3. 质量为 m，长为 l 的均质细杆，其 B 端放在桌上，A 端用手支住，使之成水平，突然释放 A 端. 此瞬时杆质心的加速度为________，杠的角加速度为________，B 端所受的作用力为________.

4. 转动惯量为 $20\text{kg}\cdot\text{m}^2$ 的飞轮在一阻力矩 M 的作用下转速由 600rad/min 降为 300rad/min，在这个过程中 M 做的功为________，M 的冲量矩大小为________.

5. 芭蕾舞演员开始绕自身轴张开手臂转动时的角速度为 ω_0，转动惯量为 J_0，她将手臂收回使 J 减为 $J_0/3$，则此时的角速度为________（不计阻力）.

6. 一水平转台绕竖直的固定轴转动，质量 60kg 的人站在转台中心，每 10s 转一圈，转台对转轴的转动惯量为 $J=1200\text{kg}\cdot\text{m}^2$. 人随后沿半径向外走，当人离轴 5m 时，转台的角速度为________.

四、计算题

1. 原来静止的电机皮带轮（$r=5.0\text{cm}$）在接通电源后作匀变速转动，30s 后转速达到 157rad/s. 求：

（1）在这 30s 内电机皮带轮转过的转数；

（2）接通电源后 20s 时皮带轮的角速度；

（3）接通电源后 30s 时皮带轮边缘上一点的线速度、切向加速度和法向加速度.

2. 一质量为 m、半径为 R 的滑轮，用细绳绕在其边缘，绳的另一端系一个质量也为 m 的物体. 设绳的长度不变，绳与滑轮间无相对滑动，且不计滑轮与轴间的摩擦力矩，则滑轮的角加速度为多少？若不系重物，改为用大小为 mg 的力 $\boldsymbol{F}$ 拉绳的一端，则滑轮的角加速度又为多少？

3. 分别求出质量 $m=0.50\text{kg}$、半径 $R=10\text{cm}$ 的金属细圆环和薄圆盘相对于通过其中心并垂直于环面和盘面的轴的转动惯量；如果它们的转速都是 100rad/s，它们的转动动能各为多少？

4. 转动惯量为 $20\text{kg}\cdot\text{m}^2$、直径为 50cm 的飞轮以 100rad/s 的角速度旋转. 现用闸瓦将其制动，闸瓦对飞轮的正压力为 400N，闸瓦与飞轮之间的摩擦系数为 0.50. 求：

（1）闸瓦作用于飞轮的摩擦力矩的大小；

（2）从开始制动到停止，飞轮转过的转数和经历的时间；

（3）开始制动到停止，摩擦力矩所作的功.

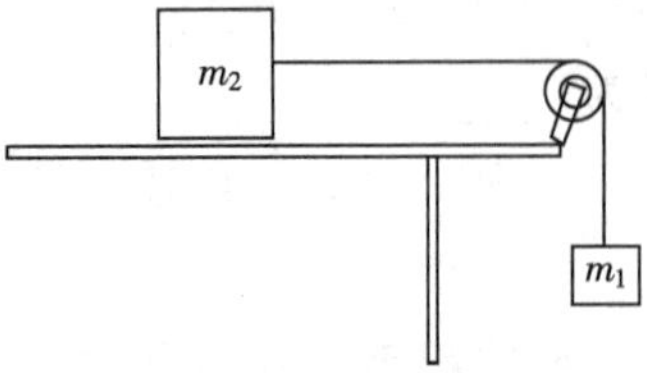

图 3-24

5. 如图 3-24 所示，已知一轻绳相连的两物体质量分别为 m_1 和 m_2，定滑轮的质量为 m，半径为 R，滑轮可视为质量均匀的圆盘；m_2 和桌面间无摩擦，绳子和滑轮间无相对滑动，滑轮轴所受摩擦力忽略不计. 求：

（1）m_1 下落的加速度大小；

（2）两段绳子中的张力大小.

6. 一水平放置的圆盘绕竖直轴旋转，角速度为 ω_1，它相对于此轴的转动惯量为 J_1，现在它的正上方有一个以角速度为 ω_2 转动的圆盘，这个圆盘相对于其转轴的转动惯量为 J_2，两圆盘相平行，圆心在同一条竖直线上，上盘的底面有销钉，如果上盘落下，销钉将嵌入下盘，使两盘合成一体.

（1）求两盘合成一体后的角速度；

（2）求上盘落下后两盘总动能的改变量；

（3）解释动能有可能改变的原因.

7. 一均匀塑料棒静止于水平面内，质量 $m_1=1.0\text{kg}$、长 $l=40\text{cm}$，可绕通过其中心并与棒垂直的轴自由转动. 现有一质量为 $m_2=10\text{g}$ 的子弹以 $v=200\text{m/s}$ 的速率射向棒端并嵌入棒内，设子弹的运动方向与棒和转轴相垂直. 求子弹嵌入棒内后，棒转动的角速度大小.

*第四章　刚体静力学基础

比萨斜塔、高空走钢丝、不可思议的石头平衡组合，平衡是如此之美。

比萨斜塔为何不倒？高空走钢丝的人怎样才能保证自己的安全？这些石块是如何摞上去的？

静力学主要就是研究受力物体平衡时作用力所应满足的条件以及力系简化的方法等。

学完本章你将知晓上述问题的答案。

§4.1　力系　力系的分类

刚体静力学主要讨论的是刚体在多个力作用下的平衡问题，当刚体受到多个（两个或两个以上）力作用时，我们称这些力构成一个**力系**．如果力系中各力的作用线汇交于一点，则称该力系为**汇交力系**．如果力系中各力的作用线任意分布且不汇交于一点，称其为**任意力系**．如果力系中各力的作用线在同一平面内，称其为**平面力系**．当力系中各力的作用线不局限在同一平面内时，称其为**空间力系**．如果某力系即是汇交力系又是平面力系，则称其为**平面汇交力系**，如果某力系即是汇交力系又是空间力系，则称其为**空间汇交力系**．当刚体受到任意力系作用时，如果该力系是平面力系，则称其为**平面任意力系**，如图 4-1 所示；如果该力系是任意力系，则称其为**空间任意力系**，如图 4-2 所示．本章主要介绍汇交力系和平面任意力系作用下刚体的平衡．

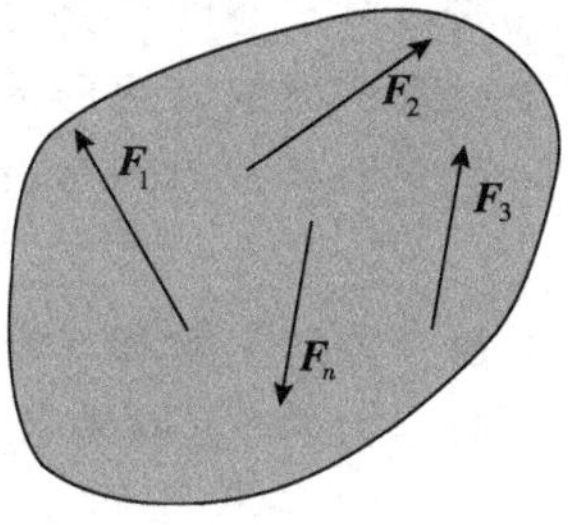

图 4-1

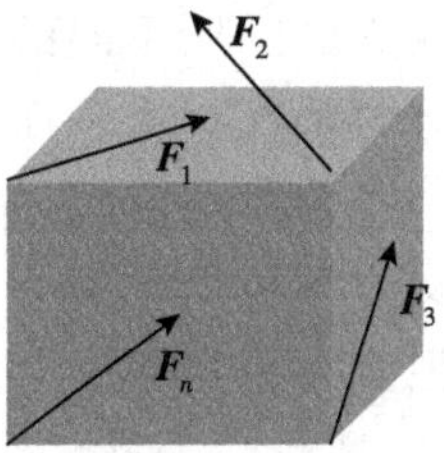

图 4-2

§4.2　汇交力系作用下刚体的平衡

一、汇交力系合成的几何法——力的多边形法则

设一刚体受到一平面汇交力系 $\boldsymbol{F}_1$，$\boldsymbol{F}_2$，$\boldsymbol{F}_3$，$\boldsymbol{F}_4$ 的作用. 常识告诉我们，对刚体而言，将力沿其作用线平移，将不改变力对刚体的作用效果. 因此我们可将刚体受到的各力沿其作用线平移至汇交点 O，如图 4-3 所示.

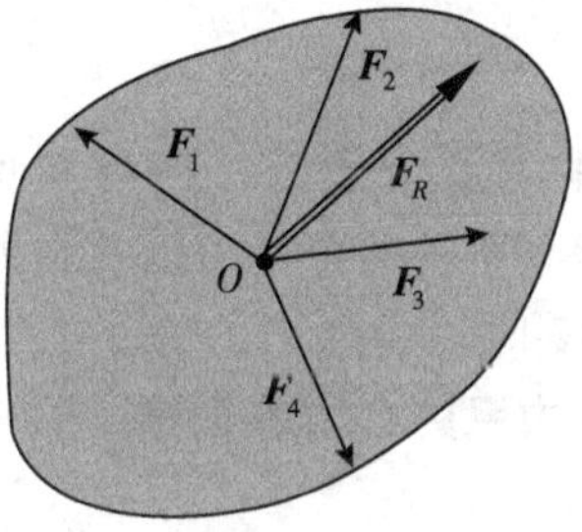

图 4-3

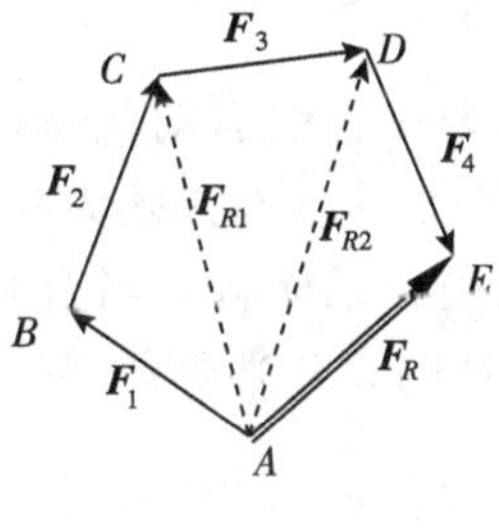

图 4-4

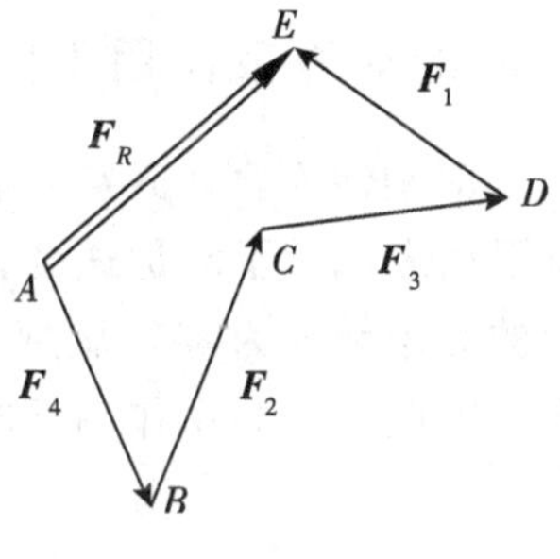

图 4-5

为合成此力系，我们可以根据力的平行四边形法则，将这些力逐步两两合成，最后得到一个通过汇交点 O 的合力 $\boldsymbol{F}_R$；还可以用一种更加简单的方法合成此力系，任取一点 A 作为起点，将各力依次首尾相接，可得到一不封闭的多边形 $ABCDE$，如图 4-4 所示，此多边形称为**力多边形**. 从力多边形的起点 A 到终点 E 引一矢量 $\overrightarrow{AE}$，它就是代表合力 $\boldsymbol{F}_R$ 的矢量. 图 4-4 中的 $\boldsymbol{F}_{R1}$ 是 $\boldsymbol{F}_1$ 和 $\boldsymbol{F}_2$ 的合力，$\boldsymbol{F}_{R2}$ 是 $\boldsymbol{F}_{R1}$ 和 $\boldsymbol{F}_3$ 的合力，在作力多边形时不必画出.

在作力多边形时，如果交换各分力的作图顺序，可以得到形状不同的力多边形，但最后的合力不变，而且合力的作用线仍然通过力系的汇交点 O，如图 4-5 所示. 因此作力多边形时，可以不用考虑各分力的先后顺序，这也是矢量相加满足交换律的体现.

上述力的多边形法则是对平面汇交力系而言的，对于空间汇交力系，力多边形法则显然也是成立的．所不同的是，对平面汇交力系，力的多边形是一个平面多边形，合力和各分力都在一个平面内汇交．对空间汇交力系，力的多边形是一个空间多边形，合力和各分力在空间中汇交．

综上，汇交力系可简化为一合力，合力等于各分力的矢量和，合力的作用线通过汇交点．设汇交力系包含 n 个力，则这 n 个力的合力 $\boldsymbol{F}_R$ 可以表示为

$$\boldsymbol{F}_R = \boldsymbol{F}_1 + \boldsymbol{F}_2 + \cdots + \boldsymbol{F}_n = \sum_{i=1}^{n} \boldsymbol{F}_i \tag{4-1}$$

如力系中各分力的作用线都在同一条直线上，则此力系称为**共线力系**，它是平面汇交力系的特殊情况，此时力多边形在同一直线上，这种情况的合力求解极为简单．

在质点力学中，因为受力物体可以看作质点，所以作用于质点的力系必是汇交力系，其合力对质点产生一个加速度．对刚体而言，其基本运动形式有平动和定轴转动两种，任何复杂的刚体运动，都可以看作平动和定轴转动的合成．刚体受到的合力会产生一个平动加速度，使刚体发生平动状态的改变；如果该合力对刚体的转轴有力矩，则该力矩会产生一个角加速度，使刚体发生转动转动状态的改变．

二、汇交力系作用下刚体的平衡条件

对刚体而言，其静止状态和匀速直线运动状态都称为刚体的平衡态．刚体要保持平衡态，其平动加速度和转动角加速度都必须为零，所以其所受的合外力以及合外力的力矩都要为零，显然，对汇交力系而言，当合外力为零时，合外力的力矩必为零．因此汇交力系作用下刚体平衡的充分必要条件是：**汇交力系的合力等于零**．即

$$\boldsymbol{F}_R = \sum_{i=1}^{n} \boldsymbol{F}_i = 0 \tag{4-2}$$

当刚体在汇交力系作用下达到平衡时，其力多边形的起点和终点重合，此时的力多边形自行封闭，称为封闭的力多边形，因此汇交力系作用下刚体平衡的充要条件还可表述为：**汇交力系的力多边形自行封闭**．这也称为平衡的几何条件．

当刚体受到三个力作用下平衡时，如果其中两个力的作用线汇交于一点，不难证明第三个力的作用线也通过该汇交点，而且三个力在同一平面内．这就是**三力平衡汇交定理**．

求解汇交力系的平衡问题时，可先画出封闭的力多边形，然后根据已知量，按照比例量出未知量，这种方法称为**图解法**；也可根据多边形的几何关系，用三角函数公式计算出未知量，这种方法称为**几何法**．

最常用也是最简单的方法，是将各分力在直角坐标系下进行分解，得到合力在各坐标轴上的分力的大小 F_{Rx}、F_{Ry} 和 F_{Rz}，则合力的大小为 $\sqrt{F_{Rx}^2 + F_{Ry}^2 + F_{Rz}^2}$，方向可以由其和各分力夹角的方向余弦决定．显然刚体平衡时，合力在各坐标轴上的

分力都为零，即

$$\begin{cases} F_{Rx} = \sum_{i=1}^{n} F_{ix} = 0 \\ F_{Ry} = \sum_{i=1}^{n} F_{iy} = 0 \\ F_{Rz} = \sum_{i=1}^{n} F_{iz} = 0 \end{cases} \tag{4-3}$$

上式称为汇交力系的**平衡方程**. 通过求解上式的方程组，也可计算出需要的未知量，这种方法被称为**解析法**.

例 4-1 已知刚体受包含三个力的平面汇交力系作用，各分力大小为：$F_1 = 200\text{N}$，$F_2 = 300\text{N}$，$F_3 = 250\text{N}$；各分力方向如图 4-6 所示. 求该平面汇交力系的合力.

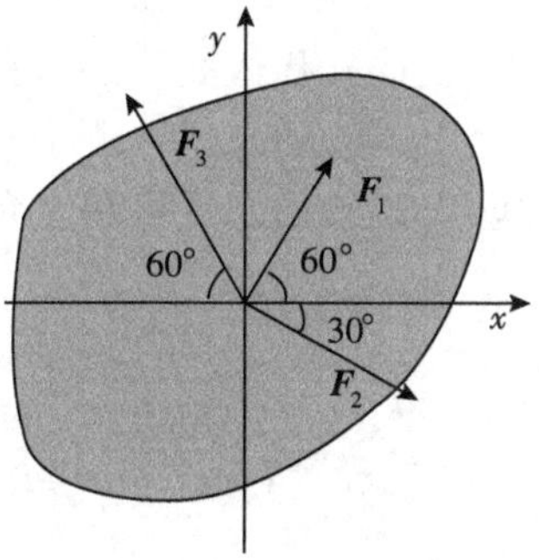

图 4-6

解 由题意得

$$\begin{aligned} F_{Rx} &= F_{1x} + F_{2x} + F_{3x} \\ &= F_1\cos60° + F_2\cos30° - F_3\cos60° \\ &= 150\sqrt{3} - 25 \ (\text{N}) \end{aligned}$$

$$\begin{aligned} F_{Ry} &= F_{1y} + F_{2y} + F_{3y} \\ &= F_1\sin60° - F_2\sin30° + F_3\sin60° \\ &= 225\sqrt{3} - 150 \ (\text{N}) \end{aligned}$$

所以 $\boldsymbol{F}_R = F_{Rx}\boldsymbol{i} + F_{Ry}\boldsymbol{j} = (150\sqrt{3} - 25)\boldsymbol{i} + (225\sqrt{3} - 150)\boldsymbol{j}$

例 4-2 如图 4-7（a）所示，摄像机在三角支架的支持下静止，设摄像机的重量为 90N，支架的三个杆相对于通过摄像机质心的竖直轴对称分布，且和竖直轴所成的锐角均为 60°. 求三杆对摄像机支持力的大小.

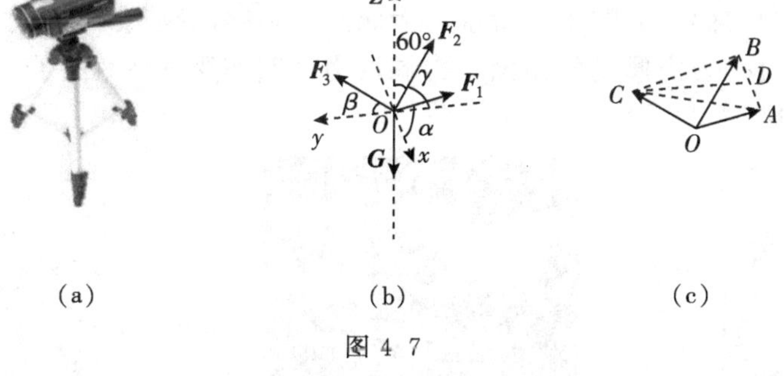

(a) (b) (c)

图 4 7

解 由题意可知，摄像机受汇交力系作用，汇交力系共包含四个分力，即三杆的三个支持力（沿平行于杆的方向）$\boldsymbol{F}_1$、$\boldsymbol{F}_2$、$\boldsymbol{F}_3$ 以及重力 $\boldsymbol{G}$，将这四个分力平移到汇交点 O，将矢量 $\boldsymbol{F}_1$、$\boldsymbol{F}_2$、$\boldsymbol{F}_3$ 的终点相连接可得正四面体 $OABC$，D 为 AB 的

中点，如图 4-7（c）所示，以汇交点 O 为坐标原点，以平行 BA 方向为 x 轴，平行 DC 方向为 y 轴，竖直方向为 z 轴，建立空间直角坐标系，如图 4-7（b）所示，设 $\boldsymbol{F}_1$ 与 x 轴正向夹角为 α，$\boldsymbol{F}_3$ 与 y 轴正向夹角为 β，$\boldsymbol{F}_1$、$\boldsymbol{F}_2$ 与 y 轴负向夹角均为 γ，则根据汇交力系的平衡条件有

$$F_{Rx}=F_1\cos\alpha-F_2\cos\alpha=0 \tag{1}$$

$$F_{Ry}=F_3\cos\beta-F_1\cos\gamma-F_2\cos\gamma=0 \tag{2}$$

$$F_{Rz}=F_1\cos60^\circ+F_2\cos60^\circ+F_3\cos60^\circ-G=0 \tag{3}$$

由式（1）得 $F_1=F_2$，实际上如果选平行 BC 方向为 x 轴的话，同样可以得到 $F_2=F_3$，所以

$$F_1=F_2=F_3 \tag{4}$$

将式（4）代入式（2）可得

$$\cos\beta=2\cos\gamma \tag{5}$$

式（5）给出了 β 角和 γ 角的关系，将式（4）代入式（3）可得

$$F_1=F_2=F_3=\frac{2}{3}G$$

§4.3 平面任意力系的简化

一、力偶　力偶矩

现实生活中，我们常常见到司机用双手转动方向盘，如图 4-8（a），维修工人用扳手转动螺丝，如图 4-8（b），人们用手拧开水龙头等．在上述各现象中，方向盘、螺丝和水龙头上都作用了大小相等、方向相反且作用线不在同一条直线上的一对平行力．这对平行力的矢量和为零，但其力矩不等于零，所以它们可以产生一个角加速度，使得刚体的转动状态发生改变．

我们把作用在刚体上的这种大小相等、方向相反且作用线不在同一条直线上的一对平行力称为力偶，如图 4-9 所示．力偶两力之间的距离 d 称为**力偶臂**，力偶两力所决定的平面称为**力偶的作用面**，力偶两力对其作用面的任一点（**矩心**）产生的力矩称为**力偶矩**．

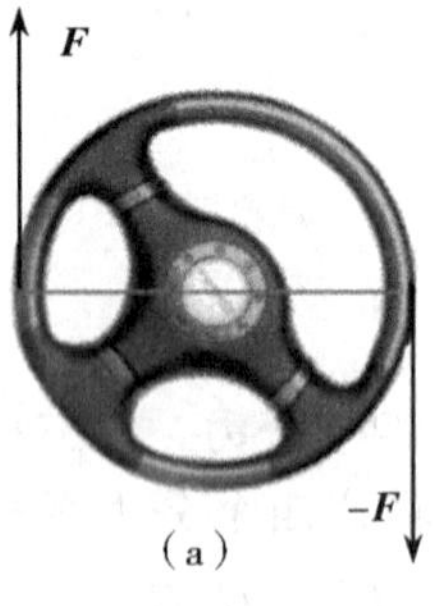

(a)

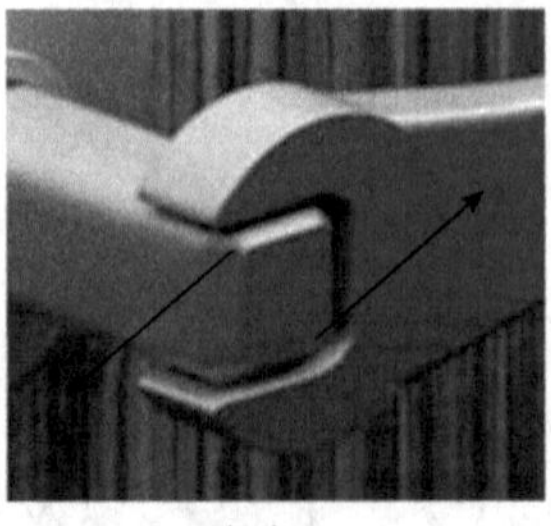
(b)

图 4-8

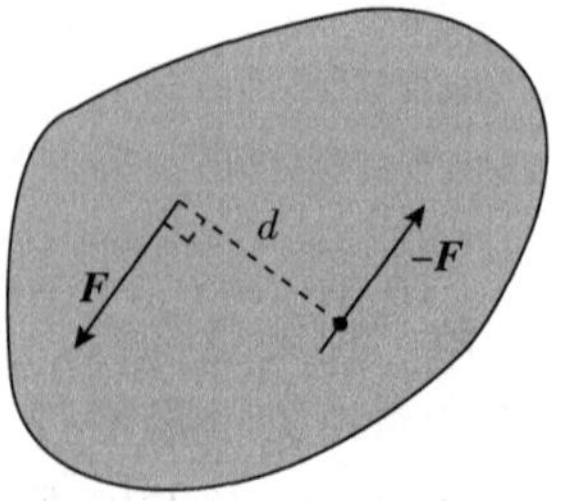

图 4-9

对力偶而言，其合力矢为零，力偶矩不为零，所以力偶只能改变刚体的转动状态．对单纯的力而言，其只能改变刚体的平动状态．因此，力和力偶是刚体静力学的两个基本要素．

力偶对刚体的作用效果用力偶矩来衡量，力偶矩用矢量 $\boldsymbol{M}$ 表示，其大小为力的大小和力偶臂的乘积，其方向可以根据力偶作用的转向效应来判断，对于平面力偶，其对刚体只有顺时针和逆时针两种转向效应，如果我们定义逆时针为正，顺时针转向为负，则可将平面力偶矩视为一代数量，用 M 表示，即：

$$M=\pm Fd \tag{4-4}$$

当力偶对刚体的转向效应为逆时针时取正，为顺时针时取负．力偶矩单位为 N·m，和力矩具有相同的量纲．不难证明，平面力偶对其作用面内任一点产生的矩都相同，即平面力偶产生的矩跟矩心的选取无关．

二、同平面内力偶的等效定理

由于力偶只能改变物体的转动状态，而力偶对物体的转动效应是由力偶矩来决定的，因此不难得出下面的定理．

定理：在同一平面内的两力偶，如果它们的力偶矩相同，则两力偶等效．

由力偶等效定理可得下述推论：

推论 1：力偶对刚体的作用效果与力偶在其作用面内的位置无关，即力偶可以在其作用面内任意移转．如图 4-10 中（a）→（b）．

推论 2：只要保持力偶矩的大小和转向不变，可以同时改变力偶中力和力偶臂的大小，而不改变力偶对刚体的作用效果．如图 4-10 中（b）→（c），其中 $Fd=F_1d_1=M$．

由此可知，对于平面力偶，力偶矩才是其作用效果的唯一量度，力偶臂和力的大小都不是力偶的特征量．力偶矩的表示符号见图 4-10（d）．

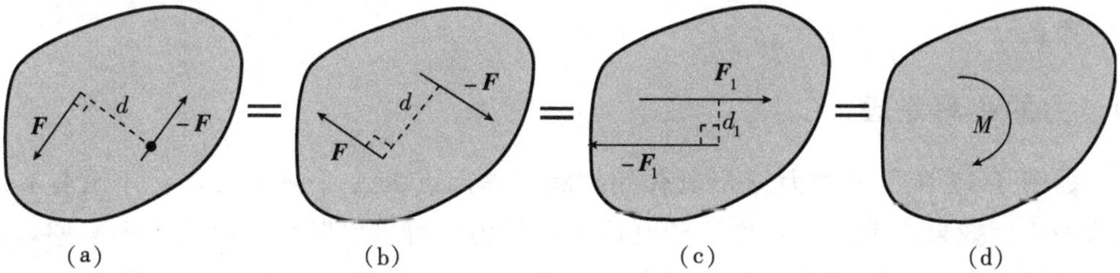

图 4-10

三、平面力偶的合成

设两力偶（$\boldsymbol{F}_1$，$-\boldsymbol{F}_1$）和（$\boldsymbol{F}_2$，$-\boldsymbol{F}_2$）位于同一平面内，它们的力偶臂分别为 d_1 和 d_2，如图 4-10（a）所示. 根据两力偶的转向和公式（4-4），可知两力偶的力偶矩分别为 $M_1=F_1d_1$ 和 $M_2=-F_2d_2$，现在求两力偶矩的合成. 根据本节推论 1 和推论 2，在保持两力偶力偶矩不变的前提下，可同时改变它们力和力偶臂的大小，并将两力偶在其作用面内移转. 因此我们可以通过上述步骤，得到与原来两力偶等效的新力偶（$\boldsymbol{F}_3$，$-\boldsymbol{F}_3$）和（$\boldsymbol{F}_4$，$-\boldsymbol{F}_4$），并使得两新力偶的力偶臂相等，作用线重合，如图 4-11 中（a）→（b）. 即

$$M_1=F_1d_1=F_3d,\quad M_2=-F_2d_2=-F_4d$$

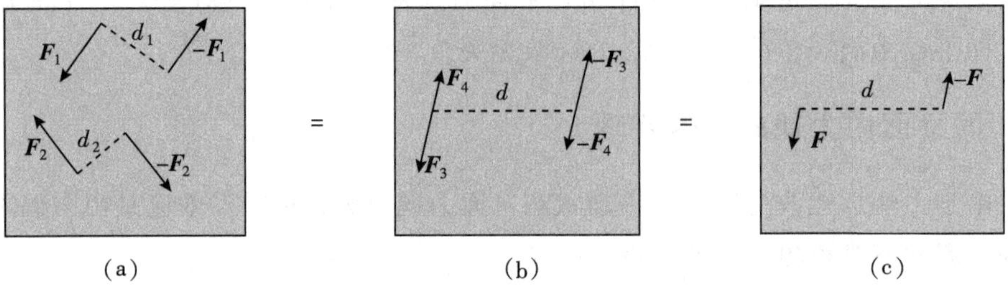

图 4-11

将（$\boldsymbol{F}_3$，$-\boldsymbol{F}_3$）和（$\boldsymbol{F}_4$，$-\boldsymbol{F}_4$）合成，可得一新力偶（$\boldsymbol{F}$，$-\boldsymbol{F}$），如图 4-11（c）所示，以 M 表示该新力偶的力偶矩，则

$$M=Fd=F_3d-F_4d=M_1+M_2$$

如果有多个平面力偶，可以按照上面的方法依次合成. 即**平面力偶可以看成代数量，同平面内的 n 个力偶可以合成为一个合力偶，合力偶的力偶矩等于各分力偶力偶矩的代数和**，可写为

$$M=\sum_{i=1}^{n}M_i \tag{4-5}$$

应用上式合成力偶时，要注意：当力偶矩 M_i 的转向为逆时针时取正，为顺时针时取负.

四、力的平移定理

如图 4-12 所示，将力 $\boldsymbol{F}$ 沿其作用线将其作用点由 A 平移到 B，将不改变其对刚体的作用效果，因此，对作用于刚体上的某力，可以沿其作用线的方向平移，而不改变该力对刚体的作用效果；但是如果将力 $\boldsymbol{F}$ 在平面内移转，或者沿平行于其作用线方向将力 $\boldsymbol{F}$ 的作用点由 A 平移到 C，将改变该力对刚体的作用效果. 下面我们讨论将力 $\boldsymbol{F}$ 沿平行于其作用线方向平移时，需要满足的条件.

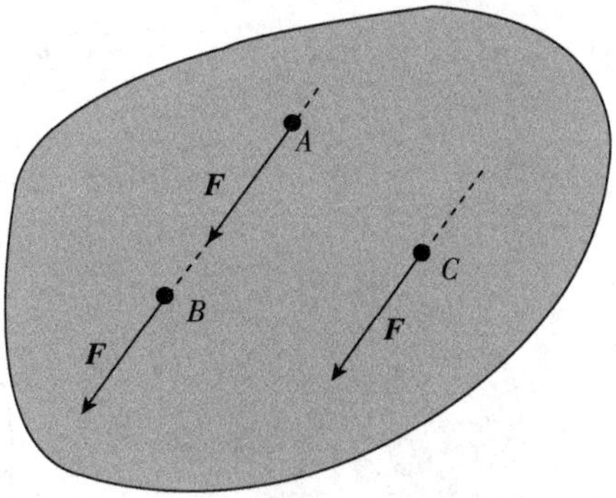

图 4-12

力的平移定理：可以将作用于刚体上点 A 的力 $\boldsymbol{F}$ 沿平行于其作用线方向平移到任一点 B，但同时需要附加一个力偶，这个附加力偶的力偶矩等于原来作用于点 A 的力 $\boldsymbol{F}$ 对新作用点 B 的力矩.

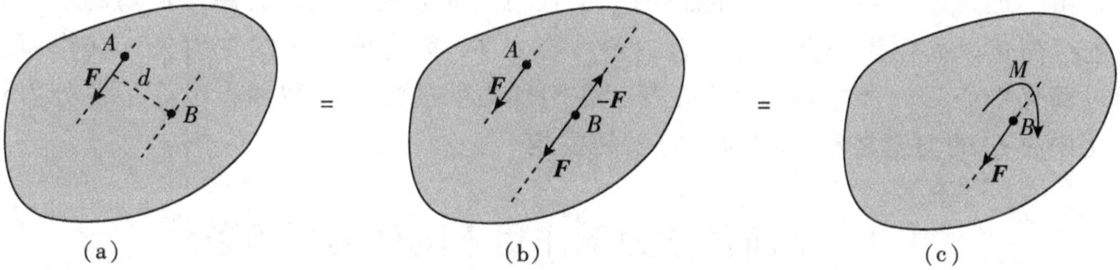

图 4-13

证明：如图 4-13 (a)，已知任意的力 $\boldsymbol{F}$ 作用于刚体上的点 A，现在在刚体内任选一点 B，并在点 B 上加一对平衡力 $\boldsymbol{F}$ 和 $-\boldsymbol{F}$，如图 4-13 (b)，显然这三个力与原来的一个力的作用效果等效. 对于图 4-13 (b) 中的三个力，可以看作一个作用于点 B 的力 $\boldsymbol{F}$ 和一个力偶 ($\boldsymbol{F}$，$-\boldsymbol{F}$)，这个力偶称为附加力偶（如图 4-13 (c)），其力偶矩为$M=Fd$，恰好等于作用于点 A 的力 $\boldsymbol{F}$ 对新作用点 B 的力矩，定理得证.

五、平面任意力系向作用面内一点的简化

设刚体上作用一包含 n 个力 $\boldsymbol{F}_1$，$\boldsymbol{F}_2$，…，$\boldsymbol{F}_n$ 的平面任意力系，如图 4-14 (a) 所示. 在平面任意力系的作用面内任选一点 O 作为简化中心，根据力的平移定理，可将力系中各力向点 O 进行简化，同时各自附加一力偶，附加的力偶矩分别为 M_1，M_2，…，M_n，如图 4-14 (b) 所示. 这样原平面任意力系就等价于过汇交点 O 的汇交力系和一平面力偶系.

过汇交点 O 的汇交力系可以合成为一作用线通过点 O 的合力 $\boldsymbol{F}_R$，见图 4-14 (c)，附加力偶系的各力偶矩可以通过平面力偶的合成公式进行合成，而得出附加力偶系的总力偶矩 M_O，即

$$\boldsymbol{F}_R = \boldsymbol{F}_1 + \boldsymbol{F}_2 + \cdots + \boldsymbol{F}_n = \sum_{i=1}^{n} \boldsymbol{F}_i \tag{4-6}$$

$$M_O = M_1 + M_2 + \cdots + M_n = \sum_{i=1}^{n} M_i = \sum_{i=1}^{n} M_O(F_i) \tag{4-7}$$

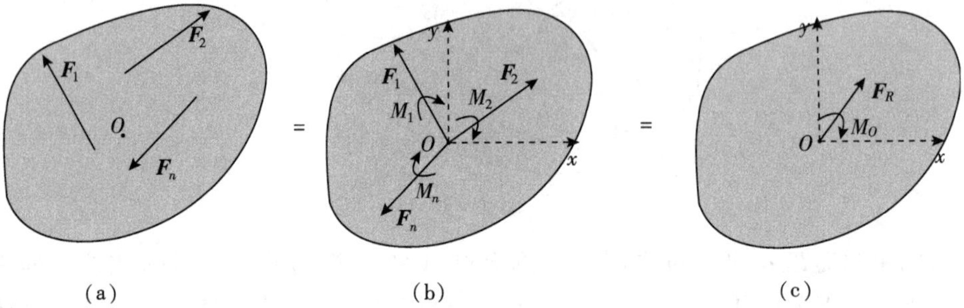

图 4-14

由上述讨论可知，作用于刚体的平面任意力系，可以向该力系平面内的任一点 O 进行简化，简化为一合力和一合力偶. 合力 $\boldsymbol{F}_R$ 称为该力系的**主力矢**，其作用线通过**简化中心** O；合力偶的矩 M_O 等于各附加力偶的矩的代数和，也等于各分力对简化中心 O 的力矩之和，称为该力系的**主矩**.

§4.4 平面任意力系作用下刚体的平衡条件

当刚体受平面任意力系作用，并达到平衡时，该力系向其作用面内任意一点 O 简化的主力矢和主矩都必须等于零. 即

$$\begin{cases} \boldsymbol{F}_R = \sum\limits_{i=1}^{n} \boldsymbol{F}_i = 0 \\ M_O = \sum\limits_{i=1}^{n} M_i = \sum\limits_{i=1}^{n} M_O(\boldsymbol{F}_i) = 0 \end{cases} \tag{4-8}$$

上式称为平面任意力系作用下刚体的**平衡条件**.

在实际解析计算时，常以简化中心 O 为坐标原点，建立平面直角坐标系 Oxy，如图 4-14（c）所示，然后将各分力和合力投影到坐标轴上. 这样，平面任意力系作用下刚体的平衡条件可以写为

$$\begin{cases} F_{Rx} = \sum\limits_{i=1}^{n} F_{ix} = 0 \\ F_{Ry} = \sum\limits_{i=1}^{n} F_{iy} = 0 \\ M_O = \sum\limits_{i=1}^{n} M_i = \sum\limits_{i=1}^{n} M_O(F_i) = 0 \end{cases} \tag{4-9}$$

上式称为平面任意力系作用下刚体的**平衡方程**.

例 4-3 如图 4-15 所示的工件在四个光滑螺柱的作用下静止，其中 C、D 两个螺柱上分别作用一力偶，其力偶矩为 $M_C = M_D = 20N \cdot m$，转向为顺时针，A、B 两个螺柱的距离为 $l = 200mm$. 求 A、B 两个螺柱所受的作用力.

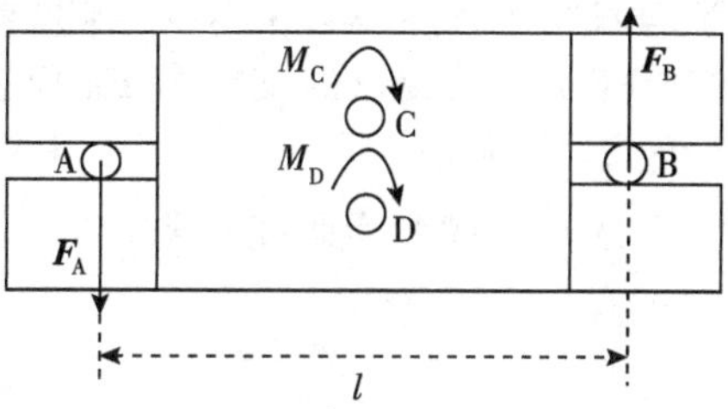

图 4-15

解 选工件为研究对象，则 A、B 两个螺柱对工件的作用力必垂直于螺柱和工件接触点的切向方向，设 A、B 两个螺柱对工件的作用力分别为 $\boldsymbol{F}_A$、$\boldsymbol{F}_B$，方向如图 4-15 所示，则根据任意力系作用下刚体的平衡条件，有

$$\boldsymbol{F}_R = \boldsymbol{F}_A + \boldsymbol{F}_B = 0$$

所以

$$\boldsymbol{F}_A = -\boldsymbol{F}_B$$

因此 $\boldsymbol{F}_A$、$\boldsymbol{F}_B$ 实际上构成一力偶，其力偶矩为 $F_A l$，转向为逆时针，则由平衡条件得

$$F_A l - M_C - M_D = 0$$

解得

$$F_A = \frac{M_C + M_D}{l}$$

代入数值得

$$F_A = 200N$$

因此

$$F_A = F_B = 200N$$

因为解得 F_A、F_B 是正值，所以其方向与图中假设方向相同，而 A、B 两个螺柱所受的作用力应分别与 $\boldsymbol{F}_A$、$\boldsymbol{F}_B$ 大小相等，方向相反.

例 4-4 如图 4-16 所示，一水平横梁 AB，其 A 端为一固定绞支座，B 端为一滚动支座. 横梁质量分布均匀，重力为 $\boldsymbol{P}$，其中点为 C. 在梁的 AC 端均匀受到一竖直向下的载荷 q 的作用，在梁的 BC 端受一力偶作用，其力偶矩为 $M=2Pa$，转向逆时针. 整个横梁静止，求 A、B 两端的支持力.

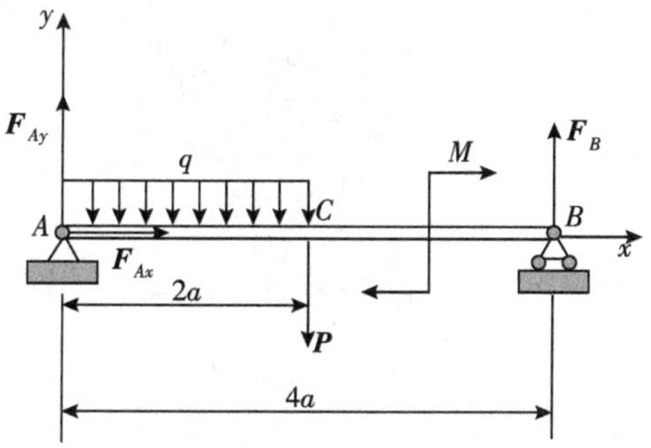

图 4-16

解 对于固定绞支座 A，其提供的支

持力是一平面力，该平面力的作用线必通过固定铰的绞心，以 A 为坐标原点建立平面直角坐标系 Axy，则 A 端的支持力 $\boldsymbol{F}_A$ 可分解为两分力 $\boldsymbol{F}_{Ax}$ 和 $\boldsymbol{F}_{Ay}$；对于滚动绞支座 B，其提供的支持力 $\boldsymbol{F}_B$ 应垂直于横梁 AB，而且作用线通过滚动绞的绞心；如图 4-16 所示.

选水平横梁为研究对象，以 A 为简化中心，根据任意力系作用下刚体的平衡方程有

$$F_{Rx} = F_{Ax} = 0$$
$$F_{Ry} = F_{Ay} - P - q \cdot 2a + F_B = 0$$
$$M_A = F_B \cdot 4a - M - P \cdot 2a - q \cdot 2a \cdot a = 0$$

解上述方程得

$$F_{Ax} = 0, F_{Ay} = \frac{3qa}{2}, F_B = P + \frac{qa}{2}$$

由例 4-3 可知，对于作用于刚体上的力偶，必须由力偶来进行平衡. 在例 4-4 中，简化中心的选择不是唯一的，比如我们还可以选择 B 端为简化中心，但一般情况下，选择有较多力的作用线通过的点为简化中心会降低解题的难度.

工 程 应 用

一、摩擦角

当滑块相对于粗糙的支撑面有相对滑动趋势时，支撑面对滑块会提供两个作用力，即摩擦力 $\boldsymbol{F}_S$ 和支持力 $\boldsymbol{F}_N$，这两个分力的合力 $\boldsymbol{F}_{RA}=\boldsymbol{F}_N+\boldsymbol{F}_S$称为支撑面的全约束力，全约束力与支持力 $\boldsymbol{F}_N$ 的方向有一夹角 φ，如图 4-17（a）所示. 显然当摩擦力达到最大值（即最大静摩擦力）$\boldsymbol{F}_{max}$时，夹角 φ 也达到最大值 φ_f，φ_f 称为摩擦角，如图 4-17（b）所示. 根据静摩擦力公式和图中的几何关系可得：

$$\tan\varphi_f = \frac{F_{max}}{F_N} = \frac{\mu F_N}{F_N} = \mu \tag{4-10}$$

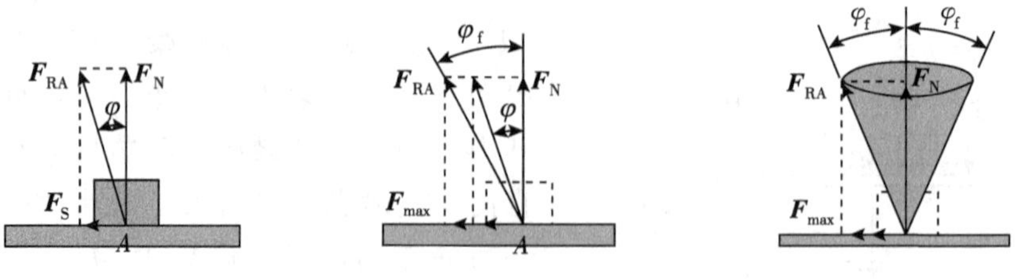

(a)　(b)　(c)

图 4-17

其中，μ 为静摩擦因数. 可见摩擦角的正切值等于摩擦因数，摩擦角 φ_f 和静摩擦因数 μ 一样，都是表示材料表明性质的物理量.

当滑块的滑动摩擦趋势不同时，全约束力的方向也会随之改变，在即将滑动的临界状态下，全约束力的作用线将构成一个以接触点 A 为顶点的圆锥面，如图 4-17（c）所示，称为摩擦锥. 如果滑块和支撑面间沿各个方向的静摩擦因数都相等，则摩擦锥将是一个顶角为 $2\varphi_f$ 的圆锥.

二、摩擦角的应用

1. 测量材料之间的摩擦因数

利用摩擦角的概念，可以用较简单的方法测定两种材料之间的静摩擦因数. 将待测的两种材料分别做成斜面和滑块，如图 4-18（a）所示，当滑块在斜面上即将下滑时，静摩擦力达到最大值 F_{max}，此时摩擦角 φ_f 刚好等于斜面的倾角 α，根据平衡方程可得

$$\begin{cases} F_N = mg\cos\alpha \\ F_{max} = mg\sin\alpha \\ F_{max} = \mu F_N \end{cases}$$

因此有

$$\mu = \frac{\mu F_N}{F_N} = \frac{F_{max}}{F_N} = \tan\alpha = \tan\varphi_f$$

由上述讨论可知，滑块刚好下滑时，斜面倾角等于摩擦角，只要测出此时斜面倾角的正切值就可以得到两种材料的静摩擦因数 μ. 生产实际中，我们可以将不同斜面倾角的正切值刻到刻度盘上，如图 4-18（b）所示，只需要读出滑块刚好下滑时对应的刻度值就可得出相应的静摩擦因数.

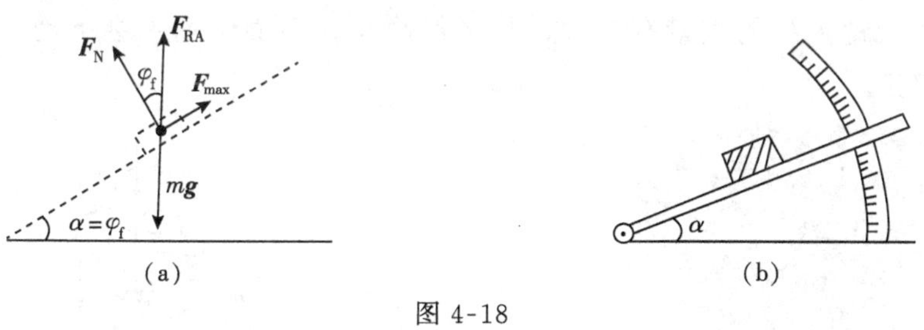

图 4-18

2. 估算颗粒状或粉末状物料自然堆积的体积

颗粒状或粉末状物料（如谷物、煤炭、沙粒、水泥、石灰等）自然堆积时会形成一圆锥体，如图 4-19 所示. 当物料堆静止时，圆锥体的底角必定是该物料的摩擦角 φ_f，这是很容易理解的，因为当底角大于 φ_f 时，物料将沿锥面下滑，使得底角减小直到等于 φ_f；当底角小于 φ_f 时，物料将在锥面堆积，使得底角增大直到等于 φ_f.

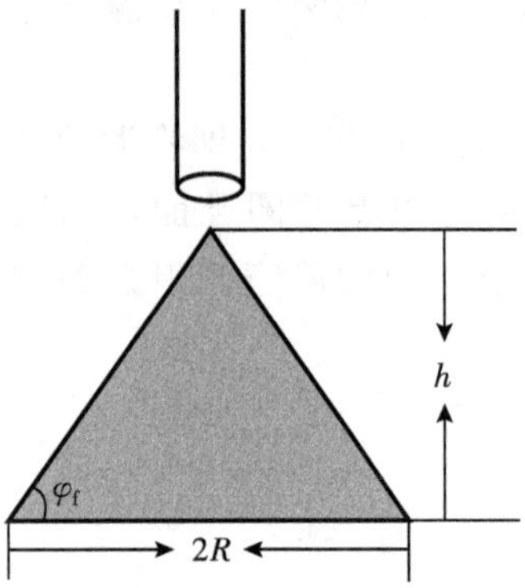

图 4-19

如果测出摩擦角 φ_f 和高度 h，就可估算出物料的体积 V，即

$$V=\frac{1}{3}\pi R^2h=\frac{1}{3}\pi\left(\frac{h}{\tan\varphi_f}\right)^2h$$

将 $\tan\varphi_f=\mu$ 代入上式得

$$V=\frac{\pi h^3}{3\mu^2} \tag{4-11}$$

需要说明的是上式中的 μ 已不是原来意义上的静摩擦因数，它称为当量摩擦因数，取决于物料的种类和粒度．有经验的人员通过目测就可估计出 φ_f 和 h 的值，进而估算出物料的体积．反过来，如果有一定体积的物料需要自然堆积在地面上，可以通过类似的方法估算出物料自然堆积所需的地面面积，从而方便人们准备合适的场地．我们可以先用少量该种物料做一个模拟实验，测出该种物料的摩擦角 φ_f，此时物料的体积为

$$V=\frac{1}{3}\pi R^2h=\frac{1}{3}\pi R^3\tan\varphi_f$$

因此

$$R=\left(\frac{3V}{\pi\tan\varphi_f}\right)^{1/3}$$

则物料自然堆积时所占地面面积为：

$$S=\pi R^2=\pi\left(\frac{3V}{\pi\tan\varphi_f}\right)^{2/3} \tag{4-12}$$

3. 自锁现象和千斤顶

通过对图 4-18 的讨论中，我们可以得出这样的结论：只要斜面倾角小于静摩擦角 φ_f，则无论重物的重量有多大，其必然静止在斜面上而不会下滑，我们称这种现象为**自锁**.

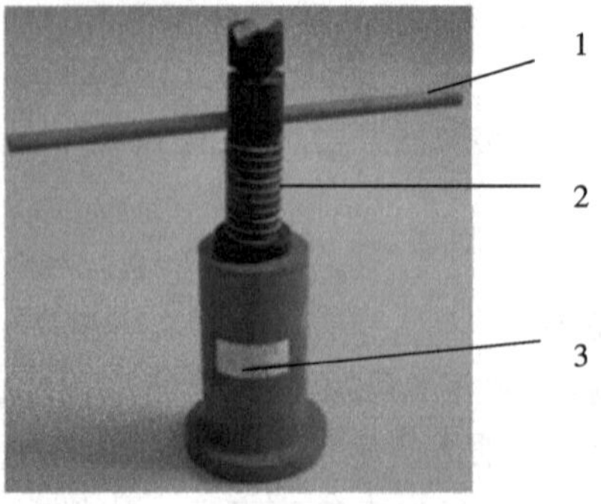

(a)

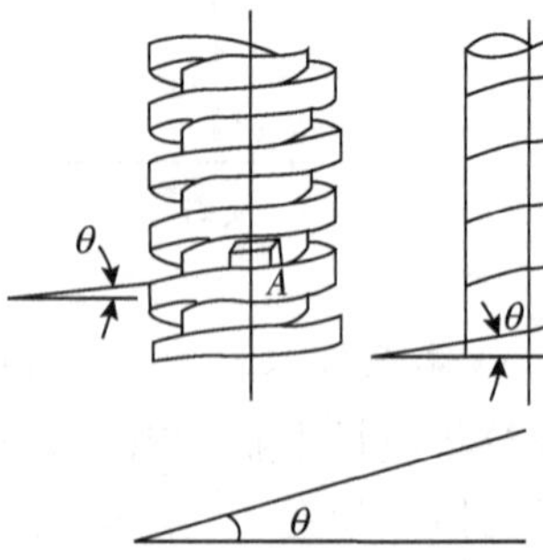

(b)

图 4-20

自锁现象在工程中有着广泛的应用，比如千斤顶、压榨机、圆锥销等，下面我们以千斤顶为例讲述它们的原理.

如图 4-20 (a)，是生活中常见的千斤顶. 使用千斤顶主要是通过用力推手柄 1，使螺杆 2 的螺纹沿底座 3 的螺纹槽（螺母）旋进上升进而顶起重物. 千斤顶之所以叫千斤顶，是因为其顶起重量非常大的重物时，螺杆和重物不会自动下降，可以在任意位置保持平衡，要实现这点，必须要求螺纹满足自锁条件. 千斤顶的螺纹可以看成绕在圆柱体上的斜面，螺纹升角 θ 相当于斜面的倾角，如图 4-20 (b) 所示. 螺母相当于斜面上的滑块 A，重物的重力通过螺杆作用于螺母上，称为螺母的轴向载荷，相当于滑块的重力. 螺纹对螺母有摩擦力和支持力的作用. 要使螺纹满足自锁条件，其升角 θ 必须小于或等于静摩擦角 φ_f. 如果选用 45 型号刚或 50 型号刚做螺杆，选用青铜或铸铁做螺母，则螺杆或螺母的静摩擦因数 $\mu\approx 0.1$，因此

$$\varphi_f \approx \arctan 0.1 = 5.72^\circ$$

在实际生产中，为了保证千斤顶自锁又能使得螺纹快速旋进，一般选择螺纹升角 $\theta=4^\circ\sim 4.5^\circ$.

本章提要

1. 力系

(1) 作用于刚体上的多个力称为力系.

2. 力系的分类

(1) 汇交力系.

(2) 任意力系.

(3) 平面力系 $\begin{cases}\text{平面汇交力系}\\ \text{平面任意力系}\end{cases}$

(4) 空间力系 $\begin{cases}\text{空间汇交力系}\\ \text{空间任意力系}\end{cases}$

3. 汇交力系合成的几何法

力的多边形法则.

4. 汇交力系作用下刚体的平衡

(1) 平衡条件：$\boldsymbol{F}_R = \sum_{i=1}^{n} \boldsymbol{F}_i = 0$.

(2) 平衡方程：$\begin{cases} F_{Rx} = \sum_{i=1}^{n} F_{ix} = 0 \\ F_{Ry} = \sum_{i=1}^{n} F_{iy} = 0 \\ F_{Rz} = \sum_{i=1}^{n} F_{iz} = 0 \end{cases}$

5. 力偶

（1）力偶 & 力偶矩的概念.

（2）同平面力偶的等效原理.

（3）平面力偶的合成：$M = \sum_{i=1}^{n} M_i$，转向为逆时针取正，为顺时针取负.

6. 平面任意力系的简化

（1）力的平移定理.

（2）平面任意力系向平面内一点 O 的简化：主力矢 $\boldsymbol{F}_R$ 与主矩 M_O

$$\boldsymbol{F}_R = \boldsymbol{F}_1 + \boldsymbol{F}_2 + \cdots + \boldsymbol{F}_n = \sum_{i=1}^{n} \boldsymbol{F}_i$$

$$M_O = M_1 + M_2 + \cdots + M_n = \sum_{i=1}^{n} M_i = \sum_{i=1}^{n} M_O(\boldsymbol{F}_i).$$

7. 平面任意力系作用下刚体的平衡

（1）平衡条件 $\begin{cases} \boldsymbol{F}_R = \sum_{i=1}^{n} \boldsymbol{F}_i = 0 \\ M_O = \sum_{i=1}^{n} M_i = \sum_{i=1}^{n} M_O(\boldsymbol{F}_i) = 0 \end{cases}$

（2）平衡方程 $\begin{cases} F_{Rx} = \sum_{i=1}^{n} F_{ix} = 0 \\ F_{Ry} = \sum_{i=1}^{n} F_{iy} = 0 \\ M_O = \sum_{i=1}^{n} M_i = \sum_{i=1}^{n} M_O(F_i) = 0 \end{cases}$

习　　题

一、思考题

1. 试证明 4.2 节中的三力平衡汇交定理.

2. 铺设输电线时，当输电线的长度相同时，为什么电线的下垂量越小，电线越容易拉断？

3. 如果某平面力系向 A、B 两点简化的主矩都为零，那么该力系简化的结果可能是一个力吗？可能是一个力偶吗？可能平衡吗？

4. 平面汇交力系向汇交点以外的一点简化，简化结果可能是一个力吗？可能是一个力偶吗？可能是一个力和一个力偶吗？

5. 如图 4-21 所示，一较薄的石碾子在粗糙的水平面上，今对碾子施加一水平作用力 **F**，可知在其和地面的接触处，必然会出现摩擦力 $\boldsymbol{f}$ 和支持力 $\boldsymbol{F}_N$，中学物理中把碾子看作质点，则 $\boldsymbol{f}$ 和 **F** 在水平方向相互抵消，当 **F** 不是足够大时，碾子可以静止. 但是当碾子不能看作质点时，碾子受到的任意力系向接触点 A 简化时，主矩显然不为零，这和碾子可以静止矛盾，试用本章知识对此进行解释.

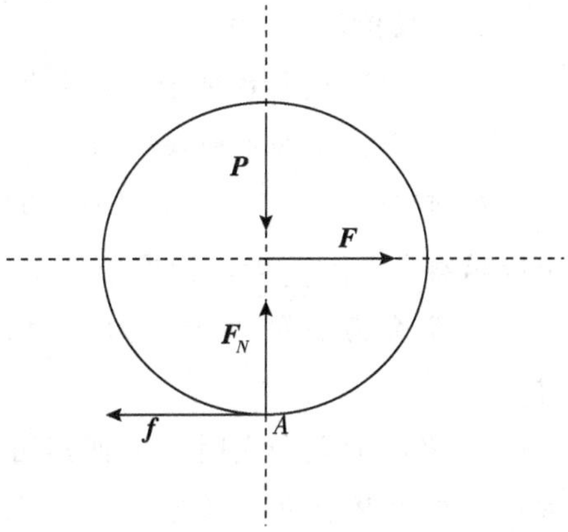

图 4-21

二、选择题

1. 力学上把刚体的什么状态称为平衡态　(　　)

A. 静止状态

B. 匀速直线运动状态

C. 圆周运动状态

D. 静止或匀速直线运动状态

2. 平面任意力系的简化结果为　(　　)

A. 一合力　　B. 一合力偶

C. 一合力和一合力偶　　D. 以上都不正确

3. 在不改变作用效果的要求下，作用于刚体的力　(　　)

A. 可以沿力的作用线平移

B. 可以沿着平行于力的作用线方向平移

C. 可以在刚体内任意平移

D. 可以在刚体内任意移转

4. 对刚体静力学而言，其基本的两要素是　(　　)

A. 力和力矩　　B. 力矩和力偶

C. 力和力偶　　D. 力和作用线

5. 对作用于不能视为质点的刚体上的力，其三要素是　(　　)

A. 大小、方向、作用点　　B. 大小、方向、作用线

C. 大小、方向、力矩　　D. 大小、作用点、作用线

三、填空题

1. 平面汇交力系是指力系中各力的作用线__________且________一点的力系.

2. 汇交力系的平衡条件是_______________，此时力多边形_______________.

3. 汇交力系有________个平衡方程，即________________________________，可以求解________个未知量.

4. 汇交力系可以合成为一合力，该力等于各分力的________，其作用线通过________.

5. 平面力偶合成时，力偶矩可看作一代数量，当力偶矩的转向为________时取正，当力偶矩的转向为________时取负.

6. 力的平移原理告诉我们，当将一个力向刚体内任意一点简化时，需要____________________.

7. 平面任意力系向平面内一点可以简化为一个________和一个________.

8. 平面任意力系作用下刚体的平衡方程有________个，即____，可以求解________个未知量.

9. 如图 4-22 所示，正方体边长为 a，顶角 A 处作用力 $\boldsymbol{F}$，则 $\boldsymbol{F}$ 对三个坐标轴之矩分别为：$M_x=$__________，$M_y=$_______________，$M_z=$_______________.

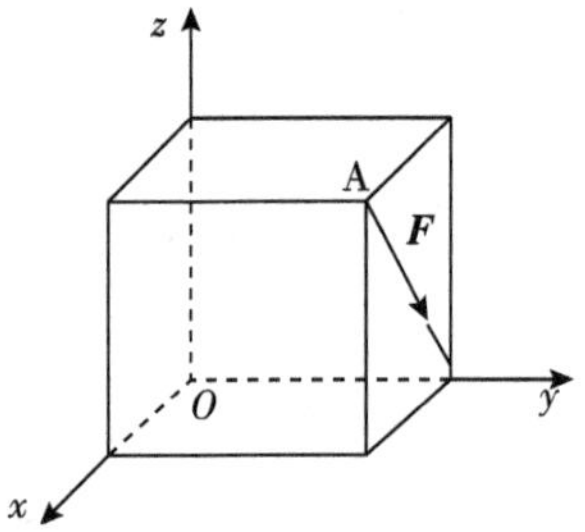

图 4-22

四、计算题

1. 如图 4-23，一平面吊环上作用有四个力 $\boldsymbol{F}_1$、$\boldsymbol{F}_2$、$\boldsymbol{F}_3$ 和 $\boldsymbol{F}_4$，四力的作用线汇交于圆环的中心，已知 $F_1=F_2=F_3=20\text{kN}$，$F_4=25\text{kN}$，试用汇交力系合成的解析法求这四个力的合力 F_R.

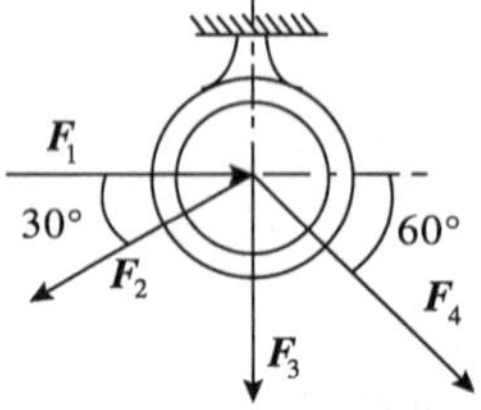

图 4-23

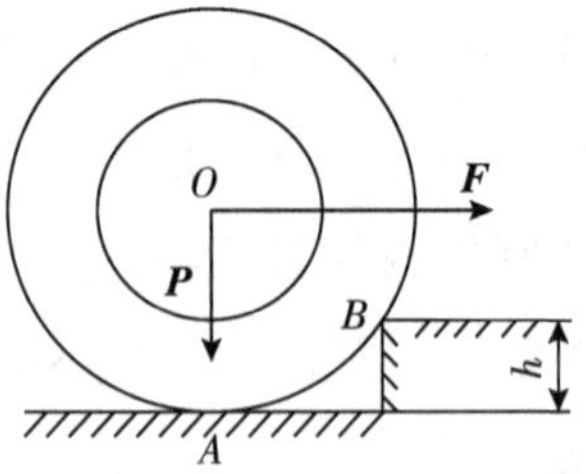

图 4-24

2. 如图 4-24 所示，电缆盘直径 $D=2.4\text{m}$，其受到的重力大小 $P=40\text{kN}$，若要使其越过高 $h=0.4\text{m}$ 的台阶，试求通过其质心的水平力 $\boldsymbol{F}$ 应为多大？若作用力 $\boldsymbol{F}$ 方向可变，试求使电缆盘越过台阶的最小的力的大小和方向？

3. 设一水平横梁的重力不计，在其 A 点受一固定铰支座作用，B 点受一滚动支座作用，在 AB 段受一力偶，该力偶的矩为 M，转向为顺时针，在梁的右端 C 受一竖直向下的力 $\boldsymbol{F}$ 作用，如图 4-25 所示．已知 $AB=2a$，$BC=a$；求梁平衡时，A、B 两点受到的支座的作用力．

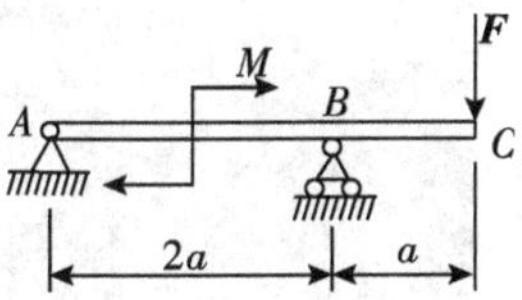

图 4-25

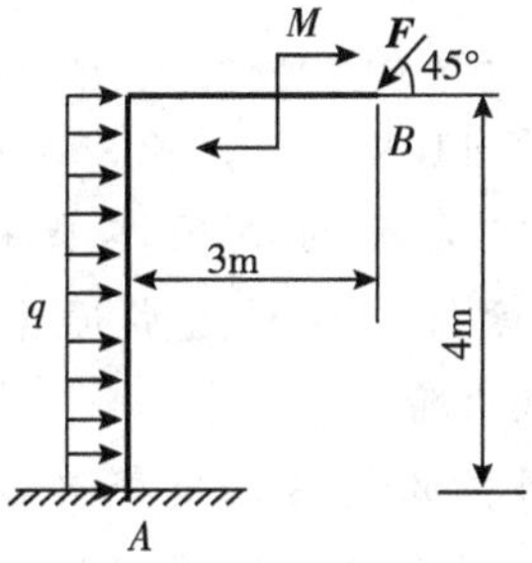

图 4-26

4. 试以 B 端为简化中心，重新解本章例题 4-4，并和例题所得结果进行比较．

5. 如图 4-26 所示钢架中，已知 $q=4\text{kN/m}$，$F=6\sqrt{2}\,\text{kN}$，$M=10\text{kN}\cdot\text{m}$．不计钢架自重．求固定端 A 处对钢架的作用力和力偶矩．

第五章　机械振动与机械波

1940 年 11 月 7 日，长 850 米，宽 12 米，耗资 640 万美元的美国华盛顿州 Tacoma Narrow 悬索桥，刚刚建成通车四个月就被 19m/s 的风吹跨。

随着科技的发展，交警可以利用机动车超速自动监测系统和测速仪监控机动车的超速行为。

如此庞大的桥为何被不大的风吹跨？机动车超速自动监测系统和测速仪测量车速的原理是什么？

学完本章你将知晓上述问题的答案。

物体或物体的某一部分在一定位置附近的来回往复运动就是振动，当一空间区域中的某一点发生振动，常常有可能引起邻近的点也发生振动. 而这邻近的点又可能继续会引起别的点振动. 于是，振动就传播开来，从而在整个空间区域形成所谓的波动. 本章将研究最基本的简谐振动及其叠加合成，并对阻尼振动和受迫振动进行一般性的讨论. 同时研究最基本的简谐机械波及其叠加，给出一般类型的波动方程及有关波的干涉和衍射的重要概念，并讨论有关波动的多普勒效应.

§5.1　简 谐 振 动

机械振动就是物体在某一位置附近所做的往复运动，振动是自然界里常见的一种运动方式. 如心脏的跳动、钟摆、乐器、地震、甚至交流电流、电压、电磁场等的返复变化都属于振动的范畴. 简谐振动是最简单、最基本的振动. 任何复杂的振动都可看作多个简谐振动的叠加. 本节研究的就是简谐振动.

一、简谐振动的动力学特征

下面以弹簧振子为例来研究简谐振动的动力学特征.

如图 5-1 所示，一轻弹簧一端固定，另一端与质量为 m 的物体相连，物体可在光滑水平面上沿左右方向运动，这样的系统被称为弹簧振子.

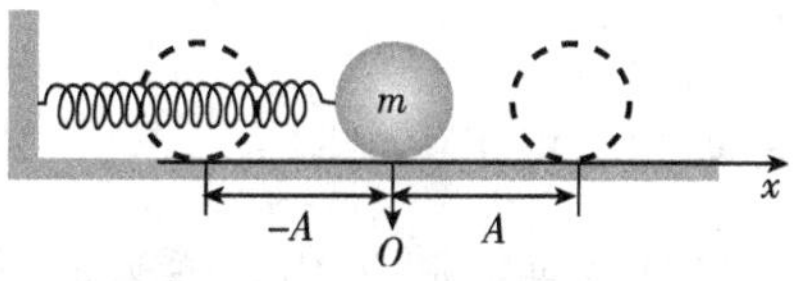

图 5-1　弹簧振子

物体在 O 位置时，弹簧处于自然长度，此时物体所受的合力等于零，则此 O 位置称为平衡位置.

当把物体拉开一段距离后释放，物体将在平衡位置 O 附近作来回返复运动. 设弹簧弹性系数为 k，t 时刻弹簧的形变量为 x，则该时刻物体受到的弹力为

$$F=-kx \tag{5-1}$$

其中，负号说明力的方向与弹簧形变量的方向相反.

由牛顿第二定律可列出弹簧振子的动力学方程为：

$$m\frac{\mathrm{d}^2x}{\mathrm{d}t^2}=-kx$$

即

$$\frac{\mathrm{d}^2x}{\mathrm{d}t^2}+\frac{k}{m}x=0 \tag{5-2}$$

若取　$\omega^2=\dfrac{k}{m}$，则式（5-2）可化为一个二阶常系数齐次线性微分方程

$$\frac{\mathrm{d}^2x}{\mathrm{d}t^2}+\omega^2x=0 \tag{5-3}$$

这就是弹簧振子的动力学方程，其通解为：

$$x(t)=A\cos(\omega t+\varphi) \tag{5-4}$$

这就是弹簧振子做简谐振动所满足的运动学方程. 其中，A 和 φ 分别是由初始条件确定的积分常数，而 ω 由振动系统本身的性质决定. 叫做系统的固有圆频率.

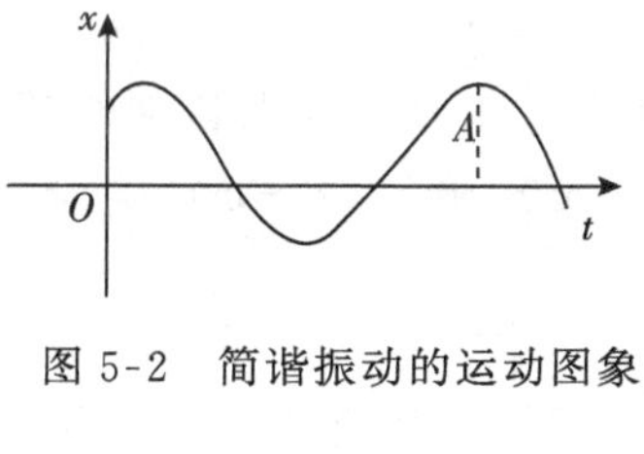

图 5-2　简谐振动的运动图象

在物理学中，凡是动力学方程满足式（5-3）的运动或者运动学方程满足式（5-4）的运动，就称为简谐振动. 其运动图象如图 5-2 所示.

二、简谐振动的特征量

1. 简谐振动的周期、频率和圆频率

由公式（5-4）知简谐振动是时间 t 的周期函数，所以简谐振动是周期运动，即每隔一固定时间间隔 T，运动将重复一次，这个固定时间间隔 T 称为**周期**，设 n

为整数，根据周期的定义有

$$x(t+nT)=x(t)$$

即 $x(t)=A\cos[\omega(t+nT)+\varphi]=A\cos(n\omega T+\omega t+\varphi)=A\cos(\omega t+\varphi)$

相应的有

$$n\omega T=2n\pi$$

即得弹簧振子的周期为

$$T=\frac{2\pi}{\omega}=2\pi\sqrt{\frac{m}{k}} \tag{5-5}$$

已知在周期时间 T 内，弹簧振子做了一次完全振动．在单位时间内，物体所作完全振动的次数称为**频率** f

$$f=\frac{1}{T}=\frac{1}{2\pi}\sqrt{\frac{k}{m}} \tag{5-6}$$

而 2π 秒时间内弹簧振子完成振动的次数．即系统的**圆频率** ω 为

$$\omega=2\pi f=\frac{2\pi}{T}=\sqrt{\frac{k}{m}} \tag{5-7}$$

由式（5-5）、式（5-6）、式（5-7）可知，T、f、ω 只与 m、k 有关，对于给定的弹簧振子 m、k 是一定的，因此 T、f、ω 完全由弹簧振子自身的性质决定，与其他条件（如物体的位移、速度）无关，故 T、f、ω 又称为系统的**固有周期**、**固有频率**和**固有圆频率**.

把周期 T 和频率 f 代入简谐振动的运动学方程 $x(t)=A\cos(\omega t+\varphi)$，则简谐振动的运动学方程又可表示为

$$x(t)=A\cos\left(\frac{2\pi}{T}t+\varphi\right)\quad 或\quad x(t)=A\cos(2\pi ft+\varphi)$$

2. 简谐振动的振幅、初相位和相位

在振动中，弹簧振子离开平衡位置的最大距离称为振幅．而由简谐振动的运动学方程 $x(t)=A\cos(\omega t+\varphi)$知，弹簧振子离开平衡位置的最大位移的绝对值为 A，即为简谐振动的**振幅**.

另外，$t=0$ 时弹簧振子的初始位置 $x_0=A\cos\varphi$ 由 φ 确定，φ 称为简谐振动的**初相位**．而在 t 时刻，简谐振动的位置 $x(t)=A\cos(\omega t+\varphi)$ 由 $(\omega t+\varphi)$ 确定，$(\omega t+\varphi)$称为简谐振动的**相位**.

由运动学方程

$$x(t)=A\cos(\omega t+\varphi)$$

可得物体振动的速度为

$$v=\frac{\mathrm{d}x}{\mathrm{d}t}=-A\omega\sin(\omega t+\varphi)$$

设初始条件 $t=0$ 时，$x=x_0$，$v=v_0$，代入以上两式并联立求解，可得弹簧振子的振幅和初相位：

$$A=\sqrt{x_0^2+\frac{v_0^2}{\omega^2}}\qquad \cos\varphi=\frac{x_0}{A}\quad \sin\varphi=-\frac{v_0}{\omega A}\tag{5-8}$$

初相位 φ 可决定如下：由 $\cos\varphi=\dfrac{x_0}{A}$ 可决定 φ 的两个可能值，再根据 $\sin\varphi=\dfrac{v_0}{\omega A}$ 的正负号，可从这两个可能值中决定 φ 的值，参见例题 5-1.

三、简谐振动的旋转矢量图示

简谐振动可以用一旋转矢量的投影来表示，如图 5-3，建立坐标系 Ox 轴，以 O 为始端画一矢量 $\boldsymbol{A}$．当 $\boldsymbol{A}$ 以匀角速度 ω 绕坐标原点 O 逆时针旋转时，其末端在 x 轴上的投影就在 x 轴的坐标原点 O 两侧返复运动．设初始时刻的位置矢量与 x 轴的夹角为 φ，经 t 时间转过了 ωt 的角度，则 t 时刻位置矢量在 x 轴上的投影的运动规律就为

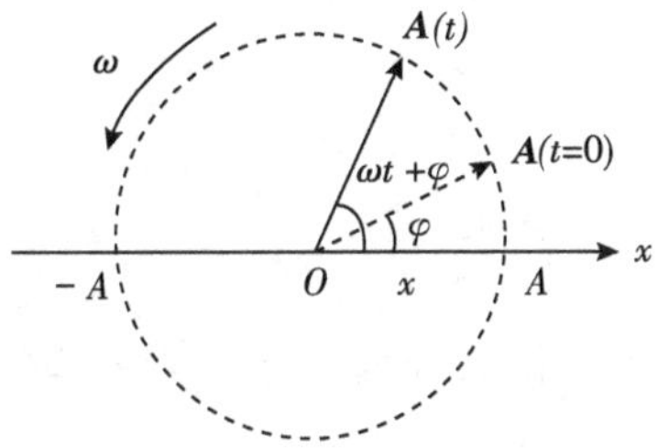

图 5-3　简谐振动的旋转矢量图示

$$x(t)=A\cos(\omega t+\varphi)$$

刚好就是一简谐振动，式中 A 是简谐振动的振幅，ω 为简谐振动的圆频率.

例 5-1　如图 5-4 所示，一弹簧振子放置在一光滑水平面上．已知弹簧的劲度系数 $k=3.2\text{N/m}$，物体的质量为 0.4kg．试就下列两种情形分别求解系统的简谐振动方程.

（1）将物体从平衡位置 O 水平向右平移到 0.1m 处，然后无初速释放.

（2）将物体从平衡位置 O 水平向右平移到 0.1m 处，然后给物体以水平向左的 0.2m/s 的速度，并释放.

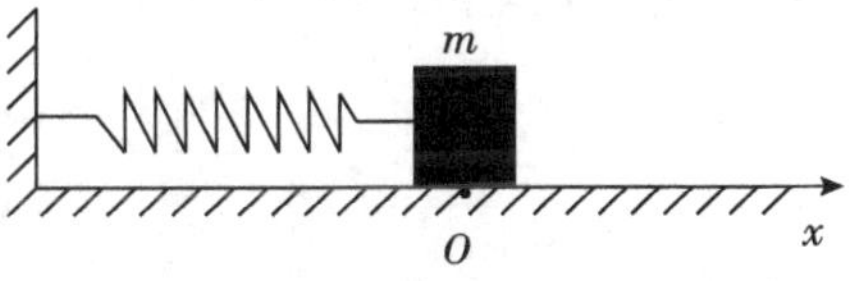

图 5-4

解　由题意，可得弹簧振子的固有圆频率为

$$\omega=\sqrt{\frac{k}{m}}=2\text{s}^{-1}$$

以平衡位置 O 为坐标原点，以水平向右为 x 轴正向，建立一维坐标轴 Ox.

（1）根据初始条件：$t=0$ 时，$x_0=0.1\text{m}$，$v_0=0$，由（5-8）式可得振幅为

$$A=\sqrt{x_0^2+\frac{v_0^2}{\omega^2}}=x_0=0.1\text{m}$$

实际上，在平衡位置 O 右方 0.1m 处无初速释放，物体必然在向左的拉力作用下向左运动，所以 0.1m 即为系统简谐振动的振幅.

由式（5-8）可得　$\cos\varphi=\dfrac{x_0}{A}=\dfrac{0.1}{0.1}=1$

所以 $\varphi=0$

故简谐振动方程为 $x=A\cos(\omega t+\varphi)=0.1\cos(2t)$ (SI)

其中国际单位制（SI）在这里的含义为：x 和 0.1 的单位是 m，t 的单位是 s，ω 即 2 的单位是 s^{-1}.

（2）根据初始条件：$t=0$ 时，$x_0=0.1$m，$v_0=-0.2$m/s，可得振幅为

$$A=\sqrt{x_0^2+\frac{v_0^2}{\omega^2}}=0.1\sqrt{2}\,\text{m}$$

$$\cos\varphi=\frac{x_0}{A}=\frac{0.1}{0.1\sqrt{2}}=\frac{\sqrt{2}}{2}$$

因此 $\varphi=\frac{\pi}{4}$ 或 $-\frac{\pi}{4}$

因为 $\sin\varphi=\frac{-v_0}{\omega A}>0$，故应取 $\varphi=\frac{\pi}{4}$，所以可得简谐振动方程为

$$x=A\cos(\omega t+\varphi)=0.1\sqrt{2}\cos\left(2t+\frac{\pi}{4}\right)\ \text{(SI)}$$

例 5-2 已知某简谐振动的振动曲线如图 5-5 所示，求此简谐振动的振动方程：

解 由图 5-5 可得简谐振动的振幅为 $A=2$m；$t=0$ 时，$x_0=-1\text{m}=-\frac{A}{2}$；$t=1$s 时，$x_1=2\text{m}=A$；画出这两个时刻的旋转矢量图，如图 5-6 所示：

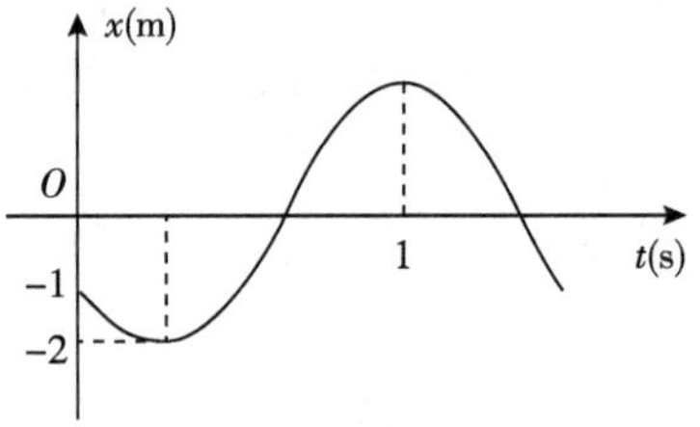

图 5-5

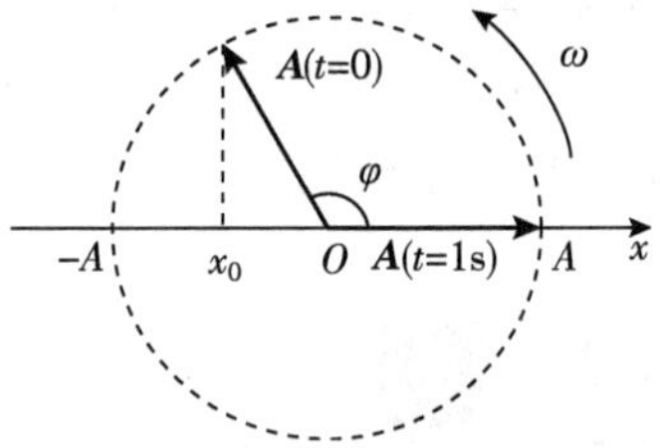

图 5-6

根据旋转矢量图的含义可知，$t=0$ 时旋转矢量和 x 轴正向的夹角即为初相位 φ，由图 5-6 可知 $\cos\varphi=-\frac{1}{2}$，故初相位 $\varphi=\frac{2\pi}{3}$. 下面我们分析圆频率 ω 怎么求解，对旋转矢量图而言，ω 为旋转矢量逆时针旋转的角速度，我们只需要求出从 $t=0$ 到 $t=1$s 这段时间间隔内，旋转矢量旋转的角度，就可求出 ω. 由图 5-6 可知，从 $t=0$ 到 $t=1$s 的时间间隔为 $\Delta t=1$s，旋转矢量逆时针旋转过的角度为 $\Delta\theta=\frac{4\pi}{3}$，由 $\omega\Delta t=\Delta\theta$，可得

$$\omega=\frac{\Delta\theta}{\Delta t}=\frac{4\pi}{3}\ (s^{-1})$$

故此简谐振动的振动方程为

$$x=A\cos\ (\omega t+\varphi)\ =2\cos\ (\frac{4\pi}{3}t+\frac{2\pi}{3})\ \text{(SI)}$$

当然此题也可用例 5-1 的解析方法进行求解，但是求解过程十分复杂. 由此可见，旋转矢量法不仅可以帮助我们更直观地了解简谐振动的位移和时间的关系以及 A、ω、φ 的物理意义，而且为我们提供了一种更加简单的求解简谐振动相关问题的方法.

四、简谐振动的能量

由简谐振动的运动方程

$$x(t)=A\cos(\omega t+\varphi)$$

知，t 时刻弹簧振子的速度为

$$v=\frac{\mathrm{d}x}{\mathrm{d}t}=-\omega A\sin(\omega t+\varphi) \tag{5-9}$$

其加速度为

$$a=\frac{\mathrm{d}^2x}{\mathrm{d}t^2}=-\omega^2A\cos(\omega t+\varphi) \tag{5-10}$$

这样，t 时刻弹簧振子的动能为

$$E_{\mathrm{k}}=\frac{1}{2}mv^2=\frac{1}{2}m\omega^2A^2\sin^2(\omega t+\varphi) \tag{5-11}$$

而弹簧振子的势能为

$$E_{\mathrm{p}}=\frac{1}{2}kx^2=\frac{1}{2}m\omega^2A^2\cos^2(\omega t+\varphi) \tag{5-12}$$

故作简谐振动的弹簧振子，其振动的总能量为

$$E=E_{\mathrm{k}}+E_{\mathrm{p}}=\frac{1}{2}m\omega^2A^2=\frac{1}{2}kA^2 \tag{5-13}$$

由式（5-13）可看出，简谐振动的总能量是一定的，在振动的过程中，动能和势能可以不断转化，但总的机械能守恒.

例 5-3　如图 5-7 所示，用一很长的细线 l 拴住一质量为 m 的小球，线的另一端固定，这样的动力学模型就称之为**单摆**. 已知摆线长度 l，求单摆的周期.

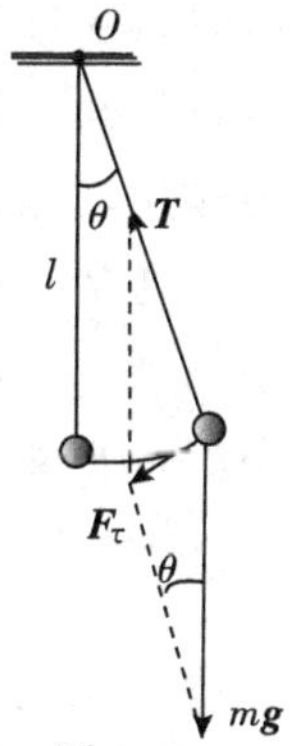

图 5-7

解　当把小球从竖直的平衡位置拉开一点后释放，小球将作来回摆动. 设 t 时刻细线与竖直线的夹角为 θ，则小球所受到的切向力为

$$F_{\tau}=-mg\sin\theta$$

负号表示切向力与弧位移的方向相反. 若单摆的摆动很小，则 t 时刻的 θ 也很小，近似地

$$\sin\theta \approx \theta$$

代入上式为

$$F_{\tau} = -mg\theta$$

在小球运动的切向方向上利用牛顿第二定律，有

$$ma_{\tau} = -mg\theta$$

即

$$ml\frac{d^2\theta}{dt^2} = -mg\theta$$

$$\frac{d^2\theta}{dt^2} + \frac{g}{l}\theta = 0$$

取 $\omega^2 = \frac{g}{l}$，则单摆的动力学方程为

$$\frac{d^2\theta}{dt^2} + \omega^2\theta = 0$$

由此可见，单摆在小角度摆动时，也做简谐振动．上式的解为

$$\theta = \theta_0\cos(\omega t + \varphi)$$

其中，θ_0 为偏离竖直位置的最大摆角．相应的，单摆的摆动圆频率为

$$\omega = \sqrt{\frac{g}{l}}$$

由此得到单摆的摆动周期为

$$T = \frac{2\pi}{\omega} = 2\pi\sqrt{\frac{l}{g}}$$

§5.2 阻尼振动　受迫振动　共振

一、阻尼振动

前面我们所讨论的简谐振动，都没有考虑阻力．这样，由于能量守恒，振动的质点将永远振动下去．实际上，通常的振动系统都要受到阻力的作用，若无外界的能量补偿，振动将不断减弱，振幅将不断减小，最后会停止振动．振动系统因受阻力作用，振幅（或能量）随时间不断减少的振动称为**阻尼振动**．

通常，振动受到的阻力有空气的摩擦阻力、液体的摩擦阻力等．在振动速度较小的情况下，可认为摩擦阻力正比于振子的速率．如考虑沿直线作振动的弹簧振动系统，它受到的摩擦阻力可写为

$$f = -\gamma v_x = -\gamma\frac{dx}{dt}$$

其中，比例系数 γ 称为阻力系数，与物体的形状以及物体的周围环境有关．因此阻尼振动能量减少的原因是因为有摩擦阻尼的作用．此时物体将在弹性恢复力和阻尼

力的共同作用下运动．由牛顿第二定律，弹簧振子所满足的运动微分方程就为

$$m\frac{\mathrm{d}^2x}{\mathrm{d}t^2}=-kx-\gamma\frac{\mathrm{d}x}{\mathrm{d}t}$$

亦即

$$\frac{\mathrm{d}^2x}{\mathrm{d}t^2}+\frac{\gamma}{m}\frac{\mathrm{d}x}{\mathrm{d}t}+\frac{k}{m}x=0 \tag{5-14}$$

若取　$\omega_0^2=\frac{k}{m}$，$\beta=\frac{\gamma}{2m}$，ω_0 为固有频率，β 为阻尼因数．

则式（5-14）写为

$$\frac{\mathrm{d}^2x}{\mathrm{d}t^2}+2\beta\frac{\mathrm{d}x}{\mathrm{d}t}+\omega_0^2x=0 \tag{5-15}$$

根据阻力大小的不同，式（5-15）的通解有三种不同形式，相应就代表三种运动状态．

1．欠（弱）阻尼振动

当阻力很小，以致 $\beta<\omega_0$，此时，振动的式（5-15）的通解为

$$x=Ae^{-\beta t}\cos(\omega t+\varphi) \tag{5-16}$$

其中，$\omega=\sqrt{\omega_0^2-\beta^2}$，$A$ 和 φ 由初始条件决定．

由式（5-16）知，可以把弹簧振子看成是作圆频率为 ω 的振动，而整个振动的振幅可由因子 $Ae^{-\beta t}$ 表示，它表明振幅随时间衰减．这样的振动称为**欠（弱）阻尼振动**．如图 5-8 所示，相应地，阻尼振动的周期就为

$$T=\frac{2\pi}{\omega}=\frac{2\pi}{\sqrt{\omega_0^2-\beta^2}}$$

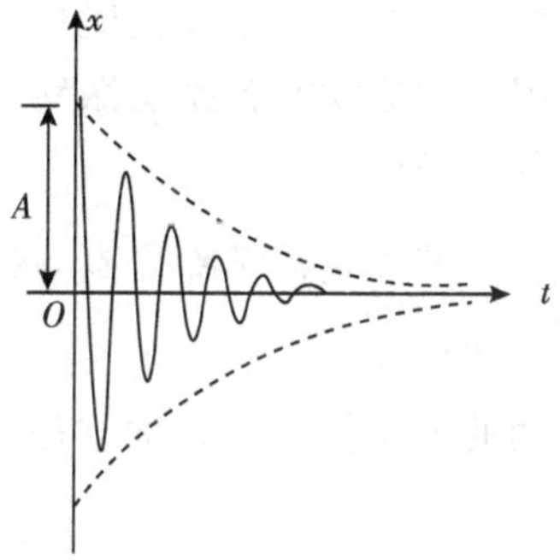

图 5-8　欠（弱）阻尼振动

2．临界阻尼振动

当阻力大到刚好使得 $\beta=\omega_0$ 时，振动物体离开平衡位置后释放，很快回复到平衡位置并停下来．此时振动式（5-15）的通解为

$$x=(C_1+C_2t)e^{-\beta t} \tag{5-17}$$

其中，C_1 和 C_2 是积分常数，由初始条件决定．此时，振子作位移随时间衰减的运动，没有周期性．这样的振动称为**临界阻尼振动**．

3．过阻尼振动

当阻力很大，以致 $\beta>\omega_0$ 时，振动物体离开平衡位置后释放，不再作振动，而是以非周期运动的方式慢慢回到平衡位置停下来，具体运动过程与初速 v_0 有关．此时振动式（5-15）的通解为

$$x = C_1 e^{-(\beta - \sqrt{\beta^2 - \omega_0^2})} + C_2 e^{-(\beta + \sqrt{\beta^2 - \omega_0^2})} \tag{5-18}$$

其中，C_1 和 C_2 也是积分常数，由初始条件决定．此时，振子的振动位移随时间缓慢的衰减至 0．这样的振动称为**过阻尼振动**．欠（弱）阻尼、临界阻尼、过阻尼振动图形比较见图 5-9．

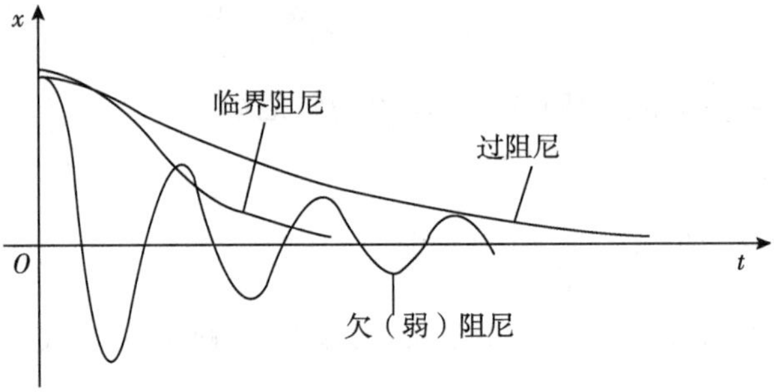

图 5-9　欠（弱）阻尼、临界阻尼、过阻尼振动比较

二、受迫振动、共振

正如上一节所述，阻力作用的振动系统，若无外界的能量补偿，振动将不断减弱，振幅将不断减小，最后会停止振动．若对阻尼振动的系统再外加上一周期性的外力，或许可以补充能量，使振动能够得以持续．振动系统在周期性外界强迫力作用下的振动称为**受迫振动**．下面我们就受迫振动的动力学问题和相关的振动特征，分别进行讨论．

若弹簧振子除受到与振子速率成正比的摩擦阻力 $f = -\gamma v_x = -\gamma \frac{\mathrm{d}x}{\mathrm{d}t}$ 外，还受到周期性的驱动力 $F(t) = F_0 \cos\omega t$（F_0 为力幅）作用，由牛顿第二定律，受迫振动的弹簧振子动力学方程为

$$m \frac{\mathrm{d}^2 x}{\mathrm{d}t^2} = -kx - \gamma \frac{\mathrm{d}x}{\mathrm{d}t} + F_0 \cos\omega t$$

取

$$\omega_0^2 = \frac{k}{m}, 2\beta = \frac{\gamma}{m}, f_0 = \frac{F_0}{m}$$

得到

$$\frac{\mathrm{d}^2 x}{\mathrm{d}t^2} + 2\beta \frac{\mathrm{d}x}{\mathrm{d}t} + \omega_0^2 x = f_0 \cos\omega t \tag{5-19}$$

在小阻尼情况，上式的通解为

$$x = Ae^{-\beta t}\cos(\omega' t + \alpha) + A_0 \cos(\omega t - \varphi) \tag{5-20}$$

其中，$\omega' = \sqrt{\omega_0^2 - \beta^2}$，而 A_0、φ 不是由初始条件决定，而是依赖于振动系统本身的性质、阻尼的大小以及驱动力的特征．式（5-20）中 A_0、φ 的值可表示如下：

$$A_0 = \frac{f_0}{\sqrt{(\omega_0^2 - \omega^2)^2 + 4\beta^2\omega^2}} \qquad \tan\varphi = -\frac{2\beta\omega}{\omega_0^2 - \omega^2}$$

由受迫振动方程的通解式（5-20）来看，第一项 $Ae^{-\beta t}\cos(\omega' t+\alpha)$ 为纯阻尼振动，它很快衰减至零．之后振动将作由第二项 $A_0\cos(\omega t-\varphi)$ 决定的稳定振动，即不随时间 t 衰减，振动频率不是系统固有的而是与驱动力频率相同，且振幅为 A_0 的周期振动．

由第二项中的振幅 A_0 可知，当 $\frac{dA_0}{d\omega}=0$，驱动力 F 的频率 $\omega=\sqrt{\omega_0^2-2\beta^2}$ 时，受迫振动的振幅位移最大．此时，位移 x 与驱动力的相位差 φ 可表示为

$$\tan\varphi=-\frac{\sqrt{\omega_0^2-2\beta^2}}{\beta}$$

这种驱动力的频率为某个数值而使振动的振幅位移达到最大的情形，称之为**位移共振**，相应的频率称为共振频率．当阻尼与系统的固有频率相比较很小，共振频率与系统的固有频率相等时，即发生共振现象．

§5.3　简谐振动的合成

一、两个同方向、同频率的简谐振动的合成

设一个可视为质点的物体同时参与了两个振动方向均为 x 方向、角频率均为 ω 的简谐振动．这两个简谐振动的位移分别为

$$\begin{cases}x_1=A_1\cos(\omega t+\varphi_1)\\x_2=A_2\cos(\omega t+\varphi_2)\end{cases}$$

由于 x_1、x_2 表示在同一直线上距同一平衡位置的位移，所以合振动的位移 x 仍在同一条直线上，而且等于上述两分振动的位移之和，即

$$x=x_1+x_2=A_1\cos(\omega t+\varphi_1)+A_2\cos(\omega t+\varphi_2)$$

为方便讨论，我们用旋转矢量法对上式进行求解．如图 5-10（a）所示，以 Ox 轴的原点 O 为起点，作表征两个简谐振动的旋转矢量 $\mathbf{A}_1$、$\mathbf{A}_2$，在 $t=0$ 时刻，它们与 Ox 轴正向的夹角分别为 φ_1、φ_2．$\mathbf{A}$ 为 $\mathbf{A}_1$、$\mathbf{A}_2$ 的合矢量，它与 Ox 轴正向的夹角为 φ．因 $\mathbf{A}_1$、$\mathbf{A}_2$ 均以角速度 ω 逆时针旋转，所以平行四边形 OM_1MM_2 在保持形状不变的前提下和 $\mathbf{A}_1$、$\mathbf{A}_2$ 以相同的角速度 ω 逆时针旋转，故作为平行四边形对角线的合矢量 $\mathbf{A}$ 在保持大小不变的前提下也和 $\mathbf{A}_1$、$\mathbf{A}_2$ 以相同的角速度 ω 逆时针旋转．任意时刻 t，合矢量 $\mathbf{A}$ 在 Ox 轴上的投影 x 都等于两分矢量 $\mathbf{A}_1$、$\mathbf{A}_2$ 在 Ox 轴上的投影 x_1、x_2 之和，如图 5-10（b）所示，即

$$x=x_1+x_2$$

因此，合振动也是一简谐振动，合矢量 $\mathbf{A}$ 即为合振动的旋转矢量，合矢量 $\mathbf{A}$ 的大小 A 即为合振动的振幅，角速度 ω 即为合振动的圆频率，合矢量 $\mathbf{A}$ 在 $t=0$ 时刻与

Ox 轴正向的夹角 φ 即为合振动的初相位. 所以合振动的简谐振动方程可写为

$$x=A\cos(\omega t+\varphi) \tag{5-21}$$

由图 5-10（a）的几何关系可得

$$A=\sqrt{A_1^2+A_2^2+2A_1A_2\cos(\varphi_2-\varphi_1)} \tag{5-22}$$

$$\varphi=\arctan\frac{A_1\sin\varphi_1+A_2\sin\varphi_2}{A_1\cos\varphi_1+A_2\cos\varphi_2} \tag{5-23}$$

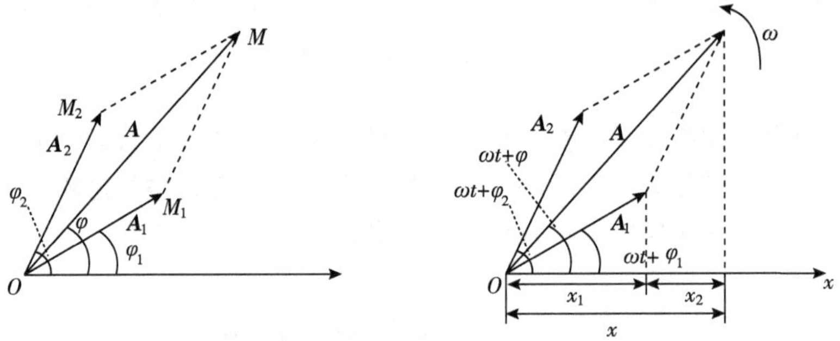

图 5-10

上述讨论表明同方向、同频率的两个简谐振动的合成，合振动仍然是同方向、同频率的简谐振动. 从式（5-22）可以看出，合振动的振幅不仅与两分振动的振幅有关，还与两分振动的相位差 $\varphi_2-\varphi_1$ 有关，下面讨论两种重要的特殊情形：

（1）当两分振动的相位差 $(\omega t+\varphi_2)-(\omega t+\varphi_1)=\varphi_2-\varphi_1=2n\pi$（$n$ 为整数）时，即相位相同时，合成振动的振幅 $A=A_1+A_2$ 为最大. 此时两分振动步调一致，同时达到最大，同时达到最小，同时达到平衡位置.

（2）当两分振动的相位差 $(\omega t+\varphi_2)-(\omega t+\varphi_1)=\varphi_2-\varphi_1=(2n+1)\pi$（$n$ 为整数）时，即相位相反时，合成振动的振幅 $A=|A_1-A_2|$ 为最小. 此时两分振动步调反向，振动减弱.

显然，当两分振动的相位既不相同也不相反时，合振动的振幅应该位于 $|A_1-A_2|$ 和 A_1+A_2 之间.

二、两个垂直方向上简谐振动的合成

1. *同频率的情形*

设一可视为质点的物体同时参与了两个振动方向相互垂直、圆频率均为 ω 的简谐振动. 这两个简谐振动位置矢量分别为

$$\begin{cases} x=A_1\cos(\omega t+\varphi_1) \\ y=A_2\cos(\omega t+\varphi_2) \end{cases}$$

两式联立消去时间 t 得

$$\frac{x^2}{A_1^2}+\frac{y^2}{A_2^2}-\frac{2xy}{A_1A_2}\cos(\varphi_2-\varphi_1)=\sin^2(\varphi_2-\varphi_1) \tag{5-24}$$

上式表明，在一般情况下，物体的合成轨迹为一椭圆，这种情况下，物体实际上是在作椭圆运动．下面就几种特殊的情况进行讨论．

(1) $\varphi_2-\varphi_1=0$．此时由式 (5-24) 可得

$$y=\frac{A_2}{A_1}x$$

因此，在 $\varphi_2-\varphi_1=0$ 时，物体的运动轨迹为一直线，运动方程为 $y=\frac{A_2}{A_1}x$．在任意时刻 t 质点偏离平衡位置的位移大小为

$$r=\sqrt{x^2+y^2}$$

将 x 和 y 的简谐振动方程代入上式，令 $\varphi_2=\varphi_1=\varphi$，可得

$$r=\sqrt{A_1^2+A_2^2}\cos(\omega t+\varphi)$$

可见合振动仍然是圆频率为 ω 的简谐振动，合振动的振幅为 $\sqrt{A_1^2+A_2^2}$．

(2) $\varphi_2-\varphi_1=\pi$．此时由式 (5-24) 可得

$$y=-\frac{A_2}{A_1}x$$

此时物体的运动轨迹也为一直线，运动方程为 $y=-\frac{A_2}{A_1}x$．和情况 (1) 类似，$\varphi_2-\varphi_1=\pi$ 时的合振动仍然是圆频率为 ω 的简谐振动，合振动的振幅为 $\sqrt{A_1^2+A_2^2}$

(3) $\varphi_2-\varphi_1=\frac{\pi}{2}$ 或 $\frac{3\pi}{2}$．此时由式 (5-24) 可得

$$\frac{x^2}{A_1^2}+\frac{y^2}{A_2^2}=1$$

若 $A_1\neq A_2$，则物体的运动轨迹为一椭圆；若 $A_1=A_2$，则物体的运动轨迹为一圆．

如果相位差不等于以上讨论过的各值时，质点的运动轨迹为一椭圆，只是椭圆的长短轴即不在 x 轴上也不在 y 轴上．图 5-11 给出了两个分运动的振幅不相等，相位差等于一些特殊值时合成运动的轨道和质点在椭圆上的运动方向，以上三种讨论过的情况也包含在内．

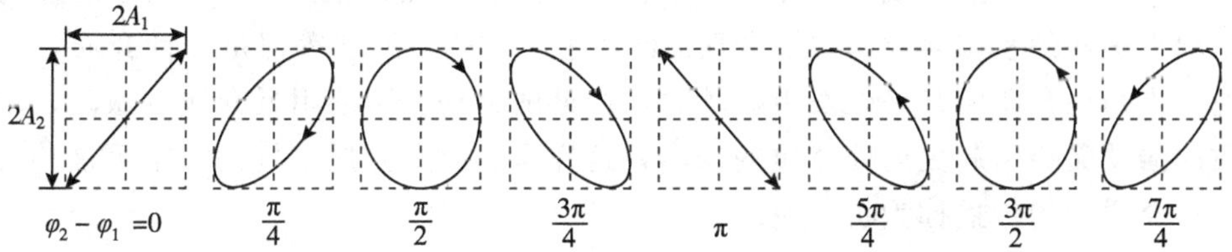

图 5-11

2. 不同频率的情形

设一个物体同时参与了两个振动方向相互垂直、圆频率分别为 ω_1 和 ω_2 的简谐振动. 这两个简谐振动位置矢量分别为

$$\begin{cases}x=A_1\cos(\omega_1 t+\varphi_1)\\ y=A_2\cos(\omega_2 t+\varphi_2)\end{cases}$$

通常，这两个运动方程消不掉时间 t，在 xOy 平面上就不能形成一条稳定的曲线，而合成运动的轨迹曲线则是不断变化着的. 但当两个振动的频率比恰好为简单整数比时，合振动会形成稳定的闭合轨迹，运动具有周期性，这时两个互相垂直不同频率简谐振动合成的图形称为李萨如图形，如图 5-12 所示. 李萨如图形在示波器上很容易达成，也因此可用来测量输入信号的频率.

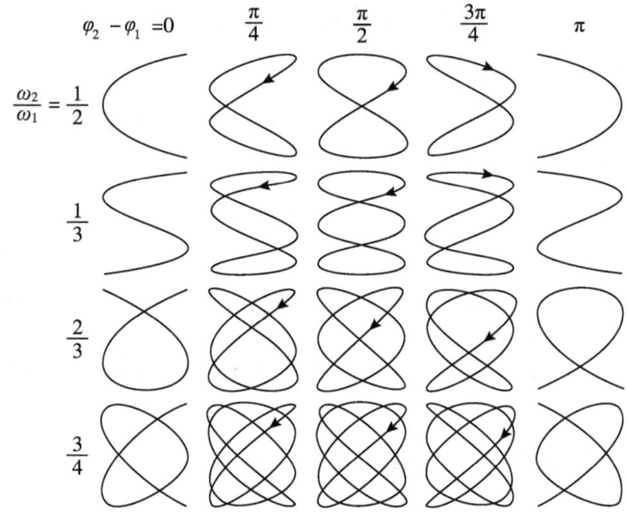

图 5-12

§5.4　机械波的基本概念

一、机械波的产生与传播

由无穷多个质点构成的质点系，若各质点间有弹性的相互作用，而且可以有相对运动，这样的系统就称为弹性介质. 比如水、空气、绳子等都是弹性介质，一般来说，当弹性介质的某一处发生振动时，此处的振动会引起附近介质的振动，附近介质的振动又会引起更远处介质的振动，这样振动就在介质中传播开来，这种机械振动在介质中的传播称为**机械波**.

可以设想在弹性介质内，各质点都有自己的一个平衡位置. 如果某一质点在外

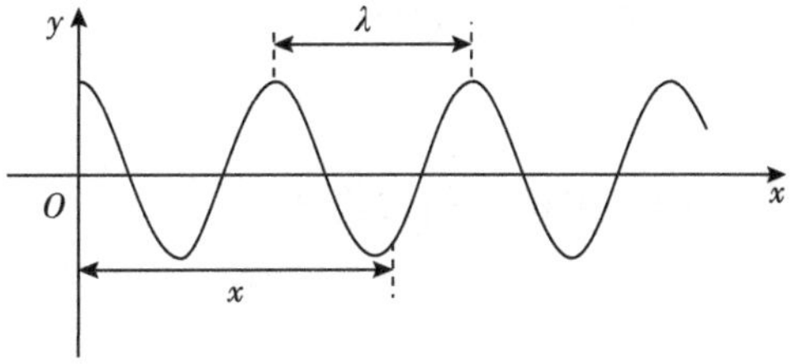

图 5-13

界的作用下偏离了平衡位置，它将受到邻近质点给予的弹性力的作用．同样地，这个质点同时也要对邻近的质点施予弹性力的作用，并使之离开平衡位置而振动．这样振动将在介质中传递开来，这也是弹性介质能够传播机械振动的原因．图 5-13 就是 t 时刻弹性介质内沿 x 方向的各质点在 y 方向的振动位置图象，也即波动的图象．其中，引起各质点振动的质点称之为波源．

波的传播是振动状态的传播，介质的质点并不随波传播．机械波传播的形式有两种，即横波与纵波．这是两种最简单、最基本的传播形式．

参与波动的质点的振动方向与波的传播方向相垂直的波称为横波，比如绳波．参与波动的质点的振动方向与波的传播方向相平行的波称为纵波，比如声波．而任何复杂的波都可看成是多个横波和纵波的合成．本章我们只研究一种最简单、最基本的波，即简谐波．简谐波的特点是波源及介质中各质点均作简谐振动．

二、关于机械波的几个物理量

1. *波面*

从波源沿各传播方向所画的带箭头的线称为**波线**（或波射线）；波在传播过程中，在某一时刻，所有振动相位相同的点连成的面称为**波面**（或相面、波阵面）．在各向同性的均匀介质中，波线与波面垂直．最前面的那个波面称为**波前**．

常见的有球面波和平面波．以点状波源为球心，波面呈球面的波称为**球面波**，波面呈平面的波称为**平面波**．

2. *波长*

在波的传播方向上，两个相邻的相位相同（相位差为 2π）的质点之间的距离称为波长，用 λ 表示，如图 5-13 所示．

3. *波的周期和频率*

波传过一个波长 λ 的距离所需的时间称为**周期**．单位时间内波向前传播的完整波的数目称为**频率**．波的频率等于波源振动的频率，因此，周期和频率由波源的振动来决定，与介质无关．频率 f 与周期 T 的关系为

$$f=\frac{1}{T} \tag{5-25}$$

4. *波速*

在单位时间内振动状态（或相位）所传播的距离称为波的**传播速度**，简称**波速**，用 v 表示．波速由介质本身的性质决定．因在一个周期 T 内振动传播的距离为

一个波长λ，因此有

$$v=\frac{\lambda}{T}=\lambda f \tag{5-26}$$

固体中横波的波速为

$$v=\sqrt{\frac{N}{\rho}} \tag{5-27}$$

其中N为固体的切变模量，ρ为固体的体密度.

固体中纵波的波速为

$$v=\sqrt{\frac{Y}{\rho}} \tag{5-28}$$

其中Y为弹性介质的杨氏模量，ρ为固体的体密度.

流体中纵波的波速为

$$v=\sqrt{\frac{B}{\rho}} \tag{5-29}$$

B为流体的体变模量，ρ为流体的体密度.

横波只能在固体中传播，纵波可在固体、液体、气体中传播. 同一列波在不同的介质中波速不同.

§5.5 平面简谐波方程

简谐振动在介质中的传播所形成的波就叫**简谐波**，波面为平面的简谐波称为平面简谐波. 它是一种最简单、最基本的波，其特点是波源及介质中各质点均作简谐振动. 任何一种复杂的波，都可看成是多个不同频率、不同振幅的简谐波的合成.

如图 5-14，设有一平面简谐波沿x轴正方向传播，假设坐标原点O处质点在t时刻的振动方程为

$$y_0=A\cos(\omega t+\varphi)$$

y_0表示坐标原点O处质点在振动方向上的位移，A是振幅，ω是振动的圆频率，φ是振动的初相位.

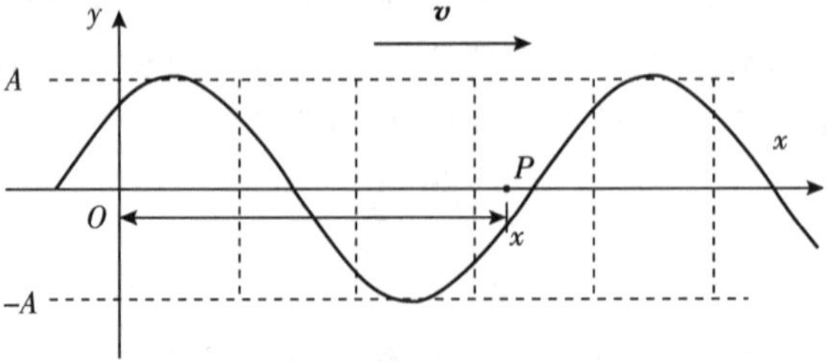

图 5-14 沿x轴正方向传播的平面简谐波

若波的传播速度为 v，在波传播方向上取一质元 P，P 点距 O 点的距离为 x，当 O 点的振动传到 P 点时，需要的时间为 $\frac{x}{v}$，P 点的振动比 O 点落后了 $\frac{x}{v}$ 时间，即在计时上，O 点计时是零到 t 的时间，而 P 点的计时是 $\frac{x}{v}$ 到 t 的时间，所以距波源 x 处的 P 点 t 时刻的振动方程为

$$y=A\cos\left[\omega\left(t-\frac{x}{v}\right)+\varphi\right] \tag{5-30}$$

上式也可以写成

$$y=A\cos\left[2\pi\left(\frac{t}{T}-\frac{x}{\lambda}\right)+\varphi\right] \text{或} y=A\cos\left[2\pi\left(ft-\frac{x}{\lambda}\right)+\varphi\right] \tag{5-31}$$

这就得到了沿 x 轴正方向传播的平面简谐波的表达式，称为平面简谐波的运动学方程（或**波函数**）.

如果波是沿 x 轴负方向传播的简谐波，同样可以假设坐标原点 O 处在 t 时刻的振动方程为

$$y_0=A\cos(\omega t+\varphi)$$

若波的传播速度也为 v，在波传播方向上任取一质元 P，P 点的振动比 O 点早了 $\frac{x}{v}$ 时间，则 P 点的振动方程为

$$y=A\cos\left[\omega\left(t+\frac{x}{v}\right)+\varphi\right] \tag{5-32}$$

此式是沿 x 轴负方向传播的平面简谐波的运动学方程（或波函数）.

传播式（5-30）、式（5-32）同样能描述纵波的传播. 需要注意的是，虽然纵波的振动方向和传播方向平行，但我们还是分别以 x 代表传播方向上某质点的坐标，以 y 代表该质点相对于其平衡位置的位移.

由以上讨论可知，对于波动，从实质上看，波动是振动的传播，从形式上看，波动是波形的传播.

例 5-4 有一平面简谐波，波源（坐标原点）按 $y_0=A\cos(\omega t+\varphi)$ 规律振动. 已知振幅为 0.1m，周期为 0.5s，波长为 10m，假如 $t=0$ 时处于坐标原点的质点的振动位移为 $y_0=0.05\text{m}$，且向平衡位置运动，试写出平面简谐波的运动学方程（波函数）.

解 根据已知条件知波源（坐标原点）的振动方程为：

$$y_0=A\cos(\omega t+\varphi)$$

其中，振幅 $A=0.1\text{m}$.

由 $t=0$ 时 $y_0=0.05\mathrm{m}$，可画出波源（坐标原点）的旋转矢量图如图 5-15.

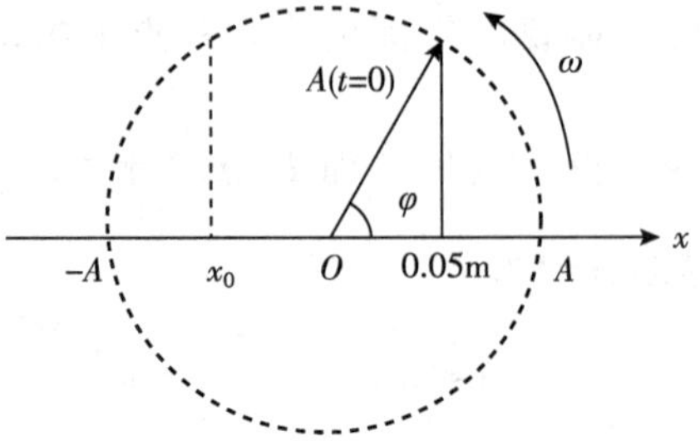

图 5-15

由旋转矢量图，可得坐标原点简谐振动的初相位为

$$\varphi=\frac{\pi}{3}$$

则平面简谐波运动学方程（即波函数）为

$$y=A\cos\left[\omega\left(t-\frac{x}{v}\right)+\varphi\right]=$$

$$A\cos\left[2\pi\left(\frac{t}{T}-\frac{x}{\lambda}\right)+\varphi\right]=0.1\cos\left[2\pi\left(2t-\frac{x}{10}\right)+\frac{\pi}{3}\right]\ (\mathrm{SI})$$

§5.6　波的能量

弹性介质内有一列波在传播时，介质内各体积元都会在自己的平衡位置附近振动，因此，各体积元都具有动能. 各体积元振动所具有的动能与各体积元形变所具有的弹性势能之和即为波的能量. 以在弹性介质内传播的平面简谐横波为例，在有简谐波传播的介质内，取一小体元，可由简谐波方程（设初相位 $\varphi=0$）求出此小体元的振动速度为

$$u=\frac{\partial y}{\partial t}=-\omega A\sin\omega\left(t-\frac{x}{v}\right) \tag{5-33}$$

设介质密度为 ρ，则该体积元 $\mathrm{d}V$ 的振动动能为

$$\mathrm{d}E_k=\frac{1}{2}(\mathrm{d}m)u^2=\frac{1}{2}(\rho\mathrm{d}V)u^2$$

将式（5-33）代入上式得

$$\mathrm{d}E_k=\frac{1}{2}\rho\mathrm{d}VA^2\omega^2\sin^2\omega\left(t-\frac{x}{v}\right) \tag{5-34}$$

由于该体积元的剪切应变为 $\frac{\partial y}{\partial x}=A\frac{\omega}{v}\sin\omega\left(t-\frac{x}{v}\right)$，因此其剪切形变势能为

$$\mathrm{d}E_P=\frac{1}{2}N\cdot\mathrm{d}V\left(\frac{\partial y}{\partial x}\right)^2=\frac{1}{2}N\cdot\mathrm{d}V\cdot\frac{A^2\omega^2}{v^2}\sin^2\omega\left(t-\frac{x}{v}\right) \tag{5-35}$$

其中，N 为弹性介质的切变模量，对于横波，$v=\sqrt{\dfrac{N}{\rho}}$，则上式化为

$$dE_P=\frac{1}{2}\rho\cdot dV\cdot A^2\omega^2\sin^2\omega\left(t-\frac{x}{v}\right) \tag{5-36}$$

这样，该体积元总的波动能量就为

$$dE=dE_k+dE_P=\rho\cdot dV\cdot A^2\omega^2\sin^2\omega\left(t-\frac{x}{v}\right) \tag{5-37}$$

显然，在波动传播的介质中，任一体积元的动能、势能、总机械能均随 x、t 作周期性变化，且变化是同相位的．体积元在平衡位置时，形变最大、振动速度最大，动能、势能和总机械能均为最大．体积元在位移最大处时，无形变、振动速度为零，动能、势能和总机械能均为零．在波传播的过程中，任一体积元都在不断地从前一体积元接收能量，又不断地向后一体积元放出能量，即不断地接收又不断地传播能量，且任一体积元的机械能不守恒．所以波动过程是能量传递的过程，波动是能量传递的一种方式．

为了能很好地描述弹性介质内不同 t 时刻波动能量的分布，可取 x 处单位体积的弹性介质内所具有的波动能量即该点处的能量密度

$$\varepsilon=\frac{dE}{dV}=\rho\omega^2A^2\sin^2\omega\left(t-\frac{x}{v}\right) \tag{5-38}$$

来描述波动能量的分布．

对一个周期内能量密度的平均值，称为平均能量密度，即

$$\bar{\varepsilon}=\frac{1}{T}\int_0^T\rho\omega^2A^2\sin^2\omega\left(t-\frac{x}{v}\right)dt=\frac{1}{2}\rho\omega^2A^2 \tag{5-39}$$

§5.7　波的干涉与衍射

一、波的干涉

当几列波在介质中的某点相遇时，该质元的振动位移等于各列波单独传播时在该处引起的位移的矢量和，这就是**波的叠加原理**．

两束叠加的波在交迭区域的某些位置处振幅始终最大，另一些位置处振幅始终最小，而其他位置振动的强弱介乎二者之间保持不变，这种合振动最大和最小的区域出现分布有规律的现象，称之为波的**干涉现象**（图 5-15）．

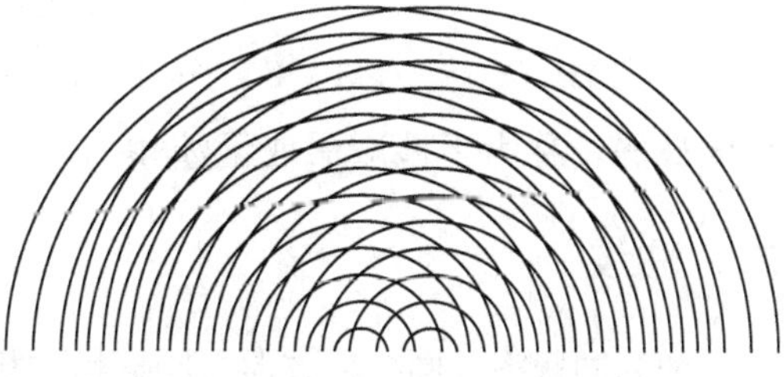

图 5-15　波的干涉现象

能够产生干涉现象的波称为相干

波，其波源称为相干波源．只有振动方向相同，频率相同，相位差恒定的两列波才能产生干涉现象，这也是相干的条件．

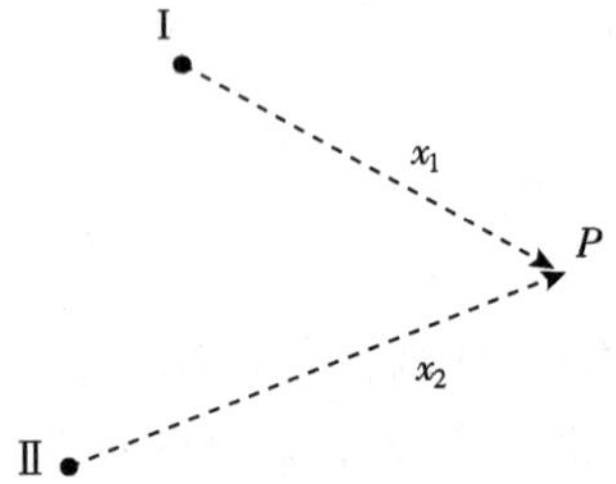

图 5-16　两列同频率同振动方向的波的叠加

对于振动方向相同，频率相同，波源振动初相位相同，波长也相同的两列波相遇，即

$$\begin{cases} y_1 = A_1 \cos 2\pi \left(\dfrac{t}{T} - \dfrac{x_1}{\lambda}\right) \\ y_2 = A_2 \cos 2\pi \left(\dfrac{t}{T} - \dfrac{x_2}{\lambda}\right) \end{cases}$$

其中，x_1 为波源 I 到 P 点的距离，x_2 为波源 II 到 P 点的距离（如图 5-16）．这样，P 点将参与两列波的振动．其振动可认为是初相位分别为 $-\dfrac{x_1}{\lambda}$ 和 $-\dfrac{x_2}{\lambda}$ 两个振动的合成，根据振动的合成公式（5-21）、（5-22）、（5-23）可得两个振动合成后的运动方程为

$$y = A\cos 2\pi \left(\frac{t}{T} + \varphi\right) \tag{5-40}$$

其中，

$$\varphi = \arctan \frac{-A_1 \sin \dfrac{2\pi x_1}{\lambda} - A_2 \sin \dfrac{2\pi x_2}{\lambda}}{A_1 \cos \dfrac{2\pi x_1}{\lambda} + A_2 \cos \dfrac{2\pi x_2}{\lambda}} \tag{5-41}$$

$$A = \sqrt{A_1^2 + A_2^2 + 2A_1A_2 \cos 2\pi \frac{x_2 - x_1}{\lambda}} \tag{5-42}$$

显然，由（5-42）式知，当两列波的波程差 $\Delta x = x_2 - x_1 = \pm 2k\dfrac{\lambda}{2}$，或相位差 $\Delta\varphi = \dfrac{2\pi}{\lambda}\Delta x = \pm 2k\pi$（$k = 0, 1, 2, \cdots$）时，$P$ 点的振幅最大，合振幅 $A = A_1 + A_2$，此时强度最强，称为干涉加强或干涉相长．

当两列波的波程差 $\Delta x = x_2 - x_1 = \pm(2k+1)\dfrac{\lambda}{2}$，或相位差 $\Delta\varphi = \dfrac{2\pi}{\lambda}\Delta x = \pm(2k+1)\pi$（$k = 0, 1, 2, \cdots$）时，$P$ 点的振幅最小，合振幅 $A = |A_2 - A_1|$，强度最弱，称为干涉减弱或干涉相消．

二、驻波

两列同频率、同振动方向、同振幅的相干波，以同样的速度在同一条直线上分别沿相反方向传播时，叠加后就形成了驻波．

如图 5-17 所示，将弦线的一端与音叉一臂相连，另一端经支点 B 并跨过滑轮 P 后与一砝码相连，B 点的位置可以调节．音叉振动后在弦线上产生一自左向右传播的行波，传到支点 B 后发生反射，在弦线中又产生一自右向左传播的反射波，由于两列波是相干波，必定产生干涉现象．当弦线长接近 1/2 波长的整数倍时，就在弦线上形成一种波形不随时间变化的波，这就是驻波．当驻波出现时，弦线上有些点始终静止不动，这些点称为波节；有些点振幅始终最大，这些点称为波腹.

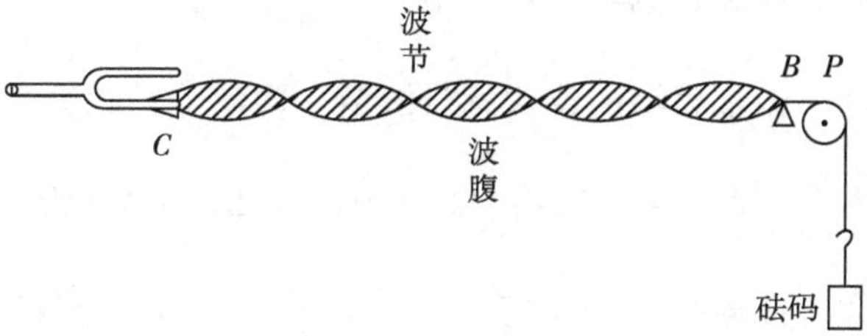

图 5-17　驻波

相邻两波节或波腹间的距离都是半个波长．在行波中能量随波的传播而不断向前传递，其平均能流密度不为零；但驻波的平均能流密度等于零，能量只能在波节与波腹间来回运行.

如图 5-18 所示，一列向右传播的入射波

$$y_1 = A\cos 2\pi \left(\frac{t}{T} - \frac{x}{\lambda}\right)$$

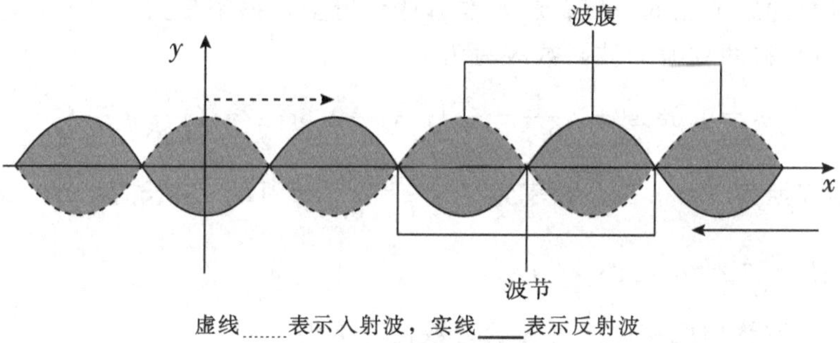

图 5-18　驻波的形成

和一列以与 y_1 的波源处的点来计时的向左传播的反射波

$$y_2 = A\cos 2\pi \left(\frac{t}{T} + \frac{x}{\lambda}\right)$$

两列波叠加后形成的波为

$$\begin{aligned} y = y_1 + y_2 &= A\cos 2\pi \left(\frac{t}{T} - \frac{x}{\lambda}\right) + A\cos 2\pi \left(\frac{t}{T} + \frac{x}{\lambda}\right) \\ &= 2A\cos \frac{2\pi \cdot x}{\lambda} \cdot \cos \frac{2\pi \cdot t}{T} \\ &= \left(2A\cos \frac{2\pi x}{\lambda}\right) \cos\omega t \end{aligned} \tag{5-43}$$

式（5-43）就叫做驻波方程．其合成波的振幅为 $\left|2A\cos\frac{2\pi x}{\lambda}\right|$，是振幅随 x 变化的简谐振动．

由式（5-43）可求得波节和波腹（图 5-18）的位置

当 $\frac{2\pi x}{\lambda}=\pm(2k+1)\frac{\pi}{2}$，即 $x=\pm(2k+1)\frac{\lambda}{4}$（$k=0,1,2,\cdots$），为 $\frac{1}{4}\lambda$ 的奇数倍时，振幅始终保持为零．亦即在 $x=\frac{1}{4}\lambda,\frac{3}{4}\lambda,\frac{5}{4}\lambda,\cdots$，的各点叠加合成的波其振幅为零．振幅为零的位置就是波节，两波节相距为半波长 $\frac{\lambda}{2}$．

当 $\frac{2\pi x}{\lambda}=\pm 2k\frac{\pi}{2}$，即 $x=\pm 2k\frac{\lambda}{4}$（$k=0,1,2,\cdots$），为 $\frac{1}{4}\lambda$ 的偶数倍时，振幅始终保持为最大．亦即在 $x=0,\frac{2}{4}\lambda,\frac{4}{4}\lambda,\frac{6}{4}\lambda,\cdots$，各点叠加合成的波其振幅为最大．振幅最大的位置就是波腹，两波腹也相距为半波长 $\frac{\lambda}{2}$．

实际上，驻波是波的干涉的一种特别现象．在驻波传播过程中，各质点在各自平衡位置振动，没有能量的传递．

例 5-3 波函数分别为 $y_1=0.6\cos\frac{\pi}{2}(2x-8.0t)$（SI），$y_2=0.6\cos\frac{\pi}{2}(2x+8.0t)$（SI）的两列波在一很长的弦线上传播，求：（1）各波的频率、波长和波速；（2）两列波叠加后节点的位置；（3）在哪些位置上，振幅最大？

解 （1）将两列波的波函数改写为

$$y_1=0.6\cos 2\pi\left(\frac{t}{0.5}-\frac{x}{2}\right),\quad y_2=0.6\cos 2\pi\left(\frac{t}{0.5}+\frac{x}{2}\right)$$

可知它们的周期为 $T=0.5\text{s}$，频率为 $f=\frac{1}{T}=\frac{1}{0.5}=2\text{Hz}$，波长为：$\lambda=2\text{m}$，

波速为 $u=\frac{\lambda}{T}=\frac{2}{0.5}=4\ (\text{m}\cdot\text{s}^{-1})$．

（2）两列波叠加后相位差为 π 的奇数倍时干涉减弱

即 $\Delta\varphi=2\pi\left(\frac{t}{0.5}+\frac{x}{2}\right)-2\pi\left(\frac{t}{0.5}-\frac{x}{2}\right)=2\pi x=\pm(2k+1)\pi$ 时，

节点的位置为 $x=\pm\left(\frac{2k+1}{2}\right)=\pm\left(k+\frac{1}{2}\right)$（m）（$k=0,1,2,\cdots$）．

（3）两列波叠加后相位差为 π 的偶数倍时干涉加强

即 $\Delta\varphi=2\pi x=\pm 2k\pi$ 时振幅最大，此时波腹的位置为 $x=\pm k$（m）（$k=0,1,2,\cdots$）．

三、惠更斯原理

为了解释波的衍射、反射、折射等现象，惠更斯提出了如下的原理：一列波所

到之处的各点，均可看成是发出子波的波源，而在其后的任意时刻，这些子波的包络就是新的波前，这就是**惠更斯原理**.

图 5-19 为某一时刻球面波与平面波的波面. t 时刻波传播到波面 S_1 时，其上各点就是发射子波的波源.

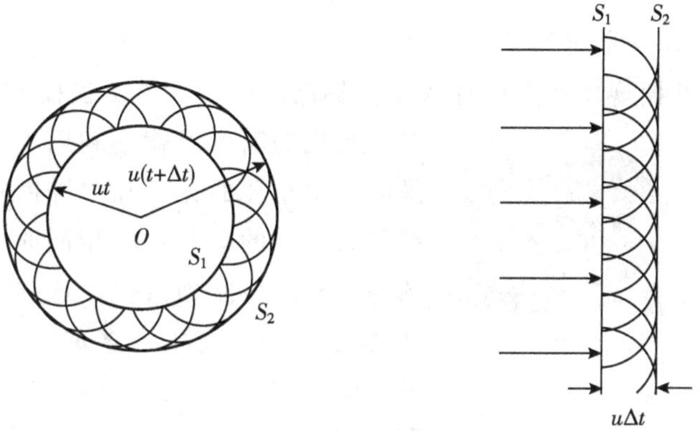

图 5-19　球面波与平面波的波面

四、波的衍射

除了干涉现象外，还有一种现象，即波的衍射. 当一列波绕过障碍物或穿过小孔狭缝后，其波的强度分布在一定条件下会出现一定规律的现象，称为波的**衍射**. 衍射现象可用惠更斯原理解释.

如图 5 20，一列波穿过小孔后，小孔可看成是一波源，之后波面上的每一点，都可看成是发射子波的波源，各子波源发出的子波相遇时，就会叠加. 在一定的条件下，子波叠加的区域内，会出现波强的分布有一定规律的现象，即所谓的衍射现象.

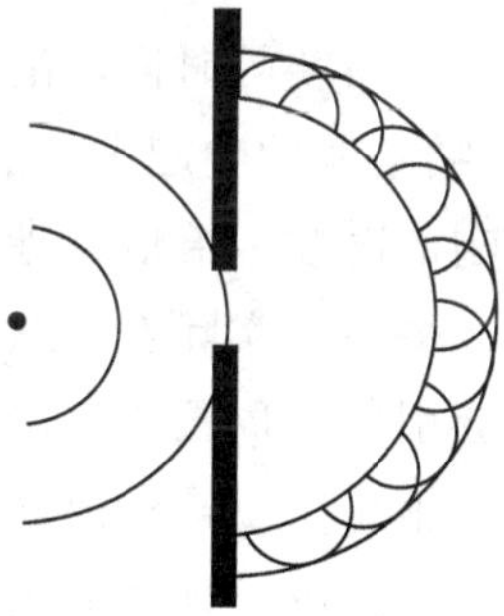

图 5-20　波的衍射现象

注意到，当一列波绕过障碍物或穿过小孔狭缝后，其某个波面上的子波源有无数个，发出的波也是无数列. 而原来的那列波绕过障碍物或穿过小孔狭缝后，波的强弱分布会出现有规律的现象实际上是这无数列波叠加的结果. 通常，三列以上的波的叠加会使得叠加区域内波的强弱分布出现有规律的现象.

如光学中，光栅是多条狭缝构成的. 一列光波通过光栅时，透过每一条狭缝的光都可以看成新的光源. 各条狭缝发出的光波相遇叠加时，就会使得叠加区域的光强分布出现有规律的现象，这就是所谓的光栅衍射.

工程应用

A. 共振

1. 共振在工程技术中的应用

随着人们对共振现象研究的深入，共振已经应用到了工程技术的各个领域.

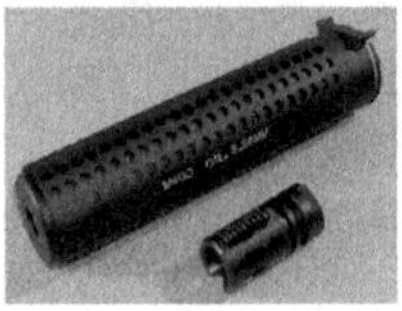
（a）

（b）

图 5-21

常见的消声器就是利用了共振的知识，它是由许多小孔的孔板和空腔所构成，当噪声频率与共振器的固有频率相同时，就会与小孔内的空气柱产生剧烈共振，这样声音能在共振时转变为热量，使相当多的一部分噪声被吸收掉，图 5-21（a）是一种应用于枪支的消声器，图 5-21（b）是一种汽车的消声器.

另外，无线电中的电谐振也是使系统的固有频率与驱动力的频率相同，进而产生共振. 收音机的调谐就是使得收音机的频率与所接收的信号达到共振的一种频率调节. 建筑工人在浇灌混凝土的墙壁或地板时，为了提高其坚固的程度，总要辅助着用振荡器进行振荡，使混凝土之间由于振荡的作用而变得更加紧密、更加结实. 此外，粉碎机、测振仪、电振泵等也是利用共振的原理工作的.

2. 共振与乐器

唐朝的时候，洛阳的一座寺庙里经常发生一件怪事，寺庙里的一口磬经常自己“嗡嗡”的响起来，庙里的和尚都觉得好奇怪，而一位细心的小和尚发现，每当磬响的时候，恰恰是寺庙里的大钟刚刚敲过，但是他却无法解释磬的响声和敲钟有什么关系. 实际上，这个现象可以用共振的原理来解释，当大钟敲响时，大钟的振动会引起其周围空气的振动，进而在空气中传播开来，当传到磬时，因为磬的固有频率恰好等于声波的频率，就产生了共振，磬就“嗡嗡”的响起来，我们也称这种共振叫共鸣. 现今的很多乐器都是利用了共鸣的原理，比如胡琴、扬琴、提琴、钢琴和琵琶等，它们都有着大小不一、形状各异的共鸣箱，当我们弹奏乐器时，琴弦的振动和共鸣箱中的空气发生共鸣，使发出来的声音响亮、圆润而且悠扬动听. 专家研究认为，音乐的频率、节奏是一种有规律的声波振动，适度的有规律的声波振动会引起人体组织细胞发生和谐共振现象，这种声波引起的共振现象，会直接影响人的脑电波、心率、呼吸节奏等，使细胞体产生轻度共振，使人有一种舒适、安逸感，音乐的变化使人的身体有一种充实的快感.

3. 共振对地球生物的重要性

地球周围的大气层对地球上的生命至关重要，既能保护地球上的生物免受紫外线的伤害，又能使地球保持适当的温度，给地球上的生命创造了一个冷热适宜的生长环境. 可我们是否知道，大气层的这些功能是和共振分不开的.

地球上接收的紫外线主要来源于太阳，紫外线对地球上的生命有益也有害，其益处是可以杀灭细菌，但是人类和各种生物如果遭受过量的紫外线会得皮肤癌，甚至身体的机能都遭到严重的破坏. 然而，大气层中的臭氧层凭借着共振的威力阻碍了大部分的紫外线，当太阳发出的紫外线通过大气层时，臭氧层的振动频率恰好能使得紫外线产生共振，进而吸收了大部分紫外线，避免了地球被太阳的紫外线赤裸裸的照射. 虽然紫外线被臭氧层吸收掉大部分，但是还是有小部分紫外线突破了大气层的围追堵截，成功到达地面，这部分紫外线对杀灭地球表面的细菌很重要，当它们被地球吸收掉部分能量后，变为红外线扩散到大气层中，而红外线又恰好和大气中的二氧化碳产生共振，其热量被大气层吸收，进而维持了地球表面适宜的温度.

实际上，地球表面各种植物的光合作用也是跟共振分不开的，植物的叶绿素与某些可见光产生共振，进而吸收阳光，产生氧气和养分. 因此，没有共振，植物就不能生长，地球上的生物也就失去了食物的来源.

4. 共振的危害及消除

共振并不是完全有益的，它也有着非常大的危害. 1940 年 11 月 7 日，长 850 米，宽 12 米，耗资 640 万美元的美国华盛顿州 Tacoma Narrow 悬索桥，刚刚建成通车四个月就被 19m/s 的风吹垮，风速虽然不大，但因为风的频率恰好等于了桥的固有频率，使得桥在风的作用下发生共振，进而使得大桥在大幅度的振动下而被摧毁. 无独有偶，18 世纪中叶，法国昂热市的一座长 102 米的大桥，在一队士兵通过时突然断裂，造成了包括这队士兵在内的 226 名人员丧生，究其原因原来是共振造成的. 士兵在指挥官的口令下，迈着整齐的步伐过桥，士兵正步走的频率恰好与大桥的固有频率一致，使得大桥因共振而产生大幅度振动，当它的振动幅度超过了大桥的承受极限时，桥梁断裂. 所以当大批人过桥时，不能齐步走，这是为了防止桥梁产生共振.

在我国北方的一些山区，山头终年积雪，有时候一次偶然的大吼，就会使得厚厚的雪层发生坍塌. 因此登山运动员在登山时不能大声说话. 地震之所以给人类带来巨大伤害，共振也是其罪魁祸首之一，当地壳的某板块发生断裂时，产生的波动频率传到地面的建筑物，并与建筑物产生强烈的共振，对建筑物产生了巨大的破坏性. 实际上共振的危害远不止这些，持续发出的某种频率的声音能使玻璃杯、窗户破碎. 机器运转时如果发生共振会损坏机座. 行驶的汽车，如果轮转的频率恰好等于车内减震弹簧的固有频率，所产生的共振会导致汽车失控，甚至造成车毁人亡的惨剧.

为了防止共振的危害，人们在实践中创造了各种各样的技术和方法. 一般来说，如果能改变物体的固有频率，使其与外来力的频率相差越大，越能有效的防止共振的危害. 比如，人们在电影院、播音室等对隔音要求较高的地方，常常采用加装一些海绵、塑料泡沫的办法，使得声波在碰到这些柔软的物体时，不能与之发生共振，而是被它们吸收掉. 又如，电动机要安装在水泥浇注的地基上，与大地牢牢相连，或者安装在很重的底盘上，为的就是使基础的部分固有频率增加，以增大与电机的振动频率之差来防止基础的共振.

总之，共振有益也有害，我们既要利用其有益的一面造福人类；也要防止其有害的一面，利用各种技术减少或消除其造成的危害.

B. 多普勒效应及其应用

1. 多普勒效应

在本章关于波的传播的讨论中，假设了波源和观察者相对于传播波动的介质都是静止的，在这样的假设下，观察者接收到的频率和波源的振动频率相同. 如果波源或观察者相对于介质是运动的，则观察者接收到的频率与波源的振动频率不相同，这一现象是多普勒于 1842 年首先发现的，故称为**多普勒效应**. 当高速行驶的火车鸣笛进站时，站台上的人听到汽笛的声调较高、声音尖细（即频率较高，波长变短），当火车鸣笛出站时，站台上的人听到汽笛的声调较低、声音低沉（即频率较低，波长变长），这就是**声波的多普勒效应**.

对于确定的介质，波的传播速度是确定的. 因为波长 λ、频率 f 和波速 v 满足关系：$\lambda f=v$，所以，当波在一确定的介质中传播时，其波长 λ 与频率 f 成反比. 即波长越长，其频率越低；波长越短，频率越高.

下面我们分析声波多普勒效应的原理.

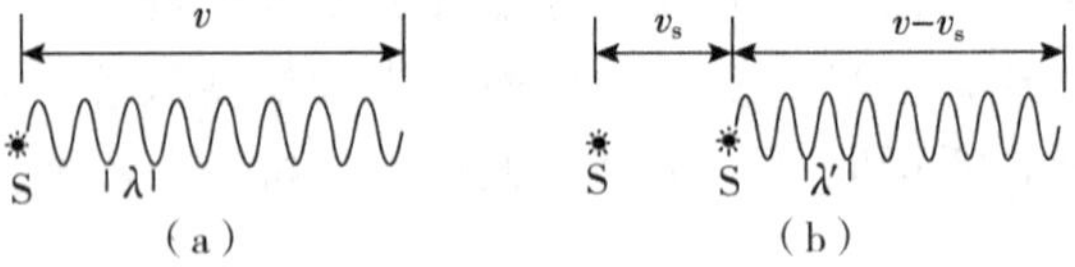

图 5-22

(1) 设波源向着观察者以速度 v_s 运动，观察者静止. 当波源静止时，它在单位时间内发出的波长个数（即频率 f）分布在长度为 v 的距离内，如图 5-22 (a) 所示. 由于波源以速度 v_s 向着观察者运动，它在单位时间内发出的波长个数（即频率 f）被挤在 $v\sim v_s$ 的距离内，如图 5-22 (b) 所示，所以波长变短了，由图可知

$$v-v_s=f\lambda'$$

即
$$\lambda' = \frac{v - v_s}{f}$$

由于观察者是静止的，波对观察者的速度也就是波对介质的速度 v，所以观察者接收到的频率为

$$f' = \frac{v}{\lambda'} = \frac{v}{\frac{v - v_s}{f}} = \frac{v}{v - v_s}f \tag{5-44}$$

由式（5-44）知，如果波源向着观察者运动，则 $v_s > 0$，因此 $f' > f$，即观察者接收到的频率大于波源的频率；如果波源背离观察者运动，则 $v_s < 0$，因此 $f' < f$，即观察者接收到的频率小于波源的频率.

（2）设波源静止，观察者以速度 v_0 相对介质运动. 设波对介质的速度为 v，根据速度合成定理，波对观察者的速度为 $v - v_0$，因波源是静止的，所以观察者观察的波长等于波源发出的波长 λ，因此观察者接收到的频率 f' 为

$$f' = \frac{v - v_0}{\lambda} = \frac{v - v_0}{\frac{v}{f}} = \frac{v - v_0}{v}f \tag{5-45}$$

由上式可知，当观察者向着波源运动时，v_0 为负，$f' > f$；当观察者背离波源运动时，v_0 为正，$f' < f$.

（3）当波源和观察者都相对于介质运动时，设 v_s 和 v_0 分别为波源和观察者相对于介质运动的速度，v 为波在介质中传播的速度，f 和 λ 分别为波源发出波的频率和波长，f' 和 λ' 分别为观察者接收到的频率和波长，根据（1）、（2）的讨论结果，因观察者是运动的，波对观察者的速度为 $v - v_0$，又由于波源是运动的，波长缩短为 $\lambda' = \frac{v - v_s}{f}$，所以观察者接收到的频率为

$$f' = \frac{v - v_0}{\lambda'} = \frac{v - v_0}{\frac{v - v_s}{f}} = \frac{v - v_0}{v - v_s}f \tag{5-46}$$

如果波源和观察者不在它们的连线上运动，则应将 v_s 和 v_0 在连线上的投影代入上述各式中进行运算.

2. 多普勒效应的应用

1）多普勒效应在测速中的应用

机动车超速自动监测系统能够监控机动车的超速行为并进行图像取证，通过对监测车道内的机动车行驶速度的实时、自动测量，对超速违法的机动车辆的车牌号和车型等进行拍摄，自动记录车辆行驶时的速度值、车辆图像、时间和地点等相关信息作为执法证明. 它的出现极大地缓解了当前交通管理中警力不足的问题，在一定程度上起到了遏制超速事故的效果. 机动车超速自动监测系统向行进中的车辆发

射频率已知的超声波，然后测量经车辆反射的反射波频率，根据反射波频率，对应多普勒效应公式，计算出车辆的速度. 测速仪的原理与之类似，它更方便了交警的灵活监控.

2）多普勒效应在医学中的应用

医学中的彩超技术的原理就是多普勒效应. 实际上彩超的颜色并不是人体组织的真正颜色，而是在黑白B超的基础上加上多普勒效应为基础的“伪彩”而形成的. 利用多普勒效应的原理，我们能判定超声图像中流动液体的方向以及流速的大小和和性质. 根据液体的流动方向及速度设计色彩，并将这种色彩叠加在二维黑白超声图像上，就形成了今天的彩超图像.

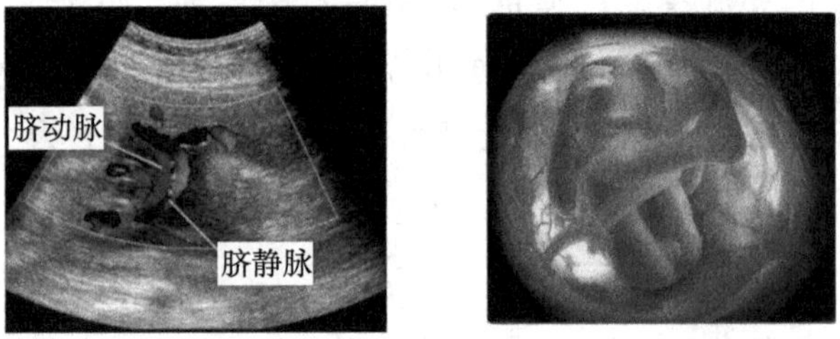

（a）　（b）

图 5-23

彩超可以形成彩色多普勒超声血流图像，既具有二维超声结构图像的优点，又同时提供了血流动力学的丰富信息，在临床上被誉为“非创伤性血管造影”，如图 5-23（a）所示. 它能快速直观地显示血流的二维平面分布，显示血流的运行方向，辨别动脉和静脉，识别血管是否病变，了解血流的性质、方向和速度，还能对血流的起源、宽度、长度面积等进行定量分析.

随着计算机技术的发展，彩超技术进一步成熟，普通的彩超图像需要具备专业知识的人才能看得懂，但现在有了非常直观的三维和四维彩超，让我们可以直接看到器官的形态. 三维彩超是利用专用探头对脏器进行容积式扫描，然后利用计算机进行三维重建，获得三维图像. 四维彩超是在三维超声基础上加上了时间参数，形成了可以运动的三维立体图像回放，如图 5-23（b）.

3）多普勒效应在宇宙学中的应用

实验证明，多普勒效应不仅适用于声波等机械波，也适用于电磁波. 20 世纪 20 年代，美国天文学家斯莱弗在研究远处的漩涡星云发出的光谱时，首先发现了银河系中遥远天体发射的光线频率变低，即移向光谱的红光端，称为红移，这说明这些天体在远离银河系，并且天体离开银河系的速度越快红移越大. 反之，如果天体正移向银河系，则光线会发生蓝移. 斯莱弗通过上述原理推断漩涡星云快速远离地球而去. 多普勒效应使人们对距地球十分遥远的天体的研究成为可能，只需分析接收到的光频率就可以了. 1868 年，英国天文学家哈金斯利用这种方法测量了天狼星的视向速度为 46km/s.

本章提要

1. 简谐振动

(1) 简谐振动的动力学方程：$\frac{d^2x}{dt^2}+\omega^2x=0$

(2) 简谐振动的运动学方程：$x(t)=A\cos(\omega t+\varphi)$

(3) 简谐振动的固有周期：$T=\frac{2\pi}{\omega}=2\pi\sqrt{\frac{m}{k}}$，固有频率：$f=\frac{1}{T}=\frac{1}{2\pi}\sqrt{\frac{k}{m}}$，固有圆频率：$\omega=\frac{2\pi}{T}=\sqrt{\frac{k}{m}}$

(4) 简谐振动的振幅和初相位：$A=\sqrt{x_0^2+\frac{v_0^2}{\omega^2}}$，$\tan\varphi=-\frac{v_0}{\omega x_0}$

(5) 简谐振动的旋转矢量图示

(6) 简谐振动的能量：$E=E_k+E_p=\frac{1}{2}m\omega^2A^2=\frac{1}{2}kA^2$

2. 阻尼振动　受迫振动　共振

3. 简谐振动的合成

(1) 两个同方向、同频率的简谐振动的合成

(2) 两个垂直方向上简谐振动的合成

4. 机械波

(1) 机械波的产生与传播

(2) 平面简谐波方程：$y=A\cos\omega\left(t\pm\frac{x}{v}+\varphi\right)$

(3) 简谐波的能量：$dE=dE_k+dE_P=\rho\cdot dV\cdot A^2\omega^2\sin^2\omega\left(t-\frac{x}{v}\right)$

(4) 能量密度：$\varepsilon=\frac{dE}{dV}=\rho\omega^2A^2\sin^2\omega\left(t-\frac{x}{v}\right)$

5. 波的干涉与衍射

(1) 波的干涉

(2) 驻波

(3) 惠更斯原理

(4) 波的衍射

6. 多普勒效应及其应用

习　题

一、思考题

1. 物体在某一位置附近来回往复的运动就是简谐振动，这句话对吗？

2. 一根质量为 m，长为 l 的均匀细棒，一端悬挂在水平轴 O 点，开始棒处于平衡状态. 将棒拉开微小角度后放手，棒将在重力矩作用下，绕 O 点在竖直平面内来回摆动. 此装置是最简单的物理摆. 若不计棒与轴的摩擦力和空气的阻力，棒将摆动不止. 在摆角很小的情况下，细棒的摆动是简谐振动吗？为什么？

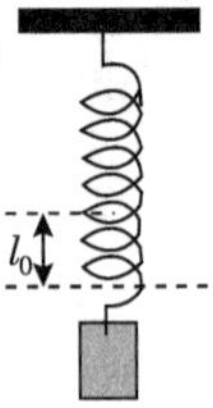

图 5-24

3. 如图 5-24，若将平放的弹簧振子竖直悬挂，重物除受弹簧弹性力作用外，还受到重力的作用，系统是否仍作简谐振动？

4. 做简谐振动的系统的机械能 $E=E_k+E_p$，其振动方程为余弦函数，试问做简谐振动的系统机械能守恒吗？为什么？

5. 简谐波在介质中传播，各质元作简谐振动，其振动的振幅和周期与简谐波的振幅和周期相同吗？简谐波的传播速度与简谐波的振幅和周期有关吗？

二、选择题

1. 对一个作简谐振动的物体，下面哪种说法是正确的　（　　）

A. 物体处在运动正方向的端点时，速度和加速度都达到最大值

B. 物体位于平衡位置且向负方向运动时，速度和加速度都为零

C. 物体位于平衡位置且向正方向运动时，速度最大，加速度为零

D. 物体处在负方向的端点时，速度最大，加速度为零

2. 有一轻弹簧，下端悬挂一质量为 0.1kg 的砝码，砝码静止时，弹簧伸长 0.05m. 如果我们再把砝码竖直拉下 0.02m，则放手后砝码的振动频率为　（　　）

A. 2.0Hz　　B. 1.2Hz　　C. 3.2Hz　　D. 2.2Hz

3. 一弹簧振子在水平桌面上做简谐振动，当其偏离平衡位置的位移为振幅的 $\frac{1}{2}$ 时，其动能与弹性势能之比为　（　　）

A. 1∶1　　B. 2∶1　　C. 3∶1　　D. 1∶4

4. 一质点做简谐振动，周期为 T，当它由平衡位置向 x 轴正向运动时，从 $\frac{1}{2}$ 最大位移处到最大位移处这段路程所需要的时间为　（　　）

A. $\frac{T}{4}$　　B. $\frac{T}{6}$　　C. $\frac{T}{8}$　　D. $\frac{T}{12}$

5. 两个同振动方向、同频率、振幅均为 A 的简谐振动合成后，振幅仍为 A，则这两个简谐振动的相位差为　（　　）

A. $\frac{2}{3}\pi$　　B. $\frac{1}{2}\pi$　　C. $\frac{1}{3}\pi$　　D. π

6. 在下列关于机械波的能量的表述中，正确的是　（　　）

A. 波中一质元的能量 $E=E_k+E_p=\frac{1}{2}kA^2$，其中 A 为波幅

B. 机械波在介质中传播时，任一质元的 E_k 和 E_p 均随时间 t 变化，但相位相差 $\frac{\pi}{2}$

C. 波中质元的 E_k 和 E_P 同相位，表明波的传播是能量传递的过程

D. 由于 E_k 和 E_P 同时为零，又同时达到最大值，表明质元运动不是振动

7. 人耳能辨别同时传来的不同声音，这是由于　（　　）

A. 波的反射和折射　　B. 波的干涉

C. 波的强度不同　　D. 波的独立传播特性

8. 关于波下述说法中哪个是正确的？　（　　）

A. 波只能分为横波和纵波

B. 波动质点按波速向前运动

C. 波动中传播的只是运动状态和能量

D. 波经过不同媒质传播过程中波长不变

9. 在下列关于波的干涉的表述中，正确的是　（　　）

A. 两列相干波形成干涉，某时刻介质中 P 点处的质元距平衡位置为 y，且 $A\min<y<A\max$，表明 P 点一定既不是加强点，也不是减弱点.

B. 干涉加强表明合振幅 A 为极大值，干涉减弱表明合振幅 A 为极小值；

C. 干涉加强点意味着该质元的 y 不随时间变化，始终处于极大值位置；

D. 两列波在空间相遇，叠加的结果形成干涉.

10. 在驻波中，两个相邻波节间各质点的振动　（　　）

A. 振幅相同，相位相同　　B. 振幅不同，相位相同

C. 振幅相同，相位不同　　D. 振幅不同，相位不同

三、填空题

1. 一个做简谐振动的物体的运动方程 $x=0.03\cos\left(2\pi t-\frac{\pi}{3}\right)$m，则其振幅 $A=$ ________，初相 $\varphi=$ ________，速度最大值 $v_m=$ ________，加速度最大值 $a_m=$ ________.

2. 有一个和轻弹簧相连的小球，沿 x 轴作振幅为 A 的简谐振动，其表达式用余弦函数表示，若 $t=0$ 时质点的状态为已知，填出以下初始位置相应的初相位的值.

（1）$x_0=-A$；____________.

（2）过平衡位置向正向运动；____________.

（3）过 $x=\frac{A}{2}$ 处向负向运动；____________.

（4）过 $x=\frac{\sqrt{2}}{2}A$ 处向正向运动；____________.

3. 一质点同时参与两个同方向同频率的简谐振动，其振动规律为 $x_1=0.4\cos\left(3t+\frac{\pi}{3}\right)$（SI），$x_2=0.3\cos\left(3t-\frac{\pi}{6}\right)$（SI）. 它们的合振动的振动方程为________.

4. 阻尼振动的三种运动状态：________，________和________.

5. 一平面简谐机械波在介质中传播时，若一介质质元在 t 时刻的总机械能是 10 J，则在（$t+T$）（T 为波的周期）时刻该介质质元的振动动能是________ J.

6. 一弦上的驻波表达式为 $y=2.0\times10^{-2}\cos15x\cos1500t$（SI）. 形成该驻波的两个反向传播的行波的波速为________.

7. 一驻波方程为 $y=0.02\cos20x\cos750t$（SI），则（1）形成此驻波的两列分波的振幅为____________；（2）相邻两波节间的距离为____________.

四、计算题

1. 一弹簧振子，弹簧的劲度系数为 $k=9.8\text{N/m}$，物体质量为 20g，现将弹簧自平衡位置拉长 $2\sqrt{2}$cm 并给物体一远离平衡位置的速度，其大小为 7.0m/s，写出该弹簧振子的运动学方程.

2. 天花板下以 0.9m 长的轻线悬挂一个质量为 0.9kg 的小球. 最初小球静止，现另有一质量为 0.1kg 的小球沿水平方向以 1.0m/s 的速度与它发生完全非弹性碰撞. 求两小球碰撞后的运动学方程.

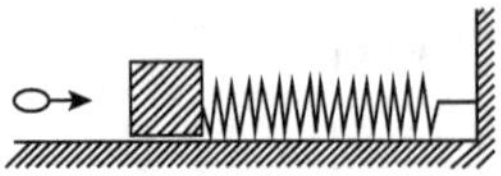

图 5-25

3. 如图 5-25 所示，质量为 10g 的子弹以速度 $v=10^3$ m/s 水平射入木块，并陷入木块中，使弹簧压缩而作简谐振动. 设弹簧的倔强系数 $k=8\times10^3$ N/m，木块的质量为 4.99kg，不计桌面摩擦，试求：（1）振动的振幅；（2）振动方程.

4. 质量为 0.1kg 的物体，以振幅 $A=1.0\times10^{-2}$ m 做简谐振动，其最大加速度为 $4.0\text{m}\cdot\text{s}^{-2}$，求：（1）振动周期；（2）通过平衡位置时的动能；（3）总能量.

5. 质量为 0.25kg 的物体，在弹性力作用下作简谐振动，倔强系数 $k=$

25N/m，如果开始振动时具有势能 0.6J 和动能 0.2J，求：(1) 振幅；(2) 位移多大时，动能恰等于势能？(3) 经过平衡位置时的速度.

6. 一列平面余弦波沿 x 轴正向传播，波速为 $0.08\text{m}\cdot\text{s}^{-1}$，波长为 0.2m，$t=0$ 时的波形图如图 5-26 所示，试写出此列波的波函数.

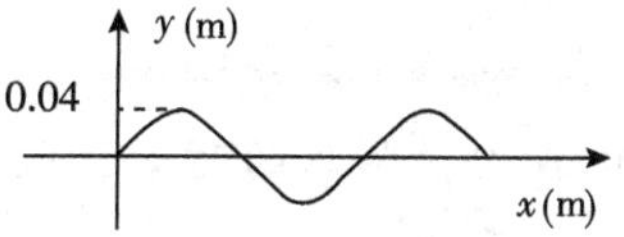

图 5-26

7. 如图 5-27 是 $t=2\text{s}$ 时一列简谐波的波形，试写出此列波的波函数以及 O 点的振动方程.

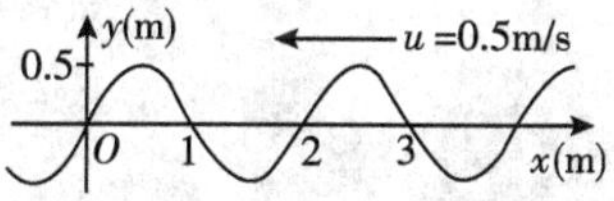

图 5-27

*第六章　狭义相对论

经典力学的时空观告诉我们，物体的质量、长度和运动的时间间隔与物体的运动状态和参照系的选择无关。

经典力学的时空观在任何情况下都适用吗？为什么？

本章将告诉你答案。

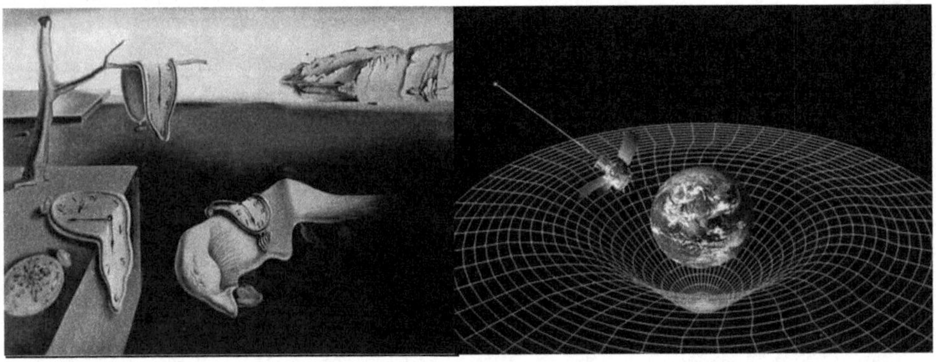

1905 年，爱因斯坦建立狭义相对论之后，人们对时空观的认识发生了彻底的改变，使人类对物质世界的认识发生了巨大的飞跃. 本章将阐述狭义相对论的基本原理及洛伦兹变换，概述狭义相对论的时空观，给出狭义相对论动力学的一些重要公式.

§6.1　爱因斯坦假设

一、迈克尔逊—莫雷实验

麦克斯韦在 1865 年发表了他的“电磁场动力学理论”，亦即今天我们知道的麦克斯韦方程组，它描述了各种电磁现象，认为电磁波以有限的速度传播，并预言了电磁波的存在. 麦克斯韦也认为光本身是电磁波，并以电磁波的形式在空间传播. 在牛顿力学中我们知道，机械波的传播需要介质，自然在那个时代，人们认为电磁波的传播也需要介质，并把那种介质称之为“以太”，“以太”充满整个宇宙，它能被星球拖动，设它相对地球的速度为 v，光相对于“以太”的传播速度即为光速 c，则地面观察者观察到的光的速度 $\boldsymbol{u}$（即光对地球的速度）为：

$$\boldsymbol{u}=\boldsymbol{c}+\boldsymbol{v}. \tag{6-1}$$

迈克尔逊干涉仪是美国物理学家迈克尔逊为研究“以太”漂移速度实验设计制造出来的. 其示意图如图 6-1，单色光从光源 s 发出，设以太相对地球以速度 $\boldsymbol{v}$ 沿 $G\to M_1$ 方向运动，则光束 1 中的 $G\to M_1$ 段相对地球的速度大小为 $c+v$，$M_1\to G$ 段相对地球的速度大小为 $c-v$，从地球参考系来看，光束 1 经过 $G\to M_1\to G$ 所需的时间：

$$t_1=\frac{l}{c-v}+\frac{l}{c+v}=\frac{2l}{c\left(1-\frac{v^2}{c^2}\right)} \tag{6-2}$$

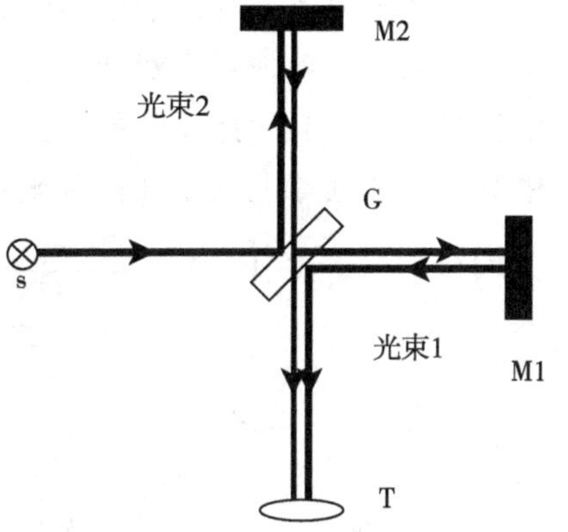

图 6-1

光束 2 经过 $G\to M_2\to G$ 所需的时间为

$$t_2=\frac{2l}{c\left(1-\frac{v^2}{c^2}\right)^{1/2}} \tag{6-3}$$

两束光到达望远镜的时间差约为

$$\Delta t=t_1-t_2\approx\frac{l}{c}\cdot\frac{v^2}{c^2}$$

于是两光束的光程差为

$$\delta=c\Delta t\approx l\cdot\frac{v^2}{c^2} \tag{6-4}$$

仪器旋转 90°过程中，望远镜（图 6-1 中 T）视场中应看到干涉条纹移动 ΔN 条.

$$\Delta N=\frac{2\delta}{\lambda}=\frac{2lv^2}{\lambda c^2} \tag{6-5}$$

式中，λ 是单色光波的波长，v 是以太相对地球的速度大小. 实验观察不到地球相对以太运动的理论结果，没有预期的条纹移动，否定了以太相对于太阳静止而光的传播满足经典速度合成公式的基本假设.

二、爱因斯坦假设

当人们忙着修改经典物理的理论以说明经典物理面临的困难（光的速度合成律不成立的问题和以太风实验的零结果）时，爱因斯坦提出了两个重要的假设：

(1) **相对性原理：物理定律在所有的惯性系中都具有相同的表达形式.**

(2) **在所有的惯性系中测量到的真空光速 c 都是一样的.**

这两个假设导致人们对时空观的认识产生了决定性的影响.

三、洛仑兹变换

为了解释迈克耳逊的实验结果，洛仑兹认为，如果地球是在“以太”这种媒介中运动的，那地球就会对“以太”这种媒介有一种“拖曳”的作用，就如同船在水中行驶，对水有“拖曳”的行为一样．因此，他导出了对同一物体分别在“以太”中测量和在地球上测量其位置坐标之间的变换关系，即如下著名的洛仑兹变换：

$$\begin{cases} x' = \dfrac{x - v_0 t}{\sqrt{1 - \dfrac{v_0^2}{c^2}}} \\ y' = y \\ z' = z \\ t' = \dfrac{t - \dfrac{v_0 x}{c^2}}{\sqrt{1 - \dfrac{v_0^2}{c^2}}} \end{cases} \quad \text{或其逆变换} \quad \begin{cases} x = \dfrac{x' + v_0 t'}{\sqrt{1 - \dfrac{v_0^2}{c^2}}} \\ y = y' \\ z = z' \\ t = \dfrac{t' + \dfrac{v_0 x'}{c^2}}{\sqrt{1 - \dfrac{v_0^2}{c^2}}} \end{cases} \tag{6-6}$$

上式中，x'、y'、z'、t'是在惯性系 S' 中测得的，x、y、z、t 是在惯性系 S 中测得的．v_0 为 S'系相对 S 系沿 x 轴方向运动的速度大小．

显然，洛伦兹变换与伽利略变换大相径庭．但洛伦兹的变换似乎是一种特殊的情形，因为它假设地球在“以太”这种媒介中运动，地球会对“以太”这种媒介有一种“拖曳”的作用．但爱因斯坦不这样看．他认为，测量到光波相对于地球的速度与相对于“以太”的速度相同这一事实揭示了宇宙的一个基本原则，那就是在任何不同的惯性参照系内对光波的测量，其光速都是一样的！为此，爱因斯坦不用“以太”的假设，直接就导出了洛仑兹变换．

相对论性洛仑兹变换有着深刻的物理意义．它表明牛顿力学体系的绝对时空假设是不成立的，牛顿的理论只在低速的情况下才成立．因为在低速情况下（$v_0 \ll c$），洛仑兹变换就可化为伽利略变换．

例 6-1　若在地球上相距 300 千米的两个地点同时发生了热核爆炸，那在茫茫太空中飞行的宇宙飞船上，宇航员观测这两个核爆炸只是在幽暗的深空中发生了两次闪光．如果宇宙飞船相对于地球作 $0.8c$ 速度的运动，则宇宙飞船上，看到这两次核灾难的地点相距多少？时间间隔又是多少？设飞船飞行的方向与核爆炸地点的连线平行．

解　取 S 系与地球固结，S'系与宇宙飞船固结，x 轴向与飞船飞行方向一致，两系原点重合时校准各自的时钟．在 S 系地球上，发生两次核灾难的地点和时刻分别为（x_1；t_1）和（x_2；t_2），且 $t_1=t_2=t$；相应的，在 S'系宇宙飞船上，观测到这两次核灾难的时空坐标分别为（x'_1；t'_1）和（x'_2；t'_2）．由洛伦兹变换，可

有

$$\begin{cases} x'_1 = \dfrac{x_1 - v_0 t}{\sqrt{1 - \dfrac{v_0^2}{c^2}}} \\ x'_2 = \dfrac{x_2 - v_0 t}{\sqrt{1 - \dfrac{v_0^2}{c^2}}} \end{cases} \tag{6-7}$$

两式相减得

$$x'_2 - x'_1 = \frac{x_2 - x_1}{\sqrt{1 - \dfrac{v_0^2}{c^2}}} \tag{6-8}$$

即 $x'_2 - x'_1 = \dfrac{300}{\sqrt{1-0.8^2}} = 500$（千米）

又由洛伦兹变换，可有

$$\begin{cases} t'_1 = \dfrac{t - \dfrac{v_0 x_1}{c^2}}{\sqrt{1 - \dfrac{v_0^2}{c^2}}} \\ t'_2 = \dfrac{t - \dfrac{v_0 x_2}{c^2}}{\sqrt{1 - \dfrac{v_0^2}{c^2}}} \end{cases} \tag{6-9}$$

两式相减得

$$t'_2 - t'_1 = -\frac{v_0 \dfrac{x_2 - x_1}{c^2}}{\sqrt{1 - \dfrac{v_0^2}{c^2}}} = -v_0 \frac{x'_2 - x'_1}{c^2} \tag{6-10}$$

即 $t'_2 - t'_1 = -0.8c \times 500 \times \dfrac{1000}{c^2} = -1.33425638 \times 10^{-3}(\mathrm{s})$

负号说明在宇宙飞船上先看到第二个地点的核爆炸.

§6.2　狭义相对论时空观

一、同时的相对性

什么是同时性的相对性？我们从下面的例子进行说明. 设长度为 l 的汽车在平直的公路上向右作匀速直线运动，速度为 v，某一时刻汽车的头和尾与地面直线上的两点 A 和 B 重合，此时在车中点 C 的观察者看到从车头和车尾同时发出闪光，闪光将同时到达车中观察者所在的 C 点. 但是对于地面 AB 中点的观察者来说结论不是这样，按照爱因斯坦的光速不变原理，由于车的运动，地面 AB 中点的观察者将先看到车尾发出的闪光，亦即闪光不是同时到达地面的观察者，这就是同时的相对性.

二、时间间隔的相对性

在牛顿力学体系的绝对时空观下，不同的参考系内对同一事件过程的时间间隔测量，其结果都是一样的，即 $t=t'$. 但在狭义相对论的时空观下，情况却不是这样的. 如假设 S'系相对于惯性系 S 作匀速直线运动，速度为 v_0. 在 S'系内的观察者测到的 x'处静置一时钟. 显然，这时钟相对于 S 系也是以速度 v_0 作匀速直线运动. 在 S'系内的观察者测量到 x'处某一事件过程是从 t'_1 时刻到 t'_2 时刻发生的. 这样，他测量到这一事件过程的时间间隔是 $\Delta t'=t'_2-t'_1$，而在 S 系内的观察者测量到同一事件过程是从 t_1 时刻到 t_2 时刻. 这样，他测量到这同一事件过程的时间间隔是 $\Delta t=t_2-t_1$，由洛仑兹变换有

$$\begin{cases} t_1 = \dfrac{t'_1+\dfrac{v_0 x'}{c^2}}{\sqrt{1-\dfrac{v_0^2}{c^2}}} \\ t_2 = \dfrac{t'_2+\dfrac{v_0 x'}{c^2}}{\sqrt{1-\dfrac{v_0^2}{c^2}}} \end{cases}$$

两式相减就得

$$t_2-t_1=\frac{t'_2-t'_1}{\sqrt{1-\dfrac{v_0^2}{c^2}}}$$

即

$$\Delta t=\frac{\Delta t'}{\sqrt{1-\dfrac{v_0^2}{c^2}}} \tag{6-11}$$

这表明，如果在 S'系内的观察者观测到某处发生了一事件，那在 S 系内的观察者测量到这事件的过程所用的时间比 S'系内的观察者观测到的要长点. 当 v_0 远远小于光速 c 时，$\Delta t=\Delta t'$，跟经典力学的结果一致.

如果在 S'系内的观察者观测到所发生的事件过程，刚好就是静置于 x'处的时钟从 t'_1 时刻走到 t'_2 时刻这一过程，那 S 系内的观察者测量到这一过程所用的时间就要慢点. 即运动的时钟比静止的时钟走得要慢. 静止时钟走的某一时间间隔 $\Delta t'$（S'系观察者观测到的某一事件的时间间隔），运动时却慢成了 Δt（S 系观察者观察同一事件的时间间隔）. 这种情况就是著名的**相对论性时间延迟，即时间间隔的相对性.**

三、长度的相对性

前面我们提到，在伽利略变换下，不同的参照系内，对同一把尺子的长度的测量结果都是一样的．但在洛仑兹变换下，情况则不是这样．考虑长度为 l_0 的尺子，把它静置在相对于惯性系 S 作匀速直线运动的 S' 中．S' 系相对于 S 系的运动方向取为 x 轴，尺子沿 x 轴放置．尺子的两端在 S 系内的观测者 t 时刻测量时，其 x 坐标分别为 x_1 和 x_2．这样，S 系内的观测者测量到尺子的长度就为

$$l=\Delta x=x_2-x_1$$

如果在 S' 系内的观测者测量时，其 x' 坐标分别为 x'_1 和 x'_2．则 S' 系内的观测者测量到尺子的长度为

$$l' = \Delta x' = x'_2 - x'_1$$

由洛仑兹变换有

$$\begin{cases} x'_1 = \dfrac{x_1 - v_0 t}{\sqrt{1-\dfrac{v_0^2}{c^2}}} \\ x'_2 = \dfrac{x_2 - v_0 t}{\sqrt{1-\dfrac{v_0^2}{c^2}}} \end{cases}$$

其中，v_0 为 S' 系相对 S 系的速度，也是尺子相对于 S 系的速度．两式相减就得

$$x'_2 - x'_1 = \frac{x_2 - x_1}{\sqrt{1-\dfrac{v_0^2}{c^2}}}$$

即
$$l = l'\sqrt{1-\frac{v_0^2}{c^2}} \tag{6-12}$$

这表明长度为 l' 的尺子，若以速度 v_0 运动，则观测起来就象长度被收缩了一样．这种情况就是所谓的**相对论性尺度收缩或长度的相对性**，也叫做**洛仑兹收缩**．当 v_0 远远小于光速 c 时，$l=l'$，跟经典力学的结果一致．

尺度收缩和时间延迟的情况用常规的思维方式是很难理解的．一把尺子，运动起来就变短了；一座钟，运动起来就走慢了，这怎么可能．但在运动速度接近光速时，运动的尺子变短时钟变慢的效应就会非常明显．如对 μ 子的测量就遇到这种情况．

深空宇宙中时常会发生超新星爆炸、黑洞吸食星体、星系大碰撞等极端事件．这些事件的发生会爆发出极高能的宇宙射线．这些高能宇宙射线到达太阳系的地球时，会强烈撞击地球大气层大约 9000m 上方气体原子的原子核，从而产生高能的 π 介子．高能的 π 介子很快就衰变成一个高能的 μ 子和一个 μ 中微子（$\pi^- \rightarrow \mu^- + \bar{v}_\mu$）；高能的 μ 子也只有很短的寿命，之后就衰变成一个电子和两个中微子（$\mu\rightarrow$

$e^{-}+\bar{v}_e+v_\mu$). 在实验室，速度不快近乎于静止的 μ 子，其平均寿命测得为 2.0×10^{-6}s，之后就衰变了．但海平面上方 9000m 以上的高能 μ 子，用高空探测气球测得其速度平均高达 0.998c．以这样的速度，经过 2.0×10^{-6}s 的时间，高能 μ 子只能飞行大约 600m 就衰变了．但在地面还可以探测到这种高能 μ 子．那这些高能 μ 子又是如何穿行 9000m 的大气层到达地面的呢？这就要考虑到相对论效应了．

如以 S'系与地面固结，S 系与高能 μ 子固结．在 S 系的观测者看到的高能 μ 子是静止的，其平均寿命是 $\tau_0=2.0\times10^{-6}$s．但在地面 S'系测到 $l'=9000$m 长度（高度）的大气层，在 S 系的观测者看来却是运动的，运动速度就为 $v=0.998c$，长度应为 $l=l'\sqrt{1-\frac{v^2}{c^2}}=569$m．所以，在 S 系的观测者看来，这个长度的大气层，以 $v=0.998c$ 的速度，只需 $l/v=1.9\times10^{-6}$s 的时间就能通过．换言之，高能 μ 子可穿过大气层到达地面．

反之，如以 S 系与地面固结，S'系与高能 μ 子固结．在地面 S 系的观测者测到，平均寿命为 $\tau_0=2.0\times10^{-6}$s 的静止 μ 子，以速度 $v=0.998$c 运动时，其平均寿命应为 $\tau=\frac{\tau_0}{\sqrt{1-\frac{v^2}{c^2}}}=3.17\times10^{-5}$s．所以，在地面 S 系的观测者看来，以 $v=0.998$c 的速度、平均寿命为 $\tau=3.17\times10^{-5}$s 的高能 μ 子，能运动 $L=v\tau\approx9484$m 的距离，当然就能穿过 9000m 的大气层到达地面．

§6.3　狭义相对论动力学基础

经典物理规律适用的是伽利略变换，不满足狭义相对论采用的洛仑兹变换下的相对性原理．在新的时空观下应该对经典力学进行改造，使之适应新时空观下的相对性原理．改造的力学称为相对论力学．

一、质速关系

由牛顿第二定律 $\boldsymbol{F}=m\boldsymbol{a}$ 我们有这样的结论，只要力 $\boldsymbol{F}$ 作用的时间足够长，物体的运动速度就可以超过光速，结论真是这样的吗？答案是否定的．近代物理实验已经证明，无论我们采取什么手段，都不能使带电粒子获得的速度超过光速，随着粒子速度的增加，粒子的质量不是绝对不变的，而是速率的函数，速率增加质量增加．设物体相对于惯性系静止时的质量为 m_0，m 是物体以速度 v 相对观察者运动时的质量，应用动量守恒和洛伦兹速度变换公式可以证明，m 与 m_0 的关系为

$$m=\frac{m_0}{\sqrt{1-\frac{v^2}{c^2}}}\tag{6-13}$$

该结论已被实验所证实．上述公式揭示了物质质量与运动的不可分割性，表明物体的运动速度不能超过光速．当物体运动速率 $v \ll c$ 时，$m = m_0$，与经典力学结论一致．

二、能质关系

根据质速公式，我们可以得到相对论的动量为

$$\boldsymbol{p} = m\boldsymbol{v} = \frac{m_0 \boldsymbol{v}}{\sqrt{1 - \dfrac{v^2}{c^2}}} \tag{6-14}$$

引用经典力学中的牛顿第二定律：$\boldsymbol{F} = \dfrac{\mathrm{d}\boldsymbol{p}}{\mathrm{d}t}$，　(6-15)

可得相对论动力学基本方程：$\boldsymbol{F} = \dfrac{\mathrm{d}(m\boldsymbol{v})}{\mathrm{d}t} = \dfrac{\mathrm{d}}{\mathrm{d}t}\left(\dfrac{m_0 \boldsymbol{v}}{\sqrt{1 - \dfrac{v^2}{c^2}}}\right)$，　(6-16)

物体的动能 E_k 等于外力使它由静止状态到运动状态所作的功：

$$E_k = \int_0^t \boldsymbol{F} \cdot \mathrm{d}\boldsymbol{s} = \frac{m_0 c^2}{\sqrt{1 - \dfrac{v^2}{c^2}}} - m_0 c^2, \tag{6-17}$$

亦即

$$E_k = mc^2 - m_0 c^2 = (m - m_0)c^2 = \Delta mc^2 \tag{6-18}$$

这就是相对论的质点动能公式．在 $\dfrac{v^2}{c^2} \ll 1$ 的情况下，$\sqrt{1 - \dfrac{v^2}{c^2}} \approx 1 - \dfrac{v^2}{2c^2}$，代入式 (6-17) 得

$$E_k \approx \frac{1}{2} m_0 v^2, \tag{6-19}$$

这就是我们所熟悉的牛顿力学的动能公式．对相对论的质点动能公式进行变换得

$$mc^2 = E_k + m_0 c^2,$$

爱因斯坦认为上式中的 $m_0 c^2$ 是物体静止时的能量，称为物体的静能，而 mc^2 是物体的总能量，它等于物体的静能与动能之和，用 E 表示．于是得

$$E = mc^2 = \frac{m_0 c^2}{\sqrt{1 - \dfrac{v^2}{c^2}}} \tag{6-20}$$

这就是著名的相对论质能关系．这个公式让人们把质量和能量有机的联系起来了，质量的变化总是伴随着能量的变化．该公式就是原子能应用的理论基础，所以人们把它看作为具有划时代意义的理论公式．

工程应用

A. 狭义相对论在全球定位系统中的应用

狭义相对论的一些应用同学们在中学就接触了一些，例如原子弹、氢弹、核能等. 今天我们介绍它在全球定位系统（也称 GPS）中的应用，图 6-2 是 GPS 导航雷达资料图.

图 6-2　GPS 导航雷达

GPS 是 20 世纪 70 年代由美国研制的新一代空间卫星导航定位系统，其最初的主要目的是为海、陆、空三大领域提供实时的、全天候的和全球性的导航服务，目前为世界上的大部分国家用来导航和定位服务. GPS 的定位以准确著称，它能够将目标锁定在 30 米之内. 由于空间卫星绕地球作高速运动，卫星上的时间与地面的时间是有差别的，如果不考虑爱因斯坦的相对论，GPS 就没有准确性可言，为此 GPS 的卫星上使用了相对论进行时间补偿，否则 GPS 每天的误差将达 11 千米以上. GPS 与相对论之间的结合点在哪呢？看下面的例题.

例　GPS 卫星以每小时 14000 千米的速度绕地球飞行，属于高速运动的情形. 根据狭义相对论的结果，GPS 卫星上的时钟会变慢，试问：（1）在一天内，GPS 卫星上的时钟比地面的时钟慢多少？（2）这种时钟延缓的效应对 GPS 卫星的定位将造成怎样的影响？

解　（1）设 GPS 卫星为 S'系，地球为 S 系.

在 S 系中时钟一天走过的时间为 $t=24\text{h}=86400\text{s}$

根据公式（6-6），在 S'系中时钟一天走过的时间为

$$t'=t\sqrt{1-\frac{v^2}{c^2}}=86400\times\sqrt{1-\left(\frac{1.4\times10^7}{3600\times3\times10^8}\right)^2}\ (\mathrm{s})$$

则在 S 和 S' 系中，时钟一天走过的时间差为

$$\Delta t=t-t'=86400\times\left(1-\sqrt{1-\left(\frac{1.4\times10^7}{3600\times3\times10^8}\right)^2}\right)=7\times10^{-6}\ (\mathrm{s})\ =7\mu\mathrm{s}$$

即运动的时钟走慢了，在一天内，GPS 卫星上的时钟比地面的时钟慢了 7μs.

(2) 根据上述计算，运动的卫星上的时钟和地面上的时钟一天之内将会慢 7μs，这种时间差引起的地面定位的误差为：

$$\Delta s=c\cdot\Delta t=3\times10^8\times7\times10^{-6}=2100\ (\mathrm{m})$$

因此，该时间的延缓将引起 2.1km 的卫星定位误差. 实际的 GPS 卫星定位的误差还应考虑广义相对论效应，这超出了本书范围. 综合考虑狭义相对论和广义相对论效应后，总时间差引起的定位误差为 11.4km，于是科学家必须要对 GPS 卫星的时钟进行修正，从而提高 GPS 定位的准确性.

本章提要

1. 爱因斯坦假设

(1) 相对性原理：物理定律在所有的惯性系中都具有相同的表达形式.

(2) 光速不变原理：在所有的惯性系中测量到的真空光速 c 都是一样的.

(3) 洛伦兹变换：

$$\begin{cases}x'=\dfrac{x-v_0t}{\sqrt{1-\dfrac{v_0^2}{c^2}}}\\ y'=y\\ z'=z\\ t'=\dfrac{t-\dfrac{v_0x}{c^2}}{\sqrt{1-\dfrac{v_0^2}{c^2}}}\end{cases}\quad\text{或其逆变换}\quad\begin{cases}x=\dfrac{x'+v_0t'}{\sqrt{1-\dfrac{v_0^2}{c^2}}}\\ y=y'\\ z=z'\\ t=\dfrac{t'+\dfrac{v_0x'}{c^2}}{\sqrt{1-\dfrac{v_0^2}{c^2}}}\end{cases}$$

2. 相对论时空观

(1) 同时的相对性.

在 S 系中两个不同地点同时发生的事件，在 S' 系中不是同时发生的.

(2) 时间间隔的相对性.

$\Delta t=\dfrac{\Delta t'}{\left(\sqrt{1-\dfrac{v^2}{c^2}}\right)}$，在 S' 系中同地点先后发生的两件事，在 S 系中先后发生的这

两件事的时间间隔延长了（式中 v 为 S'系相对于 S 系的速度）.

（3）长度的相对性

$l=l'\sqrt{1-\frac{v^2}{c^2}}$，在 S'系中长度为 l'的杆，在 S 系中测得的沿运动方向的长度 l 缩短了（式中 v 为 S'系相对于 S 系的速度）.

3. 相对论动力学基础

（1）质速关系.

$m=\frac{m_0}{\sqrt{1-\frac{v^2}{c^2}}}$，式中 m_0 为静止质量，v 为物体运动速度，m 为物体的运动质量.

（2）质能关系

$$E = mc^2, E_k = mc^2 - m_0c^2$$

习　　题

一、思考题

1. 一列行进中的火车前、后两处遭雷击，车上的人看来是同时发生的，地面上的人看来是否同时？何处雷击在先？

2. 正负电子对湮没后，放出两个 γ 光子. 因动量守恒，在质心系内两光子必沿相反的方向. 光子是静质量为 0 的粒子，它们相对于质心系的速率都是 c，它们之间的相对速度是多少？

3. 存在与光子相对静止的参考系吗？为什么？

4. 相对论的质量一速率关系为 $m=\frac{m_0}{\sqrt{1-\frac{v^2}{c^2}}}$，是否违背质量守恒？

5. 你如何理解 $E=E_k+m_0c^2$ 的物理意义？如何理解相对论质量—能量关系？“在相对论中，质点的动能亦可写作$\frac{1}{2}mv^2$，只是其中 $m=\frac{m_0}{\sqrt{1-\frac{v^2}{c^2}}}$”，这句话对吗？

二、选择题

1. 对于惯性系有以下说法，其中正确的是　　　　（　　）

A. 如果两个事件在某惯性系中是同一地点发生的，则对一切惯性系来说这两个事件的时间间隔，只有在此惯性系中最长

B. 如果两个事件在某惯性系中是同一地点发生的，则对一切惯性系来说这两个事件的时间间隔，在任何惯性系中都最短

C. 如果两个事件在某惯性系中是同时发生的，则对一切惯性关系来说这两个事

件的空间间隔，只有在此惯性系中最短

D. 如果两个事件在某惯性系中是同时发生的，则对一切惯性关系来说这两个事件的空间间隔，在任何惯性系中都最短

2. 飞船 A 以 $0.8c$ 的速度相对地球向正东飞行，飞船 B 以 $0.6c$ 的速度相对地球向正西方向飞行. 当两飞船即将相遇时 A 飞船在自己的天窗处相隔 2s 发射两颗信号弹. 在 B 飞船的观测者测得两颗信号弹相隔的时间间隔为　(　　)

A. 7.17s　B. 6.17s　C. 5.17s　D. 3.17s

3. 如图 6-3 所示两个惯性系中的观察者 O 和 O' 以 $0.6c$（c 表示真空中光速）的相对速度相互接近，如果 O 测得两者的初始距离是 20m，则 O' 测得两者相遇需要的时间为　(　　)

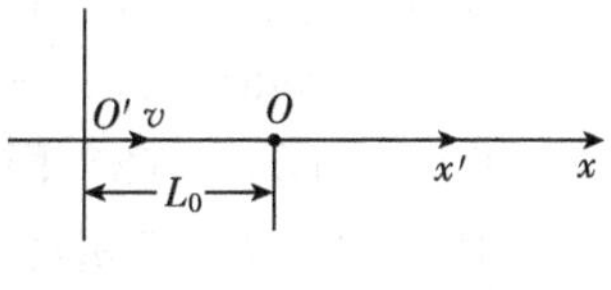

图 6-3

A. 5×10^{-8}s　B. 5.19×10^{-8}s

C. 5.59×10^{-8}s　D. 5.39×10^{-8}s

4. 宇宙飞船相对于地面以速度 u 作匀速直线飞行，某一时刻飞船头部的宇航员向飞船尾部发出一个光讯号，经 Δt 时间后，被尾部的接收器收到，则由此可知飞船的固有长度为　(　　)

A. $c\Delta t$　B. $u\Delta t$　C. $\dfrac{1}{\sqrt{1-\dfrac{u^2}{c^2}}}c\Delta t$　D. $\sqrt{1-\dfrac{u^2}{c^2}}\cdot c\Delta t$

5. 在地球上进行的一场足球赛保持了 90min，在以 $0.80c$ 的速度飞行的光子火箭中的乘客看来，这场球赛进行了　(　　)

A. 1h　B. 2h　C. 2.5h　D. 54h

6. 关于狭义相对论，下列几种说法中错误的表述是　(　　)

A. 一切运动物体的速度都不能大于真空中的光速

B. 在任何惯性系中，光在真空中沿任何方向的传播速率都相同

C. 在真空中，光的速度与光源的运动状态无关

D. 在真空中，光的速度与光的频率有关

7. 根据狭义相对论的时空观，下面的说法中正确的是　(　　)

A. 在某一惯性系中的两个同时事件，在另一惯性系中一定同时

B. 在某一惯性系中的两个同时事件，在另一惯性系中一定不同时

C. 时间的测量是相对的，固有时间隔为最短

D. 运动的米尺一定会变短

8. 一原长为 L 的火箭，以速度 v_1 相对地面作匀速直线运动，火箭上有一个人从火箭的后端向火箭前端的一个靶子发射一颗子弹，子弹相对于火箭的速度为 v_2. 在火箭上测得子弹从射出到击中靶的时间间隔是（c 表示真空中的光速）　(　　)

A. $L/(v_1+v_2)$　　B. L/v_2

C. $L/(v_2-v_1)$　　D. $L/v_1\sqrt{1-(v_1/c)^2}$

9.（1）对某观察者来说，发生在某惯性系中同一地点、同一时刻的两个事件，对于相对该惯性系作匀速直线运动的其他惯性系中的观察者来说，它们是否同时发生？

（2）在某惯性系中发生于同一时刻、不同地点的两个事件，它们在其他惯性系中是否同时发生？

关于上述两个问题的正确答案是　　（　　）

A.（1）同时，（2）不同时　　B.（1）不同时，（2）同时

C.（1）同时，（2）同时　　D.（1）不同时，（2）不同时

10. 一宇宙飞船相对地球以 $0.8c$（c 表示真空中光速）的速度飞行. 一光脉冲从船尾传到船头，飞船上的观察者测得飞船长为 90 m，地球上的观察者测得光脉冲从船尾发出和到达船头两个事件的空间间隔为　　（　　）

A. 90m　　B. 54m　　C. 270m　　D. 150m

11. 如果一个物体的运动速率加倍，则物体的质量为（式中 m_0 为物体的静止质量）　　（　　）

A. m_0　　B. $2m_0$　　C. $4m_0$　　D. $\dfrac{m_0}{\sqrt{1-4\left(\dfrac{v}{c}\right)^2}}$

12. 一个粒子的运动速率为光速的$\dfrac{1}{3}$，则该粒子的质量为（式中 m_0 为粒子的静止质量）　　（　　）

A. m_0　　B. $\dfrac{m_0}{3}$　　C. $\dfrac{3\sqrt{2}}{4}m_0$　　D. $3m_0$

13. 一个微观粒子的静止质量为 m_0，碰撞后损失了$\dfrac{1}{8}$的质量，该粒子释放的能量为　　（　　）

A. $\dfrac{1}{8}m_0c^2$　　B. $\dfrac{7}{8}m_0c^2$　　C. m_0c^2　　D. $\dfrac{1}{16}m_0c^2$

三、填空题

1. 迈克尔孙-莫雷实验的结果说明了________________.

2. 狭义相对论的基本原理是（1）________________；（2）________________.

3. 洛伦兹变换回到伽利略变换的条件是________________.

4. 一切物体的运动速度都不能超过________________.

5. S'系相对于 S 系沿 x 轴作匀速直线运动，速度为 v，一尺子在 S'系中沿 x 轴放置，其长度为 l_0，则在 S 系中的观察者测得尺子的长度 l 为________.

6. S'系中的同一地点观察者测得两件事发生的时间间隔为 $\Delta t'$，S'系相对于 S 系沿 x 轴以速度 v 作匀速直线运动，则在 S 系中的观察者测得两件事发生的时间间隔 Δt 为________.

7. 以速度 v 运动的物体的质量 m 与其静止质量 m_0 之间的关系为__________.

8. 相对论中的质量 m 和能量 E 之间的关系为：$E=$______________.

四、计算题

1. 已知 S'系相对于 S 系以 $-0.80c$ 的速度沿公共坐标轴 x、x'运动，以两坐标原点相重合时为计时零点. 现在 S'系中有一闪光装置，位于 $x'=10.0\text{km}$，$y'=2.5\text{km}$，$z'=1.6\text{km}$ 处，在 $t'=4.5\times10^5\text{s}$ 时发出闪光. 求此闪光在 S 系的时空坐标.

2. 在惯性系 K 中观测到两事件同时发生，空间距离相隔 1m，惯性系 K'沿两事件连线的方向相对于 K 运动，在 K'系中观测到两事件之间的距离为 3m. 求 K'系相对于 K 系的速度和在其中测得两事件之间的时间间隔.

3. 飞船以相对于地球为 $0.950c$ 的速率在宇宙中飞行，飞船上的观察者测得飞船的长度为 55.2m，问地球上的观察者测得该飞船的长度为多少？

4. 夫妻同龄，30 岁时生一子. 儿子出生时丈夫要乘坐速率为 $0.86c$ 的飞船去半人马座 α 星，并且立即返回. 已知地球到半人马座 α 星的距离是 4.31 光年，并假设飞船一去一回都相对地球作匀速直线运动. 问当丈夫返回地球时，妻子、儿子和丈夫各多大年龄？

5. 欧洲核子中心（CERN）测得以 $0.9965c$ 的速率沿圆形轨道运行的 μ 粒子的平均寿命为 $26.15\times10^{-6}\text{s}$. 求 μ 粒子的固有寿命.

6. 求火箭以 $0.15c$ 和 $0.85c$ 的速率运动时，其运动质量与静止质量之比.

7. 火箭静止质量 100 吨，速度为第二宇宙速度，即 11km/s. 试计算火箭因运动而增加的质量. 此质量占原有质量多大的比例？

8. 一核弹含 20kg 的钚，爆炸后生成物的静质量比原来小$\frac{1}{10^4}$.

(1) 爆炸中释放了多少能量？

(2) 如果爆炸持续 $1\mu\text{s}$，平均功率是多少？

9. 在聚变过程中四个氢核转变成一个氦核，同时以各种辐射形式放出能量. 氢核质量为 1.0081 原子质量单位，氦核质量为 4.0039 原子质量单位，试计算四氢核融合为一氦核时所释放的能量.（1 原子质量单位$=1.66\times10^{-27}\text{kg}$）

10. 一质量为 42 原子质量单位的静止粒子衰变为两个碎片，其一碎片静质量为 20 原子质量单位，速率为$\frac{c}{4}$，求另一碎片的动量、能量和静质量.

参考文献

东南大学等七所工科院校编，马文蔚改编. 2006. 物理学（上册）[M]. 5 版，北京：高等教育出版社

哈尔滨工业大学理论力学教研室. 2009. 理论力学（I） [M]. 7 版. 北京：高等教育出版社，2009.

金辰寿郎. 1985. 基础物理学 [M]. 王璐译. 北京：人民教育出版社

刘克哲，张承琚. 2005. 物理学（上卷）[M]. 3 版 . 北京：高等教育出版社

马文蔚，苏惠惠，解希顺. 2006. 物理学原理在工程技术中的应用 [M]. 3 版 . 北京：高等教育出版社

漆安慎，杜婵英. 2005. 普通物理学教程 力学 [M]. 2 版 . 北京：高等教育出版社

清华大学理论力学教研室. 1994. 理论力学（上册）[M]. 4 版 . 北京：高等教育出版社

冉崇喜. 1989. 普通物理学考题解 [M]. 长沙：国防科技大学出版社

王丽梅. 2011. 工科物理教程（少学时版）[M]. 北京：国防工业出版社

王青，戴剑锋，李维学. 2008. 物理原理与工程技术 [M]. 北京：国防工业出版社

谢传锋. 1999. 静力学 [M]. 北京：高等教育出版社 .

苑立波. 2009. "触摸"科学体验发现-物理原理展示 [M]. 北京：国防工业出版社

张达宋，李行一修订. 2008. 物理学基本教程（上册）[M]. 3 版，北京：高等教育出版社

赵凯华，罗蔚茵. 1995. 新概念力学 [M]. 北京：高等教育出版社

周雨青. 2010. 工科基础物理学（上册）[M]. 北京：清华大学出版社

Bueche F . 1978. 物理学导论 [M]. 殷大钧译. 北京：人民教育出版社

David Halliday，Robert Resnick，Jearl Walker. 2001. Fundamentals of Physics (Exlended) [M]. 6th ed. John Wiley & Sons. Inc

Ford W . 1982. 经典与近代物理 [M]. 高航译. 北京：人民教育出版社

French A . 1982. 振动与波 [M]. 徐绪笃译. 北京：人民教育出版社

Kelly J 等. 1997. 经典与近代物理学 [M]. 高物译. 北京：高等教育出版社

Richard P. Feynman，Robert B. Leighton，Matthew Sands. 2004. 费尔曼物理讲义. I卷（英文影印版）[M]. 世界图书出版公司

SINGER F L. 1975. Engineering Mechanics，Statics and Dynamics [M]. 3rd ed. New York：Harper & Row

纪念吴文俊先生诞辰100周年

国家出版基金项目
NATIONAL PUBLICATION FOUNDATION

The Complete Works of Wu Wen-Tsun

Mathematics Mechanization IV

吴文俊全集 · 数学机械化卷 IV

——几何定理机器证明的基本原理

吴文俊　著
高小山　编订

科　学　出　版　社
龍　門　書　局
北　京

内 容 简 介

本卷收录了吴文俊的《几何定理机器证明的基本原理》一书.书中论述初等几何机器证明的基本原理，证明了奠基于各种公理系统的各种初等几何，只需相当于乘法交换律的某一公理成立，大都可以机械化. 因此在理论上，这些几何的定理证明可以借助于计算机来实施. 可以机械化的几何包括了多种有序或无序的常用几何、投影几何、非欧几何与圆几何等.

全书共分六章. 前两章是关于几何机械化的预备知识，集中介绍了常用几何；后四章致力于几何的机械化问题. 第 3 章为几何定理证明的机械化与 Hilbert 机械化定理，第 4, 5 章分别为(常用)无序几何的机械化定理和(常用)有序几何的机械化定理，第 6 章阐述各种几何的机械化定理.

本书可供数学工作者和计算机科学工作者以及高等院校有关专业的师生参考.

图书在版编目（CIP）数据

吴文俊全集. 数学机械化卷. IV /吴文俊著；高小山编订. —北京：龙门书局，2019.5

国家出版基金项目

ISBN 978-7-5088-5553-0

I. ①吴… II. ①吴… ②高… III. ①数学理论-文集 IV. ①O1-53

中国版本图书馆 CIP 数据核字(2019) 第 074595 号

责任编辑：赵彦超 李 欣 / 责任校对：邹慧卿
责任印制：吴兆东 / 封面设计：无极书装

科学出版社 出版
北京东黄城根北街 16 号
邮政编码：100717
http://www.sciencep.com

北京虎彩文化传播有限公司 印刷
科学出版社发行 各地新华书店经销
*
2019 年 5 月第 一 版 开本：720×1000 1/16
2023 年 1 月第二次印刷 印张：15 3/4
字数：320 000

定价：128.00 元

(如有印装质量问题，我社负责调换)

编　者　序

中国现代数学的崛起，开始于20世纪初，经历了几代人坚苦卓绝的努力. 在这百年奋战中涌现出来的数学家中，吴文俊是最杰出的代表之一. 他早年留学法国，留学期间就已在拓扑学方面做出了杰出贡献，提出了后来以他的名字命名的“吴公式”和“吴示性类”. 回国后提出了“吴示嵌类”等拓扑不变量，发展了统一的嵌入理论. 他关于示性类与示嵌类的研究，已成为20世纪拓扑学的经典，至今还在前沿研究中使用. 20世纪70年代以来，吴文俊院士在汲取中国古代数学精髓的基础上，开创了崭新的现代数学领域——数学机械化. 他发明的被国际上誉为“吴方法”的数学机械化方法，改变了国际自动推理的面貌，形成了自动推理的中国学派，已使中国在数学机械化领域处于国际领先地位. 上述工作无疑属于 20 世纪中国数学赶超国际先进水平的标志性成果，而吴文俊院士博大精深的科学研究，除了拓扑学与数学机械化以外，还跨越了代数几何、博弈论、中国数学史、计算图论、人工智能等众多领域，并在每个领域都留下了这位多能数学家的重要贡献.

吴文俊先生是一位具有强烈爱国精神的数学家. 自 1950 年谢绝法国师友的挽留回到祖国后，半个世纪如一日，为在他深爱的中华故土发展数学事业而鞠躬尽瘁. 除了第一流的科研成果，吴文俊先生长期身处中国数学界领导地位，在团结带领整个中国数学界赶超世界先进水平方面，也做出了不可磨灭的贡献. 特别是，吴文俊先生在担任中国数学会理事长期间，领导中国数学最终成功地加入了国际数学联盟，此举大大提高了我国数学界的国际地位，同时也为我国成功举办 2002 年国际数学家大会铺平了道路.

吴文俊治学严谨，学术思想活跃，无论获得多么高的声誉，他总是勤奋地在科研第一线工作，一生积极进取，锲而不舍，不断取得新的成就. 在开始从事机器证明时，他已近花甲之年，从零开始学习编写计算机程序，每天十多个小时在机房连续工作，终于在几何定理机器证明这一难题上取得成功.

吴文俊先生为中国现代数学的发展建立了丰功伟绩，而他本人却始终淡泊、谦逊. 他处事公正豁达，待人充满善意，受过他帮助的人可以说不计其数. 正因如此，这位有着崇高国际声望而平易近人的学者，受到了每一个认识他的人格外的爱戴与尊敬.

2019 年 5 月 12 日是吴文俊先生百年诞辰. 为了纪念这个特殊的日子，我们编辑出版了《吴文俊全集》，通过系统地收录、整理吴文俊先生的学术著作和论文，纪念吴先生的学术思想及学术成就. 全集共计 13 卷, 包括拓扑学 4 卷、数学机械化 5 卷以及数学史、博弈论与代数几何、数学思想各 1 卷; 同时, 全集还设有附卷, 收录吴文俊先生的同事、学生和其他社会各界人士发表过的与吴先生有关的各类文献资料.

最后, 我们对在全集编辑中给予帮助的各位同事表示衷心感谢; 感谢国家出版基金对于全集出版的资助; 感谢科学出版社编辑人员在出版全集时认真细致的专业精神; 感谢相关出版与新闻机构在版权方面提供的帮助.

李邦河　高小山　李文林

2019 年 3 月

导　　言

几何学起源于观天测地这一类实践活动，这一点似已成为定论，无可置疑．但在总结各种经验，综合上升为理论，最后成为一门科学的过程中，却有着不同的方式、方法与途径．恩格斯说过，“纯数学的对象是现实世界的空间形式和数量关系”．古希腊时代，对待几何学就有两种不同的方法：一种可以欧几里得的《几何原本》为代表，把数量关系完全排除在外，而单纯追求各种几何事实间的逻辑关系，以此建立几何公理体系，成为数学中演绎推理方法的典范；另一种可以阿基米德的有关著作为代表，着重研究几何图形的数量特征或其量度，诸如圆周率、球面面积以及抛物线弓形面积的计算等等．尽管这二者各具特色，风格殊异，体现了几何发展中的两种不同体系，但都为数学发展作出了巨大贡献．

我国几何学的发展则是始终与数量关系形影不离的．诸如面积、体积的量度以及关于勾股定理的应用，在我国古代几何中一直占据着中心位置．那时我国没有陷入繁琐的成堆公理之中，而是提炼出几条一般原理，并以此作为广泛应用与推理论证的依据．例如，出入相补原理、体积理论中的刘徽原理以及与 16 世纪欧洲出现的 Cavalieri 原理相当的刘祖原理等．所谓阿基米德与欧几里得的两种不同体系，在我国古代几何中兼而有之．勾股定理自然地引起平方根的计算问题，而我国古代求平方根和立方根的方法，其步骤就是以出入相补原理为几何背景逐步索骥而得．由平方根和立方根的计算逐步发展为二次以至高次方程的解法及其理论，最后导致天元术的发现以及几何的代数化、多项式的运算与消去法等．本书所阐述的几何定理证明的机械化问题，从思维到方法，至少在宋元时代就有蛛丝马迹可寻．虽然这是极其原始的，但是，仅就著者本人而言，主要是受中国古代数学的启发．

在古代几何的发展中，由于对数量关系的不同认识而引起了各种倾向，直到 17 世纪解析几何的出现才得到了统一．这使得几何的问题可以用代数的方法来处理，以致可以避免欧几里得那种几何综合证法所需要的高度技巧．虽然几何综合方法以其直观引人入胜，且曾在 19 世纪有过一段复兴的时期，但终究难与解析几何的代数方法相匹敌．现代几何学的许多最重要的领域，例如微分几何与代数几何，往往一开始就假定了一个数系统（一般是一个数域，甚至是特殊的实数域与复数域），由此构成仿射空间或投影空间，然后用坐标或以函数与导数间的代数关系式来引进各种几何图形，如曲线、曲面及其几何关系等等. 纯正的从公理出发的综合方法只占据着一个较小的、主要是初等的角落，且应用这种方法往往是出于对几何学基础上的考虑才对公理间的逻辑关系进行细致的分析，并不是为了丰富几何学的具体内容而叠瓦添砖. 在数的基础上建立起整个几何学的大厦，看来已是大势所趋.

然而，尽管几何学可以从纯粹数量关系的形式上建立起来，但总不能不考虑几何的直观背景与来源，也不能不考虑它的基础问题. 如何从原始的现实形象提炼出一套几何学的公理系统（或若干原理），又如何从公理系统发展到坐标系统，使代数方法得以在几何中发挥作用，这些都是应当说明的问题. 对于称为欧几里得的那种常见常用的几何学，在 Hilbert 的《几何基础》（见 Hilbert[2]）这一经典著作中已经作了详尽的论述. 我们容易认为，从几何公理引入坐标建立解析几何是轻而易举的事情. 但这是由于我们运用了关于实数系统与初等几何的全部知识所产生的错觉. 事实上，这一过程是颇为曲折与艰难的，我们仅从 Hilbert 的书如何依据公理系统引入数系统再引入坐标的过程就可以看清楚. 在此过程中，Hilbert 所称的两条 Desargues 公理以及一条 Pascal 公理扮演了极其重要的角色，而且就像本书第 2 章和第 6 章所指出的那样，投影几何与仿射几何数系统的引入有很大的区别. 虽然这两者都只依赖 Desargues 公理（以及一些最简单的关联公理等）就可在各直线上引入彼此同构的数系统，但对于仿射几何，这些数系统之间有唯一确定(canonical)的同构关系，而投影几何则只能在所谓 Pappus 公理成立的假定下才能唯一确定这些同构. 一般的几何学著作，似乎都忽略了这一点，其原因之一可能是偏重于欧几里得传统，着眼于公理间的逻辑关系，而置数系统与坐标的引入于次要的地位，或直接从数系统出发建立几何学，而不再考虑几何对象的现实来源与公理基础. 把公理系统与数量关系之间的沟通作为探讨的主题，迄今为止，Hilbert 的书仍是最具代表性的著作. 由此还可看出，即使是人所熟知的那种投影几何与仿射几何，其坐标的引入也绝非如通常想象的那样简单. 至于奠基于种种不同的公理系统之上的各种不同几何，其数系统与坐标系统引入的困难程度，就更不难想象了.

不仅如此，即便从公理系统出发，到达了坐标系统并建立了相应的解析几何，使几何定理的证明完全化成纯代数问题，也并不见得就一定容易. 首先，由于解决这些代数问题的计算量往往过大，使人望而却步；其次，因为代表几何关系而出现的那些代数关系式往往杂乱无章，使人无所措手. 从这些杂乱无章的代数关系式中要找出一条途径，以到达要证明的那些关系式往往需要高度的技巧. 这只要翻阅一下过去的大量著作，例如 Salmon[1, 2, 3]等书就清楚了. 现在，由于计算机的出现，对繁杂的计算已经有了有效的处理办法. 因此，如何把杂乱无章的代数关系式整理得井然有序，使计算机得以发挥其威力，便成为整个问题的关键所在.

至此，几何定理的证明问题可以分成下面三个主要步骤：

第一步，从几何的公理系统出发，引进数系统与坐标系统，使任意几何定理的证明问题成为纯代数问题.

第二步，将几何定理假设部分的代数关系式进行整理，然后依确定步骤验证定理终结部分的代数关系式是否可以从假设部分已整理成序的代数关系式中推出.

第三步，依据第二步中的确定步骤编成程序，并在计算机上实施，以得出定理是否成立的最后结论.

我们称第一步为几何的代数化与坐标化，第二步为几何的机械化，至于第三步能否使用计算机作最后验证，完全依赖于第二步机械化之是否可能. 由于计算机只能识别有限的事物，因此一个先决条件乃是第二步中的代数关系式必须都以有限的形式出现. 所以，如果第二步中的代数关系式牵涉到连续、极限一类概念，甚至以超越函数的形式出现，即排除了使用计算机的可能性. 相反，如果这些代数关系式都是以多项式的形式出现，且其系数都是整数，则对于计算机的使用只是依据第二步中所确定的步骤编制程序的问题，不会有任何实质的困难. 如果一门几何可以找到这样三步（事实上只要前面两步即可）来完成定理的证明，我们就说这门几何可以机械化，并把可以机械化的这一结论称为机械化定理. 机械化定理是否成立，依赖于第一、二两步能否实现，而这两者完全是纯理论性的问题.

一门几何能否机械化，并不显然. 相反，由于通常的各种几何广泛使用了连续、极限一类概念，尤其是微分几何离不开函数与微分，因而从表面上看似乎不能使用计算机进行证明. 但事实上并非如此，其道理颇为深奥. 按 Hilbert 的《几何基础》，其重要的一点是说，通常几何的基础完全可以排除连续这样一类公理. 在该书俄译本 Rashevsky 所作的序言中，就曾明确指出了其中心思想，实质上就是几何学的发展可与连续公理无关. 在 Hilbert 的另一篇关于 Bolyai-Lobachevsky 非欧几何的文章(Hilbert [2])之末，也明确指出了这一点. 正因为如此，几何的公理、定理与证明，实质上都可以用有限次的构造步骤来叙述以至完成. 这也就提供了几何定理证明有可能机械化的依据. 就著者所知，最早的一条真正的机械化定理即见于 Hilbert 的《几何基础》一书. 本书第 3 章即致力于这一机械化定理的证明，并称之为 Hilbert 机械化定理，参见 Wu Wen-jun[4].

同样的论点也适用于微分几何. 如果抛开几何的实质，只从形式逻辑关系来考虑（定理的证明要求这一点已经足够），在微分几何的各种概念与定理的叙述中出现的那种函数与导数完全可以形式地来对待, 而不必考虑其是否与真正的连续性或极限过程有关. 因此, 即使是微分几何的定理证明, 也存在着通过有限次形式上的构造步骤借助于计算机来进行定理证明的可能性. 事实上, 情况也确实如此. 我们已经通过计算机证明了微分几何的某些定理, 而且在微型计算机上也做过一些试验, 参阅 Wu Wen-jun[2, 3]两文.

我们把几何按其是否涉及微分而粗略地分成两大类, 一类是微分几何, 另一类则是所谓的初等几何. 为方便, 现改称通常称为欧氏几何的那种初等几何为常用几何. 著者将陆续阐明各种几何机械化的理论与方法. 本书只论述初等几何机械化的基本原理, 在另一本与此并行的姐妹篇《几何定理机器证明的理论、方法与实践（初等几何部分）》中, 将阐明这一机械化理论与方法在计算机上的具体实施, 其中包括程序的编制、计算量的估计、具体定理的证明、新定理的发明以及几何的理论和方法对计算机使用效率的改进与各种应用等等. 在本人以后的有关书籍中则将致力于阐述微分几何的机械化问题以及各种有关的理论问题.

本书共分六章. 前两章是关于几何机械化的预备知识. 作为实例, 我们集中讨论常用几何, 即通常所称的欧几里得几何, 并详细说明从公理出发建立坐标系统的过程. 为简便起见, 只讨论平面情形; 又为了讨论有所遵循, 一切都围绕 Hilbert 所提出的五类公理进行（这五类公理是关联公理、次序公理、全合公理、平行公理与连续公理）. Hilbert 在建立常用几何时摒弃了连续公理, 但次序公理和关联公理则贯穿在他的整个体系中, 甚至全合概念与全合公理本身都不能独立于次序概念之外来叙述. 如何不依赖于次序概念与次序公理而较早地引入垂直、全合以及其他度量概念, 似乎为 Hjelmslev 首先提出, 并一直延续到 20 世纪五六十年代, 参阅 Bachmann[1] 以及 Klingenberg, Lenz, Reidemeister, Schülte, Sperner, Winternitz 等的著作. 他们的着眼点似在研究反映一些几何主要概念的不同公理组之间的逻辑依存关系. 与此相反, 本书的目的在于几何的机械化, 而不在于几何的公理化. 对于公理的独立性与相互依存问题不是我们的旨趣所在. 但是就机械化这一主题而论, 在机械化的理论与方法上有无次序公理却大不相同. 此外, 在一些现代几何, 例如代数几何中, 主要考虑的是复数域或特征为 0 的任意数域, 根本不存在任何次序关系. 即使在有次序关系的几何中, 真正涉及到次序关系的定理也并不占主要地位. 凡此种种, 说明在从公理出发建立几何时, 次序关系有必要退居较次要的地位, 为此, 在前两章建立常用几何的过程中, 次序关系尽量移后, 而逐步引入各种无序几何与有序几何. 在引入几何的数系统以完成前面第一步所说的代数化与坐标化时, 虽然仍像 Hilbert 一书那样, 主要依据以 Desargues 与 Pascal 命名的两条公理, 但已不再像 Hilbert 那样把次序公理掺杂其间. 此外, 我们又添加了一条无限公理，借以排除一切有限几何. 因为从机械化的角度来看，有限几何可以机械化是显然的.

本书的后四章致力于几何的机械化问题. 传统的欧几里得证明定理的方法要求对个别的定理寻求个别的证法，而且每一证明总是要求某种新的、往往是奇巧的想法（参阅 Kline[1]的 307—308 页，中译本的 II. 8）. 本书关于几何定理证明的机械化寻求的是一般方法，它不仅适用于个别的定理，而且适用于整个某一类型的定理，甚至可以说是某一种几何的所有定理. 只要依照书中所述的方法机械地进行，在有限步之后，就可对整个一类定理得到统一的证真或证伪，而无分难易. 要做到这一点，必须通过以数量关系为主的代数方法，而几何的代数化乃是关键性的一步. 这正好符合 Descartes 采用代数方法把推理程序机械化以致减小解题工作量的想法（见 Kline[1]），也正像早期的几何代数化天元术的创立者之一，我国元代朱世杰（13 世纪）在《算学启蒙》(1299)中说"以天元演之，明源活法，省功数倍". 总之，如果真能做到有效的机械化，则不妨借用 Chasles[1]269 页上的一句话："为几何巨厦添砖加瓦，从此就用不着天才那样的人物了."

并不是每一种几何或任意一类定理都能找到机械化的证法. 对于确实可以进行机械化证明的定理，我们提出三种不同的类型，它们可以用三种机械化方法来证明，并将分别在 3~5 章中讨论. 每一种类型都需假定第一步的代数化与坐标化已经完成，而且可把几何定理的证明问题化为一些代数关系式的处理问题. 第一种类型定理的特征是假设部分的代数关系式对于某些特定变量都必须是线性的. 这类定理包括所谓一类构造型的纯交点定理，其证明的机械化方法也见 Hilbert[1]. 为此我们称这一结果为 Hilbert 机械化定理. 第二种类型定理的特征是假设与终结部分的代数关系式都可以多项式的方程来表示. 这种类型定理的机械化证明方法在 Wu Wen-jun [2]一文中首先提出，并在多种计算机上实施过. 第三种类型定理的特征是假设与终结部分可以是任意的多项式等式或不等式，但其系数必须在一实闭域中，因而原来的几何必须有次序关系. 这种类型定理的机械化证法为 Tarski [1]给出，因而我们称相应的结果为 Tarski 机械化定理. 上述三种机械化定理各有其适用的范围，特别是第二与第三两种互不包含. 我们的机械化定理不适用于终结含有次序关系的那种定理的证明，而 Tarski 的机械化定理则只适用于几何数域为实闭域而不能适用于几何数域为复数域或其他一般数域的情形.从适用的角度讲，三者（各以 I, II, III 表示）的相互关系如图所示；就方法而论，则三者各异. 因而在所属范围互相重叠的那些部分，其定理可用几种

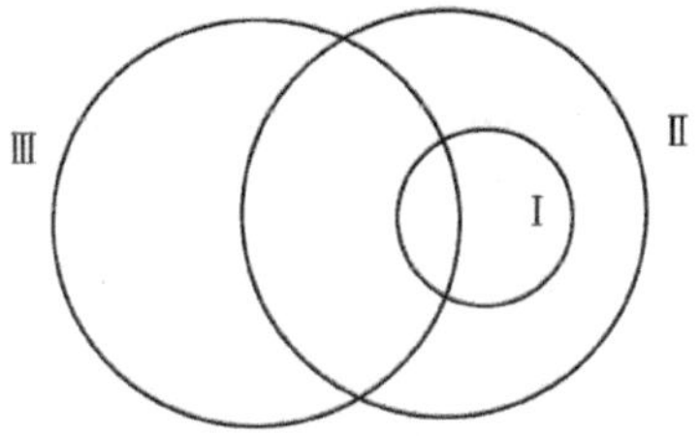

不同的机械化方法来证明. 就证明的效率来讲, I 最高, 即使用手算也可以证明颇不简单的定理. II 次之, 用手算虽难以见功, 但若使用计算机, 即使是一台微型的计算机也可以证明很不简单的定理. 至于 III, 则效率颇低, 迄今为止, 还没有听说过据之以证出什么稍有意义的定理来, 即使用大型快速的计算机也是如此.

由于 Hilbert 的机械化方法使用范围过狭, 而 Tarski 的机械化方法效率又过低, 故在本书的第 3, 5 两章对此分别作了简短的介绍. 重点是第 4 章. 这一章的机械化方法在理论上需要代数几何的帮助. 虽然现代的代数几何是当前数学中最活跃的分支, 但是却不合我们的需要. 原因是现代的代数几何几乎纯粹是存在性的, 而对于机械化的要求来说, 所提供的手段必须是构造性的, 只有这样才有可能将相应的步骤在计算机上逐一实现. 所幸的是, Ritt[1, 2]中早已发展了这种代数几何的构造性理论, 恰好符合我们的需要. 只是 Ritt 的论证使用了分析的方法, 而连续、极限等概念与机械化证法不相容, 所以必须进行适当的改造. 第 4 章中的部分内容即致力于此. 其中如多项式组的约化整序等概念与方法都出自 Ritt, 只是在叙述上有所不同. Ritt 方法还用于微分几何定理的机械化证明, 其简略的叙述见 Wu Wenjun[2, 3]. 对此, 著者在有关的书籍中将有更详尽的论证.

应用这几章的方法来考察几何, 则可证明在第 1, 2 章中通向常用几何的过程中所出现的各种无序的与有序的几何, 从所谓无序 Pascal 几何起, 其定理的证明都可机械化, 即相应的几何机械化定理成立. 在第 6 章中, 我们同样考察了与常用几何有别的一些几何, 如投影几何、双曲型与椭圆型非欧几何、Möbius 与 Laguerre 的两种圆几何学等, 证明了类似的机械化定理. 因为这些几何从公理化到坐标化的过程颇为冗长, 故不能像第 1, 2 章那样再作详细论证.

虽然本书展示了不少可以机械化的几何, 但绝不是任意一种几何都可以机械化, 关键在于 Pappus 或 Pascal 公理是否成立, 或几何数系统中的乘法交换律是否成立. 具体说来, 我们有下面的推测:

推测　Desargues 几何不能机械化.

但我们未能证明这一推测, 数理逻辑的专家们可能会作出正确的答案.

自著者在 1976 年和 1977 年之交发现本书第 5 章所示几何定理的机械化证明方法以来, 已经荏苒五年有余. 这期间, 著者受到了许多鼓励, 有时颇出本人意料之外的热心帮助. 由于人数太多, 无法一一列举, 现只略举三人.

在理论上著者深切感谢胡世华同志和王浩先生的鼓励与支持. 著者关于定理证明机械化的思想和方法与长期形成的传统思想方法相抵触, 如果当时不是胡世华同志从数理逻辑的角度伊始就予以首肯, 中途夭折也不是不可能的. 至于王浩先生, 他在机器证明上突破性的成就早已脍炙人口, 而其有关机器证明的一些精辟论点，更是发人深省. 诸如以量的复杂取代质的困难，以及基础机证与特例机证应有所区别等论点，都使著者在研究过程中深受启发.

孟繁书同志曾设法为著者在长城 203 台式计算机上进行实践提供了许多方便. 由于在那台计算机上进行了几个月的实践，才使著者有决心设法购取一台较现代化的台式计算机进行多种试验. 这些试验说明我们的方法可以付诸实践，而不致停留在纯理论上，成为纸上谈兵. 因此，特向孟繁书同志致以最深切的谢意.

吴文俊

目　　录

第1章　Desargues 几何与 Desargues 数系

1.1　常用几何的 Hilbert 公理系统

本书所称常用几何, 也就是通常的欧几里得几何.

Hilbert 的名著《几何基础》第一次为常用几何提出了一个完整的公理系统, 使常用几何从此有了一个真正严实的基础. Hilbert 的公理系统以一些不必要给以定义的基本概念作为讨论的目标. 这些基本概念分成两类 —— 基本对象, 即点、直线以及平面; 这些对象间的基本关系, 即属于、介于以及全合于. 它们服从若干公理, 并作为逻辑推理的出发点. Hilbert 把这些公理分成了五大类, 构成了足以完全地刻画常用几何的一个完备的公理系统. 这五类公理的名称如下:

HI 关联公理 (从属公理)

HII 次序公理

HIII 全合公理

HIV 平行公理

HV 连续公理

Hilbert 的主要目的在于对空间直观给以系统的逻辑分析. 为此, 他详尽地探究了一些公理之间的逻辑关系, 并提出了公理独立性的概念. 但实际上, Hilbert 在建立他的公理系统时并没有真正遵守他的公理独立性的要求. 例如第二类次序公理 HII 必须依赖第一类关联公理 HI 进行表达, 而第三类全合公理 HIII 又必须依赖第一类与第二类的公理才能表达. 在 1899 年《几何基础》第一版中罗列的那些公理并不是完全独立的, 有些公理就可以从其他公理推导出来. 只是在以后的几版中, Hilbert 对他的公理系统作了某些修改后, 才使得这种"多余"的公理不再出现. 为此使某些公理显得很不自然, 而且某些直观上极为显然的自明之理也必须从公理推导出来, 而这些推导往往是颇为繁琐冗长的. 我们认为, 仅仅为了减少几个公理而过分追求公理的独立性以致牺牲整个理论的简明性的做法是得不偿失的, 是不足取的. 对于本书的主题, 几何学的机械化说来, 更不能对公理之间的独立与否拘泥太甚.

与公理化的思想相反, Hilbert 的原著实质上已蕴含了与本书主题相符的几何学机械化的思想与方法. 这一点似乎还从来没有人明确地指出过, 甚至 Hilbert 本人对此是否有明确的认识也很难说. 本章以及第 2, 3 章中, 我们将说明 Hilbert 一书在几何学机械化方面所起的巨大作用.

虽然从我们的观点与目的来看并不认为 Hilbert 的公理系统是十分圆满的, 但我们仍将依照 Hilbert 原著第八版中修改过的公理系统罗列于下, 以作为本书今后讨论的依据. 同时, 为了简化我们的讨论, 罗列的公理将局限于平面常用几何. 因此, 其基本对象只有两种, 即点与直线. 此外, 为了简化语言的表达, 若非另有说明, 凡说到两个、三个 …… 点或直线时, 都指两个、三个 …… 互不相同的点或直线.

HI 关联公理 (从属公理)

基本关系为点属于直线. 我们也沿用习惯用语, 例如点在直线上、直线经过点、两点的连线、直线相交于一点等等. 公理为

I1　对任意两点 A 与 B, 恒有一直线 a, 既过 A 也过 B.

I2　对任意两点 A 与 B, 既过 A 也过 B 的直线最多只有一条.

I3　一直线上至少有两点, 至少有三个点不在同一条直线上.

依据 I1 和 I2, 由两点 A, B 所唯一确定的直线记为 AB. 两直线 l_1, l_2 相交于一点时, 其交点记为 $l_1 \wedge l_2$.

HII 次序公理

基本关系为一点介于两点之间, 或一点在两点之间. 对于平面的情形包括 Pasch 公理等四条. 依据这些公理可以定义线段、射线或半直线、折线、角, 又可推出直线上一点分隔直线成两侧, 平面上一直线分隔平面成两侧, 以及一角或一多边形分隔平面成内、外两部分等定理. 较详细的叙述可参阅第 2.5 节, 这里从略.

HIII 全合公理

基本关系为线段与角的全合或相等. 公理为

III1　设 A, B 是直线 a 上的两点, A' 是另一直线 a' 上的一点, 则在 a' 被 A' 所分成的任一射线上, 恒有一点 B', 使线段 AB 与 $A'B'$ 全合或相等, 记作

$$AB \equiv A'B'$$

III2　若两线段 $A'B'$ 与 $A''B''$ 都和另一线段 AB 全合, 则线段 $A'B'$ 与 $A''B''$ 也全合.

III3　设两线段 AB 与 BC 在同一直线 a 上, 无公共点. 又设两线段 $A'B'$ 与 $B'C'$ 同在这一直线 a 上或同在另一直线 a' 上, 也无公共点. 若

$$AB \equiv A'B' \qquad BC \equiv B'C'$$

则

$$AC \equiv A'C'$$

III4　设给定了一个角 $\measuredangle(h, k)$、一直线 a' 及其一侧, 又设 a' 上的一点 O' 及其所分成两射线之一 h', 则必恰有一条以 O' 为起点的射线 k', 使角 $\measuredangle(h, k)$ 与角

$\measuredangle(h',k')$ 全合或相等, 而且使角 $\measuredangle(h',k')$ 的内部在 a' 的给定的一侧, 记为

$$\measuredangle(h,k) \equiv \measuredangle(h',k')$$

又每一个角和它自己全合, 即

$$\measuredangle(h,k) \equiv \measuredangle(h,k)$$

III5　两个三角形 $\triangle ABC$ 和 $\triangle A'B'C'$, 若有下列全合式

$$AB \equiv A'B' \qquad AC \equiv A'C' \qquad \measuredangle BAC \equiv \measuredangle B'A'C'$$

则也恒有全合式

$$\measuredangle ABC \equiv \measuredangle A'B'C'$$

从这些公理以及 HI—HII 可以定义直角与垂直、线段与角的移置、线段与角的相加, 以及线段长短与角的大小的比较等概念.

从公理 HI—HIII 可以证明常用几何中那些有关全合三角形的定理、等腰三角形的定理、垂线的定理, 以及平分线段与平分角的定理等. 此外还可像欧几里得《几何原本》中那样证明一些不等关系的定理, 例如三角形的外角大于任一不相邻的内角, 以及三角形两边之和大于第三边等. 根据这些公理, HI—HIII 只能证明三角形三角之和必小于或等于两直角, 但不能证明必等于两直角.

HIV 平行公理

这类公理只有一条, 即所谓欧几里得公理: 设 a 是任一直线, A 是不在 a 上的任意一点, 则至多有一条直线通过 A 而不与 a 相交.

根据这一公理以及前述的全合等公理, 即可以知道通过 A 而不与 a 相交的直线不仅至多有一条, 而且恰有一条, 还可以证明三角形三内角之和等于两直角等一类定理.

由于以后我们将脱离全合公理或次序公理来进行讨论, 因而我们将对这一平行公理采取一种加强的形式, 这在 Hilbert 原书中记为平行公理 IV*, 我们将迳记为平行公理 IV, 述之如下:

IV　设 a 是任一直线, A 是不在 a 上的任意一点, 则恰有一条直线通过 A, 而不与 a 相交.

称两条不相交的直线 a, b 互相平行, 记作

$$a \parallel b$$

从公理 IV 可知, 两条直线都与第三条直线平行时, 这两条直线也互相平行.

HV 连续公理

不需要再引进新的基本关系, 公理共有两条:

V1(度量公理或阿基米德公理)　若 AB 和 CD 是两条任意线段, 从点 A 起始通过点 B 的射线上必有这样的有限个点: A_1, A_2, $\cdots$, A_n, 使得线段 AA_1, A_1A_2, $\cdots$, $A_{n-1}A_n$ 都和线段 CD 全合, 而使 B 在 A 和 A_n 之间.

V2(直线完全性公理)　一直线上的点所成的点集在保持直线上的次序, 第一条全合公理和阿基米德公理 (即公理 HI, HII, HIII1, HV1) 的条件之下, 不可能再行扩充.

以上五类定理对本书具有特殊意义的是第五类连续公理. 它包括两条公理, 即第一条的度量公理或阿基米德公理和第二条的直线完全性公理. 这一类公理讨论直观上连续的性质, 其作用正如 Hilbert 原书所说, 第一条公理是为连续的要求作准备, 而第二条公理则与其他公理一起, 是为了完成整个公理系统. Hilbert 还指出, 在他的《几何基础》一书的研究中, 主要用第一条阿基米德公理作根据, 而普遍地不假设第二条完全性公理. 事实上, 在该书的第一版中, 第五类连续公理只包括一条阿基米德公理, 只是在以后的几版中才添入了完全性公理. 这一完全性公理的添入是极为生硬的, 目的纯粹是为了填补平面或空间中的“空隙”, 并使所讨论的几何学唯一地成为通常的那种欧几里得几何学. 在 Hilbert 全书的讨论中, 不仅完全性公理不起任何作用, 而且 Hilbert 在建立他的有关几何学的重要理论时也避免使用第一条阿基米德公理. 因而 Hilbert 的欧几里得几何学实质上是一种非阿基米德的几何学. 在 Rashevsky 关于 Hilbert《几何基础》俄文版的序言中, 对此曾有精辟的论述.

指出这一点对于本书所阐述的几何学的机械化是极为重要的. 首先, 连续公理不可避免地要涉及直线或平面上所有点或无穷多个点的集合这一类概念. 另一方面, 在几何学的任一公理或定理的假设与终结中, 涉及的总是有限个点、直线或圆等等. 在一个证明过程中, 也无非是通过有限次的构造性的步骤, 迭次应用公理和已知定理于这些有限多个点、直线或圆上面, 使得论证得以从假设到达终结. 所谓定理证明的机械化乃是指对于某一类定理证明过程的构造性步骤可以通过一种确定的机械方式一步步地给出, 并足以保证在有限步骤之后, 或从假设到达终结, 或指出不可能到达终结. 这种机械的有限步骤在电子计算机上很容易实现, 这正是把证明过程机械化的目的所在. 由于电子计算机只能处理有限的事物, 所以定理叙述与定理证明的有限性也就成为能利用计算机的先决条件. Hilbert 在《几何基础》一书中避开连续公理来发展几何学的研究方式正好为几何学定理证明的机械化以及使用计算机进行这一工作排除了障碍, 为其成功提供了必需的先决条件.

事实上, Hilbert 自己就已给出了关于几何定理证明机械化的具体成果, 详见本书第 3 章. Hilbert 从他的公理系统出发, 不假助于连续公理, 达到了某种程度的机械化并获得了具体的机械化. 他的方法主要在于通过这些公理引进由几何所确定的数系统. 这一过程可以称为几何的代数化. 通过这种直线上的点与数系统的数之间的对应关系可以引进坐标. 这样, 几何的定理就变为代数关系式之间的定理, 后者证明的机械化问题表达起来就比较明确, 通常也易于解决. 这些代数关系式或者是坐标间的多项式等式, 或者是多项式不等式. 后者反映了几何中的某种次序关系. 但是, 除了平面的初等几何学定理以外, 一般说来真正考虑次序关系的定理是不多见的. 此外, 我们的机械化证明定理的方法在处理相当于多项式等式关系的那种几何定理时有很高的效率, 而在处理多项式不等式关系时则要复杂困难得多 (这是指计算上的复杂度与可行性), 因此, 在理论上就有理由避免使用次序公理以建立较一般的常用几何学. 为此, 在本章以下各节中, 我们将介绍与 Hilbert 公理系统稍有不同的公理系统, 它不仅避免使用连续公理, 也不利用次序公理. 在此公理系统上我们将建立起多种广义的常用几何. 本章以及下一章将说明这种几何如何从公理化走向代数化与坐标化, 而在以后几章中再来说明这种几何定理证明的机械化问题.

1.2 无限公理与 Desargues 公理

在下面所考虑的 (平面) 几何中, 仍以点与直线为基本对象, 点在直线上的关系为基本关系, 并将假定 Hilbert 的关联公理 HI 与平行公理 HIV, 但不引进任何有关次序的概念, 更不假定任何次序公理. 在这种几何中, 线段与射线等词是没有任何意义的, 因而角、三角形、多边形等词至少不能像通常那样来定义. 尽管如此, 我们仍可在这种几何中以另一种方式定义三角形与平行四边形的概念如下. 注意, 提到平行直线时, 总是指不相交也不相同的直线.

定义 1 依一定次序排列的三个点 A,B,C, 如果彼此不同且不在一直线上, 将构成一个三角形, 记作 $\triangle ABC$. 这时 A,B,C 称为这一三角形的顶点, 彼此的连线 AB,AC,BC 称为三角形的边. 对于两个三角形 $\triangle ABC$ 与 $\triangle A'B'C'$, 来说, 可以依照它们顶点的次序称 A,A'; B,B' 与 C,C' 是三组对应的顶点, 同样称 AB, $A'B'$; AC, $A'C'$ 以及 $BC,B'C'$ 为三组对应的边. 见图 1.1.

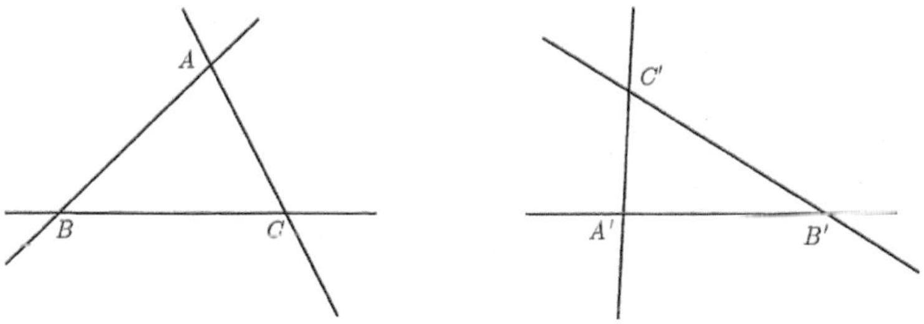

图 1.1

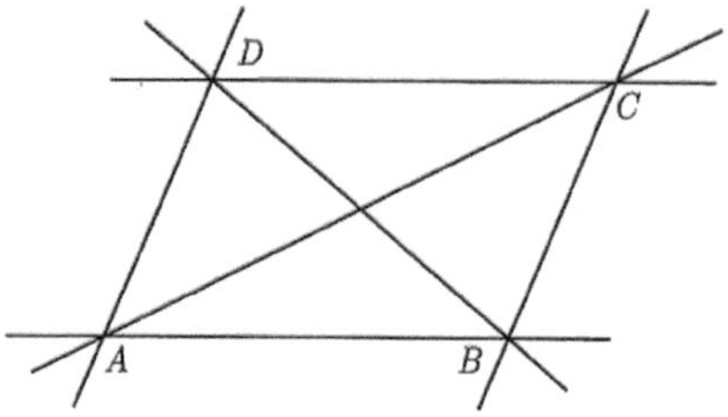

图 1.2

定义 2　依一定次序排列的四个点 A, B, C, D 将构成一个平行四边形, 记作 $\square ABCD$. 如果这四点彼此不同, 也没有三点在一直线上, 而且 A, B 的连线 AB 与 C, D 的连线 CD 平行, A, D 的连线 AD 也与 B, C 的连线 BC 平行, 即 $AB /\!/ CD, AD /\!/ BC$, 这时称 A, B, C, D 为 $\square ABCD$ 的顶点A, C 与 B, D 各为一对顶点. 称直线 AB, BC, CD, AD 为 $\square ABCD$ 的边, 其中 AB, CD 是一组对边, AD, BC 是另一组对边. 又 A, C 的连线 AC 与 B, D 的连线 BD 称为 $\square ABCD$ 的对角线. 见图 1.2.

从两点 A, B 出发, 至少可作出一平行四边形如次. 由公理 HI, 在直线 AB 外必另有一点, 例如 C. 依公理 HIV 可过 B 作直线平行于 AC, 也可过 C 作直线平行于 AB. 仍由公理 HIV, 这两直线不能平行而必相交于一点设为 D, 于是 $ABDC$ 即为一平行四边形.

作为次序公理的一种代替, 我们引入下述的无限公理.

无限公理 I　设直线 l 上任意两点 A_0, A_1, 任作 $\square A_0A_1BC$. 过 B 作直线 $BA_2 /\!/ CA_1$ 交 l 于 A_2, 作 $BA_3 /\!/ CA_2$ 交 l 于 A_3, 依次类推. 又过 C 作直线 $CA_{-1} /\!/ BA_0$ 交 l 于 A_{-1}, 作 $CA_{-2} /\!/ BA_{-1}$ 交 l 于 A_{-2}, 依次类推. 则无穷序列

$$\cdots A_{-2}, A_{-1}, A_0, A_1, A_2, \cdots$$

中无两点相同. 见图 1.3.

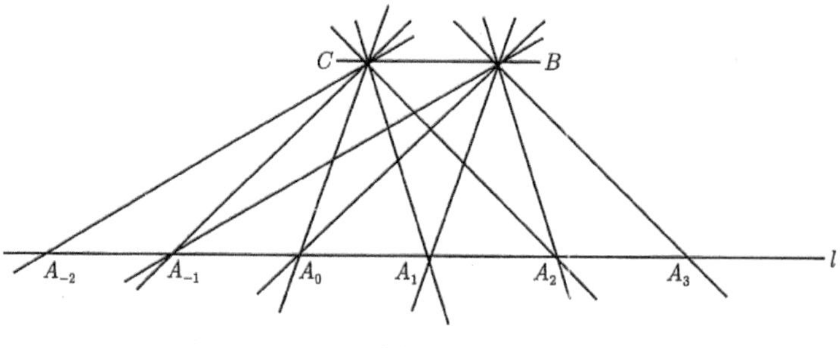

图 1.3

这一公理 I 有时也记为公理 D_∞. 又 $A_2 \neq A_0$ 这一部分相当于 $\square A_0A_1BC$ 的对角线必相交, 在文献中称为 Fano 公理.

公理 I 保证了平行四边形的对角线必相交, 也保证了直线与平面上必有无穷多个点. 由此还易知, 过任意一点也有无穷多条不同的直线.

除上述无限公理 I 外, 我们还将引入两条以 Dasargues 命名的公理, 这两条公理对于建立几何的代数化进而机械化起着决定性的作用. 公理的叙述如下.

Desargues 公理 $\mathbf{D_1}$ 设两三角形 $\triangle ABC$ 与 $\triangle A'B'C'$ 的三组对应边互相平行, 即

$$AB \mathbin{/\!/} A'B' \qquad AC \mathbin{/\!/} A'C' \qquad BC \mathbin{/\!/} B'C'$$

则三组对应顶点的连线 AA', BB', CC' 互相平行或相交于一点.

Desargues 公理 $\mathbf{D_2}$ 设两三角形 $\triangle ABC$ 与 $\triangle A'B'C'$, 若它们有两组对应边互相平行, 例如

$$AB \mathbin{/\!/} A'B' \qquad AC \mathbin{/\!/} A'C'$$

又三组对应顶点的连线互不相同而互相平行或相交于一点, 则这两个三角形的第三组对应边也互相平行, 即

$$BC \mathbin{/\!/} B'C'$$

见图 1.4.

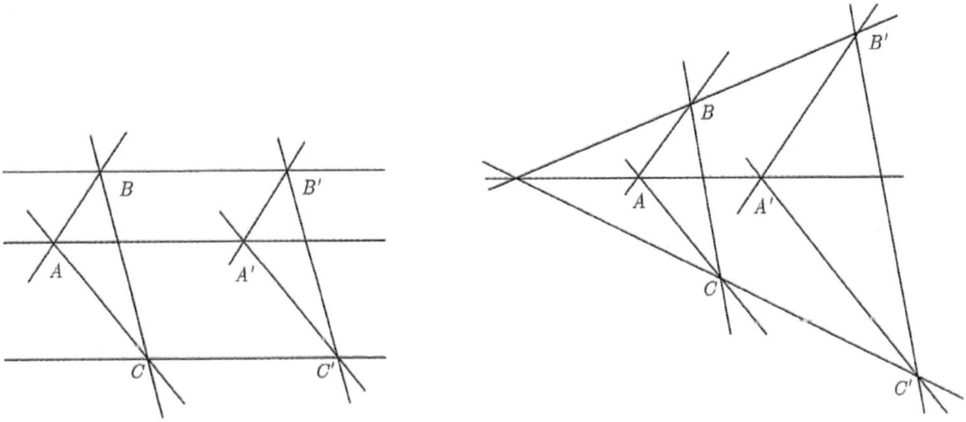

图 1.4

显然, 这两条 Desargues 公理 D_1 与 D_2 并不是互相独立的, 即在其他公理 HI, HIV 与 I(或 D_∞) 成立的假定之下, D_1 与 D_2 可互相推导而得.

两条 Desargues 公理的一个直接推论是可以引入中点与对称点的概念, 其法如下.

如图 1.5, 设直线 l 上任意两点 A, B. 如前任作 $\square ABDE$. 过 D 作 BE 的平行线于 l 交于 C. 依无限公理 I, C 与 A 不同. 应用 Desargues 公理可证 C 点与 $\square ABDE$ 的作法无关, 证之如次.

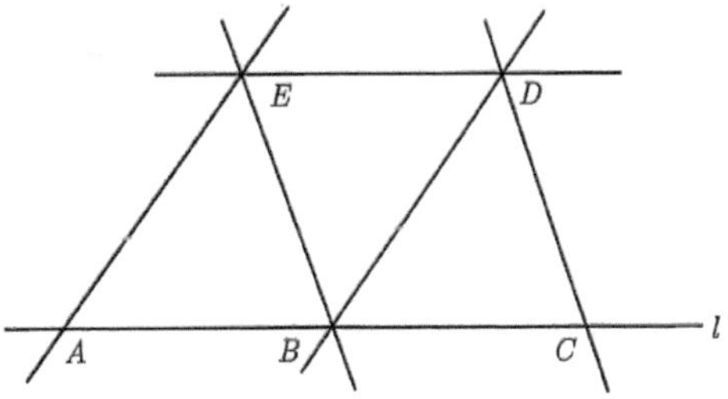

图 1.5

设 $ABD'E'$ 为另一平行四边形, 并作 $D'C' \mathbin{/\!/} E'B$ 与 l 交于 C'. 需证 $C'=C$. 现试就几种不同情形分别进行讨论.

先设直线 AE' 与 AE 不同，且设 E, B, E' 不在一直线上，EE' 也不平行于 l，见图 1.6. 此时 $DE, D'E', l$ 彼此不同且互相平行. 又 A, E, E' 不在一直线上，因而成一三角形. 由公理 HIV 知 B, D, D' 也不在一直线上而成一三角形. 今应用 Desargues 公理 D_2 于 $\triangle AEE'$ 与 $\triangle BDD'$，可知 $EE' /\!/ DD'$. 又因 B, E, E' 不在一直线上而成一三角形，因而由公理 HIV，C, D, D' 也不在一直线上而成一三角形. 今再应用 Desargues 公理 D_2 于 $\triangle BFE'$ 与 $\triangle CDD'$，即知 $D'C /\!/ E'B$. 于是仍由公理 HIV 知 $D'C$ 与 $D'C'$ 两直线相同，而 C 与 C' 重合.

其次设 AE' 与 AE 仍为不同直线，而 E, B, E' 在一直线上，见图 1.7. 则如前仍有 $DD' /\!/ EE'$. 因而直线 $D'C'$, DD' 与 DC 都相同，而仍有 $C'=C$.

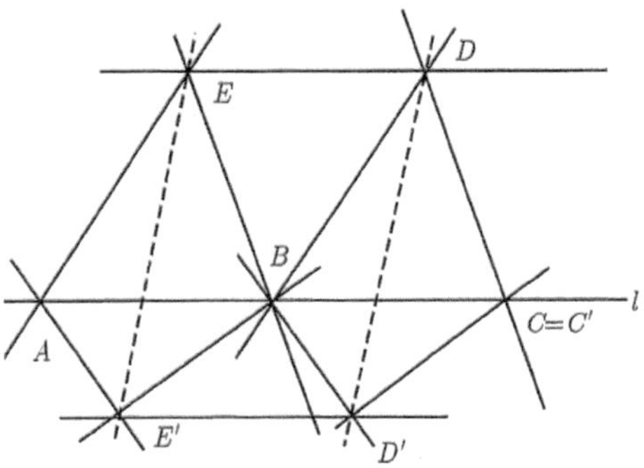

图 1.6

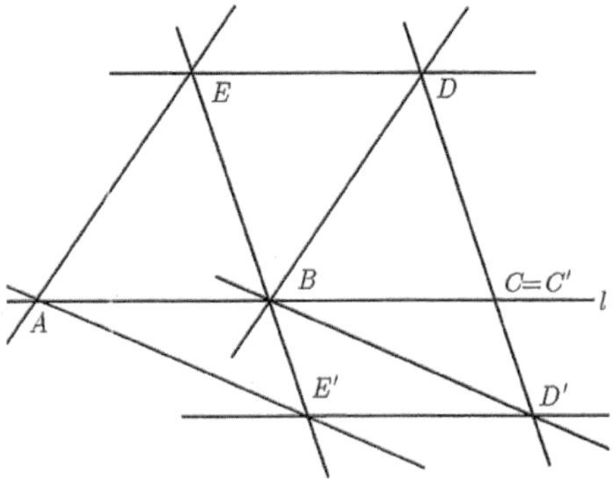

图 1.7

最后设直线 AE' 与 AE 相同 (图 1.8)，或虽不相同而 $EE' /\!/ l$(图 1.9). 不论何时恒可过 A 作一不同于 AE, AE' 与 l 的直线并在上取一不同于 A 且使 EE'', $E'E''$ 都不平行于 l 的点 E''. 补作 $\square ABD''E''$，又作 $D''C'' /\!/ E''B$ 而与 l 交于 C''. 把前已证明的情形用于 $\square ABDE$ 与 $\square ABD''E''$，可知 $C''=C$. 又用于 $\square ABD'E'$ 与 $\square ABD''E''$，可知 $C''=C'$，因而 $C'=C$. 如所欲证.

我们不惮其烦地详细写出上面的证明，其理由将在第 3.1 节中说明.

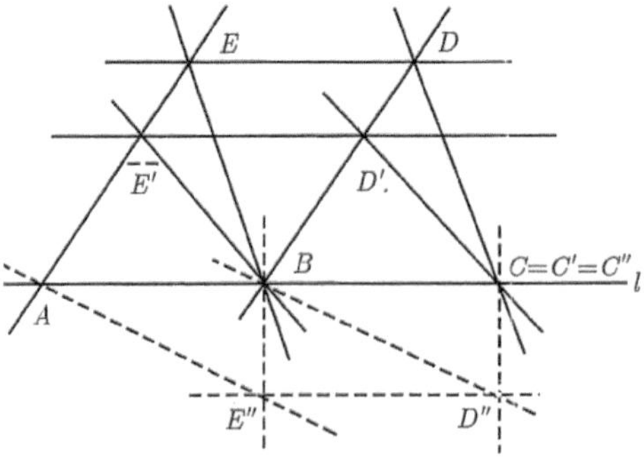

图 1.8

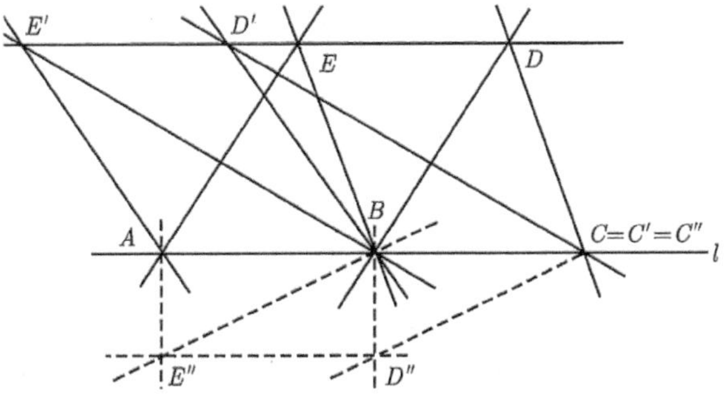

图 1.9

由上所证可知下面的定义是合理的.

定义 3　对于直线 l 上任意两点 $A\neq B$ 作 $\square ABDE$, 并作 $DC/\!/EB$ 而与 l 交于 C, 则 C 点与 $\square ABDE$ 的作法无关, 而称 C 为 A 对 B 的对称点. 此外又称任意一点为此点对其自身的对称点.

由此定义容易证明：若 C 是 A 对 B 的对称点, 则 A 也是 C 对 B 的对称点. 又若两直线 l, l' 相交于 A, B, B' 各为 l, l' 上与 A 不同的点, 而 C, C' 各为 A 对 B 与 A 对 B' 的对称点, 则 CC' 必与 BB' 平行.

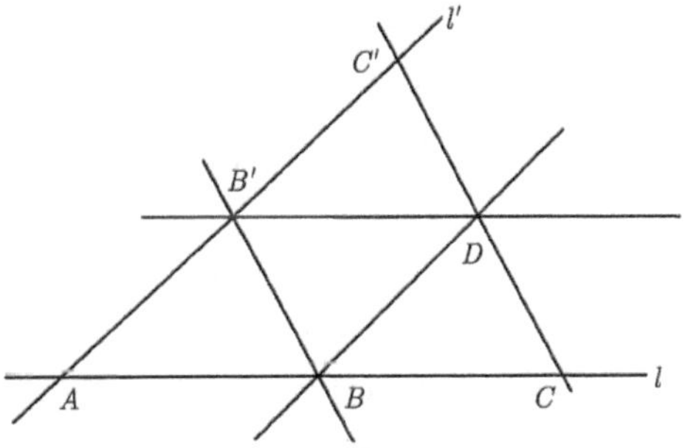

图 1.10

证明由图 1.10 自明, 其中 $ABDB'$ 是平行四边形.

今引进两点的中点概念如下.

如图 1.11 仍设直线 l 上任意两点 A 与 B. 过 A 任作一不同于 l 的直线 l', 并在上任取一不同于 A 的点 M'. 作 A 对 M' 的对称点 B'. 过 M' 作 BB' 的平行线与 l 交于 M. 试证 M 与 l' 以及 M' 的选择无关如次.

首先注意 A 对 M 的对称点即为 B, 盖设 A 对 M 的对称点为 $\overline{B}$, 则由前应有 $B'\overline{B}/\!/M'M$. 故两直线 $B'\overline{B}$ 与 $B'B$ 相同, 因而 $\overline{B}=B$, 即 A 对 M 的对称点为 B.

为证 M 与 (l', M') 的选择无关, 可设 l'' 是又一与 l 不相同的直线, 而 M'' 是其上不同于 A 的任一点 (l'' 也可与 l' 相同). 参见图 1.11 与 1.12. 作 A 对 M'' 的对称点 B'', 则因 A 对 M 的对称点为 B, 故由前有 $B''B/\!/M''M$. 因而从 (l'', M'') 将与从 (l', M') 导致同一点 M, 即所欲证.

依据上述证明, 下面的定义是合理的.

定义 4　设直线 l 上两点 A, B. 过 A 任作不同于 l 的直线 l', 于其上任取不同于 A 的点 M'. 作 A 对 M' 的对称点 B', 并过 M' 作 $M'M/\!/B'B$ 与 l 交于 M, 则

M 与 l', M' 的选择无关, 称它为 A 与 B 的中点. 又定义相同两点的中点为该点自身.

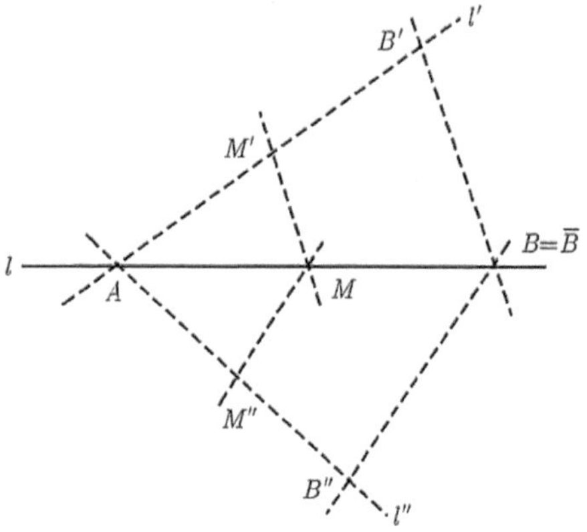

图 1.11

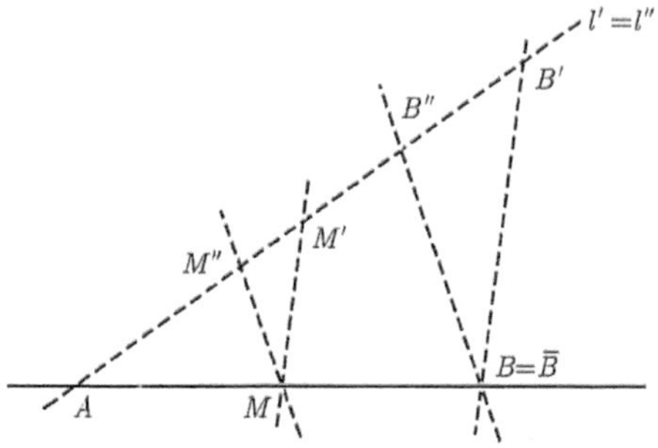

图 1.12

由以上定义易证 A,B 的中点也即是 B,A 的中点. 又设三角形 $\triangle ABC$. 若 A,B 的中点为 M, 而 A,C 的中点为 N, 则 MN 必平行于 AB.

定理 1 平行四边形的对角线必相交且互相平分, 即两对角线的交点为两对对顶点的共同中点.

证 如图 1.13, 设 $\square ABCD$, 由公理 I, 其对角线 AC, BD 必相交. 设其交点为 M. 过 B,C 各作 AC, BD 的平行线相交于 E. 应用 Desargues 公理 D_1 于 $\triangle AMD$ 与 $\triangle BEC$, 即知 $ME /\!/ AB /\!/ CD$. 由于 $AMEB$, $MCEB$ 都是平行四边形, 故 C 是 A 对 M 的对称点或 M 是 AC 的中点. 同样 M 也是 BD 的中点或 AC, BD 互相平分于交点 M. 如所欲证.

易见上定理之逆也成立, 即有下面的定理.

定理 2 设四点 A, B, C, D 彼此不同且无三点在一直线上. 若 A,C 的中点与 B,D 的中点相同, 则 $ABCD$ 是平行四边形.

依据中点与对称点的那些结果, 可知无限公理 I(或 D_∞) 中由 A_0, A_1 所定的点 $A_n (n=\pm 1, \pm 2, \cdots)$ 也可用下面的方式确定:

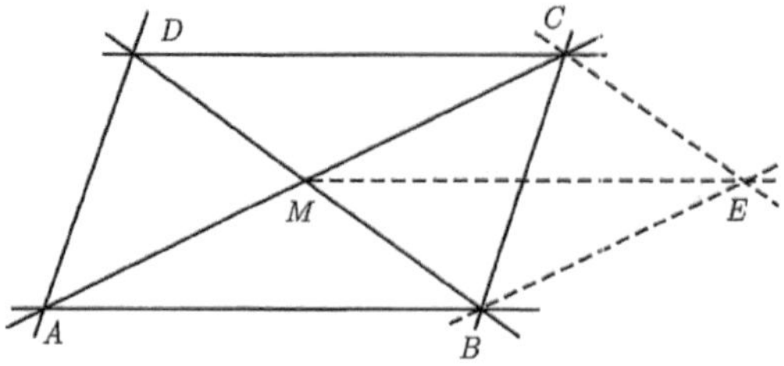

图 1.13

如图 1.14, 任作 $l' /\!/ l$, 又任作 $A_0B_0 /\!/ A_1B_1$ 并与 l' 交于 B_0, B_1. 过 B_1 作 $B_1A_2//B_0A_1$ 交 l 于 A_2, 过 A_2 作 $A_2B_2 /\!/ A_1B_1$ 交 l' 于 B_2, 又过 B_2 作 $B_2A_3 /\!/ B_1A_2$ 交 l 于 A_3, 依次类推得点 $A_2, A_3, A_4, \cdots$. 其次过 B_0 作 $B_0A_{-1} /\!/ B_1A_0$ 交 l 于 A_{-1}, 过 A_{-1} 作 $A_{-1}B_{-1} /\!/ A_0B_0$ 交 l' 于 B_{-1}, 又过 B_{-1} 作 $B_{-1}A_{-2}$ 交 l 于 A_{-2}, 依次类推得点 $A_{-1}, A_{-2}, A_{-3}, \cdots$

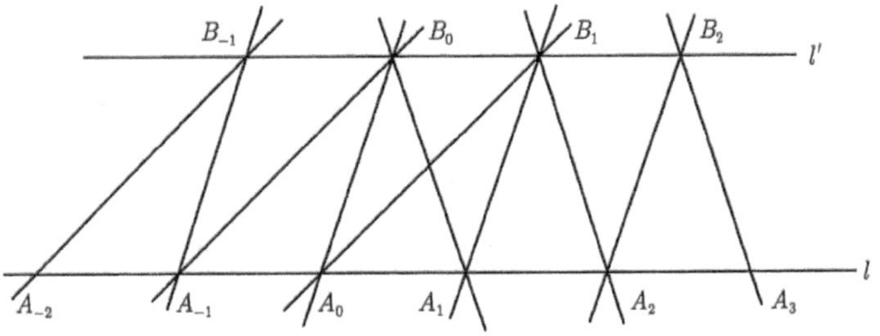

图 1.14

易见诸点 A_n 与公理 I 中所得者相同, 也可由现在的作法所得诸不同点作为公理 I, 依此则可以引进对称点与中点的概念并证明原来公理中的点 A_n 与此处相同. 总之, 在公理 HI, HIV 与 D_1, D_2 的假定下, 无限公理 I 的两种叙述方法是等价的.

1.3 Desargues 平面中的有理点

上节引进了无限公理 D_∞, 以及 Desargues 公理 D_1, D_2, 由此导出了中点与对称点的概念 (在 HI, HIV 成立的假定下). 考虑上节开首时无限公理 D_∞ 的附图, 显然有 A_1 是 A_0 与 A_2 的中点, A_2 是 A_1 与 A_3 的中点, 又 A_0 是 A_{-1} 与 A_1 的中点等等. 本节将进一步探讨这类关系.

定义 1 公理 D_∞, D_1, D_2 总称为 D, 满足 Hilbert 关联公理 HI、平行公理 HIV, 公理组 D 的点与直线的全体称为构成一个 Desargues *平面*, 相应的几何称为 Desargues(*平面*) *几何*.

在 Hilbert 原来的公理系统中, 全合关系是一种不加定义的基本关系. 在 Desargues 几何中, 既未引入全合作为基本概念, 更不假定任何全合公理, 但仍可在任一直线上定义全合关系与某种*加法*, 使序列 (见上节无限公理 I 或 D_∞ 的附图)

$$\cdots A_{-n}, \cdots, A_{-1}, A_0, A_1, A_2, \cdots, A_n, \cdots$$

与整数序列有某种同构关系, 述之如下.

首先, 任意两个有先后次序的点 A, B 不论其相同与否, 都称为一个*点偶*, 记作 (AB). 在 A 与 B 不相同时, 定义点偶 (AB) 的*中点*为 A 与 B 的中点, 而在 A 与 B 相同时, 点偶 (AB) 的*中点*定义为 A. 今在直线上定义一全合概念如下.

定义 2 设直线 l 上有 A, B, C, D 四点. 不论这四点是否有相同者, 若点偶 (AD) 与 (BC) 有相同的中点, 则称点偶 (AB) 与 (CD)全合, 记作

$$(AB) \equiv (CD)$$

显然依据中点的简单性质, 直接从此定义可知 $(AB)\equiv(CD)$ 时, 也有

$$(AC) \equiv (BD)$$

又设在直线 l 上 A, B, C 为已给定的三点时, 不论有无相同者, 使 $AB\equiv CD$ 的 D 点将唯一地由 A, B, C 所确定. 点 D 也可由下法作出.

在 $B = A$ 时, 显然有 $D=C$, 在 $C=A$ 时, 也显然有 $D=B$, 故以下将设 B, C 都不同于 A. 此时因 $B \neq A$, 故可作 $\square ABB'A'$. 过 B' 作 $B'D \parallel A'C$ 与 l 交于 D, 于是这一 D 点即为所求使 $(AB)\equiv(CD)$ 的点. 证之如次.

先设 $C=B$, 则依中点定义 C 为 A, D 的中点, 也是 (BC) 的中点. 因而 $(AB)\equiv(CD)$, 而 D 即为所求. 如图 1.15.

今设 $C \neq B$, 而命 B, C 的中点为 M. 若 $M=A$, 则 $B'D \parallel A'C$ 而与 $B'A$ 相同, D 也与 A 相同, 而 (AD) 的中点亦为 M. 因而 $(AB)\equiv(CD)$, 而 D 即为所求. 如图 1.16.

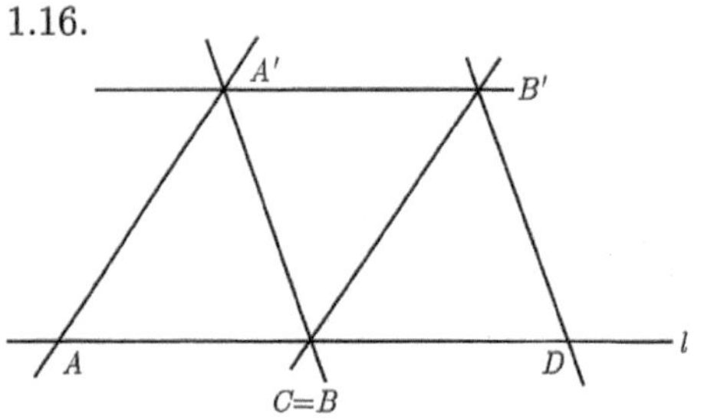

图 1.15

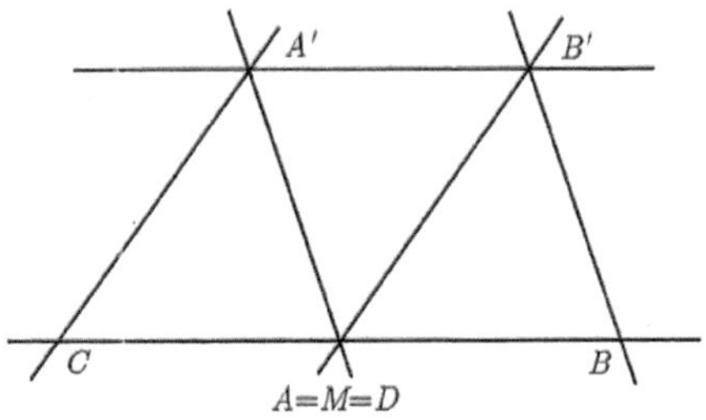

图 1.16

最后设 $C \neq B$ 且 B, C 的中点 $M \neq A$. 如图 1.17 作 $\square A'B'DC$ 的对角线 $A'D$ 与 $B'C$ 交于点 N, 则由上节定理 1, N 是 B', C 也是 A', D 的中点. 从 $\triangle BCB'$ 可知 $MN \parallel BB'$, 因而 $MN \parallel AA'$. 从 $\triangle ADA'$ 知 M 也是 A, D 的中点. 故依定义 $(AB)\equiv(CD)$, 而 D 为所求. 证毕.

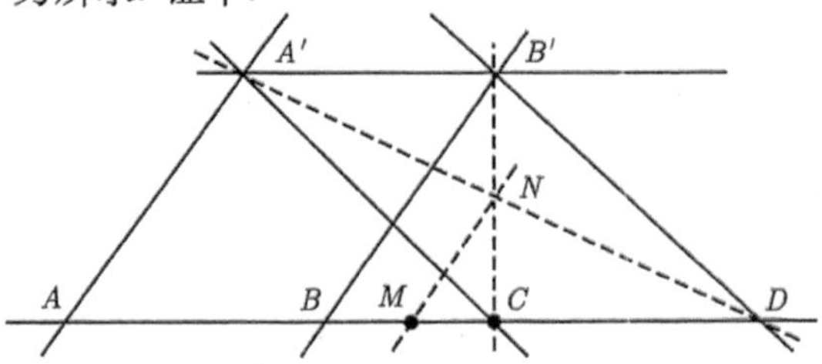

图 1.17

上述证明颇为繁琐, 有兴趣的读者可见第 3.1 节.

从这一证明与定义本身易见全合关系的自反性、对称性与传递性. 换言之, 有下述定理:

定理　直线上点偶的全合关系 $\equiv$ 是一等价关系.

以下将引进点偶的加法. 为此先证下面的引理:

引理　设同一直线 l 上有 A, B, C, D, E, F 等点, 其中

$$(AB) \equiv (DE) \qquad (BC) \equiv (EF)$$

则不论这些点有无相同, 都有

$$(AC) \equiv (DF)$$

证　如图 1.18, 在 A, B, C 都不相同时, 可作 $\square ABB'A'$, $\square BCC'B'$. 则依全合作法 $A'DEB', B'EFC'$ 都是平行四边形. 由此知 $ACC'A', DFC'A'$ 都是平行四边形. 因而仍由全合作法知 $(AC)\equiv(DF)$.

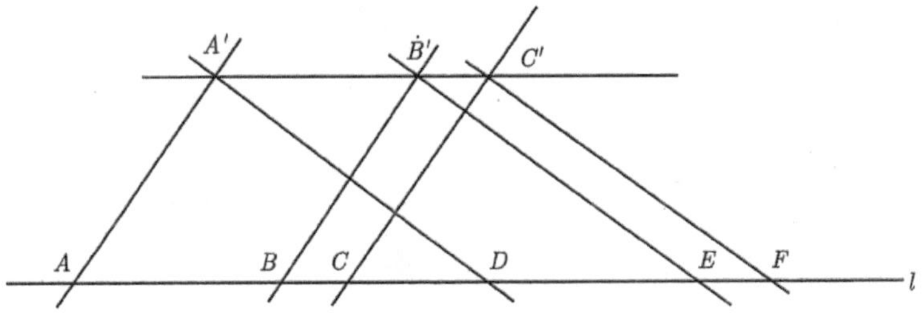

图 1.18

当 A, B, C 有相同者时, 逐个检查可知仍有 $(AC)\equiv(DF)$. 虽然我们略去了这一繁琐的检查, 但它却是必要的, 请见第 3.1 节.

基于上述引理, 下面的定义是合理的.

定义 3　在直线 l 上固定一点 A_0, 对 l 上任意两点 R, S 作 T, 使 $(ST)\equiv (A_0R)$, 则称点偶 (A_0T) 为点偶 (A_0R) 与 (A_0S) 的和, 记作

$$(A_0T) = (A_0R) + (A_0S)$$

对于固定的 A_0 而言, 上式也简记为

$$T = R + S$$

称 T 为 R 与 S 的和(相对于固定的 A_0 而言).

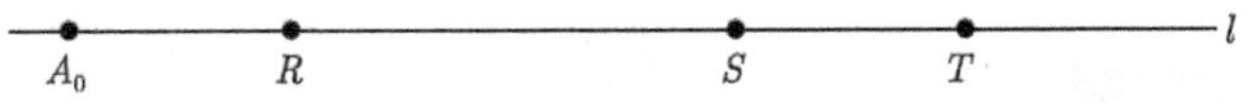

图 1.19

由此定义, 特别有 (对 A_0 而言)

$$R = A_0 + R$$

上节开始曾由直线上 A_0, A_1 两点作出直线上的无穷个点的序列

$$\cdots A_{-n}, \cdots, A_{-1}, A_0, A_1, A_2, \cdots, A_n, \cdots$$

依据上面点偶加法的定义容易证明, 若令 (A_0A_n) 与整数 n 相对应, 则 (A_0A_n) 之间的加法与整数之间的加法相对应, 即

$$(A_0A_n) + (A_0A_m) = (A_0A_{n+m})$$

或对固定的 A_0, A_1 而言, 即

$$A_n + A_m = A_{n+m}$$

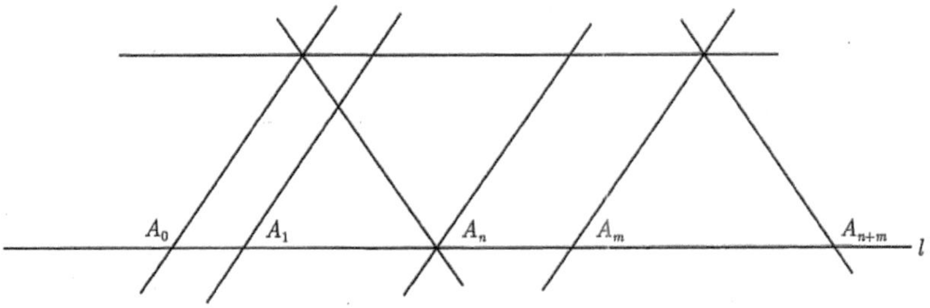

图 1.20

不仅如此, 我们可对任意有理数 $r = p/q(p, q$ 为整数, q 为正整数) 在 l 上作一点 A_r, 使 (A_0A_r) 与 r 对应时仍能保持其加法关系 (r, s 为任意有理数):

$$(A_0A_r) + (A_0A_s) = (A_0A_{r+s})$$

或相对于固定的 A_0 而言, 可简写为

$$A_r + A_s = A_{r+s}$$

如图 1.21, 过 A_0 任作一与 l 不同的直线 l', 并在上任取一不同于 A_0 的点 A_1', 又记 A_0 为 A_0'. 从 A_0', A_1' 出发如上节无限公理 D_∞ 附图所示作序列

$$\cdots A'_{-n}, \cdots, A_{-1}, A_0', A_1', \cdots, A_n', \cdots$$

连 A_1A_q'. 作 $A_n'B_n \,/\!\!/\, A_q'A_1$ 与 l 交于 B_n. 则易知 B_p 与 l' 以及 A_1' 的选择无关, 且与 $r = p/q$ 的表达形式无关, 故可记 B_p 为

$$A_r = A_{p/q} = B_p$$

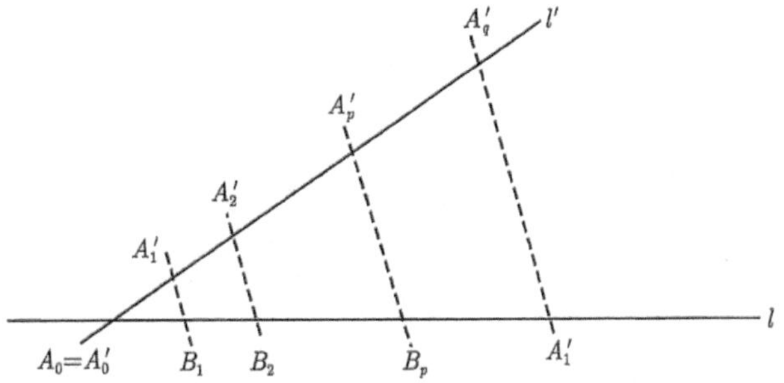

图 1.21

定义 4　$r=p/q$ 为有理数时, $A_{p/q}$ 称为有理地依赖于A_0, A_1 的点.

依照这一定义,

$$A_{p/q} \to p/q$$

在有理地依赖于 A_0, A_1 的点的全体与有理数的全体之间建立了一一对应关系. 在这一对应下, 相对于给定的 A_0, A_1 而言, A_r 之间的加法与有理数之间的加法相对应. 如果定义 A_r 与 A_s 的乘积为 A_{rs}(仍相对于 A_0, A_1 而言), 则这些点之间的乘法也与有理数之间的乘法相对应, 且这些点之间的加法和乘法保持了与有理数的加法和乘法相应的一切运算规则, 特别是 A_0 对应于 0, 而 A_1 对应于 1.

在有理数之间有大小的关系, 使有理数集合成一有序集合, 而在次序以及加法和乘法之间遵守着通常的那些关系. 由此, 在对应 $A_{p/q} \to p/q$ 之下, 在有理依赖于 A_0, A_1 点的全体之间, 也可依相应有理数的大小引入次序概念, 使遵守通常的那些次序关系. 特别是这些有理地依赖于 A_0, A_1 的点、除 A_0, A_1 自身外, 可分成两部分: 一部分在 A_0, A_1之间, 即相应有理数 r 大于 0 且小于 1 的那种点 A_r, 称为有理线段A_0A_1内部的点; 另一部分是不在 A_0, A_1 之间或 r 小于 0 或 r 大于 1 的那种点 A_r, 称为有理线段 A_0A_1外部的点. 总之, 对任意三个有理地依赖于 A_0, A_1 的点 A_r, A_s, A_t, 可依有理数 r, s, t 的大小, 定义其中一点在其他两点之间的次序关系. 这种在 …… 之间的关系满足 Hilbert 在有关直线上的那些次序公理, 但只局限于有理依赖于 A_0, A_1 的那些点. 应该着重指出: 在本节所说的 Desargues 几何中, 直线上的任意三点并不能引入满足 Hilbert 次序公理的那种次序关系.

从直线上点的有理依赖性出发, 对平面上任意三个不同在一直线上的点 A, B, C, 也容易定义有理依赖于它们的点: 先在直线 BC 上任取一有理依赖于 B, C 的点 D, 再在直线 AD 上任取一有理依赖于 A, D 的点 E, 于是 E 即是一有理依赖于 A, B, C 的点. 容易证明, 除了那些在三角形 ABC 的边线 AB, AC, BC 上者外, 所有有理依赖于 A, B, C 的点可分成三角形的内部与外部两部分, 称为三角形 ABC 的有理内部与有理外部. 它们具有通常几何中三角形内部与外部的那些性质. 虽然对于平面上的全体点来说相应的 Pasch 公理不一定满足, 甚至没有意义, 但同样可证明有理

依赖于 A,B,C 的点满足三角形 ABC 的所谓 Pasch 公理.

对于一个平行四边形来说, 我们也可定义这一平行四边形的*有理点*, 并可证明不在平行四边形四条边上的那些有理点可分成*有理内部*与*有理外部*两部分, 并且满足通常几何中由次序公理导出的有关平行四边形内外的那些性质.

以上许多论断的证明是容易的, 这里一概从略.

1.4　Desargues 数系与有理数子系

一个满足公理 HI, HIV 和 D 的点与直线构成一个 Desargues 平面. 上节, 我们已证明在 Desargues 平面上的任一直线上确定了两点以后, 即可确定无穷多个点与有理数系相对应, 使所设两点各对应于 0 与 1. 但直线上除了这些点以外, 一般还有其他的点. 以下各节, 我们将证明直线上点的全体在任意取定两点以后, 可引进某些运算, 使之与某一具有特定性质并包含有理数在内的数系统相对应, 称之为 Desargues *数系*. 它将与 Desargues 平面有机地联系且为其唯一确定. 为此先定义 Desargues 数系如下:

定义　假设一个集合 $\mathbf{N}$, 其中元素之间有两种二元运算*加法*与*乘法*, 满足以下 1—12 诸公理, 则称 $\mathbf{N}$ 为一个 Desargues *数系*, $\mathbf{N}$ 中的元素称为数.

公理分成三类.

第一类: 关联公理 (N1—N6)

N1　有一个二元运算, 称为*加法*(+). 对于任二数 $a,\ b\in\mathbf{N}$, 有一个确定的数 $c\in\mathbf{N}$, 记作

$$c=a+b \text{ 或 } a+b=c$$

N2　对任两数 $a,b\in\mathbf{N}$, 恰有一个数 $x\in\mathbf{N}$, 使

$$a+x=b$$

又恰有一个数 $y\in\mathbf{N}$, 使

$$y+a=b$$

N3　$\mathbf{N}$ 中有一个确定的数 0, 叫作“零”, 使对 $\mathbf{N}$ 中的任一个数 $a\in\mathbf{N}$, 有

$$a+0=a\qquad 0+a=a$$

N4　有一个二元运算称为*乘法*($\cdot$). 对于任二数 $a,\ b\in\mathbf{N}$, 有一个确定的数 $d\in\mathbf{N}$, 记作

$$a\cdot b=d \text{ 或 } d=a\cdot b$$

或者把符号 · 省去, 记作

$$ab = d \text{ 或 } d = ab$$

N5　对于任两数 $a, b \in \mathbf{N}$, 其中 $a \neq 0$, 恰有一数 $x \in \mathbf{N}$, 使

$$ax = b$$

又恰有一数 $y \in \mathbf{N}$, 使

$$ya = b$$

N6　$\mathbf{N}$ 中有一个确定的数 1, 叫做 “幺”, 使对 $\mathbf{N}$ 中的任一数 $a \in \mathbf{N}$, 有

$$a \cdot 1 = a \qquad 1 \cdot a = a$$

第二类: 计算公理 (N7—N11)

设 a, b, c 是 $\mathbf{N}$ 中任意三个数, 则下列计算规律恒成立:

N7　$a+(b+c)=(a+b)+c$

N8　$a+b=b+a$

N9　$a(bc)=(ab)c$

N10　$a(b+c)=ab+ac$

N11　$(a+b)c=ac+bc$

由于公理 N7 与 N9, 其中的括号可略去不写.

第三类: 无限公理 (N12)

N12　对零 “0” 与幺 “1” 视作通常自然数中的 0 与 1, , 并定义 2=1+1, 3=2+1, 等等, 则这些数彼此都不相等. 换言之, 通常的自然数可视为 $\mathbf{N}$ 的一个子集合.

上面 N1—N12 等 12 条公理并不是互相独立的, 例如, 见 Hilbert [4].

命题 1　从公理 N1, N2, N7 可推出公理 N3.

证　任取一固定的数 $a \in \mathbf{N}$, 依公理 Nl, N2 有 $x \in \mathbf{N}$, 使

$$a + x = a$$

今对任一 $b \in \mathbf{N}$ 置

$$a + b = e$$

于是有

$$(a + x) + b = e$$

依公理 N7, 有

$$a + (x + b) = e$$

依公理 N2 中的唯一性得

$$x+b=b$$

同样推理可知对任意 $c\in\mathbf{N}$, 上述 x 满足

$$c+x=c$$

因而这一 x 即可作为公理 N3 中的 0.

命题 2 从公理 N4, N5, N9 可推出公理 N6.

证 与上命题 1 相似.

命题 3 从关联公理 N1—N6, 计算公理 N7, N10, N11 可推出公理 N8.

证 对任意 $a,b\in\mathbf{N}$, 先用公理 N10 再用公理 N11, 有 $(a+b)(1+1)=(a+b)1+(a+b)1=(a+b)+(a+b)$, 又先用公理 N11 再用公理 N10 得

$$(a+b)(1+1)=a(1+1)+b(1+1)=(a+a)+(b+b)$$

故

$$(a+b)+(a+b)=(a+a)+(b+b)$$

或依公理 N7 有

$$a+(b+a)+b=a+(a+b)+b$$

再依公理 N2, N7, 有

$$b+a=a+b$$

即公理 N8.

以下的一些简单事实, 也是容易证明的.

命题 4 依据公理 N2, N3, N8, 对任意 $a\in\mathbf{N}$, 有唯一的数 $x\in\mathbf{N}$, 使 $x+a=a+x=0$, 此数记作 $-a$, 称为 a 的负数. 负数的概念遵守通常的那些规律, 例如 $-(-a)=a$. 但需注意在 Desargues 数系中, 并无大小的概念也无绝对值的概念, 任一数有它的负数, 但数本身并无正负.

命题 5 对任意 $a\in\mathbf{N}$, 有

$$0a=a \qquad 0=0$$

证 由公理 N11 与 N3, 有

$$0a+0a=(0+0)a=0a$$

故由公理 N2, 有 $0a=0$, 同样 $a0=0$.

命题 6　对 $a \neq 0$, 依公理 N5 有 $x, y \in \mathbf{N}$, 使

$$xa = 1 \qquad ay = 1$$

各称为 a 的*左逆*与*右逆*, 则

$$x = y$$

即 a 的左逆与右逆相等, 简称为 a 的*逆*, 记作 a^{-1}.

证　依公理 N9 与 N6, 有

$$(ax)a = a(xa) = a \cdot 1 = a$$

又

$$(ay)a = 1 \cdot a = a$$

由公理 N5, 得 $ax=ay$, 仍由公理 N5 得 $x=y$.

命题 7　从自然数出发可依公理 N2 与 N5 定义任意正负有理数 p/q(p_x= 整数, q= 正整数), 使之满足通常的有理数运算规律, 且对任意有理数 r 与任意数 $a \in \mathbf{N}$, 有

$$ra = ar$$

从最后一个命题得知, 在 Desargues 数系中, 可引进有理数的概念, 且有理数与其他任意数之间的乘法可交换, 但一般说来, 任意两数的乘法不一定可交换. 此外在 Desargues 数系的有理数之间可引进大小关系, 满足通常的那些性质. 但一般说来, 任意两数之间并没有大小关系可言, 为了今后的需要我们将扩充数系的概念, 引入以下一些补充公理, 是否满足这些公理将视情况而定.

乘法交换公理 (N13)

N13　对 $\mathbf{N}$ 中任意两数 a, b, 恒有

$$ab = ba$$

次序公理 (N14—N17)

N14　设 a,b 是 $\mathbf{N}$ 中任意两个不同的数, 其中恒恰有一个大于另一个. 设前者为 a, 则后者 b 称为*小于*a, 用记号表示为

$$a > b \text{ 和 } b < a$$

对于任一数 a, $a > a$ 不成立.

N15　若 $a > b$, 且 $b > c$, 则

$$a > c$$

N16　若 $a > b$, 则恒有

$$a + c > b + c$$

N17　若 $a > b$ 且 $c > 0$, 则恒有

$$ac > bc$$

连续公理 (N18—N20)

N18(阿基米德公理)　设 $a > 0$ 和 $b > 0$ 是任意两数, 则恒能把 a 加上它自己, 加到适当次数, 使所得的和大于 b, 用记号表示, 即

$$\underbrace{a + a + \cdots + a}_{n} > b$$

或有自然数 n, 使 $na > b$.

N19(Rolle 公理)　对于系数 $c_0, c_1, \cdots, c_n$ 在 **N** 中的任意一个多项式

$$f(x) = c_0 x^n + \cdots + c_n$$

若对 **N** 中两数 $a < b$ 有 $f(a) \cdot f(b) < 0$, 即 $f(a)$, $f(b)$ 都不等于 0, 且一个大于 0, 而另一个小于 0(或称异号), 则在 **N** 中必有大于 a 且小于 b 的一数 $\xi \in$**N**, 使 $f(\xi)=0$.

N20(完全性公理)　设 **N** 满足公理 N1—N18, 则在 **N** 中不可能增加新元素 (称为*新数*), 使在扩充后的新数系中扩充原来的加法、乘法与大小关系, 并使公理 N1—N18 依然成立, 即在公理 N1—N18 的假定与保持下, **N** 不可能再行扩充.

以上这些公理, 大体上是依照 Hilbert《几何基础》一书中的罗列与分类, 仅由于本书的特殊需要而对个别公理稍作变动. 依照 Hilbert 原来的称谓, 满足以上公理 N1—N20 的一部分数的集合, 将称为一个*复数系*. 特别是满足公理 N1—N12 的复数系, 我们已称之为 Desargues *数系*. 这对几何的代数化以至机械化说来是最基本的复数系. 如果应用当代通行的称法, 则满足公理 N1—**N**13 的复数系即满足乘法交换公理的 Desargues 数系, 通称为*域*, 而 Desargues 数系则通称为 Skew 域, 有时亦称为*体*或*除法环*等. 公理 N12 对于这些概念并不是完全必要的, 但它将使我们考虑的域或体局限于*特征为* 0 的情形. 满足诸次序公理 N13—N17 的域, 现在通称为*有序域*, 如果还满足 Roll 公理 N19, 则称为*实闭域*, 如果满足所有这些公理 N1—N20, 则这一域必与通常的实数域同构. 一般说来, 域与体的构造可以是非常复杂的. 实数域、复数域与四元数体只是其中极为简单的几个古典实例, 但具有一定的代表性.

以上这些新添入的公理也并不是互相独立的, 例如无限公理 N12 与 Roll 公理 N19 都可从其他公理 N1—N11, N13—N18, 20 导出. 此外 Hilbert 还曾证明了下面的命题 (见 Hilbert 原书定理 59).

命题 8　一个复数系 N 如果满足公理 N1—N16 以及阿基米德公理 N18, 则这个复数系 N 也必满足乘法交换公理 N17, 因而是一个域.

证　参阅 Hilbert 原书.

以上关于复数系中数的公理都有一定的几何背景. 下面诸节与下一章, 我们将说明如何从一个 Desargues 几何确定一个 Desargues 数系, 与乘法交换公理相应的几何事实以及几何与复数系之间次序公理与连续公理的相应关系等. 基于 Hilbert 关于 "数" 的概念 (见 Hilbert[4]), 我们在本书中将一概改称域为数域, 体为数体, 其中的元素都称为数.

1.5　直线上的 Desargues 数系

满足几何公理 HI, HIV 与 D 的点与直线构成一 Desargues 平面, 相应的几何称为 Desargues(平面) 几何. 满足上节中公理 N1—N12 的复数系称为 Desargues 数系. 本节以及下一节将证明每一 Desargues 平面有一确定的 Desargues 数系与之对应. 为此先考虑在直线上引进 Desargues 数系的问题.

设 Desargues 平面上的直线 l, 在其上任取两点 O 与 I. 我们将作出一个 Desargues 数系 $N=N(l, O, I)$, 使 l 上的点与 N 中的数一一对应, 而 O 对应于 0, I 对应于 1. 这时直线 l 称为数系 N 的底线.

为此我们把 l 上点的全体看作一个集合 N, 点用大写的拉丁字母表示, 而看作 N 中的元素时用相应的小写拉丁字母表示 (0 与 1 除外). 在 N 中将引进加法与乘法, 并证明 N 在这些加法与乘法之下构成一 Desargues 数系, 且 O, I 恰与 N 中的 0 与 1 相对应.

今设 A, B 为 l 上任意两点, 记作 N 中的元素 a, b.

先引进加法, 即定义 $a+b \in N$ 如下.

如图 1.22, 先设 $B \neq O$. 此时可过 O 任作一不同于 l 的直线 l'. 在 l' 上任取一不同于 O 的点 A' 并补作一平行四边形 $OBQA'$. 过 Q 作 $QC \parallel A'A$ 而与 l 交于 C, 则 C 在 N 中的对应元素 c 将定义为 $a+b$.

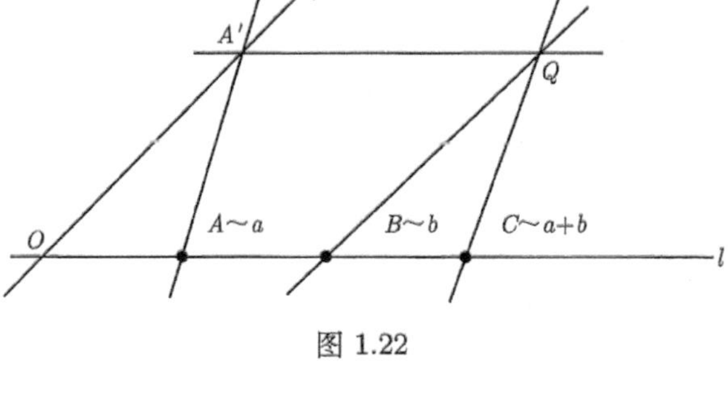

图 1.22

如图 1.23 所示, 在 B=O 即 b=0 时, 则直接定义 C 为 A, 此时对应元素 c=a 定义为 $a+b$=a+0. 如果我们设 $Q=A'$ 而把 $OBQA'$ 视为一退化的平行四边形, 则可把现在的直接定义归结为上面定义的一种退化情形.

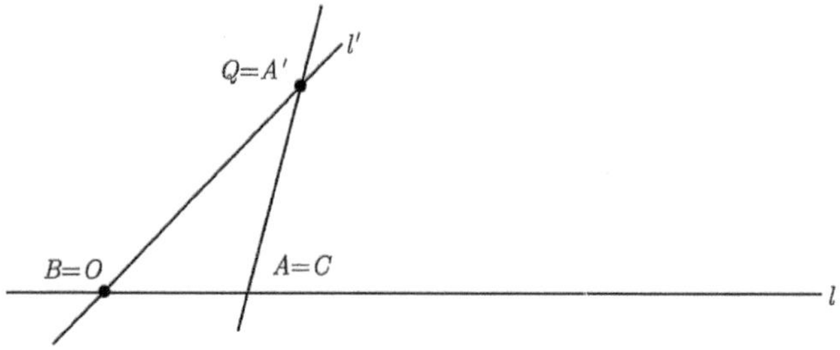

图 1.23

首先需证明这样定义的加法是合理的, 即需证明所定的 C 点与 l' 以及 A' 的选取无关. 在 $B=O$ 时, $C=A$ 与 l', A' 的选取无关是显然的, 故只需考虑 $B\neq O$ 的情形.

如图 1.24, 试过 O 任作另一与 l 不同的直线 l'', 在其上任取一点 A'', 并补作一平行四边形 $OBRA''$. 我们只需证 $RC \parallel AA'$ 即可.

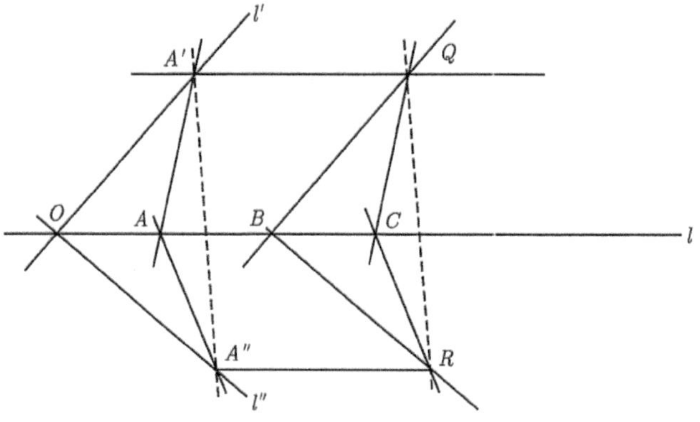

图 1.24

证明要反复应用 Desargues 公理. 首先注意在 Desargues 公理的叙述中, 三角形与平行线都依照 1.1 和 1.2 节那样来定义. 因而凡提到三角形时, 三个顶点必须不在一直线上, 且更无两个顶点重合, 而平行线也必须是不相同的直线. 同样, 平行四边形也依照 1.2 节的定义 2.

今先设 l'' 不同于 l', 且 A', A, A'' 不在一直线上, $A'A''$ 也不平行 l. 这时 $OA'A''$, $AA'A'', BQR, CQR$ 都是三角形. 应用 Desargues 公理 D_2 于 $\triangle OA'A''$ 与 $\triangle BQR$. 由于这时三角形对应顶点的连线 OB, $A'Q$, $A''R$ 都互相平行, 且三角形两组对应

边 $OA' \parallel BQ, OA''\parallel BR$, 故有 $A'A'' \parallel QR$. 再应用 Desargues 公理 D_2 于 $\triangle AA'A''$ 与 $\triangle CQR$, 则诸顶点连线仍互相平行, 且两组对应边 $AA' \parallel CQ, A'A'' \parallel QR$, 故有 $AA'' \parallel CR$. 即所欲证.

在 l'' 与 l' 相同, 或虽不同而 A', A, A'' 在一直线上, 或 $A'A'' \parallel l$ 时, 则不能像上面那样应用 Desargues 公理, 而需另行处理. 其过程颇为繁琐, 但却是完全必要的, 理由仍见第 3.1 节. 由于其处理过程与 1.2 节中某些证明相仿故将略去.

由 $a+b$ 的定义可见, 若命 O 所对应 N 中的元素为 0, 则有 $a+0=a$, $0+a=a$, 即 0 符合 Desargues 数系中 0 元素的作用, 见 1.4 节中的公理 N3.

其次试定义 $a \cdot b$ 或 $ab\in N$.

在定义 $a+b$ 时, I 点实际上不起作用, 但在定义 ab 时, I 点是不可少的

今定义 ab 如下. 如图 1.25, 过 O 任取一不同于 l 的直线 l', 在 l' 上任取一不同于 O 的点 I'. 今对 l', I' 依下法在 l 上定一点 D 以作为 ab: 先设 $A\neq O$, $B\neq I$, 此时可过 B 作 $BB' \parallel II'$ 交 l' 于 B'. 由于 B' 不能在直线 $I'A$ 上, 故又可作 $B'D \parallel I'A$ 与 l 交于 D. 点 D 所对应 N 中的元素 d 即定义为 ab:$d=ab$. 若 $A=O$ 或 $B=I$, 则上述作法失效, 但可定义 $D=A$, 即 $0\cdot b=0$, $a\cdot 1=a$. 如果把两条重合的直线看作是两条退化的平行线, 则在 $A=O$ 或 $B=I$ 时 ab 的定义也可归结为 $A\neq O$, $B\neq I$ 时定义的退化情形, 见图 1.26.

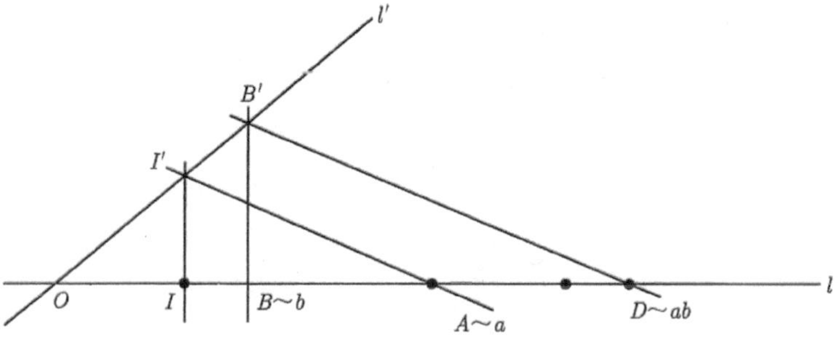

图 1.25

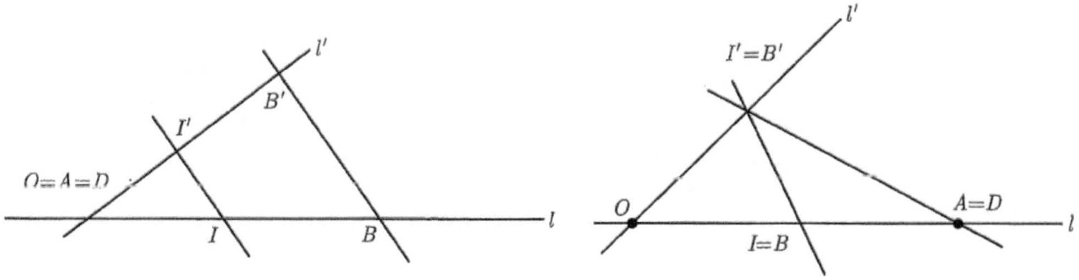

图 1.26

首先需证明上面定义的乘法是合理的, 即所得 D 点与 l', I' 的选取无关. 在 $A=O$ 或 $B=I$ 时甚为显然, 故以下的证明将局限于 $A \neq O$ 且 $B \neq I$ 的情形.

如图 1.27, 试过 O 任作另一与 l, l' 不同的直线 l'', 并在 l'' 上任取一点 I''. 我们将先设 I'' 不在直线 $I'I$ 也不在直线 $I'A$ 上. 过 B 作 $BB'' /\!/ II''$ 与 l'' 交于 B''. 我们的目的在于证明 $B''D /\!/ I''A$.

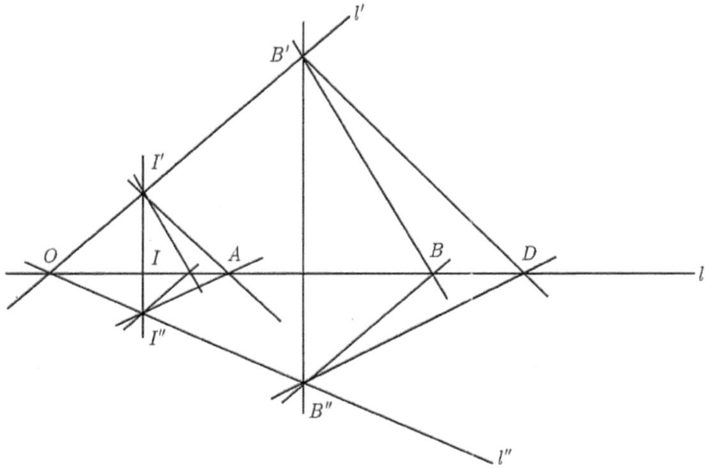

图 1.27

在以上这些条件下可以应用 Desargues 公理 D_2 于 $\triangle II'I''$ 与 $\triangle BB'B''$, 得 $I'I'' /\!/ B'B''$. 再应用 Desargues 公理 D_2 于 $\triangle AI'I''$ 与 $\triangle DB'B''$, 即得 $B''D /\!/ I''A$, 如所欲证. 在不符合这些条件的情形下, 仍需逐一个别处理, 其理由同前. 不论何时都易验证 $B''D /\!/ I''A$, 因而 D 的确定恒与 l'', I'' 的选取无关, 因此保证了乘法定义的合理性.

依据定义直接有 $1 \cdot a=a$, 又易见有 $a \cdot 1=a$. 因而与 I 相应的元素 1 的作用相当于复数系公理 N6 中的元素 1, 在符号上不致产生混淆.

在上面 N 中已定义元素 0 与 1 以及加法与乘法运算的情况下, 反复应用 Desargues 公理, 可证 N 满足 Desargues 数系的所有公理 N1—N12, 证明是冗长的, 有时也并不容易. 这些证明都可见于 Hilbert 的经典著作《几何基础》. 但需注意 Hilbert 的证明中只写出了一般的情形, 而对于退化的情形也是有必要考虑的, 其理由仍见第 3.1 节. 因此要把证明完全写出实际上比原来还要繁琐得多. 我们将把这些证明一概略去, 而仅给出逆元素等几个特殊问题的补充说明. 至于公理 N1—N12 中的那些证明, 则仍可参阅 Hilbert[2].

逆元素存在的直接证明

如图 1.28, 设 l, O, I 如前, 而 A 在 l 上不等于 O, I, 对应于 N 中的数 $a \neq 0$, 1. 过 O 任作不同于 l 的直线 l' 并在上任取一点 $I' \neq O$. 过 A 作 $AA' /\!/ II'$ 与 l' 交于

A', 又过 I' 作 $I'X /\!/ A'I$ 与 l 交于 X, 对应于 N 中的数 x. 依乘法定义有 $xa=1$, 即 x 是 a 的左逆. 其次过 I 作 $IY' /\!/ AI'$ 与 l' 交于 Y', 又过 Y' 作 $Y'Y /\!/ I'I$ 与 l 交于 Y, 对应于 N 中的数 y. 依乘法定义有 $ay=1$, 即 y 是 a 的右逆. 试证 $x=y$, 即左逆与右逆相同如次.

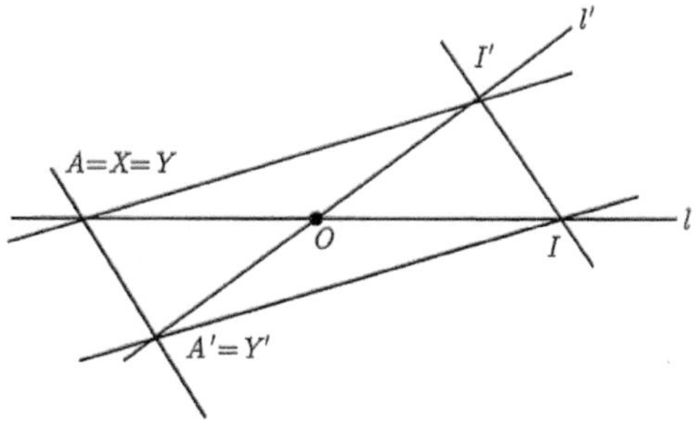

图 1.28

先考虑 $IA' /\!/ I'A$ 的情形. 此时 $I'X$ 与 $I'A$ 重合, X 与 A 重合, 又 IY' 与 IA' 重合,Y' 与 A' 重合, 因而 $Y'Y$ 与 $A'A$ 重合, Y 与 A 即 X 重合, 而有 $x=y$.

如图 1.29, 再设 IA' 不平行于 $I'A$ 因而交于一点, 设为 P. 于是 IY', $I'X$ 也不能平行而交于一点, 设为 Q. 应用 Desargues 公理 D_1 于 $\triangle II'Q$ 与 $\triangle AA'P$, 可知 PQ 直线通过 O 点. 再应用 Desargues 公理 D_2 于 $\triangle PII'$ 与 $\triangle QXY'$, 可知 $II' /\!/ XY'$. 因而直线 XY' 与 YY' 重合, 而 X 与 Y 重合, 即 $x=y$. 如所欲证.

以上设 $A \neq O, I$. 若 $A \neq O$ 而 $A=I$, 则 $a=1$ 的逆元素显为 1 自身.

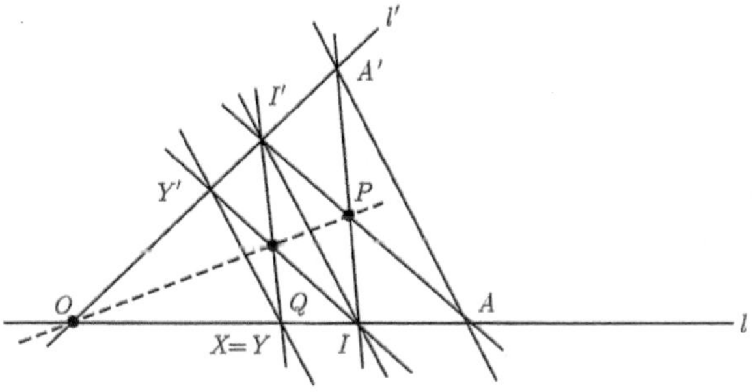

图 1.29

中点概念

设直线 l 与 O, I 如前, A, B 为 l 上任意两点, 各对应于 N 中的数 a 与 b. 设 M 是点偶 (AB) 的中点, 对应于数 m, 则必有

$$m=\frac{1}{2}(a+b)$$

为证此, 可设 A, B,O, M 都不相同 (有相同者时可直接验证). 如图 1.30, 此时可作 $\square AMCD$. 由于 B 是 A 对 M 的对称点, 故由定义知 $CB /\!/ DM$. 今过 O 作 $l' /\!/ AD /\!/ MC$. 命 CD 与 l' 交于 E. 过 D 作 $DF /\!/ EB$ 与 l 交于 F. 则按加法定义, F 对应于 N 中的数 $b+a$, 或由公理 N8 即 $a+b$. 其次过 C 作 $CF' /\!/ EM$ 与 l 交于 F', 则按定义 F' 对应于数 $2m$.

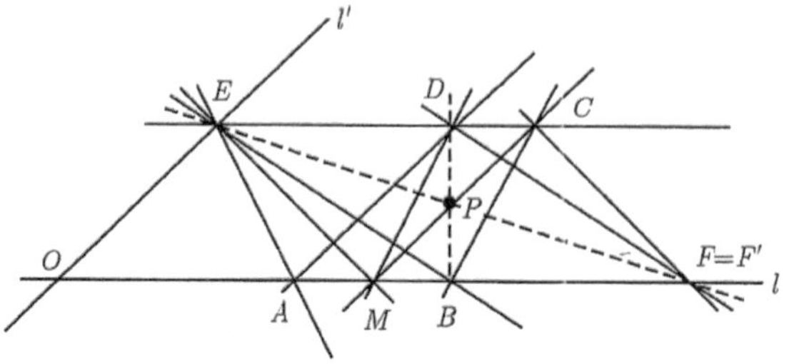

图 1.30

从 1.2 节的一条定理, $\square MBCD$ 的对角线 MC 与 BD 应互相平分于点偶 (BD) 与 (MC) 的共同中点, 设为 P. 同样, 由 $\square BFDE$, 对角线 EF 与 BD 也互相平分, 特别有 EF 经过 P. 由 $\square MF'CE$ 也同样有 EF' 经过 P 点. 因而 EF 与 EF' 重合, F 与 F' 重合而有 $2m = a + b$.

全合概念

设 l 上四点 A, B,C, D 各对应于 N 中的 a, b, c, d. 依 1.3 节定义点偶

$$(AB) \equiv (CD)$$

相当于点偶 (BC) 与 (AD) 有相同中点 M. 由中点概念知应有

$$2m = b + c = a + d$$

由此知 $(AB) \equiv (CD)$ 的条件为

$$b - a = d - c$$

1.6 Desargues 平面的附属 Desargues 数系

设由 Desargues 平面中任取一直线 l 及其上两不同点 O, I. 以 O, I 作为 0 与 1, 依 1.5 节可定义一 Desargues 数系 $N=N(l, O, I)$. 本节目的在于证明这一 Desargues 数系实际上与 l, O, I 的选择无关, 而由 Desargues 平面所唯一确定, 换言之有下述定理:

定理 1　在直线 l 上任取两点 $O \neq I$ 以之作为 0 与 1, 依 1.5 节所定义的 Desargues 数系 N 与 l 以及 O 与 I 的选取无关.

证　在平面上另取一直线 l' 以及其上两不同点 O' 与 I', 以之作为 0 与 1, 以定义 Desargues 数系 $N' = N(l', O', I')$. 定理意指 N 与 N' 同构, 即有一一对应

$$F : N \to N'$$

使在 F 下 0 与 0 对应, 1 与 1 对应, 而保持了数系的加法与乘法, 即对任意 $a, b \in N$, 有

$$F(a+b)=F(a)+F(b)$$

$$F(a \cdot b)=F(a) \cdot F(b)$$

为证此, 将分若干情形分别进行讨论.

第一种情形: l 与 l' 相交于一点 $O=O'$, 见图 1.31.

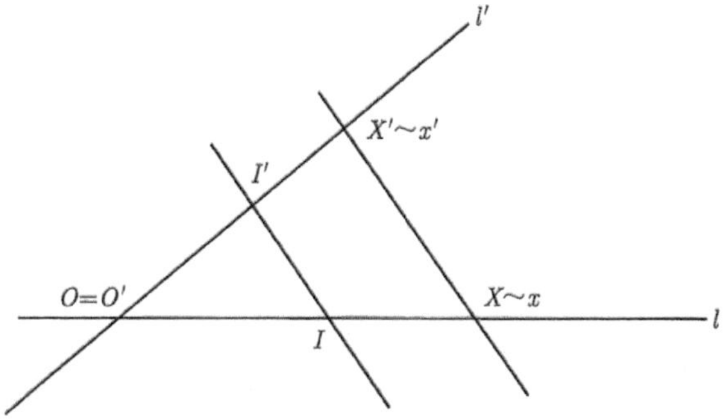

图 1.31

对 l 上任一点 X, 在 $X \neq I$ 时试作 $XX' /\!/ II'$ 与 l' 交于 X'. 在 $X=I$ 时, 即取 $X'=I'$. 若 X 对应于数 $x \in N$, 则 X' 在 N' 中所对应的数将记作 x'. 今依

$$F(x)=x'$$

定义对应关系

$$F: N \rightarrow N'$$

特别有

$$F(0)=0' \quad F(1)=1'$$

即 N' 中的 0 与 1. 于是定理相应于对任意 $a, b \in$N 有

$$(a+b)'=a'+b'$$

与

$$(ab)'=a'b'$$

先证 $(a+b)'=a'+b'$ 如下.

设 A, B 在 l 上各对应于 a, $b \in N$, 又 A', B' 在 l' 上各对应于 a', $b' \in N'$. 在 $A=B$ 又在 A 或 $B=O$ 时, $(a+b)'=a'+b'$ 甚显然. 故以下将设 A, B, O 都不相同.

如图 1.32 或 1.33, 此时有 $AA' /\!/ II', BB' /\!/ II'$. 今作 $\square OBQB'$, 又过 Q 作 $QC /\!/ AB', QC' /\!/ A'B$ 各与 l, l' 交于 C, C'. 则依 N, N' 中加法定义, C, C' 各对应于 $a+b \in N$, $a'+b' \in N'$.

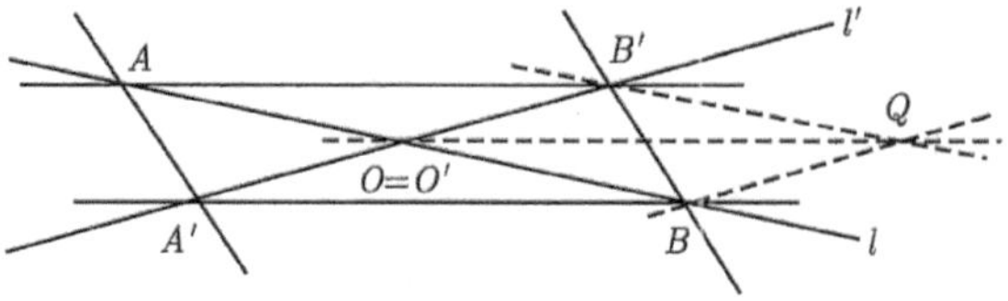

图 1.32

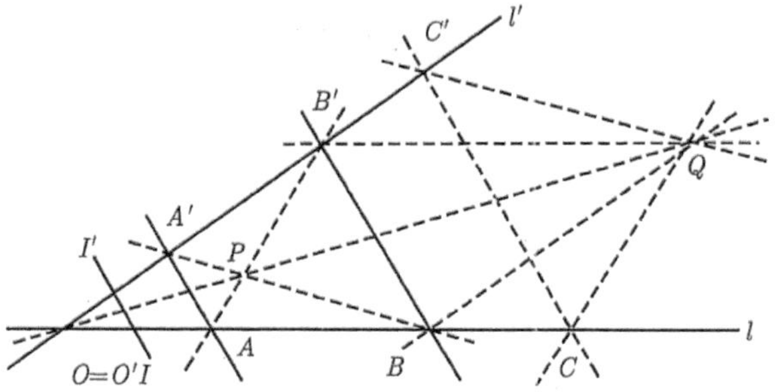

图 1.33

因 $\triangle OAA'$ 与 $\triangle QB'B$ 的三组对应边互相平行, 故依 Desargues 公理 D_1, OQ, $AB', A'B$ 互相平行, 或交于同一点 P. 对于前一情形, 有 $C=C'=O=O'$. 故 $a'+b'=0'=(a+b)'$. 如所欲证. 对于后一情形, $\triangle QCC'$ 与 $\triangle PAA'$ 中, 对应顶点的连线共过 O 点, 而 $QC\mathbin{/\!/}PA, QC'\mathbin{/\!/}PA'$, 因而 $CC'\mathbin{/\!/}AA'$. 故 $CC'\mathbin{/\!/}II'$ 而仍有 $(a+b)'=a'+b'$.

次证 $(ab)'=a'b'$ 如下.

记 A, A', B, B' 如前. 在 $A=B$ 或 A, B 之一与 O 或 I 相同时, $(ab)'=a'b'$ 容易验证, 故以下将设 A, B, O, I 都不相同.

作 $B'D\mathbin{/\!/}I'A$ 与 l 交于 D, 又作 $BD'\mathbin{/\!/}IA'$ 与 l' 交于 D', 则 D 对应于 $ab\in N, D'$ 对应于 $a'b' \in N'$. 先设 IA' 不与 $I'A$ 平行, 因而二者交于一点, 设为 P. 如图 1.34, 此时 BD' 也不与 $B'D$ 平行而交于一点, 设为 Q. 应用 Desargues 公理 D_1 于 $\triangle II'P$ 与 $\triangle BB'Q$, 可知 PQ 应通过 O 点. 再应用 Desargues 公理 D_2 于 $\triangle PAA'$ 与 $\triangle QDD'$, 可知 $DD'\mathbin{/\!/}AA'$. 因而 $DD'\mathbin{/\!/}II'$ 而有 $(ab)'=a'b'$. 如所欲证.

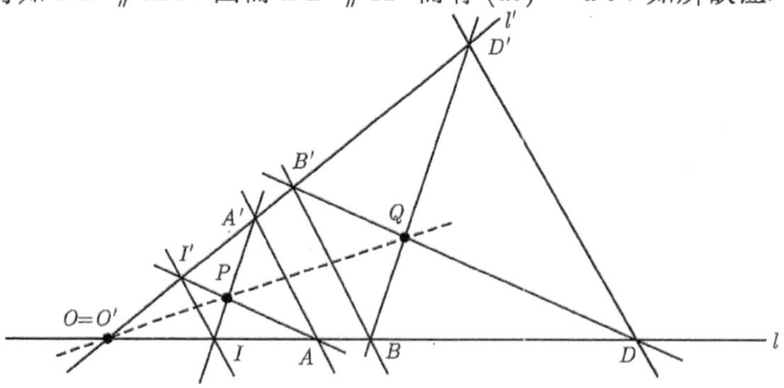

图 1.34

次设 $IA' /\!/ I'A$. 上面的证明失效, 故需重新证明. 如图 1.35, 为此过 A 作直线平行于 l', 又过 I' 作直线平行于 l, 二者交于 P. 过 B' 作 $B'Q /\!/ l$ 与 OP 交于 Q. 应用 Desargues 公理 D_2 于 $\triangle PAI'$ 与 $\triangle QDB'$, 可知 $PA /\!/ QD$. 故 $QD /\!/ l'$ 而 $OB'QD$ 是平行四边形. 应用 1.2 节的定理于 $\square OB'QD$, $\square OI'PA$ 和 $\square AA'II'$, 可知诸相应对角线的交点 R 是 B', D 的中点, S 是 A, I' 的中点, O 是 A, I 的中点. 从 $\triangle AII'$ 得知两边上中点的连线 $OS /\!/ II'$. 由此知 $\triangle DBB'$ 中 R 是 $B'D$ 的中点, 且 $OR /\!/ BB'$, 因而 O 是 B, D 的中点, 交换 l, l' 知也应有 O 是 B', D' 的中点. 从 $\triangle B'DD'$ 即知 $DD' /\!/ OR$, 因而 $DD' /\!/ BB' /\!/ II'$, 而仍有 $(ab)' = a'b'$.

这一直接的几何证明过于纡曲, 实际上可应用已知数系的性质简证如下. 由 1.4. 节的命题 4 与 1.5 节的中点概念知 $a=-1, a' = -1'$, 因而 D 对应于 $ab = (-1)b = -b$, D' 对应于 $a'b' = (-1')b' = -b'$. 由前已证明的关于对应 F 保持加法运算的结果知

$$(-b)' + b' = ((-b) + b)' = 0'$$

故

$$(-b)' = -b'$$

或

$$(ab)' = a'b'$$

如所欲证.

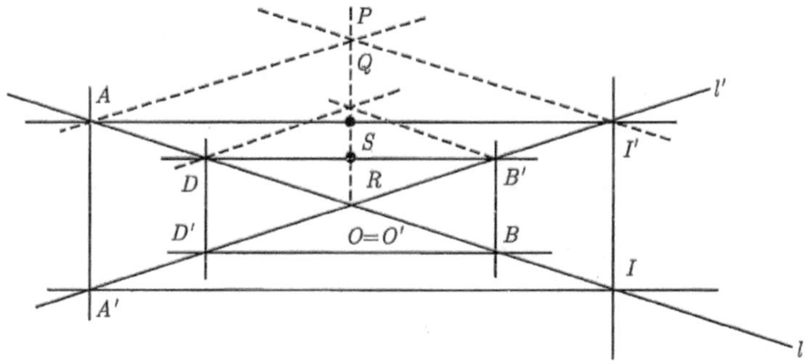

图 1.35

同样, 在证明 $(a+b)' = a' + b'$ 时, 对于 $AB' /\!/ A'B$ 的情形也可将直接的几何证明易为数系性质的简证. 比较这里的两种证明方法, 即从几何公理出发的几何直接证明与根据数系性质的代数证明, 前者的添线不易想到, 论证步骤无据可循, 而后者依据计算容易找到思考规律, 因此为证明的机械化提供了可能性. 这里所举的只是比较原始的实例.

第二种情形: $l /\!/ l'$ 且 $II' /\!/ OO'$.

对 l 上任一点 $X \neq O$ 作 $XX' /\!/ OO'$ 与 l' 交于 X'. 若 X, X' 各对应于 $x \in N$ 与 $x' \in N$, 则定义

$$F: N \to N'$$

为

$$F(x) = x'$$

又置

$$F(0) = 0'$$

于是在 F 下, N 中的 0, 1 各与 N' 中的 0, 1 对应, 即

$$F(0) = 0' \qquad F(1) = 1'$$

今在 l 上任取 A, B 各对应于 a, b, 又在 l' 上取 A', B' 各对应于 $a', b' \in N'$, 于是 AA', BB' 都与 OO' 或 II' 平行. 需证

$$(a+b)' = a' + b'$$
$$(ab)' = a'b'$$

先证 $(a+b)'=a'+b'$. 在 A 或 B 等于 O 时甚为显然, 故可设 A, B 都不等于 O.

如图 1.36, 作 $B'C /\!/ O'A$ 与 l 交于 C, 则因 $OBB'O'$ 是平行四边形, 故依加法定义 C 即对应于 $a+b \in N$. 同样, 若过 B 作 $BC' /\!/ OA'$ 与 l' 交于 C', 则 C' 对应于 $a'+b' \in N'$. 命 $\square OAA'O'$ 对角线的交点为 P. 因 $BC', B'C$ 各与 $OA', O'A$ 平行, 因而也必相交于一点, 设为 Q. 应用 Desargues 公理 D_1 于 $\triangle POO'$ 与 $\triangle QBB'$, 可知 $PQ /\!/ l /\!/ l'$. 再应用 Desargues 公理 D_2 于 $\triangle PAA'$ 与 $\triangle QCC'$, 可知 $CC' /\!/ AA'$. 因而 $CC' /\!/ OO'$ 或即 $(a+b)' = a' + b'$. 如所欲证.

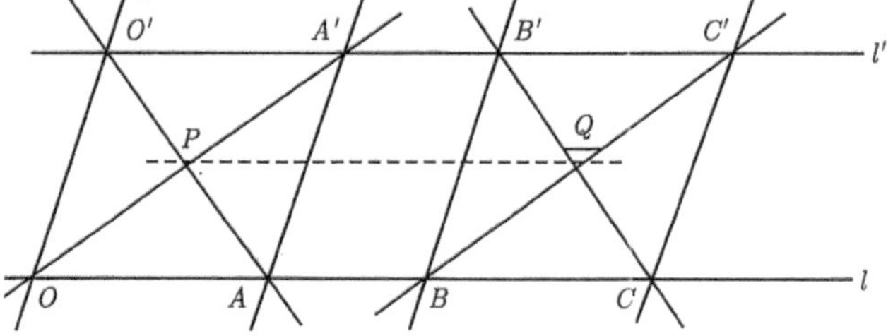

图 1.36

次证 $(ab)' = a'b'$ 如下.

若 B 等于 I 或 O, 因而 B' 等于 I' 或 O' 时, 等式是显然成立的, 以下设 $B \neq I$, $B \neq O$, 同样可设 $A \neq I, O$.

如图 1.37, 此时 BI' 与 OO' 交于一点 E'. 过 I 作 $IE /\!/ BE'$ 与 OO' 交于 E.

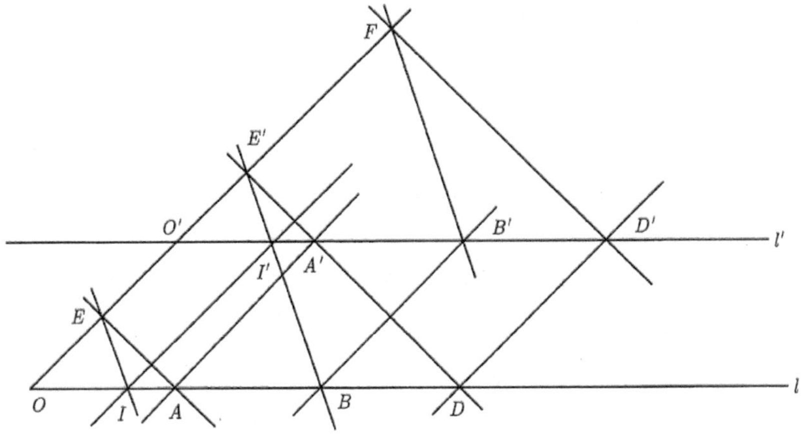

图 1.37

应用 Desargues 公理 D_2 于 $\triangle IAE$ 与 $\triangle I'A'E'$, 可知 $AE \parallel A'E'$, 因而依乘法定义可知 $A'E'$ 与 l 的交点 D 即对应于 $ab\in N$. 今过 B' 作 $B'F \parallel I'E'$ 与 OO' 交于 F, 又过 F 作 $FD' \parallel A'E'$ 与 l' 交于 D', 则依乘法定义, D' 即对应于 $a'b' \in N'$. 应用 Desargues 公理 D_1 于 $\triangle BDE'$ 与 $\triangle B'D'F$, 可知 $DD' \parallel BB'$. 因而 $DD' \parallel OO'$ 或即 $(ab)' = a'b'$. 如所欲证.

第三种情形: l 与 l' 不重合, 不平行, 且 l 与 l' 的交点不等于 O 与 O'.

如图 1.38, 此时可过 O 作直线 $l'' \parallel l'$, 并在 l'' 上取 I'', 使 $I'I'' \parallel O'O$. 置 $O = O''$. 在 l'' 上以 O'', I'' 为 0 与 1 作 Desargues 数系 N''. 则由情形 1, N 与 N'' 同构, 设此同构为 $\overline{F}:N\to N''$, 而 $\overline{F}(0)=0''$, $\overline{F}(1)=1''$. 又依情形 2, 有同构 $\overline{F}':N''\to N'$ 使 $\overline{F}'(0'')=0'$, $\overline{F}'(1'')=1'$. 由此知 N 与 N' 在 $\overline{F}'\overline{F}$ 下同构且使 0, 1 彼此对应.

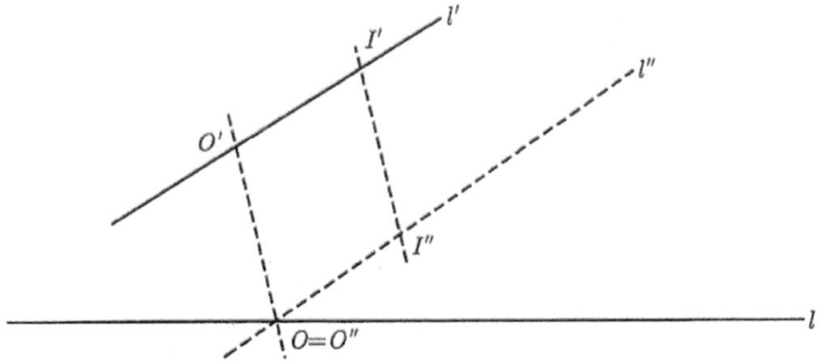

图 1.38

显然一般情形都可至多假助于一第三直线而归结于以上三种情形. 至此定理完全得证.

定理 1 已证明了任两直线 l, l' 所定两个 Desargues 数系彼此同构, 即

$$F : N(l,O,I) \approx N(l',O',I')$$

不仅如此, 我们还将证明下面的定理.

定理 2 上式中的同构 F 可以唯一的方式确定, 即两 Desargues 数系间有确定的 (canonical) 同构存在.

为证此, 请先注意在定理 1 的证明中, 用到了两种类型的同构对应关系. 它们相当于证明中的第一种情形与第二种情形, 各记之为 $F_{\rm I}$ 与 $F_{\rm II}$ 在第一类同构对应 $F_{\rm I}$ 中, l, l' 是两不同直线, 相交于 $O=O'$. 在第二类同构对应 $F_{\rm II}$ 中, l, l' 是两不同的平行直线, 其中 $OO' /\!/ II'$. 今设有一串连结两 Desargues 数系 N 与 N' 的同构对应:

$$N = N(l,O,I) \xrightarrow[\approx]{F_1} N(l_1,O_1,I_1) \xrightarrow[\approx]{F_2} N(l_2,O_2,I_2)$$

$$\xrightarrow[\approx]{} \cdots \xrightarrow[\approx]{F_n} N(l_n,O_n,I_n) \xrightarrow[\approx]{F'} N(l',O',I') = N'$$

则欲证明定理, 显然只需证明不论中间的同构为 $F_{\rm I}$ 还是 $F_{\rm II}$, 最后所得的结果 $F'F_n\cdots F_2F_1$ 都相同即可.

在证定理 2 之前, 先分述若干简单的论断如下.

1. 相继两不同类型的同构对应实施的先后次序可以颠倒, 即 $F_{\rm I}F_{\rm II}=F'_{\rm II}F'_{\rm I}$.

详言之如下. 设

$$F_{\rm II}: N(l_1,O_1,I_1) \approx N(l_2,O_2,I_2)$$

为第 II 类同构, 又设

$$F_{\rm I}: N(l_2,O_2,I_2) \approx N(l_3,O_3,I_3)$$

为第 I 类同构. 如图 1.39, 过 O_1 作 $l_4 /\!/ l_3$, 又过 I_3 作 $I_3I_4 /\!/ O_1O_2 /\!/ I_1I_2$ 与 l_4 交于 I_4, 则有第 I 类同构

$$F'_{\rm I}: N(l_1,O_1,I_1) \approx N(l_4,O_4,I_4)$$

这里 $O_4=O_1$. 又有第 II 类同构

$$F'_{\rm II}: N(l_4,O_4,I_4) \approx N(l_3,O_3,I_3)$$

我们将证 $F_{\rm I}F_{\rm II}$ 的次序可颠倒为 $F'_{\rm II}F'_{\rm I}$.

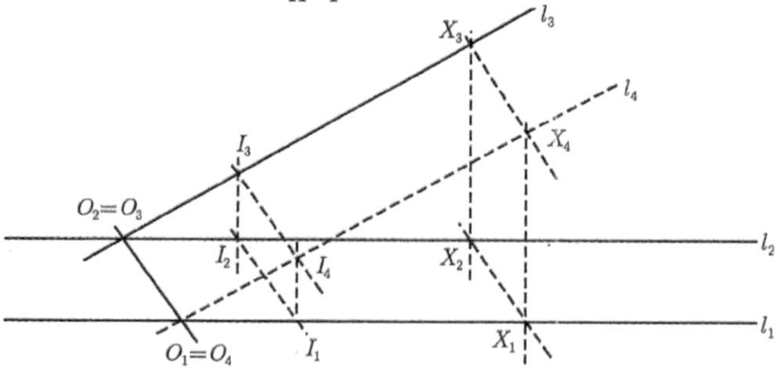

图 1.39

若 I_1, I_2, I_3 在同一直线上, 则 I_4 也在这一直线上, 这时

$$F_{\rm I}F_{\rm II}=F'_{\rm II}F'_{\rm I}:N(l_1,O_1,I_1)\approx N(l_3,O_3,I_3)$$

甚为显然, 故以下将设 I_1, I_2, I_3 不在同一直线上.

应用 Desargues 公理 D_2 于 $\triangle O_1I_1I_4$ 与 $\triangle O_2I_2I_3$, 得 $I_1I_4 /\!/ I_2I_3$. 今过 l_1 上任一点 $X_1(\neq O_1,\ I_1)$ 作 $X_1X_2 /\!/ O_1O_2$ 交 l_2 于 X_2; 过 X_2 作 $X_2X_3 /\!/ I_2I_3$, 交 l_3 于 X_3; 又过 X_3 作 $X_3X_4 /\!/ I_3I_4$, 交 l_4 于 X_4. 应用 Desargues 公理 D_2 于 $\triangle O_4X_1X_4$ 与 $\triangle O_3X_2X_3$, 得 $X_1X_4 /\!/ X_2X_3$, 因而也平行于 I_2I_3 和 I_1I_4. 由定义知

$$F_{\rm II}(X_1)=X_2 \qquad F_{\rm I}(X_2)=X_3$$

$$F'_{\rm I}(X_1)=X_4 \qquad F'_{\rm II}(X_4)=X_3$$

故对 $X_1\neq O_1,I_1$ 有

$$F_{\rm I}F_{\rm II}(X_1)=F'_{\rm II}F'_{\rm I}(X_1)=X_3$$

在 $X_1{=}O_1,I_1$ 时上式更为显然 $(X_3{=}O_1,I_1)$, 故

$$F_{\rm I}F_{\rm II}=F'_{\rm II}F'_{\rm I}$$

同样, 若有相继两不同类型的同构对应 $F_{\rm II}F_{\rm I}$, 则必有 $F'_{\rm I}$ 与 $F'_{\rm II}$, 使 $F_{\rm II}F_{\rm I}{=}F'_{\rm I}F'_{\rm II}$. 这就证明了 1.

2. 相继实施两第 I 类型的同构对应.

$$F_{\rm I}:N(l_1,O_1,I_1)\approx N(l_2,O_2,I_2)$$

与

$$F'_{\rm I}:N(l_2,O_2,I_2)\approx N(l_3,O_3,I_3)$$

在 l_1, l_3 不同时, 可合并为一第 I 类型的同构对应

$$F''_{\rm I}=F'_{\rm I}F_{\rm I}:N(l_1,O_1,I_1)\approx N(l_3,O_3,I_3)$$

证明甚易, 故从略, 可参阅图 1.40.

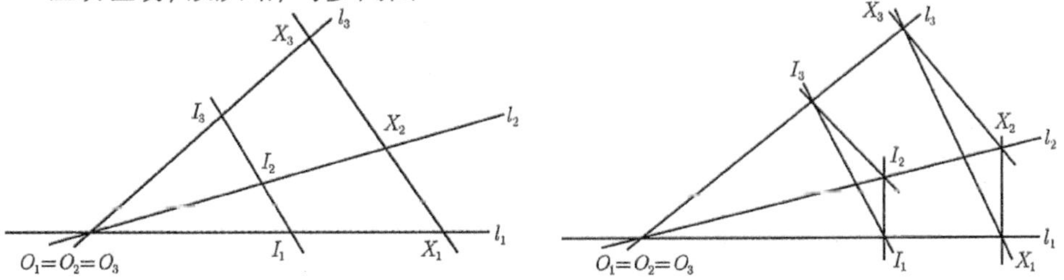

图 1.40

3. 相继实施两第 II 类同构对应.

$$F_{\mathrm{II}}: N(l_1, O_1, I_1) \approx N(l_2, O_2, I_2)$$

与

$$F'_{\mathrm{II}}: N(l_2, O_2, I_2) \approx N(l_3, O_3, I_3)$$

在 l_1, l_3 不同时, 可合并为一第 II 类的同构对应

$$F''_{\mathrm{II}} = F'_{\mathrm{I}} F_{\mathrm{II}}$$

$$N(l_1, O_1, I_1) \approx N(l_3, O_3, I_3)$$

证明参阅图 1.41.

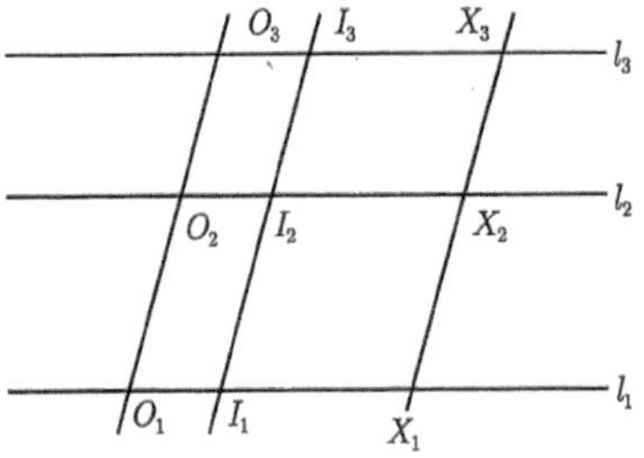

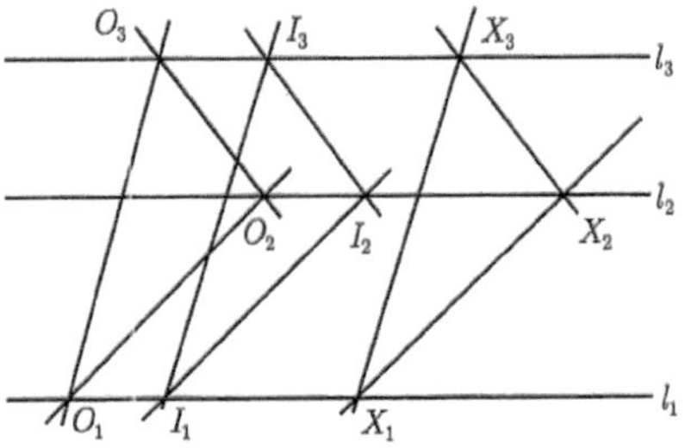

图 1.41

4. 设相继两第 I 类同构对应.

$$F_{\mathrm{I}}: N(l_1, O_1, I_1) \approx N(l_2, O_2, I_2)$$

$$F'_{\mathrm{I}}: N(l_2, O_2, I_2) \approx N(l_3, O_3, I_3)$$

其中 O_1=O_2=O_3, 而始末两底线相同, 即 l_1=l_3, 则中间的底线 l_2 与 I_2 可任意易为另一底线 l_4 与 I_4. 即作同构对应

$$F''_{\mathrm{I}}: N(l_1, O_1, I_1) \approx N(l_4, O_4, I_4)$$

$$F'''_{\mathrm{I}}: N(l_4, O_4, I_4) \approx N(l_3, O_3, I_3)$$

其中 $O_4 = O_1$ 时, 应有

$$F'_{\mathrm{I}} F_{\mathrm{I}} = F'''_{\mathrm{I}} F''_{\mathrm{I}}$$

证明可参阅图 1.42. 若 $X_1, \cdots, X_4$ 各在 $l_1, \cdots, l_4$ 上, 而 $X_1X_2 /\!/ I_1I_2$, $X_2X_3 /\!/ I_2I_3$, $X_1X_4 /\!/ I_1I_4$, 则应用 Desargues 公理可得 $X_3X_4 /\!/ I_3I_4$, 故

$$F'_{\mathrm{I}} F_{\mathrm{I}}(X_1) = F'''_{\mathrm{I}} F''_{\mathrm{I}}(X_1) = X_3$$

即 $F_{\mathrm{I}}'F_{\mathrm{I}}$ 与中间 l_2, I_2 的选择无关.

我们称 $F_{\mathrm{I}}'F_{\mathrm{I}}$ 为第Ⅲ类同构对应, 记作 F_{III} 等.

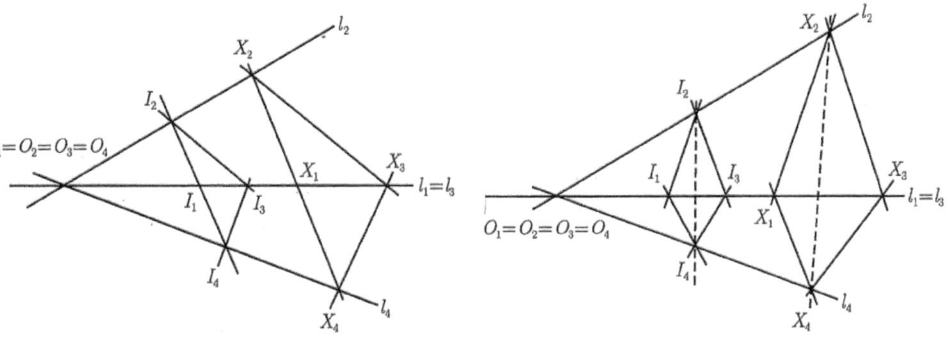

图 1.42

5. 设相继两第Ⅱ类同构对应.

$$F_{\mathrm{II}}: N(l_1, O_1, I_1) \approx N(l_2, O_2, I_2)$$

$$F_{\mathrm{II}}': N(l_2, O_2, I_2) \approx N(l_3, O_3, I_3)$$

其中 $l_1 /\!/ l_2$, $l_2 /\!/ l_3$, 而 $l_3=l_1$, 则中间的底线 l_2 与 O_2 可任意易为另一底线 l_4 与 O_4. 这时

$$F_{\mathrm{II}}'F_{\mathrm{II}}: N(l_1, O_1, I_1) \approx N(l_3, O_3, I_3)$$

称为第 IV 类同构对应, 记作 F_{IV}, F_{IV}', 等等.

证明与 (4) 相仿, 见图 1.43.

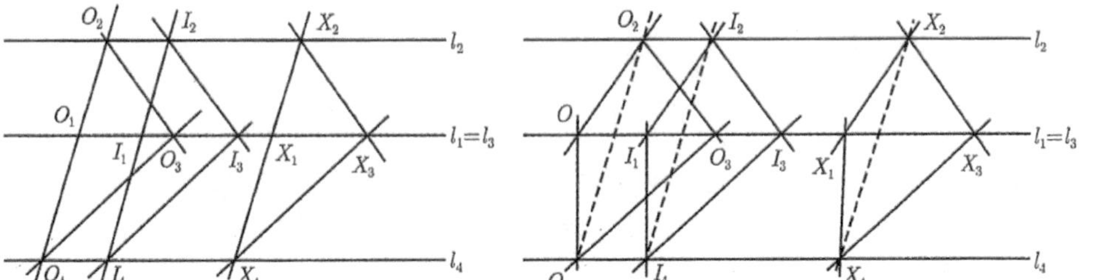

图 1.43

6. 相继实施两第Ⅲ类型的同构对应.

$$F_{\mathrm{III}}: N(l_1, O_1, I_1) \approx N(l_1, O_2, I_2)$$

$$F_{\mathrm{III}}': N(l_1, O_3, I_3) \approx N(l_1, O_4, I_4)$$

其中 $O_1=O_2=O_3=O_4$, $I_2=I_3$, 可合并为一第Ⅲ类型的同构对应.

盖依 4, 我们可取过 O_1 的与 l_1 不同且又彼此不同的直线 l_5 与 l_6, 并在上取 I_5 与 I_6, 又置 $O_5=O_6=O_1$, 使

$$F_{\text{III}} = F_{\text{I}}^{*}F_{\text{I}} \qquad F'_{\text{III}} = F_{\text{I}}^{'*}F'_{\text{I}}$$

这里

$$F_{\text{I}} : N(l_1, O_1, I_1) \approx N(l_5, O_5, I_5)$$
$$F_{\text{I}}^{*} : N(l_5, O_5, I_5) \approx N(l_1, O_2, I_2)$$
$$F'_{\text{I}} : N(l_1, O_3, I_3) \approx N(l_6, O_6, I_6)$$
$$F_{\text{I}}^{'*} : N(l_6, O_6, I_6) \approx N(l_1, O_4, I_4)$$

都是第 I 类型的同构对应. 今依 (2), $F'_{\text{I}}F_{\text{I}}^{*}$ 为一第 I 类型的同构对应, 同样, $(F'_{\text{I}}F_{\text{I}}^{*})F_{\text{I}}$ 亦为一第 I 类型的同构对应, 于是, $F'_{\text{III}}F_{\text{III}}=F_{\text{I}}^{'*}((F'_{\text{I}}F_{\text{I}}^{*})F_{\text{I}})$ 为一第Ⅲ类型的同构对应.

同样可得

7. 相继实施两第 IV 类型的同构对应可合并为一第 IV 类型的同构对应.

今可如下作出定理 2 的证明.

设给出一串由 I, Ⅱ 两种类型的同构对应相继实施所得的对应

$$F : N(l, O, I) \approx N(l', O', I')$$

依据 1, 颠倒这一串中第 I 与第Ⅱ类型的同构对应的次序, 可使 F 成为先实施一串第Ⅱ类型的同构对应再实施第 I 类型的同构对应的组合. 依据 2 与 6, 可将一串第 I 类型的同构对应的组合合并为一第 I 或第Ⅲ类型的同构对应. 同样依据 3 与 7, 可将一串第Ⅱ类型的同构对应的组合合并为一第Ⅱ或第 IV 类型的同构对应. 因此, 原来的 F 必可等同为以下八种类型的同构对应之一:

$$F_{\text{I}}, F_{\text{II}}, F_{\text{III}}, F_{\text{IV}}, F_{\text{I}}F_{\text{II}}, F_{\text{I}}F_{\text{IV}}, F_{\text{III}}F_{\text{IIx}}, F_{\text{III}}F_{\text{IV}}$$

今记恒同同构为 F_0, 并设以上八种同构对应中的 F_{III}, F_{IV} 都非恒同同构, 则原来的同构对应 F 将等同为下面九种类型同构对应之一, 其几何特征如下所示:

F_0	$l = l'$		$O = O'$ $I = I'$
F_{I}	$l \neq l'$	$l \neq l'$	$O = O'$ $(= l \wedge l')$
F_{II}	$l \neq l'$	$l \mathbin{/\!/} l'$	$OO' \mathbin{/\!/} II'$
F_{III}	$l = l'$		$O = O'$ $I \neq I'$
F_{IV}	$l = l'$		$O \neq O'(OI) \equiv (O'I')$
$F_{\text{I}}F_{\text{II}}$	$l \neq l'$	$l \neq l'$	$O \neq O'$ O'不在 l 上

$$F_{\mathrm{I}}F_{\mathrm{IV}} \quad l \neq l' \quad l \neq l' \qquad O \neq O' \quad O'\text{在}l\text{上}$$
$$F_{\mathrm{III}}F_{\mathrm{II}} \quad l \neq l' \quad l /\!/ l' \qquad OO' \neq II'$$
$$F_{\mathrm{III}}F_{\mathrm{IV}} \quad l = l' \qquad O \neq O' \quad (OI) \not\equiv (O'I')$$

从上可知, 九种不同类型的同构所对应的几何特征各不相同, 参见图 1.44. 同构对应 F 根据 l, l', O, O', I, I' 的几何特征即可得知必为以上九种类型同构对应之一, 且这一对应由 l, l', O, O', I, I' 已完全确定. 因而从数系 $N(l, O, I)$ 到 $N(l', O', I')$, 不论其经过的一串第 Ⅰ, Ⅱ 类同构对应为何, 最后所得的同构对应 F 已由这两数系所完全确定. 这就证明了定理 2.

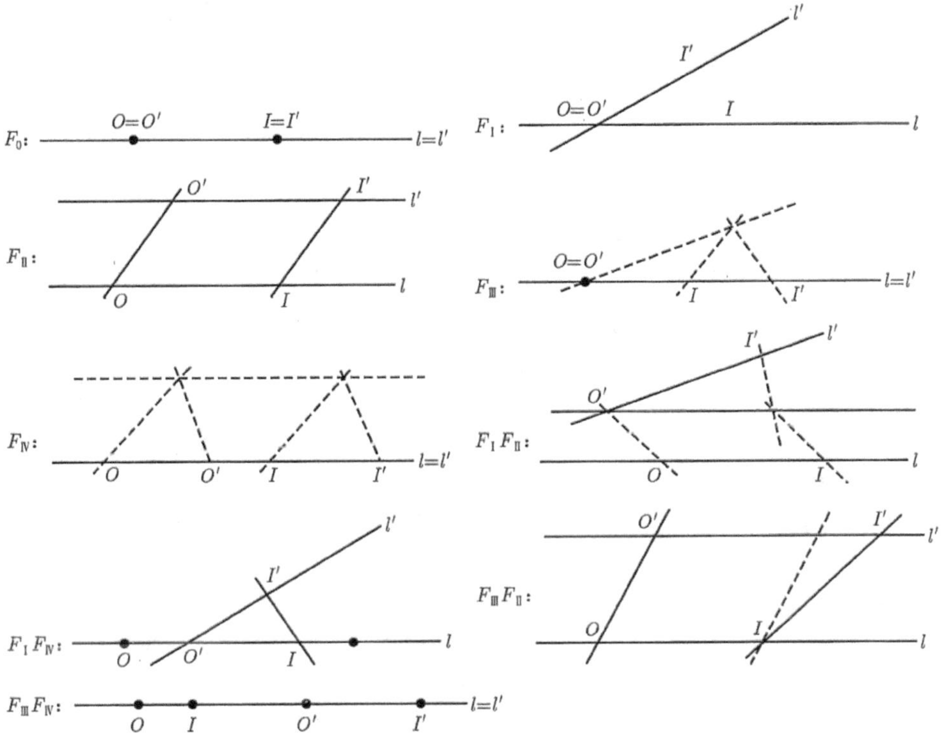

图 1.44

由本节定理 1, 可知在任意直线上任取两不同点作为 0 与 1 后, 即可确定一 Desargues 数系, 且这些数系彼此同构. 由本节定理 2, 又知这些数系间的同构可以唯一地确定. 因此我们可将这些数系在唯一确定的同构之下恒同为一个数系, 记之为 $\mathbf{N}$, 则在 $\mathbf{N}$ 与每一直线上的任一 Desargues 数系 $N(l, O, I)$ 间都有确定的同构

$$F : \mathbf{N} \approx N(l, O, I)$$

由于 $\mathbf{N}$ 是一特征为 0 的数体, 故我们将称 $\mathbf{N}$ 为原来 Desargues 平面或 Desargues

几何的附属Desargues数体. 一般说来, 它非数域, 即乘法交换律一般不成立. 其成立与否与 Pappus 公理或 Hilbert 所称 (交线)Pascal 公理有关, 参见第 2.1 节. 附属 Desargues 数体随所考虑的几何而异, 但它已充分反应了原来几何的特性. 事实上, 原来的几何可从它的附属 Desargues 数体复原出来, 参阅 Hilbert 原著或一般的几何基础著作.

附注　本节定理 2 的内容并不简单. 事实上, 在投影几何中, 如果只假定所谓关联公理、无限公理, 以及与 Desargues 公理相当的公理, 而不再假定其他, 则相应的定理 1 成立, 而相应的定理 2 不成立. 详言之, 在上述那些公理的假定下, 若在任一直线上取定三不同点作为 0, 1,∞, 即可确定一 Desargues 数体 (∞ 除外), 且这些数体彼此同构. 但除非有另外的假定, 如所谓 Pappus 公理, 这些同构将是非确定的 (non-canonical). 只是在 Pappus 公理的假定下, 才能证明所谓投影几何的基本定理, 并在诸 Desargues 数体之间建立确定的同构对应, 以及证明乘法交换律成立而成为一个数域. 这些证明都不简单, 是投影几何基础中最为深奥的部分, 参见一般的投影几何著作或本书第 6.2 节.

1.7　Desargues 平面几何的坐标系

依 1.5 和 1.6 节, 在 Desargues 平面中可唯一地确定一 Desargues 数系 $\mathbf{N}$, 使在任一直线上选定两点 O 与 I 后, 该直线上的点即与数系 $\mathbf{N}$ 中的数一一对应, 其中 O 对应于 0, I 对应于 1. 由此运用通常的解析几何方法即可以建立平面坐标系, 使平面上的点与 $\mathbf{N}\times\mathbf{N}$ 中的数偶一一对应, 详述如下.

如图 1.45, 在平面上任取两相交直线 l_1 与 l_2, 交点为 O. 在 l_1 与 l_2 上各任取不同于 O 的点 I_1 与 I_2, 于是以 O, I_1, 对应于 0, 1, 可使 l_1 上的点与 $\mathbf{N}$ 中的数以确定的方式一一对应. 又以 O, I_2 对应于 0, 1, 可使 l_2 上的点与 $\mathbf{N}$ 中的数以确定的方式一一对应. 如通常那样, O, l_1, l_2, I_1, I_2 等构成一个*坐标系统*, O 称为*原点* l_1, l_2 各称为*第一与第二轴*, I_1, I_2 称为*单位点*.

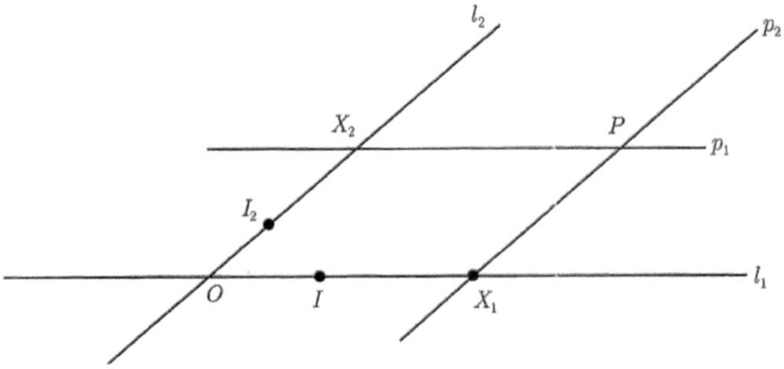

图 1.45

今设平面上一点 P. 当 P 不在 l_1 上时, 过 P 作 l_1 的平行线 p_1, 否则命 $p_1=l_1$. 同样当 P 不在 l_2 上时, 命 p_2 为过 P 而与 l_2 平行的直线, 否则 $p_2=l_2$. 设 p_2, p_1 各与 l_1, l_2 交于 X_1, X_2, 所对应 $\mathbf{N}$ 中的数各为 x_1, x_2, 则

$$P \leftrightarrow (x_1, x_2)$$

显然在平面上的点与 $\mathbf{N}\times \mathbf{N}$ 的数偶之间建立了一个一一对应关系, x_1 与 x_2 各称为上述坐标系中 P 点的第一坐标与第二坐标, (x_1, x_2) 称为 P 的坐标表示, 记作

$$P = (x_1, x_2)$$

取定一坐标系后, 点与坐标间的一一对应关系使几何图形的性质与关系得以通过数量与数量关系来表达, 即所谓几何的代数化. 今以 Desargues 几何中几个最基本的几何关系作为实例说明如下.

[例 1] 设 $R=(z_1, z_2)$ 是两点 $P=(x_1, x_2)$ 与 $Q=(y_1, y_2)$ 的中点, 试用数量关系来表达这一几何关系.

如图 1.46, 试过 P, Q, R 各作直线 p_2, q_2, r_2, 使当 P, Q 或 R 不在 l_2 上时, 这些线与 l_2 平行, 否则即为 l_2. 命 p_2, q_2, r_2 各与 l_1 交于点 X_1, Y_1, Z_1, 各对应于 $\mathbf{N}$ 中的数 x_1, y_1, z_1. 易证不论何时, Z_1 恒为点偶 (X_1, Y_1) 的中点. 依 1.5 节的中点概念, 应有 $2z_1=x_1+y_1$, 同样有 $2z_2=x_2+y_2$. 反之, 若三个点 $P=(x_1,x_2)$, $Q=(y_1, y_2)$, $R=(z_1, z_2)$ 的坐标间有关系

$$2z_1 = x_1 + y_1 \qquad 2z_2 = x_2 + y_2$$

则点 R 必是点偶 (P, Q) 的中点, 故上两式给出几何关系 "R 是 (P, Q) 中点" 的代数表达式.

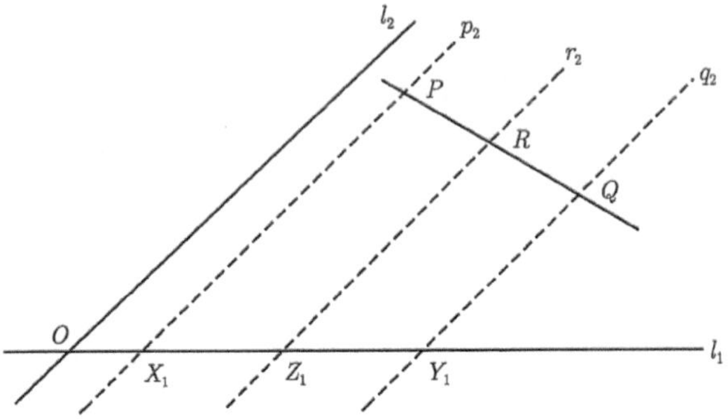

图 1.46

对此实例之所以不厌其烦地叙述, 其理由可见第 3.1 节.

[例 2] 设四点

$$P = (x_1, x_2) \quad Q = (y_1, y_2) \quad R = (z_1, z_2) \quad S = (u_1, u_2)$$

其中 $P \neq Q$, $R \neq S$, 求几何关系 PQ 与 RS 两直线平行或相重的相应数量关系.

为求出这一数量关系, 先证二引理如下.

引理 1　设 $P=(x_1,x_2)$, $Q=(y_1, y_2)$, 而 $P \neq Q$. 在第一轴 l_1 上取点 A_1 对应于 $\mathbf{N}$ 中的数 $y_1 - x_1$, 又在第二轴 l_2 上取点 A_2 对应于 $\mathbf{N}$ 中的数 $x_2 - y_2$, 则 A_1A_2 与 PQ 平行或相重.

证　今只考虑 P, Q 都不在 l_1, l_2 上, 且 PQ 不经过原点 O 也不平行于 l_1, l_2 的情形, 如图 1.47, 过 P 作 $PX_1 /\!/ l_2, PX_2 /\!/ l_1$, 各与 l_1, l_2 交于 X_1, X_2. 又过 Q 作 $QY_1 /\!/ l_2$, $QY_2 /\!/ l_1$, 各与 l_1, l_2 交于 Y_1, Y_2. 则 X_1, Y_1 各对应于 $\mathbf{N}$ 中的 x_1, y_1, 而 X_2, Y_2 各对应于$\mathbf{N}$中的 x_2, y_2. 由于 $(y_1 - x_1)+x_1=y_1$, 故由 l_1 上的加法定义, 有 $PY_1 /\!/ X_2A_1$. 同样, 由于在 l_2 上有 $(x_2 - y_2)+y_2=x_2$, 故有 $QX_2 /\!/ Y_1A_2$. 因 $PX_2A_1Y_1$ 是平行四边形, 故由 1.2 节中的定理, 两对角线 PA_1 与 X_2Y_1 互相平分. 同样, $\square QX_2A_2Y_1$ 的对角线 QA_2 与 X_2Y_1 也互相平分. 因而 PA_1, QA_2, X_2Y_1 三直线共过一点, 即点偶 (PA_1), (QA_2), (X_2Y_1) 的共同中点. 今应用 Desargues 公理 D_2 于 $\triangle PQX_2$ 与 $\triangle A_1A_2Y_1$, 即知 $A_1A_2 /\!/ PQ$, 如所欲证.

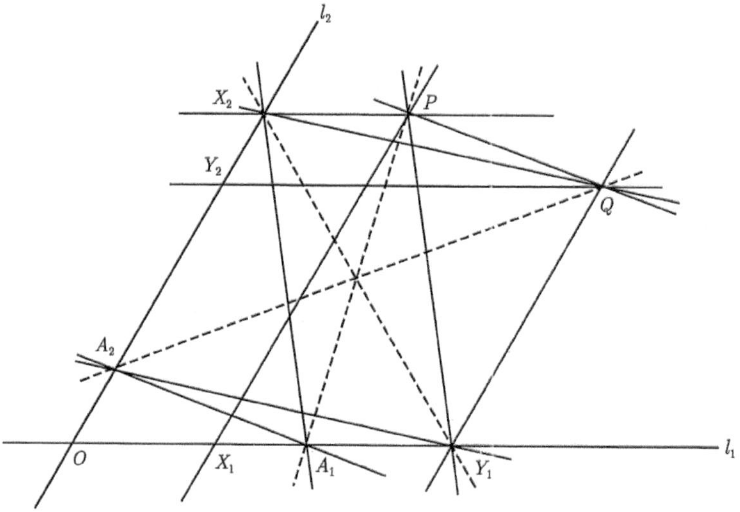

图 1.47

对于其他情形, 以上证明失效, 而需另行逐一验证, 其理由仍见第 3.1 节. 这些证明虽容易但很繁琐, 这里将一概略去.

引理 2　设坐标轴 l_1 上两点 A, B 各对应于 $\mathbf{N}$ 中的 a, b, l_2 上两点 C, D 各对应于 $\mathbf{N}$ 中的 c, d. 设 A, C 都不同于 O, 因而 a^{-1}, c^{-1} 有定义. 则两直线 AC 与 BD 平行或相重的充要条件为

$$a^{-1}b = c^{-1}d$$

证　我们将设 AC 与 BD 平行或相重以证 $a^{-1}b=c^{-1}d$, 其逆定理容易由此得出.

下面将设 A, B 都不同于 I_1, C, D 都不同于 I_2, 又 $AC \parallel BD$(因而不相重合), 且都不与 I_1I_2 平行.

在以上这些条件限制下, 如图 1.48, 可过 I_1 作 $I_1\overline{A} \parallel I_2A$, 与 l_2 交于 $\overline{A}$; 又过 I_2 作 $I_2\overline{C}//I_1C$, 与 l_1 交于 $\overline{C}$, 则由乘法定义, $\overline{A}$, $\overline{C}$ 各对应于 $\mathbf{N}$ 中的 a^{-1} 与 c^{-1}. 今过 B 作 $BF \parallel I_1\overline{A}$ 交 l_2 于 F, 又过 D 作 $DE \parallel I_2\overline{C}$ 交 l_1 于 E, 则仍由乘法定义, E, F 各对应于 $\mathbf{N}$ 中的 $c^{-1}d$ 与 $a^{-1}b$. 我们需证 $a^{-1}b=c^{-1}d$ 或 $EF \parallel I_1I_2$.

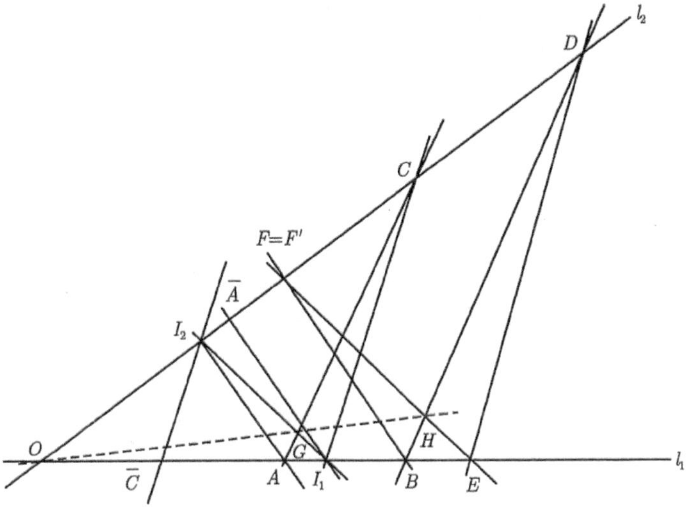

图 1.48

为此过 E 作 $EF' \parallel I_1I_2$, 与 l_2 交于 F', 则 F' 与 E 都对应于 $c^{-1}d$. 由于 AC 不平行于 I_1I_2, 故与 I_1I_2 交于一点, 设为 G. 由于 BD, EF' 各与 AC, I_1I_2 平行, 故也必交于一点, 设为 H. 应用 Desargues 公理 D_1 于 $\triangle GI_1C$ 与 $\triangle HED$, 可知 HG 经过 O 点, 再应用 Desargues 公理 D_2 于 $\triangle GAI_2$ 与 $\triangle HBF'$, 知 $BF' \parallel AI_2$. 因为 $BF \parallel AI_2$, 故 BF 与 BF' 重合, 所以 F 与 F' 重合, 即

$$a^{-1}b = c^{-1}d.$$

如所欲证.

对于其他情形, 也不难一一验证, 这里一概从略.

附注　引理 2 中的条件在 B, D 也不同于 O 时, 可改写为

$$b^{-1}a = d^{-1}c.$$

但由于在 Desargues 数系中乘法交换律一般不成立, 因而不能改写为 $ba^{-1} = dc^{-1}$. 参阅第 2.1 节.

回到例 2, 我们有下面的定理:

定理 1 设四点 $P=(x_1,x_2)$, $Q=(y_1, y_2)$, $R=(z_1, z_2)$, $S=(u_1, u_2)$, 其中 $P \neq Q$, $R \neq S$, 且 PQ, RS 都不与 l_1 也不与 l_2 平行或重合, 则 PQ 与 RS 平行或相重的充要条件为

$$(y_1-x_1)^{-1}(u_1-z_1)=(y_2-x_2)^{-1}(u_2-z_2)$$

证 在 l_1 上取点 A,B 各对应于 N 中的 y_1-x_1, u_1-z_1. 又在 l_2 上取点 C,D 各对应于 N 中的 x_2-y_2, z_2-u_2. 因 PQ 不与 l_2 平行或重合, 故 $x_1 \neq y_1$, 因而 A 不同于 O. 同样 B,C,D 也都与 O 不同. 由引理 1, AC 与 PQ 平行或相重, BD 与 RS 平行或相重, 故 PQ 与 RS 平行或相重的充要条件为 AC 与 BD 平行或相重. 由引理 2, 后者的充要条件为

$$(y_1-x_1)^{-1}(u_1-z_1)=(x_2-y_2)^{-1}(z_2-u_2)$$

亦即所要证明的那一式. 显然这一条件也可改为

$$(u_1-z_1)^{-1}(y_1-x_1)=(z_2-u_2)^{-1}(x_2-y_2)$$

[**例 3**] 把一图形中的点 (x_1,x_2) 所应满足 x_1,x_2 间的充要条件称为该图形的方程. 求一直线的方程以及一点在一直线上的充要条件.

设直线为 L, 点为 $P=(x_1,x_2)$. 若 L 与 l_2(或 l_1) 平行或重合, 则 L 的方程显有形式

$$x_1=c\ (\text{或}\ x_2=c)$$

其中 c 为常数, 对应于 L 与 l_1(或 l_2) 的交点. 如图 1.49.

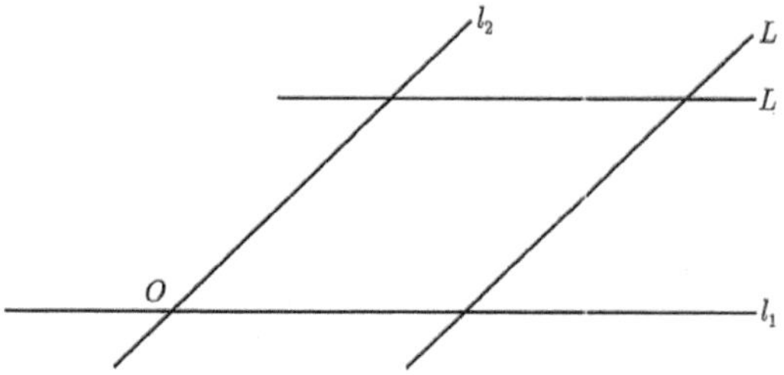

图 1.49

如图 1.50; 设 L 不平行于 l_1, l_2, 而与 l_2 相交于 C, 而 C 对应于 $\mathbf{N}$ 中的数 c. 先设 L 不经过 I_1. 此时可过 I_1 作 I_1A 平行于 L, 而与 l_2 交于 A, 对应于 $\mathbf{N}$ 中的数 $a \neq 0$. 数 c 与 a 都由直线 L 所确定. 今设 $P=(x_1,x_2)$ 在 L 上, 但不在 l_1 或 l_2 上. 过 P 作 $p_1 \parallel l_1$, $p_2 \parallel l_2$, 各与 l_2, l_1 交于 X_2, X_1. 又过 X_1 作 $X_1Z \parallel L$, 与 l_2 交于 Z. 则 X_1, X_2 各对应于 $\mathbf{N}$ 中的 x_1,x_2, 而依乘法定义, Z 对应于 ax_1. 又依加法定义有

$$ax_1+x_2=c$$

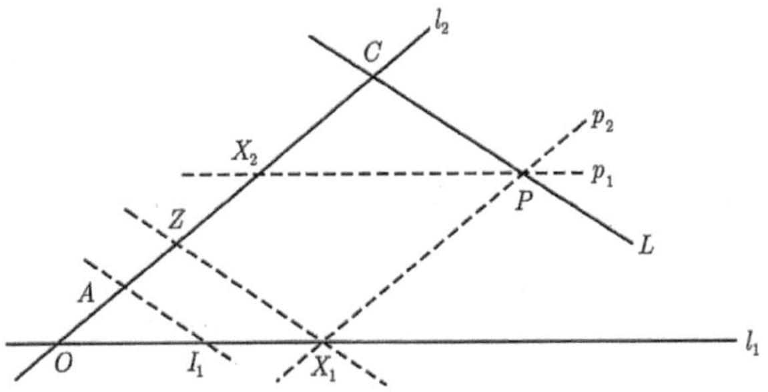

图 1.50

如图 1.51, 若 P 既在 L 上又在 l_1 上, 则有 $x_2=0$. 而 C 对应于 $c=ax_1$, 因而 x_1,x_2 仍满足上面的方程. 又若 P 既在 L 上又在 l_2 上, 即 $P=C$, 则 $x_1=0$, $x_2=c$, 因而 x_1,x_2 也仍满足上面的方程.

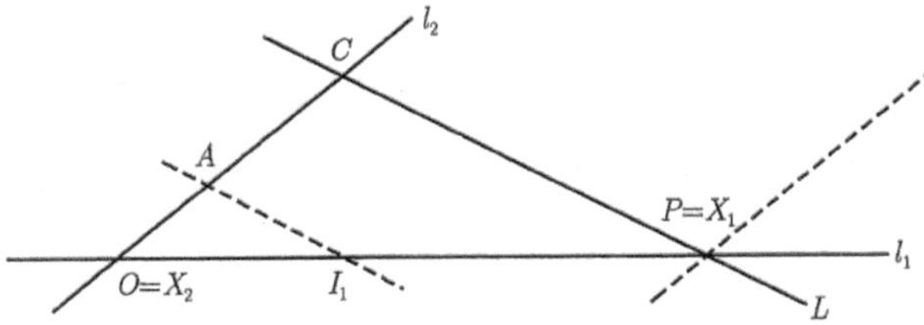

图 1.51

如图 1.52, 最后设 L 仍不平行于 l_1, l_2 而经过 I_1, 命 C 为 L 与 l_2 的交点, 对应于 **N** 中的 $c\neq 0$. 则如前证, L 上的任一点 $P=(x_1,x_2)$ 应满足方程

$$cx_1 + x_2 = c$$

反之, 可知满足以下方程之一的所有点 $P=(x_1,x_2)$ 都在一确定的直线上:

$$x_1 = c$$

$$x_2 = c$$

$$ax_1 + x_2 = c \quad (a \neq 0)$$

概括各种情形, 可得

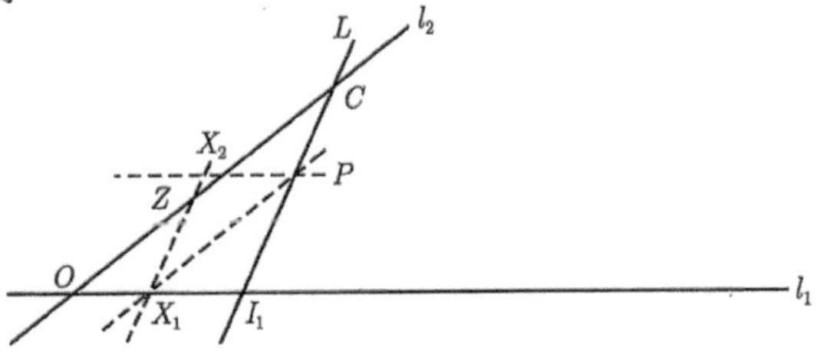

图 1.52

定理 2　平面上的直线方程为

$$a_1x_1+a_2x_2=c$$

其中 a_1, a_2 不同时为 0. 若 $a_2\neq 0$, 则直线与 l_2 相交, 而交点对应于 $\mathbf{N}$ 中的数 $a_2^{-1}c$. 若 $a_1\neq 0$, 则直线与 l_1 相交, 而交点对应于数 $a_1^{-1}c$.

附注　由于 Desargues 平面的附属 Desargues 数系的乘法一般说来是不可交换的, 所以上面的直线方程不能写成

$$x_1a_1+x_2a_2=c$$

事实上这样的方程也并不代表一条直线.

[**例 4**]　设三点 $P=(x_1,x_2)$,$Q=(y_1, y_2)$, $R=(z_1, z_2)$, 求有一直线能同时通过这三点或三点共线的充要条件.

显然三点 P,Q,R 共线的充要条件是三点中至少有两点重合或三点互不相同而直线 PQ 与 PR 重合. 因而依据例 2 的引理, 充要条件为以下诸关系式中至少有一成立:

1. $x_1=y_1=z_1$
2. $x_2=y_2=z_2$
3. $x_1=y_1$ 且 $x_2=y_2$
4. $x_1=z_1$ 且 $x_2=z_2$
5. $y_1=z_1$ 且 $y_2=z_2$
6. $x_1\neq y_1\quad x_2\neq y_2$ 且

$$(y_1-x_1)^{-1}(z_1-x_1)=(y_2-x_2)^{-1}(z_2-x_2)$$

7. $y_1\neq z_1\quad y_2\neq z_2$ 且

$$(z_1-y_1)^{-1}(x_1-y_1)=(z_2-y_2)^{-1}(x_2-y_2)$$

8. $x_1\neq z_1\quad x_2\neq z_2$ 且

$$(x_1-z_1)^{-1}(y_1-z_1)=(x_2-z_2)^{-1}(y_2-z_2)$$

第 2 章　垂直几何、度量几何与常用几何

2.1　Pascal 公理与乘法交换公理 ——(无序)Pascal 几何

在以 Hilbert 的关联公理 HI、(加强) 平行公理 HIV、无限公理与 Desargues 公理 D 为基础的 Desargues(平面) 几何中, 可确定唯一的 Desargues 数系 **N**, 称为几何的附属 Desargues 数系, 已见以前各节. 这一数系实际上是一数体(特征为 0), 一般说来不满足复数系的乘法交换公理 N13. 为了使乘法交换公理也能满足而使 **N** 成为一个数域, 必须在几何中引进其他一些公理. 一种方法是像 Hilbert《几何基础》一书所指出的那样, 引进一条所谓 Pascal 公理. 这里 Hilbert 所称的 Pascal 公理实际上是现在通称为 Pappus 定理的一个特殊情形, 更是通常投影几何中圆锥曲线退化为两条直线时的 Pascal 定理的特殊情形. 为了区别于一般的 Pappus 定理与 Pascal 定理, 我们称 Hilbert 所考虑的那种公理为线性 Pascal 公理, 其叙述如下.

线性 Pascal 公理　见图 2.1, 设两不同直线 l 与 l' 上各有互不相同的三点 A, B, C 与 A', B', C', 若

$$BC' \parallel B'C \qquad AB' \parallel A'B$$

则必有

$$AC' \parallel A'C$$

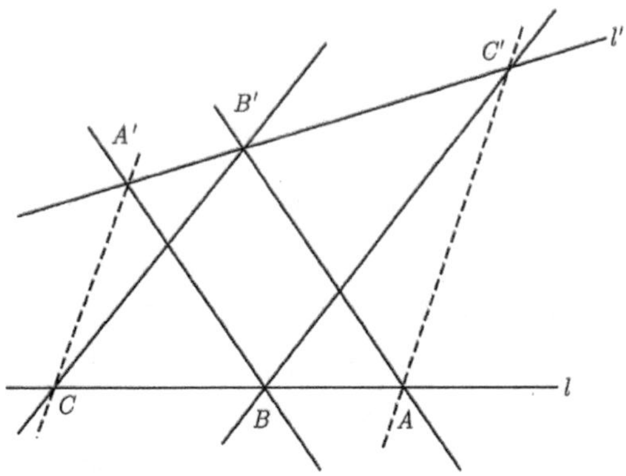

图 2.1

在这一叙述中, 称 l 与 l' 两直线为公理的基线, 在两基线相交时, 相应的公理称为交线 Pascal 公理. Hilbert 一书中的 Pascal 公理即指这一交线 Pascal 公理. 在下

面记作公理 P, 有时还记作公理

$$\mathrm{P}\begin{bmatrix} A & B & C \\ A' & B' & C' \end{bmatrix} \text{或}\ \mathrm{P}\begin{bmatrix} l \\ l' \end{bmatrix}$$

或

$$\mathrm{P}\begin{bmatrix} l/ABC \\ l'/A'B'C' \end{bmatrix}$$

这一公理与 Desargues 几何的关系, 将分以下几点来说明.

1. 基线为平行线时的线性 Pascal 公理.

这时这一公理可从 Desargues 几何的其他公理推出, 因而实质上是 Desargues 几何中的一条定理. 证之如次.

由于 l 与 l' 平行, 故从假设 $CBC'B'$ 是平行四边形, 因此由第 1.2 节中的定理, 对角线 BB', CC' 互相平分; 同样, $ABA'B'$ 也是平行四边形, 而 AA', BB' 也互相平分; 于是 AA' 与 CC' 也互相平分. 而仍由第 1.2 节定理, $ACA'C'$ 也是平行四边形, 故有 $AC' /\!/ A'C$. 如所欲证. 见图 2.2.

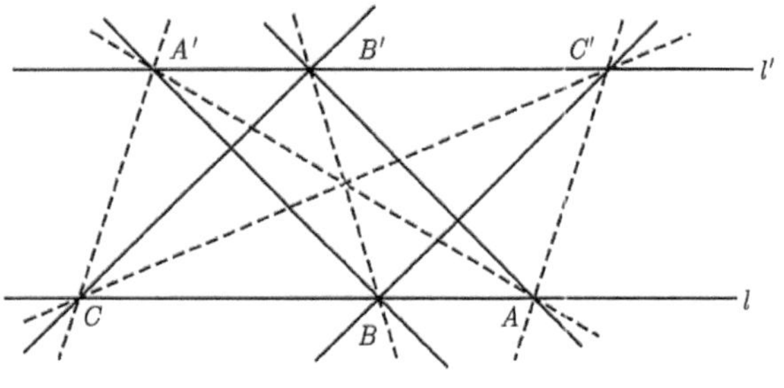

图 2.2

2. 交线 Pascal 公理 P 与乘法交换公理 N13.

交线 Pascal 公理 P 在 Desargues 几何中的重要意义在于: 它的成立与否是几何的附属 Desargues 数系是否满足乘法交换公理 N13 的充要条件.

为说明这一事实, 先设公理 P 成立. 在 Desargues 平面上任取一直线 l 与其上两点 O 与 I 以定义 Desargues 数系, 使 O 对应于 0, I 对应于 1. 在 l 上设两点 A, B 各对应于 $\mathbf{N}$ 中的 a, b, 在 $A = B$ 或 A, B 之一与 O 或 I 相同时, $ab=ba$ 是显然的. 为此如图 2.3 设 A, B, O, I 彼此都不相同. 此时可任取一过 O 而不同于 l 的直线 l', 并在上任取一不同于 O 的点 I', 作 $AB' /\!/ II', BA' /\!/ II'$, 各与 l' 交于 B', A'. 又过 B' 作 $B'C /\!/ I'B$, 与 l 交于 C, 若在 l' 上定义 Desargues 数系 $\mathbf{N}$, 使 O 对应于 0, I' 对应于 1, 则由第 1.6 节 A' 对应于 $\mathbf{N}$ 中的 b, 而 B' 对应于 $\mathbf{N}$ 中的 a, 由乘法

定义知 C 对应于 ba, 今应用线性 Pascal 公理

$$\mathrm{P}\begin{bmatrix} l/ABC \\ l'/A'B'I' \end{bmatrix}$$

即知 $A'C \mathbin{/\!/} I'A$. 因而由乘法定义知 C 也对应于 ab. 故 $ab=ba$, 即乘法交换公理可由公理 P 得出. 反之, 也容易证明若附属 Desargues 数系 $\mathbf{N}$ 的乘法交换公理成立, 则交线 Pascal 公理 P 也成立, 即几何公理 P 与数系公理 N13 是等价的.

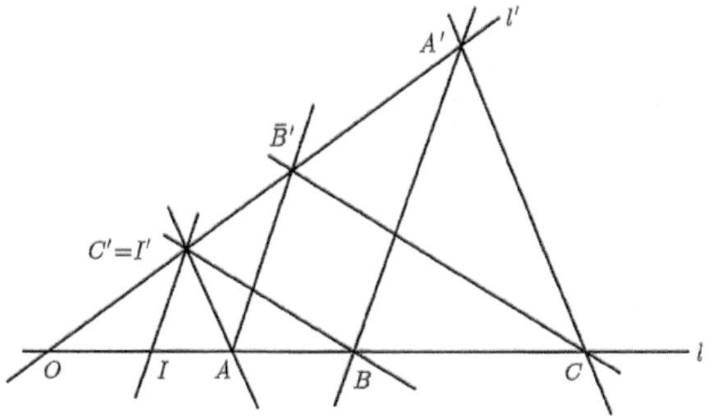

图 2.3

由上面的证明还可知: 若 Desargues 几何中 pascal 公理对某一对相交的基线 l, l' 成立, 即

$$\mathrm{P}\begin{bmatrix} l \\ l' \end{bmatrix}$$

成立, 则乘法交换公理成立, 因而对任意另一对相交的基线来说, 交线 Pascal 公理也成立.

3. 交线 Pascal 公理与比例理论.

Hilbert 在《几何基础》一书中, 曾经应用全合公理 HIII 导出了 Pascal 公理作为定理, 又以此为依据建立了比例理论. 但在比例理论的建立中, 仍需用到全合公理. 在 Bernays 关于 Hilbert 该书的增订本所作的补充中, 曾经简化了这一比例理论, 但仍使用了全合公理. 下面将指出, 在 Desargues 几何中, 只需假定交线 Pascal 公理 P, 即可圆满地建立比例理论, 而不必再用到全合公理 (以及次序公理). 但如果不假定这一公理 P, 则要在 Desargues 几何中建立比例理论将是不可能的.

为说明这一事实, 请先注意第 1.7 节中曾经证明过的定理:

设两不同直线 l, l' 交于一点 O. 在 l, l' 上各取不同于 O 的点 I, I', 并定义 Desargues 数系 $\mathbf{N}$, 使 O 对应 0, I, I' 对应于 1. 设 A, B 为 l 上不同于 O 的两点, 各对应于 $\mathbf{N}$ 中的数 a, b, 又 C, D 为 l' 上不同于 O 的两点, 各对应于 $\mathbf{N}$ 中的 c, d, 则 AC 与 BD 平行或重合的充要条件为

$$a^{-1}b=c^{-1}d$$

或

$$b^{-1}a=d^{-1}c$$

首先指出, 在 Desargues 几何中, 如果不假定交线 Pascal 公理 P 的成立, 则一般说来上面的充要条件不能改写为

$$ba^{-1}=dc^{-1}$$

或

$$ab^{-1}=cd^{-1}$$

为证此, 可如图 2.4 设 A, B 都不同于 O, I(对于相反的情形自然可改写成上面的形式). 为简单起见, 试考虑 $D=I'$ 即 $d=1$ 的情形. 这时据前证定理从 $AC /\!/ BD$ 有

$$a^{-1}b=c^{-1} \text{ 或 } b^{-1}a=c$$

我们需证: 不假定公理 P 则从 $AC /\!/ BD$ 不能得出

$$ba^{-1}=c^{-1} \text{ 或 } ab^{-1}=c$$

由于 a^{-1} 与 b^{-1} 在 $a\neq 0$, $b\neq 0$ 时可以是任意非 0 的数, 故这一结论可直接由上述 2 得出. 现试重证如次.

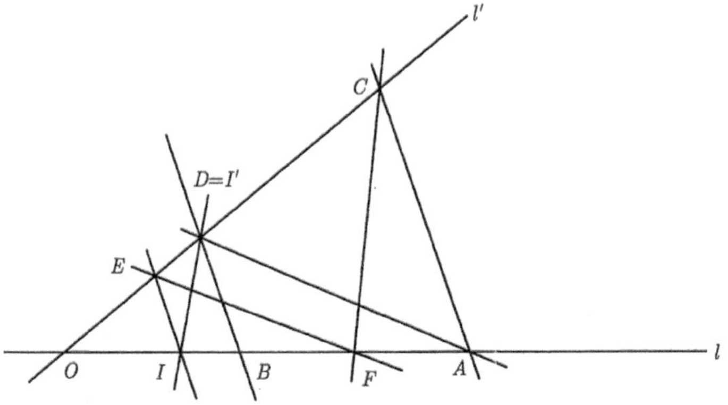

图 2.4

为此过 I 作 $IE /\!/ BD$, 与 l' 交于 E, 则由第 1.5 节知 E 对应于 b 的逆元素 b^{-1}. 又过 E 作 $EF /\!/ AD$, 与 l 交于 F, 则 F 对应于 $\mathbf{N}$ 中的 ab^{-1}. 如果 Pascal 公理 P 成立而应用之于

$$\mathrm{P}\begin{bmatrix} l/FAI \\ l'/DEC \end{bmatrix}$$

即得 $CF /\!/ DI$, 而有 $ab^{-1}=c$. 反之, 若 Pascal. 公理 P 不成立, 例如

$$\mathrm{P}\begin{bmatrix} l/FAI \\ l'/DEC \end{bmatrix}$$

不成立, 则可取 $I'=D$, 并作 $I'B \parallel IE$, 与 l 交于 B, 于是 CF 不平行于 ID. 若设 A, B 对应于 a, b, C 对应于 c, 则 F 仍对应于 ab^{-1}, 而 CF 不平行于 ID 即意味着 $ab^{-1}\neq c$. 由此知在一般情形下, 从 $AC \parallel BD$ 可得 $a^{-1}b=c^{-1}d$, 但不能得 $ba^{-1}=dc^{-1}$, 因而要建立合理的比例理论是不可能的.

但若假定交线 Pascal 公理成立, 则由 2, 乘法交换公理成立, 故 $AC\parallel BD$ 的条件 $a^{-1}b=c^{-1}d$ 不仅可以改写为 $ba^{-1}=dc^{-1}$, 且可改写为

$$ad=bc$$

又可以此定义为

$$a:b=c:d$$

由此建立比例理论是容易的.

4. 从交线 Pascal 公理 P 可推出 Desargues 公理 D_1, D_2(在其他公理的假定下), 这是著名的 Hessenberg 定理, 见 Hessenberg[1].

定理(Hessenberg)　在满足关联公理 HI、(加强) 平行公理 HIV、无限公理 D_∞ 与交线 Pascal 公理 P 的几何中, Desargues 公理 D_1, D_2 成立而成为几何中的定理.

证　显然, 只需证明 Desargues 公理 D_2 下面的情形已经足够, 其余情形可由此推出. 将此情形重述如下:

设两三角形 $\triangle ABC$, $\triangle A'B'C'$ 的顶点都彼此不同, 且对应顶点连线 AA', BB', CC' 都不相同而同过一点 O. 又设

$$AB\parallel A'B' \qquad AC\parallel A'C'$$

需证

$$BC\parallel B'C'$$

我们将分四种不同情形来考虑:

(1) AB 不平行于 OC, AC 也不平行于 OB.

(2) AB 不平行于 OC, 但 AC 平行于 OB.

(3) AC 不平行于 OB, 但 AB 平行于 OC.

(4) AB 平行 OC, AC 平行 OB.

第一种情形: 如图 2.5.

此时可过 A 作直线平行于 BB', 该线必与 $A'C'$ 交于一点, 设为 L, 又与 CC' 交于一点, 设为 M. 暂设 LB' 既不平行于 AA' 也不平行于 CC'. 命 LB' 与 AB 交

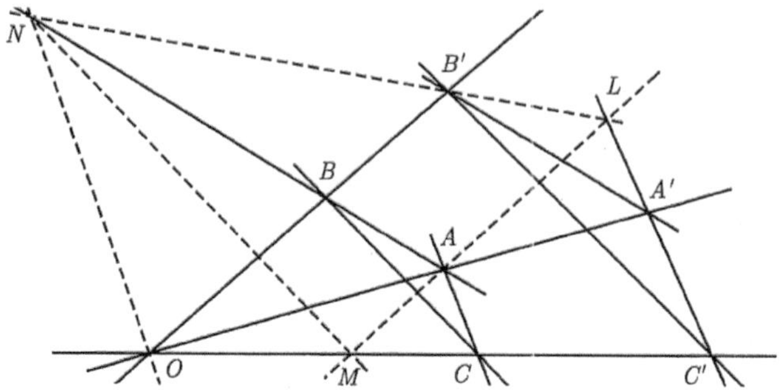

图 2.5

点为 N. 由于 LB' 与 AA' 相交, 故可应用交线 Pascal 公理

$$\mathrm{P}\begin{bmatrix} L & B' & N \\ O & A & A' \end{bmatrix}$$

得 $LA' /\!/ NO$, 因而 $AC /\!/ NO$. 又因 AB 与 CC' 相交, 故可应用交线 Pascal 公理

$$\mathrm{P}\begin{bmatrix} N & A & B \\ C & O & M \end{bmatrix}$$

得 $NM /\!/ BC$. 再应用交线 Pascal 公理

$$\mathrm{P}\begin{bmatrix} N & L & B' \\ C' & O & M \end{bmatrix}$$

得 $NM /\!/ B'C'$. 因此 $BC /\!/ B'C'$. 如所欲证.

前面暂设部分可依下法处理.

如图 2.6, 过 B 作直线平行于 AA', CC', 各与 AC 交于

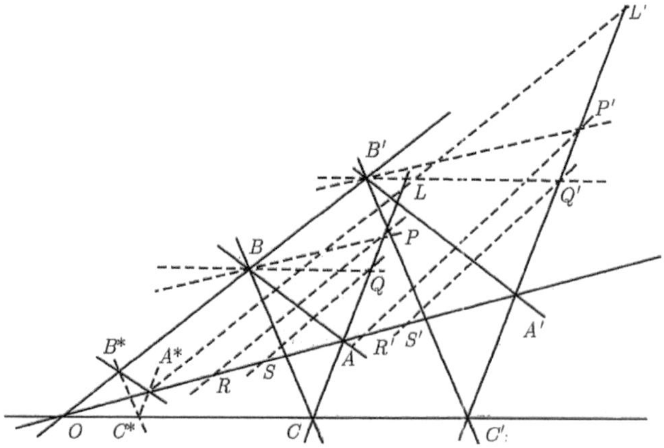

图 2.6

线平行于 AA', CC', 各与 $A'C'$ 交于 P', Q'. 过 P, Q, P', Q' 作直线平行于 BB', 各与 AA' 交于 R, S, R', S'. 在 AA' 上取一点 A^*, 此点不同于 O 也不同于 R, S, R', S'. 过 A^* 作直线平行于 AB, 与 BB' 交于 B^*, 又作直线平行于 AC, 与 CC' 交于 C^*, 今过 A^* 作直线平行于 BB', 与 AC 交于 L, $A'C'$ 交于 L', 则 L 与 P, Q 不同, 故 LB 既不平行于 AA', 也不平行于 CC', 因而 $\triangle A^*B^*C^*$ 与 $\triangle ABC$ 符合情形 (1) 的假设且符合暂设条件. 由前所证有 $B^*C^* /\!/ BC$, 同样对 $\triangle A^*B^*C^*$ 与 $\triangle A'B'C'$ 有 $B^*C^* /\!/ B'C'$, 故仍有 $BC /\!/ B'C'$.

第二种情形：如图 2.7.

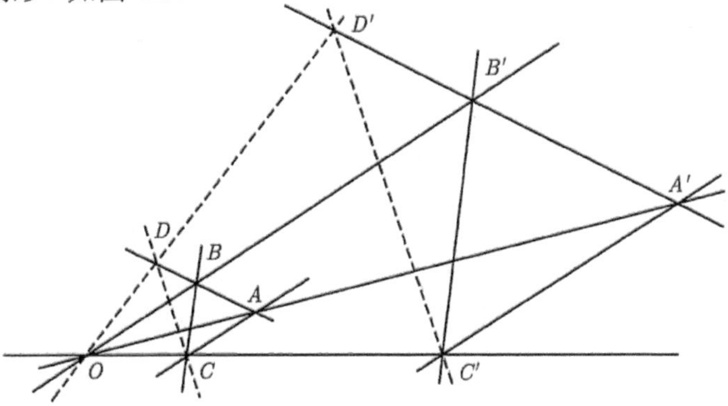

图 2.7

此时 $AC /\!/ BB'$, 但 AB 不平行于 CC'. 在 AB 上取一点 D, 使 CD 不平行于 BB', 连 OD 与 $A'B'$ 交于 D', 则对 $\triangle ACD$ 与 $\triangle A'C'D'$ 可应用第一种情形得 $CD /\!/ C'D'$. 其次 $\triangle DBC$ 与 $\triangle D'B'C'$ 也符合第一种情形, 因而得 $BC /\!/ B'C'$. 如所欲证.

第三种情形：这与第二种情形基本相同.

第四种情形：这时 $AB /\!/ CC', AC /\!/ BB'$, 如果像第二种情形那样, 过 O 作不同于 AA', BB', CC' 的又一直线, 使与 AB, $A'B'$ 交于 D, D', 而 CD 又不平行于 BB', 则 $\triangle ACD$, $\triangle A'C'D'$ 符合第三种情形, 因而 $CD /\!/ C'D'$. 其次 $\triangle DBC$ 与 $\triangle D'B'C'$ 又符合第二种情形或第三种情形, 因而 $BC /\!/ B'C'$.

至此 Hessenberg 定理已完全证明. 我们之所以不厌其烦地将各种不同情形的证明都一一详细写出的原因, 仍如前, 请参阅第 3.1 节.

5. Pascal 几何.

定义　假设一种 (平面) 几何满足以下诸公理：

Hilbert 的关联公理 HI;

Hilbert 的 (加强) 平行公理 HIV;

无限公理 D_∞;

交线 Pascal 公理 P;

则这种几何称为 Pascal 几何.

在 Pascal 几何中, 依据 4 中的 Hessenberg 定理, Desargues 公理 D_1, D_2 自然满足, 因而依第 1.5 和第 1.6 节, 有一附属 Desargues 数系; 又依 3, 这一 Desargues 数系满足乘法交换公理 **N13**, 因此它不仅是一个数体, 而且是一个数域 (由于无限公理特征为 0). 我们称之为 Pascal 几何的*附属 Pascal 数域*. 在这种几何中, 取定一坐标系后, 由于乘法可交换, 故几何关系的代数表达式变得很简单. 例如第 1.7 节例 2 中的引理, 对于 $P=(x_1, x_2)$, $Q=(y_1, y_2)$, $R=(z_1, z_2)$, $S=(u_1, u_2)$ 四点, 只需 $P \neq Q$, $R \neq S$, 则直线 PQ 与 RS 平行或重合的充要条件就变为

$$(u_1 - z_1)(y_2 - x_2)=(y_1 - x_1)(u_2 - z_2)$$

这里不再需要有 PQ, RS 不与 l_1, l_2 平行或重合的条件限制.

2.2　垂直公理与 (无序) 垂直几何

通常的欧几里得几何, 本书中称为*常用几何*, 以研究图形的度量性为主, 在公理体系, 特别在 Hilbert 的公理系统中, 这些度量性是通过不加定义的全合这一基本概念以及有关的全合公理来表达的. Hilbert 对这些属于第三类的全合公理, 不是独立于其他几类公理来引入, 而是假助于第二类的次序公理. 但是, 由于导言中所述的那些缘故, 我们将有意避免使用次序概念与次序公理来建立几何学. 这样, 所谓线段、射线、角等都将失去意义, 更不要说线段的长短或角的大小了. 为了不用次序公理而仍能建立一种类似于欧几里得几何的常用几何, 甚至包罗更广的度量性几何学, 除了保持 Hilbert 体系中的关联公理 HI、平行公理 HIV 以及在上章引进的无限公理与 Desargues 公理 D 外, 我们将引进另外一些概念, 以及有关公理以部分代替全合的概念和全合公理. 本节以及下节即致力于这方面内容的论述.

首先, 垂直关系是直观上最显著的也是人们最早熟悉的度量性质之一. 只要从世界各民族在远古时期就或多或少认识到勾股形、长方形这一类图形来看, 就能体会到其来源的久远. 垂直概念甚至可能比平行概念更为基本. 例如, 两直线的平行关系即可通过它们都与另一直线垂直的关系来刻画. 在我国古代几何学中, 垂直关系通过长方形勾股形与各种丰富多彩的研究而贯穿于整个几何体系中. 相反, 类似于平行的概念几乎没有出现过. 在 Hilbert 以后的现代几何学公理的研究中, 许多作者致力于抛弃平行公理但保持垂直性质, 因而把各种欧氏与非欧几何统一于同一几何的研究, 请参阅 Bachmann[1, 2] 及其所引文献, 也可参阅 Greenberg[1]. 这些著作都是从公理化的角度来考虑有关问题的. 虽然如此, 如果从机械化的角度来考虑, 垂直性质也应占有特殊的地位. 但因为关联概念与平行概念基本上是线性的, 而垂直则可以说是最简单的一种非线性关系, 因此, 本节将首先以*垂直*为中心进行讨论.

今将垂直作为不加定义的基本概念来引入: 直线 l *垂直*于直线 l', 记作 $l \perp l'$. 这

一垂直概念满足以下诸公理.

垂直公理 O

O1　若 $l\perp l'$, 则 $l'\perp l$.

O2　给定一点 O 与任一直线 l, 过 O 必有且仅有一直线 $l'\perp l$.

O3　若两直线 l' 与 l'' 都与直线 l 垂直, 即 $l'\perp l$, $l''\perp l$, 则 l' 与 l'' 平行.

我们的几何将假定满足关联公理 HI、平行公理 HIV、无限公理与 Desargues 公理 D, 以及上述三个垂直公理.

在这种几何中, 一直线 l 也可以与它自身垂直, 即 $l\perp l$. 这样的直线称为*迷向线*. 从公理 O_2、O_3 与平行公理可知, 与迷向线平行的直线也一定是迷向线, 即与它自身垂直. 而且任两平行的迷向线也互相垂直. 因此, 如果每一条直线都是迷向线, 则垂直概念将与平行或重合完全相同. 在这样的几何中, 垂直概念将是多余的. 为此, 我们将添入下述公理:

O4　经过任意一点都有非迷向线的直线.

为了使我们的几何具有较丰富的度量性质并尽量与通常的几何接近, 将再添入下述公理:

O5(*垂心公理*)　设顶点 A,B,C 不在一直线上的 $\triangle ABC$, 过 A,B,C 各作直线 $l_A\perp BC$, $l_B\perp AC$, $l_C\perp AB$, 则 l_A, l_B, l_C 必经过同一点.

这一公理中三条过各顶点而垂直于三角形三边的直线称为这三角形的*高*. 三个高线共同的点称为三角形的*垂心*.

今设 A,B,C 不在一直线上, 而 AB, AC 都是迷向线. 过 B,C 各作直线与 AC, AB 平行, 则由平行公理知, 这两直线必相交, 设交点为 A'. 依垂直公理 O2 和 O3, CA' 也是迷向线且与 AB 既平行又垂直. 同样 BA' 也是迷向线且与 AC 既平行又垂直. 由垂心公理 O5, A' 是 $\triangle ABC$ 的垂心, 而 $AA'\perp BC$. 如果 BC 也是迷向线, 则同样将有 $AA' /\!/ BC$. 由于 $ABA'C$ 是平行四边形, 故这将与无限公理相违. 因此, 顶点不在一直线上的三角形三边不能都是迷向线.

由此又可知公理 O4 事实上可从公理 O5 与其他公理推出.

我们将称满足以下诸公理的几何为*无序垂直几何*, 或简称为*垂直几何*:

Hilbert 关联公理 HI;

Hilbert(加强) 平行公理 HIV;

无限公理与 Desargues 公理 D;

垂直公理 O1　O5.

在这种垂直几何中, 一个较不显著的事实是交线 Pascal 公理成立, 因而是这种几何的一条定理. 一个直接的结果是, 依据 Desargues 公理所引入的附属 Desargues 数系不仅是数体, 而且是数域, 其中乘法是可交换的. 这一事实为 Schur 所发现, 参阅文献 Schur[1]. 为证此, 我们将先证交线为两互相垂直的不同直线情形的 Pascal 公理.

垂直 Pascal 定理　设垂直于 O 的两不同直线 l 与 l' 上各有都不同于 O 且互不相同的点 A, B, C 与 A', B', C', 若

$$AB' \parallel A'B \qquad BC' \parallel B'C$$

则必有

$$AC' \parallel A'C$$

证　如图 2.8, 首先, l 与 l' 都不能是迷向线. 今依公理 O2 过 B 作直线垂直于 $A'C$, 则由公理 O3 与平行公理, 此线必与 l' 交于一点, 设为 D'.

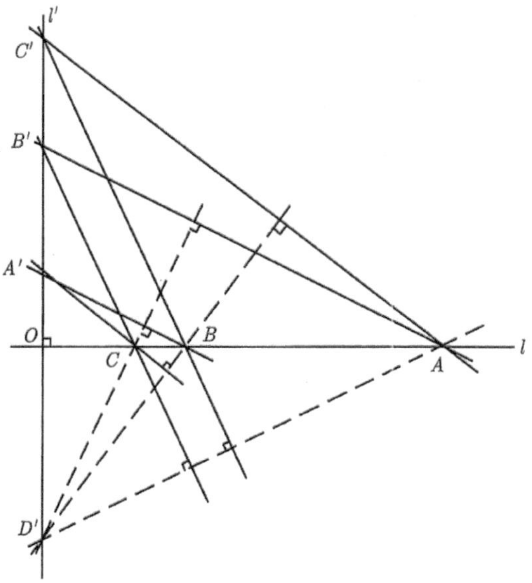

图 2.8

今应用垂心公理于 $\triangle A'BD'$, 即知 $D'C \perp A'B$.

由于 $AB' \parallel A'B$, 故由公理 O3 与平行公理, 有 $D'C \perp AB'$.

应用垂心公理于 $\triangle AB'D'$, 知 $B'C \perp AD'$.

由 $BC' \parallel B'C$ 得 $BC' \perp AD'$.

应用垂心公理于 $\triangle C'AD'$, 得 $AC' \perp BD'$.

因 $AC', A'C$ 都垂直于 BD', 故由公理 O3 得 $AC' \parallel A'C$. 证毕.

由于上面的 Schur 定理及其证明, 交线 Pascal 定理对于垂直的两交线在垂直几何中成立, 并由于在这一几何中已假定了 Desargues 定理作为公理, 因而由 2.1 节, 这一几何附属 Desargues 数系中的乘法是可交换的. 仍由 2.1 节中的 2, 即知一般的

交线 Pascal 定理也成立. 也可以不依赖于 2.1 节而直接用垂心公理来证明一般的交线 Pascal 定理. 下面的证明源于 Guse, 参阅 Bachmann[1] 一书的第 208 页.

我们将记两直线 l, l' 的交点为 O, 直线上的点各为 A_1, A_2, A_3 与 A_1', A_2', A_3', 假设为

$$A_2A_3' \parallel A_3A_2' \qquad A_1A_2' \parallel A_2A_1'$$

需求证

$$A_1A_3' \parallel A_3A_1'$$

为证此, 我们将设 A_1, A_2, A_3 互不相同且不同于 O, 同样, A_1', A_2', A_3' 也互不相同又不同于 O. 又设 l, l' 不垂直, 也非迷向线, 且 A_iA_j' 都不与 l 或 l' 垂直. 在诸直线互相垂直时, 则下面的证明需稍作修改或另行考虑.

今对 123 的任一排列 ijk, 置

$F_i = \triangle A_iA_j'A_k'$ 的垂心;

$F_i' = \triangle A_i'A_jA_k$ 的垂心;

$O_{ij} = \triangle OA_iA_j'$ 的垂心.

由图 2.9, F_2F_3 以及 $O_{23}O_{32}$ 垂直于 A_2A_3', $A_2A_3' \parallel A_3A_2'$, 得 $F_2F_3 \parallel O_{23}O_{32}$.

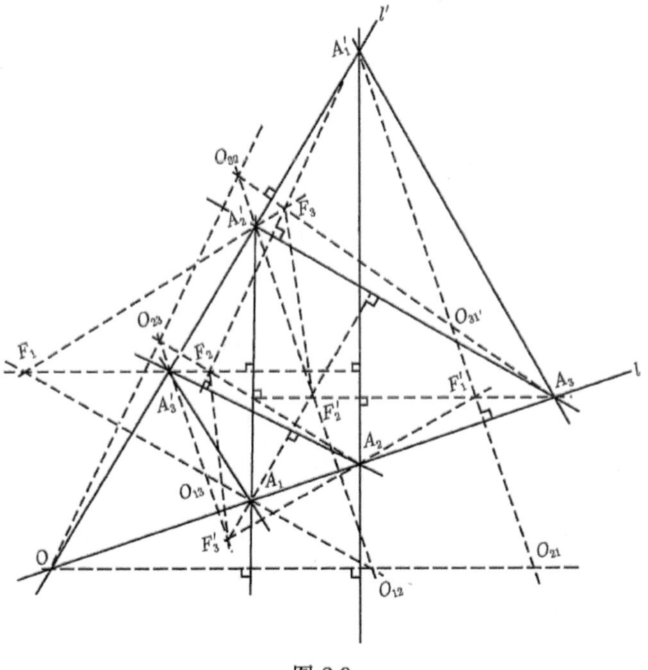

图 2.9

由 F_2O_{23} 与 F_3O_{32} 都垂直于 l', 得 $F_2O_{23} \parallel F_3O_{32}$, 同样有 $F_2'F_3' \parallel O_{23}O_{32}$ 与 $F_2'O_{32} \parallel$

$F_3'O_{23}$. 应用 Desargues 定理于 $\triangle F_2F_3'O_{23}$ 与 $\triangle F_3F_2'O_{32}$, 即得 $F_2F_3' /\!/ F_3F_2'$. 故 $F_2F_3F_2'F_3'$ 是平行四边形. 依第 1.2 节知, 对角线 F_2F_2', F_3F_3' 互相平分.

同样从 $A_1A_2' /\!/ A_2A_1'$ 可推得 $F_1F_2F_1'F_2'$ 也是平行四边形, 其对角线 F_1F_1', F_2F_2' 互相平分.

由此知 F_1F_1', F_3F_3' 互相平分, 故由第 1.2 节知 $F_1F_3F_1'F_3'$ 是平行四边形. 今应用 Desargues 定理于 $\triangle F_1F_3'O_{13}$ 与 $\triangle F_3F_1'O_{31}$, 即得 $O_{13}O_{31} /\!/ F_1F_3 /\!/ F_1'F_3'$.

暂设 F_1F_3 不经过 A_2' 使得 $A_2'F_1F_3$ 为三角形. 因 $A_2'F_1$ 与 OO_{13} 都垂直于 A_1A_3', 故 $A_2'F_1 /\!/ OO_{13}$. 又 $A_2'F_3$ 与 OO_{31} 都垂直于 A_3A_1', 故 $A_2'F_3 /\!/ OO_{31}$. 今应用 Desargues 定理于 $\triangle A_2'F_1F_3$ 与 $\triangle OO_{13}O_{31}$, 即得 $A_2'O /\!/ F_1O_{13} /\!/ F_3O_{31}$, 但这与 $l' \perp F_1O_{13}$, 且 l', 非迷向线相违, 故 F_1F_3 必须经过 A_2', 因此 $F_1F_3 \perp A_1A_3'$, $F_1F_3 \perp A_3A_1'$, 所以 $A_1A_3' /\!/ A_3A_1'$. 如所欲证.

虽然我们应用垂心公理证明了交线 Pascal 公理, 又由 2.1 节知, 从交线 Pascal 公理应用关联、平行、无限诸公理可以推出 Desargues 公理, 但由于不论 Schur 还是 Guse 的证明在过程中都应用了有关中点的定理和 Desargues 定理, 因之我们还不能冒然将 Desargues 公理从垂直几何的公理系统中除去. Desargues 公理是否可以从垂直几何的其他公理推出而作为定理的问题, 由于我们的目的不在于公理的相互逻辑关系与独立性这类问题, 故将不再进行讨论.

另一方面, 由于垂直几何中既有垂直的概念又有平行与中点的概念, 故对任一由不相同两点所组成的点偶 (AB), 可以定义 (AB) 的垂直平分线为经过点偶 (AB) 中点而与直线 AB 垂直的直线. 显然, 若 AB 是一迷向线, 则这一垂直平分线即是直线 AB 自身.

对于 $\triangle ABC$, 点偶 (AB), (AC), (BC) 的垂直平分线将简称为三角形三边的垂直平分线. 正如常用几何一样, 在垂直几何中, 关于外心的定理仍然成立, 即有下面的定理:

定理 1　三角形三边的垂直平分线必同交于一点.

证　如图 2.10, 设点偶 (BC), (AC), (AB) 的中点各为 A', B', C'. 依第 1.2 节, $B'C' /\!/ BC$, $A'C' /\!/ AC$, $A'B' /\!/ AB$. 故由垂直公理, BC 的垂直平分线也垂直于 $B'C'$, 即为 $\triangle A'B'C'$ 的 $B'C'$ 边上的高. 同样, AC, AB 的垂直平分线也即 $\triangle A'B'C'$ 的 $A'C'$ 与 $A'B'$ 边上的高. 由垂心公理, 即知这三条垂直平分线必交于一点. 证毕.

将像带用几何那样, 称三角形三个边上的垂直平分线的公共交点为这一三角形的外心. 因为在垂直几何中并无距离的概念, 也无圆的概念, 故这里的外心并不具有常用几何中三角形外接圆中心所具有的那些性质.

与外心的情形不同，常用几何中关于三角形内心与旁心的概念，不能直接推广于垂直几何. 因为在垂直几何中，并不假定任何有关次序的公理，也无次序的概念，因而线段与角在这种几何中都无意义. 又因为垂直几何中并不假定任何有关全合的公理，也无全合的概念，故更不能有角的平分线或分角线这样的概念. 虽然如此，由于这种几何中既有垂直概念又有中点概念，因而可引入对称轴的概念以部分地代替常用几何中分角线的概念，述之如次.

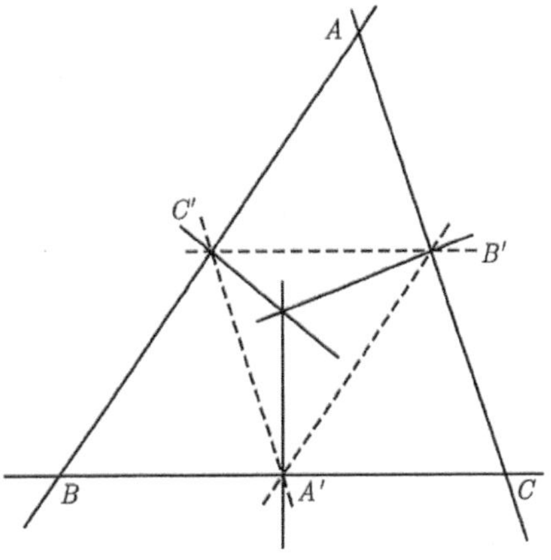

图 2.10

设两点 A, B 所成点偶 (AB) 的垂直平分线为 l，则称 A 与 B 对 l 为对称的点，或称 l 为 (AB) 的对称轴，又称 l 上任一点 A 与其自身为对 l 对称的点. 显然，这一定义只在 l 为非迷向线时才有意义.

可依常用几何中的作法作一点 A 对一直线 l(非迷向线) 的对称点. 依垂直公理 O2，过 A 有一直线垂直于 l. 由于 l 非迷向线，故这一直线必与 l 相交于一点，设为 M. 依第 1.2 节作 A 对 M 的对称点 B，则 B 即 A 对 l 的对称点.

关于对称有以下几个简单性质.

性质 1　设非迷向线 l，若点 $A_1, A_2, \cdots$ 等都在同一直线 a 上，则 $A_1, A_2, \cdots$ 对 l 的对称点 $B_1, B_2, \cdots$ 等也在同一直线 b 上.

证　如图 2.11，过 $A_1, A_2, \ldots$ 作 l 的垂线. 由于 l 非迷向线，故这些垂线必与 l 相交，设交点为 $M_1, M_2, \cdots$，于是 $A_1, A_2, \cdots$ 对 l 的对称点 $B_1, B_2, \cdots$ 即 $A_1, A_2, \cdots$ 对 $M_1, M_2, \cdots$ 的对称点. 依第 1.2 节知 $B_1, B_2, \cdots$ 位于同一直线 b 上，且知若 $a \parallel l$，则也有 $b \parallel l$，若 a 与 l 相交于一点 O，则 b 也与 l 交于同一点 O.

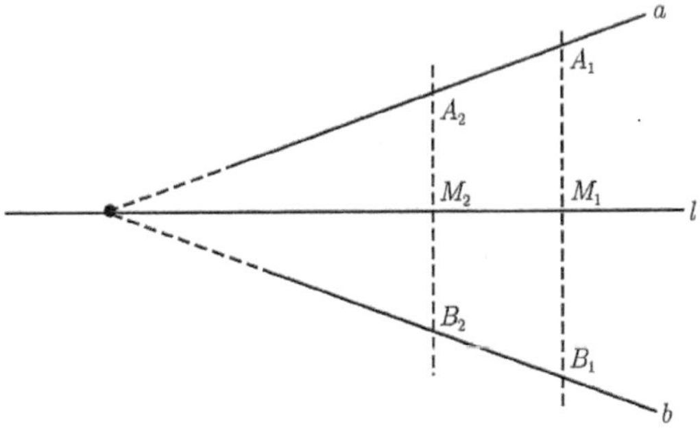

图 2.11

由于这一性质，我们称直线 b 为直线 a 对 l 的对称线，或称 l 为直线 a 和 b 的对称轴.

性质 2　设非迷向线 l, 若直线 a_1 与 a_2 平行, 则 a_1 与 a_2 对 l 的对称线 b_1 与 b_2 也平行.

证　若 b_1 与 b_2 不平行而相交于 B, 则 a_1 与 a_2 也将相交于 B 的对称点, 与假设相违.

在性质 2 中若易平行为垂直, 则证明就要复杂得多, 见下面的叙述.

性质 3　设非迷向线 l, 若直线 a_1, a_2 互相垂直, 则 a_1, a_2 对 l 的对称线 b_1 与 b_2 也互相垂直.

证　若 a_1, a_2 中有一与 l 平行, 例如 a_1 与 l 平行, 则 b_1 也与 l 平行, 且 a_2, b_2 相同而与 l 垂直, 因而 $b_1 \perp b_2$ 是显然的. 如图 2.12, 今设 a_1, a_2 都不与 l 平行, 而与 l 交于 O_1, O_2. 又因 a_1 或 a_2 是迷向线时 a_1 与 a_2 重合, 此时 b_1, b_2 也将是迷向线且重合, 而 $b_1 \perp b_2$ 甚显然, 故以下也将设 a_1, a_2, b_1, b_2 等都非迷向线.

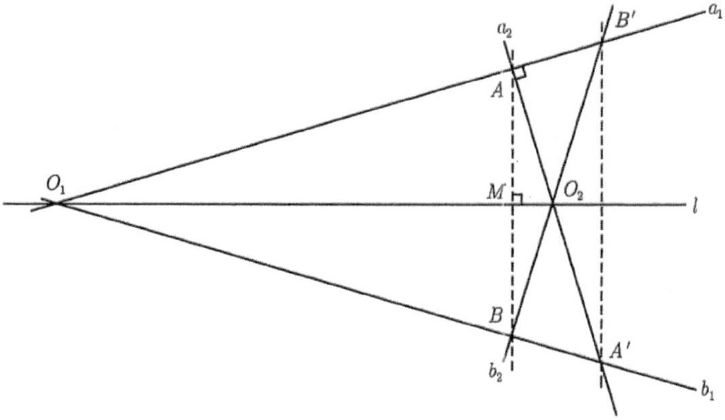

图 2.12

在这些假定下, a_1 与 a_2 不同且交于一点, 设为 A. 先设 A 不同于 O_1 与 O_2. 命 A 对 l 的对称点为 B, 则 B 即为 b_1 与 b_2 的交点. 又 $AB \perp l$, 且 AB 与 l 的交点 M 即点偶 (AB) 的中点.

今若 $AO_2 /\!/ O_1B$, 则因 AO_2 与 O_1B 对 l 的对称线各为 BO_2 与 O_1A, 故依性质 2 也有 $BO_2 /\!/ O_1A$, 于是由 $a_1 \perp a_2$ 或 $O_1A \perp O_2A$ 即得 $O_1B \perp O_2B$ 或 $b_1 \perp b_2$.

今若 AO_2 不平行于 O_1B, 则可设 AO_2 即 a_2 与 b_1 交于 A', 同样也应有 b_2 与 a_1 相交, 设交点为 B'. 由于 a_2, b_1 对 l 的对称线各为 b_2, a_1, 故 a_2, b_1 的交点 A' 对 l 的对称点即为 b_2, a_1 的交点 B'. 特别有 $A'B' \perp l$. 今应用垂心公理于 $\triangle O_1A'B'$, 可见 O_2 即三角形的垂心, 而有 $B'O_2 \perp O_1A'$, 即 $b_1 \perp b_2$.

最后设 a_1, a_2 的交点 A 在 l 上与 O_1, O_2 重合, 则 l_1, l_2 的交点 B 也即 A 点. 如图 2.13, 今在 a_1 上任取一不同于 A 的点 A', 并过 A' 作直线 $a_2' /\!/ a_2$, 命 A' 与 a_2'

对 l 的对称点与对称线各为 B' 与 b'_2, 则由 $a'_2 /\!/ a_2$, $a_2 \perp a_1$ 有 $a'_2 \perp a_1$. 由前面已证的情形, 应有 $b'_2 \perp b_1$, 因而也有 $b_1 \perp b_2$. 至此完全证毕.

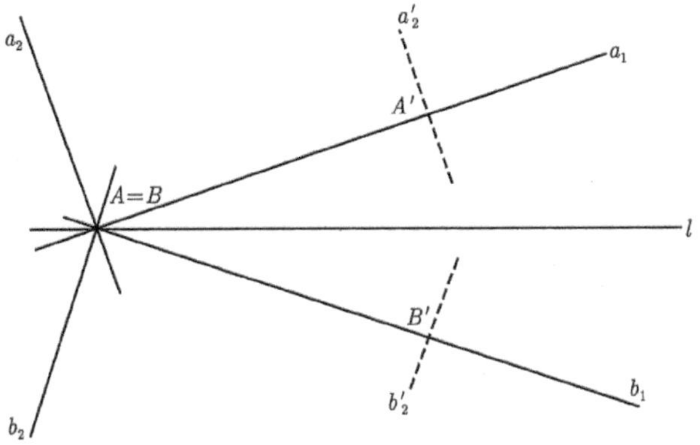

图 2.13

性质 4　对于任两非迷向线的平行直线 a 与 b, 必有且恰有一直线 l, 使 a 与 b 对 l 对称.

证　若有这样的 l, 则 l 必与 a, b 平行, 因而在 a 上任取一点 A 时, A 对 l 的对称点 B 必在 b 上, 且 $AB \perp l$ 即垂直于 a, b. 故可在 a 上取 A, 过 A 作直线垂直于 a, 并交 b 于 B, 则 AB 的垂直平分线即是所求的唯一对称轴 l.

对于相交的两直线来说, 其对称轴就类似于常用几何中交角的分角线. 但与常用几何中的分角线不同. 在垂直几何中, 它不能保证任两相交的直线必有对称轴存在, 只是在相交直线有对称轴存在时, 这样的对称轴才有两条, 且互相垂直. 这时又与常用几何中两相交直线交角的分角线情况类似. 详言之, 有下面的性质.

性质 5　两相交直线或无对称轴, 或恰有两条对称轴, 且这两条对称轴互相垂直.

证　如图 2.14, 设直线 a 与 b 相交于 O, 且以 l 为对称轴. 今在 a 上任取一不同于 O 的点 A, 又命 A 对 l 的对称点为 B, 则 B 在 b 上, $AB \perp l$, 且 AB 与 l 的交点 M 即点偶 (AB) 的中点.

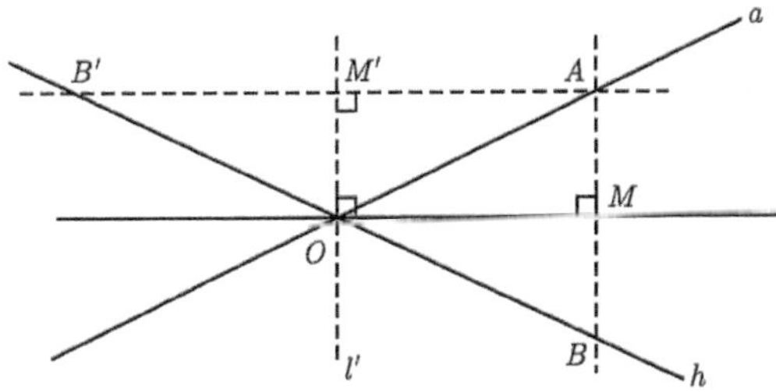

图 2.14

今过 O 作 l 的垂线 l', 又过 A 作 l' 的垂线与 l' 交于 M', 与 b 交于 B'. 因 AB', l 都垂直于 l', 故由垂直公理 O_3, $AB' /\!/ OM$. 又因 M 是 (AB) 中点, 故由第 1.2 节, O 也是点偶 (BB') 的中点, 其次 AB, l' 都垂直于 l, 故 $AB /\!/ l'$. 因 O 是 (BB') 的中点, 故又有 M' 是点偶 (AB') 的中点. 由此知 l' 是点偶 (AB') 的垂直平分线, A, B' 对 l' 对称, a, b 也对 l' 对称, 因而 a, b 有两互相垂直的直线 l, l' 作为对称轴.

反之, 假设 a, b 除 l 外另有一对称轴 l''. 今作 A, B 如前, 又作 A 对 l'' 的对称点 B'', 则 l, l'' 是 $\triangle ABB''$ 两边 AB, AB'' 上的垂直平分线, 故其交点 O 即 $\triangle ABB''$ 的外心. 由关于外心的定理知, (BB') 的垂直平分线也过 O 点, 特别知 O 是 (BB') 的中点, 与前面类似, 可知 $l'' \perp l$, 而 l'', l' 重合, 因而 a, b 的对称轴恰有两条, 即 l, l'. 证毕.

与常用几何中三角形内心与旁心的定理类似, 在垂直几何中有下面的定理.

定理 2　若 $\triangle ABC$ 的 AB, BC 两直线有对称轴 b 与 b', 又 AC, BC 两直线也有对称轴 c 与 c', 则 AB, AC 两直线也有对称轴 a, a', 且这些对称轴三三交于四个不同的点.

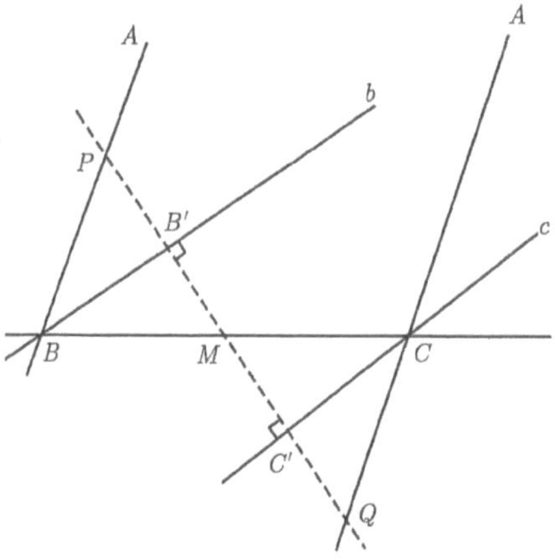

图 2.15

证　首先易知 $\triangle ABC$ 的三边都不是迷向线.

如图 2.15, 任取 BA, BC 的对称线 b 与 CA, CB 的对称线 c, 试先证 b,c 不能平行. 否则取 (BC) 的中点 M, 并过 M 作直线垂直于 b 与 c, 设与 b,c 交于 B',C', 而与 BA, CA 交于 P,Q. 因 BC 不能垂直于 b,c, 否则 BC 将与 BA, CA 重合, 故 B',C' 不同于 B, C. 由第 1 章可知, M 是 $(B'C')$ 中点. 由 B', C' 是 (MP) 与 (MQ) 中点易知, M 是 (PQ) 中点, 于是 $BA /\!/ CA$ 显然不合理.

由上知 b, c 必相交于一点, 设为 O. 如图 2.16, 过 O 作 $OA' \perp BC, OB' \perp AB, OC' \perp AC$, 并设这些垂线与 BC, AB, AC 的交点即为 A', B', C'. 因 BA' 对 b 的对称线是 BB', 故由性质 3, 知 OA' 对 b 的对称线是 OB', A' 对 b 的对称点即为 B', 因而 b 为点偶 $(A'B')$ 的垂直平分线. 同样, A' 与 C' 对 c 对称, 而 c 为点偶 $(A'C')$ 的垂直平分线. 由关于三角形外心的定理即知 O 为 $\triangle A'B'C'$ 的

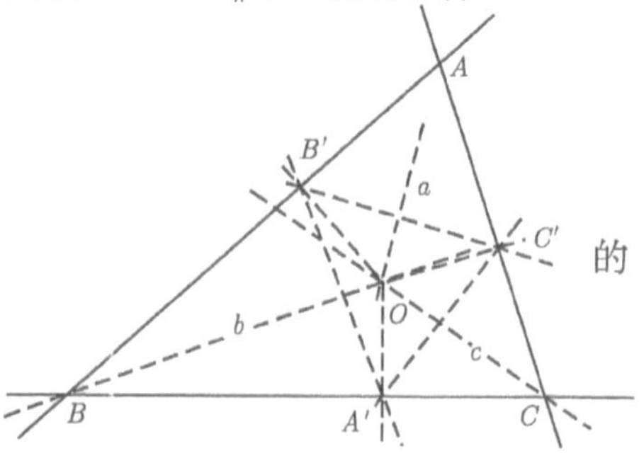

图 2.16

外心, 点偶 $(B'C')$ 的垂直平分线设为 a 也经过 O. 于是 B', C' 对称于 a, 直线 OB', OC' 也对称于 a. 仍由性质 3, 即知直线 AB', AC' 也对称于 a. 因而 a 必经过 A 点, 且 a 是 AB, AC 的一个对称轴.

由此知 AB, AC 除 a 外另有一对称轴, 设为 a', 且同前可知 a, b', c' 交于一点, 同样, b, c', a' 与 c, a', b' 各交于一点. 至此定理证毕.

2.3　(无序) 垂直几何的垂直坐标

在 Pascal 几何或 Desargues 几何中, 坐标轴的选取除了需相交以外都是任意的. 在 (无序) 垂直几何中, 由于有相互垂直这种特殊关系的直线, 我们可选取任意两条相交且垂直因而都不是迷向线的直线作为坐标轴 l_1 与 l_2, 交点 O 是原点, 单位点 I_1 与 I_2 则各在 l_1 与 l_2 上任意选取, 只需与 O 不同即可. 过平面上一点 P 作 l_1 与 l_2 的垂线, 并与之各相交于 X_1 与 X_2. 在 l_1 与 l_2 上命以 O 对应于 0, I_1, I_2 对应于 1 所定数系统中 X_1, X_2 各对应于 x_1, x_2, 则 P 的坐标即数对 (x_1, x_2): $P=(x_1, x_2)$. 这样由两条相交垂直的直线所定的坐标系统称为*垂直坐标系统*, P 点的坐标 x_1, x_2 也称为*垂直坐标*. 由于垂直几何是一种特殊的 Pascal 几何, 垂直坐标系统又是一种特殊的坐标系统, 因而以前在 Pascal 几何中对应于几何关系的那些代数关系式, 例如平行、中点、直线方程现仍然成立. 然而在垂直几何中, 垂直、对称等概念则是 Pascal 几何中所没有的. 本节的目的即在于建立这些几何关系在垂直坐标系统中的对应代数关系.

在下面的叙述中, 垂直几何的附属数系将记为 **K**. 从任一直线 l 以及其上不同两点 O 与 I 作为 0 与 1 所定的数系, 依以前记法为 $N(l, O, I)$. 由于垂直几何中 Pascal 定理的缘故, 这些数系都是数域, 即乘法交换律成立, 且 $N(l, O, I)$ 与 **K** 间有一唯一确定的同构关系, 因而在下面将依这一确定的同构关系把 $N(l, O, I)$ 与 **K** 恒同为一.

一个由两垂直相交直线 l_1, l_2 以及其上两点 l_1, l_2(不同于 l_1, l_2 的交点 O) 所定的垂直坐标系记为 $C\{l_1, l_2, I_1, I_2\}$, 或简记为 C. 首先, 我们引进一组平行直线对垂直坐标系 C 的*斜率*的概念.

由第 1.7 节知, 平行于 l_2 轴的直线方程恒有下面的形式:

$$x_1 = c$$

这里 c 是 **K** 中的常数. 与 l_2 轴不平行的任一直线的方程则有下面的形式:

$$x_2=mx_1 + a$$

其中 a, m 也是 **K** 中的常数. 与 l_2 轴不相平行而彼此平行的直线, 其方程中可以有不同的 a, 但将有相同的 m. 我们称 m 为这些平行直线的*斜率*. 特别对于平行于 l_1 轴的直线, 斜率为 $m=0$. 至于平行于 l_2 轴的那些直线, 我们将引进一个新符号 ∞,

并定义这些与 l_2 轴平行的直线的斜率为 ∞.

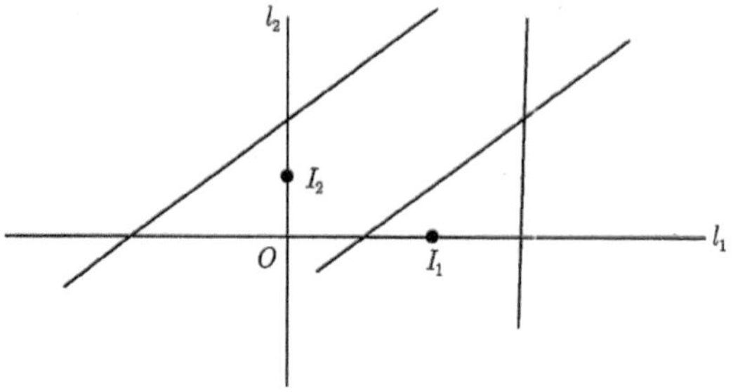

图 2.17

若一组平行直线的斜率为 m, 则与这些直线垂直的那些直线也互相平行, 它们的斜率是 m 的一个函数, 记这一函数为 f, 则有

$$f(0)=\infty \quad f(\infty)=0$$

以下将定出 m 不等于 0 也不等于 ∞ 时 $f(m)$ 的值.

如图 2.18, 为求函数 f, 试取 I_2 对 O 的对称点 J_2, J_2 的坐标为 $(0,-1)$. 依垂心公理, 作 $\triangle I_1I_2J_2$ 的垂心 E. 于是 E 在 l_1 轴上, 设其坐标为 $(k, 0)$. 这里 k 为由垂直坐标系 $C(l_1, l_2, I_1, I_2)$ 所确定的 $\mathbf{K}$ 中的一个常数, 我们将称 k 为这一坐标系的垂率, 其意义如下所述.

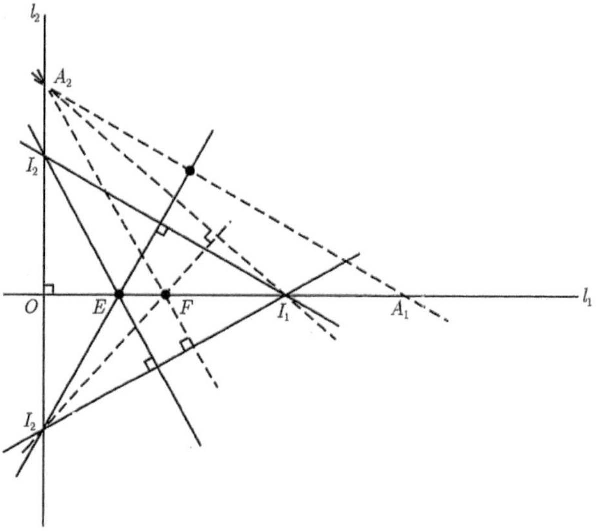

图 2.18

由于 $I_1=(1, 0)$, $I_2=(0, 1)$, $J_2=(0, -1)$, $E=(k, 0)$, 故直线 I_1J_2 的方程为 $x_2=x_1-1$, 其斜率为 1. 同样, I_1I_2, I_2E, J_2E 的斜率各为 -1, $-k^{-1}$, k^{-1}. 由于 $I_1I_2\perp J_2E$,

$I_1J_2 \perp I_2E$, 故有

$$f(1) = -k^{-1} \quad f(-1) = k^{-1}$$
$$f(k^{-1}) = -1 \quad f(-k^{-1})=1$$

从这些公式可以看出, 若

$$m = +1, -1, k^{-1} \text{ 或 } -k^{-1}$$

又

$$f(m) = m'$$

时, 都有关系式

$$kmm' + 1 = 0$$

我们将证明这一关系式实际上普遍成立, 即有下面的定理.

定理 1　若垂直坐标系统的垂率为 k, 则任两不与任一坐标轴平行而互相垂直的直线, 其斜率 m 与 m' 之间有关系式

$$kmm' + 1 = 0$$

或即

$$f(m) = -1/km$$

证　过 I_1 作斜率为 $m(m \neq 0, \infty)$ 的直线, 与 l_2 交于 A_2. 过 A_2 作直线平行于 I_1I_2 而与 l_1 轴交于 A_1. 则 I_1A_2 的方程为 $x_2=mx_1-m$, A_2 的坐标为 $(0, -m)$. 换言之, A_1 与 A_2 在数系 $N(l_1, O, I_1)$ 与 $N(l_2, O, I_2)$ 中对应的数都是 $-m$. 今作 $\triangle A_2I_1J_2$ 的垂心 F. 显然 F 在 l_1 轴上. 由于 A_2F, I_2E 都垂直于 I_1J_2, 故 $A_2F \parallel I_2E$. 由于 E, A_1 各对应于 l_1 上数系中的 k 与 $-m$, 故 F 对应于数系中的 $-km$, 即 $F = (-km, 0)$. 于是, J_2F 的斜率为 $-\dfrac{1}{km}$. 因 $J_2F \perp I_1A_2$, 故 $m'=-\dfrac{1}{km}$. 如所欲证.

假设两垂直直线系用下面的方程表示:

$$L_u\text{: } u_1x_1 + u_2x_2 + u_3=0$$
$$L_v\text{: } v_1x_1 + v_2x_2 + v_3=0$$

其中 u_1, u_2 不同时为 0, v_1, v_2 也不同时为 0. 在 u_1, u_2,v_1, v_2 都不为 0 时, L_u, L_v 的斜率各为 $m_u= -u_1/u_2$, $m_v=-v_1/v_2$. 因此 L_u, L_v 相互垂直的条件变为

$$ku_1v_1 + u_2v_2=0$$

若 u_1, u_2, v_1, v_2 中有一为 0, 例如设 $u_2=0$ 时, 将有 $m_u=\infty$, 此时应有 $m_v = 0$, 或 $v_1=0$, 因此上述条件仍然成立. 其他情形也与此相似. 故上述条件不论何时都普遍成立, 定理 1 因之可改写为下面的形式.

定理 1′　两直线 L_u 与 L_v 互相垂直的充要条件为

$$ku_1v_1 + u_2v_2=0$$

其中 k 为相应坐标系的垂率.

特别对于一条直线的情形, 例如 L_u 是迷向线的充要条件为 L_u 与它自身垂直, 所以即为

$$ku_1^2+u_2^2=0$$

垂率 k 显然依赖于垂直坐标系的选择. 我们将探讨不同的垂直坐标系 $C=C(l_1, l_2, I_1, I_2)$ 与 $C^*=C(l_1^*,l_2^*,I_1^*,I_2^*)$ 所定垂率 k 与 k^* 之间的关系. 首先考虑 $l_1^*=l_1,l_2^*=l_2$, 但 I_1^*,I_2^* 不必与 I_1, I_2 相同. 为此简记 l_1, l_2 上的数系统为 $N_1=N(l_1, O, I_1)$, $N_1^*=N(l_1,O,l_1^*)$, $N_2=N(l_2,O,l_2)$, $N_2^*=N(l_2,O,I_2^*)$. 见图 2.19, 如前, 作 I_2 对 O 的对称点 J_2, 并作 $\triangle I_1I_2J_2$ 的垂心 E, 则 E 在 C 中的坐标为 $(k, 0)$, 即 E 对应于 N_1 中的数 k. 今设 I_1^*, I_2^* 在 C 中的坐标为 $(a_1, 0)$ 与 $(0, a_2)$, 即各对应于 N_1, N_2 中的数 a_1, a_2. 则 I_1, I_2, J_2 在 C^* 中的坐标各为 $(a_1^{-1},0)^*$, $(0, a_2^{-1})^*$, $(0, -a_2^{-1})^*$, 或各对应于 N_1^*, N_2^* 中的数 $a_1^{-1},a_2^{-1},-a_2^{-1}$. 又 E 在 N_1^* 中应对应于数 ka_1^{-1}, 故在 C^* 中的坐标为 $(ka_1^{-1},0)^*$. 于是直线 I_1J_2 在 C^* 中的斜率为

$$m^*=a_2^{-1}/a_1^{-1}=a_1/a_2$$

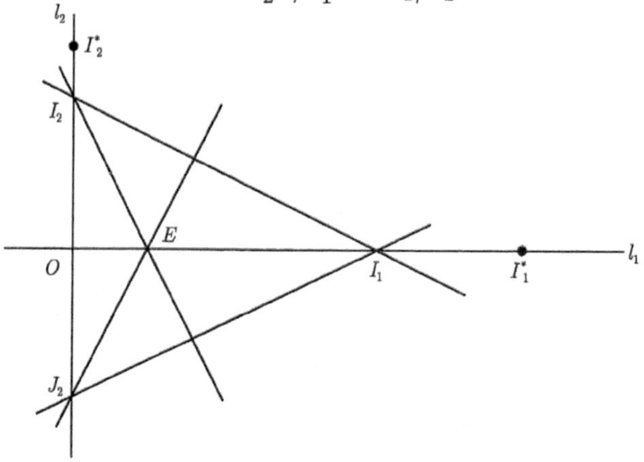

图 2.19

又 I_2E 的斜率为

$$m*'=-a_2^{-1}/(ka_1^{-1})=-a_1/(ka_2)$$

由于 $I_2E\perp I_1J_2$, 故依前面的定理, 命 k^* 为 C^* 的相应垂率时, 应有

$$k^*m^*m'^*+1=0$$

由此即得

$$k^*=k\cdot\left(\frac{a_2}{a_1}\right)^2$$

故两垂率 k 与 k^* 间相差一个非 0 因子 a_2/a_1 的平方, a_2/a_1, 是 $\mathbf{K}$ 中非 0 的数.

这一事实实际上普遍成立. 换言之, 我们有下面的定理.

定理 2　任两垂直坐标系的垂率都相差 $-\mathbf{K}$ 中的非 0 平方因子.

由此定理, 一个垂直几何确定了一组彼此相差非 0 因子平方的数 $\{ka^2/a \neq 0, a \in \mathbf{K})$. 我们称这一数组为该几何的*垂方组*. 今证此定理如次.

证　在 $l_1^* = l_1, l_2^* = l_2$ 时, 前面已证明了此定理, 今考虑 O^* 不在 l_1 或 l_2 上, 而 $l_1^* /\!/ l_1, l_2^* /\!/ l_2$ 的情形. 如图 2.20, 连 OO^* 并过 I_1, I_2 各作 OO^* 的平行线与 l_1^*, l_2^* 交于 I_1^* 与 I_2^*. 试先考虑 C^* 中的单位点即为 I_1^* 与 I_2^* 这一情形. 作 I_2 对 O 的对称点 J_2 与 I_2^* 对 O^* 的对称点 J_2^*. 又作 $\triangle I_1I_2J_2$ 与 $\triangle I_1^*I_2^*J_2^*$ 的垂心 E 与 E^*. 则 E 在数系 $N = N(l_1, O, I_1)$ 中对应的数 k 即是由坐标系 $C(l_1, l_2, I_1, I_2)$ 所定的垂率, 同样, E^* 在 $N^*{=}N(l_1^*, O^*, I_1^*)$ 中对应于 $C^*(l_1^*, l_2^*, I_1^*, I_2^*)$ 所定的垂率 k^*. 今应用 Desargues 公理于 $\triangle I_1OI_2$, $\triangle I_1^*O^*I_2^*$, 得 $I_1I_2 /\!/ I_1^*I_2^*$. 同样有 $I_1 J_2 /\!/ I_1^*J_2^*$. 故有 $J_2E /\!/ J_2^*E^*$, $I_2E /\!/ I_2^*E^*$. 再应用 Desargues 公理于 $\triangle EI_2J_2$, $\triangle E^*I_2^*J_2^*$, 即得 $EE^* /\!/ I_2I_2^* /\!/ OO^*$. 由此知 E^* 在 N^* 中所对应的数 k^*, 即 E 在 N 中所对应的数 k, $k^*{=}k$. 若改变单位点 I_1^*, I_2^*, 则依前已证所得垂率应与 k^*, k 只差一非 0 平方因子, 故此时定理成立.

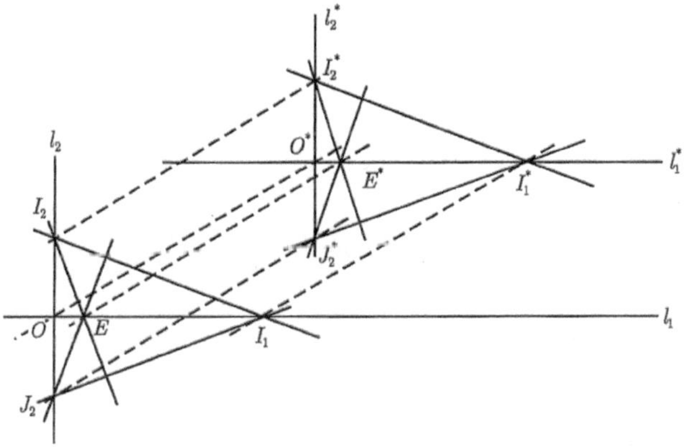

图 2.20

今考虑 O^* 与 O 相同但 l_1^*, l_2^* 与 l_1, l_2 不同的情形. 如图 2.21, 在 l_1 上任取单位点 I_1. 过 I_1 作直线平行 l_2 而与 l_1^* 交于 l_1^*, 作为 l_1^* 上的单位点. 又过 l_1^* 作直线平行 l_1, 而与 l_2, l_2^* 交于 I_2, I_2^*, 以作为 l_2, l_2^* 上的单位点. 对于坐标系 $C = C(l_1, l_2, I_1, I_2)$ 与 $C^*{=}C\,(l_1^*, l_2^*, I_1^*, I_2^*)$, 其相应的垂率各记为 k 与 k^*. 我们将探求 k 与 k^* 的关系.

为此, 先简记 l_1 等直线上的数系为

$$N(l_1, O, I_1) = N_1 \qquad N(l_2, O, I_2) = N_2$$

$$N\,(l_1^*, O, I_1^*) = N_1^* \qquad N\,(l_2^*, O, I_2^*) = N_2^*$$

其次过 I_1^* 作直线平行 l_2^*, 交 l_1 于 A_1, 过 I_2^* 作直线平行 l_1^*, 交 l_2 于 A_2. 又过 A_2 作直线平行 l_2^*, 交 l_1^* 于 B, 过 B 和 I_2^* 作直线平行 l_2, 交 l_1 于 C 和 D, 过 A_1 作直线

平行 l_1^*, 交 l_2^* 于 E.

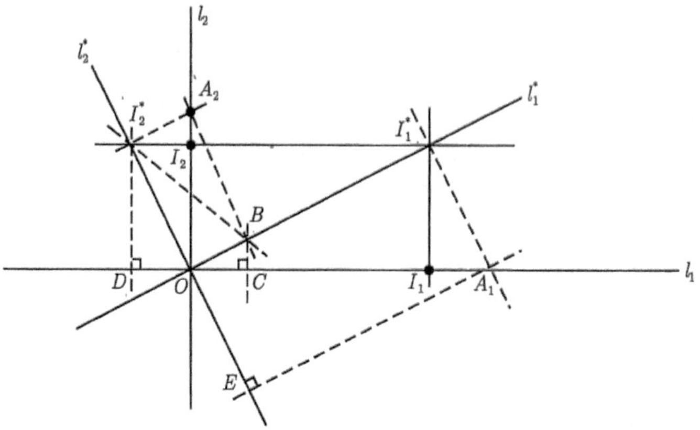

图 2.21

显然, I_1^* 在 C 与 C^* 中的坐标各为 (1, 1) 与 $(1, 0)^*$, 简记为

$$I_1^* = (1, 1) = (1, 0)^*$$

由此知直线 $l_1^* = OI_1^*$ 在 C 中的斜率为

$$m_1 = 1$$

因而与 l_1^* 垂直的直线 $l_2^* = OI_2^*$ 在 C 中的斜率为

$$m_2 = -1/k$$

因 I_2^* 在 C 中的第二坐标显为 1, 故 I_2^* 在 C 中的第一坐标必为 $-k$, 即

$$I_2^* = (-k, 1) = (0, 1)^*$$

今再求 A_1 在 C^* 中的坐标. 由作法 $OI_2^*I_1^*A_1$ 与 $OI_1^*A_1E$ 都是平行四边形, 因而 E 是 I_2^* 对 O 的对称点, 故 E 在 N_2^* 中对应于 -1. 由此即知 A_1 在 C^* 中的坐标为

$$A_1 = (1, -1)^*$$

于是直线 l_1 在坐标系 C^* 中的斜率为

$$m_1^* = -1$$

再求 A_2 在 C^* 中的坐标. 由作法知 $OI_2^*A_2B$ 是平行四边形, 因此由第 1.2 节, $\square OI_2^*A_2B$ 的对角线 OA_2, I_2^*B 互相平分. 由于 I_2^*D, BC 都平行于 l_2, 故知 O 是点偶 (CD) 的中点. 由前已知 I_2^* 在 C 中的第一坐标为 $-k$, 故 D 在 N_1, 中对应于 $-k$,

因而 C 在 N_1 中对应于 k. 因 BC, $I_1I_1^*\perp l_1$, 故 $BC /\!/ I_1I_1^*$. 因 I_1, I_1^* 各在 N_1 与 N_1^* 中对应于 1, 故 C, B 在 N_1 与 N_1^* 中应对应于相同的数, 即 k. 由此即知 A_2 在 C^* 中的坐标为

$$A_2 = (k, 1)^*$$

于是直线 $l_2=OA_2$ 在坐标系 C^* 中的斜率为

$$m_2^* = \frac{1}{k}$$

今直线 l_1, l_2 互相垂直, 故在 C^* 中的斜率 $m_1^* = -1$ 与

$$m_2^* = \frac{1}{k}$$

应满足关系式

$$k^* \cdot (-1) \cdot \frac{1}{k} + 1 = 0$$

由此即得

$$k^* = k$$

如果在 l_1^*, l_2^* 上另取任意其他不同于 O 的点作为单位点, 则由早已证明的情形, 相应的垂率 k^* 与 k 只相差一非 0 平方因子.

显然任两垂直坐标系可迭次应用以上诸情形而得, 故不论何时垂率都相差一非 0 平方因子, 至此定理已完全证毕.

前面说明了两直线的垂直关系在一垂直坐标系统下的代数表达形式, 同时引进了相应于坐标系的垂率以及作为垂直几何的一个几何特征的数组 —— 垂方组的概念. 下面将讨论对称关系的代数表达形式.

仍设一垂直坐标系 $C(l_1, l_2, I_1, I_2)$, 其所定垂率设为 k. 今设直线

$$L_u\colon\ u_1x_1 + u_2x_2 + u_3=0$$

其中 u_1, u_2 不同时为 0. 在讨论对 L_u 的对称关系时, 必须设 L_u 非迷向线, 因而以下将设

$$ku_1^2 + u_2^2 \neq 0$$

今设点

$$A=(a_1, a_2)$$

试求点 A 对 L_u 的对称点

$$A^* = (a_1^*, a_2^*)$$

如次.

首先, 若 A 在 L_u 上, 即

$$a_1u_1 + a_2u_2 + u_3 = 0$$

时, 应有 $A^*=A$, 即此时有

$$a_1^* = a_1 \qquad a_2^* = a_2$$

今设 A 不在 L_u 上, 则 A^* 与 A 不同而确定了一直线 AA^*, 其方程为

$$AA^* : (a_2^* - a_2)(x_1 - a_1) = (a_1^* - a_1)(x_2 - a_2)$$

由于 AA^* 需与 L_u 垂直, 故依定理 1′ 有

$$k(a_2^* - a_2)u_1 - (a_1^* - a_1)u_2 = 0$$

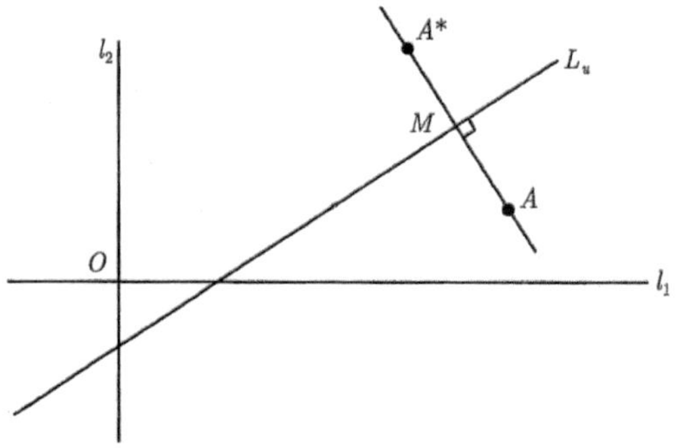

图 2.22

又点偶 (AA^*) 的中点 M 为

$$M = \left(\frac{a_1^* + a_1}{2}, \frac{a_2^* + a_2}{2}\right)$$

因 M 点应在直线 L_u 上, 故代入 L_u 的方程得

$$u_1(a_1^* + a_1) + u_2(a_2^* + a_2) + 2u_3 = 0$$

解出最后两个方程, 即得

$$a_1^* = \frac{-(ku_1^2 - u_2^2)a_1 - 2ku_1u_2a_2 - 2ku_1u_3}{ku_1^2 + u_2^2}$$

$$a_2^* = \frac{-2u_1u_2a_1 + (ku_1^2 - u_2^2)a_2 - 2u_2u_3}{ku_1^2 + u_2^2}$$

显然当 A 在 L_u 上, 即 $u_1a_1 + u_2a_2 + u_3=0$ 时, 上两式即变为 $a_1^* = a_1$, $a_2^* = a_2$. 因而在这两式中不论 A 是否在 L_u 上都普遍成立. 我们也可以把这两式合并为矩阵

形式：

$$\begin{bmatrix} a_1^* \\ a_2^* \\ 1 \end{bmatrix} = \begin{bmatrix} -\dfrac{ku_1^2-u_2^2}{ku_1^2+u_2^2} & \dfrac{-2ku_1u_2}{ku_1^2+u_2^2} & \dfrac{-2ku_1u_3}{ku_1^2+u_2^2} \\ -\dfrac{2u_1u_2}{ku_1^2+u_2^2} & \dfrac{ku_1^2-u_2^2}{ku_1^2+u_2^2} & \dfrac{-2u_2u_3}{ku_1^2+u_2^2} \\ 0 & 0 & 1 \end{bmatrix} \begin{bmatrix} a_1 \\ a_2 \\ 1 \end{bmatrix}$$

其中

$$ku_1^2+u_2^2 \neq 0$$

我们也称对应关系

$$\begin{cases} A \to A^* \\ (a_1,a_2) \to (a_1^*,a_2^*) \end{cases}$$

为对直线 L_u 的一个反射, 记为 R_u. 上面的矩阵也记以同样的符号 R_u:

$$R_u = \begin{bmatrix} -\dfrac{ku_1^2-u_2^2}{ku_1^2+u_2^2} & \dfrac{-2ku_1u_2}{ku_1^2+u_2^2} & -\dfrac{2ku_1u_3}{ku_1^2+u_2^2} \\ -\dfrac{2u_1u_2}{ku_1^2+u_2^2} & \dfrac{ku_1^2-u_2^2}{ku_1^2+u_2^2} & -\dfrac{2u_2u_3}{ku_1^2+u_2^2} \\ 0 & 0 & 1 \end{bmatrix}$$

$$A^* = R_uA$$

今设过 $A=(a_1, a_2)$ 的一直线

$$L_v: v_1(x_1-a_1)+v_2(x_2-a_2)=0$$

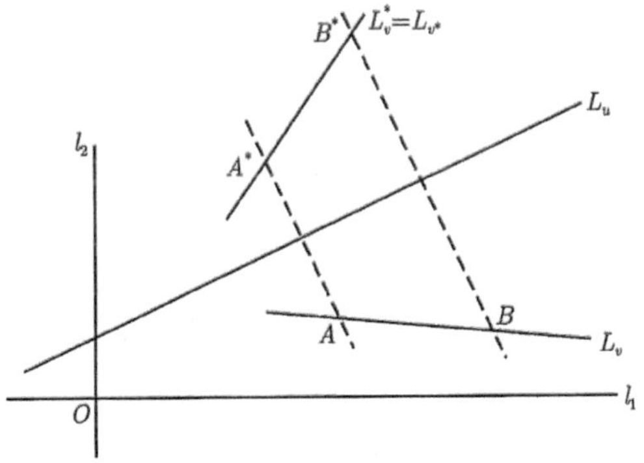

图 2.23

(v_1, v_2 不同时为 0). 由上节知, L_v 对 L_u 的反射也即对 L_u 的对称为一直线, 记作

$$R_u(L_v) = L_v^*$$

试求 L_v^* 的方程如次. 在 L_v 上可取一点

$$B=(b_1,\, b_2)=(a_1+v_2,\, a_2-v_1)$$

其中

$$v_2=b_1-a_1,\qquad -v_1=b_2-a_2$$

于是 B 对 L_u 的对称点 $B^*=(b_1^*,b_2^*)$ 系由下两式所定:

$$(ku_1^2+u_2^2)b_1^*=-(ku_1^2-u_2^2)b_1-2ku_1u_2b_2-2ku_1u_3$$
$$(ku_1^2+u_2^2)b_2^*=-2u_1u_2b_1+(ku_1^2-u_2^2)b_2-2u_2u_3$$

从 b_1^*,b_2^* 以及前面 a_1^*,a_2^* 诸式, 可得

$$(ku_1^2+u_2^2)(b_1^*-a_1^*)=2ku_1u_2v_1-\left(ku_1^2-u_2^2\right)v_2$$

$$(ku_1^2+u_2^2)(b_2^*-a_2^*)=-(ku_1^2-u_2^2)v_1-2u_1v_2$$

因 L_v^* 系由两点 A^*, B^* 所定, 其方程应为

$$(b_2^*-a_2^*)(x_1-a_1^*)-(b_1^*-a_1^*)(x_2-a_2^*)=0$$

由于 $ku_1^2+u_2^2\neq 0$, 故可置

$$v_1^*=-(ku_1^2+u_2^2)(b_2^*-a_2^*)$$

$$v_2^*=(ku_1^2+u_2^2)(b_1^*-a_1^*)$$

这时 L_v^* 也可写成

$$L_v^*=L_{v^*}:v_1^*(x_1-a_1^*)+v_2^*(x_2-a_2^*)=0$$

其中

$$v_1^*=(ku_1^2-u_2^2)v_1+2u_1u_2v_2$$

$$v_2^*=2ku_1u_2v_1-(ku_1^2-u_2^2)v_2$$

对于任两不相垂直的直线 L_u, L_v, 定义一函数

$$T(u,v)=\frac{u_1v_2-u_2v_1}{ku_1v_1+u_2v_2}=-T(v,u)$$

此时 $ku_1v_1+u_2v_2\neq 0$ 即 L_u, L_v 不相垂直, 故 $T(u,\,v)$ 有定义. 则在 L_u, L_v 以及 L_v 对 L_u 的反射 L_v^* 之间有关系式

$$T(u,v)+T(u,v^*)=0$$

此时 L_u,L_v^* 也不相垂直, 故 $T(u,\,v^*)$ 也有定义.

2.4　(无序) 度量几何

在 (无序) 垂直几何中, 两相交直线不一定有对称轴, 例如, 两直线中一为迷向线而另一为非迷向线时, 即不可能有对称轴. 但即使是两相交直线都非迷向线, 仅凭垂直几何原来的那些公理也不能保证对称轴的存在. 本节将证明对称轴的存在实质上相当于在几何中可引进全合概念与度量概念. 虽然由于垂直几何中并无次序关系, 因此这些全合与度量的概念不具有像常用几何那样的全部性质, 但至少可以保留相当重要的一部分性质, 例如勾股定理.

为此我们将引入下面的公理.

对称轴公理 S　任两非迷向线的相交直线必有一对称轴.

由 2.2 节的性质 5, 这时两相交直线恰有两个对称轴.

我们称满足对称轴公理的 (无序) 垂直几何为 (无序)*度量几何*. 所以称之为度量几何的原因是因为有了对称轴公理即可引进某种度量, 详见下述.

首先, 我们将讨论无序度量几何中的垂率与垂方组.

为此如图 2.24, 试任取两相交而互相垂直的直线 l_1 与 l_2, 并以此作为坐标轴. 今在 l_1 上任取一不同于交点 O 的点 I_1 作为 l_1 上的单位点. 因 l_1, l_2 显然不为迷向线, 故由对称轴公理, 可取 l_1, l_2 的一个对称轴, 设为 s, 作 I_1 对 s 的对称点 I_2. 于是 I_2 在 l_2 上, I_2 将取之为 l_2 上的单位点. 这时垂直坐标系 $C(l_1, l_2, I_1, I_2)$ 的垂率 k=1, 试证之如次.

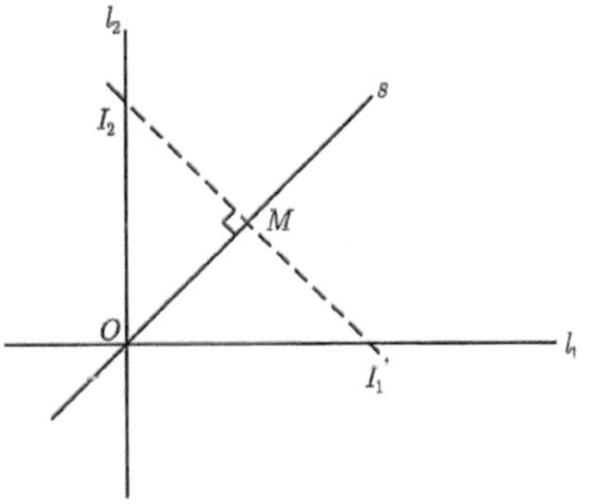

图 2.24

对称轴 s 应是点偶 (I_1I_2) 的垂直平分线, 故经过 (I_1I_2) 的中点 $M=\left(\frac{1}{2},\frac{1}{2}\right)$. 因之 s 的斜率为 $m=\frac{1}{2}/\frac{1}{2}=1$. 另一面, I_1=(1, 0), I_2=(0, 1), 故 I_1I_2 的斜率为 $m'=-1$. 由于 s 与 I_1I_2 垂直, 故其斜率满足关系式 $kmm'+1=0$

由此即得 k=1.

今以两相交垂直的直线为坐标轴, 并以这两直线上对称于这两直线的一对称轴的两个点为单位点, 由此组成的垂直坐标系称为无序度量几何中 Descartes 坐标系, 相应的点的坐标为 Descartes 坐标. 依据上节, 上面的结果可表为下述.

定理 1 (无序)　度量几何的垂方组系由非 0 平方数所组成. 特别是一个 Descartes 坐标系的垂率为 1.

依据上节, 则由这一定理可知, 对一 Descartes 坐标系而言, 两直线

$$L_u:\ u_1x_1+u_2x_2+u_3=0$$

$$L_v\text{：}v_1x_1+v_2x_2+v_3=0$$

(u_1, u_2 不同时为 0, v_1, v_2 也不同时为 0), 互相垂直的充要条件为

$$u_1v_1+u_2v_2=0$$

而直线 L_u 为迷向线的充要条件为

$$u_1^2+v_1^2=0$$

对于斜率 $m_u, m_v \neq 0$ 或 ∞ 的两直线 L_u, L_v 来说, 条件也可写成 $m_um_v+1=0$. 这些都与常用几何中的情形相同.

今再引入全合的概念如次.

若 A_1, A_2 两点对一非迷向线的直线各对称于 B_1, B_2 两点, 则称点偶 (A_1A_2) 与 (B_1, B_2) 全合. 若点偶 (A_1A_2) 与 (B_1B_2) 全合, (B_1B_2) 与 (C_1C_2) 全合, 则也称点偶 (A_1A_2) 与 (C_1C_2)全合. 点偶 (A_1A_2) 与 (B_1B_2) 全合时记作

$$(A_1A_2)\equiv(B_1B_2)$$

全合关系具有下面一些简单的性质.

性质 1　点偶的全合关系是一等价关系.

证　全合关系的对称性与传递性直接从全合的定义可以得知. 今证自反性如次.

若 A_1, A_2 不同, 而 A_1, A_2 的连线 l 非迷向线, 则因 A_1, A_2 对 l 的对称点即为 A_1, A_2 故由定义知 $(A_1A_2)\equiv(A_1A_2)$. 不论何时恒可在平面上任取一非迷向线的直线 l, 命 A_1, A_2 对 l 的对称点为 A_1', A_2', 则由定义有

$$(A_1A_2)\equiv(A_1'A_2')$$

但因 A_1', A_2' 对 l 的对称点即为 A_1, A_2, 故也有

$$(A_1'A_2')\equiv(A_1A_2)$$

于是依定义中的对称性, 即有 $(A_1A_2)\equiv(A_1A_2)$.

性质 2　对任意点偶 (A_1A_2) 有

$$(A_1A_2)\equiv(A_2A_1)$$

证　若 A_1, A_2 不同, 而连线 A_1A_2 非迷向线, 则可取 (A_1, A_2) 的垂直平分线 l' 为对称轴. 由于 A_1, A_2 各对称于 A_2, A_1, 故有 $(A_1A_2)\equiv(A_2A_1)$.

如图 2.25, 今设 A_1A_2 是迷向线, 则可取 (A_1A_2) 的中点 M, 并依垂直公理 O_4 过 M 作任一非迷向线的直线 l. 又依垂直公理 O_2, 过 M 作 l 的垂线 l', 作 A_1 对 l 的对称点 A_1' 因 $l' /\!/ A_1A_1'$ 而 M 是 (A_1A_2) 中点, 故 l' 过 $(A_1'A_2)$ 的中点. 又因 l 过 (A_1A_1') 的中点与 (A_1A_2) 的中点 M, 故 $l /\!/ A_1'A_2$. 于是 $l'\perp A_1'A_2$, 因而 A_1' 对 l' 的对称点即 A_2. 同样, A_2 对 l 的对称点为 A_2' 时, A_2' 在直线 $A_1'M$ 上, 且 M 是 $(A_1'A_2')$ 的中点. 又 A_2' 对 l' 的对称点即 A_1, 因而依 l, l' 为对称轴, 有 $(A_1A_2)\equiv(A_1'A_2')$, $(A_1'A_2')\equiv(A_2A_1)$, 故 $(A_1A_2)\equiv(A_2A_1)$. 证毕.

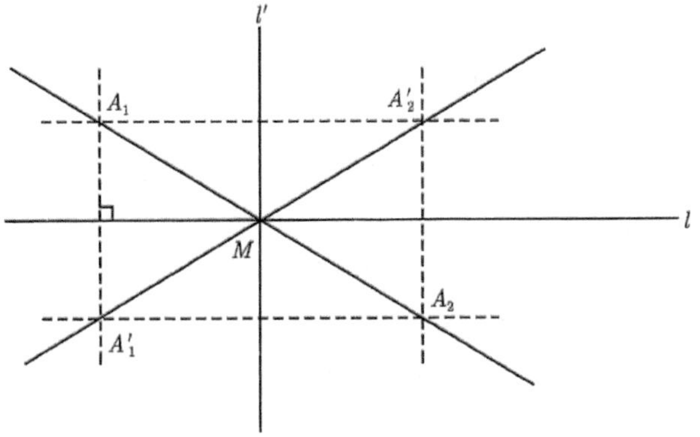

图 2.25

性质 3　平行四边形 $ABCD$ 的两组对边互相全合, 即

$$(AB)\equiv(CD) \qquad (AD)\equiv(BC)$$

证　依第 1.2 节, 如图 2.26, $\square ABCD$ 的对角线 AC, BD 互相平分于其公共交点 O, 即 O 是点偶 (AC) 与 (BD) 的共同中点.

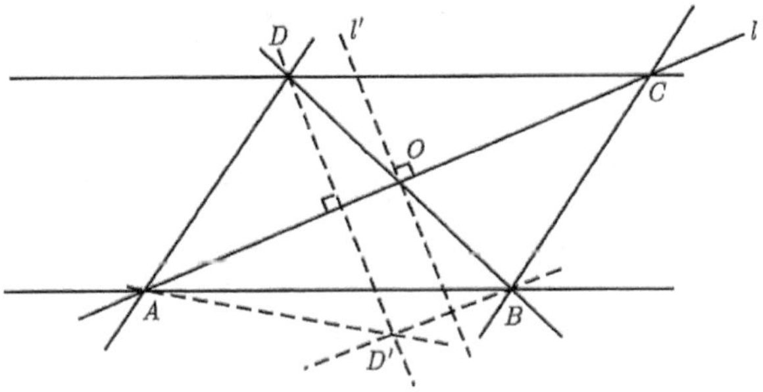

图 2.26

今先设 AC, BD 中至少有一非迷向线, 例如 AC 非迷向线. 于是命 $AC=l$, 又过 O 作 l 的垂直线 l'. 命 D 对 l 的对称点为 D', 则如性质 2 的证明中那样, D' 对 l' 的对称点即为 B. 今依 l 为对称轴时, 有

$$(AD)\equiv(AD')$$

又依 l' 为对称轴时, 有

$$(AD')\equiv(CB)$$

故有 $(AD)\equiv(CB)$, 或依性质 2, 即 $(AD)\equiv(BC)$. 同样也有 $(AB)\equiv(CD)$.

如图 2.27, 今设对角线 AC, BD 都是迷向线, 依 2.2 节, 一个三角形的三条边线不能都是迷向线, 因而诸直线 AB, BC, CD, AD 都不能是迷向线. 于是可过 O 作直线 l 与 AB, CD 垂直时必与之相交, 且设交点各为 E 与 F. 今过 C, D 各作直线与

AB 垂直, 且各与之交于 A' 与 B'. 则因 O 是 (AC) 中点也是 (BD) 中点, 故 E 是 (AA') 中点也是 (BB') 中点. 因为以 l 为对称轴时, A, B 的对称点各为 A', B', 而有

$$(AB)\equiv (A'B')$$

又平行四边形 $A'\ B'DC$ 的两组对边 $A'B'$, CD 各与 $A'C$, $B'D$ 垂直. 由此易证

$$(A'B')\equiv (CD)$$

由全合的传递性即得 $(AB)\equiv (CD)$. 同样也有 $(BC)\equiv(AD)$. 至此定理已完全证明.

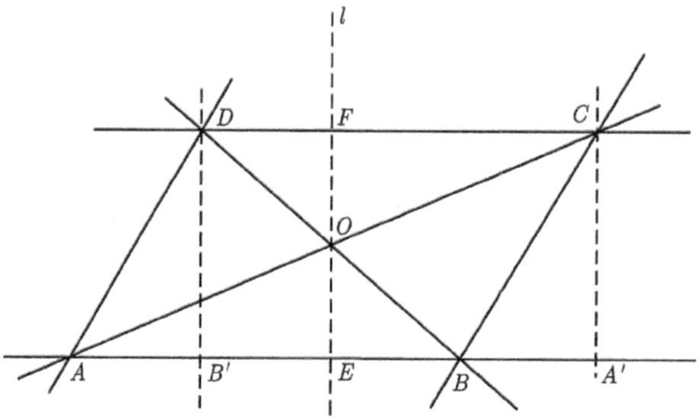

图 2.27

以上关于全合的定义及其一些性质 (定理 1 除外), 实际上并不真正用到对称轴公理, 因而仍可看成是垂直几何的内容. 但对于下面的一些结果, 对称轴公理将是不可缺少的.

首先迷向线上两点所成点偶显然不可能与非迷向线上两点的点偶全合. 故以后全合关系可限制在点偶位于非迷向线上的情形. 另一方面, 由于对称轴公理任两非迷向直线都有对称轴, 因而位于任两非迷向直线上的点偶都可考虑其是否全合的问题.

为此在平面上先任取一固定的非迷向直线 l, 并在其上任意取定两点 I, J, 与其中点 O. 对于这些取定的 l 与 I, J 而言, 称 (IJ) 为一*标准点偶*, 于是可将对称轴公理描述成下面的形式.

转置公理δ'　在任一非迷向直线 l' 上取定一点 O' 后, 即在 l' 上恰有两点 I', J', 其中点为 O', 且使

$$(I'J')\equiv (J'I')\equiv (IJ)$$

例如, 若非迷向线 l' 经过 O 点但不同于 l, 且所取 O' 即 O, 则命 s, s' 为 l, l' 的两个对称轴, 这时 I', J' 即 I, J 对 s 与 s' 的对称点. 若 l' 不经过 O 也不与 l 平行时, 可过 O 作 $l''\parallel l'$, 在上取 $O''=O$, 且取 I'', J'' 为 I, J 对 s, s' 的对称点. 过 I'', J'' 作直线平行 OO' 而与 l' 交于 I', J' 时, I', J' 即为转置公理中以 O' 为中点的 l'

上的两个点.

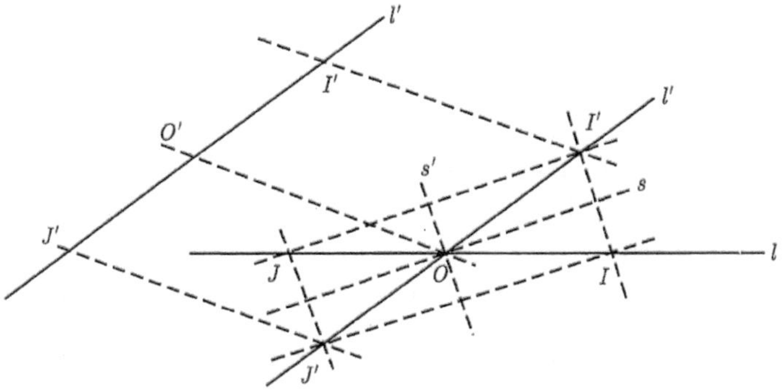

图 2.28

今取定直线 l 与其上标准点偶 (IJ) 及其中点 O 后, 可在 l 上确定 Desargues 数系 $N(l, O, I)$ 与 $N(l, O, J)$. 同样对任一 l' 与其上一点 O' 以及全合于 (IJ) 且以 O' 为中点的点偶 $(I'J')$, 也可在 l' 上确定数系 $N(l', O', I')$ 与 $N(l', O', J')$. 这样的数系称为是*相配的*, 且各以 O 与 O' 为*中心*.

今设在 l 上任意两点 A, B. 又设在另一非迷向线 l' 上两点 A', B', 使 $(A'B') \equiv (AB)$. 若 A, B 在数系 $N(l, O, I)$ 中对应于数 a, b, 则在数系 $N(l, O, J)$ 中将对应于 $-a, -b$. 又对 l' 上的相配数系 $N(l', O', I')$ 与 $N(l', O', J')$ 而言, 易证有 c, d, 使 A', B' 各对应于 $a'=a+c$, $b'=b+c$, 或 $a'=-a+d$, $b'=-b+d$. 于是不论何时, 都有

$$(b-a)^2 = ((-b)-(-a))^2 = (b'-a')^2$$

换言之, 对于互相全合的点偶, 在其所在直线上的任一相配数系中, 所对应两数之差的平方为一常数, 我们称这一常数为点偶 (AB) 的*距方*, 记作 $\overline{\overline{AB}}$. 这一结果可归结为下面的重要性质:

性质 4 互相全合的非迷向点偶有相同的距方. 当点偶的两点相同时, 距方为 0. 当点偶的两点不相同时, 距方不为 0 而为几何附属数域中一非 0 数的平方, 这一非 0 数并非唯一确定, 而仅确定到一符号.

这里非迷向点偶是指两点不相同时不在一迷向线上而言. 又距方指对一已确定的标准点偶而言.

今称有两边线互相垂直而三条边线都非迷向线的三角形为*勾股形*, 称第三边线为勾股形的*斜边*, 称两垂直边线的交点为勾股形的*顶端*. 下面关于勾股形的定理乃是本节的主要定理, 也是引入对称轴公理或转置公理的主要收获.

定理 2(勾股定理) 设勾股形 ABC 的顶端在 C, 则点偶 $(AB), (AC), (BC)$ 的距方之间有关系式

$$\overline{\overline{AB}} = \overline{\overline{AC}} + \overline{\overline{BC}}$$

在未证此定理之前, 先证下述引理:

引理　设勾股形 ABC 的顶端为 C. 从 C 作 AB 的垂线与 AB 交于 D. 在直线 AB, AC 上各引进以 A 为中心的相配数系时, 设 C, B, D 各对应于 c, b, d, 则有关系式

$$bd = c^2$$

证　如图 2.29, 设 $AB = l$ 与 $AC = l'$ 上以 A 为中心的相配数系各为 $N = N(l, A, I)$ 与 $N'=N(l', A, I')$, l 与 l' 的一个对称轴为 s, I 对 s 对称于 I'. 命 D 对 s 的对称点为 l' 上的 D', 而 C 对 s 的对称点为 l 上的点 C', 则 CC', DD' 都垂直于 s. 又 CD 对 s 的对称线即 $C'D'$, 故二者交于 s 上的一点 E, 且由 2.2 节性质 3 或垂心公理, 从 $CD \perp l$ 知 $C'D' \perp l'$, 因而 $C'D' \parallel BC$. 今过 C 作直线平行于 $I'C'$, 与 l 交于 F. 应用 Pascal 定理于交线 l, l' 以及其上的点 F, C', B 与 I', C, D' 得 $FD' \parallel BI'$. 依假设, B, C', D 各对应于数系 N 中的 b, c, d. 同样, C, D' 也各对应于 N' 中的 c, d. 于是依数系的乘法定义, 点 F 在数系 N 中既对应于 c^2 又对应于 bd. 故有 $c^2=bd$. 如所欲证.

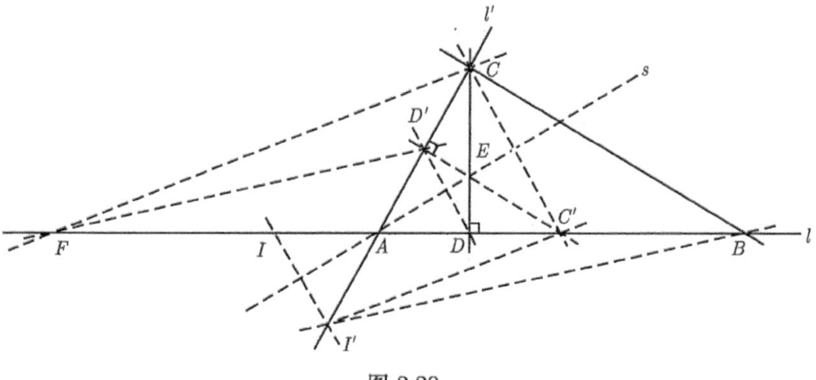

图 2.29

勾股定理的证明. 如图 2.30, 命 $AB = l, AC = l_1', BC = l_2'$. 过 C 作直线垂直于 l 并与 l 交于 D. 作点偶 (AB) 的中点 M, 并作 D 对 M 的对称点 E. 在 l, l_1' 上作相配数系 $N_1=N(l, A, I_1)$ 与 $N_1'=N(l_1', A, I_1')$. 命 I_1 对 M 的对称点为 I_2. 在 l 与 l_2' 上又作相配数系 $N_2=N(l, B, I_2)$ 与 $N_2'=N(l_2', B, I_2')$.

设 B, D 对应于 N_1 中的 b_1, d_1,

　C 对应于 N_1' 中的 c_1,

　A, D 对应于 N_2 中的 a_2, d_2,

　C 对应于 N_2' 中的 c_2.

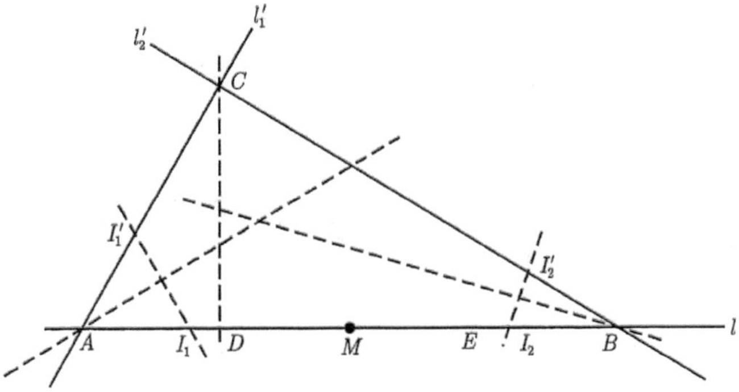

图 2.30

则由引理有

$$b_1d_1 = c_1^2$$
$$a_2d_2 = c_2^2$$

显然有

$$a_2 = b_1$$

又 D 在 N_2 中对应的数 d_2 即 E 在 N_1 中所对应的数, 而 M 在 N_1 与 N_2 中都对应于 $a_2/2{=}b_1/2$. 由于 M 是 D, E 的中点, 故得

$$a_2 = b_1 = d_1 + d_2$$

今从距方定义有

$$c_1^2 = \overline{\overline{AC}} \qquad c_2^2 = \overline{\overline{BC}} \qquad b_1^2 = b_2^2 = \overline{\overline{AB}}$$

结合以上诸式即得 $\overline{\overline{AB}}{=}\overline{\overline{AC}} + \overline{\overline{BC}}$. 如所欲证.

从勾股定理立得以下定理.

定理 3　在一 Descartes 坐标系中若两点 P, Q 的坐标各为

$$P{=}\ (x_1,\ x_2) \qquad Q{=}\ (y_1,\ y_2)$$

则 (PQ) 的距方为

$$\overline{\overline{PQ}} = (x_1 - y_1)^2 + (x_2 - y_2)^2$$

这里假设在 P, Q 不相同时, PQ 非迷向线.

迄今为止我们只谈及点偶的全合而没有涉及角的全合问题. 虽然在无序度量几何中, 除一些垂直公理外又添加了一条对称轴公理, 但仍无线段一类概念. 因而我们引入了点偶的距方, 而没有引进线段的长度或两点的距离. 同样, 在这种几何中也无半直线与角的概念, 因而不能像常用几何那样谈到相交直线的四个交角. 但我们仍不妨称两相交直线构成了一个全角. 如果两直线为 l, l', 交点为 O, 则这一全

角记为 $\measuredangle O(l,l')$ 或 $\measuredangle O(l',l)$. 在不致引起混淆时也简记为 $\measuredangle O$ 或 $\measuredangle(l,l')$. 我们将推广之于两直线 l,l' 相合以及其上一点 O 的情形. 这时的全角 $\measuredangle O(l,l)$ 称为平角. 在两直线 l,l' 相垂直且相交于 O 时, 所成的全角也称为直角. 不论何时, 以后凡提到全角时, 将局限于 l,l' 都非迷向线的情形. 这时的 O 点称为全角的顶点, l,l' 则称为全角的两条边线. 依照对称轴公理, 一个全角的两条边线不相重合, 即全角非平角时, 恰有两条对称线, 我们称之为这一全角的分角线.

类似于点偶的全合, 我们还将定义两个全角 $\measuredangle O(l_1,l_2)$ 与 $\measuredangle O'(l_1',l_2')$全合. 如果有一非迷向线的直线 s, 使 O, l_1, l_2 对 s 的对称点与线各为 O', l' 与 l_2', 又若 $\measuredangle O(l_1,l_2)$ 与 $\measuredangle O'(l_1',l_2')$ 全合, $\measuredangle O'(l_1',l_2')$ 与 $\measuredangle O'(l_1'',l_2'')$ 全合, 则我们也定义 $\measuredangle O(l_1,l_2)$ 与 $\measuredangle O''(l_1'',l_2'')$全合. 若两全角 $\measuredangle O(l_1,l_2)$ 与 $\measuredangle O'(l_1',l_2')$ 全合, 则记为

$$\measuredangle O(l_1,l_2)\equiv\measuredangle O'(l_1',l_2')$$

又在 $\triangle ABC$ 与 $\triangle A'B'C'$ 之间, 设有关系式

$$(AB)\equiv(A'B')\quad(AC)\equiv(A'C')\quad(BC)\equiv(B'C')$$

$$\begin{aligned}\measuredangle A(AB,AC)&\equiv\measuredangle A'(A'B',A'C')\\ \measuredangle B(BA,BC)&\equiv\measuredangle B'(B'A',B'C')\\ \measuredangle C(CA,CB)&\equiv\measuredangle C'(C'A',C'B')\end{aligned}$$

则称 $\triangle ABC$ 与 $\triangle A'B'C'$全合, 简记为

$$\triangle ABC\equiv\triangle A'B'C'$$

显然有下面的性质:

性质 5　$\measuredangle O(l_1,l_2)\equiv\measuredangle O(l_2,l_1)$, 且角的全合关系是一等价关系. 又三角形间的全合关系也是等价关系.

定理 4　设两三角形 $\triangle ABC$ 与 $\triangle A'B'C'$ 的边线都非迷向线而有关系

$$(AB)\equiv(A'B')\quad(AC)\equiv(A'C')\quad(BC)\equiv(B'C')$$

则这两三角形全合.

证　若 A' 与 A 不同, 且 AA' 非迷向线, 则可作点偶 (AA') 的垂直平分线 s. 命 B', C' 对 s 的对称点为 B'', C'', 则显有 $\triangle A'B'C'\equiv\triangle AB''C''$. 若 B'' 与 B 不同, 则在 AB,AB'' 两直线不重合时, 可取其分角线之一为 s', 而在 AB,AB'' 重合时, 可过 A 作其垂线 s'. 命 C'' 对 s' 的对称点为 C''', 则显有

$$\triangle AB''C''\equiv\triangle ABC'''.$$

由于三角形的全合关系是一等价关系, 故为证明 $\measuredangle A \equiv \measuredangle A'$ 只需考虑 $\triangle A'B'C'$ 的 A', B' 各与 A, B 重合这一情形即可. 在 AA' 是迷向线时, 也不难归结到这一情形.

为此试取一 Descartes 坐标系, 如图 2.31. 以 A 为原点, 直线 AB 为坐标轴之一 l_1. 又在坐标轴上的单位点将选取使其上所定数系是与标准数系相配的数系. 设各点的坐标为

$$B=(b,\ 0)$$
$$C=(c,\ d)$$
$$C'=(c',\ d')$$

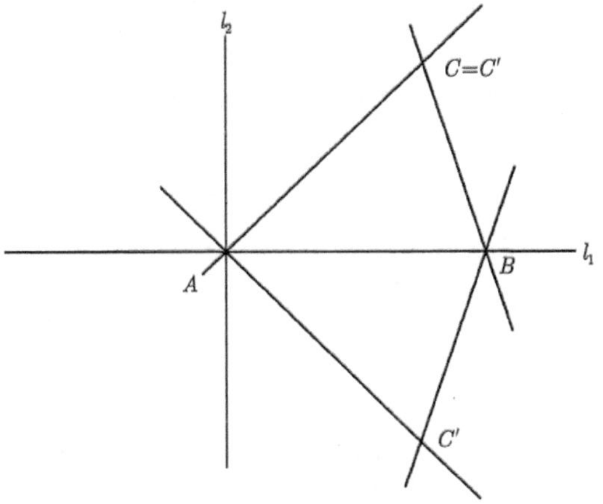

图 2.31

因点偶的全合相当于距方的相等, 故依定理 3, 从

$$(AC) \equiv (A'C') \quad (BC) \equiv (BC')$$

得

$$c^2 + d^2 = c'^2 + d'^2$$
$$(c-b)^2 + d^2 = (c'-b)^2 + d'^2$$

二式相减得

$$2cb=2c'b$$

因 B 不重合于 A, 故 $b \neq 0$. 由此得

$$c = c'$$

又从第一式得 $d^2=d'^2$, 即

$$d = d' \text{ 或 } d = -d'$$

在前一情形 C' 与 C 重合, 而在后一情形 C' 对 AB 直线对称于 C, 故不论何时都有 $\triangle ABC \equiv \triangle ABC'$. 证毕.

与定理 4 不同, 常用几何中的另两个三角形全合定理在这里并不成立. 另一方面, 点偶虽不能定义距离或长度, 但可定义距方作为两点间相距的某种量度, 而具有常用几何中距离或长度概念的部分性质. 同样, 一个全角虽不能定义其大小, 但也可引进某种量度具有常用几何中角的大小的部分性质. 例如上节末两相交直线的 T 函数的平方即可作为这样一种量度. 总之, 无序度量几何保留了常用几何中的部分度量性质, 但由于没有次序概念, 这些度量性质与常用几何相比是不完全的. 下节将进一步讨论这一问题.

2.5　次序公理与有序度量几何

在前几节中从关联公理 HI、平行公理 HIV、无限公理与 Desargues 公理 D, 以及垂直公理 O 与对称轴公理 S, 建立了无序垂直几何与无序度量几何. 虽然, 在这种几何中可以部分地引入通常的全合关系与度量性质, 但因无次序概念, 几何的附属数域的数无正负, 更不能比较数的大小, 所以相应的全合关系与度量性质与常用几何相比是不完全的. 为此必须引入次序或类似的概念才有此可能. 这种概念与公理可以用不同的方式引进, 本书将仍依据 Hilbert《几何基础》原著. Hilbert 该书先后诸版, 关于次序公理曾有多次修改, 内容都略有不同, 但最终结果还是相同的. 虽然第一版的公理不像后来几版那样是完全独立的, 但我们的目的不在于公理之间的逻辑关系和独立与否, 故仍将以第一版为准叙述如下.

次序公理牵涉到直线上三个不同的点, 其中包括一点在另两点之间这种不加定义的基本概念. 此概念满足以下诸 (平面上的) 公理.

次序公理 HII

HII1　设直线上三个不同的点 A, B, C, 若 B 在 A, C 之间, 则 B 也在 C, A 之间.

HII2　对直线上的任两不同的点 A 与 C, 恒有另一点 B 在 A 与 C 之间, 又有另一点 D, 使 C 在 A 与 D 之间.

HII3　任给直线上的三个不同的点 A, B, C, 必有且恰有以下三种情形之一: B 在 A, C 之间, A 在 B, C 之间, C 在 A, B 之间.

给定两个不同的点 A, B, 在 A, B 所定直线上所有那些在 A, B 之间的点的全体称为一个线段, 记作 $|AB|$. 依公理 HII1 也可记作 $|BA|$, A, B 称为线段 $|AB|$ 或 $|BA|$ 的端点. 像通常那样, 我们也可定义以 A, L 为端点由线段 $AB, BC, \cdots, KL$ 所组成的一个折线 $|ABC\cdots KL|$ 和多边形以及简单多边形, 等等. 不再详述.

HII4 (Pasch 公理)　设 A, B, C 是不在同一直线上的三点. 若直线 l 通过线段 $|AB|$ 中的一点, 则 l 或通过 C, 或通过线段 $|AC|$ 中的一点, 或通过线段 $|BC|$ 中的一点, 三者必居其一.

从关联公理 HI 与次序公理 HII1—HII4 可以得出以下一些关于分隔的性质：

分隔性质 1　给定一直线 l 与其上一点 O，则 l 上不同于 O 的点可分成两个部分，称为 l 上 O 点的两侧，使两点 A，B 分处 O 的异侧时，O 在 A，B 之间，而在 A，B 位于 O 的同侧时，O 不在 A，B 之间．这时，这两部分将各称为 l 上从 O 起始的一条半直线或射线．

分隔性质 2　任给平面上的一直线 l，l 外的点可分成两部分，称为平面上 l 的两侧，使两点 A，B 位于 l 的同侧时，线段 $|AB|$ 与 l 无公共点，而当 A，B 位于 l 的异侧时，任一连结 A，B 的折线 $|A\cdots B|$ 都与 l 有公共点．

分隔性质 3　从同一点 O 出发但不位于同一直线上的两条半直线 l_1，l_2 称为构成一个角，以 O 为顶点而以 l_1，l_2 为边线，记作 $\measuredangle(l_1,l_2)$ 或 $\measuredangle(l_2,l_1)$．于是不在角上(既非顶点又不在边线上) 的点被角分成内部与外部两部分．同位于内部 (或外部) 的任意两点可以一线段 (或一折线) 相连而不与角相遇．但如果两点中的一点位于内部，另一点位于外部时，连结这两点的任一折线必与角相遇．又内部是以下两部分的公共部分：其中一部分是边线 l_1 所在直线含有边线 l_2 上点的那一侧，而另一部分是边线 l_2 所在直线含有边线 l_1 上点的那一侧．至于外部则由既不在内部又不在角上的那些点所组成．

分隔性质 4　任给一简单多边形 P．P 以外的点可分成两部分，称为 P 的内部与外部．使两点 A，B 同位于内部或同位于外部时，必有一连结 A，B 的折线 $|A\cdots B|$ 与 P 不相遇，而当 A，B 分处于 P 的内部与外部时，任一连结 A，B 的折线 $|A\cdots B|$ 都必与 P 相遇．又内部与外部的区分在于：有直线完全位于 P 的外部，但没有一条直线能完全位于 P 的内部．

今设一多边形 P，如果对于 P 的任两相邻顶点，P 的其他顶点都在这两相邻顶点所定直线的同侧，则称这样的多边形为一凸多边形．称任两不相邻顶点所定线段为这一凸多边形的一条对角线段．于是有下面的性质：

分隔性质 5　凸多边形的任一对角线段都在这一多边形的内部．

这些分隔性质的证明都颇为繁琐，有的还不太容易．读者可参看 Hilbert《几何基础》一书俄文与中文译本的俄译者注，Kerekjarto 的著作 [1]，或 Veblen 与 Young 的著作 [1] 第二卷最后一章等．

以下将假设平面除满足 (无序) 度量几何的全部或部分公理外还满足次序公理 HII1—HII4．这样的几何称为有序度量几何或有序 Pascal 几何、有序垂直几何，等等．在这种有序几何中，从分隔性质容易得出以下的一些推论：

推论 1　设两不同直线 l_1，l_2 上各有点 A_1，B_1，C_1 与 A_2，B_2，C_2 互不相同，且不同于可能有的交点．若 $A_1A_2\|B_1B_2\|C_1C_2$，则是否 B_1 在 A_1，C_1 之间 (或 C_1 在 A_1，B_1 之间)，要取决于是否 B_2 在 A_2，C_2 之间 (或 C_2 在 A_2，B_2 之间) 而定．若 l_1，l_2 相交于 O 而 C_1，C_2 与 O 相重合，则在 $A_1A_2\|B_1B_2$ 时也有同样结论．

证　试考虑前一情形. 如图 2.32, 因 $A_1A_2||B_1B_2$, 故 A_1, A_2 两点位于直线 B_1B_2 的同侧, 同样 C_1, C_2 也在直线 B_1B_2 的同侧. 故 A_1, C_1 是否位于 B_1B_2 的异侧, 视 A_2, C_2 是否位于 B_1B_2 的异侧而定. 也即 B_1 是否在 A_1, C_1 之间, 视 B_2 之是否在 A_2, C_2 之间而定. 其他情形仿此.

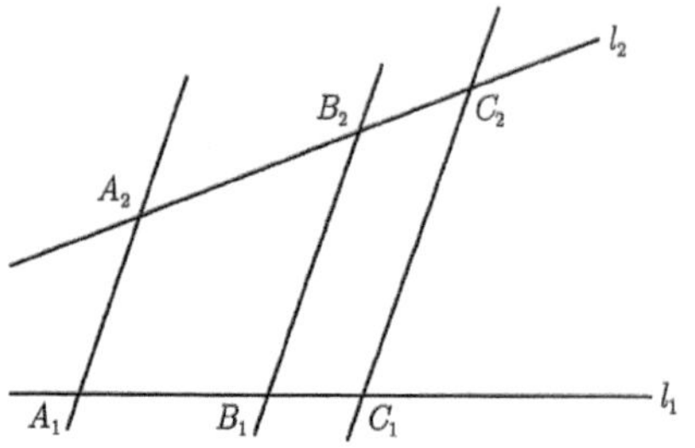

图 2.32

推论 2　三角形与平行四边形都是凸多边形.

证　由定义自明.

推论 3　两不同点的中点必在这两点之间.

证　略.

今在一直线 l 上固定两点 O 与 I, 并以之作为 0 与 1 而确定一 Desargues 数系 $N=N(l, O, I)$. 我们将把 l 上与 I 在 O 同侧的那些点所对应 N 中的数定义为 N 中的正数, 而把与 I 在 O 异侧的那些点所对应 N 中的数定义为 N 中的负数. 特别有, 1 是正数, 而由推论 3 知 -1 是负数. 由于推论 1, 如果在另一直线 l' 上取 O', I' 并以之作为 0 与 1 而作 Desargues 数系 $N'=N(l', O', I')$ 时, 在确定同构 $N \approx N'$ 下, N 中的正数将对应于 N' 中的正数, N 中的负数也将对应于 N' 中的负数. 因此我们可据之以定义在几何附属数域中 0 以外数的正与负, 也可以定义任一数的绝对值.

下面的定理可视为本节的主要定理.

定理 1　有序 Pascal 几何的附属数域 **N** 在以上正负数定义之下成一有序域, 即有以下三性质:

1. 若 a 为正数, 则 $-a$ 为负数. 反之, 若 a 为负数, 则 $-a$ 为正数.

2. 若 a, b 都是正数, 则 $a+b$ 也是正数.

3. 若 a, b 都是正数或都是负数, 则 ab 是正数. 若 a, b 中一是正数而另一是负数, 则 ab 是负数.

证　1. 在直线 l 上取 O 与 I 作为 0 与 1 以定义 Desargues 数系 $N=N(l, O, I)$, 设 $a \neq 0$ 与 $-a \neq 0$ 作为 N 中的数, 且各对应于 l 上的点 A 与 B, 则 O 为 A, B 的中点. 由推论 3, A, B 位于 l 上 O 的异侧, 故对应的数 a 与 $-a$ 一个为正, 而另一个为

负. 又因为 1 为正数而 -1 为负数, 故由于 $-a=(-1)\cdot a$ 此性质亦可从第三个性质得出.

2. 今设本定理的第 3 个性质成立而证第 2 个性质. 如前在 l 上取 O, I, 并作数系 N. 如图 2.33, 设 a, b 在 l 上对应于点 A 与 B, 并设 C 对应于 $a+b$. 则作平行四边形 $OADE$, 依定义, $BCDE$ 也是平行四边形.

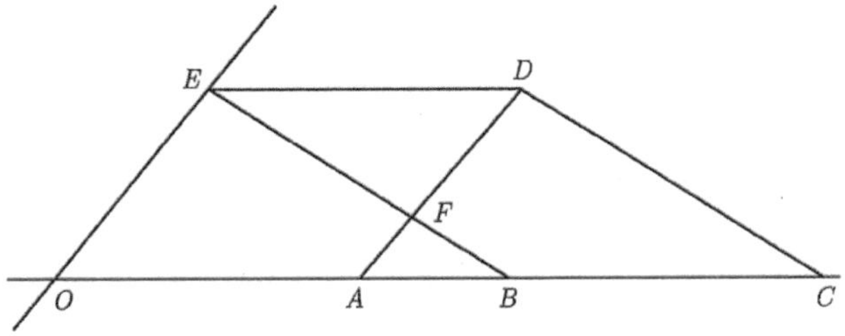

图 2.33

在 $a=b$ 时 A 是 O, C 的中点, 故 A, C 在 0 的同侧, 而 c 与 a 同为正数. 为此设 $a\neq b$, 并不妨设 A 在 O, B 之间, 因 O, E 在直线 AD 的同侧, 而 O, B 在 AD 的异侧, 故 B, E 在 AD 异侧而 $|BE|$ 线段必与直线 AD 相交, 设交点为 F. 因 $|EF|$ 线段不能再有 l 上的点, 即 E, F 在 l 同侧而 E, D 也在 l 同侧, 故 D, F 也在 l 同侧, 因而线段 $|DF|$ 不能与 l 相遇, 或 A 不在 D, F 之间. 同样线段 $|BF|$ 不能再与直线 DE 相遇, 故 B, F 在 DE 同侧, A, B 也在 DE 同侧. 于是由 A, F 在 DE 同侧知 D 不能在 A, F 之间, 因而知 F 必在 A, D 之间而由推论 1, B 在 A, C 之间. 故在 l 上 C 与 A, B 都在 O 的同侧而知 $a+b$ 也是正数.

3. 设 l, O, I 与 N 如前, 并设 A, B 在 l 上各对应于数 a, b. 今过 O 任作另一直线 l', 并在 l' 上任取一不同于 O 的点 I'. 过 B 作直线平行于 II' 而与 l' 交于 B', 又过 B' 作直线平行于 AI' 而与 l 交于 C. 则依乘法定义, C 所对应的数 c 即为 $ab:c=ab$.

今依推论 1, A 与 C 在 l 上位于 O 的同侧与否, 视 I', B' 在 l' 上位于 O 的同侧与否而定. 又 I', B' 是否在 l' 上 O 的同侧, 又视 I, B 是否在 l 上 O 的同侧而定. 由此知 a, c 是否同为正负与否, 视 b 为正或为负而定. 第三个性质得证. 见图 2.34.

从这一定理立得下面的定理.

定理 2　在有序 Pascal 几何的附属数域**N**中引入大小概念 $>$ 与 $<$ 如下:

$$a>0\Longleftrightarrow a\text{为正数}$$
$$a<0\Longleftrightarrow a\text{为负数}$$
$$b>a\Longleftrightarrow b-a>0\Longleftrightarrow a<b\Longleftrightarrow a-b<0$$

于是数域 **N** 满足第 1.4 节中关于数系的 1—17 诸公理.

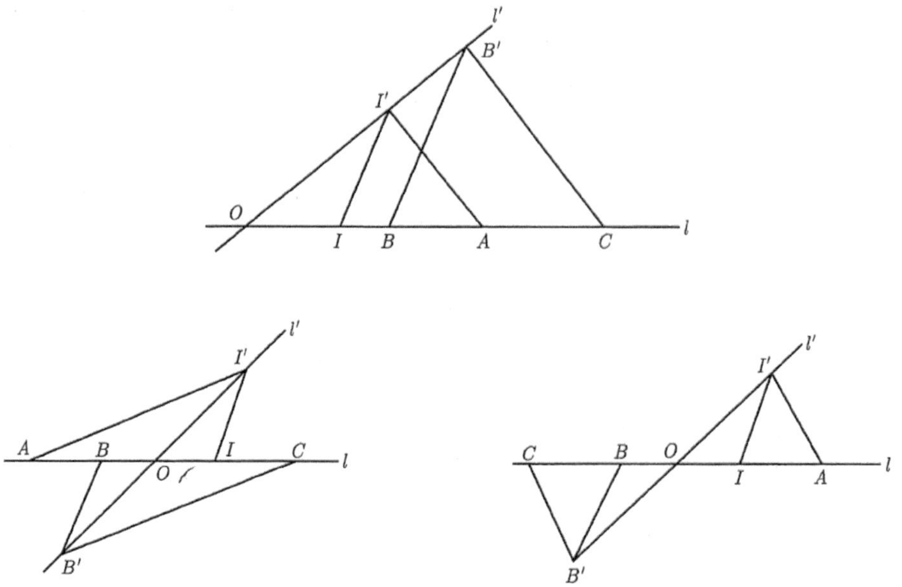

图 2.34

另一个重要定理如下：

定理 3　在有序度量几何中迷向线不存在.

证　试取一 Descartes 坐标系, 若有迷向线 L 存在, 可设其方程为

$$L: u_1x_1 + u_2x_2 + u_3 = 0$$

其中 u_1, u_2 不同时为 0(实际上都不为 0). 由于 Descartes 坐标的垂率为 1, 故有

$$u_1^2 + u_2^2 = 0$$

于是有 $-1=(u_1/u_2)^2$. 但不论 u_1/u_2 的正负如何, 依定理 1 中的第三个性质, $(u_1/u_2)^2$ 恒为正数, 但 -1 是负数, 故不合理, 而迷向线不存在.

我们曾经定义过点偶的全合与全角的全合. 但不像 Hilbert 对常用几何的公理系统那样, 我们没有将全合作为基本概念来引入, 更无所谓全合公理, 事实上也并不需要. 因为在这一有序度量几何中, 线段的全合与角的全合可以作为派生概念依据其他公理定义出来. 为此试考虑任一直线 l, 依据定理 3 这一直线不可能是迷向线. 今设在任一直线上的三个点 A, B, C 并设 B 在 A, C 之间. 命 A, B, C 对 l 的对称点为 A', B', C', 则依 2.2 节, A', B', C' 也在一直线上. 不仅如此, 由于 $AA'||BB'||CC'$, 故依推论 1, B' 也在 A', C' 之间, 因而线段 $|AC|$ 对 l 的反射也是一个线段 $|A'C'|$. 同样, 一条半直线或射线对 l 的反射也是一条半直线或射线, 一个角对 l 的反射也是一个角, 于是我们可以自然地定义线段的全合与角的全合. 如果它们可以通过若

干次反射来获得, 这时全合仍将如前使用同样的符号 $\equiv$. 对于 $\triangle ABC$ 与 $\triangle A'B'C'$ 来说, 我们说它们全合, 即

$$\triangle ABC \equiv \triangle A'B'C'$$

如果

$$|AB| \equiv |A'B'| \qquad |AC| \equiv |A'C'| \qquad |BC| \equiv |B'C'|,$$

且

$$\measuredangle BAC \equiv \measuredangle B'A'C' \qquad \measuredangle ABC \equiv \measuredangle A'B'C' \qquad \measuredangle ACB \equiv \measuredangle A'C'B'.$$

这里 $\measuredangle BAC$ 是指从 A 出发而经过 B, C 的两条半直线所成的角, 其他同此. 于是 2.4 节的定理 4 即可加强成下面的形式.

定理 4　若 $\triangle ABC$ 与 $\triangle A'B'C'$ 的

$$|AB| \equiv |A'B'| \qquad |AC| \equiv |A'C'| \qquad |BC| \equiv |B'C'|,$$

则这两三角形全合 (依照上面的新定义):

$$\triangle ABC \equiv \triangle A'B'C'$$

在无序度量几何中, 关于两三角形的全合, 虽然有相当于常用几何中 s.s.s 的定理, 但与 a.s.a 或 s.a.s 相当的定理则不成立. 但在有序度量几何中, 则易证后两定理仍然成立. 事实上, 在以上关于线段、角及三角形全合的定义下, 容易证明下述定理.

定理 5　在有序度量几何中, 依据上面关于全合的定义, Hilbert 公理系统中的全部全合公理 HIII 都成立.

在无序度量几何中确定了一个标准点偶后, 任一点偶 (AB) 有一个确定的附属数域 $\mathbf{K}$, 其中的数称为 (AB) 的距方, 记成 $\overline{\overline{AB}}$. 这一距方是 $\mathbf{K}$ 中一数的平方, 而该数可取 $+c$, $-c$ 两个不同的值 (设 A, B 不同). 由于 $\mathbf{K}$ 中的数无正负, 因此无法分辨 $+c$, $-c$ 两值. 但在有序度量几何中, 附属数域 $\mathbf{K}$ 中非 0 的数有正负之分, 因而可以谈及一数的绝对值, 仍以通常记号 $|\ \ |$ 表示. 于是对于距方 $\overline{\overline{AB}}=(+c)^2=(-c)^2$, 可取 $|+c|=|-c|=|c|$, 将它定义为 A, B 两点的距离或线段 $|AB|$ 的长度, 记作 $\overline{AB}$, 即

$$\overline{\overline{AB}} = \overline{AB^2}$$

因此, 在有序度量几何中, 以点和直线作为基本对象, 关联、平行、垂直以及次序或在 …… 之间作为基本关系. 从有关的一些公理出发, 包括关联公理 HI、平行公理 HIV、无限公理、Desargues 公理 D、垂直公理 O、对称轴公理 S 以及次序公理 HII, 即可引入全合与距离及长度等概念, 它们具有常用几何中那些关于全合与度量的人所熟知的那些性质.

2.6　常用几何及其关属几何

在前面各节, 曾经从公理出发建立了形形色色的各种几何, 为此有必要对几何这一概念本身给出一个数学上的严格定义. 如果要弄清几何的意义、几何的目的、几何的本质以及几何是什么与研究什么等一类问题, 势必会牵涉到哲学、历史、社会科学等数学以外的种种问题, 容易陷入纷争. 就本书的目的来说, 我们将局限于几何的公理化描述方式, 也就是采取 Hilbert 那种形式定义的方式来定义几何学. 自然这并不是唯一的方式, 更谈不上是最好或应取的方式, 甚至它对当代最活跃的一些几何学分支也不能适用, 例如代数几何、微分几何或拓扑学等等. 但对于以初等几何机械化问题为讨论主题的本书来说, 这种以公理出发的定义方式似乎是适宜的.

为了本书的目的, 我们先作出下述定义:

定义 1　所谓一种几何 G, 是指由三类事物 E, R, A 所构成的集体. 第一类事物 E 是由若干种基本对象集所构成的集合: $E=\{E_1, \cdots, E_e\}$. 第二类事物 R 是若干种基本对象间基本关系的集合: $R=\{R_1, \cdots, R_r\}$. 第三类事物 A 则是一些所谓公理的集合: $A=\{A_1, \cdots, A_0\}$, 其中每一条公理 A_i 都具有下面的形式:

(S) 设有若干个基本对象:

$$e_1 \in E_{i_1}, \cdots, e_s \in E_{i_s}$$

并设这些基本对象间具有若干个基本关系:

$$R_v(e_{s_{1v}}, \cdots, e_{s_{kv}}) \quad v = v_1, \cdots, v_m$$

则在这些基本对象间必另有某些基本关系:

$$R_u(e_{t_{1u}}, \cdots, e_{t_{1u}}) \quad u = u_1, \cdots, u_n$$

由于基本对象 E、基本关系 R 与公理 A 的选择不同, 即可有种种个别的几何 G. 对某一固定的几何 G 来说, 又可以从其若干个基本对象满足某些基本关系而定义这些对象间的新的关系, 称这样的关系为这些对象间的派生关系或导出关系. 同样也可定义派生对象或导出对象、派生概念或导出概念等.

试以 Desargues(平面) 几何为例. 它的基本对象 E 由两个集合组成: E_1 与 E_2. E_1 中的元素称为点, E_2 中的元素称为直线. 基本关系 R 由两个元素 R_1 与 R_2 组成. 称 R_1 为关联关系, 称 R_2 为平行关系. 关系 $R_1(e_1, e_2)$ 意指 e_1 为 E_1 中的点, e_2 为 E_2 中的直线, 而点 e_1在直线 e_2 上, 关系 $R_2(e, e')$ 意指 e, e' 是两条 E_2 中不相同的直线, 而 e, e' 相互平行. 公理集合 A 则系由 Hilbert 关联公理 HI 无限公理 D_∞, 与 Desargues 公理 D_1, D_2 以及 (加强) 平行公理 HIV 等所组成. 又如 (无序) 垂直几何, 除了上面这些基本对象与基本关系外, 又多了另一种基本关系 —— 垂直关系，公理也添入了某些所谓垂直公理．在这种垂直几何中，对于某些满足若干关系，例如两个点 $A, B \in E_1$ 与直线 l，可以定义 A, B 对 l *对称*这样的派生关系．在这种几何中，还可以定义三角形、平行四边形、勾股形等派生对象．其他曾经提到过的各种几何，都可以依据这种方式来给出明确的定义．

在本书开首的第 1.1 节，曾列举了 Hilbert《几何基础》一书中所提出关于初等(平面) 几何的基本对象、基本关系及其所应满足的五类公理．基本对象包括点与直线，基本关系包括关联、次序、全合、平行四种，公理则分成关联公理、次序公理、全合公理．平行公理与连续公理五类，分别记作 HI—HV．按照上面关于几何的严格定义，这些基本对象、基本关系和公理构成了一种几何．这种特殊的几何，在文献中通称为*欧几里得几何*．这一名称起源于古希腊欧几里得的《几何原本》．但这种几何也同样见之于古代其他民族．虽然在具体课题与表达形式上大有区别，但就其实质而言，这种几何乃是古今中外所有人们日常生活与生产实践中所惯见惯用的几何学．与其他几何学相比，例如非欧几何只通行于科学家之间，甚至仅通行于数学家中有特殊兴趣者之间．为此本书中把这种通称为欧几里得几何的几何学改称为*常用几何*．

常用几何与前面已提到的各种几何并不是彼此无关的．为说明彼此间的某种逻辑上的关联，先对*几何定理*这一概念作出数学上的严格定义如次．

定义 2　语句 (S)(见前) 中所提到的基本对象与基本关系 e_i, E_{i_k}, R_v, R_u 等属于一给定的几何 G，则 (S) 称为几何 G 中的一个*几何语句*或*论断*，或称语句 (S) 在几何 G 中*有意义*．这时称诸关系 R_v 为该语句的*假设部分*，称 R_u 为该语句的*终结部分*．

定义 3　在几何 G 中，一个有意义的几何语句 (S) 如果可以依据一般的逻辑法则从 **G** 中的公理逻辑地推导出来，则称 (S) 是几何 G 中的一个*定理*，或称*定理* (S) *成立*．否则称 (S) 不是几何 G 中的*定理*，或称*定理* (S) *不成立*．

显然每一个 G 中的公理都是 G 中的定理．上述定义中*定理*一词有两种不同的用法．这是为了遵从传统的习惯用法，当不至不引起混乱．

对于上面*语句*与*定理*的定义，不难用数理逻辑的用语与符号来精确地表达．但为了避免叙述过分繁琐冗长将不这样做．需要补充说明的是：这里的定义不牵涉任何*存在*问题，因而如果作出逻辑的精确表达，不会出现存在 $\exists$ 这样的量词，这是因为语句或定理终结部分中出现的各种基本对象的存在是在假设部分中早已规定了或已假定了的．

今可对不同的几何作出某种比较如下．

定义 4　设两种几何 G 与 G′，如果 G′ 中每一有意义的语句同时也是 G 中有意义的语句，而且 G′ 中的每一公理都是 G 中的定理，则称几何 G′ *关属于*几何 G，或 G′ 是 G 的一种*关属几何*，记作

$$G' \to G$$

依据定义 4, 所谓几何 G′, 关属于几何 G, 其意义仅在于逻辑上, 即在 G 中依然保持 G′ 中基本对象间的基本关系, G′ 中的定理在 G 中也依然是定理. 至于基本对象与关系, 公理、定理等的具体意义如何, 以及是否有集合间的包含关系这一类问题, 都不在考虑之列. 这些形式主义的定义与讨论方式, 来自 Hilbert, 对于几何定理如何证明这种逻辑问题来说, 此种方式排除了与逻辑证明无关的各种外加因素, 是颇为合适与有效的.

依据上述几何及相互间关属的定义, 可见以前所引进的各种 (平面) 几何都是常用 (平面) 几何的关属几何. 首先, 基本对象都是同样的两类: 点与直线, 基本关系 (或派生关系) 则有以下几种:

R_1 关联关系

R_2 平行关系

R_3 垂直关系

R_4 全合关系

R_5 对称关系

R_6 次序关系

在以上这些关系中, 例如垂直关系与全合关系, 在某些几何中是基本关系, 而在另一些几何中则不然, 可从其他基本关系与公理定义它们, 即所谓派生关系.

在依据这些基本对象、基本关系以及某些公理所定义的 (平面) 几何中 (平面二字在下面将略去不提), 已经提到的有:

Desargues 几何

Pascal 几何

(无序) 垂直几何

(无序) 度量几何

有序 Pascal 几何

有序度量几何

常用几何

等等. 我们也可将某些基本关系或公理添入上面的几何或作另外的组合以形成其他几何. 例如我们可把次序关系与次序公理添入 Desargues 几何与垂直几何, 而把如此形成的几何称为有序 Desargues 几何与有序垂直几何, 等等.

上述各种几何间有着简单的关属关系, 例如 Pascal 几何的每一公理不是 (无序) 垂直几何的公理就是该几何的一条定理 (如交线 Pascal 公理, 见 2.2 节). 因而 Pascal 几何关属于 (无序) 垂直几何. 事实上, 所有这些几何都关属于常用几何, 参见图 2.35.

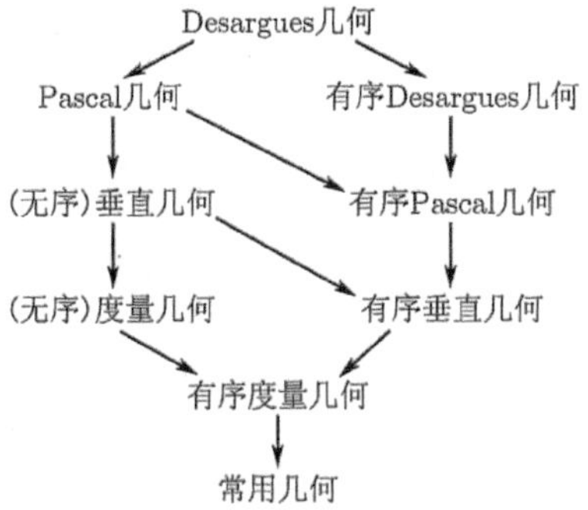

图 2.35

上述种种几何都局限于平面的情形, 因而基本对象只有两种: 点与直线. 这种限制自然是不必要的. 我们可以考虑空间的与高维的几何, 其中的基本对象除点与直线外还有平面或其他高维平面 (hyperplanes) 等. 同样也可以考虑基本对象不限于点与直线之类关属于常用几何的那种几何. 例如以直线为基本对象的直线几何 (Plücker, Klein 等)、以点与圆或有向矢与有向圆为基本对象、关联与正交以及相切或同向相切为基本关系的各种圆几何 (Möbius, Laguerre 等)、以点与球为基本对象的球几何 (S. Lie 等), 如此等等. 对于公理系统的选择则有着更大的回旋余地. 除了所谓投影几何之外, 由于平行公理的修改有各种非欧几何 (Lobachevsky, Bolyai, Riemann 等), 由于阿基米德公理与其他公理的改动又有各种半欧几何、非 Legendre 几何等等 (Dehn 等). 在不计较平行公理而作统一考虑时又有所谓自然几何、绝对几何等 (Bachmann 等). 如果不加任何限制, 这样的几何自然是可以随心所欲无穷无尽的.

第 3 章　几何定理证明的机械化与 Hilbert 机械化定理

3.1　欧几里得证明方法小议

一般说来, 欧几里得《几何原本》是数学上公理化的起源, 但从严密性的要求来看瑕疵甚多, 这在千百年来早就为人们所认识. 十九世纪中后叶对数学基础掀起了一股批判性的浪潮, 人们对《几何原本》中的公理也进行了不局限于平行公理独立性问题的全面的分析. 这一浪潮肇始于德国与意大利, 如 Peano, Pasch, 后来由 Hilbert 集其大成. Hilbert 把欧几里得几何的公理总结成五类 (见第 1.1 节), 作为一切定理证明的依据与出发点, 使欧几里得几何从此有了一个牢固的基础. 尽管如此, 即使有一个严密的公理系统作为一切推理论证的依据, 欧几里得的定理证明方式仍然不可能达到严密无瑕的程度. 这与传统的认识相反, 因为对此似乎还从来没有人明确提出过, 甚至可能还从来没有人认识到. 本节将着重说明这一问题.

我们说欧几里得几何定理的证明方法不可能做到符合逻辑上所要求的严密程度. 出现毛病的症结在于:

在欧几里得几何中, 公理与定理的叙述往往隐含了一种没有明白说出的假设——所考虑的图形必须处于某种*正常*的*一般性*的而非异常的带有特殊性的*退化*情况. 例如, 在说到两直线平行时, 就隐含着它们是不同的两条直线而不是*退化*为两条重合的直线. 同样在说到两相交直线时, 也隐含着它们并没有*退化*为两条平行的或重合的直线. 又如在说到三角形时, 总是隐含了这是一个正常的真正的三角形, 它的三个顶点互不相同且不*退化*为顶点在同一直线上的一个"扁"三角形, 如此等等. 虽然我们可在定义或定理的叙述中加上种种非退化的限制, 就像我们在第 1 章中对平行线与三角形所做的定义, 但那样叙述显得极为冗沓. 究竟给出什么样的非退化的限制才算合适并不清楚. *退化*一词也没有确切的定义, 所以等腰三角形或直角三角形算不算是一个退化的三角形, 就很难预定了.

尤其严重的是, 定理的证明往往只适用于某种正常的、一般的而非异常的或退化的情形. 对于退化的情形, 往往需要对证明作必要的修改才能适用 · 或者需要改变全部证明. 有时对于退化情形的定理本身甚至完全失去意义以至根本不成立. 下面举例说明.

[例 1] 定理　平行四边形 $ABCD$ 的对角线 AC 与 BD 互相平分 (见第 1.2 节).

这一叙述隐含了这样一些一般位置的假设, 即 $ABCD$ 是一真正的四边形, A, B, C, D 互不相同, 且平行的对边 AB, CD 位于两条不相重合的平行线上, AD, BC 亦然, 等等 (第 1.2 节作平行四边形定义时, 已有意把这些退化情形排除在外).

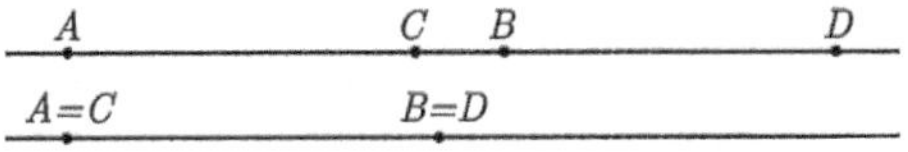

对于某些退化的情形, 例如若 A, B, C, D 完全重合, 对定理叙述作适当解释仍可视为成立. 若 A, B, C, D 互不相同, 且退化到位于同一直线上, 则定理的假设虽然仍可作适当解释而使之有意义 (例如 AB 与 CD 重合看作 $AB \parallel CD$ 的退化情形), 但终结部分则将失去意义. 如果把互相平分解释为点偶 $(AC), (BD)$ 有共同的中点, 则定理显然不能成立. 若 A, B 互不相同但 C 退化到与 A 重合, 而 D 退化到与 B 重合, 则不论作如何解释, 定理都不成立.

[例 2] Desargues 公理 (或定理)$\mathbf{D}_1$　设

$$\triangle ABC \text{ 与 } \triangle A'B'C'$$

的三组对应边互相平行, 即

$$AB \parallel A'B' \qquad AC \parallel A'C' \qquad BC \parallel B'C'$$

则三组对应顶点的连线 AA', BB', CC' 或互相平行或相交于一点.

在定理的叙述中, 三角形应理解为正常的真正的三角形, 平行线也应理解为非退化为重合直线的真正的平行线. 见第 1.1 节和第 1.2 节关于平行线与三角形的定义.

对于退化的情形, 例如 $\triangle ABC$ 退化为 A, B, C 三点虽不相同但位于一直线上, 而 $A'B'$ 仍与 AB 平行但不退化为重合直线的情形. 此时 A', B', C' 也将在一直线上, 而定理显然不能成立. 见图 3.1. 至于其他种种退化情形, 定理是否失去意义以及是否成立, 需作复杂的细致分析才能确定.

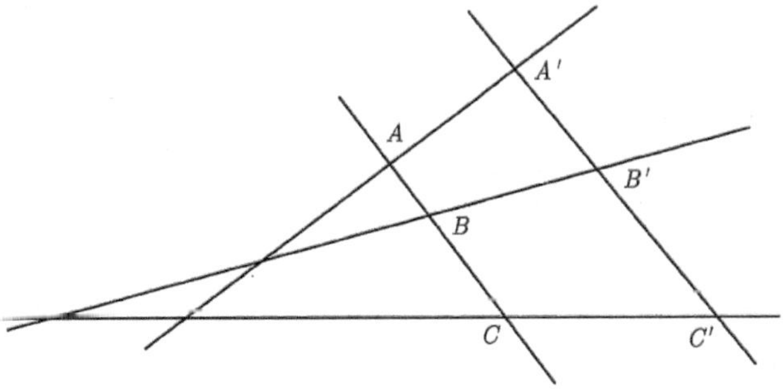

图 3.1

[例 3] Desargues 公理 (或定理)$\mathbf{D_2}$　设 $\triangle ABC, \triangle A'B'C'$ 有两组对应边互相平行,

$$AB /\!/ A'B' \quad AC /\!/ A'C'$$

又三组对应顶点的连线 AA', BB', CC' 互相平行或相交于一点, 则这两个三角形的第三组对应边也互相平行.

显然, 对于例 2 中那种退化的情形, 即 A, B, C 退化为一直线时, 仍可视定理 (不足道地) 成立. 但若平行线 $AB /\!/ A'B'$ 退化为 AB 与 $A'B'$ 重合时, 定理即不再成立. 见图 3.2.

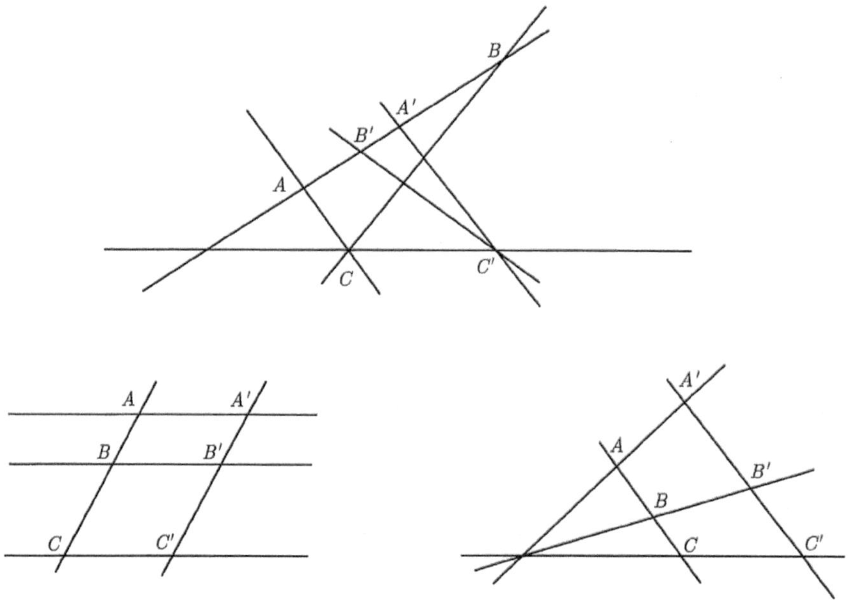

图 3.2

上面的例子说明, 每个公理或定理往往都有一些隐含而不明白说出的一般性非退化的假设限制. 如果超越这些限制, 定理可能会失去意义甚至不成立. 因此在每一个定理的证明过程中, 每一次添设补助线或应用已知的公理或定理时, 都需细致检查所应用的定理是否在它成立的一般性条件限制之内, 并需就各种可能出现的退化情形逐一分别讨论. 作为具体的例子可见第 2.2 节中 Hessenberg 定理的证明. 这样做自然使定理的证明显得冗长繁琐, 但为了达到应有严密性的要求, 这种繁琐的考虑是不能缺少的, 我们在第 1 章的许多证明中都曾反复使用平行四边形对角线互相平分这一定理以及两个 Desargues 公理. 像前面例 1～3 所示, 这些定理或公理对于退化的情形可能无意义或不成立, 因此每次应用都需小心以致不出现这种退化情况. 我们在第 1 章中曾为许多证明耗费不少笔墨, 其原因即在于此.

在证明定理时, 即使一开始作为出发点的假设中的图形处于某种一般而非退化的位置, 但在论证过程中我们仍无法预知在应用其他已知定理时就不出现退化的情形. 不仅应用定理时每次检查既繁琐又困难, 而且要保证在论证过程中不致出现引起失效或错误的退化情形实际上也是不可能的. 同样我们也没有一种有效的办法用于指出需要证明的定理本身的叙述应限制在什么样的非退化情形下才能保证定理的成立. 这些问题使得欧几里得证明定理的方式在实际上不可能达到应有的严密性的要求. 因此, 即使有严密的公理系统作为一切论证的依据, 欧几里得证明几何定理的方式在实际上仍不可能做到从逻辑上说来严密无间.

为了使几何证明严密无间, 必须采取与欧几里得传统证法不同的方式.

与欧几里得的传统证法相反, 我们所提出几何机械化证明的方式, 不仅可以节省脑力劳动, 而且可以真正合于严密性的要求.

3.2　几何概念坐标表示的标准化

依据上节的分析, 几何论证的种种有失严密的问题, 主要是由于退化情形而引起的. 传统上欧几里得的几何论证方式是无法应付这种局面的. 但 Descartes 以致 Hilbert 从公理系统出发引进数系统并建立坐标系使几何代数化后, 即可有效地处理退化情形而达到真正严密的要求.

首先, “退化”一词是相对“一般”来说的. 这里“一般”一词相当于英语中的“general”, 但它是一种专门术语, 而非普通名词. 由于容易与通常用语相混, 英语创造了“generic”一词, 有时被译成“普适”, 但这似乎并不完全恰当. 在没有更合适的译名的情形下, 我们有时借用 generic.

generic 一词有着严格的定义, 通常见于代数几何, 例如 generic 点, generic 平面等. 根据我们的需要, 将不采用代数几何中的严格定义而像下面那样来理解.

一个 generic点指点的某几个坐标是参数或不定量, generic 位置指图形中的点的坐标中有一些是参数或不定量. 所谓退化, 意指这些参数或不定量将取特定的值, 致使某些坐标间的某些代数式为 0.

欧几里得几何论证中的定理, 往往隐含了图形处于 generic 位置的假设. 要得到严格的证明, 既需证明在 generic 情形下定理成立, 又需明确指出使定理依然成立的退化与非退化范围. 前者可通过坐标中的参数来表达, 后者可用坐标间某些多项式不等于 0, 即非退化的方式来表达.

第 1 章 1.7 节以及第 2 章中对一些基本的几何关系使用坐标间数量关系表达时, 附加了许多限制, 使表达形式繁琐. 为了明确 generic 与退化范围, 第一步将把一些基本几何关系的定义稍加修改, 使相应的坐标间的数量关系既能概括 generic 与退化的情形, 又能使退化情形易于从 generic 情形中区别出来. 下面试就这些基本的几何关系分别论述如次.

1. 平行关系.

设四点 A_i 在某一坐标系下的坐标为 $(x_i, y_i), i=1,2,3,4$. 命

$$\alpha=(x_2-x_1)(y_4-y_3)-(y_2-y_1)(x_4-x_3)$$

定义 1　如果

$$\alpha=0$$

则称 A_1A_2 与 A_3A_4平行, 记作

$$A_1A_2 \mathbin{/\!/} A_3A_4$$

在 $A_1,\cdots,A_4$ 彼此互不相同且 A_1A_2 与 A_3A_4 是两不同直线时, 这里的平行概念与第 1 章中描述的相合; 但这里的定义也包括了退化情形, 而第 1 章中则否. 为了有所区别, 我们将改称以前所定义的平行为真平行或几何平行, 而把简单的平行一词规定为指 $a=0$. 这包括了真平行, 也包括了 A_1 与 A_2 重合, 或 A_3 与 A_4 重合, 或虽然 A_1 与 A_2 不同, A_3 与 A_4 不同, 但直线 A_1A_2 与 A_3A_4 重合等多种退化情形. 这些退化情形可通过一些等式关系表示, 而非退化情形则通过一些不等于 0 的关系表示. 例如 $A_1=A_2$ 指 $x_1=x_2$ 且 $y_1=y_2$, 而 $A_1\neq A_2$ 指 $x_1\neq x_2$ 或 $y_1\neq y_2$, 等等.

2. 共线关系.

设三点 A_i 在某一坐标系下的坐标为 $(x_i,\ y_i)$, i=1, 2, 3. 置

$$\beta=\begin{vmatrix} x_1 & y_1 & 1 \\ x_2 & y_2 & 1 \\ x_3 & y_3 & 1 \end{vmatrix}=(x_2y_3-x_3y_2)+(x_3y_1-x_1y_3)+(x_1y_2-x_2y_1)$$

定义 2　若 $\beta=0$, 则称三点 A_1, A_2, A_3在一直线上或三点共线, 或A_3 在 A_1A_2上, A_1在A_2A_3上, A_2 在 A_1A_3上.

在 A_1, A_2, A_3 三点彼此都不相同时, 这里的定义与以前的定义相合. 但新定义也概括了三点中某些点重合的退化情形. 为了与以前三点互不相同时的定义有所区别, 将称以前所定义的共线为真共线或几何共线. 因而在以后称三点 A_1, A_2, A_3 共线时, 意指三点互不相同而真共线, 或指其中有两点重合, 或三点都重合.

3. 垂直关系.

设四点 A_i 在一垂直坐标系下的坐标各为 $(x_i,\ y_i)$, i=1, 2, 3,4.

定义 3　若垂直坐标系的垂率为 k, 则称 A_1A_2 与 A_3A_4垂直, 记作

$$A_1A_2\perp A_3A_4$$

如果

$$k(y_2-y_1)(y_4-y_3)+(x_2-x_1)(x_4-x_3)=0$$

特别在 Descartes 坐标系下，上式中 k 取作 1.

显然对于 A_1 与 A_2 不同且 A_3 与 A_4 不同的情形，新定义与以前关于两直线垂直的定义相合. 但新定义也概括了 A_1 与 A_2 重合或 A_3 与 A_4 重合的这种退化情形. 为了与前有所区别，将改称以前所定义的垂直为*真垂直*或*几何垂直*.

4. *次序关系*.

对于任意一种有序几何 (见第 2 章 2.6 节)，可以任取一坐标系，并定义次序关系如下.

定义 4　设三点 $A_i=(x_i, y_i)$, $i=1, 2, 3$ 在同一直线上，则称点 A_2 *在* A_1 与 A_3 *之间*，如果以下几种情形至少有一种成立：

(1) $x_1 < x_2 < x_3$;

(2) $x_1 > x_2 > x_3$;

(3) $y_1 < y_2 < y_3$;

(4) $y_1 > y_2 > y_3$.

这一定义已排除了 A_i 中有点重合的那种退化情形.

定义 5　设直线

$$L: u_1x_1 + u_2x_2 + u_3 = 0$$

其中 (x_1, x_2) 为动点坐标，u_1, u_2 不同时为 0. 则两点 $A=(a_1, a_2)$ 与 $B=(b_1, b_2)$ 都不在 L 上时，将视 $u_1a_1+ u_2a_2 + u_3$ 与 $u_1b_1 + u_2b_2+u_3$ 为同号或异号，而称 A 与 B *在 L 的同侧或异侧*.

5. *度量性质*.

在 (无序) 度量几何中，曾经引进过点偶距方的概念，在有序度量几何中，更有距离或长度的概念，今重述其标准化后的定义如下：

定义 6　在度量几何中取一 Descartes 坐标系，则对于任意两点 $A=(a_1, a_2)$ 与 $B=(b_1, b_2)$，数

$$\overline{\overline{AB}} = (b_1 - a_1)^2 + (b_2 - a_2)^2$$

称为点偶 (AB) 或 (BA) 的*距方*. 如果度量几何是有序的，则恰有一数 $c \geqslant 0$，使

$$c^2=(b_1 - a_1)^2+ (b_1 - a_1)^2$$

记作 $\overline{AB}$ 并称为 A, B 两点的*距离*或*线段* $|AB|$ 的*长度*：

$$\overline{AB^2} = \overline{\overline{AB}} \qquad \overline{AB} \geqslant 0.$$

角的概念及其度量要比点偶或线段的概念与度量复杂得多，而且带有模棱两可性 (在没有连续概念与有关公理的帮助之下). 由于它可以通过某些线段的函数来量度，而且由于两三角形三边相等即全合，因而三角相等这一定理，角的大小可以通过

线段的长短来间接处理, 在几何定理的证明过程中可以避免直接使用角的量度, 故这里不再另作定义.

6. 对称与反射.

在垂直几何中, 我们曾定义过对一非迷向线的对称与反射. 见第 2.3 节, 现重述如下:

定义 7 设垂直几何中一垂直坐标系, 其垂率为 k. 又设直线

$$L_u\colon u_1x_1+u_2x_2+u_3=0$$

非迷向线, 即

$$ku_1^2+u_2^2\neq 0$$

则定义一点 $A=(a_1, a_2)$ 对 L_u 的对称点为点 $A^*=(a_1^*, a_2^*)$, 这里

$$(ku_1^2+u_2^2)a_1^*=-(ku_1^2-u_2^2)a_1-2ku_1u_2a_2-2ku_1u_3$$
$$(ku_1^2+u_2^2)a_2^*=-2u_1u_2a_1+(ku_1^2-u_2^2)a_2-2u_2u_3$$

又定义过 $A=(a_1, a_2)$ 的一直线

$$L_v\colon v_1(x_1-a_1)+v_2(x_2-a_2)=0$$

对 L_u 的对称直线为过 A^* 的直线

$L_v^*: v_1^*(x_1-a_1^*)+v_2^*(x_2-a_2^*)=0$

这里

$$v_1^*=(ku_1^2-u_2^2)v_1+2u_1u_2v_2 \qquad v_2^*=2ku_1u_2v_1-(ku_1^2-u_2^2)v_2$$

又 A^*, L_v^* 也称为 A 与 L_v 对直线 L_u 的反射.

7. 分角线.

在无序垂直几何或无序度量几何中, 只有全角的概念而不能定义角的概念. 对于一个全角的分角线, 在无序垂直几何中可以恰有两条或根本没有, 仅在无序度量几何中才能保证恰有两条但这两条无法加以区别. 今作分角线的标准化定义如次.

定义 8 设一垂直坐标系的垂率为 k, 对于任意三点 $A_i=(a_i, b_i)$, $i=0, 1, 2$, 下面的方程称为角 $\measuredangle A_0(A_0A_1, A_0A_2)$ 或

$$\measuredangle A_1A_0A_2$$

的分角线:

$$\begin{aligned}&[(b_1-b_0)(x-a_0)-(a_1-a_0)(y-b_0)]\\&\cdot[(a_2-a_0)(x-a_0)+k(b_2-b_0)(y-b_0)]\\=&[(a_2-a_0)(y-b_0)-(b_2-b_0)(x-a_0)]\\&\cdot[(a_1-a_0)(x-a_0)+k(b_1-b_0)(y-b_0)]\end{aligned}$$

对于 A_1, A_2 都不同于 A_0 的这种非退化情形, 可见这一方程确定了两条直线而与通常的分角线概念相符. 如果几何是有序的, 则可进一步依据上述的 4 把这两条分角线区分为内分角线与外分角线.

8. 派生概念与派生关系.

在上述 1 至 7 出现的关系中, 既有基本关系, 如平行、垂直, 也有派生关系, 如对称、全合, 我们也可考虑其他种种派生的概念与关系, 例如斜率、面积、中点、圆、半径、圆的 (内, 外) 相切、圆的正交, 以致曲线的切线与奇点等. 这些派生的概念与关系可随需要而添入, 不再列举. 需要指出的是以下几点:

(1) 通过 (从属于几何的) 坐标系引进标准化的定义时, 对于非退化的情形必须与原来的几何意义相符. 至于退化情形的定义虽可任意, 但一经规定即不容变更.

(2) 定义不应随 (从属于几何的) 坐标的选取而变更, 即定义中出现的代数式 (或关系) 应是从属于几何的坐标变换下的不变式 (关系) 或协变式 (关系).

要详细讨论 (2) 将远远超出本书的范围, 而且从这一角度看, 相应的不变式理论还远没有发展到一个成熟的程度. 但这里列举的那些代数式 (关系) 的不变性则是显然的.

3.3　定理证明的机械化与 Hilbert 关于 Pascal 几何中交点定理的机械化定理

Descartes 曾经指出, 欧几里得几何中的每一证明, 总是要求某种新的, 往往是奇巧的想法. 与之相反, Descartes 提出了把推理程序机械化因而减小解题工作量的设想 (参阅 M.Kline, [1], 第 15 章). 依据这一设想, 对于几何中某一类的定理, 不论其具体的叙述如何, 都可适用某通用的证法, 这种证法将遵循着一定的机械化了的推理程序来进行, 并保证在有限步骤之后, 可以肯定定理成立或否定定理成立. 而且, 证明定理在一般情况下成立时, 还在机械证明过程中机械地给出一切有可能使定理失效或不成立的退化条件来. 这样一种适用于某类定理的通用机械证法称为一种机械化证法. 对于某类定理有机械化证法的论断, 本身就是一条定理, 称为一条机械化定理.

在第 1 章中, 我们大体上依据 Hilbert《几何基础》一书所给出的范式, 从某些公理出发, 引进数系统, 建立坐标系, 遵循了一条可以称之为从公理化走向代数化以致坐标化的道路. 在这一道路上, 必须证明许多定理, 这些定理的证明都依照欧几里得的方式, 个别的定理通过个别的方法得出了个别的证明. 这种证明的方式, 在 3.1 节中已指出, 实际上不可能达到所应有的严密程度. 而且, 也如前面已为 Descartes 所指出过的那样, 每一证明总要求某种新的往往是奇巧的想法, 因而尽管由于这些奇巧想法往往引人入胜, 使这种方法产生巨大的吸引力, 但从效率与发展前景来说, 总是有极大局限性的. 这也许正是 Descartes 提出机械化证明设想的重要理由之一, 至少是本书提出机械化证明的原因所在. 由于现代电子计算机的出现, 已经使得这种机械化证明的设想脱离了空想阶段而具有了现实可行性. 本章将给出这种机械化证明设想的理论依据, 而在以后各章将给出一些用手算与在计算机上实践的具体实例. 著者将在有关的书籍中给出更多的实例, 以说明这种方法的实际效果.

像本章第 1 节所指出的那样, 几何定理, 往往只在有条件的情形下, 即所谓*非退化条件*下才成立, 而这些非退化条件又往往并不在定理的假设部分明确表达, 事实上也不容易在一开始就明确应在怎样的非退化条件下才能使定理成立. 为此我们将对*定理*、*证明*、*机械化证明*以及*机械化定理*等这些概念再作专门的明确定义如下.

定义 1 如果在几何 G 中一个有意义的几何语句 (S), 在附加了若干个几何中有意义的条件作为*附加假设*后能够成立, 则称这个语句 (S) 是一个*有条件的定理*, 或*定理* (S)generically *成立*, 附加的条件则称为使定理成立的*非退化条件*.

定义 2 对于一个 generically 成立的定理 (S), 如果有一过程从 (S) 的假设部分出发, 依据几何 G 中的公理与逻辑推理法则逐步进行, 在进行过程中逐次添入若干*附加条件*, 最后到达 (S) 的终结部分, 则这一过程称为这一有条件定理的一个*证明*.

定义 3 如果对于几何 G 中某一类给定的有意义几何语句 S, 有一个机械的法则, 使得对于这类语句中的任意一个语句, 从假设部分出发, 在逐步进行逻辑推证时, 其每一步都可依据这一法则机械地给出确定的下一步骤, 或给出应添入的附加条件, 最后在有限步后必然得出语句的终结部分或其反面, 则称这一类定理 S *有机械化证法*, 或称这一类定理的证明*可以机械化*, 而以这一机械法则为这一类定理的一个*机械化证法*.

定义 4 如果上述定义中的 S 包括了几何 G 中所有可能有意义的几何语句, 则称几何 G 的定理证明*可以机械化*, 或简称 G *可以机械化*.

所谓 "几何 G 的定理证明可以机械化" 以及 "G 中某一类定理证明可以机械化" 这样一些断言, 本身就是一个需要证明的定理, 其证明需要一个定义中所要求的一个机械的法则. 这一类的定理将通称为一条*机械化定理*.

上面几个定义中的*附加假设*与*附加条件*自然不能是任意的. 例如原来假设部分中某一假设的反面, 就显然不能作为附加条件来加入. 这里所说的附加条件, 必须是这样的一种条件, 即如果我们选定坐标系并依据 3.2 节将原来的几何假设用坐标间的 (多项式) 等式或不等式关系来表示后, 所添加的条件应使这些坐标间增加一个非不足道的 (多项式) 等式关系. 换言之, 如果把坐标变量按一定次序排列后看成某向量空间中的一个点, 诸假设 (多项式) 等式 (或不等式关系) 将在这一向量空

间中确定一个点集 V, 通称为代数簇(或代数集, 如果有不等式关系时), 则所添加条件的相应 (多项式) 等式关系应确定一个 V 的真子集. 应用代数几何的术语, 不难给出严格的定义来. 对此可参阅本书的第 4 章.

在数理逻辑中, 一个与可机械化类似的述语是*可判定的*(decidable), 正像数理逻辑中已证明许多数学问题和领域往往是不可判定的那样, 我们有下面的推测:

推测　Desargues 几何是不可能机械化的, 即不可能找到一个机械化证法.

几何的推理论证希望的是能够真正发现并证明一些正面成立的定理, 而不是希望得出定理不能成立或不能证明的反面结论来. 客观事实说明我们的希望并非奢望而是合情合理的要求, 并能圆满地得到满足. 本书将证明只需在 Desargues 几何中添上交线 Pascal 公理以致几何附属数域成为可交换的, 则在数学研究中通常遇到的那些几何, 如第 2 章以及后面第 6 章所提到的那些, 就都是可以机械化的了. 那些据推测不可能机械化的几何也许仅由于一些人为的不切实际的限制所造成. 本章将举出一个定理证明可以机械化的最简单的例子来. 这一例子来源于 Hilbert, 因而称之为*Hilbert 机械化定理*.

虽然 Hilbert 一书的主要内容在于奠定几何的严格基础与阐明一些重要的几何公理与几何事实间的逻辑关系, 但是该书的绝大部分篇幅都花在阐明如何从公理化走向代数化, 而这恰好为几何定理证明的机械化铺平了道路. 虽然 Hilbert 并不是依据机械化的思想来表达他的机械化定理的, 甚至 Hilbert 本人是否自觉地或有意识地认识到这一点也很难说, 但事实上最早的机械化定理似乎就见于 Hilbert《几何基础》一书.

这里所说的 Hilbert 机械化定理, 出现于《几何基础》一书的第 6 章之末. 在该书的第一版中, 这一结果只用斜体字表出而未列作定理. 在后来的几版中, 则正式写成定理 62. 现将该定理的叙述照录如下:

定理 62　设一种平面几何, 其中公理 I1-3, II, IV* 都满足, 而且 Pascal 定理正确, 这几何中每一条纯粹的交点定理, 可以通过作适当的辅助点和辅助直线, 表为有限个 Pascal 构形的组合. ”

今先对定理中出现的名词依据 Hilbert 原书的解释逐一说明如下.

所谓“公理Ⅱ -3”即指 Hilbert 公理系统中平面上的第 I 类关联公理, “II”指第 II 类次序公理, “IV*”指狭义的第 IV 类平行公理, 也就是本书第 1.1 节中的公理 HI, HII 和 (加强) 平行公理 HIV.

所谓“Pascal 定理”, 实质上即是第 2.1 节中的交线 Pascal 公理. 所谓“Pascal 构形”, 则指相当于 Pascal 定理内容的一个图形, 包括两条相交直线 l, l', 在 l 上的三个点 A, B, C, 在 l' 上的三个点 A', B', C', 而 $AB' \parallel A'B, BC' \parallel B'C$.

所谓“纯粹的交点定理”, 是指“具有下述性质的定理: 只含有关于点和直线的位置关联以及关于直线的平行性的叙述, 而同时不用其他关系 (例如全合和垂直)”.

Hilbert 原书接着对这种定理作了一个更详细的说明如下:“平面几何的每一条这种纯粹的交点定理都可以描述为下面的形式:

首先任意取一组有限个点和直线, 然后按照预定的方式作这些直线中的某些任意平行线. 在这些直线中的某些条直线上取任意点, 而且通过这些点中的某些点作任意直线; 在按照预定的方式作了连线、交点以及通过已经存在的点的平行线之后, 终于得到一组有限条直线, 它们就是定理所断言的通过同一个点或互相平行的直线.”

下节中, 我们将举例说明这里对于交点定理的两种说法其实并不完全一致. 因此, 为了区别, 我们将称后一种较特殊的交点定理为 Hilbert *型或构造型交点定理*, 而对前一种较一般的交点定理, 则仍简称为*交点定理*.

在 Hilbert 原书中的定理 62 以下, Hilbert 还作了一个补充说明:

“于是, 若是用 Pascal 定理, 交点定理的证明就不需要再求助于全合公理和连续公理.”

这说明, Hilbert 对定理 62 同对全书的精神相同, 着眼于公理与定理之间的逻辑依存关系. 但从定理 62 之前相当于定理证明的一段说明来看, 则 Hilbert 在实质上已给出了至少是 Hilbert 型交点定理的一种机械化证法.

在前一章中, 我们已指出如何用一条无限公理以及 Desargues 公理来部分地代替 Hilbert 公理系统中的次序公理与连续公理, 并称一种满足 (平面) 关联公理 HI, (加强) 平行公理 HIV, 无限公理 D_∞ 以及交线 Pascal 公理 P 的几何为 (平面) Pascal 几何. 于是依据 Hilbert 所提供的关于定理 62 的证明的思想, 可把该定理转述成下面的形式.

Hilbert 机械化定理 Pascal 几何中的 Hilbert 型交点定理有机械化证法, 且在这种证法的过程中将有可能使定理不成立的退化条件机械地逐一给出.

下一节中, 我们将依据 Hilbert 的方法给出若干交点定理的机械化证明. 至于这一机械化定理本身的证明, 则将在本章 3.5 节给出.

3.4 Hilbert 机械化证法举例

在给出 Hilbert 机械化定理的证明之前, 本节将举例说明 Hilbert 所用的机械化证法, 并指出 Hilbert 型交点定理与一般的交点定理不完全一致.

[例 1] 定理 generic 平行四边形的对角线互相平分.

设 generic 平行四边形 $\square ABCD$, 如图 3.3. 对角线 AC 和 BD 的交点为 E. 选取坐标系, 以 A 为原点 O, B 在第一轴 l_1 上, 而第二轴任意. 这种选择并无必要性, 也不影响对机械化证法的说明, 只是为了使计算简化, 避免不必要的繁复而已.

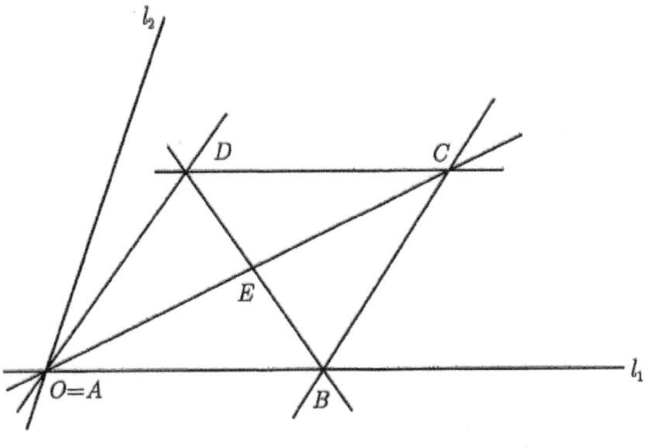

图 3.3

为了表示 $\square ABCD$ 是 generic 的，B 的坐标可取为 $(u_1,\ 0)$，D 的坐标取为 (u_2, u_3)，其中 u_1, u_2, u_3 都视为参数．这时 C, E 已不再是 generic 的，而需受假设中几何条件的约束．记它们的坐标各为 $C=(x_1, x_2)$ 与 $E=(x_3, x_4)$，诸 x_i 依据几何条件满足下面的代数关系式：

$$BC \parallel AD \Longleftrightarrow u_3(x_1-u_1)-u_2x_2=0 \tag{1}$$

$$CD \parallel AB \Longleftrightarrow u_1(x_2-u_3)=0 \tag{2}$$

$$E\text{ 在 }AC\text{ 上} \Longleftrightarrow \begin{vmatrix} x_3 & x_4 & 1 \\ x_1 & x_2 & 1 \\ 0 & 0 & 1 \end{vmatrix} = 0 \Longleftrightarrow x_2x_3-x_1x_4=0 \tag{3}$$

$$E\text{ 在 }BD\text{ 上} \Longleftrightarrow \begin{vmatrix} x_3 & x_4 & 1 \\ u_2 & u_3 & 1 \\ u_1 & 0 & 1 \end{vmatrix} = 0 \Longleftrightarrow u_3x_3+(u_1-u_2)x_4-u_1u_3=0 \tag{4}$$

以上 (1)—(4) 四式构成了定理的假设部分．定理的终结部分则为

$$E\text{ 是 }(AC)\text{ 中点} \Longleftrightarrow \begin{cases} 2x_3-x_1=0 & (5) \\ 2x_4-x_2=0 & (6) \end{cases}$$

$$E\text{ 是 }(BD)\text{ 中点} \Longleftrightarrow \begin{cases} 2x_3-(u_1+u_2)=0 & (7) \\ 2x_4-u_3=0 & (8) \end{cases}$$

定理的证明在于从假设 (1)—(4) 推出终结 (5)—(8)．定理的机械化证明则在于设计一种机械的方法，依据它所提供的确定步骤机械地进行，并在有限步后断定 (5)—(7) 是否可从 (1)—(4) 得出，并在这一过程中，给出足以使定理失效或不成立的一切可能的非退化条件．

这一机械的方法是先将诸 x 依一定次序排列, 例如 x_1, x_2, x_3, x_4 的次序, 再从 (1)—(4) 作必要的消去以依上述次序逐个地解出这些 x, 并给出这一过程中所出现的非退化条件. 最后将这些 x 代入 (5)—(8) 以验证其是否满足.

为此先从 (1), (2) 解出 x_1, x_2 得

$$x_1 = u_1 + u_2 \tag{9}$$

$$x_2 = u_3 \tag{10}$$

相应的非退化条件为

$$u_1 u_3 \neq 0 \tag{11}$$

以所得 x_1, x_2 代入 (3), 得

$$u_3 x_3 - (u_1 + u_2) x_4 = 0 \tag{12}$$

从 (12) 与 (4) 解出 x_3, x_4 得

$$x_3 = \frac{1}{2}(u_1 + u_2) \tag{13}$$

$$x_4 = \frac{1}{2} u_3 \tag{14}$$

相应的非退化条件仍为 (11), 或即

$$u_1 \neq 0 \tag{15}$$

$$u_3 \neq 0 \tag{16}$$

诸非退化条件的几何意义容易说明:

$$u_1 \neq 0 \Longleftrightarrow B \text{ 与 } A \text{ 不重合}$$

$$u_3 \neq 0 \Longleftrightarrow D \text{ 不在 } AB \text{ 直线上}$$

今将终结部分 (5)—(8) 诸式的左边各记为 $g_1, \cdots, g_4$. 将从 (9), (10), (13), (14) 诸式所得的诸 x 代入诸 g, 经计算直接验证 g_i=0. 换言之, 在非退化条件 (15), (16) 满足的假定下, 定理成立, 而且上面的计算过程同时给出了定理的证明.

至此已可得到下面的结论:

只需 $\square ABCD$ 的顶点 B, A 不相重合, 且顶点 D 不在直线 AB 上, 对角线即互相平分.

如果需要, 我们也可对这两个非退化情形逐一进行检查, 或可对每一种退化情形作为新的定理如前逐一证明其成立与否 [1]. 这里将不再详述.

1) 例如投影几何中圆锥曲线内接六角形的 Pascal 定理. 当六角形的若干个顶点退化为重合的顶点时, 相应的退化情形可以作为另外的定理来证明.

这一例子虽然是极为简单的，却又是很典型的．这里所用的机械的证明过程适用于比这复杂得多的定理，只是计算量将大为增加．因此不能不使用电子计算机这一类现代化工具．下面将再举一些较为复杂的定理来说明这一点．

[例 2]Desargues 定理　设两 generic 位置的 $\triangle ABC$ 与 $\triangle A'B'C'$ 的三组对应边都互相平行，且 AA', BB' 都过 O 点，则 CC' 也经过 O 点．如图 3.4.

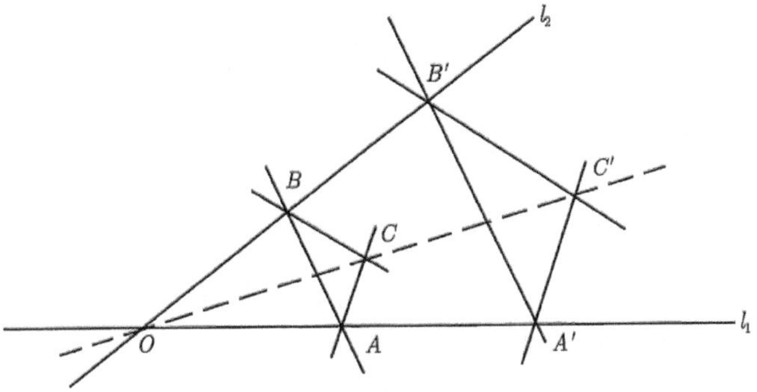

图 3.4

我们将证明这一定理，并明确 generic 的限制条件．这一定理本已作为公理引入以建立 Desargues 数系与坐标系．这里重新证明只是作为机械化方法的一个说明，不牵涉循环论证的问题．

为此将假定 AA', BB' 两直线并不重合，并为计算简单起见，将这两直线取作坐标轴 l_1，与 l_2，O 为原点．命各点的坐标依次为

$$A=(u_1,\ 0) \qquad A'=(u_2,\ 0)$$
$$B=(0,\ u_3) \qquad C=(u_4,\ u_5)$$
$$B'=(0,\ x_1) \qquad C'=(x_2,\ x_3)$$

其中 $u_1, \cdots, u_5$ 作为参数，而 x_1, x_2, x_3 则受几何条件的制约．

定理的假设部分由以下诸几何条件相应的代数关系式来表达：

$$A'B' \mathbin{/\!\!/} AB \iff u_1x_1 - u_2u_3 = 0 \tag{17}$$

$$A'C' \mathbin{/\!\!/} AC \iff (u_4 - u_1)x_3 - u_5(x_2 - u_2) = 0 \tag{18}$$

$$B'C' \mathbin{/\!\!/} BC \iff u_4(x_3 - x_1) - (u_5 - u_3)x_2 = 0 \tag{19}$$

定理的终结部分则为

$$O \text{ 在 } CC' \text{ 上} \iff u_4x_3 - u_5x_2 = 0 \tag{20}$$

从 (17) 得

$$x_1 = \frac{u_2u_5}{u_1} \tag{21}$$

引入的非退化条件为

$$u_1 \neq 0 \tag{22}$$

以 (21) 式的 x_1 代入 (19) 并从 (18), (19) 解出 x_2, x_3, 得

$$x_2 = \frac{u_2 u_4}{u_1} \tag{23}$$

$$x_3 = \frac{u_2 u_5}{u_1} \tag{24}$$

非退化条件则为 (18), (19) 的系数行列式不等于 0, 或即

$$u_1 u_3 - u_1 u_5 - u_3 u_4 \neq 0 \tag{25}$$

记终结部分 (20) 的左边为 g. 以 (21)(23), (24) 中的诸 x 代入 g, 化简得 $g = 0$. 由此知定理在上述非退化条件 (22) 与 (25) 满足时成立.

非退化条件的几何意义各为

$$u_1 \neq 0 \Longleftrightarrow A \text{ 不与 } O \text{ 重合}$$

$u_1 u_3 - u_1 u_5 - u_3 u_4 \neq 0 \Longleftrightarrow A, B, C$ 不在一直线上, 故得结论:

在 AA' 不与 BB' 重合而交于一点 O, 且 A 不与 O 重合, 又 A, B, C 不共线的这种 generic 或非退化条件下, 定理成立.

对于在各退化情形下定理是否依然成立, 若需要可逐一另行检查. 例如对 A, B, C 共线, 即

$$u_1 u_3 - u_1 u_5 - u_3 u_4 = 0$$

的退化情形, u_4, u_5, 已不能同时为参数. 此时不妨将 u_5 改为 x_0, 于是几何假设为

$$-u_1 x_0 - u_3 u_4 + u_1 u_3 = 0$$

$$u_1 x_1 - u_2 u_3 = 0$$

$$(u_4 - u_1) x_3 - x_0 (x_2 - u_2) = 0$$

$$u_4 (x_3 - x_1) - (x_0 - u_3) x_2 = 0$$

由此得

$$x_0 = \frac{u_3 (u_1 - u_4)}{u_1}$$

$$x_1 = \frac{u_2 u_3}{u_1}$$

$$x_2 = \text{任意}$$

$$x_3 = -\frac{u_3}{u_1}(x_2 - u_2)$$

引入的非退化条件为

$$u_1 \neq 0 \Longleftrightarrow A \text{ 不与 } O \text{ 重合}$$

$$u_1 - u_4 \neq 0 \Longleftrightarrow AC \text{ 不与 } BB' \text{ 平行}$$

以所得诸 x 代入需求证之式, 得

$$\begin{aligned} g =& u_4x_3 - x_0x_2 = -u_4 \\ & \cdot \frac{u_3}{u_1}(x_2 - u_2) - \frac{u_3(u_1 - u_4)}{u_1} \cdot x_2 \\ =& -\frac{u_3}{u_1}.(u_1x_2 - u_2u_4) \neq 0 \end{aligned}$$

故此时除非另加退化条件, 如 u_1=0 或 $u_1 - u_4$=0, 定理将不再成立, 这可与 3.1 节的例 3 对照.

[例 3]Desargues 定理　设两个在 generic 位置的三角形 $\triangle ABC$ 与 $\triangle A'B'C'$ 的顶点连线 AA', BB', CC', 都经过同一点 O, 又两组对应边互相平行, 即 $AB /\!/ A'B'$, $AC /\!/ A'C'$, 则第三组对应边也互相平行: $BC /\!/ B'C'$.

与例 2 相同, 仍设 AA', BB' 为两不同直线, 并取之为坐标轴, O 为原点, 各点坐标也与前相同. 则假设将为

$$A'B' /\!/ AB \Longleftrightarrow u_1x_1 - u_2u_3 = 0$$

$$A'C' /\!/ AC \Longleftrightarrow (u_4 - u_1)x_3 - u_5(x_2 - u_2) = 0$$

$$CC' \text{ 过 } O \text{ 点} \Longleftrightarrow u_4x_3 - u_5x_2 = 0$$

终结为

$$B'C' /\!/ BC \Longleftrightarrow g \equiv u_4(x_3 - x_1) - (u_5 - u_3)x_2 = 0$$

解出假设部分得

$$x_1 = \frac{u_2u_3}{u_1} \quad x_2 = \frac{u_2u_4}{u_1} \quad x_3 = \frac{u_2u_5}{u_1}$$

非退化条件为

$$u_1 \neq 0 \Longleftrightarrow A \text{ 不与 } O \text{ 重合}$$

$$u_5 \neq 0 \longleftrightarrow C \text{ 不在 } AA' \text{ 上}$$

将诸 x_i 代入 g 得

$$g = u_4 \cdot \left(\frac{u_2u_5}{u_1} - \frac{u_2u_3}{u_1}\right) - (u_5 - u_3).\frac{u_2u_4}{u_1} = 0$$

故定理在上述非退化条件下成立.

如果作进一步检查, 可知在 $u_5=0$ 也即 C 在 AA' 上的情形下, 若不再另加退化条件, 定理即不成立. 这可与 3.1 节的例 2 相对照.

根据以上三例, 可见这里所用的机械方法, 可使各种有可能影响定理成立的退化情况自然地逐一出现, 并可视需要与否有步骤地逐一处理. 与之相反, 依据本章第 1 节的三例, 可见通常欧几里得的证明方法对于退化情形的发现与处理, 是近于盲目的, 实际上也几乎是无能为力的.

为了说明本书的机械化方法, 将再举一个较为复杂的例子.

对几何代数化极为重要的线性 Pascal 公理, 是投影几何中所谓 Pascal 定理的一个退化情形. 原来的 Pascal 定理是说, 一个六角形的六个顶点在同一二次曲线上的充要条件是六角形三组对边的交点在同一直线上, 这时的六角形 (顶点依一定次序排列) 称为 Pascal六角形, 对边交点所共的直线称为这一六角形的 Pascal 线. 这一定理的叙述自然隐含了 generic 的假设. 退化的情况是颇为复杂的. 此外, 定理叙述中牵涉到二次曲线, 超出了原来 Hilbert 关于交点定理的机械化证明范围, 但我们不难作某种转化, 使定理仍变为交点定理的形式如下.

设 $A_1A_2A_3A_4A_5A_6$ 是一 generic 的 Pascal 六角形, 其三组对边的交点 (我们用记号 $\wedge$ 来表示交点)

$$A_1A_2\wedge A_4A_5 \qquad A_2A_3\wedge A_5A_6 \qquad A_3A_4\wedge A_6A_1$$

在同一直线上. 依原来的 Pascal 定理, $A_1,\cdots,A_6$ 六点将位于同一二次曲线上, 因此如果将六点作任意排列, 依原来的 Pascal 定理, 所得六角形 $A_{i_1}A_{i_2}\cdots A_{i_6}$ 仍为一 Pascal 六角形, 即交点

$$A_{i_1}A_{i_2}\wedge A_{i_4}A_{i_5} \qquad A_{i_2}A_3\wedge A_{i_5}A_{i_6} \qquad A_{i_3}A_{i_4}\wedge A_{i_6}A_{i_1}$$

仍在一直线上. 这样可以完全避免涉及二次曲线, 而依各种不同排列的类型有各种不同的交点定理. 我们将任择其一作为说明. 见下面的例子.

[例 4] 定理　若 $A_1A_2A_3A_4A_5A_6$ 是一 generic的Pascal 六角形, 则 $A_1A_4A_3A_2A_5A_6$ 也是 Pascal 六角形. 换言之, 若对 6 个点 $A_1, A_2,\cdots, A_6$ 有

$$P=A_1A_2\wedge A_4A_5 \qquad Q=A_2A_3\wedge A_5A_6 \qquad R=A_3A_4\wedge A_6A_1$$

在一直线上, 对于 generic 的情形, 交点

$$P'=A_1A_4\wedge A_2A_5 \qquad Q'=A_3A_4\wedge A_5A_6 \qquad R'=A_2A_3\wedge A_6A_1$$

也在一直线上.

为简单起见, 将取 A_6 为原点 O, 并设 A_6A_1 与 A_6A_5 为不同直线, 并取为两坐标轴 l_1 与 l_2, 诸点则各取为

$$A_1=(u_1,\ 0) \qquad A_2=(u_2,\ u_3)$$
$$A_3=(u_4,u_5) \qquad A_4=(u_6,\ u_7)$$
$$R=A_3A_4\wedge A_6A_1=(x_1,\ 0)$$

$$Q = A_2A_3 \wedge A_5A_6 = (0, x_2)$$
$$Q' = A_3A_4 \wedge A_5A_6 = (0, x_3)$$
$$R' = A_2A_3 \wedge A_6A_1 = (x_4, 0)$$
$$P = A_1A_2 \wedge A_4A_5 = (x_5, x_6) \qquad A_5 = (0, x_7)$$
$$P' = A_1A_4 \wedge A_2A_5 = (x_8, x_9)$$

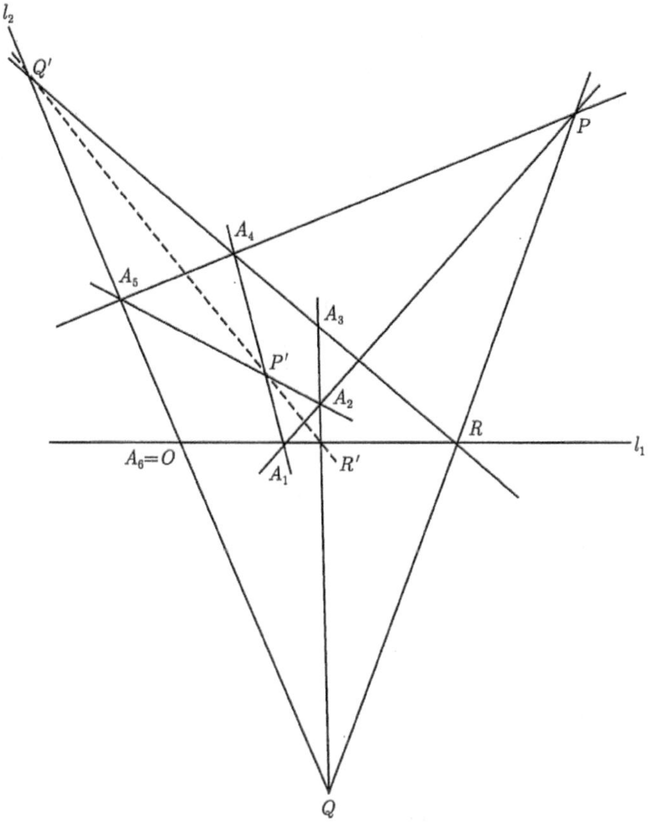

图 3.5

假设中的几何条件为

$$R \text{ 在 } A_3A_4 \text{ 上} \iff (u_5 - u_7)x_1 + u_4u_7 - u_5u_6 = 0$$
$$Q \text{ 在 } A_2A_3 \text{ 上} \iff (u_2 - u_4)x_2 - u_2u_5 + u_3u_4 = 0$$
$$Q' \text{ 在 } A_3A_4 \text{ 上} \iff (u_4 - u_6)x_3 - u_4u_7 + u_5u_6 = 0$$
$$R' \text{ 在 } A_2A_3 \text{ 上} \iff (u_3 - u_5)x_4 + u_2u_5 - u_3u_4 = 0$$
$$P \text{ 在 } A_1A_2 \text{ 上} \iff u_3x_5 + (u_1 - u_2)x_6 - u_1u_3 = 0$$
$$P, Q, R \text{ 在一直线上} \iff x_2x_5 + x_1x_6 - x_1x_2 = 0$$

$$P \text{ 在 } A_4A_5 \text{ 上} \Longleftrightarrow (u_6 - x_5)x_7 + u_7x_5 - u_6x_6 = 0$$
$$P' \text{ 在 } A_1A_4 \text{ 上} \Longleftrightarrow u_7x_8 + (u_1 - u_6)x_9 - u_1u_7 = 0$$
$$P' \text{ 在 } A_2A_5 \text{ 上} \Longleftrightarrow (u_3 - x_7)x_8 - u_2x_9 + u_2x_7 = 0$$

所需求证的几何关系为

$$P', Q', R' \text{ 在一直线上} \Longleftrightarrow g \equiv x_3x_8 + x_4x_9 - x_3x_4 = 0$$

从假设的诸关系解出诸 x, 得

$$x_1 = \frac{u_5u_6 - u_4u_7}{u_5 - u_7} = R_1(u)$$

$$x_2 = \frac{u_2u_5 - u_3u_4}{u_2 - u_4} = R_2(u)$$

$$x_3 = \frac{u_4u_7 - u_5u_6}{u_4 - u_6} = R_3(u)$$

$$x_4 = \frac{u_3u_4 - u_2u_5}{u_3 - u_5} = R_4(u)$$

$$x_5 = \frac{u_1u_3 - (u_1 - u_2)x_2}{u_3x_1 - (u_1 - u_2)x_2} \cdot x_1 = R_5(u)$$

$$x_6 = \frac{u_3x_2(x_1 - u_1)}{u_3x_1 - (u_1 - u_2)x_2} = R_6(u)$$

$$x_7 = \frac{u_7x_5 - u_6x_6}{x_5 - u_6} = R_7(u)$$

$$x_8 = \frac{u_2[u_1u_7 + (u_6 - u_1)x_7]}{(u_1 - u_6)(u_3 - x_7) + u_2u_7} = R_8(u)$$

$$x_9 = \frac{u_1u_3u_7 + (u_2 - u_1)u_7x_7}{(u_1 - u_6)(u_3 - x_7) + u_2u_7} = R_9(u)$$

引入的非退化条件为

$$u_5 - u_7 \neq 0 \Longleftrightarrow A_3A_4 \text{ 不平行于 } l_1 \text{ 轴}$$
$$u_2 - u_4 \neq 0 \Longleftrightarrow A_2A_3 \text{ 不平行于 } l_2 \text{ 轴}$$
$$u_4 - u_6 \neq 0 \Longleftrightarrow A_3A_4 \text{ 不平行于 } l_2 \text{ 轴}$$
$$u_3 - u_5 \neq 0 \Longleftrightarrow A_2A_3 \text{ 不平行于 } l_1 \text{ 轴}$$
$$\alpha \equiv u_3x_1 - (u_1 - u_2)x_2 \neq 0 \Longleftrightarrow QR \text{ 不平行于 } A_1A_2$$
$$x_5 - u_6 \neq 0 \Longleftrightarrow PA_4 \text{ 不平行于 } l_2 \text{ 轴}$$
$$\beta \equiv (u_1 - u_6)(u_3 - x_7) + u_2u_7 \neq 0 \Longleftrightarrow A_1A_4 \text{不平行} A_2A_5$$

各项非退化条件还有更简单的几何说明. 例如第三个非退化条件, 由于 A_3A_4 必须与 l_2 轴有公共点 Q', 所以 A_3A_4 不平行于 l_2 轴意指二者不相重合, 或 A_3, A_4,

A_5, A_6 不在同一直线上. 显然这些退化时的情形都缺少几何趣味而不值得进一步考虑.

在所有非退化条件都满足的情形下, 可将 $x_i = R_i(u)$ 诸式代入终结的 g 式, 经过反复的运算, 易知

$$g = x_3x_8 + x_4x_9 - x_3x_4 = R_3R_8 + R_4R_9 - R_3R_4=0$$

因之定理成立.

[例 5]　定理同前.

若仍取 A_6 为原点 O, A_6A_1 与 A_5A_6 为坐标轴 l_1, l_2, 取诸点的坐标为

$$\begin{array}{ll} A_1 = (u_1, 0) & A_2 = (u_2, u_3) \\ A_3 = (u_4, u_5) & A_5 = (0, u_6) \\ A_4 = (u_7, x_1) & Q = (0, x_2) \\ R = (x_3, 0) & R' = (x_4, 0) \\ P = (x_5, x_6) & Q' = (0, x_7) \\ P' = (x_8, x_9) & \end{array}$$

则假设部分将为

$$\begin{aligned} &A_4, A_5, P \text{ 共线} \Longleftrightarrow (x_1 - u_6)x_5 - u_7(x_6 - u_6)=0 \\ &P, Q, R \text{ 共线} \Longleftrightarrow x_2x_5 + x_3x_6 - x_2x_3=0 \\ &A_3, A_4, R \text{ 共线} \Longleftrightarrow (x_1 - u_5)x_3 - u_4x_1 + u_5u_7=0 \\ &A_1, A_2, P \text{ 共线} \Longleftrightarrow u_3x_5 + (u_1 - u_2)x_6 - u_1u_3=0 \\ &A_2, A_3, Q \text{ 共线} \Longleftrightarrow (u_2 - u_4)x_2 - u_2u_5 + u_3u_4=0 \end{aligned}$$

等等. 如果经过消去以逐个引入诸 x 时, 将得关系式 (在某些非退化条件成立的限制下)

$$Ax_1^2 + Bx_1 + C = 0$$

等等, 其中 A, B, C 为 $u_1, \cdots, u_7$ 的多项式. 在非退化条件 $A \neq 0$ 的情形下, 所得为 x_1 的二次方程, 故不能用以前诸例的方法来证明同一定理.

本例与前例的区别在于: 在例 4 中, 定理已事先转化成为构造型的交点定理形式, 而本例则否. 换言之, 在例 4 中, 图形中的各点依以下次序构造性地逐步引进:

先任取一点 A_6 作为原点 O.

过 O 任作两直线 l_1, l_2 取为坐标轴.

在 l_1 上任取一点 $A_1=(u_1, 0)$.

过 A_1 任作一直线并在上任取一点 $A_2=(u_2, u_3)$.

过 A_2 任作一直线并在上任取一点 $A_3=(u_4, u_5)$.

过 A_3 任作一直线并在上任取一点 $A_4=(u_6, u_7)$.

设 A_3A_4 与 l_1 相交, 交点为 $R=(x_1, 0)$.

设 A_2A_3 与 l_2 相交, 交点为 $Q=(0, x_2)$.

设 A_3A_4 与 l_2 相交, 交点为 $Q'=(0, x_3)$.

设 A_2A_3 与 l_1 相交, 交点为 $R'=(x_4, 0)$.

作连线 QR, 并设与 A_1A_2 相交, 交点为 $P=(x_5, x_6)$.

作连线 PA_4 并设与 l_2 相交, 交点为 $A_5=(0, x_7)$.

作连线 A_1A_4 与 A_2A_5 并设二者相交, 交点为 $P'=(x_8, x_9)$.

结论是 P', Q', R' 在一直线上.

显然, 这样的叙述与原来的定理一致, 但已变成构造型的.

3.5　Hilbert 机械化定理的证明

本节将给出本章第 3 节中所说 Hilbert 机械化定理的证明. 这一机械化定理的内容是针对 Pascal 几何中某一类交点定理而说的. Pascal 几何的附属数域将用 **N** 来表示. 机械化定理的证明在于给出这一类交点定理的机械化证法. 像上节例 5 所指出的那样, 将局限这类交点定理于已经转化成构造型的那一类. 这种交点定理的特征是: 定理叙述中的那些点与直线是依照一个确定的步骤逐一引进或作出的. 而且每一次的引进或作法, 都是通过取任意点, 作任意线, 命两直线相交以及作平行线等一类方法得来的.

以下说明证明这一类构造型交点定理的机械步骤.

先任意选定一坐标系, 于是定理中的点与直线都用坐标的数偶与线性方程来表示. 数偶中的数以及方程的系数自然都属于几何的附属数域 **N**, 以后不再说明.

我们将避免使用直线方程, 而全部用点坐标的数偶来表示. 此外, 由于点与直线有些是任意选取的, 有些是依据作法确定地给出的, 因而在点的坐标表示中, 有些坐标是任意的, 我们将用 u_i 来表示, 这里视 u_i 为参数, 另一些坐标是依确定的方式根据几何条件来决定的, 我们将用 x_j 来表示. 在不必指明是哪一类坐标时, 则用 α_k 来表示.

在所考虑的交点定理中牵涉到下面的一些作法:

1. 任意给定或选取一点.

这一点将用 (u_i, u_j) 来表示.

2. 任意给定或选取一直线.

我们可以任意给定或选取两点 (u_i, u_j) 与 (u_k, u_l), 直线即由这两点所定.

3. 过一点 (α_i, α_j) 任作一直线.

我们可代之以任取一点 (u_k, u_l), 这直线即由 (α_i, α_j) 与 (u_k, u_l) 所定.

4. 作已知两点的连线.

由于直线都已由两点来代替，这一作法可不再考虑.

5. 在已作直线上任取一点.

设这一直线由已作两点 (α_i, α_j), (α_k, α_l) 所定, 则任取的一点可取为 (u_r, x_s) 或 (x_s, u_r), 满足下面的方程.

$$\begin{vmatrix} u_r & x_s & 1 \\ \alpha_i & \alpha_j & 1 \\ \alpha_k & \alpha_l & 1 \end{vmatrix} = 0 \text{ 或 } \begin{vmatrix} x_s & u_r & 1 \\ \alpha_i & \alpha_j & 1 \\ \alpha_k & \alpha_l & 1 \end{vmatrix} = 0$$

6. 任作一已作直线的平行线.

由于这一直线如前所示已由某两点 (α_i, α_j), (α_k, α_l) 所定, 所作平行线可代之以如下两点. 先任取一点 (u_m, u_n), 再任取一点 (u_r, x_s) 或 (x_s, u_r), 使其与 (u_m, u_n) 的连线与已作直线平行, 即 x_s 满足方程

$$(\alpha_k - \alpha_i)(x_s - u_n) - (\alpha_l - \alpha_j)(u_r, -u_m) = 0$$

或

$$(\alpha_l - \alpha_j)(x_s - u_m) - (\alpha_k - \alpha_i)(u_r - u_n) = 0$$

7. 过一已作点 (α_m, α_n) 作一已作直线的平行线.

设已作直线由两已作点 (α_i, α_j) 与 (α_k, α_l) 所定, 我们可把所作平行线代之以一点 (u_r, x_s) 或 (x_s, u_r) 与 (α_m, α_n) 的连线, 使其与已作直线平行, 即满足方程

$$(\alpha_k - \alpha_i)(x_s - \alpha_n) - (\alpha_l - \alpha_j)(u_r - \alpha_m) = 0$$

或

$$(\alpha_l - \alpha_j)(x_s - \alpha_m) - (\alpha_k - \alpha_i)(u_r - \alpha_n) = 0$$

8. 作两已作相交直线的交点.

设两已作直线各由点 (α_i, α_j), (α_k, α_l) 与 (α_p, α_q), (α_r, α_s) 所确定. 所作交点可取为 (x_g, x_h), 满足方程组

$$(\alpha_j - \alpha_l)x_g - (\alpha_i - \alpha_k)x_h + \alpha_i\alpha_l - \alpha_i\alpha_k = 0$$
$$(\alpha_q - \alpha_s)x_g - (\alpha_p - \alpha_r)x_h + \alpha_p\alpha_s - \alpha_q\alpha_r = 0$$

记方程组的系数行列式为

$$D = \begin{vmatrix} \alpha_j - \alpha_l, \alpha_k - \alpha_i \\ \alpha_q - \alpha_s, \alpha_r - \alpha_p \end{vmatrix}$$

今引入非退化条件

$$D \neq 0$$

在这一非退化条件下, 原方程组将等价于下面二方程

$$Dx_g + (\alpha_r - \alpha_p)(\alpha_i\alpha_l - \alpha_i\alpha_k) - (\alpha_k - \alpha_i)(\alpha_p\alpha_s - \alpha_q\alpha_r) = 0$$

$$-Dx_h + (\alpha_q - \alpha_s)(\alpha_i\alpha_l - \alpha_j\alpha_k) - (\alpha_j - \alpha_l)(\alpha_p\alpha_s - \alpha_q a_r) = 0$$

在 D=0 时, 或则原方程组矛盾, 因而定理不成立; 或则 x_g, x_h 之一或二者取任意值而视为参数 u, 另一 x 则由原方程组之一来确定.

9. 过一已作点 (α_m, α_n) 作一已作直线的平行线并与另一已作直线相交以作交点.

设两已作直线各由点 (α_i, α_j), (α_k, α_l) 与 (α_p, α_q), (α_r, α_s) 所定. 命所作点为 (x_g, x_h), 则 x_g, x_h 将满足下面的方程组

$$(\alpha_k - \alpha_i)(x_h - \alpha_n) - (\alpha_l - \alpha_j)(x_g - \alpha_m) = 0$$

$$(\alpha_q - \alpha_s)x_g - (\alpha_p - \alpha_r)x_h + \alpha_p\alpha_s - \alpha_q\alpha_r = 0$$

同前引入非退化条件

$$D \neq 0$$

则原方程组等价于下面形式的二方程:

$$Dx_g + \cdots = 0$$

$$Dx_h + \cdots = 0$$

在 D=0 时, 或则原方程矛盾而定理不成立, 或则可将 x_g, x_h 之一或二者取为参数而将另一 x 由原方程组之一来确定.

10. 过两已作点各作两已作直线的平行线, 命其相交以作交点.

这与 8, 9 相似.

由于我们只考虑构造型交点定理, 定理中的点与直线将依一定次序逐个出现, 因而可以把各点坐标 (直线由其上的两点来代替, 见前) 依据点与直线出现的次序排成一定次序:

$$u \prec u_2 \prec \cdots \prec u_m$$

$$x_1 \prec x_2 \prec \cdots \prec x_n$$

当一点系依前面 8, 9 或 10 的方式所引进时, 其坐标可取为两相继的 x, 即把点取作 (x_g, x_{g+1}).

今依前面 1—10 可将诸 x_i 所需满足的方程以及相伴的非退化条件逐步引入如下.

先考虑定理叙述中构造步骤的第一步, 并设已引进若干参数 u_i, 此时可视作法属于 1—4, 5—7 或 8—10 而分成三种情形.

若作法属于 1—4, 应引入新的 u_i.

若作法属于 5—7, 则将得一如下形状的方程:

$$A_1x_1 + B_1 = 0$$

其中 A_1, B_1 都是诸已引入参数 $u_1, \cdots, u_m$ 的多项式, 以 **N** 中的数为系数. 用通常使用的记号, 即

$$A_1, B_1 \in \mathbf{N}[u_1, \cdots, u_m]$$

在 A_1 恒等于 0 而 B_1 不恒等于 0 时, 即引入非退化条件

$$B_1 \neq 0$$

此时工作停止, 并指出在上述非退化条件下定理假设有矛盾. 在 A_1, B_1 都恒等于 0 时, 可引入一新参数 u_{m+1}, 并置

$$x_1 = u_{m+1}$$

在 A_1 不恒等于 0 时, 即引入非退化条件

$$A_1 \neq 0$$

并解出 x_1,

$$x_1 = -\frac{B_1}{A_1}$$

若作法属于 8 − 10, 则将得如下两个方程:

$$A_{11}x_1 + A_{12}x_2 + B_1 = 0$$
$$A_{21}x_1 + A_{22}x_2 + B_2 = 0$$

其中 A_{11}, A_{12}, A_{21}, A_{22}, B_1, B_2 都 $\in \mathbf{N}[u_1, \cdots, u_m]$.

考虑系数多项式

$$P = \begin{vmatrix} A_{11} & A_{12} \\ A_{21} & A_{22} \end{vmatrix} \qquad Q_1 = \begin{vmatrix} A_{12} & B_1 \\ A_{22} & B_2 \end{vmatrix} \qquad Q_2 = \begin{vmatrix} B_1 & A_{11} \\ B_2 & A_{21} \end{vmatrix}$$

在 P_1 不恒等于 0, 即

$$秩 \begin{bmatrix} A_{11} & A_{12} \\ A_{21} & A_{22} \end{bmatrix} = 2$$

时, 可引入非退化条件

$$P \neq 0$$

并解出 x_1, x_2,

$$x_1 = -\frac{Q_1}{P} \qquad x_2 = -\frac{Q_2}{P}$$

在 P 恒等于 0, 而 $A_{11}, \cdots, A_{22}$ 不全恒等于 0, 即

$$秩 \begin{bmatrix} A_{11} & A_{12} \\ A_{21} & A_{22} \end{bmatrix} = 1$$

时, 有两不全为 0 的多项式 a_1, $a_2 \in \mathbf{N}[u_1, \cdots, u_m]$, 使

$$a_1A_{11} + a_2A_{21} \equiv 0$$
$$a_1A_{12} + a_2A_{22} \equiv 0$$

这时从原方程组得

$$a_1B_1 + a_2B_2 = 0$$

此时若 $a_1B_1 + a_2B_2$ 不恒等于 0, 则引入非退化条件

$$a_1B_1 + a_2B_2 \neq 0$$

并指出在这一非退化条件下定理的假设有矛盾而工作停止.

在 P 与 $a_1B_1 + a_2B_2$ 都恒等于 0 而 $A_{11}, \cdots, A_{22}$ 不全恒等于 0, 例如 A_{11} 不恒等于 0 时, 可引入新参数 u_{m+1} 与非退化条件

$$A_{11} \neq 0$$

并解出 x_1, x_2,

$$x_1 = -\frac{A_{12}u_{m+1} + B_1}{A_{11}} \qquad x_2 = u_{m+1}$$

在 $A_{11}, \cdots, A_{22}$ 都恒等于 0 而 B_1, B_2 不全恒等于 0 时, 可引入非退化条件

$$B_1 \neq 0 \quad 或/与 \quad B_2 \neq 0$$

并指出在这些非退化条件下定理假设有矛盾而工作停止.

最后在 $A_{11}, \cdots, A_{22}$, B_1, B_2 都恒等于 0 时, 即引入新参数 u_{m+1}, u_{m+2}, 并置

$$x_1 = u_{m+1} \qquad x_2 = u_{m+2}$$

在不出现定理假设有矛盾而工作停止的情况下, 将依照定理叙述中的构造性步骤进行第二步.

今假定依照定理叙述中的构造性步骤已进行至某一步但非末一步, 此时已引进若干新参数

$$u_{m+1}, \cdots, u_{m+s}$$

并获得若干非退化条件

$$D_1 \neq 0, \cdots, D_j \neq 0$$

以及已解出若干 $x_1, \cdots, x_i$,

$$x_1 = Q_1/P_1, \cdots, x_i = Q_i/P_i$$

其中诸多项式

$$D_1, \cdots, D_j, P_1, \cdots, P_i, Q_1, \cdots, Q_i \in \mathbf{N}[u_1, \cdots, u_m, u_{m+1}, \cdots, u_{m+s}]$$

且诸多项式 $P_1, \cdots, P_i$ 都是 $D_1, \cdots, D_j$, 的幂积(即非负乘幂的乘积).

假定这时并未出现定理假设有矛盾而需停止进行的情况, 则进行下一步, 这时视做法属于 $1-4, 5-7$ 或 $8-10$, 或引入若干种参数, 或得一方程

$$A_{i+1}x_{i+1} + B_{i+1} = 0$$

或得两个方程

$$A_{i+1,\,1}x_{i+1} + A_{i+1,\,2}x_{i+2} + B_{i+1} = 0$$

$$A_{i+2,\,1}x_{i+1} + A_{i+2,\,2}x_{i+2} + B_{i+2} = 0$$

其中诸 A, B 都是系数在 $\mathbf{N}$ 中的 $u_1, \cdots, u_{m+s}$, $x_1, \cdots, x_i$ 的多项式.

今将前所得 x_1, $\cdots$, x_i 的有理式代入这些方程, 则在非退化情形 $D_1 \neq 0$, $\cdots$, $D_j \neq 0$ 下有 $P_1 \neq 0, \cdots, P_i \neq 0$, 因而通分后得方程

$$A^*_{i+1}x_{i+1} + B^*_{i+1} = 0$$

或方程组

$$A^*_{i+1,1}x_{i+1}+A^*_{i+1,2}x_{i+2}+B^*_{i+1}=0$$

$$A^*_{i+2,1}x_{i+1}+A^*_{i+2,2}x_{i+2}+B^*_{i+2}=0$$

其中诸 A^*, B^* 都是系数在 $\mathbf{N}$ 中的 $u_1,\cdots,u_{m+s}$, 的多项式.

与以前同样处理可知, 或在引入某些新的非退化条件

$$D_{j+1}\neq 0(\text{或 } D_{j+1}\neq 0, D_{j+2}\neq 0)$$

下定理假设有矛盾而停止工作, 或可引入若干新参数 u_{m+s+1} (或 u_{m+s+1}, u_{m+s+2}) 以及若干新的非退化条件如上, 并解出 x_{i+1}(或 x_{i+1}, x_{i+2}) 得

$$x_{i+1}=Q_{i+1}/P_{i+1}(\text{或 } x_{i+1}=Q_{i+1}/P_{i+1},\ x_{i+2}=Q_{i+2}/P_{i+2})$$

其中诸 D_{j+1}(或 D_{j+1}, D_{j+2}) 以及 P_{i+1}, Q_{i+1}(或 P_{i+1}, P_{i+2}, Q_{i+1}, Q_{i+2}) 都是 $u_1,\cdots,u_{m+s}$ 以及可能引入的新参数 u_{m+s+1} (或 u_{m+s+1}, u_{m+s+2}) 的多项式, 且 P_{i+1}(或 P_{i+1}, P_{i+2}) 都是 $D_1,\cdots,D_j$ 以及可能引入的新多项式 D_{j+1}(或 D_{j+1}, D_{j+2}) 的幂积.

如果还未达到最后一步, 则可再继续进行下一步的构造性步骤. 如此继续进行, 最后必得下述两种情形之一：

第一情形：除去定理叙述中已规定的那些参数 $u_1,\cdots,u_m$ 外, 又引入若干新参数 $u_{m+1},\cdots,u_{m+t}$, 每一新参数都是某一坐标 x, 即

$$x_{im+1}=u_{m+1},\cdots,x_{i_{m+t}}=u_{m+t}$$

此外又获得若干非退化条件

$$D_1\neq 0,\cdots,D_r\neq 0$$

其中诸 D 都是新旧参数, 即 $u_1,\cdots,u_m$ 与 $x_{i_{m+t}},\cdots,x_{i_{m+t}}$ 的多项式. 在这些非退化条件下, 定理假设有矛盾而工作停止.

第二种情形：引入若干新参数 $u_1,\cdots,u_{m+l}$ 与若干非退化条件如上, 又在这些非退化条件下可解出诸 x,

$$x_1=\frac{Q_1}{P_1}\cdots x_n=\frac{Q_n}{P_n}$$

其中诸 P, Q 都是新旧参数 $u_1,\cdots,u_{m+t}$ 的多项式, 且诸 P 都是 $D_1,\cdots,D_r$ 的幂积.

原来交点定理的终结部分可表为若干个方程

$$S_k(u_1,\cdots,u_m,x_1,\cdots,x_n)=0$$

其中,

$$S_k\in\mathbf{N}[u_1,\cdots,u_m,\ x_1,\cdots,x_n]$$

今设处于第二种情形, 则可在非退化条件

$$D_1\neq 0,\cdots,D_r\neq 0$$

成立的假定下, 将所解出的

$$x_1 = Q_1/P_1 \cdots x_n = Q_n/P_n$$

代入 S_k, 得

$$S_k = S_k\left(u_1, \cdots, u_m, \frac{Q_1}{P_1}, \cdots, \frac{Q_n}{P_n}\right) = \frac{R'_k}{R''_k}$$

其中 R'_k, R''_k 都是诸新旧参数 $u_1, \cdots, u_{m+t}$ 的多项式, 且 R''_k 是诸 P, 因而是诸 D 的幂积, 而在非退化条件下不为 0. 显然, 经过虽极繁复但极容易的机械运算可判知 R'_k 是否恒等于 0, 因而可判断在非退化条件 $D_1 \neq 0, \cdots, D_r \neq 0$ 满足的假定下, 定理是否成立.

由上可作出下面的结论:

对于任何构造型的交点定理, 恒可选取坐标 $u_1, \cdots, u_m$, $x_1, \cdots, x_n$, 通过确定的机械步骤, 使在有限步之后, 能在 x 坐标中挑出一部分作为新参数, 得出一组新旧坐标间的多项式 $D_1, \cdots, D_r$, 并能判断在非退化条件

$$D_1 \neq 0 \cdots D_r \neq 0$$

满足的假定下, 恰有下列情形之一成立:

1. 定理的假设本身有矛盾.

2. 定理成立.

3. 定理不成立.

在定理成立的情形下, 上述的机械步骤即构成了所考虑交点定理的一个机械化证明以及相应的非退化限制条件.

至此, Hilbert 的机械化定理已完全证明.

第 4 章　(常用) 无序几何的机械化定理

4.1　概　　述

这章是本书最主要的一章，目的在于证明如果一种几何的附属数系是一个数域，即乘法是可交换的，则假设与终结部分都可由多项式等式关系来表达的那类定理的证明可以机械化，这一类定理称为*等式型定理*. 事实上，它包括了几何中最主要的大部分定理. 虽然排除了带有次序关系因而代数上牵涉到多项式不等式关系的那类定理，但后者一般只在中学范围的欧几里得平面几何中多有出现，此外并不多见. 在现代的几何，例如代数几何中，附属数域往往是复数域或特征为 0 的任意数域，因此根本不出现次序关系. 所以，把机械化证明的范围局限于只用等式关系就可表达的那部分等式型定理，并不是什么重要的限制，而是比较符合几何发展现状的.

依据第 3.2 和 3.3 节，等式型定理证明的机械化问题可归结为如下纯代数形式的机械化问题.

机械化问题 (代数形式).

设数域 $\mathbf{K}$ 与变量

$$x_1, \cdots, x_n$$

的若干 $\mathbf{K}$ 中的多项式

$$f : (x_1, \cdots, x_n) \in \mathbf{K}[x_1, \cdots, x_n] \qquad i \in I$$

以及另一多项式

$$g(x_1, \cdots, x_n) \in \mathbf{K}[x_1, \cdots, x_n]$$

求一机械化方法，使在有限步内能得出有限多个*非退化条件*：

$$D_j(x_1, \cdots, x_n) \in \mathbf{K}[x_1, \cdots, x_n] \qquad j \in J$$

并判定对 $\mathbf{K}$ 的某一扩域 $\overline{\mathbf{K}}$，下面的结论是否成立：

1. 对任意 $a_1, \cdots, a_n \in \overline{\mathbf{K}}$，*只需*

$$f_i(a_1, \cdots, a_n) = 0 \qquad i \in I$$

$$D_j(a_1, \cdots, a_n) \neq 0 \qquad j \in J$$

即有

$$g(a_1, \cdots, a_n)-0$$

在 (1) 成立时，我们将称等式

$$g(x_1, \cdots, x_n)=0$$

在非退化条件

$$D_j(x_1,\cdots,x_n)\neq 0 \qquad j\in J$$

下, 可从等式

$$f_i(x_1,\cdots,x_n)=0 \qquad i\in J$$

推出. 又上述非退化条件 D_j, 不能是任意的, 它必须符合下面的要求, 即任一

$$D_j(x_1,\cdots,x_n)=0$$

不能从

$$f_i(x_1,\cdots,x_n)=0 \qquad i\in I$$

推出. 换言之, 即对每一 $j\in J$, 至少有一组

$$a_1,\cdots,a_n\in\overline{\mathbf{K}}$$

使

$$f_i(a_1,\cdots,a_n)=0 \qquad i\in I$$

但

$$D_j(a_1,\cdots,a_n)\neq 0$$

参阅第 3.3 节关于附加条件的说明.

在叙述 (1) 中, 若 $\overline{\mathbf{K}}$ 是原来几何的附属数域 $\overline{\mathbf{K}}$, 则每一组数 $a_1,\cdots,a_n\in\overline{\mathbf{K}}$ 相当于原来定理中满足假设条件的一个几何图像, 而 $g(a_1,\cdots,a_n)=0$ 相当于说定理的终结对这一几何图像成立. 因此上面代数形式机械化问题的解决, 在 $\overline{\mathbf{K}}=\mathbf{K}$ 时将给出相应几何定理证明可以机械化的结论, 即相应几何的机械化定理成立.

以下几节将致力于解决上述代数形式机械化问题. 但在我们的解答中, (1) 中的 $\overline{\mathbf{K}}$ 并不是原来几何的附属数域 $\mathbf{K}$, 而是附属数域 $\mathbf{K}$ 的一个代数闭的扩域. 就机械化证明在几何上的目的来说, 这已经足够了. 理由是, 如果 (1) 对于扩域 $\overline{\mathbf{K}}$ 成立, 则对于原来的数域 $\mathbf{K}$ 也成立, 因而相应的几何定理成立. 如果 (1) 对于扩域 $\overline{\mathbf{K}}$ 不成立, 虽然不能由此得出 (1) 对于 $\mathbf{K}$ 也不成立, 因而也不能得出相应几何定理不成立的结论, 但至少指出了这一几何定理成立的可能性不大, 或至少在几何图像范围稍加扩充 (例如由实的图像扩充为复的图像时) 时不能成立. 如果我们应用代数几何的语言并应用一条代数几何中关于代数簇维数不因基本数域而异这一条定理, 则至少对常用几何来说, 不会出现上面的情形. 不论如何, 由于我们希望的是得出正面的几何定理的证明, 而不在于其反面的结果, 因此对于 $\overline{\mathbf{K}}$ 是否与 $\mathbf{K}$ 相同这一点无关紧要. 为此我们将把上章 3.3 节关于几何定理机械化证法以及定理证明可以机械化的定义扩充到可以包括上面那种情形. 详言之, 当 $\overline{\mathbf{K}}$ 取为相应几何附属数域 $\mathbf{K}$ 的某一扩域而上述代数形式的机械化问题有解答时, 仍称相应几何的定理证明可以机械化. 当所考虑的定理确实成立时, 所用代数的机械化过程也就给出了这一几何定理的机械化证明. 在这些较广义的概念下, 这章将给出代数形式机械化问题的解答, 并由此导出下面的定理:

机械化定理　第 2 章中常用几何的各种无序关属几何, 如无序 Pascal 几何、无

序垂直几何、无序度量几何等 (其中交线 Paseal 公理成立), 其几何定理都有机械化证法.

上述代数问题实际上是一个代数几何的问题, 其解答依赖于代数几何这一门较现代的科学. 但是, 现代的代数几何基本上已发展为一种纯粹是*存在性*的理论. 由于我们需要的解答是一种机械化的方法, 因此我们需要的是一种*构造性*的理论, 纯粹存在性的理论是不足以提供必要的机械化方法的. 所幸的是, R. F. Ritt[1, 2] 早已发展了这种*构造性*的代数几何, 恰好可以满足我们的需要. 由于 Ritt 的著作一般很少为人所知, 而且他的论证是分析性质的, 超出了纯代数的范围, 因此在本章中将重新对 Ritt 的理论与方法改写成符合我们要求的形式. 除此之外, Ritt 的代数几何构造性理论本身也有值得重视之处. 例如代数簇的维数概念是代数几何中最基本、最直观的原始概念之一, 代数簇与一超平面交截的维数定理也是代数几何中最基本、最直观的定理之一. 但在流行的代数几何著作中, 不论是概念的引入还是定理的证明都不简单, 都要用到一些艰深的方法, 而且都是存在性的. 相反, Ritt 的理论不仅给出了初等而直接的证明, 而且还给出了确定维数的构造性方法 (参见 4.6 节).

4.2　多项式的因子分解

设 $\mathbf{K}$ 是一个固定的数域, 我们将局限于 $\mathbf{K}$ 的特征为 0 的情形, 以后不再明言. 像通常那样, 以 $\mathbf{K}$ 中的数为系数, 变量为 $x_1, x_2, \cdots, x_n$ 的多项式全体所成的环记为 $\mathbf{K}[x_1, x_2, \cdots, x_n]$. 同样, 若系数在某一环 $\mathbf{A}$ 中, 则相应的多项式环记为 $\mathbf{A}[x_1, x_2, \cdots, x_n]$.

设 $\overline{\mathbf{K}}$ 是包含 $\mathbf{K}$ 的任一数域, 称为 $\mathbf{K}$ 的一个*扩域*. 对在 $\overline{\mathbf{K}}$ 中但不在 $\mathbf{K}$ 中的 θ, 试考虑数列

$$1, \theta, \theta^2, \cdots, \theta^m, \cdots$$

记 $\mathbf{K}(\theta)$ 为 $\overline{\mathbf{K}}$ 中所有商 $f(\theta)/g(\theta)$ 的全体, 其中 f, g 都是以 $\mathbf{K}$ 中数为系数的 θ 的多项式, 而 $g(\theta)$ 在 $\overline{\mathbf{K}}$ 中不等于 0. 在 $\overline{\mathbf{K}}$ 的运算之下, $\mathbf{K}(\theta)$ 成一包含 $\mathbf{K}$ 的数域, 称为 $\mathbf{K}$ *添加* θ 所得的*简单扩域*. 可以有下面两种情形.

第一种情形 1：由 θ 乘幂所成的数列, 任意有限多个都对 $\mathbf{K}$ 线性无关, 这时称 θ 对 $\mathbf{K}$ 而言是*超越*的数, $\mathbf{K}(\theta)$ 为 $\mathbf{K}$ 添加 θ 所得的*超越扩域*.

第二种情形 2：数列中有有限多个对 $\mathbf{K}$ 线性相关. 命 m 为使 $1, \theta, \cdots, \theta^m$ 对 $\mathbf{K}$ 线性相关的最小整数, 则有 $\mathbf{K}$ 中不全为 0 的数 $a_0, a_1, \cdots, a_m$, 使

$$a_0 + a_1\theta + \cdots + a_m\theta^m = 0$$

但对 $\mathbf{K}$ 中任意不全为 0 的 $n < m$ 个数 $b_0, b_1, \cdots, b_n$ 都有

$$b_0 + b_1\theta + \cdots + b_m\theta^m \neq 0 \qquad n < m$$

因而特别有 $a_m \neq 0$. 这时称 θ 是对 $\mathbf{K}$ 代数的数, $\mathbf{K}(\theta)$ 是 $\mathbf{K}$ 添加θ后所得的代数扩域, m 为 θ 或 $\mathbf{K}(\theta)$ 对 $\mathbf{K}$ 的次数.

在第二种情形中记多项式 $a_0 + a_1 x + \cdots + a_m x^m$ 为

$$P_\theta(x) = a_0 + a_1 x + \cdots + a_m x^m \in \mathbf{K}[x]$$

则 $P_\theta(x)$. 显然在$\mathbf{K}[x]$ 中不可约, 即不能分解成 $\mathbf{K}[x]$ 中两个次数大于等于 $1(\geqslant 1)$ 的多项式的乘积, 特别应有 $a_0 \neq 0$. 显然, $P_\theta\ (x)$ 只能唯一确定至 $\mathbf{K}$ 中的一个非 0 因子. 我们将称任一这样的多项式 $P_\theta\ (x)$ 为 θ 的一个*添加多项式*. 它的特征是 $P_\theta\ (x)$ 在 $\mathbf{K}[x]$ 中不可约, 且

$$P_\theta\ (\theta)=0$$

即 θ 是 $P_\theta\ (\theta)=0$ 在 $\mathbf{K}$ 的某一扩域中的一个解.

设 $f(\theta)\ /\ g(\theta)$ 是 $\mathbf{K}\ (\theta)$ 中的任意一数, 此处 $f(x), g(x) \in \mathbf{K}[x]$, 且 $g(\theta) \neq 0$. 因 $P_\theta\ (x)$ 在 $\mathbf{K}\ [x]$ 中不可约, 故 $g(x)$ 与 $P_\theta(x)$ 不能有公共因子. 依多项式的除法算法应有多项式 $\varphi(x), \psi(x), Q(x), R(x) \in \mathbf{K}[x]$, 使

$$\varphi(x)g(x)+\ \psi(x)P_\theta\ (x)=1$$

$$f(x)\varphi(x) = Q(x)P_\theta\ (x) + R(x)$$

其中 $\varphi(x)$, $R(x)$ 对 x 的次数各小于 $P_\theta\ (x)$ 中 x 的次数, 即 θ 对 $\mathbf{K}$ 的次数 m, 而 $\psi(x)$ 中 x 的次数小于 $g(x)$ 中 x 的次数. 由于 $P_\theta(\theta)=0$, 故

$$\frac{f(\theta)}{g(\theta)} = f(\theta)\varphi(\theta) = R(\theta)$$

因而 $\mathbf{K}(\theta)$ 中任意一数可表为 θ 的一个次数小于等于 $(\leqslant)m-1$ 的多项式, 且这样的表示方法显然是唯一的, 并可通过代数运算构造性地求得.

今设数域 $\mathbf{K}$ 是一个有么元素的整环 $\mathbf{A}$ 的商域. 则不论 $\mathbf{K}(\theta)$ 是超越扩域还是代数扩域, 以 $\mathbf{A}$ 为系数 θ 的多项式全体所成 $\mathbf{A}[\theta]$ 也成一有么元素的整环, 且 $\mathbf{K}\ (\theta)$ 是 $\mathbf{A}\ [\theta]$ 的商域. 依据 Gauss 定理, 一个 $\mathbf{A}[x]$ 中的多项式, 若能在 $\mathbf{K}\ [x]$ 中分解因子, 则在 $\mathbf{A}[x]$ 中即已能分解因子, 又若 $\mathbf{A}$ 有因子分解的唯一性性质 (即所谓 UFD性质), 则 $\mathbf{A}[x]$ 也有因子分解的唯一性性质. 以下所考虑的整环就将假定具有这些性质, 不再作说明. 一个最简单的具体实例即 $\mathbf{A}$ 是整数环.

本节所讨论的主要问题是:

设已知如何将 $\mathbf{A}$ 中的数分解成不可约因子, 问若 z 是一变量时,

1. 如何将 $\mathbf{A}[z]$ 中的多项式分解成不可约因子.

2. 如何将 $\mathbf{A}[\theta][z]= \mathbf{A}[\theta, z]$ 中任一多项式分解成不可约因子. 这里 $\mathbf{K}(\theta)$ 是 $\mathbf{A}$ 的商域 $\mathbf{K}$ 添加 θ 的简单扩域.

在大多数代数学著作中, 往往满足于这两问题解答的存在性与可能性, 而没有涉及构造性的具体作法. 这对于机械化的要求是根本不够的. 在 Van der Waerden,

Moderne Algebra 1930 年的第一版中, 曾经有两整段 (§23 与 §37) 致力于在有限步内解决上述两个问题的机械方法, 但在以后的几版中, 相当于 §23 的内容虽然还保存着, 但相当于 §37 的内容则完全删去了. 由于这些内容对于几何证明的机械化方法颇为重要而在流行书籍中又不易见到, 下面将作较详细的介绍.

由于我们局限于 **K** 的特征为 0 的情形, 因此以 **K** 为商域的整环 **A** 必须含有无限多个元素. 如以 e 表 **A** 的么元素, 则 ne(n 为整数) 即是这样一组无限多个元素. 事实上, 如果 **A** 只有有限多个元素, 则对子任一 $\mathbf{A}[z]$ 或 $\mathbf{A}[\theta][z]$ 中的多项式 $f(z)$, 仅有有限多个多项式有可能成为, $f(z)$ 的因子. 将这有限多个多项式逐一试除 $f(z)$, 即可在有限步后判定, $f(z)$ 是否不可约, 并在可约的情形下分解成不可约因子. 因此对于 **A** 有限的情形, 解决上述两个问题是容易的.

下面我们只考虑 **A** 无限而商域 **K** 的特征为 0 的情形, 这时问题 2 可按 θ 对 **A** 是超越的还是代数的而分成两种情形. 对于前一种情形, 可改写 θ 为另一变量 y, 而问题 2 变为将 $\mathbf{A}[y, z]$ 中两个变量的多项式分解因子. 与问题 1 合在一起, 可提出更一般的问题, 即将任意多个变量 $x_1, \cdots, x_n$ 的 $\mathbf{A}[x_1, \cdots, x_n]$ 中多项式分解因子的问题. 我们可把这些问题的解答归结成下面的两个定理.

定理 1　设 **A** 是一有么元素的整环, 且已知有一机械方法可在有限步内将 **A** 中任意一数唯一地分解成不可约因子 (确定至 **A** 中的可逆因子), 则有一机械方法可在有限步内将 $\mathbf{A}[x_1, x_2, \cdots, x_n]$ 中任一多项式分解成不可约因子 (确定至 **A** 的可逆因子).

定理 2　设 **A** 如定理 1, 而 **K** 是 **A** 的商域, 且 $\mathbf{K}(\theta)$ 是 K 添加 θ 的代数扩域, θ 的添加多项式为

$$P_\theta(y) = a_0y^m + a_1y^{m+1} + \cdots + a_m \in \mathbf{A}[y]$$

这里 $a_i \in A$, $a_0a_m \neq 0$, 且 $a_0, a_1, \cdots, a_m$ 在 **A** 中无不可逆的公共因子, 则有一机械方法可在有限步内将 $\mathbf{A}[\theta][z]$ 中任一多项式分解成不可约因子 (确定至 **A** 中的可逆因子).

定理 1 的证明如下 (**A** 无限).

设所给多项式为

$$f(x_1, \cdots, x_n) \in \mathbf{A}[x_1, \cdots, x_n]$$

取 m 大于 f 中任一 x_i 的次数, 引入新变量 t, 并置

$$x_1 = t \quad x_2 = t^m \cdots x_n = t^{m^{n-1}}$$

则

$$x_1^{k_1} \cdots x_n^{k_n} = t^{k_1+k_2m+\cdots+k_nm^{n-1}}$$

在 $0 \leqslant k_i \leqslant m-1$ 时, 在上式左边每一 x_i 的次数小于 m 的 x 的幂积与右边次数小于 m^n 的 t 乘幂之间建立了一个一一对应关系, 因此也在 $\mathbf{A}[x_1, \cdots, x_m]$ 中每一 x_i

次数都小于 m 的多项式与 $\mathbf{A}[t]$ 中次数小于 m^n 的多项式之间建立了一个一一对应关系. 设 f 对应于 F:

$$f(x_1,\cdots,x_n)=F(t)$$

假设已知 $F(t)$ 如何分解为不可约因子

$$F(t)=F_1(t)\cdots F_s(t)$$

则根据上面的一一对应关系即得相应 f 的不可约因子分解

$$f(x_1,\cdots,x_n)=f_1(x_1,\cdots,x_n)\cdots f_s(x_1,\cdots,x_n)$$

其中 $f_i(x_1,\cdots,x_n)=F_i(t)$. 所以 n 个变量 $x_1,\cdots,x_n$ 多项式的因子分解可归结为一个变量多项式的因子分解.

今考虑一个变量 t 的多项式 $F(t)\in\mathbf{A}[t]$, F 的次数设为 r. 由 Gauss 定理, $F(t)$ 在 $A[t]$ 中的因子分解与 $F(t)$ 在 $\mathbf{K}[t]$ 中的因子分解问题相同. 若 F 能在 $\mathbf{K}[t]$ 因而在 $\mathbf{A}[t]$ 中能分解成次数大于等于 $(\geqslant)1$ 的两个不可约因子: $F(t)=\varphi(t)\cdot\psi(t)$, 其中 $\varphi(t)$ 的次数小于等于 $\psi(t)$ 的次数, 则 $\varphi(t)$ 的次数设为 q 时, 应小于等于 $[r/2]$, 即小于等于 $r\ /\ 2$ 的最大整数. 我们应提供一机械方法使在有限步后或肯定这样的因子不存在, 使得 F 不再能分解因子, 即不可约, 或给出一个因子 $\varphi(t)$ 来. 对于后一种情形应用除法算法可得 $F(t)$ 的另一因子 $\psi(t)$, 于是再应用同一机械方法于 $\varphi(t)$ 与 $\psi(t)$, 最后即可得出 $F(t)$ 的不可约因子分解.

为此依次命 $q=1,2,\cdots,[r/2]$, 并考虑是否有 q 次的多项式可作为 $F(t)$ 的因子. 由于 $\mathbf{A}$ 无限, 故可在 $\mathbf{A}$ 中选取 $q+1$ 个互不相等的元素 a_0, $a_1,\cdots,a_q$, 例如 $a_k=k_e$, e 为 $\mathbf{A}$ 的么元素. 今对任意 $c_i\in\mathbf{A}$ 作多项式

$$\varphi(t)=\sum_{i=0}^{q}c_i\cdot\frac{(t-a_0)\cdots(t-a_{i-1})(t-a_{i+1})\cdots(t-a_q)}{(a_i-a_0)\cdots(a_i-a_{i-1})(a_i-a_{i+1})\cdots(a_i-a_q)}\in\mathbf{K}[t]$$

于是 $\varphi(t)$ 就是使

$$\varphi(a_i)=c_i\qquad i=1,\cdots,q$$

的 q 次多项式. 若 $\varphi(t)$ 是 $F(t)$ 在 $\mathbf{A}[t]$ 中的因子, 则 $\varphi(a_i)=c_i$ 应是 $F(a_i)\in\mathbf{A}$ 的因子. 由假设已知, 可通过 $\mathbf{A}$ 中分解因子的机械方法得知 $F(a_i)$ 的所有可能的因子, 故这样的 c_i 只能有有限多个, 且可通过机械方法求得. 于是有可能作为 $F(t)$ 因子的次数为 q 的多项式的 $\varphi(t)$ 只有有限多个. 将这有限多个多项式逐一试除 $F(t)$ 即可机械地得知 $F(t)$ 是否能分解因子, 并在可能时得出这样的一个因子, 且如前所述即可在有限步后得出 $F(t)$ 的不可约因子分解. 这就证明了定理.

定理 2 的证明要比定理 1 难得多. 我们将依据 Trager 在 [1] 中对 Van der Waerden 在 [1]§37 中证明的改进形式来缮述, 为此先作一些准备如下.

设代数扩域 $\mathbf{K}(\theta)$ 的添加多项式为

$$P_\theta(y)=y^m+a_1y^{m-1}+\cdots+a_m\in\mathbf{K}[y]$$

根据数域的扩张理论, $\mathbf{K}$有一扩域 $\tilde{\mathbf{K}}$, 使 $P_\theta(y)$ 作为 $\tilde{\mathbf{K}}[y]$ 中的多项式可完全分解为线性因子:

$$P_\theta(y) = (y-\theta_1)(y-\theta_2)\cdots(y-\theta_m)$$

其中 $\theta_1=\theta$, 诸 $\theta_2,\cdots,\theta_m$ 则称为 θ 的*共轭元素*, 这里只需知 θ^i 存在而不必具体作出, 真正需要知道的只是 $(-1)^j a_j$ 为诸 θ_i 间的初等对称函数这一事实即可.

今设 $f(\theta, z)$ 是$\mathbf{K}(\theta)[z]$=$\mathbf{K}[\theta, z)$ 中的一个多项式. 则乘积

$$\text{Norm}\, f(\theta, z) = f(\theta_1, z)\cdot f(\theta_2, z)\cdots f(\theta_m, z)$$

称为 f 的*范式*. 在将乘积展开时, 每一 z 的幂次的系数是 $\theta_1,\cdots,\theta_m$ 的对称函数, 因而依据对称函数的基本定理, 它们都是 $a_1,\cdots,a_m$ 的多项式, 且可直接从 f 以及 P_θ 机械地算出, 而不必考虑 θ_i 的真正形式为何.

引理 1 设 $f(\theta, z)$ 在 $\mathbf{K}(\theta)[z]$ 中不可约, 则 Norm f 是 $\mathbf{K}[z]$ 中一个不可约多项式的乘幂.

证 设此引理不成立, 则可设

$$\text{Norm}\, f = g(z)\cdot h(z)$$

其中 g, h 都是 $\mathbf{K}[z]$ 中次数大于等于 1 的多项式, 且 g, h 在 $\mathbf{K}[z]$ 中无公共因子. 由于 $f(\theta, z)$ 不可约, 故必为 g 或 h 在 $\mathbf{K}(\theta)[z]$ 的一个因子. 设 $f[(\theta, z)$ 是 g 的因子, 则 Norm $f(\theta, z)$ 将是 Norm $g = g^m$ 的因子. 故 gh 是 g^m 的因子, 这与 g, h 无公因子的假定相违. 证毕.

引理 2 有一机械方法使对任一 $\mathbf{K}(\theta)[z]$ 中无重因子的多项式 $f(\theta, z)$ 可在有限步内得出一 $\mathbf{K}[z]$ 中无重因子的多项式 $g(z)$, 并使在 $\mathbf{K}(\theta)[z]$ 中, $g(z)$ 以 $f(\theta, z)$ 为一因子.

证 先机械地作出 Norm $f = G(z) \in\mathbf{K}[z]$. 作 $G(z)$ 的形式微分 $G'(z)$, 并用辗转相除法求出 $G(z)$ 与 $G'(z)$ 的最大公约式 $D(z)$, 则 $g(z) = G(z)/D(z)$ 即如所求. 盖设 $f(\theta, z)$ 在 $\mathbf{K}(\theta)[z]$ 中分解成不相同不可约因子的乘积, $f_1(\theta, z)\cdots f_r(\theta, z)$, 则依引理 1 有

$$G(z)=\text{Norm}\, f=\text{Norm}\, f_1\cdots\ \text{Norm}\, f_r=g_1^{s_1}\cdots g_r^{s_r}$$

其中 $g_1,\cdots,g_r$ 是 $\mathbf{K}[z]$ 中的不可约多项式, 且 $s_i>0$. 于是,

$$g(z) = g_{i_1}\cdots g_{i_k} \in \mathbf{K}[z]$$

此处 $g_{i_1},\cdots,g_{i_k}$ 为 $g_1,\cdots,g_r$ 中不相同的那些 g_i. 因每一不可约的 f_i 是 $g_i^{s_i}$ 的因子, 所以也是 g_i 与 $g(z)$ 的因子, 而诸 f_i 彼此不同, 故 f_i 的乘积 f 也是 $g(z)$ 的因子, 且 $g(z)$ 无重因子. 证毕.

引理 3 有一机械方法使对任一在 $\mathbf{K}[z]$ 中无重因子的多项式 $g(z) \in\mathbf{K}[z]$, 在有限步后获得一整数 s, 使 Norm $g(z-s\theta)$ 在 $\mathbf{K}[z]$ 中无重因子.

证 对 $s=1,2,\cdots$ 命 G_s=Norm $g(z-\theta)$. 作 G_s 的形式微分 G'_s, 并应用辗转相除法求 G_s 与 G'_s 的最大公约式 D_s, 则必有一 s 使 D_s 对 z 的次数为 0, 即 G_s 无

重因子而合于所求. 原因是在 $\mathbf{K}$ 的某一扩域 $\tilde{\mathbf{K}}$ 中, $g(z)$ 必分解成线性因子 $z-\beta_j$, 且诸 β_j 彼此不同, 于是 G_s 在某一扩域中将分解成线性因子 $z-(\beta_j+s\theta_i)$, 而只有有限多个 s 能使 G_s 有重因子.

引理 4 设 $f(\theta, z) \in \mathbf{K}(\theta)[z]$ 无重因子, 则有机械方法求得一整数 s, 使 Norm $(f(\theta, z-s\theta))$ 在 $\mathbf{K}[z]$ 中无重因子.

证 依引理 2, 可应用机械方法求得一多项式 $g(z) \in \mathbf{K}[z]$, 使 $g(z)$ 在 $\mathbf{K}[z]$ 中无重因子, 而在 $\mathbf{K}(\theta)[z]$ 中以 $f(\theta, z)$ 为因子. 又依引理 3, 可应用机械方法求得一整数 s, 使 Norm $g(z-s\theta)$ 在$\mathbf{K}[z]$ 中无重因子. 此时 $g(z-s\theta)$ 在 $\mathbf{K}(\theta)[z]$ 中应以 $f(\theta, z-s\theta)$ 为因子. 因 Norm $g(z-s\theta)$ 无重因子, 故 Norm$(f(\theta, z-s\theta))$ 也无重因子.

引理 5 设多项式 $h(\theta, z) \in \mathbf{K}(\theta)[z]$ 的范式 Norm$(h(\theta,z))$ 在 $\mathbf{K}[z]$ 中无重因子, 且其在 $\mathbf{K}[z]$ 中的不可约因子分解为

$$\text{Norm } h = H_1(z)\cdots H_r(z)$$

则 $h(\theta, z)$ 在 $\mathbf{K}(\theta)[z]$ 中的不可约因子分解为

$$h = \prod_i \text{gcd }(h(\theta, z), H_i(z))$$

这里 gcd 表示 $\mathbf{K}(\theta)[z]$ 中的最大公约式, 可用辗转相除法求得.

证 设 h 在 $\mathbf{K}(\theta)[z]$ 中的不可约因子分解为

$$h = h_1\cdots h_s$$

则

$$\text{Norm}h = \text{Norm}h_1\cdots\text{Norm}h_s = H_1\cdots H_r$$

因每一 h_i 在 $\mathbf{K}(\theta)[z]$ 中不可约, 故依引理 1, Normh_i 为 $\mathbf{K}(z)$ 中一不可约多项式的乘幂, 而由于 Norm$h$ 无重因子, 故 Normh_i 本身必须为一不可约多项式且为 $H_1, \cdots, H_r$ 之一, 最多相差一 $\mathbf{K}$ 中的非 0 因子. 依同样理由这些不可约多项式 Normh_i 必彼此不同, 因此应有 $s=r$, 且不妨直接设 Norm $h_1 = H_1, \cdots$, Norm $h_r = H_r$. 显然, h 与 H_i=Norm h_i 在 $\mathbf{K}(\theta)[z]$ 中有公因子 h_i, 但不能再有其他 $h_j (j \neq i)$ 作为公因子. 故 gcd$(h, H_i) = h_i$, 而引理得证.

定理 2 的证明如下 ($\mathbf{A}$ 无限, $\mathbf{K}$=$\mathbf{A}$ 的商域).

设所需分解因子的多项式为 $f(\theta, z) \in \mathbf{K}(\theta)[z]$. 先用辗转相除法求得 $f(\theta, z)$ 与其形式微分, $f'(\theta, z)$ 在 $\mathbf{K}(\theta)[z]$ 中的最大公约式 $d(\theta, z)$, 则 $g(\theta, z)=f(\theta, z)/d(\theta, z)$ 在$\mathbf{K}(\theta)[z]$ 中无重因子. 依引理 4, 可求得一整数 s, 使 $h(\theta, z)=g(\theta,z-s\theta)$ 的范式 Norm h 在 $\mathbf{K}[z]$ 中无重因子. 由假设已知 $\mathbf{A}$ 中因子分解的机械方法, 故由定理 1 可将 Norm h 在 $\mathbf{K}[z]$ 中分解成不可约因子:

$$\text{Norm}h = H_1(z)\cdots H_r(z)$$

用辗转相除法作 $H_i(z)$ 与 h 在 $\mathbf{K}(\theta)[z]$ 中的最大公约式

$$h_i(\theta, z) = \gcd(h(\theta, z), H_i(z))$$

则依引理 5, 有 h 在 $\mathbf{K}(\theta)[z]$ 中的不可约因子分解:

$$h(\theta, z) = h_1(\theta, z) \cdots h_r(\theta, z)$$

于是 $g(\theta, z)$ 在 $\mathbf{K}(\theta)[z]$ 中有不可约因子分解:

$$g(\theta, z) = h(\theta, z + s\theta) = h_1(\theta, z + s\theta) \cdots h_r(\theta, z + s\theta)$$

由此可得所给多项式 $f(\theta, z)$=$g(\theta, z)d(\theta, z)$ 的不可约因子分解, 只需再作若干次除法即可.

上面定理 1, 2 都局限于 $\mathbf{K}$ 的有限扩域这种情形. 如果不加任何限制, 机械化的方法可能根本不存在, 请参阅 Van der Waerden[4]. 上面定理 1, 2 中的机械化方法都源于 Kronecker, 请参阅 Hermann[1]. 显然这些方法的效率都不够高. 近年来, 计算机科学的发展使得人们发现了某些新方法. 这些新方法用到了中国剩余定理与 p-adic 数理论等工具, 可参阅 Berlekampf, Zassenhaus, P. S. Wang 等的著作, 以及 Knuth 在 *The Art of Computer Programming* vol. 2 一书中的有关部分.

4.3　多项式组的整序

第 3.4 节的例 5 指出, 即使是 Pascal 几何中的一个交点定理, 如果不表成构造型的形式, 则它的假设部分在整理过程中就会出现高于一次的多项式, 而不能使用 Hilbert 的机械化证明方法. 如果不是交点定理或是它种几何中的定理, 则一般说来假设部分中总会出现高于一次的多项式. 以后将证明, 对于这种情形, 只需考虑定理的假设与终结都以多项式等于 0 的等式来表达, 即所谓等式型定理, 则仍然有机械化证法. 参见本章 4.1 节. 自然, 这种机械化证法完全不同于 Hilbert 的那种机械化证法. 如果施之于 Pascal 几何中的构造型交点定理, 我们将得到两种不同的机械化证法. 在给出并证明这种适用范围极广的机械化证法之前, 本节以及下一节将先作一些准备工作. 论述的主要根据是 Ritt 的 [1, 2] 两书, 许多概念、方法和结果都出自 Ritt 的有关著作.

以下将考虑一个特征为 0 的基本数域, 记作 $\mathbf{K}$, 两组变量

$$u_1, \cdots, u_e \text{ 与 } x_1, \cdots, x_N$$

排成次序

$$u_1 \prec u_2 \prec \cdots \prec u_e \prec x_1 \prec x_2 \prec \cdots \prec x_N$$

在 $\mathbf{K}$ 上的 $e+N$ 维线性空间 $\mathbf{K}^{e+N}$, 其基与 $u_1,\cdots,u_e$, $x_1,\cdots,x_N$ 相当.

下面所说的多项式都是指系数在 $\mathbf{K}$ 中的 $u_1,\cdots,u_e$, $x_1,\cdots,x_N$ 的多项式, 即 $\mathbf{K}[u_1,\cdots,u_e,\ x_1,\cdots,x_N]$ 中的元素, 以后不再作说明.

对于一个单项式

$$\mu = au_1^{i_1}\cdots u_e^{i_e}x_1^{m_1}\cdots u_N^{m_N}\quad (a\in\mathbf{K})$$

有时也写成

$$\mu = aU^I X^M \qquad I=(i_1,\cdots,i_e) \qquad M=(m_1,\cdots,m_N)$$

或

$$\mu = aZ^\alpha \qquad \alpha=(I,M)=(i_1,\cdots,i_e,m_1,\cdots m_N)$$

若 $a\neq 0$, 而 $(m_1,\cdots,m_N)$ 中最后一个不等于 0 的指数为 m_p, 则称单项式 μ 的类为 p, 否则称单项式 μ 的类为 0, 此时 μ 中至多只有 μ 而无 x.

两组非负整数

$$\alpha=(a_1,\cdots,a_s) \qquad \beta=(b_1,\cdots,b_s)$$

称为 α 在 β之前或 β在α之后, 记作

$$a\prec\beta \text{ 或 } \beta\succ\alpha$$

如果有一 k, 使

$$a_{k+1}=b_{k+1},\cdots,a_s=b_s \text{ 但} a_k<b_k$$

对于两个非 0 单项式

$$\begin{aligned}\lambda &= au_1^{i_1}\cdots u_e^{i_e}x_1^{l_1}\cdots x_{N^{l_N}} \quad a\neq 0\\ \mu &= bu_1^{j_1}\cdots u_e^{j_e}x_1^{m_1}\cdots x_N^{m_N} \quad b\neq 0\end{aligned}$$

将称 λ 在 μ 之前或 μ 在 λ 之后, 记作

$$\lambda\prec\mu \text{ 或 } \mu\succ\lambda$$

如果

$$(i_1,\cdots,i_e,l_1,\cdots,l_N)\prec(j_1,\cdots,j_l,m_1,\cdots,m_N)$$

任一非 0 多项式 F 可写成

$$F=a_1Z^{\alpha_1}+a_2Z^{\alpha_2}+\cdots+a_sZ^{a_s}$$

其中

$$a_i \in \mathbf{K}$$

$$a_1 \neq 0, \cdots, a_s \neq 0$$

$$\alpha_1 \succ \alpha_2 \succ \cdots \succ \alpha_s$$

此时 $a_1 Z^{\alpha_1}$ 称为 F 的领式, Z^{α_1} 的类称为 F 的类.

若非 0 多项式 F 的类为 $p>0$, 且 F 的领式 $a_1 Z^{\alpha_1}$ 中 x_p 的次数为 m, 则 F 可写成

$$F = C_0 x_p^m + C_1 x_p^{m-1} + \cdots + C_m$$

其中诸 C 都是 u 与 $x_1, \cdots, x_{p-1}$ 的多项式, 而不含 $x_p, x_{p+1}, \cdots, x_N$, 且 $C_0 \neq 0$. 此时 C_0 称为 F 的初式. 若 C_0 的领式为 c_0, 则 F 的领式显为 $c_0 x_p^m$.

设两非 0 多项式 F 与 G. 如果 F 中 x_p 出现的最高次数小于 G 中 x_p 出现的最高次数, 则称对 x_p, 而言, F 比 G 有较低的秩或 G 比 F 有较高的秩. 在不能比较高低时, 称 F, G 对 x_p 同秩.

设两非 0 多项式 F 与 G, 我们称 F 比 G 有较低的秋或 G 比 F 有较高的秩, 记作

$$F \prec G \text{ 或 } G \succ F$$

如果以下两情形之一成立:

1. 类 $(F)<$ 类 (G).

2. 类 $(F)=$ 类 $(G)=p>0$, 而 F 中 x_p 的次数小于 G 中 x_p 的次数, 即对 x_p 而言, F 比 G 有较低的秩.

在 F 与 G 不能比较秩的高低时, 将称 F 与 G 同秩, 记作

$$F \sim G$$

例如, 两个类都等于 0 的非 0 多项式同秩.

设多项式 F 的类为 $p>0$. 任一对 x_p 而言, 秩低于 F 的多项式 G 都称为对 F 已约化的多项式. 显然 F 的初式的类小于 p 且已对 F 约化.

设 F 的类为 $p>0$ 并写成形式

$$F = f_0 x_p^m + f_1 x_p^{m-1} + \cdots + f_m$$

其中

$$f_i \in \mathbf{K}[u_1, \cdots u_e, x_1, \cdots, x_{p-1}] \qquad f_0 \neq 0$$

任一对 F 未约化的非 0 多项式 G 可写成形式

$$G = g_0 x_p^M + g_1 x_p^{M-1} + \cdots + g_M$$

其中

$$g_i \in \mathbf{K}[u_1, \cdots u_e, x_1, \cdots, x_{p-1}, x_{p+1}, \cdots, x_N]$$

且

$$g_0 \neq 0 \qquad M \geqslant m$$

依据多项式的除法算法, 以 F 除 G 得

$$f_0^s G = QF + R$$

这里 Q, R 都是多项式, R 中 x_p 的次数小于 m, 所以对 F 来说已约化, 而 s 为能有以上形式的最小非负整数, $s \leqslant M - m$. 若 G 已对 F 约化, 则可取 s=0, Q=0, $R = G$, 而上式仍成立. 不论何时, 以上唯一确定的多项式 R 都称为 G 对 F 的余式, 从 G 得 R 的步骤称为 G 对 F 的约化.

对我们说来特别重要的是 R, G 作为 x_p 的多项式时, R 中诸 x_p 幂次的系数都是 G 中诸 x_p 幂次系数的线性和, 即

$$g_0 h_0 + \cdots + g_M h_M$$

这种形式, 而和中各项的系数 $h_0, \cdots, h_M$ 则都是 F 中诸 x_p 幂次系数 $f_0, \cdots, f_m$ 的多项式, 因而都是 $u_1, \cdots, u_e$, $u_1, \cdots, x_{p-1}$ 的多项式. 在著者以后的有关书籍中, 对机械化证明过程作计算复杂度的估计时, 对此当作更为精确的描述.

下面考虑由有限个多项式, 例如 A_i 所组成的多项式序列

$$\mathscr{A}: A_1, A_2, \cdots, A_r$$

这样的序列称为一升列, 如果

$$r = 1 \text{ 且 } A_1 \neq 0$$

或

$$r > 1$$

$$0 < \text{类}\,(A_1) < \text{类}\,(A_2) < \cdots < \text{类}\,(A_r)$$

且对任意 $j > i$, A_j 对 A_i 已约化.

显然对一升列而言, 恒有 $r \leqslant N$.

升列 a 称为矛盾的, 如果 r=1, $A_1 \neq$0, 且类 (A_1)=0.

设有两个升列 $\mathscr{A}$ 与

$$\mathscr{B}: B_1, B_2, \cdots, B_s$$

称 $\mathscr{A}$ 比 $\mathscr{B}$ 有较高的秩或 $\mathscr{B}$ 比 $\mathscr{A}$ 有较低的秩, 记作

$$\mathscr{A} \succ \mathscr{B} \text{ 或 } \mathscr{B} \prec \mathscr{A}$$

如果有一 $j \leqslant \min(r, s)$ 使

$$A_1 \sim B_1, \cdots, A_{j-1} \sim B_{j-1}, A_j \succ B_j$$

或

$$s > r \text{ 且 } A_1 \sim B_1 \cdots, A_r \sim B_r$$

在两升列 $\mathscr{A}$ 与 $\mathscr{B}$ 不能比较秩的高低时, 将称 $\mathscr{A}$,$\mathscr{B}$ 同秩, 记作

$$\mathscr{A} \sim \mathscr{B}$$

此时将有

$$r = s \text{ 且 } A_1 \sim B_1, \cdots, A_r \sim B_r$$

显然升列对秩的高低来说构成一个部分次序, 因此对一个升列组成的集合可引入极小升列的概念, 即集合中秩不高于其他任意升列的那种升列, 如果存在的话. 下面的引理是基本的, 有着重要的作用.

引理 1 设

$$\varPhi_1, \varPhi_2, \cdots, \varPhi_q, \cdots$$

是升列 $\varPhi_q$ 的一个非增秩的序列, 即对任意 q 都有

$$\varPhi_{q+1} \prec \varPhi_q \text{ 或 } \varPhi_{q+1} \sim \varPhi_q$$

则必有一指数 q', 使对任意 $q > q'$, 都有

$$\varPhi_q \sim \varPhi'_q$$

换言之, 有 q' 使 $q \geqslant q'$ 时, $\varPhi_q$ 都是序列中的极小升列.

证 记 $\varPhi_q$ 中多项式的个数为 r_q, 而第一项为 A_q, 则

$$A_1, A_2, \cdots, A_q, \cdots$$

是一个多项式的非增秩序列, 即对任意 q 都有

$$A_{q+1} \prec A_q \text{ 或 } A_{q+1} \sim A_q$$

由此知对任意 q 有类 $(A_{q+1}) \leqslant$ 类 (A_q), 而在类 $(A_{q+1})=$ 类 $(A_q)=p > 0$ 时, A_{q+1} 中 x_p 的次数应小于等于 A_q 中 x_p 的次数. 因类与次数都是非负整数, 故必有 q_1 使 $q \geqslant q_1$ 时, 所有 A_q 都将同秩.

若有 $q_1' \geqslant q_1$, 使 $q \geqslant q_1'$ 时所有 r_q=1, 则引理已成立. 否则应有 $q_1' \geqslant q_1$, 使 $q \geqslant q_1'$ 时都有 $r_q \geqslant$2. 命这时 Φ_q 中的第二项为 $A_q^{(1)}$, 于是

$$A_{q_1'}^{(1)}, A_{q_1'+1}^{(1)}, \cdots, A_q^{(1)}, \cdots$$

也是一多项式的非增秩序列. 同前, 应有 $q_2 \geqslant q_1'$, 使 $q \geqslant q_2 \geqslant q_1' \geqslant q_1$ 时, 所有 $A_{q_1'}^{(1)}$ 都同秩.

若所有 r_q 都小于等于 2, 则引理已证明; 否则应有 $q_2' \geqslant q_2$, 使 $q \geqslant q_2'$ 时 r_q 都大于等于 3 而可取 Φ_q 中的第三项 $A_q^{(2)}$, 以得一非增秩序列. 由于对任意 q 都有 $r_q \leqslant N$, 故依次进行, 最后必得 $-r$ 与 $-q'$, 使对任意 $q \geqslant q'$ 有 $r_q = r$, 且对 Φ_q 中的各多项式都依次同秩, 因而 Φ_q 都同秩. 如所欲证.

从这一引理可得下面的引理.

引理 1′ 如果一个升列的序列中各升列的秩逐步降低, 则这一序列只有有限多个项.

设有一组非 0 多项式的非空集合 Σ=$\{F_\alpha\}$, 一个多项式的升列 $\mathscr{A}$ 称为是属于Σ 的, 如果 $\mathscr{A}$ 中的每一多项式都属于 Σ. 因为每一单独的 $F_\alpha \neq$0 都构成一个升列, 故属于 Σ 的升列必然存在. 在所有属于 Σ 的升列所构成的集合中, 任一极小升列都称为 Σ 的一个*基列*.

下面的引理指出了基列的存在并给出了构造性的作法.

引理 2 设 Σ 是一个由有限多个非 0 多项式所成的集合, 则 Σ 必有基列, 且有机械算法可在有限步内作出这样一个基列.

证 因假设 Σ 是有限集, 故基列的存在颇为显然. 问题在于给出一个作基列的机械方法.

为此先在 Σ=Σ_1 中找出有最低秩的多项式 A_1. 显然这可通过机械的方法找出. 若类 (A_1)=0, 则 A_1 即构成一基列. 设类 $(A_1) > 0$, 逐一检查 Σ_1 中除 A_1 以外的多项式对 A_1 是否已经约化. 若已不再有这样对 A_1 已约化的多项式, 则 A_1 即已构成一基列. 否则命 Σ_2 为 Σ_1 中除 A_1 以外已对 A_1 约化的多项式的集合. 由于 A_1 的选取在 Σ_2 中的多项式的类都大于 A_1 的类, 今命 A_2 为 Σ_2 中有最低秩的多项式. 若 Σ_2 已不再有 A_2 以外对 A_2 已约化的多项式, 则 A_1, A_2 即已构成 Σ 的一个基列. 否则可命 Σ_3 为 Σ_2 中除 A_2 以外已对 A_2 约化的多项式的集合, 并在其中取一最低秩的多项式 A_3. 由于诸多项式 A_1, A_2, $A_3, \cdots$ 等的类将逐步增加, 但不能大于 N, 故依此进行, 在有限步后必将停止而得一基列. 如所欲证.

引理 3 设有限个非 0 多项式的集合 Σ 有一基列

$$\mathscr{A}: A_1, A_2, \cdots, A_r$$

且类 $(A_1)>0$, 又 B 是一对诸 A 都已约化的非 0 多项式. 命 Σ' 是将 B 添入 Σ 后的多项式集合, 则 Σ' 的基列比 $\mathscr{A}$ 必有较低的秩.

证 若类 (B)=0, 则 B 构成 Σ' 的基列, 而秩低于 $\mathscr{A}$. 今设类 $(B)=p>0$, 因 B 对诸 A 已约化, 故必有一 i, 使 $p>$ 类 (A_{i-1}), $p\leqslant$ 类 (A_i), 而在 $p=$ 类 (A_i) 时, B 中 x_p 的次数小于 A_i 中 x_p 的次数. 于是

$$A_1, A_2, \cdots, A_{i-1}, B$$

为一属于 Σ' 的升列, 且其秩低于 $\mathscr{A}$. 故 Σ' 的基列应有低于 $\mathscr{A}$ 的秩. 如所欲证.

附注 如果承认选择公理, 则以上几个引理都可推广至多项式的任意无限集合, 但这与本书的机械化思想不符, 故以上引理的叙述都局限于有限集合或可数序列.

今设

$$\mathscr{A}: A_1, A_2, \cdots, A_r$$

是一升列, 如前, 而类 $(A_1)>0$, 命类 $(A_i)=p_i$, 又 A_i 的初式为 I_i, 则有

$$0<p_1<p_2<\cdots<p_r$$

且对每一 i 有

类 $(I_i)<p_i$;

I_i 对 $A_1, \cdots, A_{i-1}$ 已约化.

设 B 是任一多项式, 置 $B=R_r$. 可将 R_r 对 $\mathscr{A}$ 中自 A_r 起至 A_1 依次作余式 $R_{r-1}, \cdots, R_0$, 得 $(s_i\geqslant 0)$

$$\begin{aligned}
&I_r^{s_r}R_r = Q_rA_r + R_{r-1}\\
&I_{r-1}^{s_{r-1}}R_{r-1} = Q_{r-1}A_{r-1} + R_{r-2}\\
&\qquad\cdots\cdots\\
&I_1^{s_1}R_1 = Q_1A_1 + R_0
\end{aligned}$$

置 $R_0=R$, 即得

$$I_1^{s_1}\cdots I_r^{s_r}B = Q_1'A_1 + \cdots + Q_r'A_r + R$$

其中诸 Q' 都是多项式. 这里 R 由 B 与升列 $\mathscr{A}$ 所唯一确定. 我们称 R 为 B 对升列 $\mathscr{A}$ 的余式, 最后所得公式则称为余式公式.

由前面关于求余式时的附注可知, R 中任意一项, x_{p_i} 的次数都小于 A_i 中 x_{p_i} 的次数, 即 R 对 $\mathscr{A}$ 中的每一多项式 A_i 都已约化. 我们简称 R 对 $\mathscr{A}$ 已约化, 并称从 B 与 $\mathscr{A}$ 得余式 R 为 B 对 $\mathscr{A}$ 的约化. 由于求一多项式对另一多项式的余式可机械地依据除法算法进行, 故有下面的引理.

引理 4　设多项式 B 与升列 $\mathscr{A}$, 其中第一项的类大于 0, 则有一算法可在有限步后求得 B 对 $\mathscr{A}$ 的余式 R. 记 $\mathscr{A}$ 中第 i 项为 A_i, 其类为 p_i, 则余式 R 中任意一项的 x_{pi} 的次数都小于 A_i 中 x_{p_i} 的次数.

在引进了有关多项式的许多概念, 如类、秩、初式、领式、约化、余式、升列、基列等等, 并证明了若干简单引理之后, 我们将进入本节的主题: 多项式组的零点概念与整序方法.

为此, 试考虑任一多项式 F. 设数域 $\mathbf{K}$ 中有一组数

$$u_1^0, \cdots, u_e^0, x_1^0, \cdots, x_N^0$$

以之代入 F 中的 $u_1, \cdots, u_e, x_1, \cdots, x_N$ 后使 $F{=}0$, 则这一组数作为线性空间 $\mathbf{K}^{e+N}$ 中的一个点时, 称为 F 的一个零点或方程 $F{=}0$ 的一个解, 若诸 u^0, x^0 都是 $\mathbf{K}$ 的某一扩域 $\overline{\mathbf{K}}$ 中的数, 而代入 F 仍能使 $F{=}0$, 则这一组数作为 $\tilde{\mathbf{K}}$ 上线性空间 $\tilde{\mathbf{K}}^{e+N}$ 中的点时, 称为 F 的一个扩充零点, 或方程 $F{=}0$ 的一个扩充解, 若需指明特殊的扩域 $\tilde{\mathbf{K}}$, 则称为 F 的 $\tilde{\mathbf{K}}$ 零点或 $F{=}0$ 的 $\mathbf{K}$ 解.

设一多项式的集合 Σ, 若上述数组是 Σ 中每一多项式 F 的零点 (或扩充零点, $\tilde{\mathbf{K}}$ 零点), 则该数组作为一个点, 称为Σ的一个零点(或扩充零点 $\tilde{\mathbf{K}}$ 零点), 或方程组 $F{=}0$, $F\in\Sigma$的解, 简称为$\Sigma{=}0$ 的解(或扩充解, $\mathbf{K}$ 解).

今设一由有限多个非 0 多项式所组成的集合$\Sigma{=}\Sigma_1$, 依引理 2, Σ_1 有一基列 Φ_1. 若 Φ_1 为矛盾列, 即 Φ_1 只有一项 A_1, 其类为 0 时, A_1 属于 Σ_1, 设 Φ_1 为非矛盾列, 即 Φ_1 的第一项的类大于 0. 今对 Σ_1 中有在 Φ_1 以外的多项式 B 作 B 对 Φ_1 的余式 R_B. 若有非 0 的 R_B, 则添入 Σ_1 得一非 0 多项式的有限集合 Σ_2. 由余式公式每一 R_B 都是 Φ_1 中的多项式与 B 的线性和, 和中每一项的系数都是多项式, 因而 Σ_2 与 Σ_1 有相同的零点集, 也有相同的扩充零点集与任意扩域 $\tilde{\mathbf{K}}$ 的 $\tilde{\mathbf{K}}$ 零点集. 今依引理 3, Σ_2 的基列 Φ_2 的秩将低于 Φ_1. 若 Φ_2 是矛盾列, 则 Φ_2 只有一项 A_2, 其类为 0. 此时由作法 A_2 属于 Σ_2, 而为 Σ_1 中多项式的线性和, 和中各项的系数都是多项式. 若 Φ_2 非矛盾列, 则可如前继续进行. 于是或则在有限步后得一矛盾列, 或则得一组有限集

$$\Sigma_1 \subset \Sigma_2 \subset \cdots \subset \Sigma_q \subset \cdots$$

诸集Σ_i 都有相同的零点集 (扩充零点集, $\tilde{\mathbf{K}}$ 零点集), 且其相应的非矛盾基列Φ_i 的秩逐步降低:

$$\Phi_1, \Phi_2, \cdots, \Phi_q, \cdots$$

由引理 1, 这样的序列只能有有限多个项. 换言之, 若最后一个多项式的有限集为Σ_q, 而Φ_q 为其相应的基列, 则Σ_q 中任一在Φ_q 外的多项式对Φ_q 的余式都是 0.

今设Φ_q 为

$$\Phi_q : F_1, F_2, \cdots, F_r$$

其中每一 F_i 或本来属于 Φ_{q-1}, 或为 Σ_{q-1} 中某一多项式对 Φ_{q-1} 的非 0 余式, 因而依余式公式是 Φ_{q-1} 中多项式的线性和, 和中每项的系数都是多项式. 由此知 Σ_{q-1} 的任一零点, 因而 Σ 的任一零点都是 Φ_q 的零点.

另一方面, 命 Φ_q 中各项的初式为 $I_1, \cdots, I_s$. 由作法知对 Σ_q 中任意多项式 G, 都有非负整数 $s_i \geqslant 0$, 使

$$I_1^{s_1} \cdots I_r^{s_r} G = Q_1 F_1 + \cdots + Q_r F_r$$

所以任一 Φ_q 的零点只需不使任一初式 $I_1, \cdots, I_r$ 为 0, 即也是 Σ_q 的零点, 因而也是 $\Sigma = \Sigma_1$ 的零点. 显然这对扩充零点或 $\tilde{\mathbf{K}}$ 零点说来也是如此.

简记 Φ_q 为 Φ, 综合上述即得下面的定理.

定理 有一算法使对任一有限多个非 0 多项式所成的集合 Σ, 在机械地进行有限步之后, 或得一类为 0, 即只有 $u_1, \cdots, u_e$ 的非 0 多项式 A, 使 Σ 的任一零点也是 A 的零点, 或得一非矛盾升列

$$\Phi : F_1, \cdots, F_r$$

以 $I_1, \cdots, I_r$ 为初式, 使 Σ 的零点都是 Φ 的零点, 且 Φ 的零点只需不使任一初式 $I_i=0$, 即也是 Σ 的零点. 对于扩充零点或 $\tilde{\mathbf{K}}$ 零点也是如此.

我们将称从 Σ 到 Φ 的这一机械方法为 Σ 的*整序*, 并称上述定理为*整序定理*.

4.4 代数簇的构造性理论 —— 不可约升列与不可约代数簇

我们将沿用上节的符号, 以 $\mathbf{K}$ 表示特征为 0 的基本数域, 以

$$x_1 \prec x_2 \prec \cdots \prec x_N$$

表示排成一定次序的变量, 而略去变量 $u_1, \cdots, u_e$. 所谓多项式, 若非另有说明, 将指系数在 $\mathbf{K}$ 中的 $x_1, \cdots, x_N$ 的多项式, 即 $\mathbf{K}[x_1, \cdots, x_N]$ 中的元素.

有限多个非 0 多项式所成的集合简称为*多项式组*. 将两个多项式组 Σ_1 与 Σ_2 中的多项式合在一起所得的多项式组简记为 $\Sigma_1+\Sigma_2$. 对于任意多项式 F, G 等, $\Sigma+\{F\}$ 简记为 $\Sigma+F$, $\Sigma+\{F, G\}$简记为 $\Sigma+F+G$, 其余类推.

任一多项式组 Σ 定义了一个*代数簇*, 记为 $|\Sigma|$, 以 Σ 为其*定义集*, 设两个多项式组 Σ_1 与 Σ_2, 如果 Σ_1 的任一扩充零点也是 Σ_2 的扩充零点, 则称 Σ_1 所定义的代数簇为 Σ_2 所定义代数簇的*子簇*, 记作

$$\Sigma_2 = 0|\Sigma_1 \text{ 或 } |\Sigma_1| \subset |\Sigma_2|$$

若又有 $|\Sigma_2| \subset |\Sigma_1|$, 即 Σ_1, Σ_2 有相同的扩充零点, 则称 Σ_1 与 Σ_2 *等价*, 记作

$$\Sigma_1 \approx \Sigma_2 \text{ 或 } |\Sigma_1| = |\Sigma_2|$$

若 $|\Sigma_1| \subset |\Sigma_2|$ 但 $|\Sigma_1| \neq |\Sigma_2|$, 即

$$|\Sigma_1| \subsetneqq |\Sigma_2|$$

则称Σ_1 所定义的代数簇为Σ_2 所定义代数簇的真子簇.

设多项式 F, 如果多项式组Σ的任一扩充零点都是 F 的扩充零点, 即

$$\{F\} = 0|\Sigma \quad 或 \quad |\Sigma| \subset |\{F\}|$$

则称 F 在 Σ 上等于 0, 简记为

$$F = 0|\Sigma$$

否则记作

$$F \neq 0|\Sigma$$

设 $k+1$ 个多项式组 $\Sigma, \Sigma_1, \cdots, \Sigma_k (k > 1)$ 之间有以下性质: Σ的任一扩充零点至少都是$\Sigma_1, \cdots, \Sigma_k$ 中某一个Σ_i 的扩充零点, 而每一 Σ_i 的任一扩充零点都是Σ的扩充零点, 则称$\Sigma_1 \cdots, \Sigma_k$ 是Σ的一个分解, 或代数簇 $|\Sigma_1|, \cdots, |\Sigma_k|$ 是 $|\Sigma|$ 的一个分解, 记作

$$|\Sigma| = |\Sigma_1| \cup \cdots \cup |\Sigma_k| \quad (k > 1)$$

如果对任意 i, $|\Sigma_i|$ 与 $|\Sigma_j|$ 的和 $(j \neq i)$ 间都无 $\subset$ 关系, 则称这样的分解是不可缩的. 这时每一 Σ_i 所定义的代数簇都是Σ所定义代数簇的真子簇, 但不是任意其他Σ_j 的子簇.

如果多项式组 Σ 有不可缩的分解, 则 Σ 可约, Σ 所定义的代数簇为可约簇. 对于相反的情形称 Σ 为不可约的, 所定义的代数簇为不可约簇. 如果上述不可缩分解中每一 Σ_i 都是不可约的, 则称这一分解为 Σ 或 Σ 所定义代数簇的不可约分解, 每一 Σ_i 或其所定义的代数簇为 Σ 或其代数簇的一个不可约成分.

本节将考虑代数簇或多项式组可约与否的问题, 而在下节将考虑代数簇不可约分解的问题. 下面是一个简单的代数簇不可约判定.

引理 1　多项式组 Σ 不可约的充要条件是不可能有两非 0 多项式 G 与 H, 使

$$GH = 0|\Sigma$$

但

$$G \neq 0|\Sigma \qquad H \neq 0|\Sigma$$

证　若有 G, H 满足以上诸条件, 则显有分解

$$|\Sigma| = |\Sigma + G| \cup |\Sigma + H|$$

且这一分解是不可缩的, 故 Σ 可约.

反之, 设 Σ 可约, 而

$$|\Sigma| = |\Sigma_1| \cup |\Sigma_2|$$

是 Σ 的一个不可缩分解, 则在 Σ_1 中必有一多项式 F_1, 使 $F_1 \neq 0|\Sigma_2$, 因此 $F_1 \neq 0|\Sigma$. 同样在 Σ_2 中也有多项式 F_2, 使 $F_2 \neq 0|\Sigma_1$, 因此 $F_2 \neq 0|\Sigma$. 但任一 Σ 的扩充零点必是 Σ_1 或 Σ_2 的扩充零点, 因而是 F_1 或 F_2 的扩充零点. 因之不论何时, 任一 Σ 的扩充零点都是乘积 F_1F_2 的扩充零点, 或 $F_1F_2=0|\Sigma$. 于是 $G = F_1$, $H = F_2$ 即合引理中的条件. 证毕.

我们将给出一个多项式组 Σ 或其所定义的代数簇 $|\Sigma|$ 为不可约的另一个判定. 为此先引进若干概念如次.

试考虑 $\mathbf{K}$ 的任两扩域 $\tilde{\mathbf{K}}$ 与 $\mathbf{K}'$, 并设 $\tilde{\mathbf{K}}$ 上与 $\mathbf{K}'$ 上线性空间 $\tilde{\mathbf{K}}^N$ 与 $\tilde{\mathbf{K}}^N$ 中的两个点 $\tilde{\xi}=(\tilde{x}_1,\cdots,\tilde{x}_N)$, $\tilde{x}_i \in \tilde{\mathbf{K}}$; $\xi'=(x'_1,\cdots,x'_N)$, $x'_i \in \mathbf{K}'$. 假设这两点具有以下性质:

对于任一 $\mathbf{K}[x_1,\cdots,x_N]$ 中的多项式 $F(x_1,\cdots,x_N)$ 有

$\tilde{\xi}$ 是 F 的扩充零点 $\Longrightarrow$ ξ' 是 F 的扩充零点. 换言之, 只需 $F(\tilde{x}_1,\cdots,\tilde{x}_N)=0$, 即有 $F(x'_1,\cdots,x'_N)=0$.

这时 $\tilde{\xi}$ 称为 ξ' 对 $\mathbf{K}$ 的一个母点, 或 ξ' 是 ξ 对 $\mathbf{K}$ 的一个子点, 或 ξ' 是 $\tilde{\xi}$ 对 $\mathbf{K}$ 的一个特定化. 在不致引起误解时, "对 $\mathbf{K}$" 两字将略去.

今设多项式组 Σ 有一扩充零点 $\tilde{\xi}$, 使 Σ 的任一扩充零点都是 $\tilde{\xi}$ 对 $\mathbf{K}$ 的子点, 则称 $\tilde{\xi}$ 是多项式组 Σ 或其所定义代数簇 $|\Sigma|$ 的一个母点.

下面是多项式组或代数簇的又一不可约判定.

引理 2　多项式组 Σ 或其所定义代数簇 $|\Sigma|$ 不可约的充要条件是 Σ 有母点.

证　先设 Σ 有母点 $\tilde{\xi}=(\tilde{x}_1,\cdots,\tilde{x}_N)$, 其中 $\tilde{x}_i$ 属于 $\mathbf{K}$ 的某一扩域 $\tilde{\mathbf{K}}$. 今设 G, H 是任两 $\mathbf{K}[x_1,\cdots,x_N]$ 中的多项式, 使 $GH=0|\Sigma$. 于是 $G(\tilde{\xi})H(\tilde{\xi})=0$, 因而 $G(\tilde{\xi})=0$ 或 $H(\tilde{\xi})=0$. 设 $G(\tilde{\xi})=0$, 则由于 $\tilde{\xi}$ 是 Σ 的母点, 故对 Σ 的任一扩充零点 ξ' 都有 $G(\xi')=0$, 即 $G=0|\Sigma$. 同样在 $H(\tilde{\xi})=0$ 时有 $H=0|\Sigma$. 故由引理 1 知 Σ 不可约.

其次设Σ不可约. 我们将作出一Σ的母点如次.

对任两多项式 F, G, 若有

$$F - G = 0|\Sigma$$

则称 F, G 对 Σ 等价, 记作

$$F \sim G(\Sigma)$$

于是多项式可分成等价类. 显然, 若

$$F_1 \sim G_1 \qquad F_2 \sim G_2(\Sigma)$$

即有

$$F_1 \pm F_2 \sim G_1 \pm G_2(\Sigma)$$

$$F_1F_2 \sim G_1G_2(\Sigma)$$

故对 Σ 的等价类可进行加、减与乘的运算. 称含多项式 0 的等价类为零类, 记作 θ. 又记多项式 1 的等价类为 ω. 任一 $\mathbf{K}$ 中的元素 a 可恒同为一等价类 $a\omega$. 由于假设 Σ 为不可约的, 故依引理 1, 任两等价类 α, β 都不等于零类 θ 时, $\alpha\beta$ 也不等于 θ. 事实上, 这些等价类构成一个整环, 以 ω 为其么元素, 记为 R_Σ.

今考虑 R_Σ 的商域, 换言之, 即所有 $\beta\neq\theta$ 的等价类偶或简称偶(α, β) 在等价关系

$$(\alpha,\beta) \sim (\gamma,\delta) \Longleftrightarrow \alpha\delta = \beta\gamma$$

下的等价类的全体, 其中加、减、乘、除等运算都可自然地定义. 特别有 $(\gamma, \delta)\not\sim(\theta, \omega)$ 时,

$$(\alpha,\beta)/(\gamma,\delta) \sim (\alpha\delta,\beta\gamma)$$

将 $\mathbf{K}$ 中任一元素 a 恒同为偶 $(a\omega, \omega)$ 的等价类, 则这一商域可视为 $\mathbf{K}$ 的一个扩域. 我们记这一扩域为 $\tilde{\mathbf{K}}_\Sigma$. 又 R_Σ 中任一元素 α 也将恒同为 $\tilde{\mathbf{K}}_\Sigma$ 中偶 (α, ω) 的等价类.

今命多项式 x_i 在 R_Σ 中所定义的等价类为 ξ_i. 又命偶 (ξ_i, ω) 在 $\tilde{\mathbf{K}}_\Sigma$ 所定的等价类仍记为 ξ_i. 于是 $\tilde{\xi} = (\xi_1, \cdots, \xi_N)$ 为 $\tilde{\mathbf{K}} = \tilde{\mathbf{K}}_\Sigma$ 上线性空间 $\tilde{\mathbf{K}}^N$ 上的一个点. 下面证明 $\tilde{\xi}$ 是 Σ 的一个母点.

首先对任一 Σ 中的多项式 $F = \tilde{\mathbf{F}}(x_1, \cdots, x_N)$ 有 $F=0|\Sigma$, 故 F 在 R_Σ 中的等价类 $\varphi=\theta$. 显然在 R_Σ 中, 因而也在 $\tilde{\mathbf{K}}_\Sigma$ 中有 $\varphi = F(\xi_1, \cdots, \xi_N)$, 故 $\tilde{\xi}$ 是 $F \in \tilde{\mathbf{K}}[x_1, \cdots, x_N]$ 的一个扩充零点. 因 F 是 Σ 中的任意多项式, 故 $\tilde{\xi}$ 是 Σ 的一个扩充零点.

今设 $G = G(x_1, \cdots, x_N)$ 为 $\mathbf{K}[x_1, \cdots, x_N]$ 中任一多项式而以 $\tilde{\xi}$ 为扩充零点, 即 $G(x_1, \cdots, x_N) = \theta$, 则 $G(x_1, \cdots, x_N)$ 属于零类 θ, 即 $G = 0|\Sigma$. 故对 Σ 的任一扩充零点 ξ' 有 $G(\xi')=0$, 即

$$G(\tilde{\xi}) = 0 \Longrightarrow G(\tilde{\xi}) = 0$$

因 G 任意, 故任一 Σ 的扩充零点 ξ' 都是 ξ 的子点. 由此知 ξ 是 Σ 的一个母点. 如所欲证.

以上两引理虽都给出了一个多项式组不可约的充要条件, 但这些判定都不是构造性的而是抽象存在性的. 给定一多项式组 Σ 后, 仅凭这两条引理并不能提供可以在有限步后确定是否有多项式 G, H 满足引理 1 中的条件或是否有一扩域 $\tilde{\mathbf{K}}$ 以及 $\tilde{\mathbf{K}}^N$ 中的一点 $\tilde{\xi}$ 作为 Σ 的母点的方法. 为了本书主旨 —— 机械化证明的需要,

必须有一种机械的方法, 足以在有限步之后确定任一多项式组是否不可约, 而在可约时, 又足以在有限步之后给出不可约分解的各个不可约成分来. 本节以及以下几节, 我们将给出这样的机械方法, 由此建立代数几何的构造性理论.

考虑一升列

$$\Phi: A_1, A_2, \cdots, A_n$$

其中 A_i 的类为 p_i, 而

$$0 < p_1 < p_2 < \cdots < p_n$$

我们将符号 x 改为 y 与 u, 记为

$$x_{p_1} = y_1, \cdots, x_{p_n} = y_n$$

而以其余诸 x 依原来次序记作 $u_1, \cdots, u_d$. 这里 $d = N - n$ 称为升列 Φ 的维数, 记作

$$d = \dim \Phi$$

这时 Φ 中诸多项式 A_i 可写成以下形式:

$$\Phi: \begin{cases} A_1 = C_{10}y_1^{m_1} + C_{11}y_1^{m_1-1} + \cdots + C_{1m_1} \\ A_2 = C_{20}y_2^{m_2} + C_{21}y_2^{m_2-1} + \cdots + C_{2m_2} \\ \qquad \cdots\cdots \\ A_n = C_{n0}y_n^{m_n} + C_{n1}y_n^{m_n-1} + \cdots + C_{nm_n} \end{cases}$$

其中诸 $C_{i0} \neq 0$ 即 A_i 的初式.又每一 C_{ij} 都是以 $\mathbf{K}$ 为系数仅有 $u_1, \cdots, u_d, y_1, \cdots, y_{i-1}$ 的多项式, 且 A_i 对 $A_1, \cdots, A_{i-1}$ 都已约化, 因而 C_{ij} 中 $y_1, \cdots, y_{i-1}$ 的次数各小于 $m_1, \cdots, m_{i-1}$. 我们首先需要解决的问题是给出 Φ 可作为一不可约多项式组的基列的条件.

为此设升列 Φ 有以下性质:

记 $\mathbf{K}$ 添入 $u_1, \cdots, u_d$ 后的超越扩域 $\mathbf{K}(u_1, \cdots, u_d)$ 为 $\mathbf{K}_0$, 则 A_1 在 $\mathbf{K}_0[y_1]$ 中不可约.

记 $\mathbf{K}_0$ 添入 A_1=0 的一个扩充零点 η_1 后所得的代数扩域为 $\mathbf{K}_0(\eta_1)$=$\mathbf{K}_1$, 则 A_2 在以 η_1 代 y_1 后所得的多项式 $\tilde{A}_2$ 在 $\mathbf{K}_1[y_2]$ 中不可约.

记 $\mathbf{K}_1$ 添入 $\tilde{A}_2$=0 的一个扩充零点 η_2 后所得的代数扩域为 $\mathbf{K}_1(\eta_2)$=$\mathbf{K}_2$, 则 A_3 在以 η_1 代 y_1, η_2 代 y_2 后所得多项式 $\tilde{A}_3$ 在 $\mathbf{K}_2[y_3]$ 中不可约.

假设按上述方式依次进行, 可以逐次得代数扩域 $\mathbf{K}_i$=$\mathbf{K}_{i-1}(\eta_i)$, 以 $\eta_1, \cdots, \eta_{i-1}$ 代 A_i 中 $y_1, \cdots, y_{i-1}$ 所得在 $\mathbf{K}_{i-1}[y_i]$ 中不可约的多项式 $\tilde{A}_i$, 以及 $\tilde{A}_i$=0 的一个扩充零点 η_i, $i = 1, 2, \cdots, n$.

在以上这些假设下, 称升列Φ不可约. 由本章第 2 节可知, 依据一机械方法在有限步后可确定 Φ 是否不可约.

设 Φ 不可约而满足以上条件, 则 u_i, η_j, 都是 $\tilde{\mathbf{K}}=\mathbf{K}_n$ 中的数, 而数组 $\tilde{\eta}=(u_1,\cdots,u_d,\eta_1,\cdots,\eta_n)$ 可视为 $\tilde{\mathbf{K}}^{d+n}=\tilde{\mathbf{K}}^N$ 中的一个点, 称之为 Φ 的一个母点, $\tilde{\mathbf{K}}$ 称为 Φ 的一个母域.

下面的引理是颇为重要的.

引理 3 若升列 Φ 不可约,

$$\tilde{\eta}=(u_1,\cdots,u_d,\eta_1,\cdots,\eta_n)$$

为 Φ 的一个母点, 则任一多项式 $F\in\mathbf{K}[u_1,\cdots,u_d,y_1,\cdots,y_n]$ 对 Φ 的余式 R 恒等于 0 的充要条件为: $\tilde{\eta}$ 是 F 的一个扩充零点.

证 记 Φ 中首 k 个多项式所成升列为

$$\Phi_k: A_1,A_2,\cdots,A_k \qquad (1\leqslant k\leqslant n)$$

又记 $\mathbf{K}^{d+k}$ 为 $\mathbf{K}$ 上基与 $u_1,\cdots,u_d,y_1,\cdots,y_k$ 相当的 $d+k$ 维线性空间, 其余类推, 则 Φ_k 不可约, 且

$$\tilde{\eta}_k=(u_1,\cdots,u_d,\eta_1,\cdots,\eta_k)$$

作为 $\mathbf{K}_k^{d+k}$ 中的一个点时是 Φ_k 的一个母点, $\mathbf{K}_k$ 为 Φ_k 的母域.

我们采用对 k 的归纳证明以下两个断言:

1_k° $\tilde{\eta}_{k-1}$ 不是 $C_{k,0}$ 的扩充零点.

2_k° 若 $R_k\in\mathbf{K}[u_1,\cdots,u_d,y_1,\cdots,y_k]$ 对 Φ_k 已约化, 而 $\tilde{\eta}_k$ 是 R_k 的扩充零点, 则 R_k 恒等于 0.

由于 $C_{k+1,0}\in\mathbf{K}[u_1,\cdots,u_d,y_1,\cdots,y_k]$ 对 Φ_k 已约化且不等于 0, 故 1_{k+1}° 可从 2_k° 得出.

今设 2_{k-1}° 成立, 而 R_k 符合 2_k° 中的条件. 将 R_k 写成 y_k 的多项式

$$R_k=S_0y_k^r+S_1y_k^{r-1}+\cdots+S_r$$

其中 $S_i\in\mathbf{K}[u_1,\cdots,u_d,y_1,\cdots,y_{k-1}]$ 而 $r<m_k$. 将 S_i 中的 $y_1,\cdots,y_{k-1}$ 代以 $\eta_1,\cdots,\eta_{k-1}$, 记所得为 $\tilde{S}_i\in K_{k-1}$. 记

$$\tilde{R}_k=\tilde{S}_0y_k^r+\tilde{S}_1y_k^{r-1}+\cdots+\tilde{S}_r\in\mathbf{K}_{k-1}[y_k]$$

则由假设, η_k 是 $\tilde{R}_k=0$ 的扩充解. 由于 $r<m_k$ 而 η_k 是 $\mathbf{K}_{k-1}$ 中不可约多项式 $\tilde{A}_k$ 的扩充零点, 故 $\tilde{R}_k$ 必须恒等于 0 而有 $\tilde{S}_0=0,\cdots,\tilde{S}_r=0$. 由于 R_k 已对 Φ_k 约化, 故每一 S_i 都已对Φ_{k-1} 约化, 因而依归纳假设 2_{k-1}° 知 S_i=0, R_k=0, 即 2_k° 成立, 因

此 1°_{k+1} 也成立. 由于这一证明也适用于 2°_1, 而 1°_1 甚显然, 故 1°_k, 2°_k 已完全证明, $k=1,\cdots,n$.

至此易证引理 3 如次. 设 F 对 $\Phi_n=\Phi$ 的余式为 R, 则依余式公式有 $s_i\geqslant 0$ 与多项式 Q_i, 使

$$C_{10}^{s_1}\cdots C_{n0}^{s_n}F=Q_1A_1+\cdots+Q_nA_n+R$$

若 R=0, 则因 $\tilde{\eta}$ 是诸 A_k 的扩充零点, 但依 1°_k 非 C_{k0} 的扩充零点, 故由上式 $\tilde{\eta}$ 必为 F 的扩充零点. 反之若 $\tilde{\eta}$ 是 F 的扩充零点, 则仍由上式 $\tilde{\eta}$ 是 R 的扩充零点而由 2°_k 应有 R=0. 证毕.

引理 4 如前, 设不可约升列

$$\Phi: A_1,A_2,\cdots,A_n$$

与母点

$$\tilde{\eta}=(u_1,\cdots,u_d,\eta_1,\cdots,\eta_n)$$

若多项式 $F\in\mathbf{K}[u_1,\cdots,u_d,y_1,\cdots,y_n]$ 对 Φ 的余式不等于 0, 则在 $\mathbf{K}[u_1,\cdots,u_d,y_1,\cdots,y_n]$ 中必有多项式 G 与 $Q_i,i=1,\cdots,n$, 使

$$GF-(Q_1A_1+\cdots+Q_nA_n)\in\mathbf{K}[u_1,\cdots,u_d]$$

且使

$$G(\tilde{\eta})\neq 0$$

证 我们采用对 k 的归纳证明下述论断 (T_k), 引理本身则相当于 $k=n$ 的情形.

(T_k) 设 $F_k\in\mathbf{K}[u_1,\cdots,u_d,y_1,\cdots,y_k]$ 对

$$\Phi_k: A_1,A_2,\cdots,A_k$$

的余式不等于 0, 则必有 $G_k,Q_{ki},i=1,\cdots,k\in\mathbf{K}[u_1,\cdots,u_d,y_1,\cdots,y_k]$, 使

$$G_kF_k-(Q_{k1}A_i+\cdots+Q_{kk}A_k)\in\mathbf{K}[u_1,\cdots,u_d]$$

且使

$$G_k(\tilde{\eta}_k)\neq 0$$

对于 k=0 的情形是不足道的. 今设 $k<n$ 而 (T_k) 已成立, 试证 (T_{k+1}) 如次.

由于 A_{k+1} 的初式 I_{k+1} 显然合于 (T_k) 的条件, 故由归纳假设有 $H_k,R_{k1},\cdots,R_{kk}\in\mathbf{K}[u_1,\cdots,u_d,y_1,\cdots,y_k]$ 使

$$H_kI_{k+1}-(R_{k1}A_1+\cdots+R_{kk}A_k)\in\mathbf{K}[u_1,\cdots,u_d]$$

且使

$$H_k(\tilde{\eta}_k) = H_k(\tilde{\eta}_{k+1}) \neq 0$$

今设 $F_{k+1} \in \mathbf{K}[u_1, \cdots, u_d; y_1, \cdots, y_{k+1}]$ 对 Φ_{k+1} 的余式不等于 0, 因此由引理 3 $F_{k+1}(\tilde{\eta}_{k+1}) \neq 0$. 今将 F_{k+1} 与 A_{k+1} 作为 y_{k+1} 的多项式对 y_{k+1} 作结式, 即得多项式 $U_{k+1}, V_{k+1} \in \mathbf{K}[u_1, \cdots, u_d, y_1, \cdots, y_{k+1}]$ 与 $F_k \in \mathbf{K}[u_1, \cdots, u_d, y_1, \cdots, y_k]$, 使

$$U_{k+1}F_{k+1} + V_{k+1}A_{k+1} = F_k \in \mathbf{K}[u_1, \cdots, u_d, y_1, \cdots, y_k]$$

其中 U_{k+1}, 对 y_{k+1} 的次数小于 A_{k+1} 对 y_{k+1} 的次数 m_{k+1}, V_{k+1} 对 y_{k+1} 的次数小于 F_{k+1} 对 y_{k+1} 的次数. 命以 $\eta_1, \cdots, \eta_k$ 代 $y_1, \cdots, y_k$ 时, 从 U_{k+1} 等所得 y_{k+1} 的多项式为 $\tilde{U}_{k+1}$ 等 $\in \mathbf{K}_k[y_{k+1}]$, 则从上式得

$$\tilde{U}_{k+1}\tilde{F}_{k+1} + \tilde{V}_{k+1}\tilde{A}_{k+1} = \tilde{F}_k$$

由于 $\tilde{A}_{k+1}$ 为 $\mathbf{K}_k[y_{k+1}]$ 中的不可约多项式, 而 $\tilde{A}_{k+1}(\eta_{k+1}) = 0$, $\tilde{F}_{k+1}(\eta_{k+1}) = F_{k+1}(\tilde{\eta}_{k+1}) \neq 0$, 故 $\tilde{F}_{k+1}$ 与 $\tilde{A}_{k+1}$ 不能有 y_{k+1} 的公共因子, 而有 $\tilde{F}_k \neq 0$, 或 $F_k(\tilde{\eta}_k) = F_k(\tilde{\eta}_{k+1}) \neq 0$. 因 $A_{k+1}(\tilde{\eta}_{k+1})=0$, 因而 $U_{k+1}(\tilde{\eta}_{k+1}) \neq 0$.

从 $F_k(\tilde{\eta}_k) \neq 0$ 依据引理 3 知, F_k 对 Φ_k 的余式不等于 0. 因而由归纳假设有 $G_k, Q_{k1}, \cdots, Q_{kk} \in \mathbf{K}[u_1, \cdots, u_k, y_1, \cdots, y_k]$ 满足 (T_k) 中的关系式:

$$G_kF_k - (Q_{k1}A_1 + \cdots + Q_{kk}A_k) \in \mathbf{K}[u_1, \cdots, u_k]$$

且

$$G_k(\tilde{\eta}_k) = G_k(\tilde{\eta}_{k+1}) \neq 0$$

今置

$$G_{k+1} = G_kU_{k+1}$$

$$Q_{k+1,1} = Q_{k1}, \cdots, Q_{k+1,k} = Q_{k,k}$$

$$Q_{k+1,k+1} = -G_kV_{k+1}$$

则有

$$G_{k+1}, Q_{k+1,1}, \cdots, Q_{k+1,k+1} \in \mathbf{K}[u_1, \cdots, u_d, y_1, \cdots, y_{k+1}]$$

$$G_{k+1}F_{k+1} - (Q_{k+1,1}A_1 + \cdots + Q_{k+1,k+1}A_{k+1}) \in \mathbf{K}[u_1, \cdots, u_d]$$

以及

$$G_{k+1}(\tilde{\eta}_{k+1}) = G_k(\tilde{\eta}_k)U_{k+1}(\tilde{\eta}_{k+1}) \neq 0$$

故 (T_{k+1}) 成立而引理得证.

设不可约升列 Φ 如前. 命Ω为所有 $K[u_1,\cdots,u_d,y_1,\cdots,y_n]$ 中对 Φ 的余式为 0 的多项式的集合. 依据引理 3, 这一集合显然成一模(module). 由 Hilbert 有限基定理, 在 Ω 中必可选取有限多个多项式, 使 Ω 的任一其他多项式都是这有限多个多项式的线性和, 和式中每一项的系数都是多项式. 我们不妨把 Φ 中的 $A_1,\cdots,A_n$ 都加入这些有限多个多项式中, 并记其所构成的多项式组为 Ω_Φ. 由于引理 3, 这一多项式组显然以 Φ 为它的一个基列, 又以 $\tilde{\eta}$ 为它的一个扩充零点. 今设有一多项式 G 以 $\tilde{\eta}$ 为它的一个扩充零点, 则据引理 3G 对 Φ 的余式为 0, 故由 Ω_Φ 的作法 G 可表为 Ω_Φ 中多项式的线性和, 因而 $G=0|\Omega_\Phi$. 由此知 Ω_Φ 的任一扩充零点都是 $\tilde{\eta}$ 的子点, 因而 Ω_Φ 是一不可约多项式组, 且以 $\tilde{\eta}$ 为它的一个母点.

这一从不可约升列 Φ 获得不可约多项式组 Ω_Φ 的证明是根据 Hilbert 的有限基定理. 由于Ω是一个超穷集合, 因而证明需依赖选择公理, 且只能证明 Ω_Φ 的存在. 但实际上我们可用一机械方法把这样一个由有限多个多项式所组成的组 Ω_Φ 在有限步内具体地构造出来. 换言之, 有下面的定理.

定理　有一机械方法使对任一不可约升列 Φ 可在有限步后作出一由有限多个包括 Φ 中多项式在内的不可约多项式组 Ω_Φ, 使 Ω_Φ 以 Φ 为基列, 并以 Φ 的母点为 Ω_Φ 的母点.

这一定理的证明并不简单. 由于在本书以后的应用中只需知道 Ω_Φ 的存在, 而这已由存在性的 Hilbert 有限基定理作为保证, 故我们只进行这一定理的叙述, 而将证明略去.

4.5　代数簇的构造性理论 —— 代数簇的不可约分解

本节将提出一个机械方法, 使得在有限步内将任一多项式组分解成不可约多项式组.

我们沿用上节的符号, 以 $\mathbf{K}$ 表示基本数域, $x_1\prec\cdots\prec x_N$ 表示排成一定次序的变量. 多项式在未明确表示时, 是指 $\mathbf{K}[x_1,\cdots,x_N]$ 中的多项式. 若

$$\Phi: A_1, A_2, \cdots, A_n$$

是一升列, 其类 p_i 有关系

$$0<p_1<\cdots<p_n$$

则如上节将改记 x 为 u, y, 并改变次序为

$$u_1\prec\cdots\prec x_d\prec y_1\prec\cdots\prec y_n$$

其中 $y_i=x_{pi}$, $d=N-n$, u_j 为诸 $k\neq p_i$ 的 x_k. 如前设

$$A_i=C_{i0}y_i^{m_i}+C_{i1}y_i^{m_i-1}+\cdots+C_{im_i}$$

其中 $C_{ij} \in \mathbf{K}[u_1, \cdots, u_d, y_1, \cdots, y_{i-1}], C_{i0} \neq 0$ 为 A_i 的初式, 将改记为

$$I_i = C_{i0} \in \mathbf{K}[u_1, \cdots, u_d, y_1, \cdots, y_{i-1}]$$

今设 $\varPhi$ 不可约, 以

$$\tilde{\eta} = (u_1, \cdots, u_d, \eta_1, \cdots, \eta_n)$$

为一母点, 其中诸 η_i 的意义同上节. 依上节定理, 有一不可约多项式组 $\varOmega_\varPhi$ 以 $\varPhi$ 为基列, 以 $\tilde{\eta}$ 为母点, 且 $\varOmega_\varPhi$ 可依一机械方法从 $\varPhi$ 作出. 因而 $\varPhi$ 不可约为 $\varPhi$ 可作为一不可约多项式组 $(\varOmega_\varPhi)$ 的基列的一个充分条件. 对此可作下述补充:

引理 1　设多项式组 $\varLambda$ 的基列 $\varPhi$ 不可约, $\varPhi$ 中各项 A_i 的类都大于 0, 而初式为 $I_i, i = 1, \cdots, n$. 又设 $\varLambda$ 中任一多项式对 $\varPhi$ 的余式都是 0, 则 $\varLambda$ 有一分解

$$|\varLambda| = |\varOmega_\varPhi| \cup |\varLambda + I_1| \cup \cdots \cup |\varLambda + I_n|$$

其中 $\varOmega_\varPhi$ 或其代数簇 $|\varOmega_\varPhi|$ 不可约.

证　对 $\varPhi$ 的余式为 0 的任一多项式特别是 $\varLambda$ 中的任一多项式 G 都有 $s_i \geqslant 0$ 与 $Q_i \in \mathbf{K}[u_1, \cdots, u_d, y_1, \cdots, y_n]$, 使

$$I_1^{s_1} \cdots I_n^{s_n} G = Q_1 A_1 + \cdots + Q_n A_n$$

依上节 G 必是 $\varOmega_\varPhi$ 中多项式的线性和, 故 $\varOmega_\varPhi$ 的任一扩充零点都是 G, 因此是 $\varLambda$ 的扩充零点, 反之对 $\varLambda$ 的任一扩充零点, 作为诸 A_i 的扩充零点, 依上式必为任一 G 或某一 I_i 的扩充零点, 即为 $\varOmega_\varPhi$ 或某一 $\varLambda + I_i$ 的扩充零点. 故有引理中的分解.

引理 2　设 $\varLambda, \varPhi$ 如引理 1, 且已知多项式组 $\varLambda$ 不可约

则

$$\varLambda \approx \varOmega_\varPhi \text{ 或 } |\varLambda| = |\varOmega_\varPhi|$$

证　命 $\varPhi$ 中各项的初式为 $I_i, i = 1, \cdots, n$, 则显有

$$|\varLambda + I_1| \cup \cdots |\varLambda + I_n| = |\varLambda + I_1 \cdots I_n|$$

因此引理 1 中的分解可简写为

$$|\varLambda| = |\varOmega_\varPhi| \cup |\varLambda + I_1 \cdots I_n|$$

因 $\varPhi$ 的母点也是 $\varOmega_\varPhi$ 的母点不能是 $I_1 \cdots I_n$ 的扩充零点, 故

$$|\varOmega_\varPhi| \not\subset |\varLambda + I_1 \cdots I_n|$$

若 $\varLambda$ 有扩充零点, 且非 $\varOmega_\varPhi$ 的扩充零点, 因而为 $\varLambda + I_1 \cdots I_n$ 的扩充零点, 将有

$$|\varLambda + I_1 \cdots I_n| \not\subset |\varOmega_\varPhi|$$

而 $|\Lambda|$ 有一不可缩分解与 Λ 不可约的假设相违, 故有 $|\Lambda| \subset |\Omega_\Phi|$. 反之有 $|\Omega_\Phi| \subset |\Lambda|$, 故得 $|\Lambda| = |\Omega_\Phi|$. 如所欲证.

今试考虑升列 Φ 如前, 但 Φ 非不可约的情形. 这时应有一 k, 使

$$\Phi_{k-1} : A_1, A_2, \cdots, A_{k-1}$$

不可约, 且以

$$\tilde{\eta}_{k-1} = (u_1, \cdots, u_d, \cdots, \eta_1, \cdots, \eta_{k-1})$$

为一母点, 但 A_k 中在以 $\eta_1, \cdots, \eta_{k-1}$ 代 $y_1, \cdots, y_{k-1}$ 后所得多项式 $\tilde{A}$ 在 $\mathbf{K}_{k-1}[y_k]$ 中可约, 这里 $\mathbf{K}_{k-1} = \mathbf{K}_0(\eta_1, \cdots, \eta_{k-1})$. 设 $\tilde{A}_k$ 在 $\mathbf{K}_{k-1}[y_k]$ 中的不可约因子分解为

$$\tilde{A}_k = g_1 \cdots g_h$$

其中 $g_i \in \mathbf{K}_{k-1}[y_k]$ 不可约, 而 $h \geqslant 2$. 因 g_i 中诸 y_k 幂次的系数都是 $\mathbf{K}_{k-1}$ 中的元素而可表示为两个 $u_1, \cdots, u_d, \eta_1, \cdots, \eta_{k-1}$ 的多项式之商, 故经通分后可得一式

$$\tilde{D}\tilde{A}_k = \tilde{G}_1 \cdots \tilde{G}_h$$

其中 $D \in \mathbf{K}[u_1, \cdots, u_d, y_1, \cdots, y_{k-1}], G_i \in \mathbf{K}[u_1, \cdots, u_d, y_1, \cdots, y_k]$, 而 $\tilde{D}$,$\tilde{G}_i$ 为将 D, G_i 中 $y_1, \cdots, y_{k-1}$ 代以 $\eta_1, \cdots \eta_{k-1}$ 后所得 y_k 的多项式 $\in \mathbf{K}_{k-1}[y_k]$. 这里还不妨将 D 看作对 Φ_{k-1} 已经约化. 同样也不妨假定 G_j 已经对 Φ_k 约化.

今将多项式 $G_1 \cdots G_h - DA_k$ 按 y_k 的幂次展开, 设为

$$G_1 \cdots G_h - DA_k = \sum_j B_j y_k^j$$

其中 $B_j \in \mathbf{K}[u_1, \cdots, u_d, y_1, \cdots, y_{k-1}]$. 命以 $\eta_1, \cdots, \eta_{k-1}$ 代入 B_j 中 $y_1, \cdots, y_{k-1}$ 所得 $\mathbf{K}_{k-1} = \mathbf{K}_0(\eta_1, \cdots, \eta_{k-1})$ 中的数为 b_j, 则由于 $\tilde{D}\tilde{A}_k = \tilde{G}_1 \cdots \tilde{G}_h$, 故得 b_j=0. 换言之, 每一 B_j 都以 η_{k-1} 为一扩充零点, 故依上节引理 3 证明中所示, 每一 B_j 对不可约升列 Φ_{k-1} 的余式都为 0, 即有非负整数 $s_{j1}, \cdots, s_{j,k-1}$ 与多项式 $Q_{ji} \in \mathbf{K}[u_1, \cdots, u_d, y_1, \cdots, y_{k-1}]$, 使 $(C_{i0} = I_i)$

$$I_1^{s_{j1}} \cdots I_{k-1}^{s_{j,k-1}} B_j = \sum_{i=1}^{k-1} Q_{ji} A_i$$

命 $s_i = \operatorname*{Max}_j (s_{ji})$, 即得

$$I_1^{s_1} \cdots I_{k-1}^{s_{k-1}} (G_1 \cdots G_h - DA_k) = \sum_{i=1}^{k-1} Q_i A_i$$

或

$$I_1^{s_1}\cdots I_{k-1}^{s_{k-1}}G_1\cdots G_h=\sum_{i=1}^{k}Q_iA_i$$

其中 Q_i 都是 $u_1,\cdots,u_d,y_1,\cdots,y_k$ 的多项式.

从上式容易得出下面的引理:

引理 3　设多项式组 Λ的基列为Φ, Φ 中各项 A_i 的类都大于 0, 初式为 $I_i,i=1,\cdots,n$. 又设 Φ 可约, 即有 k 使 Φ 的首 $k-1$ 项所成升列 Φ_{k-1} 不可约, 以 $\tilde{\eta}_{k-1}\in\mathbf{K}_{k-1}$ 为母点, 而第 k 项 A_k 在以 $\tilde{\eta}_{k-1}$ 代其中相应变量后所得多项式可约, 从不可约分解得多项式 $\mathrm{G}_1,\cdots,G_h$, 则有一分解

$$|\Lambda|=|\Lambda+I_1|\cup\cdots\cup|\Lambda+I_{k-1}|\cup|\Lambda+G_1|\cup\cdots\cup|\Lambda+G_h|$$

证　上式右端任一Λ+I_i 或Λ+G_j 的扩充零点都是 Λ 的扩充零点. 反之, Λ 的任一扩充零点应是诸 A_i 的扩充零点. 因而依引理前面的一式必是某一 I_i 或某一 G_j 的扩充零点. 也即是某一 Λ+I_i 或某一 Λ+G_j 的扩充零点, 由此即得分解式.

引理 4　设多项式组 Λ 以 Φ 为基列, 如引理 1 或 3 所示. 则在引理 1 或 2 的 $|\Lambda|$ 的分解式中, 右端出现的任一多项式组 Λ+I_i 或 Λ+G_j 的基列比 Φ 都有较低的秩.

证　由于 I_i 显然已对 Φ 约化, 又诸 G_j 已假定对 Φ_k 因而对 Φ 约化, 故本引理可直接从 4.3 节的引理 3 得出.

引理 5　设多项式组 Λ 不可约, 并以不可约的升列 Φ 为其基列. 又设多项式组 Λ, Λ' 中每一多项式对 Φ 的余式为 0, 则

$$|\Lambda|\cup|\Lambda'|=|\Lambda'|$$

即分解 $|\Lambda|\cup|\Lambda'|$ 可缩.

证　由引理 2 有 $|\Omega_\Phi|=|\Lambda|$. 按假设, Λ' 中的任一多项式 G' 对 Φ 的余式为 0, 故由上节引理 3, G' 以 Φ 的母点即 Ω_Φ 的母点为扩充零点, 因而 G'=0$|\Omega_\Phi$. 由此得 Λ'=0$|\Omega_\Phi$ 或 $|\Omega_\Phi|\subset|\Lambda'|$, 亦即 $|\Lambda|\subset|\Lambda'|$, 故引理成立.

依据以上诸引理以及 4.3 和 4.4 节即可得出将任一多项式组作出不可缩的不可约分解的机械方法如次.

设给定的多项式组为 Σ. 依据 4.3 节的整序定理, 可依机械方法逐次扩充 Σ, 以得一多项式组的递增序列

$$\Sigma=\Sigma_1\subset\Sigma_2\subset\cdots\subset\Sigma_q=\Lambda$$

使各多项式组都互相等价, 即

$$\Sigma=\Sigma_1\approx\Sigma_2\approx\cdots\approx\Sigma_q=\Lambda$$

此时出现两种情形. 一是在某一步时 $\varLambda$ 成为一矛盾组即其基列只有一项为 $\mathbf{K}_0$ 中的不等于 0 的数. 这时 $\varSigma$ 本身为矛盾组即无扩充零点可言. 故只需考虑另一情形. 这时 $\varLambda$ 有一基列

$$\varPhi : A_1, A_2, \cdots, A_n$$

以 $I_1, \cdots, I_n$ 为初式, A_1 的类大于 0, 并具有以下性质: $\varLambda$ 中任一多项式对 $\varPhi$ 的余式都等于 0,$\varSigma$ 的任一扩充零点都是 $\varPhi$ 的扩充零点, 而 $\varPhi$ 的任一扩充零点只需不是任一初式 I_i 的扩充零点, 即也是 $\varSigma$ 的扩充零点.

今依 4.2 节中的机械方法可以检查 $\varPhi$ 是否可约, 即诸 A_i 在逐步扩充的数域 $\mathbf{K}_{i-1}$ 中是否可约. 此时可有两种情形.

在第一种情形中 $\varPhi$ 不可约. 这时依引理 1 有分解

$$|\varLambda| = |\varOmega_{\varPhi}| \cup |\varLambda + I_1| \cup \cdots \cup |\varLambda + I_n|$$

其中已知 $\varOmega_{\varPhi}$ 不可约, 而诸 $\varLambda + I_i$ 都有秩较 $\varLambda$ 为低的基列. 今对每一 $\varLambda + I_i$ 可作为一新的多项式组 $\varSigma$ 而如前重新开始.

在第二种情形中 $\varPhi$ 可约. 这时依引理 3 有分解

$$|\varLambda| = |\varLambda + I_1| \cup \cdots \cup |\varLambda + I_{k-1}| \cup |\varLambda + G_1| \cup \cdots \cup |\varLambda + G_h|$$

其中任一 $\varLambda + I_i$ 或 $\varLambda + G_j$ 都有秩较 $\varLambda$ 为低的基列, 于是可对每一 $\varLambda + I_i$ 或 $A + G_j$ 作为新的多项式组而如前重新开始.

不论何种情形, 试将每一 $\varLambda + I_i$ 或 $\varLambda + G_j$ 逐一作为新多项式组 $\varSigma'$ 而如前进行, 得序列

$$\varSigma' = \varSigma'_1 \approx \varSigma'_2 \approx \cdots \approx \varSigma'_{q'} = \varLambda'$$

$\varLambda'$ 的基列系由一不等于 0 的 $\mathbf{K}$ 中的数所构成时, 可将 $|\varLambda'|$ 也即原来的 $|\varLambda + I_i|$ 或 $|\varLambda + G_j|$ 从分解式中除去. 对于相反情形 $|\varLambda'|$ 将分解为若干个具有基列的秩较前为低的多项式组的代数簇, 或除此外还另有一以不可约升列 $\varPhi'$ 作为基列的不可约多项式组 $\varOmega_{\varPhi'}$. 可依引理 5 检查是否 $\varOmega_{\varPhi'}$, 可从分解中除去或在以后的分解中继续保留. 这样我们获得了 $|\varLambda|$, 也即 $|\varSigma|$ 的进一步分解. 其中已出现若干个不可约多项式组 $\varOmega_{\varPhi}$, $\varOmega_{\varPhi'}$ 以及若干个 $\varLambda' + I'$ 或 $\varLambda' + G'$ 一类的多项式组. 对于后者可进一步分解.

由于每一次需要进一步分解的 $\varLambda' + I'$ 或 $\varLambda' + G'$ 都有秩较前为低的基列, 故由 4.3 节的引理 1 或引理 $1'$, 这种分解在有限步后必然停止. 因此在有限步后必可得一分解如下:

$$|\varSigma| = |\varOmega \varPhi_1| \cup |\varOmega_{\varPhi_2}| \cup \cdots \cup |\varOmega_{\varPhi_s}|$$

其中 $\varPhi_i$ 都是不可约升列, $\varOmega_{\varPhi_i}$ 为依 4.4 节定理所确定的不可约多项式组.

依据上面的作法, 每一 $|\Omega_{\Phi_i}|$ 都不能 $\subset$ 以后出现的 $|\Omega_{\Phi_j}|, j > i$ 中, 但不能保证某一 $|\Omega_{\Phi_i}|$ 可 $\subset$ 前面出现的某一 $|\Omega_{\Phi_j}|, j < i$ 中. 这是因为在做法中每次应用 4.4 节的定理时, 实际上只要求对 Φ_i, 有 Ω_{Φ_i} 存在这一事实. 如果我们假定该定理的全部, 即由 Φ_i 可具体作出 Ω_{Φ_i} 的多项式时, 就可应用引理 5 检查是否某一 $|\Omega_{\Phi_i}| \subset$ 前面一个 $|\Omega_{\Phi_j}|, j < i$ 中, 而可从上面分解式中收缩掉. 因此在 4.4 节中定理的作法给出的情形下, 即可获得 $|\Sigma|$ 的一个不可缩的不可约分解. 总结起来, 即有下述定理.

定理 有一机械方法可在有限步之后对任一多项式组 Σ 得一不可缩的不可约分解

$$|\Sigma| = |\Omega_{\Psi_1}| \cup \cdots \cup |\Omega_{\Psi_t}|$$

其中每一 Ψ_i 都是 Ω_{Ψ_i} 的不可约基列.

在机器证明的具体应用中, 事实上不必将 $|\Sigma|$ 分解到不可缩的程度, 而只需进行到前面那种或许是可缩的分解即已足够. 因而 4.4 节中的定理对我们的应用来说只需知道它的存在部分即可.

4.6 代数簇的构造性理论 —— 维数概念与维数定理

仍设特征为 0 的基本数域 $\mathbf{K}$ 与变量

$$x_1 \prec x_2 \prec \cdots \prec x_N$$

如前. 设 Σ 是一不可约多项式组, 则在将 x_i 改变符号并重新排列为

$$u_1 \prec \cdots \prec x_d \prec y_1 \prec \cdots \prec y_n \qquad (n+d=N)$$

后, Σ 的基列

$$\Phi : A_1, A_2, \cdots, A_n$$

具有以下性质:

$$A_i = C_{i0} y_i^{m_i} + C_{i1} y_i^{m_{i-1}} + \cdots + C_{im_i}$$

其中 $C_{ij} \in \mathbf{K}[u_1, \cdots, u_d, y_1, \cdots, y_{i-1}], \mathbf{K}_0 = \mathbf{K}(u_1, \cdots, u_d), \mathbf{K}_i = \mathbf{K}_{i-1}(\eta_i), A_i$ 中以 $\eta_1, \cdots, \eta_{i-1}$ 代 $y_1, \cdots, y_{i-1}$ 后所得多项式 $\tilde{A}_i$ 在 $\mathbf{K}_{i-1}[y_i]$ 中不可约, η_i 为 $\tilde{A}_i=0$ 的扩充解. 如前

$$\tilde{\eta} = (u_1, \cdots, u_d, \eta_1, \cdots, \eta_n)$$

称为不可约升列 Φ 的一个母点, d 称为Φ的维数, 记作

$$d = \dim \Phi$$

在 Σ 与 Φ 间有以下关系. Φ 是 Σ 的基列, 而 Σ 等价于从 Φ 依一机械作法定义的不可约多项式组Ω_Φ: $\Sigma\approx\Omega_\Phi$ 或 $|\Sigma|=|\Omega_\Phi|$. 恢复 u, y 的原来符号 x 并依原来排列而将 $\tilde{\eta}$ 改为 $\tilde{\xi}=(\xi_1,\cdots,\xi_N)$(括号中排列次序在两种符号中有所不同, 但不应引起混淆), 则 $\tilde{\xi}$ 为不可约代数簇 $|\Sigma|$ 的一个母点. 又对任一多项式 $F\in\mathbf{K}[x_1,\cdots,x_N]$, 以下诸条件等价:

1. $F{=}0|\Sigma$.

2. $F{=}0$ 以 $\tilde{\xi}$ 为扩充解.

3. F 对 Φ 的余式为 0.

4. F 为 Ω_Φ 中多项式的线性和, 和中每一项的系数都是 $\mathbf{K}[x_1,\cdots,x_N]$ 中的多项式.

这些性质都已在前面几节中证明过, 现再补充另一性质. 为此称 $\mathbf{K}$ 的一个扩域 $\tilde{\mathbf{K}}$ 对 $\mathbf{K}$ 的*超越度*为 d, 如果 $\tilde{\mathbf{K}}$ 有 d 个数对 $\mathbf{K}$ 代数无关, 而 $\tilde{\mathbf{K}}$ 中任意 $d{+}1$ 个数都对 $\mathbf{K}$ 代数相关, 即 d 为 $\tilde{\mathbf{K}}$ 中对 $\mathbf{K}$ 代数无关的数的最小个数. 这里*代数无关*则如下定义: $\tilde{\mathbf{K}}$ 中 e 个数 $\tau_1,\cdots,\tau_e$ 称为对 $\mathbf{K}$ *代数无关*, 如果对任一非 0 多项式 $f(t_1,\cdots,t_e)\in\mathbf{K}[t_1,\cdots,t_e]$ 都有 $f(\tau_1,\cdots,\tau_e)\neq 0$.

如前, 称以 Φ 的母点 $\tilde{\xi}=(\xi_1,\cdots,\xi_N)$ 或 $\tilde{\eta}=(u_1,\cdots u_d,\eta_1,\cdots,\eta_n)$ 添入 $\mathbf{K}$ 所得扩域

$$\tilde{\mathbf{K}}=\mathbf{K}(u_1\cdots,u_d,\eta_1,\cdots,\eta_n)=\mathbf{K}(\xi_1,\cdots,\xi_N)$$

为 Φ 的*母域*, 则因 $\tilde{\mathbf{K}}$ 是 $\mathbf{K}_0=\mathbf{K}(u_1,\cdots,u_d)$ 的代数扩张而 $\mathbf{K}_0$ 对 $\mathbf{K}$ 的超越度显为 d, 故由数域代数扩张的一般理论有下面的引理:

引理 1　设不可约升列 Φ 的母点 $\tilde{\eta}$ 或 $\tilde{\xi}$ 与母域 $\mathbf{K}=\mathbf{K}(\tilde{\xi}){=}\mathbf{K}(\tilde{\eta})$, 则 $\dim\Phi$ 即 $\mathbf{K}$ 对 $\mathbf{K}$ 的超越度.

引理 2　设基与 $(x_1,\cdots,x_N)$ 相应的 $\mathbf{K}$ 上线性空间 $\mathbf{K}^N$ 中有两个扩充点 $\tilde{\xi}=(\xi_1,\cdots,\xi_N)$ 与 $\xi'=(\xi',\cdots,\xi'_N)$, 其中 $\tilde{\xi}'$ 是 $\tilde{\xi}$ 的子点. 则扩域 $\tilde{\mathbf{K}}'=\mathbf{K}(\xi'_1,\cdots,\xi'_N)$ 的超越度 $\leqslant$ 扩域 $\tilde{\mathbf{K}}=\mathbf{K}(\xi_1,\cdots,\xi_N)$ 对 $\mathbf{K}$ 的超越度.

证　设 $\tilde{\mathbf{K}}$ 对 $\mathbf{K}$ 的超越度为 d. 在 $\xi'_1,\cdots,\xi'_N$ 中考虑任意 $d{+}1$ 个, 例如 $\xi'_{i_1},\cdots,\xi'_{i_{d+1}}$. 由于 $\tilde{\mathbf{K}}$ 对 $\mathbf{K}$ 的超越度为 d, 故 $\xi_{i_1},\cdots,\xi_{i_{d+1}}$ 对 $\mathbf{K}$ 代数相关, 即有非 0 多项式 $F(z_1,\cdots,z_{d+1})\in\mathbf{K}[z_1,\cdots,z_{d+1}]$, 使 $F(\xi_{i_1},\cdots,\xi_{i_{d+1}})=0$. 由于 $\tilde{\xi}'$ 是 $\tilde{\xi}$ 的子点, 故也有 $F(\xi'_{i_1},\cdots,\xi'_{i_{d+1}})=0$, 因而 $\xi'_{i_1},\cdots,\xi'_{i_{d+1}}$. 对 $\mathbf{K}$ 代数相关. 由代数扩域的一般理论即知任意 $\tilde{\mathbf{K}}'$ 中 $d+1$ 个元素都代数相关, 即 $\tilde{\mathbf{K}}'$ 对 $\mathbf{K}$ 的超越度 $\leqslant d$. 证毕.

定理　设两等价的不可约多项式组 Σ与 Σ' 各有不可约基列 Φ 与 Φ', 则

$$\dim\Phi=\dim\Phi'$$

证　设 Φ, Φ' 的母点各为 $\tilde{\xi}$ 与 $\tilde{\xi}'$, 则 $\tilde{\xi}$ 与 $\tilde{\xi}'$ 也是不可约代数簇 $|\Sigma|$ 与 $|\Sigma'|$ 的母点. 因$\Sigma\approx\Sigma'$, 故 $|\Sigma|$ 与 $|\Sigma'|$ 有相同的扩充零点集. 于是, $\tilde{\xi}'$ 也是 $|\Sigma|$ 的扩充零点

且为 $|\Sigma|$ 母点 $\tilde{\xi}$ 的一个子点. 同样 $\tilde{\xi}$ 也是 $\tilde{\xi}'$ 的子点. 由引理 2, 扩域 $\mathbf{K}(\tilde{\xi})$ 与 $\mathbf{K}(\tilde{\xi}')$ 对 $\mathbf{K}$ 的超越度相等, 也即 $\dim\Phi=\dim\Phi'$. 证毕.

由于这一定理, 下面的定义是合理的.

定义 设不可约多项式组 Σ 的基列为 Φ, 则 Φ 的维数也称为 Σ 的维数或不可约代数簇 $|\Sigma|$ 的维数, 记作 $\dim \Sigma$ 或 $\dim |\Sigma|$. 对任一多项式组 Σ, 依上节可作出 $|\Sigma|$ 的不可缩的不可约分解. 这一分解中不可约成分维数的最大者称为 Σ 或 $|\Sigma|$ 的维数, 仍记为 $\dim \Sigma$或 $\dim |\Sigma|$.

本节的目的在于证明下面的定理:

维数定理 设不可约多项式组 Σ 与其不可约基列 Φ, 又设 B 为任一对 Φ 的余式不等于 0 的多项式, 则

$$\dim(\Sigma+B)<\dim\Sigma$$

证 设 Φ: $A_1, A_2, \cdots, A_n$ 以及母点 $\tilde{\eta}=(u_1,\cdots,u_d,\eta_1,\cdots,\eta_n)$ 如前, 则

$$\dim\Sigma=\dim\Phi=d$$

今依 4.4 节引理 4, 必有多项式

$$C, Q_i\in\mathbf{K}[u_1,\cdots,u_d,y_1,\cdots,y_n]\qquad i=1,\cdots,n$$

使

$$D=CB-(Q_1A_1+\cdots+Q_nA_n)\in\mathbf{K}[u_1,\cdots,u_d]$$

且使

$$C(\tilde{\eta})\neq 0$$

由此得

$$D(u_1,\cdots,u_d)\neq 0$$

今设多项式组 Λ 是 $\Sigma+B$ 的任一不可约成分, 且

$$\tilde{\zeta}=(v_1,\cdots,v_d,\zeta_1,\cdots,\zeta_n)$$

是 Λ 的一个母点. 由于 $\tilde{\zeta}$ 也是 Σ 的一个扩充零点, 故 $\tilde{\zeta}$ 是 Σ 母点 $\tilde{\eta}$ 的一个子点, 特别有

$$A_i(\tilde{\zeta})=0\qquad i=1,\cdots,n$$

此外又有

$$B(\tilde{\zeta})=0$$

故得 $D(\tilde{\zeta})=0$, 即

$$D(v_1,\cdots,v_d)=0$$

因而 $v_1, \cdots, v_d$ 代数相关.

由于 $\tilde{\eta}$ 的超越度是 d, 而 $u_1, \cdots, u_d$ 代数无关, 故对每一 $i = 1, \cdots, n$ 有非 0 多项式 $P_i \in \mathbf{K}[u_1, \cdots, u_d, t]$, 使

$$P_i(u_1, \cdots, u_d, \eta_i) = 0$$

而在 P_i 中 t 最高幂次的系数为 $u_1, \cdots, u_d$ 的非 0 多项式. 由于 $\tilde{\zeta}$ 是 $\tilde{\eta}$ 的子点, 故得

$$P_i(v_1, \cdots, v_d, \zeta_i) = 0$$

由此可推出 ζ_i 代数依赖于 $v_1, \cdots, v_d$, 即在 $v_1, \cdots, v_d, \zeta_1, \cdots, \zeta_n$ 间代数无关的个数至多为 $d-1$, 故

$$\dim \Lambda = \dim \tilde{\zeta} \leqslant d - 1$$

因对$\Sigma + B$ 的任一不可约成分Λ都如此, 故得此定理.

这一维数定理在直观上颇为显然, 但其证明却并不简单, 不妨参阅一些流行的代数几何著作, 即可看到证明往往需要用到颇为艰深的工具. 例如 Hodge-Pedoe[1] 中的证明用到了周炜良坐标, Van der Waerden[3] 一书的证明用到了代数对应原理, Gröbner[1] 一书则用到了 Hilbert 的示性多项式理论等. 这里的证明似乎简单得多, 而且既是初等又是构造性的.

4.7 无序几何机械化定理的证明

本节将给出在 4.1 节中即已提出的机械化定理的证明. 为此先作若干准备.

仍设一组变量 $x_1, \cdots, x_N$ 排列成一次序

$$x_1 \prec x_2 \prec \cdots \prec x_N$$

又设特征为 0 的基本数域 $\mathbf{K}$ 与 $\mathbf{K}[x_1, \cdots, x_N]$ 中一组多项式的升列

$$\Phi : A_1, A_2, \cdots, A_n$$

其类 p_i 满足

$$0 < p_1 < p_2 < \cdots < p_n$$

改写 x_{pi} 为 y_i, 又改写其余诸 x 为 $u_1, \cdots, u_d$, 这里 $d = N - n$. 则 A_i 可写成形式

$$A_i = c_{i0} y_i^{m_i} + c_{i1} y_i^{m_{i-1}} + \cdots + c_{im_i}$$

其中

$$c_{ij} \in \mathbf{K}[u_1, \cdots, u_d, y_1, \cdots, y_{i-1}] \qquad (i = 1, \cdots, n; j = 0, 1, \cdots, m_i)$$

置

$$I_i = c_{i0} \in \mathbf{K}[u_1;\cdots,u_d,y_1,\cdots,y_{i-1}]$$

则 I_i 即 A_i 的初式, $i=1,\cdots,n$. 我们称每一

$$I_i \neq 0$$

为一非退化条件.

今设 $\mathbf{K}[u_1,\cdots,u_d,y_1,\cdots,y_n]$ 中一多项式 G. 作 G 对 Φ 的余式 R, 则由余式公式有

$$I_1^{s_1}\cdots I_n^{s_n}G = Q_1A_1+\cdots+Q_nA_n+R$$

其中 $s_i \geqslant 0$, $Q_i \in \mathbf{K}[u_1,\cdots,u_d,y_1,\cdots,y_n]$.

我们将探求

$$G=0$$

可从 A_i=0, $i=1,\cdots,n$, 推出的充要条件, 实际上我们将证明在非退化条件 $I_i \neq 0$ 下以及 Φ 不可约时这一充要条件即是 R=0.

由上余式公式, 不论 Φ 是否不可约, 条件的充分性都是显然的.

定理 1 设 Φ, A_i, I_i, G 如上, 则不论 Φ 是否可约, 在非退化条件

$$I_i \neq 0 \qquad i=1,\cdots,n$$

下, R=0 时, G=0 可从 A_i=0, $i=1,\cdots,n$ 推出.

在 Φ 不可约时, R=0 将不仅是在非退化条件下 G=0 可从 A_i=0 推出的充分条件, 而且也是必要条件. 但这时的证明要困难得多. 见下面的定理.

定理 2 设 Φ, A_i, I_i, G 如上, 而 Φ 不可约, 若 G=0 在非退化条件 $I_i \neq 0$ 下可从 A_i=0, $i=1,\cdots,n$ 推出 (对某一适当的 $\mathbf{K}$ 的扩域而言), 则 G 对 Φ 的余式为 R=0.

证 我们将设 $R \neq 0$ 而得出矛盾. 为此应用 4.4 节引理 4 知, 有多项式 S, $Q_i \in \mathbf{K}[u_1,\cdots,u_d,y_1,\cdots,y_n]$, 使

$$T = SR-(Q_1A_1+\cdots+Q_nA_n) \in \mathbf{K}[u_1,\cdots,u_d]$$

且 T 为非 0 多项式: $T \neq 0$. 又由 4.4 节中引理 3 及其证明知 A_i 的初式 I_i 的余式不等于 0, 故同样有 J_i, $Q_{ij} \in \mathbf{K}[u_1,\cdots,u_d,y_1,\cdots,y_{i-1}]$, 使

$$H_i = J_iI_i-(Q_{i1}A_1+\cdots+Q_{i,i-1}A_{i-1}) \neq 0 \text{ 且 } \in \mathbf{K}[u_1,\cdots,u_d]$$

于是在 $\mathbf{K}^d(u_1,\cdots,u_d)$ 中有一点 $\overline{u}=(\overline{u}_1,\cdots,\overline{u}_d)$ 使在 $\overline{u}$ 上有

$$TH_1\cdots H_n \neq 0$$

这里 $\overline{u}$ 可取为任一 d 维方体中的一个内部有理点.

今将对 i 归纳证明在 $\mathbf{K}$ 的适当扩域中有数 $\overline{\eta}_i$, 使点

$$\zeta_i=(\overline{u}_1,\cdots,\overline{u}_d,\overline{\eta}_1,\cdots,\overline{\eta}_i)\in\mathbf{K}^{d+i}(u_1,\cdots,u_d,y_1,\cdots,y_i)$$

满足关系式

$$A_i(\zeta_i)=0 \qquad I_{i+1}(\zeta_i)\neq 0$$

首先在 i=1 时, 命将 $\overline{u}_1,\cdots,\overline{u}_d$ 代 $u_1,\cdots,u_d$, 从 A_1 与 I_1 所得的多项式与数分别记为 $\overline{A}_1\in\mathbf{K}[y_1]$ 与 $\overline{I}_1\in\mathbf{K}$. 由于

$$H_1=J_1I_1$$

在 $\overline{u}$ 处不等于 0, 故 $\overline{I}_1\neq0$, $\overline{A}_1$ 为一 y_1 的次数 $m_1\geqslant1$ 的多项式, 因而可在 $\mathbf{K}$ 的某一扩域中取 $\overline{\eta}_1$, 使 $\overline{A}_1(\overline{\eta}_1)$=0 或 $A_1(\zeta_1)$=0. 又由于

$$H_2=J_2I_2-Q_{21}A_1$$

$$H_2(\zeta_1)=H_2(\overline{u})\neq 0$$

故得

$$I_2(\zeta_1)\neq 0$$

即归纳假设在 i=1 时成立.

今设 $\overline{\eta}_1,\cdots,\overline{\eta}_i,\zeta_i$ 已求得满足归纳假设并进而求 $\overline{\eta}_{i+1}$, 与 ζ_{i+1} 如次.

命以 $\overline{u}_1,\cdots,\overline{u}_d,\overline{\eta}_1,\cdots,\overline{\eta}_i$ 代 $u_1,\cdots,u_d,y_1,\cdots,y_i$ 从 A_{i+1} 所得的多项式为 $\overline{A}_{i+1}\in\tilde{\mathbf{K}}[y_{i+1}]$, 此处 $\tilde{\mathbf{K}}$ 为含有 $\overline{\eta}_1,\cdots,\overline{\eta}_i$ 的某一 $\mathbf{K}$ 的扩域. 这时 $\overline{A}_{i+1}$ 中 y_{i+1} 最高次项 $y_{i+1}^{m_i+1}$ 的系数为. $I_{i+1}(\zeta_i)\neq0$. 因而可在 $\tilde{\mathbf{K}}$ 或即 $\mathbf{K}$ 的某一扩域中取 $\overline{\eta}_{i+1}$, 使 $\overline{A}_{i+1}(\overline{\eta}_{i+1})$=0 或

$$\overline{A}_{i+1}(\zeta_{i+1})=0$$

今有

$$H_{i+2}=J_{i+2}I_{i+2}-(Q_{i+2,1}A_1+\cdots+Q_{i+2,i+1}A_{i+1})$$

$$H_{i+2}(\zeta_{i+1})=H_{i+2}(\overline{u})\neq 0$$

以及

$$A_1(\zeta_{i+1})=A_1(\zeta_1)=0$$

$$\cdots\cdots$$

$$A_{i+1}(\zeta_{i+1})=0$$

故代入 H_{i+2} 一式得

$$I_{i+2}(\zeta_{i+1}) \neq 0$$

至此归纳得证.

由于 R 是 G 对 Φ 的余式, 故有 $s_i \geqslant 0$ 与多项式 $B_i \in \mathbf{K}[u_1, \cdots, u_d, y_1, \cdots, y_n]$, 使

$$I_1^{s_1} \cdots I_n^{s_n} G = B_1 A_1 + \cdots + B_n A_n + R$$

由上述归纳证明有

$$I_i(\zeta_n) \neq 0 \qquad A_i(\zeta_n) = 0$$

依定理假设在非退化条件 $I_i \neq 0$ 下 $G=0$ 可从 $A_i=0$ 推出, 故由上式应有

$$G(\zeta_n) = 0$$

因此以 ζ_n 代入 G 的余式公式时, 可得

$$R(\zeta_n) = 0$$

但依 $\overline{u}$ 的取法有

$$T(\zeta_n) = T(\overline{u}) \neq 0$$

故以 ζ_n 代入

$$T = SR - \Sigma Q_i A_i$$

一式得出矛盾.

由此知 $R \neq 0$ 的假定不能成立, 而定理得证.

以下将给出无序几何机械化定理的证明.

给定一个无序几何中的几何语句 (S), 我们的目的在于给出一个机械化方法以判定 (S) 是否成立. 为此先选定坐标系, 给出各点的坐标, 并将所涉及的坐标用 x_i 表示, 且排成一定次序:

$$x_1 \prec x_2 \prec \cdots \prec x_N$$

其次将语句 (S) 中所提及的各种几何关系通过坐标间的代数关系来表达, 于是语句 (S) 中的假设相当于一组方程:

$$F_1 = 0, \cdots, F_s = 0$$

这里 F_i 是 $\mathbf{K}[x_1, \cdots, x_N]$ 中的多项式, $\mathbf{K}$ 是相应几何的附属数域, 其特征为 0. 实际上这些 F_i 都可取为有理系数或整系数的多项式, 语句 (S) 的结论则相当于另一组方程:

$$G_1 = 0, \cdots, G_t = 0$$

这里 G_j 也是 $\mathbf{K}[x_1, \cdots, x_N]$ 中的多项式, 实际上也是有理系数或整系数的多项式. 不失一般性, 不妨直接设 G_j 只有一个, 以下记为 G, 诸 F_i 称为语句 (S) 的假设多项式, 而诸 G_j 或 G 称为语句 (S) 的终结多项式,

至此机械化定理的证明在于给出一个机械化方法, 使得足以在有限步内给出一组非退化条件多项式 $D_1, \cdots, D_r$, 这里诸 D_k 都是 $\mathbf{K}[x_1, \cdots, x_N]$ 的多项式, 而实际上系数都是有理数或整数, 又依这一机械化方法足以在有限步内判定在非退化条件

$$D_1 \neq 0, \cdots, D_r \neq 0$$

下, G=0 是否可从 F_1=0,$\cdots$, F_s=0 推出.

运用前几节所发展了的代数几何的语言, 上述机械化定理的证明方法也可以甚至更为精确地表达如下:

记诸假设多项式 F_i 所成的多项式组为

$$\Sigma = \{F_i\}$$

Σ 定义了一个代数簇 $|\Sigma|$, 有一确定的维数 d, 试依一机械化方法求得一组非退化条件 $D_1, \cdots, D_r$, 使将每一 D_i 添入 Σ 后, 所得多项式组 $\Sigma+D_i$ 所定义的代数簇 $|\Sigma+D_i|$ 的维数都小于 d. 又依这一机械化方法判定在条件 $D_1 \neq 0, \cdots, D_r \neq 0$ 下, 也即代数簇 $|\Sigma|$ 在除去 $|\Sigma+D_i|$ 这些真子簇后所余下的部分上 G 是否等于 0.

本章以前各节关于构造性的代数簇理论以及本节的两个定理已经提供了如下的一种机械化方法.

依 4.5 节可将代数簇 $|\Sigma|$ 作出它的不可约分解, 其中每一不可约成分都有一不可约基列 Φ_i, 且这一成分即由这一基列所定, 依以前的记号为 $|\Omega_{\Phi_i}|$. 又每一 $|\Omega_{\Phi_i}|$ 的维数 d_i 如果小于 $|\Sigma|$ 的维数 d, 则这一真子簇系从某一维数为 d 的 $|\Omega_{\Phi_j}|$ 在添加某一多项式 D_i(用以前的记号为一初式 I_k 或一 G_l) 入 Φ_j 后 $|\Phi_j + D_i|$ 的一个子簇. 我们把每一这样的 D_i 作为一个非退化多项式. 设除去这些真子簇后余下的 d 维不可约成分为

$$|\Omega_{\Phi_1}|, \cdots, |\Omega_{\Phi_t}|$$

记每一这样的 Φ_j 的初式为 $I_{j1}, \cdots, I_{ju}$, 并以此作为另一组非退化多项式 D_{jk}. 依据定理 1, 2, 在非退化条件 $D_i \neq 0$, $D_{jk} \neq 0$ 下, G=0 是否可从 F_1=0, $\cdots$, F_s=0 推出, 即 G 是否在诸 $|\Omega_{\Phi_1}|, \cdots, |\Omega_{\Phi_t}|$ 除去这些 $|\Phi_j + D_i|$ 以及 D_{jk}=0 的部分后等于 0, 这可依 G 对 Φ_j 的余式是否都等于 0 来判定, 由此给出了机械化的方法, 也就给出了机械化定理的证明.

上面的机械化证明方法在理论上看颇为简单, 但对于具体的定理用这一方法进行时会遇到极大的困难. 原因是代数簇的不可约分解依赖于多项式的因子分解, 而

后者虽然在理论上颇为显然, 但在具体实施时乃是困难的, 迄今还没有一个高效率的方法, 因之上面的方法如果依所说的次序进行, 将是不切实际的, 即数理逻辑中所说的 non-feasible. 但对于几何定理的证明来说, 我们所希望的是能够正面证明定理成立. 而依定理 1, 这只要证明终结多项式 G 对某一升列的余式为 0 即可, 而不必问这一升列是否不可约. 因此, 对于一个具体需要验证其是否成立的定理, 我们往往可以直接应用定理 1, 如果通过计算得知 G 对升列的余式为 0 因而定理成立时, 即已达到目的, 只是在余式不为 0 时, 才有必要进一步检查相应的升列是否不可约. 为此我们的机械化证法的步骤将改成下面的形式来进行, 实践已经证明, 这样的机械化证法, 是颇为有效的.

机械化证法在改动后的步骤如下：

考虑一多项式组的集合 ρ 与一称为退化集的多项式组 Δ. 在开始时, ρ 只有一个多项式组, 即假设多项式组

$$\Sigma = \{F_1, \cdots, F_s\}$$

又退化集在开始时为

$$\Delta = \text{空集}$$

在进行中, 将逐步增减 ρ 中多项式组并添入非退化多项式以得最后所要求的

$$\Delta = \{D_1, \cdots, D_r\}$$

第一步：设 ρ 非空, 则从 ρ 中任取一多项式组 Σ 并将这一 Σ 从 ρ 中除去以得新的 ρ, 再依 4.3 节整序定理将 Σ 逐步扩大为多项式组

$$\Sigma = \Sigma_1 \to \Sigma_2 \to \cdots \to \Sigma_q = \Lambda$$

若 Λ 有一 $\mathbf{K}$ 中的非 0 元素, 即Λ为一矛盾组, 则语句 (S) 的假设本身有矛盾而工作停止. 对于相反情形记 Λ 的基列为

$$\Phi : A_1, A_2, \cdots, A_n$$

诸多项式 A_i 的初式为 I_i, 此时 Λ 中任一其他多项式对 Φ 的余式都等于 0.

这时

$$\dim|\Sigma| = \dim \Phi = N - n = d$$

若这一步是整个进程开始的第一步, 则记下这一维数 d.

若这一步是由进程中其他某一步转来, 则检查这一维数 d, 看是否等于开始时所记下的 d.

若这一 d 等于前面已记下的维数, 则将诸初式 I_i 添入 Δ 以得新的退化集 Δ, 并进行下面的第二步.

若这一 d 小于前面已记下的维数而这一步的 Σ 系由以前执行第三步 (见下) 时由某一$\Lambda+I_i$ 或$\Lambda+G_j$ 所转来, 则将 I_i 或 G_j 添入 Δ 以得新的退化集, 并回到第一步继续进行.

第二步：求 G 对 Φ 的余式 R.

若 R=0 而 P 中已无其他多项式组需要检查, 则语句 (S) 在非退化条件

$$D_k \neq 0 \qquad (D_k \in \Delta)$$

下成立而工作停止. 此时在 $D_k \neq 0$ 条件下定理成立, 否则回到第一步重新开始.

若 $R \neq 0$ 则进行下面的第三步.

第三步：依 4.2 节检查 Φ 是否不可约.

若Φ不可约, 则因 G 对Φ的余式 $R \neq 0$ 故由定理 2 在非退化条件

$$D_k \neq 0 \qquad (D_k \in \Delta)$$

下语句 (S) 不成立而工作停止. 这时在这些非退化条件下定理不成立.

若 Φ 可约, 则依 4.5 节将有分解

$$|\Lambda| = |\Lambda + I_1| \cup \cdots \cup |\Lambda + I_{l-1}| \cup |\Lambda + G_1| \cup \cdots \cup |\Lambda + G_h|$$

今将这些 $\Lambda + I_i$ 与 $\Lambda + G_j$, 作为新的多项式组 Σ 添入 ρ 中, 且回到第一步重新开始.

依据以前各节, 上述进程在有限步之后必然停止. 这时将得到一个退化集

$$\Delta = \{D_k\}$$

并获得以下三种结论之一：

1. 在非退化条件

$$D_k \neq 0 \qquad (D_k \in \Delta)$$

下语句 (S) 的假设部分本身有矛盾.

2. 在上述非退化条件, 即附加假定 $D_k \neq 0$ 下语句 (S) 成立, 亦即定理成立.

3. 在上述非退化条件, 即附加假定 $D_k \neq 0$ 下语句 (S) 不成立, 亦即定理不成立.

一般说来退化情形

$$D_k = 0$$

不值得作进一步考虑, 若认为有必要考虑时, 可将 $D_k=0$ 作语句 (S) 的又一假设, 即以$\{F_1, \cdots, F_s, D_k\}$代替$\{F_1, \cdots, F_s\}$ 而如前进行即可.

这一简化了的机械化证法是切实可行的 (feasible). 下节将给出一些例子 (主要用手算). 使用计算机的实例可参阅今后陆续出版的有关书籍.

4.8　无序几何机械化证法举例

以下所举各例, 可说明前节关于机械化证法的梗概. 由于本书只限于手算范围故举例都尽量简单, 并适当选择坐标系统以力求简化计算. 在计划缮写的《几何定理机器证明的理论、方法与实践》一书中, 将举出较复杂的定理的机械化证明, 其原理即如本章所示.

[例 1] 垂心定理　三角形的三高交于一点.

在垂直几何中, 这一定理系作为公理而引入的, 见第 2.2 节. 这里作为定理来证明, 它只是机械化证明方法的一个说明, 并不涉及循环论证的问题.

依第 2.2 节, $\triangle ABC$ 的三边不能都是迷向线, 故可设 AB 非迷向线. 这时 AB 与 AB 上的高线必相交于一点, 设为 O. 于是可取垂直坐标系统以 O 为原点, AB 与 CO 为第一第二两坐标轴. 设 BC 与 AC 上的高线交于 D, 于是需证 D 在高线 CO 上, 如图 4.1.

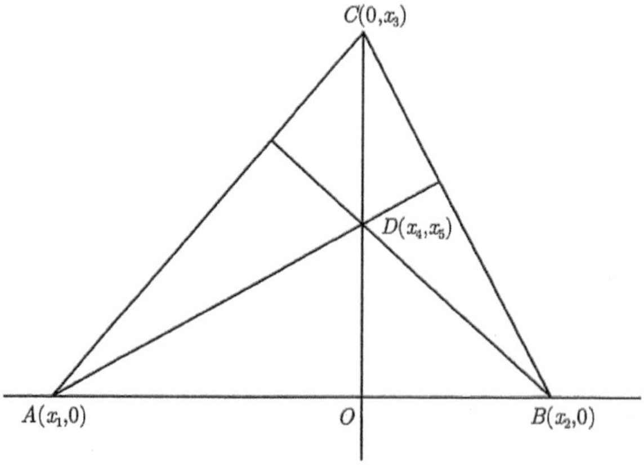

图 4.1

为此设垂直坐标系统的垂率为 k, 又设诸点坐标为

$$A=(x_1,0)\quad B=(x_2,0)\quad C=(0,x_3)\quad D=(x_4,x_5)$$

依第 2.3 节定理的假设部分为

$$AD\perp BC \iff kx_3x_5-x_2(x_4-x_1)=0$$

$$BD \perp AC \Longleftrightarrow kx_3x_5 - x_1(x_4 - x_2) = 0$$

将两式左端记为 F_1, F_2 并将多项式组 $\Sigma=\{F_1, F_2\}$ 依 4.3 节整序, 得多项式组 Λ, 其基列为

$$\Phi : A_1, A_2$$

$$A_1 = (x_1 - x_2)x_4$$

$$A_2 = kx_3x_5 - x_2(x_4 - x_1)$$

非退化条件为

$$D = kx_3(x_1 - x_2) \neq 0$$

定理的终结为

$$CO \text{ 经过 } D \text{ 点} \Longleftrightarrow x_4 = 0$$

显然, 在非退化条件

$$x_3 \neq 0 \qquad x_1 \neq x_2$$

下定理成立.

非退化条件的几何意义也是显然的:

$x_3 \neq 0 \Longleftrightarrow C$ 不在 AB 上.

$x_1 \neq x_2 \Longleftrightarrow A$, B 两点不相重合.

对于这些简单情形, 显然已无必要对退化情形作进一步的探讨, 而可作出下面的结论:

(在垂直几何中) 一个不退化的三角形的三条高线必交于一点.

事实上这是垂直几何的一条公理, 这里的"证明"虽然简单, 但具有一定的代表性, 即非退化条件在机械化证明过程中自然地逐一出现, 不必在事先考虑. 对于出现的非退化条件, 如需要, 可逐一作为退化条件添入假设以再度验证定理是否依然成立, 这些都可有系统地机械地进行, 无需多作考虑.

[例 2] 内旁心定理 三角形三角的分角线三三交于四点.

在无序度量几何中, 只有全角的概念而无通常角的概念. 一个全角的两条分角线也无法区分开来. 因此定理中的四个交点无法像常用几何那样区分为内心与旁心, 这一事实在下面的机械化证明中将反应出来.

为计算简单起见, 我们将取 $\triangle ABC$ 的一边 AB(非迷向线) 为 Descartes 坐标系的第一轴, 而以过 C 与 AB 垂直的直线, 即 AB 上的高为第二轴. 设全角 A 与全角 B 各一分角线相交于 D, 需证 CD 是全角 C 的一个分角线. 见图 4.2.

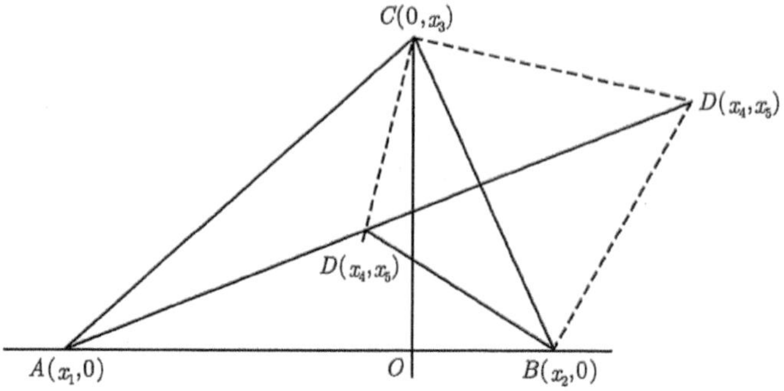

图 4.2

设诸点坐标为

$$A=(x_1,0)\quad B=(x_2,0)\quad C=(0,x_3)\quad D=(x_4,x_5)$$

依据第 2.4 节, 定理的假设部分为

$AD=$ 全角 A 的分角线

$$\Longleftrightarrow F_1\equiv x_3[x_5^2-(x_4-x_1)^2]-2x_1x_5(x_4-x_1)=0$$

$BD=$ 全角 B 的分角线

$$\Longleftrightarrow F_2\equiv x_3[x_5^2-(x_4-x_2)^2]-2x_2x_5(x_4-x_2)=0$$

终结部分则为

$CD=$ 全角 C 的分角线

$$\begin{aligned}\Longleftrightarrow G\equiv&[x_1(x_5-x_3)+x_3x_4]\cdot[x_3(x_5-x_3)-x_2x_4]\\&+[x_2(x_5-x_3)+x_3x_4]\cdot[x_3(x_5-x_3)-x_1x_4]\\=&0\end{aligned}$$

今从假设部分的多项式组

$$\Sigma=\{F_1,F_2\}$$

出发, 依整序方法得多项式组 Λ 与 Λ 的基列

$$\Phi:A_1,A_2$$

这里

$$A_1=4x_4(x_4-x_1)(x_4-x_2)(x_4-x_1-x_2)-x_3^2(2x_4-x_1-x_2)^2$$

$$A_2=2(x_4-x_1-x_2)x_5-x_3(2x_4-x_1-x_2)$$

所需引进的非退化条件为

$$x_3 \neq 0 \qquad x_1 \neq x_2$$

$$x_4 \neq x_1 + x_2$$

今将 G 对 Φ 进行约化, 则在上述非退化条件下容易求得 $4(x_4 - x_1 - x_2)^2 G$ 为 A_1, A_2 的线性组合, 故在这些非退化条件下定理成立.

非退化条件

$$x_3 \neq 0 \text{ 与 } x_1 \neq x_2$$

的几何意义甚为显然. 为验证在退化条件

$$x_4 = x_1 + x_2$$

下定理是否依然成立, 不妨将

$$F_3 = x_4 - x_1 - x_2$$

添入原来的 Σ, 并对新

$$\Sigma = \{F_1, F_2, F_3\}$$

作同样的处理. 可知在同样的非线性条件

$$x_3 \neq 0 \quad x_1 \neq x_2$$

下应有

$$x_1 + x_2 = 0 \quad x_4 = 0$$

且定理在这时也成立. 事实上这时的三角形对于 CO 轴对称.

在原来的基列 Φ: A_1, A_2 中, A_1 是 x_4 的四次式, 而 A_2 是 x_5 的一次式, 这说明了这样的几何事实: 分角线的共同交点恰有四点.

[例 3]　定理同上.

由于全角的分角线在 (无序) 垂直几何中不一定存在, 因而在上例中, 定理是作为 (无序) 度量几何的定理来证明的. 在证明过程中, 选取了 Deseartes 坐标系统. 这种系统在垂直几何中一般并不存在. 但事实上, 同样的定理在垂直几何中也成立, 仅需把定理的叙述稍加改动即可.

在垂直几何中, 虽然分角线不一定存在, 但恒可定义一直线对另一非迷向直线的对称直线, 这时的非迷向直线即是原来直线及其反射直线所成全角的一条分角线. 因此可以考虑在垂直几何中下述有意义的论断.

设 $\triangle ABD$ 的三边都非迷向线, 又设 AB 对 AD 的对称线与对 BD 的对称线交于一点 D, 则 AC 与 BC 关于直线 CD 对称. 如图 4.3.

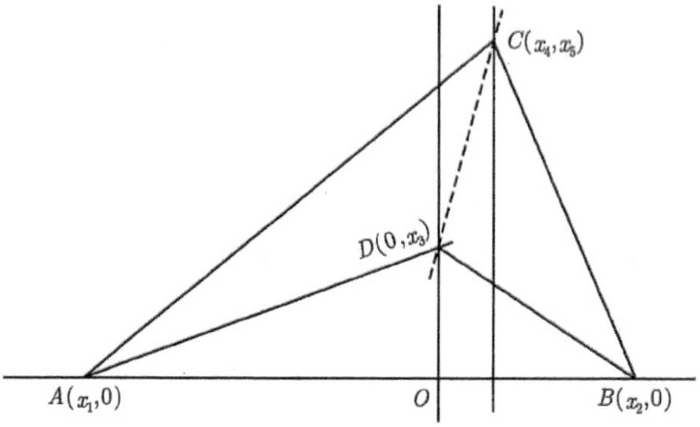

图 4.3

为证此, 可取一垂直坐标系统以 AB 为第一坐标轴, 过 D 而垂直于 AB 的垂线为第二坐标轴, 又设坐标系统的垂率为 k, 记各点的坐标为

$$A=(x_1,0) \qquad B=(x_2,0) \qquad D=(0,x_3) \qquad C=(x_4,x_5)$$

于是假设部分为

AC=AB 对 AD 的反射

$$\Longleftrightarrow F_1 \equiv (x_1^2-kx_3^2)x_5+2x_1x_3(x_4-x_1)=0$$

BC=AB 对 BD 的反射

$$\Longleftrightarrow F_2 \equiv (x_2^2-kx_3^2)x_5+2x_2x_3(x_4-x_2)=0$$

终结部分则为

AC=BC 对 CD 的反射

$$\begin{aligned}\Longleftrightarrow G \equiv &[(x_4-x_1)(x_5-x_3)-x_4x_5]\\ &\cdot[kx_5(x_5-x_3)+x_4(x_4-x_2)]\\ &+[(x_4-x_2)(x_5-x_3)-x_4x_5]\\ &\cdot[kx_5(x_5-x_3)+x_4(x_4-x_1)]=0\end{aligned}$$

从多项式组 Σ=$\{F_1, F_2\}$出发, 经过整序, 可得多项式组 Λ 及其基列

$$\Phi: A_1, A_2$$

$$A_1=(kx_3^2+x_1x_2)x_4-k(x_1+x_2)x_3^2$$

$$A_2=(x_1^2-kx_3^2)x_5+2x_1x_3(x_4-x_1)$$

在整序过程中已引进非退化条件：

$$x_3 \neq 0 \qquad x_1 \neq x_2$$

今将 G 对 Φ 进行约化, 经计算即可见在上述非退化条件下 G 的余式为 0. 因而知在非退化条件

$$x_3 \neq 0 \quad x_1 \neq x_2$$

$$kx_3^2 + x_1x_2 \neq 0 \quad x_1^2 - kx_3^2 \neq 0$$

下定理成立. 这些非退化条件的几何意义也容易判明. 例如,

$$kx_3^2 + x_1x_2 = 0$$

意指 $AD \perp BD$. 如果以之添入假设部分并依法整序, 则在

$$x_1 \neq 0 \quad x_2 \neq 0 \quad x_3 \neq 0$$

等非退化条件下将有

$$x_1 = x_2 \quad kx_3^2 + x_1^2 = 0$$

换言之, A 与 B 相重合, 且 AD=BD 是一迷向线, 因而定理假设的本身矛盾.

试将本例与上例比较. 本例作为垂直几何中的定理, 显然比上例仅在度量几何中才有意义的定理更为一般. 因之, 如果提法得当, 则可获得比通常更为一般的定理, 而其证明所用的计算有时更为简单. 例如, 这里 A_1, A_2 中 x_4 与 x_5 的次数都是 1, 而上例中 x_4 的次数是 4. 这是因为 D 点若已给定, 则 C 点即可唯一地定出, 反之则否.

本例作为任意垂直几何中的定理, 应用距离, 全合等度量概念的证明显然不适用, 虽然要想到一种欧几里得形式的直接证明, 也并非难事, 例如第 2.2 节的直接证明. 但这种证法将随定理而异, 而与 Descartes 所提倡的主张不符.

[例 4] Feuerbach 定理 三角形的九点圆与任一与三角形三边都相切的圆相切.

这是初等几何中最有名的定理之一. 在 Davis[1] 一书中, 对此定理有一些有趣的介绍, 应用欧几里得的传统方法, 要证明这一定理自然需要高度的技巧, 但即使应用解析几何, 也需要一定的巧思, 参阅 Salmon[1] 一书第 127 页上的证明. 其中要用到三角函数, 因而是作为常用几何的一条定理来证明的. 事实上, 上面定理的叙述不牵涉圆的内切与外切而只涉及圆的相切, 因而是一条无序度量几何中的定理. 如果应用本章中的机械化证明方法, 则证明是很容易的, 与前三例并无差别, 唯一的不同是计算量大, 手算既繁又易出错, 应使用计算机进行证明. 现将证明过程述之如下.

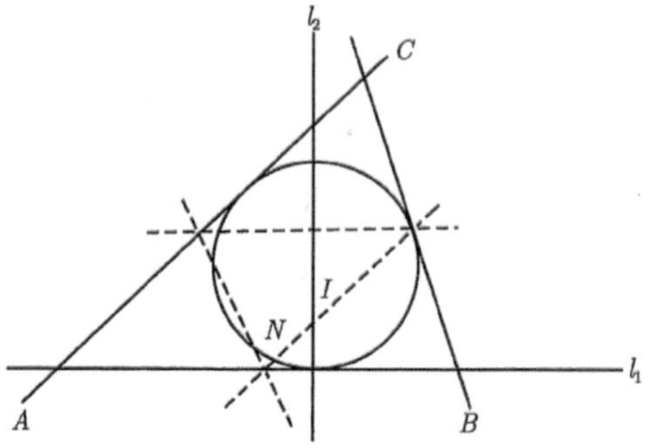

图 4.4

依第 2.4 节，一三角形 $\triangle ABC$ 应有四个圆与三边都相切．任取其一并命其中心为 I．今取 Descartes 坐标轴，以 AB 为第一轴 l_1，过 I 与 AB 垂直的直线为第二轴，今设各点的坐标如下：

$$I=(0,x_1)\quad A=(x_2,0)$$

$$B=(x_3,0)\quad C=(x_4,x_5)$$

设 $\triangle ABC$ 边上诸点偶 (BC), (AC), (AB) 的中点各为 M_A, M_B, M_C，则按定义 $\triangle ABC$ 的九点圆即为过 M_A, M_B, M_C 三点的圆，要证明此圆还经过其他六个有名的点是容易的．设这一九点圆的中心为 N，其坐标设为

$$N=(x_6,x_7)$$

又设

$$x_8^2=\text{九点圆半径距方或径方}=\overline{\overline{NM_A}}\text{ 等}$$

$$x_9^2=\text{点偶 }(NI)\text{的距方, 即 }\overline{\overline{NI}}$$

由于我们的几何不假定次序关系，故半径与距离都无意义而言．但如第 2.4 节所示，可定义圆的径方与点偶的距方，于是定理的假设部分如下：

AI 是 $\measuredangle A(BC)$ 的分角线之一，或

AC=l_1 对 AI 的对称线

$$\Longleftrightarrow (x_1^2-x_2^2)x_5+2x_1x_2(x_2-x_4)=0$$

BI 是 $\measuredangle B(AC)$ 的分角线之一，或 BC=l_1 对 BI 的对称线

$$\Longleftrightarrow (x_1^2-x_3^2)x_5+2x_1x_3(x_3-x_4)=0$$

$N=$ 九点圆 $M_AM_BM_C$ 的中心或九点圆径方 $=\overline{\overline{NM_A}}=\overline{\overline{NM_B}}=\overline{\overline{NM_C}}$

$$\Longleftrightarrow \begin{cases} x_8^2=\left(x_6-\dfrac{x_2+x_3}{2}\right)^2+x_7^2 \\ =\left(x_6-\dfrac{x_2+x_4}{2}\right)^2+\left(x_7-\dfrac{x_5}{2}\right)^2 \\ =\left(x_6-\dfrac{x_3+x_4}{2}\right)^2+\left(x_7-\dfrac{x_5}{2}\right)^2 \end{cases}$$

今将诸 x 依下述次序排列:

$$x_1 \prec x_2 \prec \cdots \prec x_8 \prec x_9$$

再将上述假设中出现的多项式组进行整序, 可引入非退化条件

$$x_1 \neq 0 \quad x_2 \neq \pm x_3 \quad x_1 \neq \pm x_2$$

并在这些条件下得到下面的一个准基列. 这里准基列的意义是序列中各多项式的初式已对前面的多项式约化, 虽然本身未必约化, 但对于应用 4.7 节的定理 1 来说, 这已足够了.

$$\begin{aligned} &A_1 \equiv (x_1^2+x_2x_3)x_4-x_1^2(x_2+x_3)=0 \\ &A_2 \equiv (x_1^2+x_2x_3)x_5-2x_1x_2x_3=0 \\ &A_3 \equiv 4x_6-(x_2+x_3+2x_4)=0 \\ &A_4 \equiv 4x_5x_7-x_5^2-(x_3-x_4)(4x_6-2x_2-x_3-x_4)=0 \\ &A_5 \equiv 4x_8^2-(2x_6-x_2-x_3)^2-4x_7^2=0 \\ &A_6 \equiv x_9^2-x_6^2-(x_7-x_1)^2 \end{aligned}$$

定理的终结部分为

$$G \equiv x_9^4+x_8^4+x_1^4-2x_9^2x_8^2-2x_9^2x_1^2-2x_8^2x_1^2=0$$

今再引进诸 A_i 的初式不等于 0 这些非退化条件, 即

$$x_1^2+x_2x_3 \neq 0 \quad x_5 \neq 0$$

则求得 G 对诸 A_i 的余式依次为 $R_5, R_4, \cdots, R_1, R_0$ 如下:

$$R_5 = x_8^4-4x_1^2x_8^2-2x_7^2x_8^2+4x_1^2x_7^2-2x_6^2x_8^2$$

$$+4x_1x_7x_8^2+x_7^4+2x_6^2x_7^2-4x_1x_7^3+x_6^4$$
$$-4x_1x_6^2x_7$$

$$\begin{aligned}R_4=&-64x_1^2x_6^2+64x_1^2x_2-64x_1x_2x_6x_7+64x_1^2x_3x_6\\&-64x_1x_3x_6x_7-32x_1^2x_2x_3+32x_2x_3x_6^2+32x_1x_2x_3x_7\\&-16x_1^2x_2^2+16x_2^2x_6^2+16x_1x_2^2x_7-16x_1^2x_3^2+16x_3^2x_6^2\\&+16x_1x_3^2x_7-24x_2^2x_3x_6-8x_2^3x_6-24x_2x_3^2x_6-8x_3^3x_6\\&+6x_2^2x_3^2+4x_2^3x_3+4x_2x_3^3+x_2^4+x_3^4\end{aligned}$$

$$\begin{aligned}R_3=&-64x_1^2x_5x_6^2+64x_1^2x_2x_5x_6+64x_1^2x_3x_5x_6\\&-32x_1^2x_2x_3x_5+32x_2x_3x_5x_6^2-16x_1^2x_2^2x_5\\&+16x_2^2x_5x_6^2-16x_1^2x_3^2x_5+16x_3^2x_5x_6^2-24x_2^2x_3x_5x_6\\&-8x_2^3x_5x_6-24x_2x_3^2x_5x_6-8x_3^3x_5x_6+6x_2^2x_3^2x_5\\&+4x_2^3x_3x_5+4x_2x_3^3x_5+x_2^4x_5+x_3^4x_5-16x_1x_2x_5^2x_6\\&-16x_1x_3x_5^2x_6+8x_1x_2x_3x_5^2+4x_1x_2^2x_5^2+4x_1x_3^2x_5^2\\&-64x_1x_2x_3x_6^2-64x_1x_3^2x_6^2+80x_1x_2x_3^2x_6+49x_1x_2^2x_3x_6\\&+32x_1x_3^3x_6+64x_1x_2x_4x_6^2+64x_1x_3x_4x_6^2-64x_1x_2x_3x_4x_6\\&-48x_1x_2^2x_4x_6-16x_1x_3^2x_4x_6-20x_1x_2^2x_3^2-8x_1x_2^3x_3\\&-16x_1x_2x_3^3+16x_1x_2^2x_3x_4+8x_1x_2^3x_4+8x_1x_2x_3^2x_4\\&-4x_1x_3^4-16x_1x_2x_4^2x_6-16x_1x_3x_4^2x_6+8x_1x_2x_3x_4^2\\&+4x_1x_2^2x_4^2+4x_1x_3^2x_4^2\end{aligned}$$

$$\begin{aligned}R_2=&2x_1x_2x_3^2x_4+2x_1x_2^2x_3x_4+4x_1^2x_2x_4x_5\\&+4x_1^2x_3x_4x_5-2x_1x_2x_4x_5^2-2x_1x_3x_4x_5^2\\&-4x_1x_2x_3x_4^2-2x_1x_2^2x_4^2+2x_1x_2x_4^3-2x_1x_3x_4^3\\&-x_1^2x_2^2x_5-2x_1^2x_2x_3x_5-x_1^2x_3^2x_5-2x_1x_3^2x_4^2\\&-4x_1^2x_4^2x_5+2x_2x_3x_4^2x_5+x_2^2x_4^2x_5+x_3^2x_4^2x_5\end{aligned}$$

$$\begin{aligned}R_1=&5x_1^4x_2x_3^2x_4+5x_1^4x_2^2x_3x_4-6x_1^4x_2x_3x_4^2\\&-x_1^4x_2^2x_4^2+x_1^4x_2x_4^3+x_1^4x_3x_4^3-x_1^4x_3^2x_4^2\end{aligned}$$

$$
\begin{aligned}
&+2x_1^2x_2^2x_3^3x_4+2x_1^2x_2^3x_3^2x_4+2x_1^2x_2^2x_3x_4^3\\
&+2x_1^2x_2x_3^2x_4^3-x_1^4x_2^3x_1-2x_1^4x_2^2x_3^2-x_1^4x_2x_3^3\\
&-6x_1^2x_2^2x_3^2x_4^2-x_1^2x_2^3x_3x_4^2-x_1^2x_2x_3^3x_4^2\\
&-x_2^3x_3^4x_4+x_2^4x_3^3x_4+x_2^3x_3^2x_4^3+x_2^2x_3^3x_4^3\\
&-x_1^2x_2^4x_3^2-2x_1^2x_2^3x_3^3-x_1^2x_2^2x_3^4
\end{aligned}
$$

$$R_0=0$$

各余式 $R_5,\cdots,R_0$ 的项数依次为

$$11,23,45,18,24,0$$

最后一个 R_0 的项数等于 0 意指在前述非退化条件下, G 对准基列的余式为 0, 因而由上节定理 1 (显然在准基列的情形也成立), Feuerbach 定理在这些非退化条件下成立.

这些非退化条件的几何意义是清楚的, 已无必要就各种退化情形进行尝试, 因此结论是 Feuerbach 定理 generically 成立. 或依习惯说法, 简称 Feuerbach 定理成立. 这时上面的计算过程即是这一定理的一个证明.

上面的例子说明借助于现代计算机, 我们的机械化证明方法足以证明颇不简单的定理. 这些定理的证明, 不仅传统的欧几里得证明方式难以措手, 即使是通常的解析几何方法也将因计算过于繁复而无法解决. 但是使用计算机, 则在它的机器与速度的限制条件下, 不论是何种定理, 只要属于本章范围之内, 证明起来都是轻而易举的.

我们的目的并不限于证明一些已知的定理. 由于我们已拥有一种手段, 使证明定理成为易事, 因而它也提供了一种手段, 使我们真正的创造力可以贯注于新定理的发现. 我们可通过各种途径试作种种推测, 然后在计算机上进行验证. 如果验证属实, 即获得了一条定理. 自然, 这里的计算机仍然只是一种计算工具, 从作用来讲, 与纸笔在数学上作为计算论证的辅助工具并无差别, 但在效率上却大有区别. 这种借助于计算机以发现定理的方法, 简称为机器发明. 下面将举出两个这样的例子.

[例 5] Pappus 线图象

所谓 Pappus 定理是说, 若两不同直线 l, l' 上各有互不相同的三点 A, B, C 与 A', B', C', 又这些点也不同于 l, l' 可能有的交点, 则以下交点

$$P=AB'\wedge BA'\quad Q=AC'\wedge CA'\quad R=BC'\wedge CB'$$

如果存在, 即相应直线不平行时, 这三点 P, Q, R 必在一直线上, 称为 Pappus 线, 简记为

$$\begin{bmatrix} A & B & C \\ A' & B' & C' \end{bmatrix}$$

将 A, B, C, A', B', C' 作不同的排列, 则用上面的方法在相应交点都存在时, 共可得六条这样的 Pappus 线. 除上面这一条外, 其他五条为

$$\begin{bmatrix} A & B & C \\ B' & C' & A' \end{bmatrix} \quad \begin{bmatrix} A & B & C \\ C' & A' & B' \end{bmatrix} \quad \begin{bmatrix} A & B & C \\ C' & B' & A' \end{bmatrix}$$

$$\begin{bmatrix} A & B & C \\ B' & A' & C' \end{bmatrix} \quad \begin{bmatrix} A & B & C \\ A' & C' & B' \end{bmatrix}$$

我们探讨由这六条 Pappus 线所构成图象的几何性质.

在无序 Pascal 几何中, 可以自然地引进代数曲线、代数曲线的次数以及切线等派生概念. 又易知, 一般说来五条直线可与一二次曲线相切, 而六条直线则需满足一定的条件 (通常所谓 Brianchon 定理) 才有此可能. 于是我们可进一步提出下面的问题: 上面的六条 Pappus 线是否同切于一个二次曲线?

画一些草图, 可以发现这六条线确实有可能同切于一二次曲线, 不过这一二次曲线已退化成两点. 换言之, 六条 Pappus 线的每一条都要经过两个点中的一个. 把这一观察变成几何语句并作出下面的推测:

推测　上述图象中的三条 Pappus 线

$$\begin{bmatrix} A & B & C \\ A' & B' & C' \end{bmatrix} \quad \begin{bmatrix} A & B & C \\ B' & C' & A' \end{bmatrix} \quad \begin{bmatrix} A & B & C \\ C' & A' & B' \end{bmatrix}$$

若不互相平行, 即相交于同一个点. 其他三条 Pappus 线也是如此.

应用我们的机械化方法并在计算机上实施, 容易验证这一推测成立. 由此获得了一条定理.

[例 6] Pascal 圆锥曲线定理

作为机器发明的又一例子, 试考虑下面的问题.

设在一二次曲线上有六个点 $A_1, \cdots, A_6$, 任取其中四个不同的点 A_i, A_j, A_k, A_l 并作出交点

$$P_{ij,kl} = A_iA_j \wedge A_kA_l$$

这样的交点共有四十五个 (假设相应直线不平行), 称为 Pascal点.

今将六点 A_i 排成任意一个次序 $A_{i_1}A_{i_2}\cdots A_{i_6}$ 以得一六角形, 则这一六角形三组对边的交点

$$P_{i_1i_2,i_4i_5}=A_{i_1}A_{i_2}\wedge A_{i_4}A_{i_5}$$

$$P_{i_2i_3,i_5i_6}=A_{i_2}A_{i_3}\wedge A_{i_5}A_{i_6}$$

$$P_{i_3i_4,i_6i_1}=A_{i_3}A_{i_4}\wedge A_{i_6}A_{i_1}$$

在同一直线上, 称为六角形 $A_{i_1}A_{i_2}\cdots A_{i_6}$ 的 Pascal线. 这样的 Pascal 线共有六十条, 构成一个复杂的图象. 在这四十五个 Pascal 点与六十条 Pascal 线之间, 有许多有趣的几何性质, 曾为不少几何学家如 Steiner, Cayley, Kirkmann, Veronese 等的探讨对象, 参看 Salmon[1] 一书之末的注释. 然而, 他们所发现的许多有趣的定理都是这些点与线之间的线性关系, 即点共线或直线共点之类. 因此我们提出这样的问题: 在四十五个 Pascal 点与六十条 Pascal 线之间, 有些什么样的二次或甚至更高次的关系?

这样的关系自然是存在的. 例如, 任意两条 Pascal 线上的六个 Pascal 点, 即具有一个二次关系, 它们位于由这两条 Pascal 线所组成的退化二次曲线上. 显然这样的二次关系是不足道的. 因此, 我们就最简单的情形提出下面的问题: 在四十五个 Pascal 点中, 有否六个点能位于一非退化的二次曲线上?

我们采用了下面的方法来考虑这一问题.

在由 1, 2,$\cdots$, 6 所生成的对称群 S_6 中, 考虑一个阶数为 6 的子群 G, 例如由循环

$$g=(1\quad 2\quad 3\quad 4\quad 5\quad 6)$$

所生成的循环群

$$G_6=\{1,g,g^2,\cdots,g^5)$$

今考虑任一 Pascal 点

$$P=P_{ij,kl}$$

以 G_6 中各元素 σ 作用于 P, 得点

$$\sigma P=P_{\sigma(i)\sigma(j),\sigma(k)\sigma(l)}$$

试问: 由 P 与 G_6 所生成的六个点

$$P,gP,g^2P,\cdots,g^5P$$

是否在同一二次曲线上?

根据 $P_{ij,kl}=A_iA_j\wedge A_kA_l$ 与 g=(123456) 的相互关系, 可把四十五个 Pascal 点分成十种类型, 列表于下. 其中第二种与最后一种实际上属于同一类型:

点 $P=A_iA_j\wedge A_kA_l$ 六点 g^sP 的二次关系

$A_1A_2\wedge A_3A_4$ 不存在二次关系

$A_1A_2\wedge A_3A_5$ 不存在二次关系

$A_1A_2\wedge A_3A_6$ 在两条 Pascal 线所成的退化二次曲线上

$A_1A_2\wedge A_4A_5$ 在两条重合 Pascal 线所成的退化二次曲线上

$A_1A_3\wedge A_2A_4$ 不存在二次关系

$A_1A_3\wedge A_2A_5$　　　?

$A_1A_3\wedge A_2A_6$ 不存在二次关系

$A_1A_3\wedge A_4A_5$ 不存在二次关系

$A_1A_3\wedge A_4A_6$ 不存在二次关系或无意义

$A_1A_3\wedge A_5A_6$ 不存在二次关系

上表中唯一不易决定的是

$$P_{13,25}=A_1A_3\wedge A_2A_5$$

这一情形. 今应用本章的机械化方法并在计算机上实施, 经验证所得六点确在同一二次曲线上, 由此获得了下面的定理:

定理　设 g=(123456), $P=A_1A_3\wedge A_2A_5$, 则

$$P, gP, \cdots, g^5P$$

等六点在一非退化的二次曲线上. 从不同的 g 与 P 所得这一类二次曲线有六十个.

我们所用的计算机是一种台式计算机, 其每秒速度加法为三千次, 计算时间用了近六十个小时. 如果改用一台每秒二三十万次的小型计算机, 不到一小时可证明完毕. 由此可见我们所用机械化方法的效率. 通过对六个点 $A_1, \cdots, A_6$ 的不同组合与排列, 应能将存在于四十五个 Pascal 点之间的所有可能的非退化二次关系全部找出并加以证明而无多大困难. 甚至可以同样考虑存在其间的非退化三次关系以及其他错综复杂的关系. 这对于传统的方法 (不论是综合的还是解析的) 来说, 几乎是无法做到的.

本节举出了若干例子, 说明机械方法的作用. 自然不论是机器证明还是机器发明, 都可以运用通常的传统方法. 下面是例 6 中定理的一个直接证明.

记 $P_{13,25}$ 为 A_7, 又依次记 $gA_7, g^2A_7, \cdots, g^5A_7$ 为 $A_8, A_9, \cdots, A_{12}$. 要证 $A_7, A_8, \cdots, A_{12}$ 等六点在同一二次曲线上, 只需证明 $A_7A_8A_{11}A_{12}A_9A_{10}$ 为一 Pascal 六角形即可, 而后者相当于需证明

$$A_{13}=A_7B_8\wedge A_9A_{12}\qquad A_{14}=A_8A_{11}\wedge A_9A_{10}\qquad A_{15}=A_{11}A_{12}\wedge A_7A_{10}$$

在同一直线上.

今依假设 $A_1, A_2, \cdots, A_6$ 在同一二次曲线上, 因而 $A_1A_3A_6A_5A_2A_4$ 是一 Pascal 六角形, 故三点

$$A_1A_3 \wedge A_2A_5 = A_7 \quad A_3A_6 \wedge A_2A_4 = A_8 \quad A_5A_6 \wedge A_1A_4$$

在一直线上. 换言之, $A_5A_6 \wedge A_1A_4$, 即为 A_{13}.

同样从 $A_1A_2A_5A_3A_6A_4$ 是 Pascal 六角形可知, $A_1A_2 \wedge A_3A_6 = A_{14}$, 而从 $A_1A_5A_2A_6A_3A_4$ 是 Pascal 六角形知 $A_2A_5 \wedge A_3A_4 = A_{15}$.

最后从 $A_1A_2A_5A_6A_3A_4$ 是 Pascal 六角形即得 A_{13}, A_{14}, A_{15} 在一直线上, 故知 $A_7, A_8, \cdots, A_{12}$ 在同一二次曲线上. 如所欲证.

上述证明简明而直观, 充分体现了传统纯几何证法的特色. 但是, 正如 Deseartes 所指出的那样, 每一个这样的证明都需要一番巧思, 个别的定理需要个别的证明, 也就需要个别的巧思. 机器证明则恰好与之相反, 只需在理论上证明某一类定理或某一种几何可以机械化并给出机械化方法, 则不论是这一类中的哪一个定理, 其证明都将是一样的, 无分难易, 且在机器的容量、速度等许可的范围内, 都可在机器上付诸实施, 无需作任何其他的考虑. 在这里, 机器证明与传统证明的关系类似于代数与算术方法之间的关系, 以所谓鸡兔共笼这一四则问题为例, 算术方法假设鸡有四足或兔有两足, 可谓极尽巧思之能事. 解法也生动美妙, 引人入胜. 相反代数方法 (即我国古代的天元术) 是机械而枯燥乏味的, 但它对整个一大类问题都切实可行, 而不是仅适用某一个别问题. 在开始时, 代数方法或天元术的创立还只是针对着某一类问题以求"省功数倍"而已, 但发展至今, 其作用已是人所共知的.

补注 作者在 HP1000 小型计算机上依据本书所述的机械化方法编成程序并做了一些试验, 其中包括机器发明的实例, 现介绍如下:

1. 反倾中心定理与反倾中心线定理.

在平面上固定一直线 l, 则两直线 l_1, l_2 若与 l 所成的角互补时, 即称 l_1, l_2(对 l)反倾.

定理 1 过任一三角形 $\triangle A_1A_2A_3$ 的三个顶点各作对边的反倾直线必相交于一点, 这一点称为 $\triangle A_1A_2A_3$(对 l) 的反倾中心.

定理 2 任一完全四边形所定四个三角形的四个反倾中心必同在一直线上.

这两个定理在 HP 1000 上证明所需的运行时间各为一分多钟与四分多钟.

2. 本节例 5 的 Pappus 点定理.

Pappus 点定理在 HP 1000 上证明的机器运行时间约为三十三分钟.

这一定理系在 1980 年时发现并在 HP 9835A 上证明的. 当时曾有打印记录, 但未录下运行时间, 大约为二十小时左右.

3. 本节例 6 的 Pascal 圆锥曲线定理.

在 HP 1000 上证明的机器运行时间约为一小时二十三分钟.

这一定理也是在 1980 年时发现并在 HP9835A 上证明的. 当时也有打印记录, 且其证明所需时间为六十小时左右.

以上三定理在 HP 1000 机上的证明过程都有较详细的打印记录.

又补注　由于在机器操作中计算过程在屏幕上详细显示, 故以上列举的时间远远超过实际的 CPU 时间. 我国现在美国 Texas 州 Austin 大学攻读博士学位的周咸青 (S. C. Chou) 同志已依我们的方法编成程序在 Dec-20 机上实施, 证明了 150 个常用几何中的定理, 并发明了一些有趣的定理, 下面是其中之一:

作一三角形外接圆的同心圆, 在此圆上任一点作三角形三边的垂线, 其垂足所成三角形的面积是一常数. 在同心圆即是外接圆自身时, 这一常数是 0, 即三垂足在一直线上, 也即通常的 Simson 定理.

周的论文 *Proving Elementary Geometry Theorems Using Wu's Algorithm* 见美国数学会编的 *Comtemporary Mathematics* 一书, 此书将于 1984 年出版.

第 5 章　(常用) 有序几何的机械化定理

5.1　有序几何定理证明机械化概述

在前两章中, 所考虑的几何不假定任何次序关系, 例如无序的 Pascal 几何、垂直几何等. 对于这一类几何, 在采取坐标系统后, 定理的叙述仅牵涉到一些等式关系. 我们已提出了机械化的证明方法. 这种方法, 通常是甚为有效的, 可用以证明颇不简单的定理. 实践将说明此种方法对于无序几何的有效程度. 在计划缮写的《几何定理机器证明的理论、方法与实践》一书中, 将详细说明这种方法的具体步骤、程序编制以及在计算机上的实践, 并将举出很多实例. 本书则仅局限于基本原理这一部分. 若几何假定了某种次序关系, 而定理的叙述特别是终结部分又牵涉到这种次序关系时, 情况就不仅要复杂得多, 而且还将有本质上的不同. 这时在理论上虽然也有机械化的证明方法, 但效率是不高的, 目前似乎还难以据之证明较不简单的定理.

在本书第 1,2 两章中, 曾提到过以下几种有序几何:

1. 有序 Pascal 几何 —— 即在第 1 章所定义的 Pascal 几何中添入次序关系并满足 Hilbert 次序公理 HII 的几何.

2. 有序垂直几何 —— 见第 2 章.

3. 有序度量几何 —— 见第 2 章.

4. 常用几何 —— 即第 1.1 节中具有 Hilbert《几何基础》中所提到的关联、次序、全合、平行那些基本关系并满足所有五类公理 HI—HV 的那种几何, 文献中通常称为欧几里得几何.

为简单起见, 上述任一类型的有序几何都称为*通常有序几何*. 本章中有时还将*通常*两字略去而简称为*有序几何*.

每一种有序几何附属数域都是一个有序域, 特别是常用几何的附属数域即为通常的实数域. 这些几何的定理证明机械化问题, 有赖于附属数域关于次序方面的性质. 为此先对有序域作一简单概括如下, 详细论证可参阅 Van der Waerdeu [1] 第十章或 [2] 第九章, Artin[1] 第一章第 9 节, Jacobson[1] 第五章, 以及 Artin-Schreier[1] 原文. 又因所考虑的几何无限公理都成立, 故相应的附属数域的特征都是 0, 对此不再作说明.

定义 1　数域 $\mathbf{K}$ 称为一*有序域*, 如果 $\mathbf{K}$ 中除 0 以外的数可分成两部分 $\mathbf{K}^+$ 与 $\mathbf{K}^-$, 满足以下性质:

1. 若 $a \in \mathbf{K}^+$, 则 $-a \in \mathbf{K}^-$. 反之, 若 $a \in \mathbf{K}^-$, 则 $-a \in \mathbf{K}^+$.

2. 若 $a, b \in \mathbf{K}^+$, 则 $a+b \in \mathbf{K}^+$, 且 $ab \in \mathbf{K}^+$.

对于一个有序域 $\mathbf{K}$,$\mathbf{K}^+$ 中的数称为$\mathbf{K}$中的正数, $\mathbf{K}^-$ 中的数称为$\mathbf{K}$中的负数. 若 $a-b \in \mathbf{K}^+$, 则记成 $a>b$ 或 $b<a$, 又记 a 的绝对值为 $|a|$=0, a 或 $-a$, 视 a=0, $a \in \mathbf{K}^+$, 或 $a \in \mathbf{K}^-$ 而定.

从定义可知, 在一有序域中, 其整数与有理数都保持了通常的次序关系, 例如 $+1$ 为正数, -1 为负数.

定义 2　数域 $\mathbf{K}$ 称为一形式实域, 如果 $\mathbf{K}$ 中任意有限多个数的平方之和都不等于 -1.

定义 3　数域 $\mathbf{K}$ 称为一实闭域, 如果 $\mathbf{K}$ 是一形式实域, 而任一 $\mathbf{K}$ 的代数扩域只需不与 $\mathbf{K}$ 相同, 即不是形式实域.

定义 4　有序域 $\mathbf{K}$ 上的一个多项式

$$f=f(x_1,\cdots,x_n)\in \mathbf{K}[x_1,\cdots,x_n]$$

称为是正定的(或半正定的), 如果对 $\mathbf{K}$ 中的任意数 $a_1,\cdots,a_n$, 都有

$$f(a_1,\cdots,a_n)>0 \qquad (\text{或 } f(a_1,\cdots,a_n)\geqslant 0)$$

如果 $-f$ 是正定的 (或半正定的), 则称 f 是负定的(或半负定的).

以下是有序域方面对于几何机械化要用到的一些主要结果.

定理 1　一个非形式实域不可能引进次序, 使之成为一有序域. 反之, 任一形式实域至少可引进一种次序使之成为一有序域.

定理 2　若 $\mathbf{K}$ 是有序域, 则有一且除等价的扩张外只有一实闭的代数扩张 $\overline{\mathbf{K}}$, 使 $\overline{\mathbf{K}}$ 中保持了 $\mathbf{K}$ 中的次序, 即, $a, b \in \mathbf{K}$而在 $\mathbf{K}$ 中 $a<b$, (或 $a>b$, $a=b$) 时, 作为 $\overline{\mathbf{K}}$ 中的元素仍同样有 $a<b$(或 $a>b$, $a=b$).

定理 3　有理数域 $\mathbf{Q}$ 只有一唯一确定的次序, 使整数保持通常的次序而成为一有序域, 且 $\mathbf{Q}$ 上有一且除去同构外只有一实闭的代数扩张域.

定理 4 (Rolle 零点定理)　设 $\mathbf{R}$ 是实闭域, $f(x) \in \mathbf{R}[x]$ 是 $\mathbf{R}$ 上的多项式, 若 a, $b \in \mathbf{R}$, 而 $f(a)<0, f(b)>0$, 则在 $\mathbf{R}$ 中必有一数 c, 在 a, b 之间使 $f(c)$=0.

作为定理 4 的推论有下面的定理.

定理 5　设 $\mathbf{R}$ 是实闭域, 则

1. $\mathbf{R}$ 中任一正数恰有两平方根, 其绝对值相等而符号相反.

2. $\mathbf{R}$ 上任一奇次多项式方程 $f(x)$=0, 至少在 $\mathbf{R}$ 中有一个根.

对于一个实闭域来说, 有下面的定理.

Sturm 定理　设 $\mathbf{R}$ 是实闭域, $f(x)$ 是 $\mathbf{R}$ 上次数大于 0 的多项式, $f'(x)$ 为 $f(x)$ 的形式导数, 作 $f(x)$ 的 Sturm 序列

$$S=\{f_0(x),f_1(x),\cdots,f_s(x)\}$$

其中用辗转相除法得

$$f_0(x)=f(x)\quad f_1(x)=f'(x)$$

$$f_2(x)=q_1(x)f_1(x)-f_0(x)\quad \deg f_2<\deg f_1$$

$$\cdots\cdots$$

$$f_{i+1}(x)=q_i(x)f_i(x)-f_{i-1}(x),\deg f_{i+1}<\deg f_i$$

$$\cdots\cdots$$

$$f_{s+1}(x)=q_s(x)f_s(x)-f_{s-1}(x)=0$$

对于任一 $c\in\mathbf{R}$, 而 $f(c)\neq 0$, 命 $V(c)$ 为序列

$$\{f_0(c),f_1(c),\cdots,f_s(c)\}$$

中的符号变化数. 当 $f(a)\neq 0$, $f(b)\neq 0$, a, $b\in\mathbf{R}$, 而 $a<b$ 时, $f(x)=0$ 在区间 (a, b) 上不同根的个数等于 $V(a)-V(b)$.

定理 5 中的 1 和 2 是作为实闭域的两条特征性质. 事实上, 有的著作也称满足 1 和 2 两性质的有序域为实闭域, 而 Sturm 定理的证明也只依赖于这两性质, 请参阅 Jacobson[1] 及 5.2 节.

与实数域、复数域间的关系相仿, 有下面的定理.

定理 6　一个实闭域 $\mathbf{R}$ 在添加了 $\sqrt{-1}$ 这一代数元素后所得的代数扩域 $\mathbf{R}(\sqrt{-1})$ 是代数闭的. 反之, 若一形式实域 $\mathbf{R}$ 在添加了 $\sqrt{-1}$ 后成一代数闭域, 则 $\mathbf{R}$ 是实闭域.

由这一定理知任一实闭域 $\mathbf{R}$ 上的方程 $f(x)=0(f(x)\in\mathbf{R}[x])$ 的根都在 $\mathbf{R}(\sqrt{-1})$ 中. 如果这些根本身就已不在 $\mathbf{R}$ 中, 则将成对地以 $a\pm b\sqrt{-1}$ 互相共轭的形式出现, 这里 a, $b\in\mathbf{R}$. 根的对称函数也可以构造性地通过对 $f(x)=0$ 的系数计算而得, 这与通常的情形相同.

今设 $\mathbf{K}$ 是一有序域. 则 $\mathbf{K}$ 中数之间的不等式关系可从某些方程是否有解的存在关系导出. 这里有解意指在 $\mathbf{K}$ 中有解, 下面不再另作说明. 例如, 若设 a, b 等为$\mathbf{K}$中的数, 而 x, y 等为变量, 则

$$ax^2=1(\text{在 }\mathbf{K}\text{ 中})\text{有解}\Longrightarrow a>0$$

$$ax^2=-1\cdots\cdots\cdots\cdots\cdots\cdots\Longrightarrow a<0$$

$$x^2=a\cdots\cdots\cdots\cdots\cdots\cdots\cdots\Longrightarrow a\geqslant 0$$

$$x^2 = -a \cdots\cdots\cdots\cdots\cdots\cdots \Longrightarrow a \leqslant 0$$

$$abx^2 = 1 \cdots\cdots\cdots\cdots\cdots\cdots \Longrightarrow a, b \text{ 同号, 即 } \neq 0 \text{ 且同为正或同为负}$$

$$abx^2 = -1 \cdots\cdots\cdots\cdots\cdots\cdots \Longrightarrow a, b \text{ 异号}$$

$$ax = 1 \cdots\cdots\cdots\cdots\cdots\cdots \Longrightarrow a \neq 0$$

如果 **K** 不仅是有序域且是一实闭域或满足 1 和 2 两性质的有序域, 则上面诸式不仅是导出关系而且是等价关系. 这时, 数的不等式关系完全可转化为方程有解与否的存在关系.

今设任意一种如本节开首所说的有序几何, 这种几何的附属数域将是一有序域 **K**. 在取定适当坐标系统后, 这种几何中如关联、平行、垂直等基本关系就都用坐标间的等式关系来表达, 但另一种关于次序的基本关系, 则需用坐标间的不等式关系来表达. 试依第 3.3 节所述略举数例如下:

[例 1]　对位于同一直线上的三点

$$A_1 = (a_1, a_4) \quad A_2 = (a_2, a_5) \quad A_3 = (a_3, a_6)$$

点 A_2 在 A_1, A_3 之间这一次序关系可表示为

$$a_1 < a_2 < a_3 \text{ 或 } a_1 > a_2 > a_3 \text{ 或 } a_4 < a_5 < a_6 \text{ 或 } a_4 > a_5 > a_6$$

或

$$(a_2 - a_1)(a_2 - a_3) < 0 \text{ 或 } (a_5 - a_4)(a_5 - a_6) < 0$$

因而依前述这一次序关系可从以下方程的有解性质导出:

$$(a_2 - a_1)(a_2 - a_3)x^2 = -1 \text{ 有解}$$

或

$$(a_5 - a_4)(a_5 - a_6)x^2 = -1 \text{ 有解}$$

这里的有解是指在 **K** 中有解. 如果 **K** 本身是实闭域, 则 A_2 在 A_1, A_3 之间的几何事实即与上述方程的有解等价.

如果直线用参数方程表示, 而参数为 t, A_i 各相当于 $t = t_i$, 则 A_2 在 A_1, A_3 之间的次序关系可表示为一个不等式关系

$$(t_2 - t_1)(t_2 - t_3) < 0$$

因而可从一个方程

$$(t_2 - t_1)(t_2 - t_3)x^2 = -1$$

的有解性导出或与之等价.

[例 2] 两点 $A=(a_1, a_2)$, $A'=(a_1', a_2')$ 在一直线

$$l: L(x_1, x_2) \equiv c_1x_1 + c_2x_2 + c_3 = 0$$

的同侧 (或异侧). 这一几何关系相当于

$$L(a_1, a_2) = c_1a_1 + c_2a_2 + c_3$$

与

$$L(a_1', a_2') = c_1a_1' + c_2a_2' + c_3$$

符号相同 (或相反). 因而可从方程

$$(c_1a_1 + c_2a_2 + c_3)(c_1a_1' + c_2a_2' + c_3)x^2 = +1(\text{同侧时})$$

或

$$(c_1a_1 + c_2a_2 + c_3)(c_1a_1' + c_2a_2' + c_3)x^2 = -1(\text{异侧时})$$

在 $\mathbf{K}$ 中有解这一性质所导出. 在 $\mathbf{K}$ 为实闭域时, 则 A, A' 是否在 l 同侧或异侧, 与前一或后一方程是否有解等价.

今考虑上述有序几何中的任一定理, 并设几何附属数域为 $\mathbf{K}$, 而以 $\overline{\mathbf{K}}$ 为 $\mathbf{K}$ 的一个实闭代数扩域. 在适当坐标系统下, 这一定理的假设与终结部分都将用一些 $\mathbf{K}$ 中的等式或不等式关系来表达. 如果我们在诸点坐标之外引进一些新的变量, 则依前面所述, 这些不等式关系都可用这些新变量的多项式方程在 $\overline{\mathbf{K}}$ 中有解的关系来代替. 这时可根据终结部分是等式还是不等式的关系而把定理分成两类. 如果定理的终结部分不牵涉到次序关系, 因而可用 $\mathbf{K}$ 中通常的等式关系来表达, 且这些等式中的变量都是原来的坐标变量时, 这种定理称为*等式型定理*, 否则称为*不等式型定理*. 例如在常用几何中, 下述定理即是一等式型定理.

定理 7 在一三角形的各边上向外侧各作等边三角形, 则将原三角形各顶点与对边上等边三角形对面顶点相连所得的三直线必相交于一点.

在这一定理中, 假设部分牵涉到次序关系, 而终结部分则只与关联关系有关.

再考虑下一定理.

定理 8 三角形的九点圆与内切圆相内切而与旁切圆相外切.

由于圆的内外切牵涉到次序关系, 因而这是一条不等式型定理. 但如果我们不要求证明九点圆与内旁切圆内切或外切, 而只要求证明其相切, 则终结即不再牵涉到次序关系. 如果九点圆与内旁切圆的半径各以 R 与 r 来表示, 九点圆心与内旁切圆心的距离用 d 来表示, 则两圆的相切关系将用下面的等式来表达:

$$R^4 + r^4 + d^4 - 2R^2r^2 - 2R^2d^2 - 2r^2d^2 = 0$$

因而这时的定理乃是一个等式型定理.

这样的定理在初等几何中不胜枚举, 一般说来, 由于角的概念在无序几何中不存在或至少不确定, 两条交线的分角线有两条而无法区别, 因而凡涉及角及分角线的定理时, 往往会有上面的情形发生.

对于一个等式型定理, 在引入若干新变量后, 原来的假设部分将表示成在 $\overline{\mathbf{K}}$ 中新旧变量之间的等式关系, 而终结部分则是原来那些变量之间的等式关系, 其系数不仅在 $\overline{\mathbf{K}}$ 中且在原来未经扩充的数域 $\mathbf{K}$ 中 (实际上都可取为整系数). 这时定理的代数形式将取第 4.1 节中的那种形式: 从某一数域上某些变量的一组多项式关系推出在同一数域这些变量 (事实上是假设中变量的一部分) 的另一多项式关系, 而且这些多项式的系数事实上都可取为整数. 于是, 依据这一章的方法即可得下述定理.

机械化定理 1　任一 (通常) 有序几何的等式型定理有机械化证法.

对于不等式型的定理, 情况就完全不同. 命定理假设部分中的变量为 $x_1, \cdots,$ x_m, 则定理的终结部分是 $-x_1, \cdots, x_m$ 间的不等式关系. 在引入又一新变量设为 y 后, 这一不等式关系等价于一个 y 的方程

$$g(y, x_1, \cdots, x_m) = 0$$

在实闭域 $\overline{\mathbf{K}}$ 中是否有解的问题. 这是一个方程解的*存在问题*, 与在等式型定理导致到等式间相互推演, 即所谓*公式演化*一类的问题上有本质的区别, 两者的处理方式也有着本质的区别. 在将不等式型定理的假设部分引进一些新变量以转化成 $\overline{\mathbf{K}}$ 中的等式关系, 并设新旧变量为 $x_1, \cdots, x_n$ 后, 定理将转化成下面形式的代数问题:

设有序域 $\mathbf{K}$ 与 $\mathbf{K}$ 上变量 $x_1, \cdots, x_n$ 的多项式组

$$\Sigma = \{f_i(x_1, \cdots, x_n)\}$$

其中 f_i 只有有限多个. 又设另一变量与另一 $\mathbf{K}$ 上的多项式方程

$$g(_y, x_1, \cdots, x_n) = 0$$

试寻求一机械化方法, 以判断对 $\mathbf{K}$ 或 $\overline{\mathbf{K}}$ 中任意满足诸方程

$$f_i(x_1, \cdots, x_n) = 0$$

的数 $a_1, \cdots, a_n$, 方程

$$g(y, a_1, \cdots, a_n) = 0$$

在 $\overline{\mathbf{K}}$ 中是否恒有解答,

答案是正面的, 即所谓 Tarski 定理. 其证明和方法将在下节中讨论. 由此即得下面的定理.

机械化定理 2　任一通常有序几何的定理都有机械化证法.

需着重指出的是：这里不论是机械化定理 1 还是 2, 都不能包括第 5 章甚至第 4 章的机械化定理. 这是因为这里的机械化定理只适用于真正有序的几何, 因而附属数域 **K** 必须是有序域. 但在第 5 章或第 4 章中的机械化定理所适用的几何不必有次序关系甚至不必有可能引进次序关系. 例如在垂直几何中, 迷向线存在或复几何的情形即是如此. 因而第 4、5 章与本章的机械化定理彼此不相统属, 而且在两种机械化方法都适用的那种几何与定理中, 即互相交叉的部分, 第 4、5 章中的方法与本章的方法完全不同, 且前者要比后者有效得多.

5.2 Tarski 定理与 Seidenberg 方法

上节指出, 有序几何的不等式型定理在适当坐标系统下可化为一纯代数问题, 而这一问题可依 Tarski 定理得到解决. 但不论是 Tarski 原来的方法或是其后的 Seidenberg 简化都是极其复杂的.这些方法不仅难见实效, 而且所得解答也不能完全符合几何上的要求, 故以下将先把这一代数形式的问题转化成其他形式再依加以修改后的 Tarski-Seidenberg 方法来处理.为此先重述上节末的代数问题如下. 凡提到多项式时, 若非另有声明都将假定是整系数多项式, 凡多项式组都将假定只有有限多个多项式, 这些都不再作说明.

代数问题 1

设 $\overline{\mathbf{K}}$ 是实闭域, 又设一多项式组

$$\Sigma=\{f_i(x_1,\cdots,x_n)\}$$

与一多项式 $g(y, x_1,\cdots, x_n)$, 而在 g 中 y 真正出现, 求判定从

$$\text{假设：}\quad f_i(x_1,\cdots,x_n)=0\quad f_i\in\Sigma$$

导出

$$\text{终结：}\quad g(y,x_1,\cdots,x_n)=0$$

在 $\overline{\mathbf{K}}$ 中是否有解的机械化方法.

详言之, 当对任意 $a_k\in\overline{\mathbf{K}}$, k=1, $\cdots$, n 方程 $g(y, a_1, \cdots, a_n)$=0 都有解时, 相应的几何定理成立. 若有 a_k 使上方程无解, 则相应的几何定理至少对于 $x_k=a_k$ 这种情形不成立.

由于我们只需考虑几何定理的非退化 (generic) 情形, 可把退化情形置诸不论. 因为, 退化情形或无几何意义, 或甚至不成立, 故我们真正需要解决的代数问题与上

面问题 1 并不完全一致. 实质上的问题在于求得一组非退化条件

$$\Delta=\{D_1,\cdots,D_r\}$$

其中 D_i 也是 $x_1,\cdots,x_n$ 的整系数多项式, 使得在

$$D_i\neq 0\quad (D_i\in\Delta)$$

的附加条件下来判定 g=0 是否有解即可. 这一形式的代数问题解决起来不仅比原来的问题 1 简单得多, 而且还符合几何要求的实际情况.

其次, 上面的终结多项式 $g(y,\ x_1,\ \cdots\ ,\ x_n)$ 并不是任意的, 而系依据几何定理的原意从某一多项式不等式

$$h(x_1,\cdots,x_n)>0 \text{ 或 } <0$$

经引入新变量 y 后转化而来, 即

$$g=y^2h\mp 1$$

其中在 $h>0$ 时取 − 号, $h<0$ 时取 + 号. 我们将不从正面证明定理成立 (在若干非退化条件下), 而将证明其反面的定理不成立, 即证明下述方程与不等式关系的组

$$f_i(x_1,\cdots,x_n)=0\quad (f_i\in\varSigma)$$

$$h(x_1,\cdots,x_n)\leqslant 0\quad \text{或 } \geqslant 0$$

在 $\overline{\mathbf{K}}$ 中无解. 换言之, 若引入新变量 z, 并置

$$g(z,x_1,\cdots,x_n)=z^2\pm h(x_1,\cdots,x_n)$$

其中取 + 或 − 号视 $h\leqslant 0$ 或 $\geqslant 0$ 而定. 原来定理成立的证明相当于证明方程组

$$f_i(x_1,\cdots,x_n)=0(f_i\in\varSigma)$$

$$g(z,x_1,\cdots,x_n)=0$$

在若干附加条件下在 $\overline{\mathbf{K}}$ 中无解.

今依 Seidenberg, 置

$$F(z,x_1,\cdots,x_n)=\varSigma f_i^2+g^2$$

由于 $\overline{\mathbf{K}}$ 是实闭域, 在 $\overline{\mathbf{K}}$ 中方程组有解与否和 F=0 有解与否相同, 又如前从几何上只需考虑非退化情形即可, 故最后导致下面的问题:

代数问题 2

设实闭域 $\overline{\mathbf{K}}$ 与变量 $z, x_1, \cdots, x_n$ 以及一多项式

$$F(z, x_1, \cdots, x_n)$$

求一机械化方法, 使在有限步下能求得一组 $x_1, \cdots, x_n$ 的多项式

$$\Delta = \{D_1, \cdots, D_r\}$$

并能据之以判定方程与不等式关系式组

$$F(z, x_1, \cdots, x_n) = 0$$

$$D_i(x_1, \cdots, x_n) \neq 0 \quad (D_i \in \Delta)$$

在 $\overline{\mathbf{K}}$ 中是否有解.

如果判定的结果无解, 则原来的几何定理在非退化条件 $D_i \neq 0$ 下成立. 否则在同样的非退化条件 $D_i \neq 0$ 下原来的几何定理不成立. 对于 D_i 应限制为 $D_i=0$ 不能从 $F=0$ 推出, 参见第 4.1 节.

Tarski-Seidenberg 的方法虽可用以解决比较一般的代数问题 1, 但并不完全适用于几何定理的证明. 如果局限于代数问题 2, 则方法可简化许多而与几何要求相符, 以致有可能证明一些真正较复杂的定理. 今说明代数问题 2 的解法如下:

解法将对变量 x 的个数 n 进行归纳, 为此先引进一些符号, 对形式为

$$F(z, x_1, \cdots, x_n)$$

的整系数多项式简记为

$$F_n = F_n(z, x^{(n)})$$

这里

$$x^{(n)} = (x_1, \cdots, x_n)$$

同样在 $\overline{\mathbf{K}}$ 中的一组值 $(a_1, \cdots, a_n)$ 也简记为 $a^{(n)}$, 而以

$$x^{(n)} = a^{(n)}$$

表示

$$x_1 = a_1, \cdots, x_n = a_n$$

此外又设一组非退化条件

$$\Delta_n = \{D_{n1}, \cdots, D_{n,rn}\}$$

其中 $D_{ni}=D_{ni}(x_1,\cdots,x_n)$ 都是 $x_1,\cdots,x_n$ 的非 0 整系数多项式, 且每一 $D_{ni}\neq 0$ 都不能从 $F=0$ 推出. 简记

$$\{F_n,\Delta n)=\Omega_n$$

我们称 Ω_n 有解, 如果对 $\overline{\mathbf{K}}$ 中的任意一组 $a^{(n)}$, 只需

$$D_{ni}(a^{(n)})\neq 0\quad (D_{ni}\in\Delta n)$$

方程

$$F_n(z,a^{(n)})=0$$

即在 $\overline{\mathbf{K}}$ 中有解. 又若 $z=c$ 是上述方程的解, 则称 $(c,a^{(n)})$满足 Ω_n, 于是有下面的定理.

定理 有一机械化方法, 使对任意多项式

$$F_n=F_n(z,x^{(n)})$$

可在有限步内求得 $-z$ 与 $x^{(n-1)}$ 的多项式 F_{n-1} 以及有限多个 $x^{(n-1)}$ 的多项式 $D_{n1},\cdots,D_{nrn}$ 所成的组 Δ_n, 使

$$\Omega_n=\{F_n,\Delta_n\}$$

之是否有解, 将视

$$\Omega_{n-1}=\{F_{n-1},\Delta_n\}$$

之是否有解而定.

依据这一定理即可解决代数问题 2. 盖从多项式 $F_n=F_n(z,x^{(n)})$ 出发, 可依定理得 F_{n-1} 与 Δ_n, 从 F_{n-1} 又得 F_{n-2} 与 Δ_{n-1}, 依次类推, 最后得一多项式 $F_0(z)$. 今将历次所得

$$\Delta_n,\Delta_{n-1},\cdots,\Delta$$

合并为一多项式组 Δ, 则

$$\Omega=\{F_n,\Delta\}$$

之有解与否, 将视

$$F_0(z)=0$$

之是否有解而定, 而后者可依 Sturm 定理来判断. 因此, 在几何附属数域为实闭域时, 有一机械化方法可从 $F_n=F_n(z,x_1,\cdots,x_n)$ 得出一组非退化条件的多项式$\{D_i\}=\Delta$, 并在这些非退化条件 $D_i\neq 0$ 下判定 $F_n=0$ 是否有解, 由此判定在这些非退化条件下相应几何是否成立. 换言之, 相应几何的定理证明可以机械化, 或相应几何的机械化定理成立.

定理解决了代数问题 2, 也解决了相应的几何问题. 对我们来说特别应该一提的是: 我们的主要兴趣在于希望能正面证明某些定理, 而不在于反面否定某些定理. 对于前者, 只需证明最后所得 $F_0=0$ 在 $\overline{\mathbf{K}}$ 中无解, 则对于原来的多项式 F_n 至少在某些非退化条件下方程 $F_n=0$ 在 $\overline{\mathbf{K}}$ 中无解, 于是在原来的几何附属数域中更不能有解. 因而即使我们的几何附属数域并不是实闭的, 但只需是有序域, 即可取它的扩充实闭域, 并应用上述结论, 据此以提供一组非退化条件并正面证明在这些非退化条件下定理成立, 这就是我们的主要目的所在. 至于在最后所得方程 $F_0=0$ 有解的情形下, 则虽然只在实闭域时可以得知定理不成立, 而在一般的有序几何附属数域时并不能据之以得出定理不成立的结论, 但这本来就不是我们所关心的问题, 因而无关紧要. 就我们所感兴趣的方面来说, 以上方法导出的结果对我们已足够了.

定理的证明将依据 Seidenberg 的简化证法, 参见 Seidenberg[1] 与 Jacobson[1] 第五章. 以下将作概括介绍, 主要说明原证上应该修改之处.

Seidenberg 关于定理的证明, 主要依据下面引理中所说的几何事实:

Seidenberg 引理　设 Descartes 坐标系的坐标为 (x, y), 又设一曲线

$$C : f(x, y) = 0$$

其中 f 为实闭域 $\overline{\mathbf{K}}$ 中的多项式, 若 C 有坐标在 $\overline{\mathbf{K}}$ 中的点或 $f=0$ 在 $\mathbf{K}$ 中有解, 则在这样的点中必有一点 (a, b) 离原点的距离为最短, 且若 (a, b) 既非原点又非 C 的奇点时, 在该点处曲线 C 与过该点的圆

$$S : x^2 + y^2 = a^2 + b^2$$

彼此相切.

由于我们也需考虑较一般的有序几何, 例如有序 Pascal 几何, 其中不一定有垂直与其他度量概念, 所谓 Descartes 坐标、圆和距离等在这种几何中并无意义可言, 因而不能直接应用 Seidenberg 原证, 虽然如此, 我们只需把概念作适当修改, 引理仍能成立, 原证明也仍能适用, 述之如下.

假设在有序几何中任一以 (x, y) 为坐标的坐标系 Γ, 这里坐标系是任意的, 因而无所谓圆与距离等等. 但某些概念仍可保持通常的意义. 例如设由一个方程

$$f(x, y) = 0$$

所定义的曲线 C, 这里 f 不妨设为整系数多项式, 若 a, b 都在 $\overline{\mathbf{K}}$ 中, 而 $f(a, b)=0$, 则称 $P(a, b)$ 为C 上的点, 今置

$$\alpha = \left.\frac{\partial f}{\partial x}\right|_{(a,b)} \qquad \beta = \left.\frac{\partial f}{\partial y}\right|_{(a,b)}$$

若 $P(a, b)$ 是 C 上的点, 而

$$\alpha=0 \qquad \beta=0$$

则 P 称为 C 的一个奇点. 若 P 是 C 上的点但非奇点, 则方程

$$\alpha(x-a)+\beta(y-b)=0$$

定义了一直线, 称为 C 在 P 点的切线. 这些定义在任意坐标系统下都有意义, 也与通常的概念相同. 但与通常情形不同, 虽然在所考虑的几何中并无垂直概念, 我们仍将称直线

$$\beta(x-a)=\alpha(y-b)$$

为坐标系统 Γ 下 C 在 P 点的"法线", 自然, 这里的"法线"是相对于所取的坐标系统 Γ 而说的. 同样, 任一方程 ($r \geqslant 0$)

$$x^2+y^2=r^2$$

称为定义了这一坐标系统Γ下的一个以 r 为"半径", 原点为"中心"的"圆", 一个点 (a, b) 称为在"圆"内, 在"圆"上, 或在"圆"外, 视

$$a^2+b^2<r^2,=r^2 \text{ 或 } >r^2$$

而定. 又对于任一点 $P_0=(x_0, y_0)$, 在 $\overline{\mathbf{K}}$ 中有一大于等于 0 的数 r_0, 使 $r_0^2=x_0^2+y_0^2$, 该数 r_0 称为 P_0 与"圆"中心 $(0, 0)$ 的"距离".

今设点 $P=(a, b)$ 是曲线 C 与"圆"

$$S: x^2+y^2=r^2$$

的交点, 这里

$$r^2=a^2+b^2$$

且 $r \geqslant 0$ 为 S 的"半径". 设 P 非 C 的奇点, 而置

$$c=b\alpha-a\beta$$

$$d=-a\alpha-b\beta$$

则移置坐标系统使新原点为 P, 新坐标轴 l_1', l_2' 为 C 在 P 点的切线与"法线", 而新坐标为 x', y' 时, 将有

$$x'=\beta(x-a)-\alpha(y-b)$$

$$y'=\alpha(x-a)+\beta(y-b)$$

于是“圆”S 在新坐标系统 Γ' 下的方程为

$$(x'-c)^2+(y'-d)^2=c^2+d^2$$

这里

$$c^2+d^2=(\alpha^2+\beta^2)(a^2+b^2)$$

由于 $\overline{\mathbf{K}}$ 是实闭域, 故有 $\gamma\in\overline{K}$, 使 $\alpha^2+\beta^2=\gamma^2$, 且 $\gamma\geqslant 0$. 因而置 $r'=r\gamma\geqslant 0$ 时, S 的新方程为

$$(x'-c)^2+(y'-d)^2=r'^2$$

我们称之为新坐标系统 Γ' 下以 (c, d) 为“中心”, $r'\geqslant 0$ 为“半径”的一个“圆”. 同样可定义“在圆上”、“在圆内”、“在圆外”, 以及一点与“中心”的“距离”等.

这样, 相对于某些固定的坐标系统, 仍可定义圆、半径、距离等等概念, 于是原来的 Seidenberg 引理, 在这些相对概念下仍然成立, 原来的证明也仍然适用. 详细的论证可参阅 Jacobson[1] 一书的第 5 节, 这里不再重复.

对 Tarski-Seidenberg 原证的另一需要修改之处为非退化条件的引入. 例如在原证中, 经常要考虑多项式的除法: 设 $t_1,\cdots,t_r$ 为参数,

$$F(t,x)=u_nx^n+u_{n-1}x^{n-1}+\cdots+u_0$$

$$G(t,x)=v_mx^m+v_{m-1}x^{m-1}+\cdots+v_0$$

为两 x 的多项式, 其系数 u_i, v_i 都是 $t_1,\cdots,t_r$ 的多项式. 在以 G 除 F 时, 原证中需要区别

$$v_m=0\quad v_{m-1}=0\cdots v_{k+1}=0\quad v_k\neq 0$$

在 $k=m, m-1,\cdots,0$ 时的各种情形进行处理. 但在我们修改的证明中, 只需考虑

$$v_m\neq 0$$

这一情形已足, 而以 v_m 作为非退化条件添入相应的非退化集 Δ 中. 在诸参数 $t_1,\cdots,t_r$ 中有一设为 t_r 处于特殊地位时, 可将 v_m 视为 t_r 的多项式, 而以 t_r 最高次幂的系数

$$\omega_m=\omega_m(t_1,\cdots,t_{r-1})$$

作为非退化条件添入 Δ, 即在论证时只考虑

$$\omega_m\neq 0$$

这一情形. 这样 Tarski-Seidenberg 的原证与方法都将大为简化.

由于 Tarski-Seidenberg 的原证及其方法在 Jacobson[1] 一书中已有详细论述，详见该书第 5 章第 3 至 6 诸节，我们将满足于指出简化证明对原证需要修改之处，而不再作冗长的叙述．依据前面关于机械化证明的解释，可将本章的主要结果概括成如下形式的定理．

机械化定理　与常用几何相关属并满足交线 Pascal 公理的各种有序几何，如有序 Pascal 几何、有序垂直几何、有序度量几何以及常用几何自身，其定理证明都可机械化．

5.3　有序几何定理机械化证法举例

有序几何定理证明的机械化方法与无序几何不仅有本质上的差别，而且也要繁复得多，其具体情况见前面两节．现仅就手算力所能及的范围略举数例如下，其中结合第 4 章的方法进行了一些简化．

[**例 1**](Pasch 公理)　作为 Pasch 公理的一个变形，试考虑下面的命题．

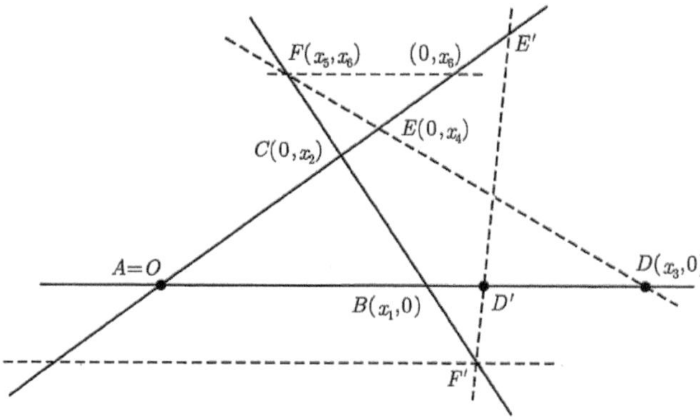

图 5.1

假设 $\triangle ABC$ 与一直线交其三边 AB, AC, BC 于 D, E, F，若 B 在 A, D 之间，C 在 A, E 之间，则 F 不能在 B, C 之间．

为简化计算手续，试取坐标系统以 A 为原点，而以 AB, AC 为两坐标轴，设各点坐标为

$$B=(x_1,0)\quad C=(0,x_2)$$

$$D=(x_3,0)\quad E=(0,x_4)$$

$$F=(x_5,x_6)$$

由次序关系的假设可知, 应有 $y_1, y_2 \in \overline{\mathbf{K}}$, 使

$$y_1^2 x_1(x_1 - x_3) = -1$$
$$y_2^2 x_2(x_2 - x_4) = -1$$

此外又有

$$x_2 x_5 + x_1 x_6 = x_1 x_2$$
$$x_4 x_5 + x_3 x_6 = x_3 x_4$$

将诸变量排成次序

$$y_2 \prec y_1 \prec x_1 \prec x_2 \prec x_3 \prec x_4 \prec x_5 \prec x_6$$

则经过整序, 假设部分将为

$$y_1^2 x_1 x_3 = y_1^2 x_1^2 + 1$$

$$y_2^2 x_2 x_4 = y_2^2 x_2^2 + 1$$

$$(x_1 x_4 - x_2 x_3) x_5 = x_1 x_3 (x_4 - x_2)$$

$$(x_1 x_4 - x_2 x_3) x_6 = x_2 x_4 (x_1 - x_3)$$

非退化条件将为

$$x_1 \neq 0 \quad x_2 \neq 0 \quad x_1 x_4 - x_2 x_3 \neq 0$$

以及

$$y_1 \neq 0 \quad y_2 \neq 0$$

这些非退化条件的几何意义是很显然的, 而且由于定理假设都已自然满足. 在这些非退化条件下所要求证的定理终结部分相当于

$$g_1 \equiv x_5(x_5 - x_1) > 0$$

$$g_2 \equiv x_6(x_6 - x_2) > 0$$

试证 $g_2 > 0$ 如次. 先利用假设消去 x_6 得

$$(x_1 x_4 - x_2 x_3)^2 g_2 = x_2^2 x_3 x_4 (x_1 - x_3)(x_2 - x_4)$$

再利用前两个假设, 消去 x_3, x_4 得

$$y_1^4 y_2^4 x_1^2 (x_1 x_4 - x_2 x_3)^2 g_2 = (y_1^2 x_1^2 + 1)(y_2^2 x_2^2 + 1) > 0$$

由此即得 $g_2 > 0$.

在证明最后一步

$$(y_1^2x_1^2+1)(y_2^2x_2^2+1)>0$$

中, 自然可依 Tarski-Seidenberg 方法机械地进行, 但这将是极为繁复的. 同样, 定理也可以改为证明某些方程有无 $\overline{\mathbf{K}}$ 中的解答来进行.

[例 2] 几何悖论 欧几里得的《几何原本》, 乃是历史上按公理体系编写的典范著作. 但是它的公理系统却是残缺不全的, 历来都受到指摘, 而以平行公理的独立性为议论的集中所在. 在 19 世纪的下半世纪, 随着数学批判思潮的兴起, 对欧几里得的公理系统开始作较全面的分析, 而不再局限于平行公理. 这时出现了一些几何悖论, 下面是较著名的一个.

悖论 任意三角形都是等腰三角形.

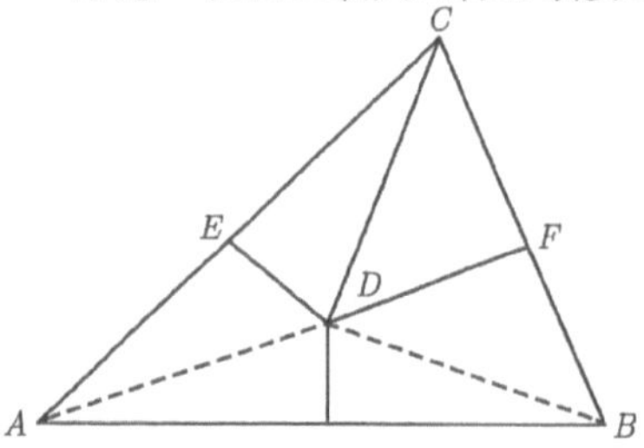

图 5.2

证 设三角形 ABC, 如图 5.2, 作 C 角的分角线与对边 AB 的垂直平分线交于 D. 作 $DE\perp AC$, $DF\perp BC$, 则由全合三角形可得

$$CE=CF \quad AE=BF$$

由此即得 $AC=BC$. 故任意三角形 ABC 都是等腰三角形.

关于上面的悖论及其证明可参阅 Klein[4], 第 202 页或 Kline[1] 第 1007 页, 证明中的错误是因为图形中 D 点应在 $\triangle ABC$ 之外而不应在 $\triangle ABC$ 之内. 这可由次序公理的引入来证明, 而在《几何原本》中完全没有考虑次序关系. 详言之, 应有以下命题.

设 $\triangle ABC$, D 是 C 角的分角线与对边 AB 垂直平分线的交点. 若 CD 是内分角线, 则 D 与 C 位于直线 AB 的异侧; 若 CD 是外分角线, 则 D 与 C 应位于 AB 的同侧.

这一命题的叙述与实际上几何定理的所有叙述同样,都只是针对非退化(generic)情形的. 例如上述命题中, 若 $AB=AC$, 则角 C 的内分角线将与 AB 的垂直平分线重合, 而命题的叙述本身将失去意义. 故 $AB=AC$ 这一情形需排除在命题假设之外而作为命题的退化情况来处理. 对于诸如此类的非退化条件的出现与处理, 传统的欧几里得证明方法是无能为力的, 但我们的机械化方法则可给出系统的机械处理, 参见以前各章, 特别是第 3.1 和 3.2 两节.

作为本章方法的说明, 试证上述命题如次.

为使计算简单起见, 试取 Descartes 坐标系统, 以 C 为原点, C 角所考虑的分角线为第一坐标轴 (这里不需要用到一角两分角线互相垂直这一定理), 于是 D 在第

一轴上. 设诸点坐标为

$$A=(x_1,x_2) \qquad B=(x_3,x_4) \qquad D=(x_5,0)$$

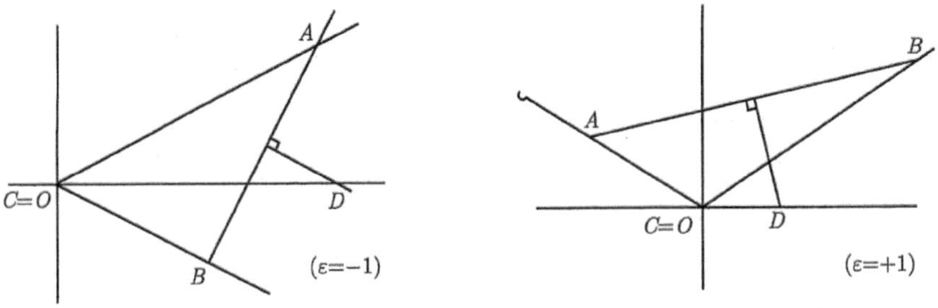

图 5.3

于是定理的假设依次为

OD 为角 C 分角线 $\Longleftrightarrow x_1x_4+x_2x_3=0$

D 在 AB 垂直平分线上 $\Longleftrightarrow 2(x_3-x_1)x_5+x_1^2+x_2^2-x_3^2-x_4^2=0$

至于 OD 为内分角线或外分角线, 则相当于 A, B 在第一轴的异侧或同侧, 亦即 x_2, x_4 为异号或同号, 或即下方程有解:

$$x_0^2x_2x_4=\varepsilon$$

其中

$$\varepsilon=\begin{cases}-1 & (\text{内分角线时})\\ +1 & (\text{外分角线时})\end{cases}$$

定理结论部分 D, C 在 AB 同侧或异侧, 相当于方程

$$y^2(x_2x_5-x_4x_5+x_1x_4-x_2x_3)(x_1x_4-x_2x_3)=\eta$$

有解与否, 这里

$$\eta=\begin{cases}+1 & (\text{同侧时})\\ -1 & (\text{异侧时})\end{cases}$$

于是定理相当于在假设成立的条件下,

$$\eta=\varepsilon \text{ 时 } y \text{ 方程有解}$$
$$\eta=-\varepsilon \text{ 时 } y \text{ 方程无解}$$

今对假设部分中出现的变量依以下次序排列:

$$x_0 \prec x_1 \prec x_2 \prec x_3 \prec x_4 \prec x_5$$

经过整序, 得假设部分为

$$x_0^2x_2^2x_3+\varepsilon x_1=0$$
$$x_0^2x_2x_4-\varepsilon=0$$
$$2(x_0^2x_2^2+\varepsilon)x_1x_5-x_0^2x_2^2(x_1^2+x_2^2-x_3^2-x_4^2)=0$$

最后一式可约化为

$$2x_0^2x_2^2\ \cdot\ x_1x_5-(x_1^2+x_2^2)(x_0^2x_2^2-\varepsilon)=0$$

已用到的非退化条件为

$$x_0\neq 0\quad x_1\neq 0\quad x_2\neq 0\quad x_0^2x_2^2+\varepsilon\neq 0$$

终结部分的方程为

$$g\equiv y^2h-\eta=0$$

这里

$$h=(x_2x_5-x_4x_5+x_1x_4-x_2x_3)(x_1x_4-x_2x_3)$$

将 h 与 g 对假设部分的多项式进行约化, 得

$$x_0^6x_2^4h=\varepsilon[x_2^2(x_0^2x_2^2-\varepsilon)^2+x_1^2(x_0^2x_2^2+\varepsilon)^2]$$

由于 $x_2\neq 0$, $x_0\neq 0$, 故 $g=0$ 在这些非退化条件下相当于方程

$$\varepsilon y^2[x_2^2(x_0^2x_2^2-\varepsilon)^2+x_1^2(x_0^2x_2^2+\varepsilon)^2]-\eta=0$$

括号中一式在非退化条件

$$x_1\neq 0\quad x_2\neq 0\quad x_0^2x_2^2-\varepsilon\neq 0\quad x_0^2x_2^2+\varepsilon\neq 0$$

下是正定的, 因而在这些条件下 ε,η 同号即有解, 异号即无解. 如所欲证.

这些非退化条件的几何意义是容易理解的. 条件 $x_0^2x_2^2\pm\varepsilon\neq 0$ 在 $\varepsilon=-1$ 时指 $x_3\neq x_1$, 而在 $\varepsilon=+1$ 时指 $x_3\neq -x_1$. 不论何时, 条件都指 $AC\neq BC$, 正如本例开始所说的那样, 值得指出的是, 这种非退化条件是在机械化证明过程中自然出现的, 不必事先加以考虑.

在上两例中, 我们并没有完全依照 Tarski-Seidenberg 的机械化证法, 而是采用了一个简捷的办法. 详言之, 如果假设部分的多项式组为$\{f_i\}$, 终结多项式为 g 时, 我们并没有先作 $F=\sum f_i^2+g^2$, 再迭次应用 Seidenberg 引理与定理. 与之相反, 我们应用了第 4 章中的方法, 从$\{f_i\}$经过整序得基列$\varPhi$: A_1, A_2, $\cdots$ A_n. 再将要判断 $g=0$ 是否有解的多项式 g 对$\varPhi$约化以逐步消去各个变量 x_n, x_{n-1}, $\cdots$, x_1, 而得余

式多项式 $g_{n-1}, \cdots, g_0(g_n = g)$. 这里 $g_i \in \overline{\mathbf{K}}[u_1, \cdots, u_e, x_1, \cdots, x_{i-1}]$, u_i 为 x 以外的参数, 然后再判定最后所得多项式方程 $g_0=0$ 是否有解. 诸非退化条件则在整序过程与约化过程中自然出现, 这一方法之所以可行, 乃是因为在以上两例中 g_i 对于 x_i 的次数为 1, 因而在相应非退化条件下, $g_{i+1}=0$ 是否有解与 $g_i=0$ 是否有解等价. 在这一点上类似于第 3 章中关于 Hilbert 机械化方法关于线性一类定理的证明. 在某一 $g_i=0$ 对 x_i 的次数大于 1 时, 自然不能用这一方法.

在上两例中, 最后都导致判断一个多项式 g 是否为正定或半正定的问题. 事实上, 有序几何的机械化问题即可归结为判断某一多项式 g 在假设条件

$$f_1 = 0 \quad \cdots \quad f_n = 0$$

下如何添入若干附加条件

$$D_1 \neq 0 \quad \cdots \quad D_s \neq 0$$

后成为正定或半正定的问题. 如果没有假设条件而已知 g 正定或半正定, 则依 Hilbert 二十三个著名问题中的第 17 问题, g 可表为若干个有理函数的平方之和. 这一问题由 Artin[2] 于 1926 年就得了正面的解决, 并为 A. Robinson[2, 3] 推广至有假设条件 $f_1=0, \cdots, f_n=0$ 的一般情形. 但正如 Artin[2] 一文中所指出的那样, 他的证明是间接的, 不能导致分解成平方和的明显表达式, 因而要求有一个更为完全的证明. 这样的一个构造性的证明后来为 Kreisel[1] 等所给出. 但对于我们更为重要的是这样一个先决的问题, 即判断一个多项式是否正定的有效方法. 这种方法虽已为 Tarski-Seidenberg 所提供, 但如何求得效率更高的方法, 似尚有待于解决.

第 6 章　各种几何的机械化定理

6.1　概　　述

第 2.6 节曾经给出了关于公理化观点几何的一般概念, 在第 3.3 节中又给出了几何定理的机械化证法与几何定理证明可以机械化的一般概念, 第 3、4、5 章又对某些几何或其某一类定理给出了可以机械化的证明及相应的机械化证法. 从公理化到机械化, 大体上经历了这样一个过程:

$$\text{公理化} \rightarrow \text{代数化} \rightarrow \text{坐标化} \rightarrow \text{机械化}$$

建立坐标系统后的机械化问题已由前三章提供了三种不同的方式, 可以把它们归结成三种不同类型的代数形式机械化问题, 并给出三种不同的机械化方法和确定的解答. 至于从公理出发, 通过代数化以到达数系统, 并由此建立坐标系统的步骤往往不如通常想象的那么简单, 中间要经历一段相当繁琐也相当曲折的道路.

前面几章所考虑的几何实际上都是常用几何的关属几何, 因而代数化的过程可以借助于大家所熟悉的常用几何论证与解析几何方法. 对于其他种种不与常用几何关属的几何, 则需依据几何公理的特殊方式进行代数化与引进坐标. 本章将举出这样一些例子 —— 投影几何与两种非欧几何. 这些几何在代数化与坐标化后, 其几何定理仍然可以归结为前面三章中那种代数形式, 因而对于用前面三章的方法得到这些几何定理证明可以机械化的结论也仍然适用, 参阅本章第 6.2 至 6.5 节关于这些几何的机械化定理.

为简单起见, 所有这些几何, 我们都局限于平面情形, 因而其基本对象都不外乎点与直线两种, 但像第 2.6 节中的一般定义所指出的那样, 同样也可以考虑以其他元素作为基本对象的几何, 例如两种比较容易遇到的圆几何学: 以点和圆作为基本对象的 Möbius 几何以及以点和有向圆作为基本对象的 Laguerre 几何. 对于这两种圆几何, 我们也可以遵循一般的方法从这些几何的公理出发, 经过代数化和坐标化, 再依前三章的方法来得到这些几何的相应机械化定理. 由于论证过长, 故在本章第 5 节中将只作简略介绍, 以后将另成专文, 不在本书之列的许多公理化的几何都可依此考虑其机械化问题.

本章最后一节考虑了有关超越函数间公式证明的机械化问题. 从该节可以看出, 就几何定理证明来看, 流行于几何书刊中广泛使用超越函数的做法, 事实上是可以避免的. 或者也是可以机械化的.

6.2　投影几何定理证明的机械化

像以前那样, 在下面的叙述中所谓投影几何, 将局限于投影平面几何. 对于高维的情形, 基本上是相同的, 不同之处将在有关处指出.

因限于平面情形, 故这种投影几何中的基本对象只有两种：点和直线, 基本关系只有一种：点在直线上, 或直线经过点, 下面给出基本关系所需满足的公理.

关联公理 P

P_1　过任两不同的点有一, 且恰有一条直线.

P_2　任两不同直线必有一, 且恰有一公共点.

P_3　在任一直线上至少有三个不同的点.

P_4　至少有三个不同的点不在同一条直线上.

由Pl—P4 可知, 过任一点的不同直线至少有三条. 又P1—P4 并不是完全独立的, 但对本书来说无关紧要.

为了把只有有限个点的情形即所谓有限几何者排除在外, 我们引入下面的公理：

无限公理 I　在一直线 l 上任取三个不同的点 O_0, O_1 与 O_∞, 又取一不在 l 上的点 Q_∞, 以及过 O_∞ 而不同于 $Q_\infty O_\infty = l_\infty$ 与 l 的直线 m, 连 $Q_\infty O_0$, $Q_\infty O_1$ 与 m 交于 P_0, P_1. 作 P_1 与 $O_1P_0 \wedge l_\infty = R_\infty$ 的连线并与 l 交于 O_2, 连 $Q_\infty O_2$ 与 m 交于 P_2, 又作 P_2R_∞ 与 l 的交点 O_3. 依次类推, 可作 $O_4, O_5, \cdots$. 同样连结 P_0 与 $O_0P_1 \wedge l_\infty = S_\infty$ 并交 l 于 O_{-1}, 又连 O_{-1} 与 Q_∞ 而交 m 于 P_{-1}. 再作 $P_{-1}S_\infty$ 与 l 交于 O_{-2}. 依次类推, 可作 $O_{-3}, O_{-4}, \cdots$. 于是所得序列

$$\cdots O_{-n}, \cdots, O_{-1}, O_0, O_1, O_2, \cdots, O_n, \cdots$$

中的点彼此不同. 如图 6.1.

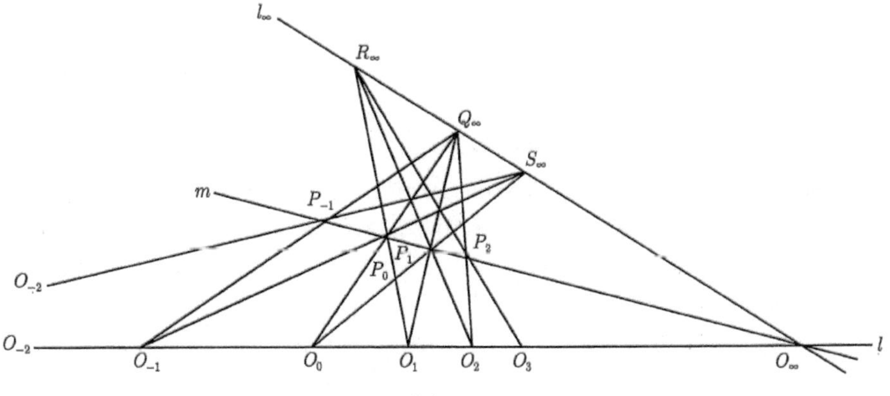

图 6.1

此外还引入下面的公理. 参见图 6.2.

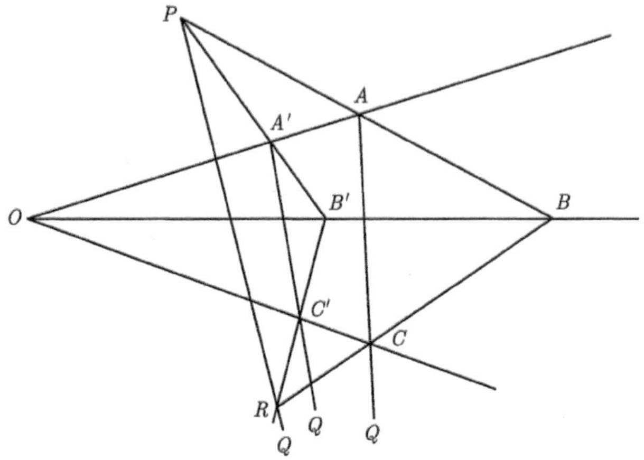

图 6.2

Desargues 公理 D_1 设两个三点形 $\triangle ABC$ 与 $\triangle A'B'C'$, 其中 A, B, C 不在一直线上, A', B', C' 也不在一直线上, 又直线 AB 与 $A'B'$ 不同, AC 与 $A'C'$ 不同, BC 与 $B'C'$ 不同, 且三个交点

$$P = AB \wedge A'B' \quad Q = AC \wedge A'C' \quad R = BC \wedge B'C'$$

在同一直线上. 则当 A 与 A' 不同, B 与 B' 不同, 且 C 与 C' 不同时, 三直线 AA', BB', CC' 必经过同一个点.

Desargues 公理 D_2 设两个三点形 $\triangle ABC$ 与 $\triangle A'B'C'$, 其中 A, B, C 各不同于 A', B', C', 且直线 AA', BB', CC' 彼此不同而同过一点 O. 则当直线 AB 与 $A'B'$ 不同, AC 与 $A'C'$ 不同, BC 与 $B'C'$ 不同时, 三个交点

$$P = AB \wedge A'B' \qquad Q = AC \wedge A'C' \qquad R = BC \wedge B'C'$$

必在同一直线上.

如所周知, Desargues 公理可以作为空间投影几何的定理来证明, 但这里只局限于平面的情形, 故不能从其他关联公理与无限公理导出而作为独立公理引入. 上面 Desargues 公理的叙述比通常投影几何书籍中叙述繁复得多, 其原因正如第 3.1 节中所指出的那样, 如果不附加许多非退化的条件, 公理可能失去意义甚至根本不成立. 例如在 Desargues 公理 D_1 中, 如果 A, B, C 三点在同一直线上, 且尽管符合其他非退化条件, 三点 $P= AB\wedge A'B'$, $Q=AC\wedge A'C'$, $R=BC\wedge B'C'$ 也都在同一直线, 即 A, B, C 所在的直线上, 但 AA', BB', CC' 不必同过一点. 见图 6.3.

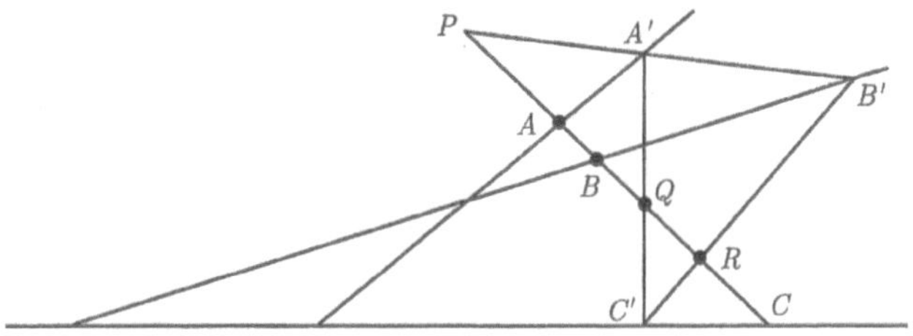

图 6.3

指出这一点是极为重要的，而且类似情况的出现是颇为普遍的，绝不局限于这里的投影几何. 因此我们将重新叙述已见于第 3.1 节的论点如下：

尽管各种几何可以有一个严密而无矛盾的公理系统作为一切推理论证的出发点，但由于传统的欧几里得证明方式无法处理各种退化情况，因而这种证明方式要达到逻辑上应有的严密要求，至少在实际上是不可能的.

在关联公理 P 无限公理 I 与 Desargues 公理 D 的假定下，即可在几何中引进一内在地附属于几何的数系统如下：

首先在任一直线 l 上任取三个不同的点，记作 O_0, O_1, O_∞，于是视 l 上任一不同于 P_∞ 的一点 A 为一个数，而用相应的小写拉丁字母记成 a，并用记号 $A \longleftrightarrow a$ 表示这一对应关系. 这些数构成一个集合，$N=N(O_0, O_1, O_\infty)$. 今在其中依下法引进加法与乘法的运算.

1. *加法*

如图 6.4，设 l 上任意不同于 O_∞ 的两点 A, B，各视为数 a 与 b. 今定义 $a+b$ 以及 l 上与之相应的点 C 如次.

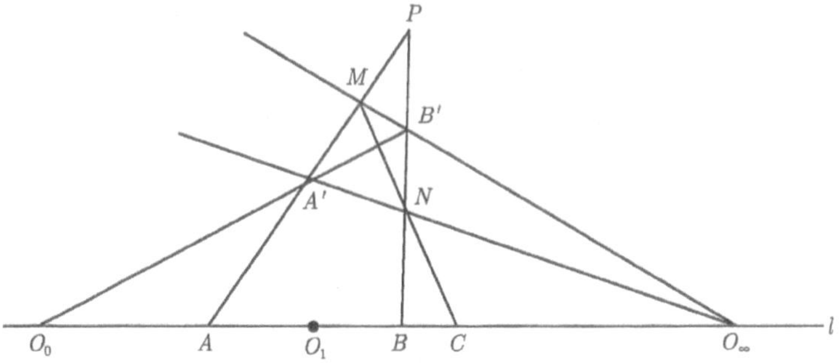

图 6.4

先设 A, B 不同且不同于 O_0. 过 A 与 B 各作与 l 不同的两直线，并设其交点为 P. 又过 O_0 作一与 l 不同但不过 P 的直线各与前两直线交于 A', B'. 连 $O_\infty B'$ 与 AA' 交于 M，又连 $O_\infty A$ 与 BB' 交于 N. 因 M, N 都不同于 P，故 M 与 N 不同而可连结 MN 与 l 交于一点 C. 显然 C 点与 O_∞ 不同，且应用 Desargues 公理可

证 C 与作法中诸直线的选择无关, 因而 C 唯一地对应于 N 中的一个数, 定义为 a 与 b 两数之*和*, 记作 $a+b$: $C \longleftrightarrow a+b$.

在 A 与 B 相同而不同于 O_0 时 (如图 6.5), 仍可应用上述作法以定义 $C \longleftrightarrow a+b$, 只需在词句上稍加修改即可. 在 A 与 O_0 相同时, 则作法失效, 但此时将直接定义 C 为 B, 或定义 $a+b=b$. 同样, 在 B 与 O_0 相同时, 将直接定义 C 为 A 或 $a+b=a$.

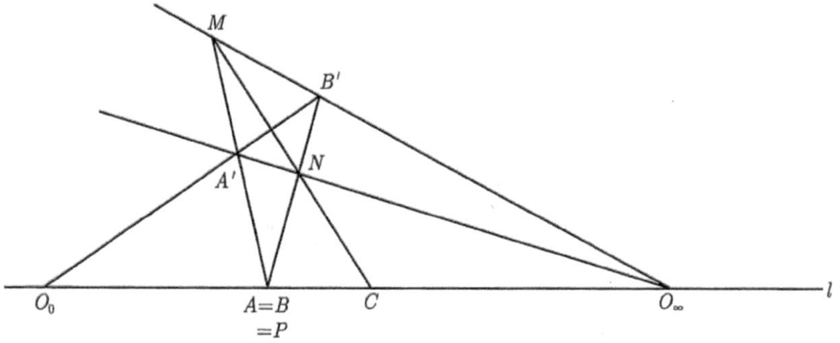

图 6.5

于是不论何时, 在 $N=N(O_0, O_1, O_\infty)$ 中都定义了一个*加法*.

2. *乘法*

仍设 A, B 与 O_∞ 不同, 且 $A \longleftrightarrow a$, $B \longleftrightarrow b$ 如前.

如图 6.6, 先设 A 与 B 不同, 且不同于 O_0, O_1. 过 A, B 各作不同于 l 的直线交于一点 P. 又过 O_0 作一不同于 l 且不过 P 的直线与前两直线交于 L 与 K. 连 O_1L 与 BP 交于 M, 又连 $O_\infty M$ 与 AP 交于 N, 连 KN 与 l 交于 C. 则 C 与 O_∞ 不同, 且应用 Desargues 公理可证 C 与过 A, B, O_0 等所作直线的选择无关. 于是 C 在 N 中所对应的数将定义为 a 与 b 的*积*, 记作 ab, 即 $C \longleftrightarrow ab$.

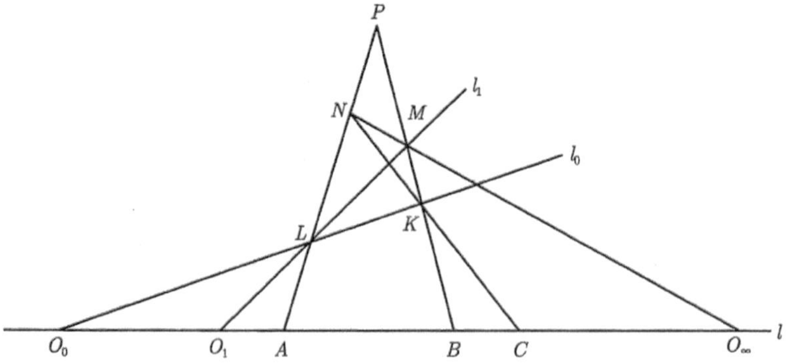

图 6.6

在 A, B 相同而与 O_0, O_1, O_∞ 不同时仍可依上述作法以定义 C, 只需在词句上稍加修改即可. 对于其他情形, 则以上作法失效, 但可直接定义 ab 如下：A 或 $B = O_0$ 时, $C = O_0$ 或 $ab = 0$. $A = O_1$ 时, C=B 或 $ab = b$. $B = O_1$ 时, $C = A$ 或 $ab = a$.

于是不论何时, a, b 的乘法都有定义.

几何代数化的第一步, 也是最主要的一步在于下面的定理.

定理 1　在任一直线 l 上固定三个不同的点 O_0, O_1, O_∞ 后, l 上与 O_∞ 不同的点可与一数系 N=$N(O_0, O_1, O_\infty)$ 中的数一一对应. 其中 O_0 对应于 0, O_1 对应于 1, 而在上面所定义的加法与乘法下, N 成一 Desargues 数系, 即一数体, 满足第 1.4 节中 N1—N12 诸公理. 又对另任一直线 l' 与其上不同的三点 O'_0, O'_1, O'_∞, 依同法在 l' 上与 O'_∞ 不同的点同 Desargues 数系 N'=$N(O'_0, O'_1, O'_\infty)$ 中的数一一对应. 这时有一同构 F:$N \approx N'$, 使在 F 下 N 中的 0, 1 各与 N' 中的 0, 1 对应.

在定理中所唯一确定至同构的数体 **N** 称为几何的*附属数体*.

上面关于 $a + b$, ab 定义的合理性以及定理 1 中所包含许多论断的证明都需反复使用 Desargues 公理. 这种在几何中引进数体的方法源出于 V. Staudt. 如果在平面上除去一直线作为无穷远线, 并把 O_∞ 取在这一无穷远线上, 则将得一 Desargues 平面以及相应的 Desargues 数系. 第 1 章中 Hilbert 引进 Desargues 数系的方法实际上即系从 V. Staudt 的这种方法中得来.

定理 1 所引进的几何附属数系 **N** 是一数体, 其中乘法交换律一般不成立, 今引入下述公理.

Pappus 公理　设两不同直线 l, l' 上各有三点 A, B, C 与 A', B', C', 彼此不同, 且不同于 l, l' 的交点, 则以下三点

$$P = BC' \wedge B'C \quad Q = CA' \wedge C'A \quad R = AB' \wedge A'B$$

必同在一直线上.

这一公理对几何基础的重要意义在于下面的定理, 它为 V. Staudt 首次提出.

定理 2　Pappus 公理成立与否为数体 **N** 中乘法交换律是否成立, 即 **N** 是否成为数域的充要条件.

今称以点与直线为基本对象, 以关联关系为基本关系, 并满足以下诸公理的几何为*无序投影几何*：

1. 关联公理 P1—P4.
2. 无限公理 I.
3. Pappus 公理.

依据著名的 Hessenberg 定理, Desargues 公理将作为这一几何的定理而从公理 1, 2, 3 得出.

Pappus 公理的另一重要作用是所谓投影几何基本定理成立, 且在其余公理成立之下, 二者等价. 在 Pappus 公理成立因而投影几何基本定理也成立的假定下, 给定两直线 l, l' 与其上各互不相同的三点 O_0, O_1, O_∞ 与 O'_0, O'_1, O'_∞ 后, 经过多次透视变换将 l 上的点对应为 l' 上的点, 使 O_0, O_1, O_∞ 各对应为 O'_0, O'_1, O'_∞ 时, l 到 l' 的对应即被完全确定, 由此知定理 1 中的同构

$$F : N(O_0, O_1, O_\infty) \approx N(O'_0, O'_1, O'_\infty)$$

可取为由多次透视变换所实现的确定同构, 而与所选择的透视变换无关, 因此可以确定的方式把所有数体 (这时也是数域)$N(O_0, O_1, O_\infty)$ 恒同为一. 如前记为 **N**, 则 **N** 不仅同构于任一 $N(O_0, O_1, O_\infty)$, 而且这一同构是唯一地确定了的. 此外, 交比的概念也可以作为 **N** 中的一个数依通常的那种方式引入.

这些论断只在 Pappus 公理成立下, 即在上面所定义的无序投影几何中才能成立, 而与"仿射"情形有所不同, 这时与 Pappus 公理相当的所谓交线 Pascal 公理并不是必要的, 参阅第 1.6 节.

在无序投影几何中可建立坐标系统如下.

如图 6.7, 在平面上任取四个没有三点在一直线上的点 A_1, A_2, A_3, I. 命

$$A_1I \wedge A_2A_3 = I_1 \quad A_2I \wedge A_3A_1 = I_2 \quad A_3I \wedge A_1A_2 = I_3$$

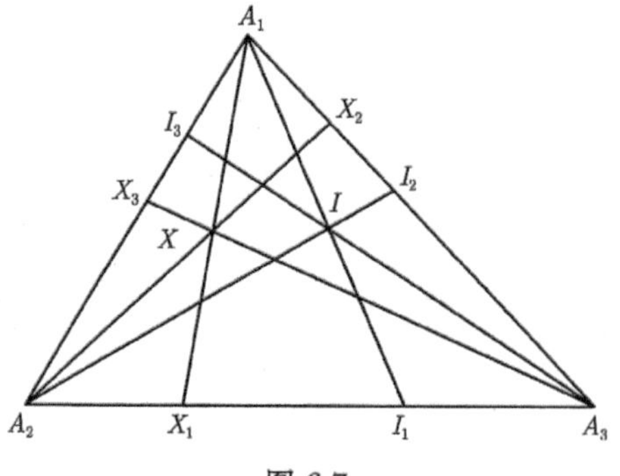

图 6.7

在直线 A_2A_3, A_3A_1, A_1A_2 上各有确定的数系

$$N_1 = N(A_2, I_1, A_3)$$

$$N_2 = N(A_3, I_2, A_1)$$

$$N_3 = N(A_1, I_3, A_2)$$

这些数系都是数域且彼此确定同构, 记几何的附属数域为 **N**, 则有确定同构

$$F_i : \mathbf{N} \approx N_i \quad i = 1, 2, 3$$

我们将把 N_i 中的数在这些确定同构下恒同为 **N** 中的数, 而在记号上不再区分.

下面将称 $A_1A_2A_3$ 为坐标三点形, I 为单位点, $(A_1A_2A_3I)$ 构成一坐标系.

今对平面上任一不在 A_2A_3, A_3A_1 或 A_1A_2 上的 X, 置

$$A_1X \wedge A_2A_3 = X_1 \quad A_2X \wedge A_3A_1 = X_2 \quad A_3X \wedge A_1A_2 = X_3$$

则 X_1, X_2, X_3 在 N_1, N_2, N_3, 或**N**中各对应于数

$$X_1 \longleftrightarrow \overline{x}_1 \quad X_2 \longleftrightarrow \overline{x}_2 \quad X_3 \longleftrightarrow \overline{x}_3$$

可证

$$\overline{x}_1\overline{x}_2\overline{x}_3 = 1$$

这一关系式对于在 A_1A_2, A_2A_3 或 A_3A_1 上的点一般并不成立, 为此改写诸 $\overline{x}$ 为

$$\overline{x}_1 = x_3/x_2 \quad \overline{x}_2 = x_1/x_3 \quad \overline{x}_3 = x_2/x_1$$

这里 (x_1, x_2, x_3) 唯一确定至一非 0 因子, 我们将称之为 X 对坐标系 $(A_1A_2A_3I)$ 的齐次坐标, 记作

$$X = (x_1 : x_2 : x_3)$$

若 X=X_1 在 A_2A_3 上, 但既非 A_2 也非 A_3, 而 X_1 对应于 N_1 或即 **N** 中的 $\overline{x}_1$, 则称 X 的齐次坐标为唯一确定至非 0 因子的数组 $(0, 1, \overline{x}_1)$, 记作

$$X_1 = (0 : 1 : \overline{x}_1)$$

对于在 A_3A_1 或 A_1A_2 上, 但不同于 A_1, A_2, A_3 的点也同样. 在 X=A_1, A_2, A_3 时, 则同样置齐次坐标为

$$A_1 = (1 : 0 : 0) \qquad A_2 = (0 : 1 : 0) \qquad A_3 = (0 : 0 : 1)$$

在坐标系 $(A_1A_2A_3I)$ 下, 一条直线 l 上的任意一点 P=$(x_1 : x_2 : x_3)$ 必满足一个齐次线性方程

$$u_1x_1 + u_2x_2 + u_3x_3 = 0$$

这里 u_1, u_2, u_3 不全为 0, 且只确定到一非 0 因子. 于是任一这样的数组 (u_1, u_2, u_3) 将称为这一直线 l 在坐标系 $(A_1A_2A_3I)$ 下的齐次坐标, 记作

$$l = (u_1 : u_2 : u_3)$$

于是点 $P=(x_1:x_2:x_3)$ 与直线 $l=(u_1:u_2:u_3)$ 相关联的充要条件即为上述的齐次方程.

由于在无序投影几何中的基本对象是点与直线, 基本关系只有一种, 即点与直线的关联. 在取定一坐标系并将点与直线都用齐次坐标表达后, 这一基本关系可由数域中多项式关系式

$$u_1x_1+u_2x_2+u_3x_3=0$$

来表达. 因而由 6.1 节所说的一般原理, 有下述定理.

机械化定理 1 无序投影几何的几何定理有机械化证法.

下面的两条定理对本节机械化问题的关系不大, 但在另外一些几何机械化定理的证明中要用到, 见后第 6.4 节和 6.5 节. 今先引入若干概念.

设无序投影几何的平面上点与直线的集合有一到自身的一一对应 T. 如果 T 把点变为点, 直线变为直线, 且 T 保持关联关系, 即点 P 在直线 l 上时, 点 $T(P)$ 也在直线 $T(l)$ 上, 则 T 称为一直射变换. 如果 T 把点变为直线, 把直线变为点, 且 T 保持关联关系, 即点 P 在直线 l 上时, 点 $T(l)$ 也在直线 $T(P)$ 上, 则 T 称为一逆射变换.

定理 3 在一个坐标系 $(A_1A_2A_3I)$ 下, 对每一直射变换 T, 有 $\mathbf{N}$ 中的数 $a_{ij}, i,j=1, 2, 3$ 与 $\mathbf{N}$ 的一个自同构 J, 使 $|a_{ij}|\neq 0$, 且使 T 把点 $P=(x_1:x_2:x_3)$ 变为点 $P'=(x_1':x_2':x_3')$ 时, 有 $\rho\neq 0$, 而

$$\rho x_i'=\sum_{j=1}^{3}a_{ij}J(x_j)\qquad i=1,2,3$$

定理 4 同上, 若 T 为一逆射变换, 则仍有 a_{ij} 与 J, 使 $|a_{ij}|\neq 0$, 且使 T 变点 $P=(x_1:x_2:x_3)$ 为直线 $l=(u_1:u_2:u_3)$ 时, 有 $\rho\neq 0$, 而

$$\rho u_i=\sum_{j=1}^{3}a_{ij}J(x_j)\qquad i=1,2,3$$

迄今为止在所讨论的投影几何中并未引入任何有关次序的概念, 因而几何的附属数域事实上可以为任意无序数域, 例如复数域. 在考虑次序关系时, 显然不能像常用几何那样以三个点中一个点在另两个点之间的关系作为基本关系, 而将以四个点之间的分隔关系来代替. 换言之, 对于四个点 A, B, C, D 将引入 A,C 被 B,D 所分隔这种不加定义的关系作为基本关系, 记作

$$AC/BD$$

今采取以下诸公理作为这一基本关系所应满足的公理.

分隔公理 S

公理 S_1　若 AB/CD, 则点 A, B, C, D 互不相同且在同一直线上.

公理 S_2　若 AB/CD, 则 CD/AB 且 BA/CD.

公理 S_3　若 AB/CD, 则不能有 AC/BD.

公理 S_4　若 A, B, C, D 四点互不相同且在一直线上, 则 AB/CD, AC/BD, AD/BC 三者必有其一.

公理 S_5　若点 A,B,C 彼此不同, 且在一直线上, 则必有一点 D, 使 AB/CD.

公理 S_6　对任意五个彼此不同, 且在一直线上的点 A, B, C, D, E, 若 AB/DE, 则必有 AB/CD 或 AB/CE.

公理 S_7 (透视公理)　设点 A, B, C, D 与 A',B',C',D' 各在同一直线 l 与 l' 上, 而 $l \neq l'$. 又设有一点 O, 使 O, A, A', 在一直线上, 同样 O, B, B', O, C, C' 与 O, D,D' 都各在一直线上, 则 AB/CD 时, 也有 $A'B'\ /\ C'D'$. 这里并不排除 $A{=}A'$ 的情形.

满足分隔公理 S_1—S_7 的无序投影几何将改称为*有序投影几何*.

对于一个有序投影几何, 设在任一直线 l 上取三个不同的点 O_0, O_1, O_∞ 以作数域 $N{=}N(O_0, O_1, O_\infty)$, 则对 l 上任一不同于 O_∞ 的点 A 如果有 AO_1/O_0O_∞, 即称 A 所对应的数 a 为负, 记作 $a<0$. 如果一点 B 不同于 O_∞ 与 O_0, 而所对应的数 b 不小于 0, 则称 b 为正, 记作 $b>0$. 由透视公理 S_7, 可知 N 中数的正负不因所取直线 l 与点 O_0, O_1, O_∞ 而异, 故可以定义几何附属数域 **N** 中数的正负.

依据常法可在几何附属数域 **N** 中定义数的大小关系, 证明这种关系满足第 1 章 1.4 节中的有关诸公理 N1—N17, 于是 **N** 成为一有序数域.

在一组投影坐标系 $(A_1A_2A_3I)$ 下, 一条直线上四个点的分隔关系易见可由这些点坐标之间某些线性式的不等关系来表达, 因而由 6.1 节的一般原则有下面的定理:

机械化定理 2　有序投影几何的几何定理有机械化证法.

注意本节的两条机械化定理是彼此独立的. 这是因为一方面有序投影几何只是无序投影几何的一个特殊情形, 而另方面前者所涉及定理的内容较后者丰富. 因此这两种机械化定理并无统属关系, 任一不能从其他一个推出. 而且, 两者的机械化证明方法也是截然不同的, 这也适用于以下各节中的类似情形.

6.3　Bolyai-Lobachevsky 双曲型非欧几何定理证明的机械化

欧几里得《几何原本》关于平行线的公理是说, 过给定直线外一点有且恰有一条直线与所给直线平行, 即永不相交.

长期以来对这一公理在整个欧几里得公理体系中是否独立的异议使得在 19 世纪产生了所谓非欧几何学, 并引起了对常用几何公理系统全面的逻辑分析和研究, 最后导致了 Hilbert《几何基础》的诞生.

在本书第 1.1 节中, 曾罗列了 Hilbert 关于常用几何的公理系统, 其中加强了的平行公理 HIV, 即为上述欧几里得的平行线公理. 如果适当改变这一公理与关联公理而保留所有其他公理, 可得到两种通常的非欧几何学, 即

Balyai-Lobachevsky 双曲型非欧几何;

Ricmann 椭圆型非欧几何.

这两种几何下面将简称为 BL 几何与 R 几何, 前者是研究得较多的一种, 本节将着重研究这种几何如何从公理化到机械化的问题.

在通常的 BL 几何中, 我们只改变平行公理而保留所有其他公理. 由于假定了关联公理 HI 与次序公理 HII, 因而可以定义线段半直线与角及角的内部等等概念. 于是在这种几何中代替公理 HIV 的是下面的公理, 记成 HIVBL.

公理 HIVBL 对任一给定的直线 b 与不在 b 上的一点 A, 恒有从 A 出发的两条半直线 a_1, a_2, 既不构成同一直线又不与 b 相交, 但由 a_1, a_2 所构成的角的内部, 任一从 A 出发的半直线都与 b 相交.

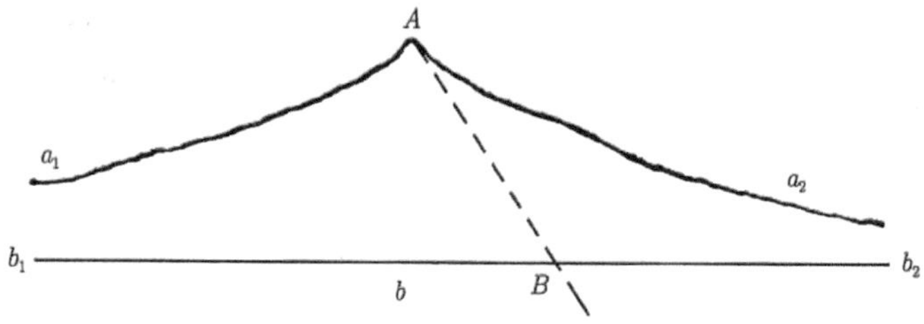

图 6.8

这一公理中所确定的两条半直线 a_1, a_2 所定直线通常称为 b 的两条过 A 的平行线. 详细地说, 设在 a_1, a_2 所成角的内部有一从 A 出发的半直线与 b 交于 B 点, 又设在 B 把 b 分成的两条半直线 b_1, b_2 中, b_1 与 a_1 同在直线 AB 的一侧, 而 b_2 与 a_2 同在 AB 的另一侧, 则称半直线 a_1 与 b_1平行, 而 a_2 与 b_2平行.

像本书第 1, 2 两章那样, 我们也可以关联公理 HI, 新的平行公理 HIVBL 为基础, 添入其他一些公理以建立各种类型的几何, 来探讨公理之间的相互依存性. 姑且不论这种做法的意义如何, 至少这与本书的目的不相符. 本书的主旨乃是在于如何从这些公理出发, 通过代数化与坐标化, 进而为定理证明给出机械化的方法.

这方面的代表作仍是 Hilbert 的著作. 继 1899 年的《几何基础》之后, Hilbert 在 1903 年发表了 "Bolyai-Lobachevsky 几何新基础" 一文 (见 Hilbert[3]), 并作为附录之一载入《几何基础》的以后诸版. 在该文中, Hilbert 指出了如何从公理 HI, HII,

HIII 与 HIVBL 出发, 建立这一非欧几何的方法. 此文与前后出现的大量关于非欧几何的文献相比有下面两个特点.

第一, Hilbert 在该文之末明确指出, 建立 BL 几何与导出这种几何中的许多有名公式根本不需要连续性的公理, 而只需公理 HI—HIV 即可. 这里的公理 HIV 自然是指上面的公理 HIVBL.

第二, Hilbert 引进了一种所谓远端(enden) 的算法, 用此建立坐标系统, 证明点可用线性方程表示, 由此得出了建立 BL 几何可不用连续假设的结论.

正如本书第 1, 2 两章所指出的关于常用几何机械化问题那样, 由于连续性假设是不必要的, 因而就在理论上为 BL 几何机械化的可能性提供了某种保证; 又由于第二点, 实际上已指出了如何从公理化进而代数化与坐标化以致机械化的具体道路.

Hilbert 的原文比较简略, 其后 Gerretsen[1, 2], Szász[1, 2, 3], Szmielew[1, 2] 等依据 Hilbert 的原文作了较详细的论述. 以下, 将依据 Hilbert 与 Szász 作一概括的介绍并指出 BL 几何定理的证明可以机械化的理由与方法.

首先, 作为定义, 称每一条半直线确定了一个远端, 互相平行的半直线具有相同的远端. 远端用希腊字母来表示. 一条从 A 点出发以 α 为远端的半直线记为 $A\alpha$ 或 (A,α). 每一直线恰好有两个远端, 如果记之为 α 与 β, 则这一直线也称为连结远端 α, β 的直线, 记为 $\alpha\beta$ 或 $\beta\alpha$, 有时也记为 (α, β) 或 (β, α).

依据公理 HI—HIV, 其中 HIV 指 HIVBL, 可证任给两条半直线, 其代表的远端为 α 与 β 时, 必有一直线以 α, β 为其远端, 同样任给一点 A 时, 有半直线 $A\alpha$. 又可证任两条既不平行又不相交的直线必有一公共垂线, 以及有关反射概念的命题等, 不遑枚举.

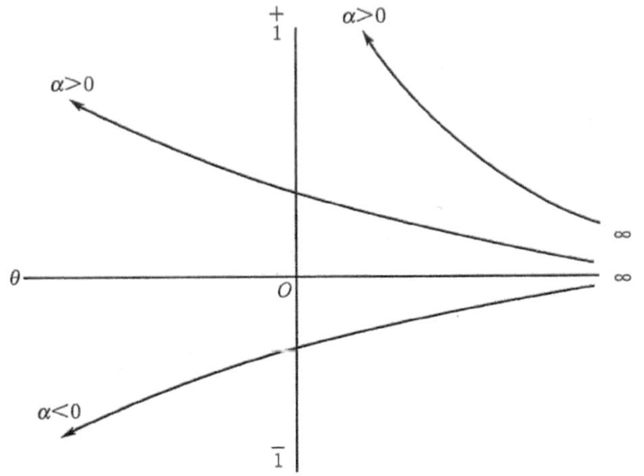

图 6.9

今在 BL 几何的平面中任取一点 O 作为原点, 从 O 出发互相垂直的两条半直线为坐标轴. 两条半直线的远端各记为 ∞ 与 $\overset{+}{1}$. 又与 $O\infty$ 以及 $O\overset{+}{1}$ 相反方向的那两条半直线的远端则记为 θ 与 $\overset{-}{1}$. 这样的坐标系称为 Hilbert 坐标系.

今在平面上除 ∞ 远端之外引进远端的正负概念以及远端之间的加法与乘法如下:

1. 远端的正负

对任一远端 $\alpha\neq\infty,\theta$ 作直线 $\alpha\infty$. 若这一直线与半直线 $O\overset{+}{1}$ 在直线 $\theta\infty$ 的同侧, 则称 α 为正, 记为 $\alpha>0$; 否则称 α 为负, 记为 $\alpha<0$.

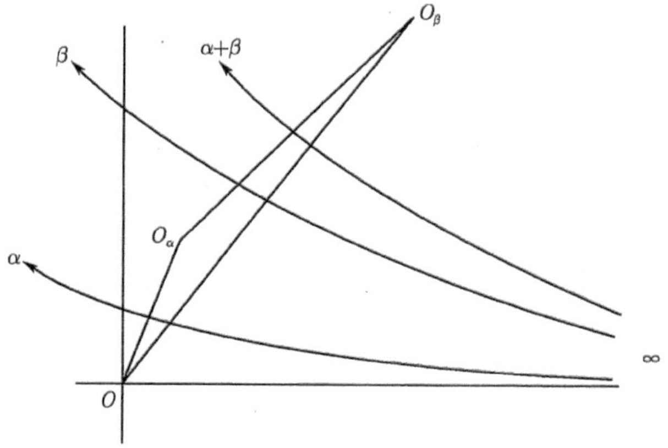

图 6.10

2. 远端的加法

设远端 α 与 β. 作直线 $\alpha\infty$ 与 $\beta\infty$, 又作原点 O 对 $\alpha\infty$ 的对称点 O_α 与 O 对 $\beta\infty$ 的对称点 O_β. 作 $O_\alpha O_\beta$ 的垂直平分线, 可证这一垂直平分线的一个远端即为 ∞(这相当于定理: $\triangle OO_\alpha O_\beta$ 三边的三条垂直平分线同交于一点 ∞), 于是另一个远端即定义为 $\alpha+\beta$.

3. 远端的乘法

设垂直于 $\theta\infty$ 的两条直线 $\overset{+}{\alpha}\overset{-}{\alpha}$ 与 $\overset{+}{\beta}\overset{-}{\beta}$, 这里 $\overset{+}{\alpha},\overset{+}{\beta}$ 各在直线 $\theta\infty$ 的 $\overset{+}{1}$ 的同侧, 而 $\overset{-}{\alpha},\overset{-}{\beta}$ 各在 $\theta\infty$ 的 $\overset{-}{1}$ 的同侧, 因而按上述 1, $\overset{+}{\alpha},\overset{+}{\beta}>0$ 而 $\overset{-}{\alpha}\,\overset{-}{\beta}<0$. 命 $\overset{+}{\alpha}\overset{-}{\alpha},\overset{+}{\beta}\overset{-}{\beta}$ 与 $\theta\infty$ 的交点各为 A,B, 今在 $\theta\infty$ 上取一点 C 使线段 $|BC|$ 与 $|OA|$ 全合且自 B 至 C 的方向与自 O 至 A 的方向相同. 过 C 作直线与 $\theta\infty$ 垂直 (在 $C=O$ 时即 $\overset{+}{1}\overset{-}{1}$ 自身), 记它的两个远端为 $\overset{+}{\gamma}$ 与 $\overset{-}{\gamma}$, 其中 $C\overset{+}{\gamma}$ 与 $O\overset{+}{1}$ 位于 $\theta\infty$ 的同侧, 而 $C\overset{-}{\gamma}$ 与 $O\overset{-}{1}$ 位于 $\theta\infty$

的另一同侧, 即 $\overset{+}{\gamma} > 0$, 而 $\overset{-}{\gamma} < 0$, 于是定义乘法关系如下:

$$\overset{+}{\alpha}\overset{+}{\beta} = \overset{+}{\gamma}$$

$$\overset{-}{\alpha}\overset{-}{\beta} = \overset{+}{\gamma}$$

$$\overset{+}{\alpha}\overset{-}{\beta} = \overset{-}{\gamma}$$

$$\overset{-}{\alpha}\overset{+}{\beta} = \overset{-}{\gamma}$$

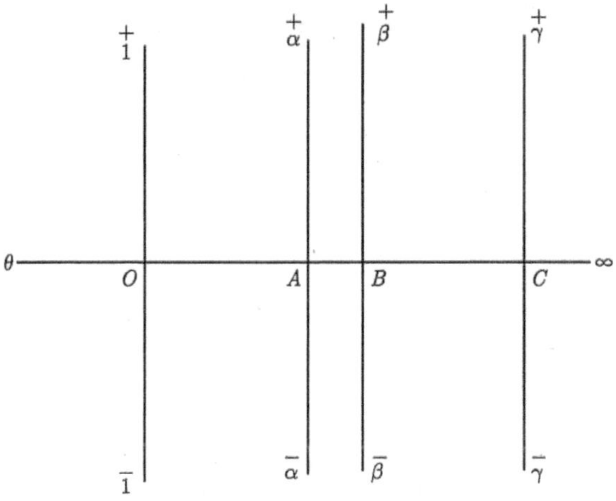

图 6.11

特别有

$$\overset{-}{1}\overset{+}{\alpha} = \overset{-}{\alpha} \qquad \overset{-}{1}\overset{-}{\alpha} = \overset{+}{\alpha}$$
$$\overset{+}{1}\overset{+}{\alpha} = \overset{+}{\alpha} \qquad \overset{+}{1}\overset{-}{\alpha} = \overset{-}{\alpha}$$

此外又定义

$$\overset{+}{\alpha}\theta = \theta\overset{+}{\alpha} = \overset{-}{\alpha}\theta = \overset{-}{\alpha}\theta = \theta$$
$$\overset{+}{\alpha} = -\overset{-}{\alpha} \qquad \overset{-}{\alpha} = -\overset{+}{\alpha}$$

Hilbert 证明了下面的定理.

定理 1　在 BL 非欧平面上确定一 Hilbert 坐标系并定义不等于 ∞ 的远端的正负及其间的加法与乘法如上. 则这些不等于 ∞ 的远端构成了一个有序数域, 即一个乘法可交换的 Desargues 数系, 具有大小关系, 且满足第 1.4 节关于数系的公理 N1—N17. 在这一数域中, 远端 θ, $\overset{+}{1}$, $\overset{-}{1}$ 扮演着 0, +1, −1 的角色, 因而直接记为

$$\theta = 0 \quad \overset{+}{1} = +1 \quad \overset{-}{1} = -1$$

定理中的数域称为双曲型非欧几何的附属数域.

在 Schur[2] 一文中, 对于 Hilbert 引入远端加法与乘法定义的方式有很好的几何解释:

$$\alpha\beta = \gamma \Longleftrightarrow$$

在所有远端所处的无穷远直线上以下两点列成投影对应:

$$(\infty 0 1 \beta) \barwedge (\infty 0 \alpha \gamma)$$

为引进点的坐标, 先引进若干符号如下:

如图 6.12, 首先在任一直线例如坐标轴 $\theta\infty$ 上, 依据全合公理可自然地引进从 O 开始的有向线段的加法, 对 $\theta\infty$ 上任一点 A, 记从 O 到 A 的有向线段为 $|\overrightarrow{OA}|$, 则对 $\theta\infty$ 上任意两点 A, B, 有向线段 $|\overrightarrow{OA}|$ 与 $|\overrightarrow{OB}|$ 之和是一个有向线段 $|\overrightarrow{OC}|$, C 也在 $\theta\infty$ 上, 今对任一 $\theta\infty$ 上的有向线段 t=$|\overrightarrow{OA}|$, 作一过 A 而与 $\theta\infty$ 垂直且在 $O\overset{+}{1}$ 同侧的半直线, 记其远端为 λ_t, 则易见有

$$\begin{gathered}\lambda_0 = 1 \quad \lambda_t > 0 \\ \lambda_t \cdot \lambda_{-t} = 1 \\ \lambda_s \cdot \lambda_t = \lambda_{s+t}\end{gathered}$$

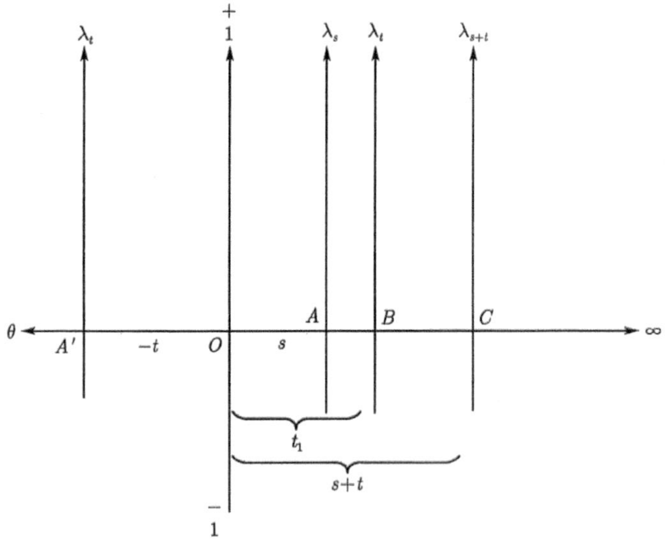

图 6.12

如图 6.13 易证 λ 在正远端与 $\theta\infty$ 上的有向线段 $t = |\overrightarrow{OA}|$ 或其端点 A 之间建立了一个一对一的对应关系. 盖设任一正远端 $\alpha > 0$, 连结 $O\alpha$, 并作 $O\alpha$ 对 $\theta\infty$ 的对称半射线 $O\bar{\alpha}$, 其远端 $\bar{\alpha}$ 即 $-\alpha$. 依 Hilbert[3] 一文中的作法连结 $\alpha\bar{\alpha}$, 命其与 $\theta\infty$ 的交点为 A, 而命 $|\overrightarrow{OA}|$=t, 则显然 $\alpha\bar{\alpha}$ 与 $\theta\infty$ 垂直而有 α=λ_t.

若另一正远端 $\beta > 0$ 依上法对应于 $s=|\overrightarrow{OB}|$, 则由次序公理易知 $\beta > \alpha$ 或 $\beta < \alpha$, 视从 A 至 B 的方向与$\theta\infty$ 的方向相同或相异而定. 由此即知 $\alpha \longleftrightarrow A$ 或 $\lambda_t \longleftrightarrow t$ 的对应关系是一一对应的.

今依远端运算引入以下诸远端:

$$\gamma_t = \frac{1}{2}(\lambda_t + \lambda_{-t})$$

$$\sigma_t = \frac{1}{2}(\lambda_t - \lambda_{-t})$$

$$\tau_t = (\lambda_t - \lambda_{-t})/(\lambda_t + \lambda_{-t})$$

则在这些远端之间有以下关系:

$$\gamma_t^2 - \sigma_t^2 = 1$$
$$\gamma_{s+t} = \gamma_s\gamma_t + \sigma_s\sigma_t$$
$$\sigma_{s+t} = \sigma_s\gamma_t + \sigma_t\gamma_s$$

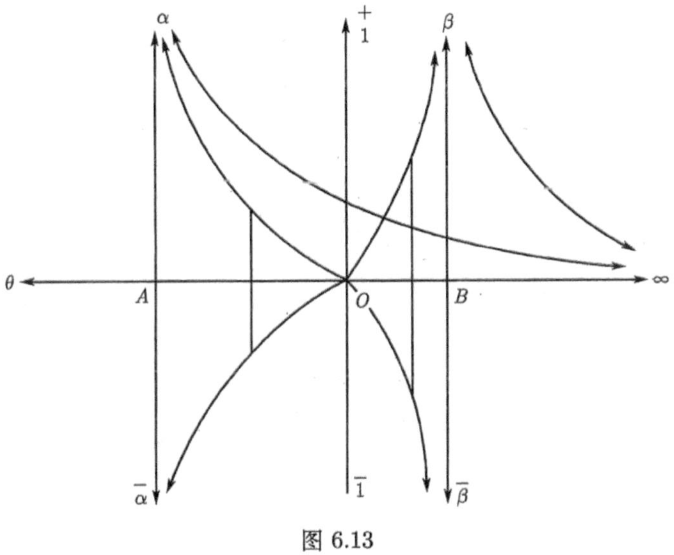

图 6.13

如果所考虑的几何还满足连续性的公理 (包括阿基米德公理与完备公理), 即对于通常的 BL 非欧几何那种情形, 则可将有向线段 t 当作一个实数来代表它的长度. 于是 $\lambda_t, \gamma_t, \sigma_t, \tau_t$ 将各为 t 的指数函数与各双曲三角函数 (exp,cosh, sinh, tanh). 但这里并不假定任何连续性公理. 由于 λ_t 等是由远端运算所引入, 因而不牵涉任何超越函数的概念, 整个论证计算可以不超过有限与有理的范围. 关于这一点还可参阅本章的第 6.6 节.

如图 6.14, 今对平面上任一点 P 作半直线 $P\infty$, 并命其所定直线与 ∞ 相反的另一远端为 α. 再作远端 $\beta=\dfrac{\alpha}{2}$, 并作直线 $\beta\infty$, 作 P 对 $\beta\infty$ 的对称点 P'. 则 P' 在轴 $\theta\infty$ 上, 故可设有向线段

$$|\overrightarrow{OP'}|=t$$

今置

$$\xi_1=\sigma_t+\frac{1}{2}\alpha^2\cdot\lambda_{-t}$$
$$\xi_2=\alpha\cdot\lambda_{-t}$$
$$\xi_3=\gamma_t+\frac{1}{2}\alpha^2\cdot\lambda_{-t}$$

则三个远端的组 (ξ_1,ξ_2,ξ_3) 称为 P 点对于这一 Hilbert 坐标系的 Hilbert齐次坐标, 特别是原点的坐标 O 为 (0, 0, 1).

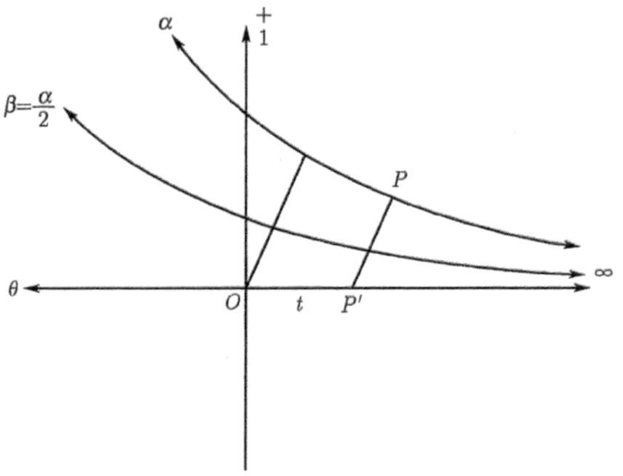

图 6.14

定理 2　在 Bolyai-Lobachevsky 非欧平面上取定一 Hilbert 坐标系, 则任一点 P 的 Hilbert 坐标 (ξ_1,ξ_2,ξ_3) 必满足关系式

$$\xi_3^2-\xi_1^2-\xi_2^2=1$$
$$\xi_3>0$$

又

$$P\longleftrightarrow(\xi_1,\xi_2,\xi_3)$$

在平面上的点 P 与非 ∞ 而满足上两关系式的三远端组之间建立了一个一一对应关系. 这一对应关系在下面也将记作

$$P=(\xi_1,\xi_2,\xi_3)$$

定理 3　设 Bolyai-Lobachesky 非欧平面上任两点 P,Q 的 Hilbert 坐标为

$$P=(\xi_1,\xi_2,\xi_3)\qquad Q=(\eta_1,\eta_2,\eta_3)$$

则恒有

$$\xi_3\eta_3-\xi_1\eta_1-\xi_2\eta_2>0$$

又设另有两点

$$P'=(\xi_1',\xi_2',\xi_3')\qquad Q'=(\eta_1',\eta_2',\eta_3')$$

则线段 $|PQ|$ 与 $|P'Q'|$ 全合的充要条件为

$$|PQ|\equiv|P'Q'|\iff\xi_3\eta_3-\xi_1\eta_1-\xi_2\eta_2=\xi_3'\eta_3'-\xi_1'\eta_1'-\xi_2'\eta_2'$$

定理 4　连结两个非 ∞ 远端 α,β 的直线 $\alpha\beta$, 有方程

$$(\alpha\beta-1)\xi_1+(\alpha+\beta)\xi_2-(\alpha\beta+1)\xi_3=0$$

又连结一非 ∞ 远端 α 与 ∞ 的直线 $\alpha\infty$, 有方程

$$\alpha\xi_1+\xi_2-\alpha\xi_3=0$$

方程中的 (ξ_1,ξ_2,ξ_3) 各是直线 $\alpha\beta$ 或 $\alpha\infty$ 上任一点的 Hilbert 齐次坐标.

今将定理中的两直线方程写成

$$u_1\xi_1+u_2\xi_2-u_3\xi_3=0$$

其中对于 $\alpha\beta$ 的情形:

$$u_1=\frac{\alpha\beta-1}{\beta-\alpha}\qquad u_2=\frac{\alpha+\beta}{\beta-\alpha}\qquad u_3=\frac{\alpha\beta+1}{\beta-\alpha}$$

而对于 $\alpha\infty$ 的情形

$$u_1=\alpha\qquad u_2=1\qquad u_3=\alpha$$

不论何时, 上述方程都称为趋向于α的直线 $\alpha\beta$ 或 $\alpha\infty$ 的规范形式, 而以(u_1,u_2,u_3)为其 Hilbert齐次线坐标, 简记为

$$\overrightarrow{\beta\alpha}\ 或\ \overrightarrow{\infty\alpha}=(u_1,u_2,u_3)$$

于是对于趋向于另一远端 β 的直线 $\alpha\beta$ 记为

$$\overrightarrow{\alpha\beta}=(-u_1,-u_2,-u_3)$$

对于趋向于远端 ∞ 的直线 $\alpha\infty$, 我们称

$$-\alpha\xi_1-\xi_2-\alpha\xi_3=0$$

为其规范形式, 或置 $u_1=u_3=\alpha, u_2=1$ 如前时,

$$\overrightarrow{\alpha\infty}=(-u_1,-u_2,-u_3)$$

右端为 $\overrightarrow{\alpha\infty}$ 的 Hilbert齐次线坐标.

易见这些线坐标之间有关系式

$$u_1^2+u_2^2-u_3^2=1$$

反之, 任一满足这一关系式的三个远端 u_1,u_2,u_3, 必恰是一条趋向于其某一远端的直线的 Hilbert 齐次线坐标. 其次又容易证明任一方程

$$v_1\xi_1+v_2\xi_2-v_3\xi_3=0$$

只需

$$v_1^2+v_2^2-v_3^2>0$$

即可化成规范形式. 事实上对于任一正远端 $\alpha>0$, 命 t 使 $\lambda_t=\alpha$, 则 $\lambda_{t/2}=\beta$ 满足 $\beta>0$, 且 $\beta^2=\alpha$, 故可记之为 $\sqrt{\alpha}$. 于是置

$$u_i=\pm v_i/\sqrt{v_1^2+v_2^2-v_3^2}$$

即得所求的规范形式, 其中 $\pm$ 代表了两个向远端的不同趋向.

至此, 我们已建立了 (Hilbert) 坐标系统, 并将点与有向直线都用满足某种等式或不等式关系的三个远端所构成的组, 即 (Hilbert) 齐次点坐标或线坐标来表达. 于是一些具有几何意义的几何关系也可通过相应点坐标与线坐标之间的关系式来表达. 现试举其主要者如下:

1. 平行

两有向直线的线坐标若各为

$$\overrightarrow{l_u}=(u_1,u_2,u_3)\qquad \overrightarrow{l_v}=(v_1,v_2,v_3)$$

则这两有向直线依规定方向平行的充要条件为

$$u_1v_1+u_2v_2-u_3v_3=1$$

2. 垂直

设两有向直线 $\vec{l_u}, \vec{l_v}$ 同上述的 1, 则二者垂直的条件为

$$u_1v_1 + u_2v_2 - u_3v_3 = 0$$

3. 线段的全合

见前定理 3.

4. 两点间距离

两点

$$P = (\xi_1, \xi_2, \xi_3) \qquad Q = (\eta_1, \eta_2, \eta_3)$$

间的距离d 由下式定出：

$$\gamma_d = \xi_3\eta_3 - \xi_1\eta_1 - \xi_2\eta_2 (> 0)$$

这里 d 作为 $\theta\infty$ 轴上的正向线段, 恒取正值.

5. 点至直线距离

设点

$$P = (\xi_1, \xi_2, \xi_3)$$

有向直线为

$$\vec{l} = (u_1, u_2, u_3)$$

则点 P 至 $\vec{l}$ 的距离t 由下式给出：

$$\sigma_t = u_1\xi_1 + u_2\xi_2 - u_3\xi_3$$

当点 P 不在直线 l 上时, $\sigma_t \neq 0$, 因而 t 作为 $\theta\infty$ 上的有向线段可取正负两值. 取正值还是负值, 视点 P 在 $\vec{l}$ 的哪一侧而定, 见下述的 7.

6. 点与直线的关联

设点 P 与直线 $\vec{l}$ 同上述的 5, 则 P 与 $\vec{l}$ 关联的充要条件为

$$u_1\xi_1 + u_2\xi_2 - u_3\xi_3 = 0$$

7. 直线的两侧

设有向直线为

$$\vec{l_u} = (u_1, u_2, u_3)$$

则 $\vec{l_u}$ 的两侧各由

$$u_1\xi_1 + u_2\xi_2 - u_3\xi_3 > 0$$

与

$$u_1\xi_1 + u_2\xi_2 - u_3\xi_3 < 0$$

确定. 若 $P = (\xi_1, \xi_2, \xi_3)$, 而 P 对 $\vec{l_u}$ 的方位恰如 $\overset{+}{1}$ 对 $O\infty$ 的方位, 则不等式中应取大于 0, 否则取小于 0. 这两侧将各称为有向直线的正侧与负侧.

8. 角的大小

对于在原点 O 处的一个角 $\measuredangle O(\alpha,\beta) = \varphi$, 不妨以 $(\alpha-\beta)/(\alpha\beta+1)$ 作为 φ 的一个函数 T 来量度 φ 的大小:

$$T(\varphi) = \frac{\alpha-\beta}{\alpha\beta+1}$$

如果另有一角 $\measuredangle O(\beta,\gamma) = \psi$:

$$T(\psi) = \frac{\beta-\gamma}{\beta\gamma+1}$$

则对于 φ 与 ψ 之和 $\varphi+\psi = \measuredangle O(\alpha,\gamma)$, 易见有

$$T(\varphi+\psi) = \frac{T(\varphi)+T(\psi)}{1-T(\varphi)\cdot T(\psi)}$$

如图 6.15, 若角 φ 的顶点在任意一点 P 处, 其两边的远端各为 ξ_1, η_1 与 ξ_2, η_2 : $\varphi = \measuredangle P(\xi_1, \xi_2)$, 则依 Liebmann[1], φ 的大小可用下面的函数 T 给出:

$$[T(\varphi)]^2 = -\frac{\xi_1-\xi_2}{\xi_1-\eta_2}\bigg/\frac{\eta_1-\xi_2}{\eta_1-\eta_2}$$

可证上式右端恒取正值或 0. 对于 $T(\varphi)$ 的可能取的正负两值, 可由 7 来确定, 又若 P 为原点 O, 因而 $\eta_1 = -1/\xi_1, \eta_2 = -1/\xi_2$ 时, 即得前面的一式.

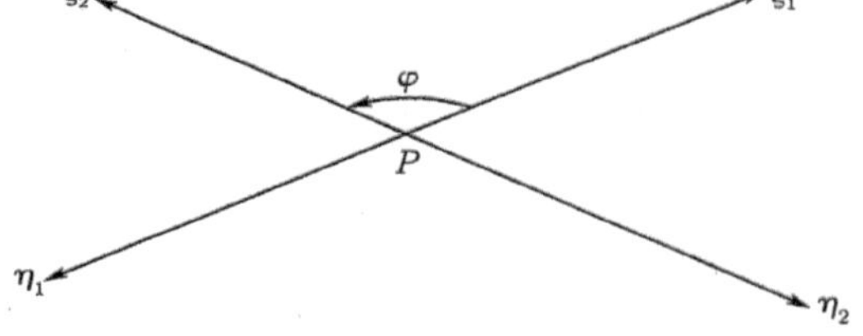

图 6.15

如果几何满足连续性公理, 因而诸大小都可看作实数, 则 T 即为通常的正切函数:

$$T(\varphi)=\tan\frac{1}{2}\varphi$$

但这里并不假定任何连续公理, T 以及前面的 γ,σ,τ 等函数都是通过几何中其他公理而引入的, 其性质是纯代数的.

9. 平行角

如图 6.16, 设直线 l 的远端为 α,β,P 为 l 外一点与 l 的垂直距离为 $PA=p$, 则 $P\alpha$ 与 $A\alpha$ 平行, 而 $\measuredangle P(PA,P\alpha)$ 通称为 P 对 l 的平行角, 记为 φ, 则有

$$T(\varphi)=\lambda_{-p}$$

这里 T 与 φ 都由几何公理纯代数地定义, 而不必像通常那样依赖于连续公理.

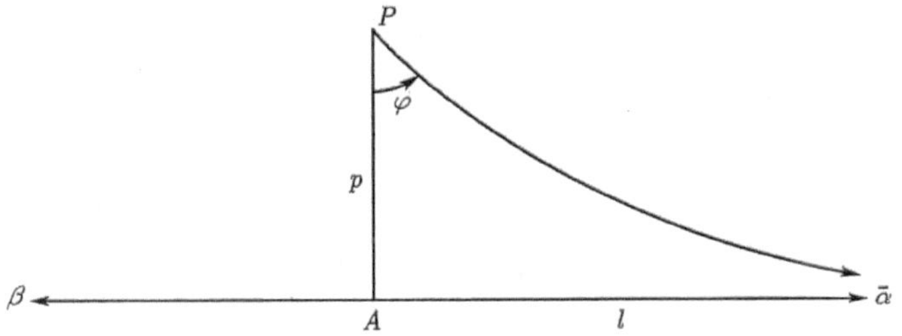

图 6.16

10. 任两直线 $l_1=(u_1,v_1,w_1)$ 与 $l_2=(u_2,v_2,w_2)$ 有以下关系:

l_1,l_2 相交 $\Longleftrightarrow |u_1u_2+v_1v_2-w_1w_2|<1$.
l_1,l_2 平行 $\Longleftrightarrow |u_1u_2+v_1v_2-w_1w_2|=1$.
l_1,l_2 有公共垂线 (既不相交也不平行)

$$\Longleftrightarrow |u_1u_2+v_1v_2-w_1w_2|>1$$

中间一式绝对值取 + 值或 − 值, 视其平行方向的远端而定.

综上所述, 可见在以点和直线作为基本对象, 以公理 HI—HIV(HIV 指 HIVBL) 为基础的 Bolyai-Lobachevsky 几何中, 通过远端运算与 Hilbert 坐标系, 点与直线都可用远端组表示. 在这一几何中, 点与直线的关联、平行、垂直、次序分隔、线段与角的全合等基本关系或派生关系, 都可以通过点与直线坐标的多项式等式或不等式关系来表达, 因此依本章第 1 节可得下述基本定理.

机械化定理　Bolyai-Lobachevsky 双曲型平面非欧几何的几何定理有机械化证法.

至于在几何中关于线段长度、角度大小等度量概念，需通过一些函数，如 $T, \lambda, \gamma, \sigma, \tau$ 等来表达. 但这些函数可以通过远端的某些有理函数来表达. 而这些函数相互之间的关系又是多项式的代数关系，因此有关它们之间的恒等式以及相应的几何定理也可以机械地推导与证明，详见本章第 6.6 节.

6.4 Riemann 椭圆型非欧几何定理证明的机械化

所谓 Riemann 椭圆型非欧几何，简捷地说，即是附有度量概念的投影几何. 为简便计，以下讨论仍将局限于平面的情形，我们基本上依据 Podehl-Reidemeister[1] 以及 Bachmann-Reidemeister[1] 两文来描述，自然也作了若干修改.

首先，这种几何的基本对象仍为点与直线两种. 暂置次序关系不论，而基本关系将取为关联关系与垂直关系两种. 但与上引 Podehl-Reidemeister 等文不同，点偶的全合关系将作为派生关系来引入，这些基本对象与基本关系将假定满足以下诸公理.

EI 关联公理　包括平面无序投影几何的关联公理、无限公理与投影 Pappus 公理，详见本章第 2 节. 投影 Desargues 公理已成为定理.

EII 垂直公理 (EII1—EII4)

II1　若 a 为一直线，则每过一点至少有一直线 b，与 a 不同且与 a 垂直，记作 $b \perp a$.

II2　过任一直线 a 上一点，有且只有一直线 b 与 a 垂直，仍记作 $b \perp a$.

II3　若 $b \perp a$，则也有 $a \perp b$.

II4　若过一点 P 可作一直线 a 的两不同直线都与 a 垂直，则过 P 的任一直线都与 a 垂直.

在公理 EII4 中，点 P 称为直线 a 的*极点*，而 a 称为 P 的*极线*.

从这些公理可知，一点不能在它的极线上，直线上任一点的垂线都经过这一直线的极点. 又若点 B 在点 A 的极线上，则点 A 也在点 B 的极线上. 这时 A, B 两点称为*互相共轭*，这些公理也排除了迷向线，即与它自身相垂直的直线的存在.

由于公理 EI，通常无序投影几何中的定理都成立，特别在一直线上可像通常那样定义*调和点列*、*调和分割*、点对的*对合*等. 今在几何中再添入下面的公理.

II5　在任一直线上互相共轭的点对成一对合.

这一公理的几何意义将在下面说明.

定义　以点与直线为基本对象，关联、垂直为基本关系，而满足以上 EI, EII 等公理的几何称为*Riemann 无序 (平面) 椭圆型垂直几何*.

以上这些公理并不是互相独立的. 例如投影 Pappus 公理即可从其他许多公理得出. 但本书中对这种公理间的相互逻辑关系将不予讨论. 对我们来说具有重要意

义的是下面的定理：

机械化定理 1　Riemann 无序 (平面) 椭圆型垂直几何的几何定理有机械化证法.

为证此, 先作若干准备如下.

今引进一投影坐标系统 $(A_1A_2A_3I)$, 使三角形 $\triangle A_1A_2A_3$ 的每一顶点都是对边的极点, 称这样的坐标系统为*对极坐标系统*.

依据第 2 节, 对于任一投影坐标系统而言, 一个点 $(x_1 : x_2 : x_3)$ 在一直线 $[u_1 : u_2 : u_3]$ 上的充要条件为

$$u_1x_1 + u_2x_2 + u_3x_3 = 0$$

把点 $(x_1 : x_2 : x_3)$ 变为点 $(x_1' : x_2' : x_3')$ 的任一直射变换可表示为一组方程

$$x_i' = \sum_{j=1}^{3} a_{ij}J(x_j) \qquad i = 1, 2, 3$$

其中 J 为几何附属数域 $\mathbf{K}$ 的一个自同构, 而行列式 $|a_{ij}| \neq 0$. 同样把任一点 $(x_1 : x_2 : x_3)$ 变为直线 $[u_1 : u_2 : u_3]$ 的逆射变换可表示为一组方程

$$u_i = \sum a_{ij}J(x_j) \qquad i = 1, 2, 3$$

其中 J 也是 $\mathbf{K}$ 的一个自同构, 而行列式 $|a_{ij}| \neq 0$.

把一个点变为它的极线, 把一直线变为它的极点的变换称为椭圆型垂直几何的*对极变换*. 显然这一变换是一逆射变换, 它不仅保持了点与直线的关联关系, 而且把互相共轭的点变为互相垂直的直线, 又把互相垂直的直线变为互相共轭的点. 这样的变换自然可用上面最后形式的方程组来表示, 但其中 a_{ij} 与自同构 J 应有某种特殊性. 如果坐标系统是一对极坐标系统, 则方程组可大为简化, 特别是自同构 J 将成为恒同同构. 下面的定理源于 Podehl-Reidemeister[1], 它给出了对极变换的形式, 可视为椭圆型垂直几何的一个主要定理.

定理 1　在一对极坐标系统下, 对极变换可表示为

$$u_i = k_ix_i \qquad i = 1, 2, 3$$

其中 $k_1k_2k_3 \neq 0$.

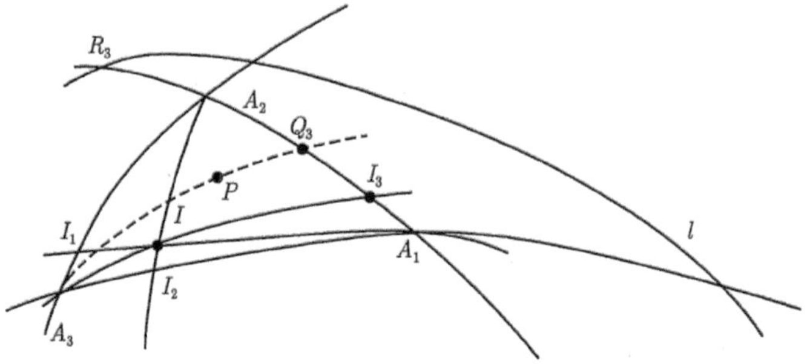

图 6.17

证　为证这一定理, 设对极坐标系 $(A_1A_2A_3I)$ 的 A_iI 与 $A_{i+1}A_{i+2}$ 交于 I_i, 依第 2 节, 在 $A_{i+1}A_{i+2}$ 上定义数域

$$N_i = N(A_{i+1}, I_i, A_{i+2})$$

并恒同为几何的附属数域 $\mathbf{K}$, 这里 i=1, 2, 3 且诸点 A_i 依指数 i 的模 3 定义. 今设在这一坐标系下, 一点 P 的齐次坐标为 $(a_1 : a_2 : a_3)$, P 的极线为 l, 其齐次坐标为 $(b_1 : b_2 : b_3)$. 命 A_iP 与 l 各与 A_{i+1} 和 A_{i+2} 交于 Q_i 与 R_i, 则 Q_i 与 R_i 互相共轭, 且 Q_i, R_i 的齐次坐标各为

$$Q_3 = (a_1 : a_2 : 0) \quad R_3 = (-b_2 : b_1 : 0) \text{ 等等}.$$

我们的目的在于证明有由坐标系 $(A_1A_2A_3I)$ 所确定的非 0 数 $k_i \in \mathbf{K}$, 使不论 P 点为何, 恒有

$$b_1 : b_2 : b_3 = k_1a_1 : k_2a_2 : k_3a_3$$

为此将先作一种几何如次. 这一新几何是由 "点" 与 "直线" 两种基本对象组成, 其中 "点" 即原来几何中不在 A_1A_2 上的点, "直线" 即原来几何中与 A_1A_2 不同的任一直线. 把原来几何中不在 A_1A_2 上的一点 A 和不同于 A_1A_2 的一直线 a 视作新几何中的 "点" 与 "直线", 这一 "点" 或 "直线" 各记为 "A" 与 "a".

今在新几何中如下引入 "关联"、"平行" 与 "垂直" 三种基本关系:

"点" "A" 在 "直线" "a" 上 $\Longleftrightarrow$ A 在 a 上.

"直线" "a" $\|$ "直线" "b" $\Longleftrightarrow$ a, b 的交点在 A_1A_2 上.

"直线" "a" $\perp$ "直线" "b" $\Longleftrightarrow$ a, b 与 A_1A_2 的交点共轭.

不难验证, 依据原来的几何公理 EI, EII, 新几何将满足第 2.2 节关于无序垂直几何的所有公理. 例如该节的垂心公理 O_5, 即可从本节关于对合的公理 EII_5 得出. 这也说明了公理 EII5 的几何意义.

在这一新几何中, "直线" "A_3A_1" 与 "A_3A_2" 互相 "垂直". 因而在新几何中可取一 "垂直坐标系统", 以 "A_3" 为 "原点", "A_3A_1" 与 "A_3A_2" 为第一、二 "坐标

轴”, 而以“I_2”, “I_1”为“单位点”. 这时依直线上数系统的定义, 易见有自然同构

$$N(A_3,I_2)\approx N(A_3,I_2,A_1)$$

$$N(A_3,I_1)\approx N(A_3,I_1,A_2)$$

又在直线 A_2A_3 上任一不同于 A_2, A_3 的点 X, 在 $N(A_2, I_1, A_3)$ 与 $N(A_3, I_1, A_2)$ 中所对应的数各为 x 与 x' 时, 易见有关系 $xx'=1$. 由此易知, 若点 $P=(a_1:a_2:a_3)$ 不在 A_2A_3 上, 因而 $a_3\neq 0$ 时, 点“P”对上述“垂直坐标系统”的“坐标”将为“P ”$=\left(\dfrac{a_1}{a_3},\dfrac{a_2}{a_3}\right)$. “直线”“$A_3Q_3$”与“$A_3R_3$”的方程将各为

$$a_2x_1=a_1x_2$$

$$b_1x_1+b_2x_2=0$$

今依第 2.3 节, 上述“垂直坐标系统”确定了一个非 0“垂率”, 记为 k_3^*, 则因“A_3Q_3”与“A_3R_3”互相“垂直”, 故应有

$$k_3^*a_2b_1-a_1b_2=0$$

同样, 我们可另作一新几何, 以原来几何中 A_1A_3 以外的点为新几何的“点”, 不同于 A_1A_3 的直线为新几何的“直线”, 并引入相应的“关联”、“平行”、“垂直”等基本关系如前, 于是与前同样可证应有非 0 的数 k_2^*, 使

$$k_2^*a_3b_1-a_1b_3=0$$

由于 a_1, a_2, a_3 不能同时为 0 , b_1, b_2, b_3 亦然, 故由以上两式可得都非 0 的数 k_1, k_2, k_3, 例如

$$k_1=1\quad k_2=k_3^*\quad k_3=k_2^*$$

使

$$b_1:b_2:b_3=k_1a_1:k_2a_2:k_3a_3$$

这就证明了定理 1.

显然定理 1 中的 k_1, k_2, k_3 只确定到一个非 0 的比例因子. 我们称

$$k_1:k_2:k_3$$

为由对极坐标系统 $(A_1A_2A_3I)$ 所定的垂率比.

由定理 1 易得机械化定理 1 的证明如下.

任取一对极坐标系统并命依定理 1 相应的垂率比为 $k_1:k_2:k_3$, 这里 $k_1k_2k_3\neq 0$. 在此坐标系下, 一点 $P=(x_1:x_2:x_3)$ 与一直线 $l=(u_1:u_2:u_3)$ 相关联的充要条件为

$$x_1u_1+x_2u_2+x_3u_3=0$$

又设两直线

$$l_u=(u_1:u_2:u_3)\qquad l_v=(v_1:v_2:v_3)$$

若 l_u 的极点为 $P=(x_1:x_2:x_3)$, 则依定理 1 有

$$x_1:x_2:x_3=\frac{1}{k_1}u_1:\frac{1}{k_2}u_2:\frac{1}{k_3}u_3$$

因 l_u,l_v 互相垂直的充要条件为 l_v 经过 l_u 的极点 P, 故即为

$$\frac{1}{k_1}u_1v_1+\frac{1}{k_2}u_2v_2+\frac{1}{k_3}u_3v_3=0$$

或

$$k_2k_3u_1v_1+k_3k_1u_2v_2+k_1k_2u_3v_3=0$$

于是几何中的基本关系都可通过坐标间的多项式等式关系来表达. 因此由第 1 节的基本原理, 这种几何的定理证明可以机械化. 如所欲证.

像第 2.2 至 2.4 节那样, 我们可在无序椭圆型垂直几何中引入中点、对称、反射等派生概念, 并引入一新公理:

对称轴公理　对任两直线 a_1,a_2 有一对称轴 l 使 a_1,a_2 对称于 l.

我们称满足这一对称轴公理的无序椭圆垂直几何为*无序 (平面) 椭圆型度量几何*, 在其中可引入全合关系作为派生关系, 引入度量概念作为派生概念. 同样可以像本章第 6.2 节那样添入分隔关系作为基本关系并引入诸分隔公理. 由此可以定义各种有序的椭圆型垂直几何、度量几何以及通常的所谓 Riemann 椭圆型非欧几何, 正像上面的机械化定理那样, 可以证明下面的定理.

机械化定理 2　无序椭圆度量几何以及各种有序的椭圆型垂直几何、度量几何与非欧几何, 其定理证明都可以机械化.

证明甚易故从略. 作为补充, 给出下面的定理, 其证明也从略.

定理 2　在对极坐标系统下设四点

$$A=(x_1:x_2:x_3)\qquad B=(y_1:y_2:y_3)$$

$$A'=(x_1':x_2':x_3')\qquad B'=(y_1':y_2':y_3')$$

则点偶全合

$$(AB)\equiv(A'B')$$

的充要条件为

$$\frac{(k_1x_1y_1+k_2x_2y_2+k_3x_3y_3)^2}{(k_1x_1^2+k_2x_2^2+k_3x_3^2)(k_1y_1^2+k_2y_2^2+k_3y_3^2)}$$
$$=\frac{(k_1x_1'y_1'+k_2x_2'y_2'+k_3x_3'y_3')^2}{(k_1x_1'^2+k_2x_2'^2+k_3x_3'^2)(k_1y_1'^2+k_2y_2'^2+k_3y_3'^2)}.$$

6.5 两种圆几何学定理证明的机械化

迄今为止, 本书所考虑的各种 (平面) 几何都以点与直线作为基本对象. 这自然并非非有不可的限制. 在历史上, 就曾出现过种种以其他图象, 特别是以圆作为基本讨论对象的各种几何学. 对于圆几何学研讨较多的有两种, 其一是所谓 Möbius 几何或反演 (inveisive) 几何, 研究复平面上圆的相切、圆的交角等一类性质. 另一个是所谓 Laguerre 几何, 或称 equilong 几何, 研究平面上的有向直线、有向圆等同向相切一类性质. 参阅 Klein[2] 第 49 和 67 节, 以及 Morley-Morley[1] 等著作. 这些几何在 Van der Waerden 与 Smid[1] 这一专文中作了公理化的处理, 其后又经 Ewald[1], Uhl[1] 等作了一些改进. 我们将指出这些几何同样也可以机械化, 但将只作极其简略的介绍, 详细论证著者将另写专文.

1. Möbius 圆几何学

这种几何的基本对象有两种: 点与圆. 基本关系主要是关联关系: 点在圆上, 两圆相切或两圆直交既可作为基本关系也可作为派生关系来引入. 在公理系统中, 有一条以 Miquel 命名的公理有着特别重要的作用. 它所扮演的角色, 类似于 Pappus 公理之于投影几何. 今叙述如下.

Miquel 公理　设八个点

$$ABCD$$

$$A'B'C'D'$$

从上面四点中任取两点, 又从下面四点中取不在同列中的两点, 这样四点所成的组共有六个. 如果六个组中有五个组中的四点都同在一圆上, 而且这些圆与点都彼此不同, 则第六个组中的四个点也必同在一个圆上.

这一 Miquel 公理也有各种较弱的变形.

今称彼此在同一点相切的圆成一圆束, 则 Van der Waerden 用下法在平面中引进了数系统并使之坐标化.

在圆几何平面中任取一固定的点 W. 今作一投影平面 $\mathbf{P}$ 如次.

$\mathbf{P}$ 中的"点"或是原平面中不同于 W 的任一点, 或是以 W 为公共切点的任意一个圆束. 前者称为 $\mathbf{P}$ 的"主点", 后者称为"付点".

P 中的 "直线" 或是原平面中任一过 W 的圆, 称为 "主线", 或是一条经过所有 "付点" 的 "直线", 称为 "付线", 记作 g.

P 中 "点" 与 "直线" 的关联关系的定义是显然的.

容易证明, **P** 中的 "点" 与 "直线" 在上述关联关系下, 满足通常无序投影几何的公理, 特别是 Pappus 公理可应用 Miquel 公理得证. 因之相应的投影几何可引进附属数域 **K**. 取定一投影坐标系, 其中坐标三角形的一边即为付线 g 后, 可证原平面中的圆都是新投影平面中的 "二次曲线", 其方程的二次部分 (相应于坐标三角形的另两边) 有固定形式. 由此易得原来圆几何定理证明可以机械化的结论.

2. Laguerre 圆几何学

这种几何以常用平面几何中有向直线与有向圆等图象所构成的几何为其具体模型, 公理化后的 Laguerre几何以*矛*(Speere= 有向直线) 与*环*(Zykel= 有向圆) 为基本对象. 基本关系有矛与环的关联, 环的*相切*, 与矛的*平行*等. 其中矛的平行也可以作为派生关系定义为不与同一环关联, 环的相切也可以作为派生关系定义为恰与同一矛关联. 矛与环关联有时也称为*矛环相切*. 与两环都相关联的矛的个数只能是 0, 1, 或 2. 这种几何中没有点的概念, 最多只能作为派生概念来引入. 见图 6.18.

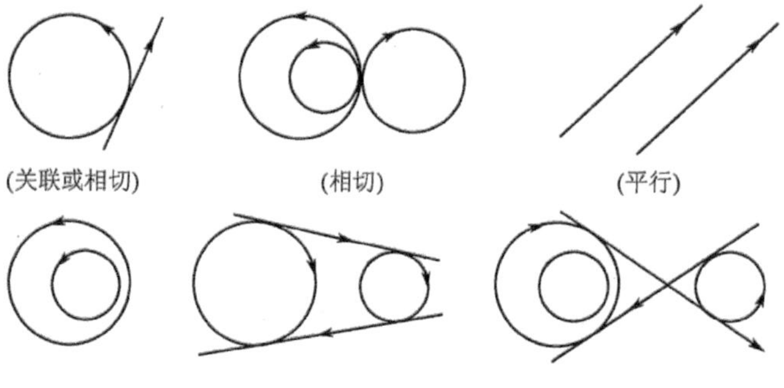

图 6.18

在公理系统中, 有一条与 Möbius 几何中的 Miquel 公理相当的公理占有特别重要的位置, 仍称为 *Miquel 公理*, 述之如下.

Miquel 公理　设矛 W 与三环 $\alpha_1, \alpha_2, \alpha_3$ 都相切 (即相关联). 又环 α_2, α_3 以矛 A_1 为其公共切矛之一, 同样环 α_3, α_1 与环 α_1, α_2 各有公共切矛 A_2, A_3. 又环 $\alpha_1, \alpha_2, \alpha_3$ 各与另外三矛 P_1, P_2, P_3 相切, 而后者彼此互不平行. 设以上诸矛彼此都不相同, 又设环 $\gamma_1, \gamma_2, \gamma_3$ 各与矛 $A_1P_2P_3$, $A_2P_3P_1$, $A_3P_1P_2$ 相切, 则 $\gamma_1, \gamma_2, \gamma_3$ 有一公共的切矛 B.

今称彼此相切且又与一定矛 S 相切的环的集体为一以 S 为公共切矛的*切族*, 于是与 Möbius 几何相类似, 可以对偶的方式作一投影平面如下.

在原来圆几何平面中任取一固定的矛 W, 称之为*基矛*. 定义一投影平面 **P**, 其中的“点”有三种：任一不与 W 平行的矛，称为“主点”；任一以 W 为公共切矛的切族，称为“付点”；一个单独的“点”，称为“基点”，记作 G. $\mathbf{P}$ 中的“直线”也有三种：任一与 W 相切的环 z，称为“主线”. 这一“主线”上的“点”包括了与 z 相切而不与 W 平行的矛所对应的“主点”以及由 W 与 z 确定的切族所对应的“付点”；任一由互相平行的矛所组成的矛族，称为“付线”，这一付线上的“点”包括了矛族中的矛所对应的“主点”以及一个“基点” G；一个单独的“直线”，称为“基线”，这一“基线”上的“点”包括了所有以 W 为公共切矛的切族所对应的“付点”，也包括了“基点” G.

Smid 在 Van der Waerdeu-Smid[1] 中证明了这些“点”与“直线”所定的几何满足无序投影几何的许多公理，特别是可用 Miquel 公理来证明 Pappus 公理. 于是在这一几何中可引进坐标系统，其中不与 W 相切的环将表示为一二次曲线，由此容易得出 Laguerre 几何定理证明可以机械化的相应机械化定理.

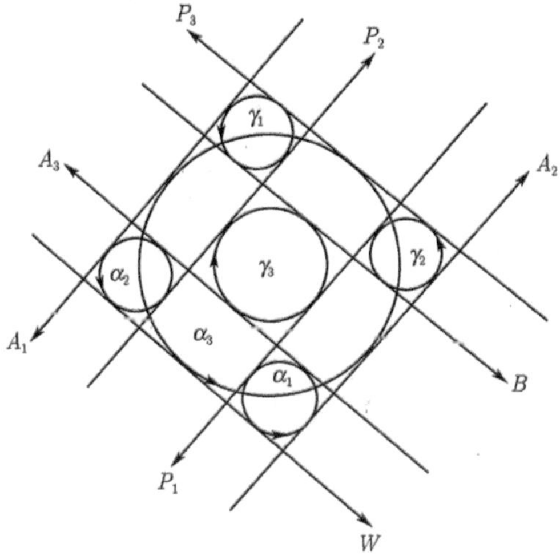

图 6.19

6.6　超越函数公式证明的机械化

1. 三角函数恒等式的机械化证明

在中国古代的常用几何中，长度、面积与体积的量度占有重要地位，但很少提到角及其量度. 在近代的 Riemann 几何中，也以 ds^2 或弧的长度作为基本概念，其他如角的量度等都由此而派生. 与这两者相反，在通常欧几里得形式的常用几何中，角与线段是几乎处于同等地位的两个重要度量概念，特别在三角形中，对于边角关系的考虑具有根本性的意义. 这些关系都通过一些三角函数 sin, cos, tan 等来表达,而这些三角函数都是角的所谓超越函数, 对它们的研讨往往是不容易的. 然而, 如果我们采用 Descartes 坐标系, 命角 A 的始边与横轴的正向射线重合, 并在终边上任取一点 $P=(x, y)$, 则这些三角函数都成为 x, y 以及 $\overline{OP}=r$ 的有理函数, 即

$$\sin A = y/r \quad \cos A = x/r \quad \tan A = y/x$$

这里

$$r^2 = x^2 + y^2 \quad r > 0$$

因而原则上这些超越函数都可通过有理函数甚至多项式之间的关系来处理. 这使得几何中角的概念以及角与线段间的超越关系可以通过其他形式来表达, 甚至可以避免使用. 如果真正要考虑这些关系而导致所谓三角函数间的恒等式时, 也可以依据本章第 1 节运用第 3 至 5 章中的方法, 给出机械化的证明. 下面进行说明.

首先, 对于同一个角的六个三角函数之间, 有着下面的一些多项式关系:

(1) $\sin^2 A+\cos^2 A=1$.

(2) $\tan A \cos A=\sin A$.

(3) $\cot A \sin A=\cos A$.

(4) $\sec A \cos A=1$.

(5) $\csc A \sin A=1$.

(6) $\sec^2 A=1+\tan^2 A$.

(7) $\csc^2 A=1+\cot^2 A$.

其次, 对于负角有下面的多项式关系:

$$(8)\quad \begin{cases} \sin(-A) = -\sin A & \cos(-A) = \cos A, \\ \tan(-A) = -\tan A & \cot(-A) = -\cot A, \\ \sec(-A) = \sec A & \csc(-A) = -\csc A. \end{cases}$$

对于角和差的函数则有多项式关系如下:

(9) $\sin(A \pm B)=\sin A\cos B\pm\cos A\sin B$.

(10) $\cos(A \pm B)=\cos A\cos B\mp\sin A \sin B$.

(11) $\tan(A \pm B)(1\mp\tan A \tan B)=\tan A\pm\tan B$.

最后, 对于某些特殊的角如 0, $\pi/2$, π 等有下面的一些关系 (n 为任意整数):

(12) $A=n\pi\Longleftrightarrow\sin A=0$.

(13) $A=2n\pi\Longleftrightarrow\cos A=+1 \quad \sin A=0$.

(14) $A=(2n+1)\pi\Longleftrightarrow\cos A = -1, \quad \sin A=0$.

(15) $A=\dfrac{\pi}{2}+ n\pi\Longleftrightarrow \cos A=0$.

(16) $A=\dfrac{\pi}{2}+2n\pi\Longleftrightarrow\sin A=1, \cos A=0$.

(17) $A=-\frac{\pi}{2}+2n\pi \Longleftrightarrow \sin A=-1, \quad \cos A=0.$
这种特殊角的关系可按情况而增加.

也可以考虑半角公式:

(18) $\sin^2 A/2=(1-\cos A)/2.$

(19) $\cos^2 A/2=(1+\cos A)/2.$

(20) $\tan A/2=\sin A(1+\cos A)=(1-\cos A)/\sin A.$

自然, 上面的这些关系并不是独立的, 且都通过 sin, cos, tan 等的原始定义得出.

若一个需要证明的三角恒等式牵涉到角 A, B, 则可将这些角的三角函数用 x, u 等表示, 于是依据前面的 (1)—(17) 等式原来的恒等式变为 x, u 间的多项式关系, 这一多项式关系是否成立, 即可依据第 1 节中所说的机械化方法来证明. 下面是一个具体的实例.

[例 1] 试证对一个三角形 $\triangle A_1A_2A_3$ 的三个角 A_1, A_2, A_3, 有恒等式

$$\sin 2A_1+\sin 2A_2+\sin 2A_3=4\sin A_1\sin A_2\sin A_3$$

解 作为三角形的三个角, 有

$$A_1+A_2+A_3=\pi$$

今依和角公式 (9), (10) 以及 (14), 从这一假设得

$$\cos A_1\cos A_2\cos A_3-\cos A_1\sin A_2\sin A_3$$

$$-\sin A_1\cos A_2\sin A_3-\sin A_1\sin A_2\cos A_3+1=0$$

以及

$$\sin A_1\cos A_2\cos A_3+\cos A_1\sin A_2\cos A_3$$

$$+\cos A_1\cos A_2\cos A_3-\sin A_1\sin A_2\sin A_3=0$$

同样要求证的恒等式也可化为

$$\sin A_1\cos A_1+\sin A_2\cos A_2+\sin A_3\cos A_3-2\sin A_1\sin A_2\sin A_3=0$$

今置

$$\begin{array}{ll}\sin A_1=u_1 & \sin A_2=u_2\\ \cos A_1=x_1 & \cos A_2=x_2\\ \sin A_3=x_3 & \cos A_3=x_4\end{array}$$

于是原来的问题导致下面的问题.

假设方程组可取为

$$F_1 \equiv x_1^2 + u_1^2 - 1 = 0$$
$$F_2 \equiv x_2^2 + u_2^2 - 1 = 0$$
$$F_3 \equiv (x_1x_2 - u_1u_2)x_3 + (u_1x_2 + u_2x_1)x_4 = 0$$
$$F_4 \equiv -(u_1x_2 + u_2x_1)x_3 + (x_1x_2 - u_1u_2)x_4 + 1 = 0$$

终结方程组为

$$g \equiv x_3x_4 - 2u_1u_2x_3 + u_2x_2 + u_1x_1 = 0$$

问题变为: 求证 $g=0$ 可从 $F_1=0, \cdots, F_4=0$ 推出.

由于 F_3, F_4 中 x_3, x_4 的系数行列式等于 1, 故可解出 x_3, x_4 得

$$F_3' \equiv x_3 - (u_1x_2 + u_2x_1) = 0$$
$$F_4' \equiv x_4 + (x_1x_2 - u_1u_2) = 0$$

问题又变为: 试证 $g=0$ 可从 $F_1=0, F_2=0, F_3'=0, F_4'=0$ 推出.

于是依一般的方法将 g 对 F_4', F_3', F_2, F_1 的 x_4, x_3, x_2, x_1 依次约化得

$$\begin{aligned}
g \equiv & -(u_1x_2 + u_2x_1)(x_1x_2 - u_1u_2) \\
& - 2u_1u_2(u_1x_2 + u_2x_1) + u_2x_2 + u_1x_1 \qquad \mathrm{mod}(F_4', F_3') \\
\equiv & -u_1x_1x_2^2 - u_2x_1^2x_1 - u_1u_2(u_1x_2 + u_2x_1) + u_2x_2 + u_1x_1 \qquad \mathrm{mod}(F_4', F_3') \\
\equiv & -u_1x_1(1 - u_2^2) - u_2x_2(1 - u_1^2) \\
& - u_1u_2(u_1x_2 + u_2x_1) + u_2x_2 + u_1x_1 \qquad \mathrm{mod}(F_4', F_3', F_2, F_1) \\
\equiv & \; 0 \quad \mathrm{mod}(F_4', F_3', F_2, F_1)
\end{aligned}$$

故 $g=0$ 可从 $F_4'=0, F_3'=0, F_2=0, F_1=0$ 推出或对 $\Delta A_1A_2A_3$ 的三个角原来的恒等式成立.

上面的方法可机械地进行, 且可适用于各种三角恒等式. 例如用同样的机械方法可证:

若三个角 A_1, A_2, A_3 满足

$$A_1 + A_2 + A_3 = (2n+1)\pi$$

则恒等式

$$\cos 2A_1 + \cos 2A_2 + \cos 2A_3 + 4\cos A_1 \cos A_2 \cos A_3 = 0$$

不成立.

2. 非欧几何定理与双曲函数恒等式的机械化证明

通常文献中对于两种非欧几何的处理, 往往需要用到三角函数、指数函数与双曲函数等超越函数, 因而在有关的定理与公式的证明中, 经常要用到级数展开和极限逼近等手段. 试以 Bolyai-Lobachevsky 的平面双曲型非欧几何为例. 为简单起见, 设这一几何所属常数 $k=1$, 参阅 Greenberg[1]. 如图 6.20, 在平面中取两互相垂直于 O 的两有向直线作为坐标轴. 从一点 P 作这两轴的垂直线 PU 与 PV. 四边形 $OUPV$ 在 O, U, V 处都是直角, 通称为 Lambert 四边形. 记有向距离为

$$\overline{OU}=u \quad \overline{OV}=v$$
$$\overline{UP}=w \quad \overline{VP}=z$$

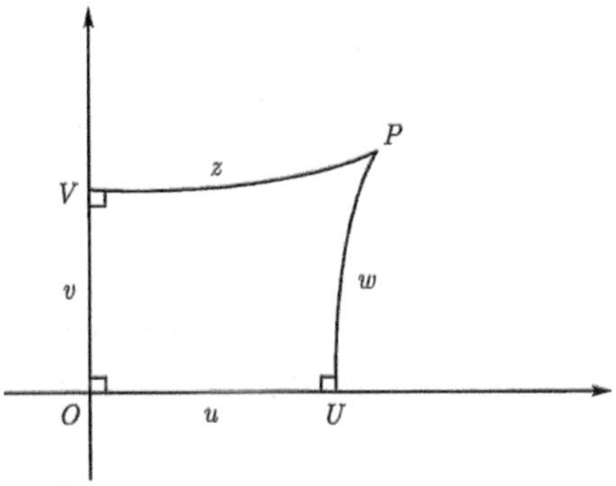

图 6.20

于是在 u, v, w, z 之间有以下超越关系:

$$\tanh w{:}=\tanh v \cosh u$$
$$\tanh z=\tanh u \cosh v$$

今置

$$x=\tanh u \quad y=\tanh v$$
$$T=\cosh u \cosh w \quad X=xT \quad Y=yT$$

则可有多种不同方式引进 P 点的坐标, 例如,

$$(u,v)=P \text{ 的轴坐标}$$

$$(u,w)=P \text{ 的 Lobachevsky 坐标}$$

$$(x,y)=P \text{ 的 Beltrami 坐标}$$

$$(T,X,Y)=P \text{ 的 Weierstrass 坐标}$$

由于这些坐标都使用了超越函数, 一些具有几何意义的关系和性质等也就不能不用超越函数来表达, 定理与公式也是如此. 试举数例如下:

(1) 两点距离.

在轴坐标下, 两点 $P_1(u_1, v_1)$, $P_2(u_2, v_2)$ 间的距离 $\overline{P_1P_2}$ 由下式给出:

$$\cosh \overline{P_1P_2} = \frac{1-\tanh u_1 \tanh u_2 - \tanh v_1 \tanh v_2}{\sqrt{1-\tanh^2 u_1 - \tanh^2 v_1}\cdot\sqrt{1-\tanh^2 u_2 - \tanh^2 v_2}}$$

而在 Beltrami 坐标下, 则两点 $P_1(x_1, y_1)$, $P_2(x_2, y_2)$ 间的距离将简化为

$$\cosh \overline{P_1P_2} = \frac{1-x_1x_2-y_1y_2}{\sqrt{1-x_1^2-y_1^2}\cdot\sqrt{1-x_2^2-y_2^2}}$$

但其中仍出现超越函数与无理函数.

(2) 双曲型勾股定理.

设直角三角形 $\triangle ABC$ 的 C 是直角, 三边长度是 a, b, c, 其中 c 是直角 C 的对边, 则有相当于常用几何中勾股定理的关系式

$$\cosh c=\cosh a \cosh b$$

(3) 双曲型余弦定律.

对任意三角形 $\triangle ABC$, 三个角为 A, B, C, 而对边长度各为 a, b, c 时, 有余弦公式

$$\cosh c=\cosh a \cosh b- \sinh a \sinh b \cos c$$

在 C 为直角时, 这一公式简化为勾股定理.

其他如两直线的交角、点到直线的距离、圆、极大圆、等距线甚至直线的方程以及平行、垂直、关联等条件, 都离不开超越函数, 主要是双曲函数, 以下不再列举.

这些超越函数的出现使传统上非欧几何的定理证明往往需通过繁复的三角公式的演算才能完成. 一个办法是像 6.1 节中关于三角函数公式的证明那样, 先列举有关双曲函数间关系的各种公式, 例如

$$\cosh^2x- \sinh^2x=1$$

$$\sinh(x \pm y)=\sinh x \cosh y\pm\cosh x \sinh y$$

等等, 于是有关恒等式与几何定理的证明仍可机械地进行, 如 6.1 节所示. 但由于这些双曲函数的出现都需用分析方法定义, 因而至少在理论上使几何局限于以实数域或复数域为基本数域的情形. 这样就排除了考虑更一般数域上的几何包括非欧几何在内的可能性, 而一般数域上的几何在现代数学中是占有重要位置的.

但是 Hilbert [3] 关于双曲型非欧几何一文通过远端运算所引进的方法, 完全避免了使用连续概念建立这种几何的公理系统, 使得超越函数成为不必要. 正如 Hilbert 在该文之末所说的那样:"同样, Bolyai-Lobachevsky 几何的许多已知公式, 可以没有困难地推出, 因此这种几何的建立, 可以仅仅通过公理 I—IV 即能完成."

Hilbert 这一关于非欧几何三角公式可以容易地推出而不借助于连续公理这一断语, 在其后的若干年中得到了证实. 参阅 Liebmann, Gerretsen, Szász, Szmielzev 等人的著作. 在本章第 6.3 节中, 已经有所阐明, 现再将有关部分重述如下.

设双曲型平面非欧几何满足公理系统 HI—HIV(其中 HIV 为 HIVBL) 如第 6.3 节所示. 应用远端运算, 有几何附属数域 **K**, 其特征为 0. 引进互相垂直的坐标轴 $\theta\infty$ 与 $\overset{-+}{11}$ 以确定 Hilbert 坐标. 于是一点 P 的坐标由 **K** 中的三个数 (ξ_1, ξ_2, ξ_3) 表示, 这里

$$\xi_3^2 - \xi_1^2 - \xi_2^2 = 1 \qquad \xi_3 > 0$$

任一有向直线也用 **K** 中的三个数 (u_1, u_2, u_3) 表示, 而

$$u_1^2 + u_2^2 - u_3^2 = 1$$

如果有向直线的两个远端为 α 与 β, 而方向为从 β 走向 α, 则在 α, β 都不等于 ∞ 时,

$$u_1 = \frac{\alpha\beta - 1}{\alpha - \beta} \qquad u_2 = \frac{\alpha + \beta}{\alpha - \beta} \qquad u_3 = \frac{\alpha\beta + 1}{\alpha - \beta}$$

在 $\beta=\infty$ 时,

$$u_1 = -\alpha \quad u_2 = -1 \quad u_3 = -\alpha$$

而在 $\alpha=\infty$ 时,

$$u_1 = \beta \quad u_2 = 1 \quad u_3 = \beta$$

反之若 (u_1, u_2, u_3) 已定, 则两个远端 α, β 各为

$$u_1 \neq u_3 \text{ 时}, \quad \alpha = \frac{u_2 + 1}{u_3 - u_1} \qquad \beta = \frac{u_2 - 1}{u_3 - u_1}$$

$$u_1 = u_3 \text{ 而 } u_2 = 1 \text{ 时}, \quad \alpha = \infty \qquad \beta = u_1$$

$$u_1 = u_3 \text{ 而 } u_2 = -1 \text{ 时}, \quad \beta = \infty \qquad \alpha = -u_1$$

又点 (ξ_1, ξ_2, ξ_3) 在直线 (u_1, u_2, u_3) 上的条件为

$$u_1\xi_1 + u_2\xi_2 - u_3\xi_3 = 0$$

在 6.3 节中, 还引进了一些函数 $\lambda_t, \gamma_t, \sigma_t$ 与 τ_t, 以下将改记为 $\lambda(t), \gamma(t), \sigma(t)$ 与 $\tau(t)$. 这些函数定义在几何附属数域 **K** 上, 而其值为远端. 这里

$$\gamma(t) = \frac{1}{2}(\lambda(t) + \lambda(-t))$$

$$\sigma(t) = \frac{1}{2}(\lambda(t) - \lambda(-t))$$

$$\tau(t) = (\lambda(t) - \lambda(-t))/(\lambda(t) + \lambda(-t))$$

这些函数的引入依赖于远端运算，而不依赖于任何连续概念，是纯代数的，但满足与实超越函数 exp t, cosh$t$, sinh$t$, tanh t 类似的那些关系式，不再列举. 在同节中还引进了由趋向于远端 α 与 β 的两条过原点的有向直线夹角 φ 的函数

$$T(\varphi)=\frac{\alpha-\beta}{\alpha\beta+1}$$

具有通常实超越函数 $\tan\frac{1}{2}\varphi$ 的那些类似性质. 由此可纯代数地引进另两个 (与通常实超越函数 $\sin\varphi$, $\cos\varphi$ 相当) 函数

$$S(\varphi)=\frac{2T(\varphi)}{1+[T(\varphi)]^2}\quad C(\varphi)=\frac{1-[T(\varphi)]^2}{1+[T(\varphi)]^2}$$

各与通常的函数 $\sin\varphi$, $\cos\varphi$ 相当.

各种有几何意义的几何性质与几何关系，如两线的平行垂直，两点间距离，点至直线距离，两直线交角等等，都可通过这些函数来具体表达，在 6.3 节已有论述. 由此知 6.1 节中所指出的机械化方法，即可用之于这种非欧几何定理与公式的证明，正像 Hilbert 所指出的那样，不需要任何连续性的假设. 作为实例，试证上述双曲型勾股定理与余弦公式如下.

[例 2] 勾股定理.

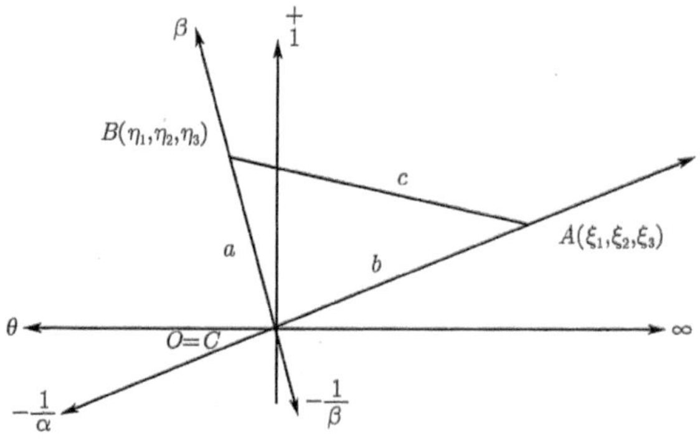

图 6.21

为计算简单起见，将设 $\triangle ABC$ 的直角顶 C 在 Hilbert 坐标系的原点 O 处，于是在 Hilbert 坐标下

$$C=(0,\ 0,\ 1)$$

又设 A, B 都不在轴 $\theta\infty$ 上，而

$$A=(\xi_1,\ \xi_2,\ \xi_3)$$
$$B=(\eta_1,\ \eta_2,\ \eta_3)$$

则有

$$\xi_3^2-\xi_1^2-\xi_2^2=1 \qquad \xi_3>0$$
$$\eta_3^2-\eta_1^2-\eta_2^2=1 \qquad \eta_3>0$$

依距离公式有 (见 6.3 节)

$$\gamma(a)=\eta_3$$

$$\gamma(b)=\xi_3$$
$$\gamma(c)=\xi_3\eta_3-\xi_1\eta_1-\xi_2\eta_2$$

今命直线 OA 的远端之一为 α, 则另一远端为 $-1/\alpha$, 而 $\overrightarrow{O\alpha}$ 的坐标 (u_1, u_2, u_3) 为

$$u_1=-\frac{2\alpha}{\alpha^2+1} \quad u_2=-\frac{\alpha^2-1}{\alpha^2+1} \quad u_3=0$$

同样, 若直线 OB 的远端之一为 β, 则另一远端为 $-\dfrac{1}{\beta}$, 而 $\overrightarrow{O\beta}$ 的坐标 (v_1, v_2, v_3) 为

$$v_1=-\frac{2\beta}{\beta^2+1} \quad v_2=-\frac{\beta^2-1}{\beta^2+1} \quad v_3=0$$

点 A, B 各在直线 OA 与 OB 上的条件为

$$-2\alpha\xi_1+(\alpha^2-1)\xi_2=0$$
$$-2\beta\eta_1+(\beta^2-1)\eta_2=0$$

又角 C 是直角的条件

$$u_1v_1+u_2v_2-u_3v_3=0$$

即

$$4\alpha\beta+(\alpha^2-1)(\beta^2-1)=0$$

所需求证的公式则为

$$\gamma(c)=\gamma(a)\gamma(b)$$

今引入变量

$$x_1, x_2, x_3, \cdots, x_{10}, x_{11}$$

使依次等于

$$\xi_1,\xi_2,\xi_3,\eta_1,\eta_2,\eta_3,\gamma(a),\gamma(b),\gamma(c),\alpha,\beta$$

其中 α, β 由于假定 A, B 不在 $\theta\infty$ 轴上而有

$$\alpha, \beta\neq\theta, \infty$$

因而

$$x_{10}\neq 0 \quad x_{11}\neq 0$$

又有

$$x_3 > 0(\text{即 } \xi_3 > 0)$$
$$x_6 > 0(\text{即 } \eta_3 > 0)$$

此外的假设为

$$F_1 \equiv x_3^2 - x_1^2 - x_2^2 - 1 = 0$$
$$F_2 \equiv x_6^2 - x_4^2 - x_5^2 - 1 = 0$$
$$F_3 \equiv x_7 - x_6 = 0$$
$$F_4 \equiv x_8 - x_3 = 0$$
$$F_5 \equiv x_9 - x_3x_6 + x_1x_4 + x_2x_5 = 0$$
$$F_6 \equiv x_2x_{10}^2 - 2x_1x_{10} - x_2 = 0$$
$$F_7 \equiv x_5x_{11}^2 - 2x_4x_{11} - x_5 = 0$$
$$F_8 \equiv (x_{10}^2 - 1)(x_{11}^2 - 1) + 4x_{10}x_{11} = 0$$

所需求证的终结多项式关系则为

$$G \equiv x_9 - x_7x_8 = 0$$

今依第 4 章方法进行. 先将 $F_1, \cdots, F_8$ 整序, 由 $F_6=0, F_7=0, F_8=0$ 得

$$x_{10}x_{11}(x_1x_4 + x_2x_5) = 0$$

在非退化条件

$$x_{10} \neq 0 \quad x_{11} \neq 0$$

(依据假设已经成立) 下, 有

$$F_9 \equiv x_1x_4 + x_2x_5 = 0$$

将 F_9 添入多项式组$\{F_1, \cdots, F_8\}$, 得

$$\Lambda=\{F_1, \cdots, F_8, F_9\}$$

Λ的一个准基列为

$$\Phi\text{: } F_1,F_9,F_2,F_3,F_4,F_5,F_6,F_7$$

将 G 对 Φ 约化显得 G 的余式为 0, 或

$$G = F_5 - F_3F_4 - x_3F_3 - x_6F_4 - F_9$$

故知 G=0 可从 $F_1=0, \cdots, F_8=0$ 推出, 而勾股定理得证.

[例 3]　余弦公式.

仍设 $\triangle ABC$ 的顶点 C 在 O 处, 但不再设 C 为直角. 同样仍设 A, B 都不在轴 $\theta\infty$ 上. 记 $\overrightarrow{O}\alpha$, $\overrightarrow{O}\beta$ 的交角为 φ, 则有

$$T(\varphi)=\frac{\alpha-\beta}{1+\alpha\beta}$$

$$C(\varphi)=\frac{(1+\alpha\beta)^2-(\alpha-\beta)^2}{(1+\alpha\beta)^2+(\alpha-\beta)^2}$$

今同例 3 以 $x_1,\cdots,x_{10},x_{11}$ 表 $\xi_1,\cdots,\alpha,\beta$. 此外又引入变量 x_{12},x_{13},x_{14} 使

$$x_{12}=C(\varphi)\quad x_{13}=\sigma(a)\quad x_{14}=\sigma(b)$$

于是假设中除 $F_1=0,\cdots,F_7=0$ 仍与前相同外, $F_8=0$ 将变为

$$\begin{aligned}F_8'\equiv&[(1+x_{10}x_{11})^2+(x_{10}-x_{11})^2]x_{12}\\&-[(1+x_{10}x_{11})^2-(x_{10}-x_{11})^2]=0\end{aligned}$$

此外又有

$$F_9'\equiv x_{13}^2-x_7^2+1=0$$
$$F_{10}'\equiv x_{14}^2-x_8^2+1=0$$

多项式集合 $\Sigma=\{F_1,\cdots,F_7,F_8',F_9',F_{10}'\}$相当于假设集合 (不包括不等式部分).

需要求证的余弦公式

$$\gamma(c)=\gamma(a)\gamma(b)-\sigma(a)\sigma(b)C(\varphi)$$

可改写为求证

$$G'\equiv(x_9-x_7x_8)-x_{12}x_{13}x_{14}=0$$

由于符号上的不确定将退而证明

$$\begin{aligned}G''&\equiv[(x_9-x_7x_8)+x_{12}x_{13}x_{14}][(x_9-x_7x_8)-x_{12}x_{13}x_{14}]\\&\equiv(x_9-x_7x_8)^2-x_{12}^2x_{13}^2x_{14}^2=0\end{aligned}$$

今依第 4 章的一般方法, 先将 Σ 整序而扩充为另一多项式组 Λ, 再将 G'' 对Λ的准基列约化即可知在非退化条件

$$x_2\neq0\quad x_5\neq0\quad x_{10}\neq0\quad x_{11}\neq0$$

下, G'' 对 Λ 的余式为 0, 因而 $G''=0$ 可从 $F_1=0,\cdots,F_7=0,F_8'=0,F_9'=0,F_{10}'=0$ 推出. 由于从原来的假设这些非退化条件自然成立, 故不计符号的余弦公式 $G''=0$ 得证. 对于原来的余弦公式 $G'=0$, 则可计及假设$\xi_3>0$, $\eta_3>0$ 并应用第 5 章的方法求证.

3. 其他超越函数公式的机械化证明

在 1 和 2 中说明的方法, 不仅可用于常用几何或双曲型非欧几何中定理与公式的证明, 同样也可用于球面几何或椭圆型非欧几何中涉及三角函数与双曲函数的那些定理与公式的证明. 不仅如此, 对于其他类型的超越函数, 在并不需要知道这些函数与连续性有关的确切定义与真正含义, 而只要求求得它们之间形式上的恒等式关系时, 也可用类似于上面 1 和 2 的方法获得机械化的证明. 这一方法并可应用于出现这种超越函数的有关几何的定理证明, 例如椭圆函数的关于三次曲线理论, θ 函数的关于某些代数曲线与代数曲面的理论等. 这使得许多几何研究中很大一部分超越函数的使用成为不必要, 或可以约化为纯代数的方法来处理. 我们希望在今后能有机会作较系统的整理工作.

参 考 文 献

Artin, E.

[1] Geometric algebra, Interscience Publishers (1950).

[2] Uber die Zerlegung Definiter Funktionen in Quadrate, Abh. Hamburg, 5 (1926), 100—115.

Artin, E. and Schreier, O.

[1] Algebraische Konstruktion Reeller Körper, Abh. Hamburg, 5 (1926), 85—99.

Bachmann, F.

[1] Aufbau der Geometrie aus dem Spiegelungsbegriff, Springer Verlag (1959).

[2] Axiomatic Aufbau der Ebenen Absoluten Geometrie; in Henkin et al, [1], 114—126.

Bachmann, F. and Reidemeister, K.

[1] Die Metrische Form in der Absoluten und der Elliptischen Geometrie, Math. Annalen, 113 (1937), 748—765.

Baer, R.

[1] The Fundamental Theorems of Elementary Geometry, an Axiomatic Analysis. *Trans. Amer. Math. Soc.*, 56 (1944), 99—129.

Baker, H. F.

[1] Principles of Geometry, Vol.1, Foundations, Cambridge Univ. Press (1929).

Chasles, M.

[1] Aperç u historique sur l'origine et le développement des méthodes en Géomètrie, 3eme ed. Gauthier-Villars (1889).

Coxeter, H. S. M.

[1] Non-euclidean Geometry, Univ. of Toronto Press (1947).

Degen, W. and Profke, L.

[1] Grundlagen der Affinen und Euklidischen Geometrie, Springer Verlag (1976).

Davis, P. J.

[1] La Géométrie de Ren Descartes, Paris (1927).

Descartes, R.

[1] The Schwarz function and its applicetions, Math. Ass. of America (1974).

Ewald, G.

[1] Axiomatischer Aufbau der Kreisgeometrie, Math. Annalen, 131 (1956), 354—371.

[2] Über den Begriff der Orthogonalität in der Kreisgeometrie, Math. Annalen, 131 (1956), 463—491.

Gerretsen, J. C. H.

[1] Die Begründung der Trigonometrie in der Hyperbolischen Ebene, *Indag. Math.*, 4 (1942), 133—139, 169—173, 199—206.

[2] Zur Hyperbolischen Geometrie, *Indag. Math.*, 4 (1942), 207—213.

Greenberg, M. J.

[1] Euclidean and Non-Euclidean Geometries, Development and History, Freemann and Company. (1973).

Gröbner, W.

[1] Moderne Algebraische Geometie, Springer Verlag (1949).

Hartshorne, R.

[1] Foundations of Projective Geometry, Harvard University (1967).

Henkin, L., Suppes, P. and Tarski, A.

[1] The Axiomatic Method, North Holland (1959).

Hermann , G.

[1] Die Frage der endlich vielen Schritte in der Theorie der Polynomieale, Math. Annalen, 95 (1926), 736—788.

Hessenberg,G.

[1] Beweis des Desarguesschen Satzes aus dem Pascalschen, Math. Annalen, 61 (1905) 161—172.

[2] Begründung der elliptischen Geometrie, Math. Annalen, 61 (1905.), 173—184.

Hilbert, D.

[1] Gesammelte Abhandlungen, Bd. 2, Springer Verlag (1933).

[2] Grundlagen der Geometrie, 1st ed. (1899), 8th ed. (1956), Teubner.(中译本：江泽涵等译, 几何基础, 科学出版社 1958).

[3] Neue Begründung der Bolyai-Lobatschefskyschen Geometrie, Math. Annalen 57 (1903), 137—150, or in Hilbert [2], 8th ed. Anhang. III, 159—177.

[4] Uber die Zahlbegriff, Jahresber. Deut. Math.-Ver., 8 (1900).

[5] Math. Probleme, Archiv f. *Math. u. Phys.* 1 (1901), 44—63, 213—237, or in Ges. Abh., 3 (1935), 290—329.

Hodge, W. V. D., and Pedoe, D.

[1] Methods of Algebraic Geometry, Vol. 1 (1947), Vol. 2 (1952), Cambridge Univ. Press.

Jacobson, N.

[1] Basic Algebra, Vol. 1 Freemann and Company (1974).

Kerekjarto, B.

[1] Les fondements de la Géomètrie, Vol. 1 (1969).

Klein, F.

[1] Vergleichende Betrachtungen über Neuere Geometrische Forschungen, Erlangen 1872, Math. Annalen, 43 (1893).

[2] Vorlesungen über Höhere Geometrie, Auflage 3, Chelsea (1926).

[3] Vorlesungen über Nicht-Euklidische Geometrie, Chelsea (1927).

[4] Elementary Mathematics from an Advanced Standpoint, Vol. 2.Geometry, Dover (1939).

Kline, M.

[1] Mathematical Thought from Ancient to Modern Times, Oxford Univ. Press (1972). (中译本：张理京等译, 古今数学思想, 上海科技文献出版社 1979—1981).

Knuth, D. E.

[1] The Art of Computer Programming, Vol. 2, Addison-Wesley (1969).

Liebmann, H.

[1] Über die Begründung der Hyperbolischen Geometrie, Math. Annalen, 59 (104), 110— 128.

[2] Elementargeometrischer Beweis der Parallelenkonstruktion und Neue Begründung der Trigonometrischen Formeln der Hyperbolischen Geometrie, Math. Annalen, 61 (1905), 185—199.

Pasch, M. and Dehn, M.

[1] Vorlesungen über neuere Geometrie, Auflage 2 Springer Verlag (1926).

Ritt, J. F.

[1] Differential Equations from the Algebraic Standpoint, Amer. Math. Soc. (1932).

[2] Differential Algebra,. Amer. Math. Soc. (1950).

Robinson, A.

[1] Introduction to Model Theory and to the Metamathematics of Algebra North Holland (1963).

[2] On Ordered Fields and Definite Functions, Math. Annalen, 130 (1955). 257—271.

[3] Further Remarks on Ordered Fields and Definite Functions, Math. Annalen, 130 (1956), 405—409.

Salmon, G.

[1] A Treatise on Conic Sections, 6th ed. London (1879).

[2] Higher Plane Curves, 3rd ed. Dublin (1879).

Schur, Fr.

[1] Zur Propoitionslehre, Math. Annalen, 57 (1903), 205—208.

[2] Zur Bolyai-Lobatschefskijschen Geometrie, Math. Annalen, 59 (1904), 314—320.

Seidenberg, A.

[1] A New Decision Method for Elementary Algebra, Annals of Math., 60 (1954), 365—371.

Szasz, P.

[1] Direct Introduction of Weierstrass Homogeneous Coordinates in the Hyperbolic Plane, on the Basis of the End-Calculus of Hilbert, in Henkin et al.[1], 97—113.

[2] Begründung der Analytischen Geometrie der Hyperbolischen Ebene mit den Klassischen Hilfsmittelen, Unabhängig von der Trigonometrie dieser Ebene Acta Math. Acad. Sci. Hungaricae, 8 (1959), 139—157.

[3] Unmittelbare Einführung Weierstrassscher Homogenen Koordinaten in der Hyperbolischen Ebene auf Grund der Hilbertsche Endenrechnung, Acta Math. Acad. Sci. Hungaricae, 9 (1958), 1—28.

Szmielew, W.

[1] Some Metamathematical Problems concerning Elementary Hyperbolic Geometry, in Henkin et al.[1],(1959), 30—52.

[2] A New Analytic Approach to Hyperbolic Geometry, *Fund. Math.*, 50 (1961), 129—158.

Tarski, A.

[1] A Decision Method for Elementary Algebra and Geometry, Berkeley, (1948—1951). (中译本：陆钟万译, 初等代数和几何的判定法, 科学出版社 1959).

[2] What Is Elementary Geometry, in Henkin et al. [1] (1959), 16—29.

Trager, B. H.

[1] Algabraic Factoring and Rational Function Integration, in Proc. 1976 ACM Symp. on Symbolic and Algebraic Computation, (1976), 219—226.

Uhl, A.

[1] Ein axiomatischer Aufbau der Laguerregeometrie Springer Verlag (1964).

Van der Waerden, B.L.

[1] Moderne Algebra, Auflage 1,Teil 1(1930), Teil 2(1911), Springer Verlag.

[2] Algebra, Auflage 4,Springer Verlag. (1955, 1963) (中译本：丁石孙等, 代数学, 上、下册, 科学出版社 1963,1976).

[3] Einführung in die Algebraische Geometrie, Springer Verlag (1945).

[4] Eine Bemerkung über die Unzerlegbarkeit von Polynomen, Math. Annalen, 102 (1930), 738—739.

Van der Waerden, B.L.and Smid,L.J.

[1] Eine Axiomatik der Kreisgeometrie und der Laguerregeometrie, Math. Annalen, 110 (1935), 753—776.

Veblen, O. andYoung,J.W.

[1] Projective Geometry, Vol. 1,2,Boston (1916).

Wang, Ho.

[1] A Survey of Mathematical Logic, Science Press (1959).

[2] Toward Mechanical Mathematics, *IBMJ.*, 4(1960), 2—22.

[3] Formalization and Automatic Theorem .Proving, Proc. IFIF Congress Vol. 1 (1965), 51—58.

[4] 数理逻辑通俗讲话, 科学出版社 (1981).

Wu Wen-jun.

[1] 初等几何判定问题与机械化证明, 中国科学 (1977)507—516.
On the Decision Problem and the Mechanization of Theorem-Proving in Elementary Geometry, Scientia Sinica, 21 (1978), 159—172.

[2] 初等微分几何的机械化证明, 中国科学数学专辑 (I),(1979),94—102.

[3] Mechanical Theorem-Proving in Elementary. Geometry and Differential Geometry, in Proc. 1980 Beijing DD-Symp., Vol.2, Science Press (1982), 1073—1092.

[4] Toward Mechanization of Geometry-Some Comments on Hilbert's 'Grundlagen der Geometrie", Acta Math. Scientia, 2 (1982).

国家出版基金项目
NATIONAL PUBLICATION FOUNDATION

“十三五”国家重点出版物出版规划项目·重大出版工程规划
中国工程院重大咨询项目成果文库
秦巴山脉区域绿色循环发展战略研究丛书（第一辑）

秦巴山脉区域绿色循环发展战略研究（湖北卷）

李德仁 等 著

科学出版社
北 京

内 容 简 介

秦巴山脉湖北片区是集革命老区、贫困地区、大型库区、深山区于一体的地域空间，是国家南水北调中线工程核心水源涵养区、生物多样性保护区、湖北省新一轮扶贫攻坚主战区。本书以构建秦巴山脉湖北片区绿色循环发展战略为目标，重点关注南水北调中线工程核心水源区——丹江口库区调水后的绿色循环发展问题，为秦巴山脉湖北片区的绿色循环发展提供引导。同时，秦巴山脉湖北片区也是整个秦巴山脉的重要组成部分，湖北片区的循环发展战略研究成果将为整个秦巴山脉区域循环发展战略的制定提供支持。

本书可供地理学、环境科学、生态学、农学、水利科学等学科的科研技术人员、高等学校师生及政府部门有关人员阅读与参考。

审图号：GS（2019）3233号

图书在版编目（CIP）数据

秦巴山脉区域绿色循环发展战略研究. 第一辑. 湖北卷 / 李德仁等著. —北京：科学出版社，2019.11

“十三五”国家重点出版物出版规划项目 · 重大出版工程规划 中国工程院重大咨询项目成果文库 国家出版基金项目

ISBN 978-7-03-062568-7

Ⅰ. ①秦… Ⅱ. ①李… Ⅲ. ①绿色经济—区域经济发展—发展战略—研究—湖北 Ⅳ. ①F127

中国版本图书馆CIP数据核字（2019）第223267号

责任编辑：方小丽 / 责任校对：王丹妮

责任印制：霍 兵 / 封面设计：无极书装

科学出版社 出版

北京东黄城根北街16号

邮政编码：100717

http://www.sciencep.com

北京九天鸿程印刷有限责任公司 印刷

科学出版社发行 各地新华书店经销

*

2019年11月第 一 版 开本：720 × 1000 1/16

2019年11月第一次印刷 印张：7 3/4

字数：156 000

定价：108.00元

（如有印装质量问题，我社负责调换）

“秦巴山脉区域绿色循环发展战略研究丛书”编委会名单

“秦巴山脉区域绿色循环发展战略研究（湖北卷）”课题组成员名单

主要著作人员

李德仁　陈晓玲　刘　海　朱运海

其他著作人员（按拼音排序）

陈　晶　林　苗　刘梦楠　聂　雯　武　靖　殷　杰　郑　粮

丛 书 序

秦巴山脉雄踞中国地理版图中心，是中国南北气候的分界线、黄河水系与长江水系的分水岭；是中华民族的重要发祥地、中华文明的摇篮；是国家重点生态功能区和生物多样性保护优先区，是中国的中央水库、生态绿肺和生物基因库；与欧洲阿尔卑斯山脉、北美落基山脉一同被世界地质和生物学界称为“地球三姐妹”，孕育了众多举世闻名的历史城市和人类聚居地。同时，秦巴山脉区域目前也是中国跨省级行政区最多、人口最多的集中连片贫困区，生态保护与扶贫攻坚任务艰巨。秦巴山脉区域及周边大中城市构成了中国承东启西、连接南北的重要战略区。认知秦巴、保护秦巴、振兴秦巴，坚持“绿水青山就是金山银山”的发展目标，协同做好绿色发展这篇大文章，对于确保国家生态安全，全面建成小康社会，推进区域协同创新发展，实现中华民族伟大复兴中国梦，具有重大战略意义。

2015年，中国工程院实施“秦巴山脉区域绿色循环发展战略研究”重大咨询项目，组织水资源保护、绿色交通、城乡统筹、农林畜药、工业信息、矿产资源、文化旅游等专题组和陕西、河南、湖北、四川、甘肃、重庆六省市地方组，由分属化工、环境、农业、土木、管理、能源、信息、机械等8个学部的24位院士分别负责相关课题，在六省市党政领导，国家发展和改革委员会、科学技术部、交通运输部、环境保护部、工业和信息化部、国家林业局、国务院发展研究中心等部委和单位的高度重视与大力支持下，由全国300余名专家学者参与，深入实地，对秦巴山脉区域进行了广泛的调研和认真研究。项目历时两年，先后召开大型研讨会14次，专题研讨会50余次，并赴阿尔卑斯山脉和落基山脉进行了有针对性的比对调研，探讨了秦巴山脉区域生态环境保护与经济社会发展之间的绿色、低碳、循环发展路径，形成了一系列研究成果：在项目执行期间，项目组以中国工程院名义向国务院提交建议报告一份、以全国人大代表名义向全国人大提交建议3份，完成研究报告15份，发表相关研究论文60余篇；协助组织“丹江口水都论坛”一次，成功举办了“第231场中国工程科技论坛——秦巴论坛”，并在该论坛上发布《秦巴宣言》。

本丛书是“秦巴山脉区域绿色循环发展战略研究”重大咨询项目研究成果的

整体凝练，从8个领域的专业视角，以及相关六省市的地域综合视角，通过跨领域、跨地域研究体系的搭建，以秦巴山脉区域为主要研究对象，同时对周边城市地区进行关联研究，提出了秦巴山脉区域生态保护与绿色发展必须以周边城市区域为依托协同共进的重要思路，探索了生态高敏感地区保护与发展创新路径，并从国家公园建设、产业转型培育、空间整理优化、文化保护传承、教育体制创新等方面明晰了战略对策。本丛书可为秦巴山脉区域和国内其他贫困山区实现“绿水青山就是金山银山”的战略目标提供借鉴，可供咨询研究单位、各级行政管理部门和大专院校师生学习参考。

“秦巴山脉区域绿色循环发展战略研究”重大咨询项目的实施旨在牢固树立优美的生态环境就是生产力、保护生态环境就是保护生产力、改善生态环境就是发展生产力的理念，倡导绿色生产、生活方式，使蓝天常在、青山常在、绿水常在，实现人与自然和谐共处的创新发展新格局！

周济

前　言

汉江上游的秦岭、大巴山及其毗邻地区的秦巴山脉，地跨甘肃、四川、陕西、河南、湖北、重庆五省一市，水、热、林、草资源及土特产品、矿藏、水能等自然资源极为丰富，是一个有巨大潜在优势的待开发区。秦巴山脉湖北片区包括十堰市、神农架林区全区域及襄阳市的襄阳市区、保康县、南漳县、谷城县和老河口市等区域。

自然条件方面，从秦岭山脉东段延伸到北部，武当山位于中部，大巴山东段横列于南部。土地广阔，生物资源南北兼有，是我国生物资源较为丰富的地区之一。境内的十堰市生物资源3 100余种，中药材资源共有1 360多种，素有“华中药库”之称，是全国重点中药材产区之一。矿产资源丰富，现已探明的矿藏有50多种，其中铌、稀土、绿松石、金、银、磷等储量位于全国前列。山大坡陡，河流纵横，落差较大，水流湍急，水电资源丰富。丹江口水库水质达到国家二类标准，年可调水100亿立方米。文化旅游资源丰富，特色鲜明，片区内有道教圣地武当山、绿色宝地神农架、腊梅王国保康县，郧县猿人遗址和恐龙蛋化石群、亚洲第一大人工湖——丹江口水库等众多旅游景区。

社会经济方面，贫困“面广、量大、程度深”。片区内有7个国家扶贫开发工作重点县，1个省级扶贫开发工作重点县。基础设施薄弱、生态环境脆弱。片区内对外交通方式单一，综合交通运输网络没有形成，区域、城乡发展不平衡，路网等级偏低。生态环境脆弱，环境资源承载能力与生态保护和发展之间矛盾突出。经济发展水平低、产业开发滞后。人均经济社会发展水平偏低，人均地区生产总值和财政收入低于全国平均水平；经济规模总量偏小，现代优质高效农业发展缓慢，缺乏具有核心市场竞争力的产业或产业集群，农产品市场发育程度低。区域发展不平衡、城镇化水平低。十堰市是“全国综合实力百强城市”，周边县市却是国家扶贫开发工作重点县。

片区中的南水北调中线工程是整个南水北调工程的重中之重，丹江口水库在湖北境内的面积在大坝加高后为620平方千米，占水域总面积的60%，故本书以秦巴山脉湖北片区为研究区，构建区域绿色循环发展战略，主要工作及取得的成果体现在以下方面。

（1）主体功能区划研究。以《中华人民共和国国民经济和社会发展第十二个五年规划纲要》为指导，首先，结合秦巴山脉湖北片区实际，构建评价指标体系；其次，计算各级指标层的权重；最后，计算综合指数，并对综合指数进行分类，划分评价单元主体功能区类型。秦巴山脉湖北片区分为三大类五小类，即重点开发区域（分为重点开发区与一般开发区）、农产品主产区、生态功能区（分为重点生态功能区与一般生态功能区）。

（2）水资源保护与利用发展战略。片区中的南水北调中线工程核心水源区是整个工程的重中之重，水资源保护与利用发展战略主要围绕丹江口水库展开。对水量的分析通过丹江口水库的水域面积监测来展开；而对水质的分析，以对丹江口水库水体污染最重要的方面——面源污染的载体土壤侵蚀为主展开。在以上分析的基础上，提出水资源保护与利用发展战略。

（3）文化旅游绿色发展战略研究。秦巴山脉湖北片区是鄂西生态文化旅游的重要组成部分，旅游资源等级和发展水平较高。文化旅游发展战略定位为：一江两山四文化（汉江，武当山、神农架，武当文化、三国文化、荆楚文化、神农文化）；所依托的主要中心城市有襄阳和宜昌；重要旅游景区有十堰武当山、神农架、襄阳九路寨等；包括宗教文化旅游、神农文化旅游、特色乡镇旅游、水文化旅游、先楚文化旅游、三国文化旅游、温泉度假旅游、古城文化旅游、生态度假旅游九大旅游主题地；重要旅游交通廊道包括汉江旅游廊道、十天高速自驾游廊道与西武、郑万高铁游廊道。

（4）绿色农林畜药发展战略。基于土地利用现状数据，结合其他数据，借助GIS（geographic information system，地理信息系统）技术，采用层次分析法从社会经济因素、自然资源要素、水文地貌条件三个方面出发，构建农用地适宜性评价指标体系，对片区农用地适宜性进行分析。然后，分别从县域尺度和市域尺度选择评价指标，分析秦巴山脉湖北片区农业现状。在此基础上，提出秦巴山脉湖北片区农林畜药发展战略。

（5）其他重要发展战略研究。从战略基础、战略设想与战略任务三个方面，分别对秦巴山脉湖北片区的绿色交通体系、绿色城乡空间建设、循环工业化与信息化、矿产资源保护与利用的发展战略展开研究。

（6）区域协调发展战略建议。区域协调发展战略建议主要从三方面展开。第一，将汉江生态经济带上升到国家战略。汉江生态经济带应定位为：长江经济带绿色增长极、全国生态文明先行示范带、全国流域水利现代化示范带、全国生态农业示范带、世界知名生态文化旅游带。第二，建立环丹江口国家级生态经济综合改革试验区。实践生态与经济相互适应、相互促进和相互协调的发展模式，实现经济与生态环境的协调发展。第三，秦巴山脉湖北片区周边城市协同发展。“一带一路”倡议和生态文明战略为秦巴山脉的保护与发展提供了难得的历史机遇，推动秦巴山脉湖北片区周边城市地区协同发展，具有多重价值。

作者

2019年8月

目　录

第一章　区域基本概况

第一节　自然地理特征

一、地理位置

秦巴山脉湖北片区位于湖北省的西北部，地处东经109°22′~112°38′，北纬31°12′~33°18′，位于鄂、豫、陕、渝四省市交界处，片区内包含了十堰市、神农架林区全域与襄阳市部分地区。在我国自然地理中，该片区为典型过渡区。处于我国东部季风区亚热带的北界，传统的南北分界线——秦岭淮河一线南侧，我国地势第二级阶梯的东部。

二、地形地貌

十堰市地势南北高、中间低，自西南向东北倾斜。地形地貌从北到南依次为北部秦岭山区—汉江河谷低丘盆地区—中部武当山区—山间盆地区—南部大巴山区。地貌可分为四种地貌类型，即低丘河谷盆地、低山地、高山、高山地。全市海拔多在50~1 500米，最高点竹溪县葱坪海拔2 740.2米，最低点丹江口市潘家岩海拔87米。

神农架林区属大巴山系，地势西南高、东北低。该保护区内林海茫茫，河谷深切，沟壑纵横，层峦叠嶂，山势雄伟，山峰多在海拔1 500米以上，海拔3 000米以上的山峰有6座。最高峰神农顶海拔3 105.4米，是华中地区最高点，被称为“华中屋脊”。

襄阳市地势为东低西高，由西北向东南倾斜。东部、中部、西部分别为丘陵、岗地、山地，处于我国地势第二阶梯向第三阶梯过渡地带。

三、气候条件

十堰市地处我国北亚热带季风气候分区的最北部。气候湿润，光照充足，冬少严寒，夏少酷暑，温度年际变化不明显，气温年较差小，属典型北亚热带大陆性季风气候。

神农架林区气候属亚热带季风气候，受亚热带季风环流控制，一般温湿多雨、多云雾。但河谷、低山、中山、高山气候不同，由于境内山势高峻，溪谷深切，立体小气候十分明显，海拔每上升100米，季节相差3~4天。

襄阳市属北亚热带季风性大陆气候过渡区，四季分明，年平均气温为15~16℃，平均年降水量为1 000毫米，无霜期为228~249天，具有中国南北过渡型的气候特征。太阳辐射较为丰富，年平均总日照时效为1 800~2 100小时。

四、河流水文

片区内水资源丰富，根据国家基础地理信息系统1：400万数据库，分析四级、五级河流在秦巴山脉的分布。按河流长度分：10千米以上河流8条，分别是夹河（金钱河）、天河（天桥河）、泗河、唐河、滚河、漳河、沿渡河（龙船河）、香溪；50千米以上河流7条，分别是滔河、潭口河（小河、县河、尖山河）、北河、马栏河、霍河（秦口河）、官渡河、唐白河（白河、鸭河）；100千米以上河流6条，分别是小清河、南河、蛮河、堵河（泗河、南江河）、沮漳河、汉江。片区内河流呈树枝状、羽毛状分布，河流总长度2 744.75千米，河网密度0.066 7千米/千米^2。

五、区位及交通条件

秦巴山脉湖北片区位于湖北省西北部，汉江中上游下段，由众多的小盆地和山间谷地相连而成。东南临湖北省枣阳市、宜城市、荆门市、宜昌市、远安县、兴山县和巴东县，东北与河南省唐河县、邓州市、新野县、淅川县相依，西北与陕西省商南县、山阳县、镇安县、旬阳县接壤，西南与重庆市巫山县、巫溪县，以及陕西省平利县、镇坪县相连，是长江上游地区一个重要的生态屏障，具有丰富的水资源和农业资源。

依据国家基础地理信息系统1：400万数据库道路信息，片区内道路通达性高，省道以上等级道路长达3 451.24千米，平均道路比例为83.88米/千米^2，汉丹线、焦柳线、襄渝线铁路贯穿片区；片区内国道有G207、G209、G303、G55、G70，省道有S203、S217、S218、S222、S223、S228、S229、S225、S236、S250、S251、

S250、S251 、S260、S301、S302、S305、S306、S307、S336。

第二节　资源环境特征

一、土地资源状况

秦巴山脉湖北片区总面积为4 123 673.92公顷。其中，耕地面积为694 512.43公顷，占总面积的16.84%；林地面积为2 861 938.76公顷，占总面积的69.40%；草地面积为59 091.57公顷，占总面积的1.43%；园地面积为78 989.32公顷，占总面积的1.92%；城镇村及工矿用地面积为160 655.45公顷，占总面积的3.90%；交通运输用地面积为42 223.96公顷，占总面积的1.02%；水域及水利设施用地面积为164 247.14公顷，占总面积的3.98%；其他用地面积为62 015.29公顷，占总面积的1.50%。土地利用现状总体呈“八山半水一分田，半分道路和庄园”的格局。

十堰市总面积为2 366 616.35公顷。其中，耕地面积为243 068.17公顷，占总面积的10.27%；林地面积为1 823 326.29公顷，占总面积的77.04%；草地面积为50 650.37公顷，占总面积的2.14%；园地面积为57 915.10公顷，占总面积的2.45%；城镇村及工矿用地面积为63 610.26公顷，占总面积的2.69%；交通运输用地面积为16 444.24公顷，占总面积的0.69%；水域及水利设施用地面积为76 778.47公顷，占总面积的3.24%；其他用地面积为34 823.45公顷，占总面积的1.47%。

襄阳市总面积为1 433 780.49公顷。其中，耕地面积为444 023.21公顷，占总面积的30.97%；林地面积为731 678.75公顷，占总面积的51.03%；草地面积为7 641.91公顷，占总面积的0.53%；园地面积为18 600.62公顷，占总面积的1.30%；城镇村及工矿用地面积为95 346.32公顷，占总面积的6.65%；交通运输用地面积为24 572.73公顷，占总面积的1.71%；水域及水利设施用地面积为85 549.17公顷，占总面积的5.97%；其他用地面积为26 367.78公顷，占总面积的1.84%。

神农架林区总面积为323 277.08公顷。其中，耕地面积为7 421.05公顷，占总面积的2.30%；林地面积为306 933.72公顷，占总面积的94.94%；草地面积为799.29公顷，占总面积的0.25%；园地面积为2 473.60公顷，占总面积的0.77%；城镇村及工矿用地面积为1 698.87公顷，占总面积的0.53%；交通运输用地面积为1 206.99公顷，占总面积的0.37%；水域及水利设施用地面积为1 919.50公顷，占总面积的0.59%；其他用地面积为824.06公顷，占总面积的0.25%。

二、生态环境优势

秦巴山脉湖北片区地处亚热带，适合林木生长，植被覆盖广泛，境内珍稀植物资源丰富。十堰市有生物资源3 100余种，森林覆盖率达51.6%，香菇、木耳、魔芋、有机绿茶、山野菜等绿色食品畅销国内外；中药材资源共有1 360多种，素有“华中药库”之称，是全国重点中药材产区之一。神农架林区拥有全球同纬度地区唯一保存完好的原始森林，是联合国教育、科学及文化组织（简称联合国教科文组织）人与生物圈保护区成员、“国家森林和野生动物类型保护区”、“生物多样性保护示范区”；林区处于过渡区域，复杂的生态地理环境孕育了多样化的植被类型，植被覆盖率达98%。襄阳市有木本植物1 698种，国家珍稀濒危保护野生植物169种，下辖保康县是世界上第一个野生腊梅自然保护区。

三、矿产资源

秦巴山脉湖北片区矿产资源丰富，十堰市全市已查明矿产资源储量的非油气类矿产51种。其中上表矿产28种，上表矿产资源储量中，沙金、铌、稀土、钒、锆、石煤、饰面用板岩资源储量列全省之首；银、伴生金、锑、铅、镉、钼、饰面用大理岩列全省第二至第三位；岩金、锌列第四至第五位。

神农架林区成矿条件优越，已探明的矿种有磷矿、铁矿、镁矿、铅锌矿、硅矿、铜矿、建筑石材等15种（不含砂石、黏土），磷矿资源是林区优势矿产资源，并且储量集中，品位较高。

襄阳市作为湖北省主要矿产区之一，发现各类矿产57种，其中金属矿藏主要有铁、钢、铝、钒、铅、锌、金、银、钛、锰、钴、镓等；非金属矿藏主要有磷、金红石、耐火黏土、重晶石、石灰石、白云石、膨润土、萤石、石棉、煤等。

第二章　主体功能区划研究

第一节　主体功能区划的理论基础

《中华人民共和国国民经济和社会发展第十一个五年规划纲要》明确提出："根据资源环境承载能力、现有开发密度和发展潜力，统筹考虑未来我国人口分布、经济布局、国土利用和城镇化格局，将国土空间划分为优化开发、重点开发、限制开发和禁止开发四类主体功能区。"并进一步对四类主体功能区界定为：优化开发区域是指国土开发密度已经较高、资源环境承载能力开始减弱的区域。重点开发区域是指资源环境承载能力较强、经济和人口集聚条件较好的区域。限制开发区域是指资源环境承载能力较弱、大规模集聚经济和人口条件不够好并关系到全国或较大区域范围生态安全的区域。禁止开发区域是指依法设立的各类自然保护区域。

第二节　数据处理与分析方法

一、区划流程

首先，结合秦巴山脉湖北片区实际，构建评价指标体系；其次，计算各级指标层的权重；最后计算综合指数，并对综合指数进行分类，划分评价单元主体功能区类型。

二、区划指标体系

指标体系的建立是主体功能区划工作的重点与难点（丁四保，2009）。目前，各试划省区普遍采用以资源环境承载能力、现有开发密度、发展潜力为一级指标，一级指标下设二级指标的做法来构建主体功能区划的指标体系（叶玉瑶等，2008）。

（一）指标等级体系及划分方法

以区域特征为依据，以代表性、简单易行、内部可比的特征指标为原则，构建秦巴山脉湖北片区主体功能区指标体系（表2.1）。

表2.1 秦巴山脉湖北片区主体功能区指标体系一览表

一级指标	二级指标	三级指标
资源环境承载能力	资源保护重要度	耕地面积比重
		林地面积比重
		水体湿地面积比重
	生态敏感度	坡度
		高程
		植被覆盖情况
		洪水淹没情况
		距河流距离
		土壤侵蚀度
	资源丰度	人均耕地面积
		人均建设用地面积
现有开发密度	土地利用强度	人口密度
		建设用地面积比重
		农业用地率
	土地利用效益	地均农业产值
		地均工业产值
	社会经济发展程度	农民人均纯收入
		道路比例
		商品零售总额
发展潜力	生态环境潜力	森林覆盖率增速
	区位优势	城镇等级
		道路可达性
	经济活力	财政收入
		建设用地增速
		固定资产投资

（二）指标赋值与权重计算

指标赋值方法通常分为主观赋值法和客观赋值法两类，但目前并没有一个完善的指标权重确定方法（王靖和张金锁，2001）。本书涉及的指标因子较多，故采用主观赋值法中的德尔菲法，它是一种较常用的预测方法，能对大量非技术性的、无法定量分析的因素做出概率估算。

三、区划方法

秦巴山脉湖北片区主体功能区划采用层次分析法、聚类分析法、定量与定性修正相结合的分析方法。下面介绍前两种分析方法。

层次分析法是将复杂问题分解为多个组成因素，并将这些因素按支配关系进一步分解，按目标层、准则层、指标层排列起来，形成一个多目标、多层次的模型，形成有序的递阶层次结构（彭国甫等，2004）。本次研究将秦巴山脉主体功能区划诸多要素分成资源环境承载能力、现有开发密度、发展潜力三个主要方面，并作为一级指标分别下设二级、三级指标，对研究区域进行研究分析。

聚类分析法主要是把资源环境承载能力、现有开发密度和发展潜力分成不同类别，以便于利用矩阵组合判断基本分析单元的主体功能，通过GIS软件对主要因子分布建立评价图层，再进行叠加分析，开展主体功能区划分工作。

第三节　主体功能区划

一、各单项指标的评价

（一）资源保护重要度

自然环境资源是人类生存和发展的基本前提，为我们生存和发展提供了必需的资源和条件。随着社会经济的发展，自然资源的保护，越来越受到重视（谭荣和曲福田，2005）。林地、湿地、耕地资源的保护和管理是资源保护的重要任务。

资源保护重要度分级是针对现今日益减少的资源，评价其需要重点保护资源的综合特征；根据资源的时间、空间分布，分析资源保护的重要性程度，明确资源保护的重要区域、区域中各类自然资源的服务功能及其对区域可持续发展的作用与重要性，并依据其重要性分级。本书着重考虑片区耕地面积比重、林地面积比重、水体湿地面积比重的区域分布差异，研究其保护的重要程度。

1. 耕地面积比重

耕地面积比重，是指耕地面积占土地总面积的百分比，本书将耕地面积比重分为四类，分别是<10%、10%~20%、20%~40%、>40%，通过空间插值分析，得出秦巴山脉湖北片区耕地面积比重分布情况。在自然生态系统中，土壤的消失与更新速度相同，土壤处于一种平衡状态。而农业生产在广大面积上以农田取代了森林、草原以后，则改变了自然界的生态平衡。不合理的开发利用常常引起土壤的风蚀和水蚀，土壤的流失可能比更新更快，致使优越的自然环境随着植被的变化而被破坏。耕地面积大量减少直接威胁农业发展。为此，我们必须确保一定数量和质量的耕地。采取措施预防和消除危害耕地及环境的因素，稳定和扩大耕地面积，维持和提高耕地的物质生产能力。

2. 林地面积比重

林地面积比重，是指林地面积占土地总面积的比重，本书将林地面积比重分为四类，分别为<30%、30%~60%、60%~80%、>80%，通过空间插值分析，得出秦巴山脉湖北片区林地面积比重分布情况。植被是重要的自然资源，是生态系统的主要组分，通过与生态系统中水、热、气等自然条件相互作用，实现陆地生态系统的物质、能量交换和循环。同时植被还具有截流降雨、减缓径流、保土固土等功能。植被覆盖及其变化是区域生态系统环境变化的重要指示，对水文、生态等方面都具有重要意义（王刚和管东山，2012）。

3. 水体湿地面积比重

水体湿地面积比重，是指水域、滩涂占土地总面积的比重，本书将水体湿地面积比重分为四类，分别为<3%、3%~10%、10%~30%、>30%，通过空间插值分析，得出秦巴山脉湖北片区水体湿地面积比重分布情况。水体湿地除了保障社会基本用水外，还具有调节气候、涵养水源、控制洪水、降解污染物等作用。

秦巴山脉湖北片区资源保护重要度各评价参评要素选取及权重如表2.2所示，参评的三个要素中，都与秦巴山脉湖北片区资源保护重要度呈正相关，加权叠加得到片区资源保护重要度。

表2.2　秦巴山脉湖北片区资源保护重要度评价参评要素选取及权重

参评要素大类	参评要素名称	参评要素权重	相关性
资源保护重要度	耕地面积比重	1/3	正
	林地面积比重	1/3	正
	水体湿地面积比重	1/3	正

（二）生态敏感度

生态敏感度是指生态系统对区域内自然和人类活动干扰的敏感程度，即在同样干扰强度或外力作用下，各类生态系统出现区域生态环境问题可能性的大小（欧阳志云等，2000）。生态敏感度评价实质就是在不考虑人类活动影响的前提下，评价具体的生态过程在自然状况下潜在的产生生态环境问题的可能性大小（Nilsson C N and Nilsson G，1995；Rossi et al.，2008）。

敏感度高的区域，当受到人类不合理活动影响时，容易产生生态环境问题，是生态环境保护和恢复建设的重点（曹建军和刘永娟，2010）。本书主要考虑坡度、高程、植被覆盖情况、洪水淹没情况、距河流距离、土壤侵蚀度对生态环境敏感性的影响和评价，明确生态环境敏感区域。

1. 坡度

秦巴山脉湖北片区位于湖北省西北部，地处鄂、豫、陕、渝四省市交界处，汉江中上游下段，由众多的小盆地和山间谷地相连而成。地势西北高、东南低，史称“依山带江”。除东部汉江沿岸为海拔80~250米的盆地、西南部神农架林区为海拔1 500~3 000米的山地，大部分海拔在250~1 200米，因而坡度是影响该区域城镇建设投资、开发强度的重要控制指标之一。

同时根据1984年全国农业区划委员会颁发的《土地利用现状调查技术规程》，当坡度≤6°时一般无水土流失现象；6°~15°可发生中度水土流失，应采取相应措施加强水土保持；15°~25°水土流失严重，必须采取工程、生物等综合措施防治水土流失；>25°为《中华人民共和国水土保持法》规定的开荒限制坡度，即不准开荒种植农作物，已经开垦为耕地的，要逐步退耕还林还草。因此将秦巴山脉县域内坡度分为四级，即<6°、6°~15°、15°~25°、>25°。

2. 高程

高程是生态环境异质性的关键因素之一，秦巴山脉湖北片区北部属秦岭余脉，南部属武当山，海拔多在800米以上；中部汉江谷地为海拔250~500米的丘陵区。根据目前土地开发利用成本与难度，将300米、500米、1 000米作为高程单因子评价中的临界点（任亮平等，2013），分为<300米、300~500米、500~

1 000米、>1 000米四类，对DEM（digital elevation model，数字高程模型）数据分类得到秦巴山脉湖北片区高程分布情况。

3. 植被覆盖情况

植被覆盖率的高低极大地影响着区域的生态敏感性。秦巴山脉湖北片区山林面积大，植被覆盖率高。将秦巴山脉湖北片区县域内植被覆盖率分为四级，即<30%、30%~60%、60%~80%、>80%，通过空间插值分析，得到秦巴山脉植被覆盖率情况。

4. 洪水淹没情况

洪水灾害是最频发的自然灾害，严重影响国民经济发展，危害人民生命财产安全，破坏生态环境。随着现代经济的高速发展和水利工程的增加，洪水灾害对人类的危害仍在加重。因此，科学、准确地预测片区洪水淹没范围，对防洪减灾具有重要意义。根据历年洪水淹没情况，将片区分为雨季或涝年被淹没区、不受影响区，得到单因子结果。

5. 距河流距离

秦巴山脉位于汉江上游下段，水源充沛，湖北片区内江河纵横，湖泊、堰塘星布，有大小河流1 557条，河流总长3 351千米，主要河流有汉江、滔河、堵河、曲远河和将军河，本书以片区内河流为研究对象，将其矢量化后在GIS中进行缓冲区分析。片区内大部分水体既承担区域水生态环境平衡功能，又承担周边居民生产、生活的供水水源功能，水环境优劣直接影响周边居民用水安全保障程度，对于此类型水体应严格控制，在其周边进行开发建设，并将其主体及周边一定区域划定为环境高敏感区域，并加强水体以上水域及水域影响的陆域范围内的环境保护，其生态敏感度均设定为较高值。参考《饮用水水源保护区划分技术规范》，同时结合现有居民分布范围，将镇域地表分为距离主要河流、湖泊<100米、100~500米、500~1 000米、>1 000米并分别赋值为7、5、3、1（任亮平等，2013）。运用GIS进行缓冲区分析及重分类操作，得到单因子结果。

6. 土壤侵蚀度

土壤侵蚀的成因复杂，危害严重，主要侵蚀类型有水力侵蚀、风力侵蚀、重力侵蚀、冻融侵蚀和冰川侵蚀等，破坏土壤资源，使生态环境恶化，水土流失带走的大量泥沙被送进水库、河道、天然湖泊，造成河床淤塞、抬高，引起河流泛滥，这是平原地区发生特大洪水的主要原因。本书依据土壤侵蚀状况，将秦巴山脉湖北片区分为微度侵蚀区、轻度侵蚀区、中度强度侵蚀区、剧烈极强度侵蚀区，目的在于反映和揭示不同类型的侵蚀特征及其区域分异规律，以便采取适当措施防止或减轻侵蚀危害。

秦巴山脉湖北片区生态敏感度评价参评要素选取及权重如表2.3所示，参评的六个要素中，都与秦巴山脉湖北片区生态敏感度呈正相关，加权叠加得到片区生态敏感度。

表2.3　秦巴山脉湖北片区生态敏感度评价参评要素选取及权重

参评要素大类	参评要素名称	参评要素权重	相关性
生态敏感度	坡度	0.238	正
	植被覆盖率	0.238	正
	洪水淹没情况	0.095	正
	距河流距离	0.143	正
	高程	0.095	正
	土壤侵蚀度	0.190	正

注：由于舍入修约，数据存在误差

（三）资源丰度

资源丰度又称资源丰饶度，是指各类资源的富集和丰富程度，为资源的自然属性，它决定资源的开发规模和经济发展方向（王丽丽等，2014）。其评价指标有绝对量与人均拥有量两类，本书重点研究要素为人均耕地面积和人均建设用地面积。各要素对资源丰度的影响有大小之分，自然资源的自然丰度与其使用价值成正比，丰度越高，使用价值越大。

1. 人均耕地面积

“民以食为天、食以土为本。”耕地是土地资源的精华，也是最为重要的农业生产资料，耕地资源对于保障国家粮食安全和维护社会经济稳定持续发展具有非常重要的意义。本书将人均耕地面积作为秦巴山脉湖北片区耕地资源丰度的评判指标，分为0~100米^2/人、100~700米^2/人、700~1 000米^2/人、大于1 000米^2/人四个丰度等级，得到耕地丰度单因子评价结果。

2. 人均建设用地面积

主体功能区划背景下，建设用地潜力评价研究成为指导城市化进程中土地资源合理利用以及优化、重点开发区土地利用定位和发展方向的重要基础。本书将人均建设用地面积作为建设用地潜力的评判标准，按开发潜力等级分为人均建设用地面积>250平方米、210~250平方米、160~210平方米、<160平方米，表征建

设用地潜力等级，得到单因子评价结果。

秦巴山脉湖北片区资源丰度评价参评要素选取及权重如表2.4所示，参评的两个要素中，人均耕地面积与资源丰度呈负相关、人均建设用地面积与资源丰度呈正相关，加权叠加得到片区资源丰度。

表2.4 秦巴山脉湖北片区资源丰度评价参评要素选取及权重

参评要素大类	参评要素名称	参评要素权重	相关性
资源丰度	人均耕地面积	0.5	负
	人均建设用地面积	0.5	正

（四）土地利用强度

土地利用强度即土地集约利用程度，指单位土地面积上的土地开发利用程度。随着人类土地利用内容日益丰富，土地利用强度也逐年增加，在一定程度上代表了该区域的现有开发密度。

1. 人口密度

不同人口密度下的城市建设和规划存在一定区别，人口密度大的区域土地利用集约性更高，土地的利用效率也更高。对秦巴山脉湖北片区每平方千米人数进行统计，分为>150人/千米^2、100~150人/千米^2、50~100人/千米^2、0~50人/千米^{2}四个等级，得到人口密度评价结果。

2. 建设用地面积比重

城镇用地面积比重代表了已建成城镇用地的综合利用强度，将建设用地所占比重分级评价，可以用于分析城市化发展水平。现将秦巴山脉城镇用地面积比重分为>20%、9%~20%、3%~9%、<3%四个等级，得到建设用地面积比重单因子评价结果。

3. 农业用地率

农业用地是直接以土地为生产资料的利用类型，在从整体上反映土地农用时农用地利用的程度时，是衡量一个地区或农业生产单位农业土地利用程度的指标（方先知，2004）。对秦巴山脉湖北片区农业用地按用地率分为<50%、50%~70%、70%~90%、90%~100%四级，得到单因子评价结果。

秦巴山脉湖北片区土地利用强度评价参评要素选取及权重如表2.5所示，参评的三个要素中，农业用地率与土地利用强度呈负相关、人口密度和建设用地面积比重与土地利用强度呈正相关，加权叠加得到片区土地利用强度。

表2.5 秦巴山脉湖北片区土地利用强度评价参评要素选取及权重

参评要素大类	参评要素名称	参评要素权重	相关性
土地利用强度	人口密度	0.314	正
	建设用地面积比重	0.343	正
	农业用地率	0.343	负

（五）土地利用效益

在城市化进程中，土地利用效益的高低是衡量城市化发展水平的一个重要因素（佟香宁等，2006）。土地利用效益分级是依据土地利用类型和产出效率，将土地划分为不同评价等级，以分析不同区域土地利用的节约、集约程度。本书利用秦巴山脉湖北片区地均农业产值、地均工业产值两个参数，对片区分级评价。

1. 地均农业产值

地均农业产值反映了农业在区域社会经济生产中的比重，代表了土地利用过程中的农业劳动消耗与产品价值间的关系，在一定程度上代表了土地的经济利用效益。本书将秦巴山脉湖北片区的地均农业产值以县域为基本单元，利用统计年鉴农业产值数据及插值分析得到单因子分类结果。

2. 地均工业产值

地均工业产值作为单位土地的工业产出，在一定程度上代表该区域的土地利用效益，反映了该区域的工业化水平，本书将计算出的地均工业产值进行插值分析，得到秦巴山脉湖北片区地均工业产值评价结果。

秦巴山脉湖北片区土地利用效益评价参评要素选取及权重如表2.6所示，参评的两个要素均与土地利用效益正相关，加权叠加得到片区土地利用效益。

表2.6 秦巴山脉湖北片区土地利用效益评价参评要素选取及权重

参评要素大类	参评要素名称	参评要素权重	相关性
土地利用效益	地均农业产值	0.5	正
	地均工业产值	0.5	正

（六）社会经济发展程度

社会经济发展是指人们通过不断的技术经济组织和社会经济制度创新，经济总福利在经济总规模持续扩张的过程中得以不断改善。经济发展有三个方面：一是经济社会结构性的转变，如产业结构、城乡人口结构、社会阶层结构、就业结构等的深刻变化；二是经济社会质的方面的改善，如生活质量改善、生态环境整治、经济良性增长等；三是经济量的增长。

社会经济发展程度反映了一个地区的经济发展，经济发展程度高，则该地区的经济发展状况好，经济发展程度低，则该地区的经济发展状况不好，应该采取相应的措施来促进经济发展。研究一个地区的经济发展程度，便于我们能够更好地了解该地区的经济发展，找出该地区经济发展中所存在的问题，从而更有效地指引该地区进行经济发展。本书选用了三个指标参数来评价秦巴山脉湖北片区的经济发展程度，分别是农民人均纯收入、道路比例和商品零售总额。

1. 农民人均纯收入

农民人均纯收入指的是按农村人口平均的农民纯收入，反映的是一个国家或地区农村居民收入的平均水平（刘叔鹤，1996）。研究农村居民收入和生活质量的变化，旨在监测农村摆脱贫困和全面建设小康的进程，满足各级政府和宏观决策部门研究制定农村经济政策的需要，以及社会各界的信息需求，为国民经济核算提供基础数据（刘立诚和吴光环，1992）。

农民人均纯收入的计算公式为：农民人均纯收入=（农村居民家庭总收入-家庭经营费用支出-生产性固定资产折旧-税金和上缴承包费用-调查补贴）/农村居民家庭常住人口（岳连宏和张建华，1997）。

根据秦巴山脉湖北片区农民人均纯收入的具体情况，将农民人均纯收入分为四个等级，即4 500~5 000元、3 800~4 500元、3 200~3 800元、0~3 200元。

2. 道路比例

道路比例是单位行政区内的道路占该行政区总面积的比例，道路比例在一定程度上反映了某个地区的经济发展程度，道路所占比例越大，则经济发展程度越高，反之，道路所占比例越小，经济发展程度越低。为了更好地分析秦巴山脉湖北片区的经济发展程度，将秦巴山脉湖北片区的道路比例分为四个级别，即>2%、1%~2%、0.2%~1%、<0.2%，得到单因子评价结果。

3. 商品零售总额

商品零售总额是指一定时期内，全社会在零售市场上通过各种商品流通渠道直接售给居民和社会集团的生活消费品、直接售给农民的农业生产资料及农民对非农业居民的零售额之和（陈健生，1992）。提取片区内各县市的社会商品零售总额数据，运用插值分析，得到秦巴山脉湖北片区社会商品零售总额评价情况。

秦巴山脉湖北片区社会经济发展程度参评要素选取及权重如表2.7所示，参评的三个要素均与社会经济发展程度正相关，利用GIS技术的空间叠加分析功能，分别对各单项参评要素进行加权叠加分析，得到片区社会经济发展程度情况。

表2.7 秦巴山脉湖北片区社会经济发展程度参评要素选取及权重

参评要素大类	参评要素名称	参评要素权重	相关性
社会经济发展程度	农民人均纯收入	0.20	正
	道路比例	0.45	正
	商品零售总额	0.35	正

（七）生态环境潜力

生态环境是指影响人类生存与发展的水资源、土地资源、生物资源及气候资源数量与质量的总称，是关系到社会和经济持续发展的复合生态系统（赵廷宁，2004）。在特定的生态环境中，如果环境负载超过了生态系统所能承受的极限，就可能导致生态环境的弱化或衰竭，近半个世纪以来，由于人口的迅猛增长和科学技术的飞速发展，人类既有空前强大的建设和创造能力，也有巨大的破坏和毁灭力量，人类活动增大了向自然索取资源的速度和规模，加剧了自然生态失衡，带来了一系列灾害（周永生，1983）。

本书结合秦巴山脉湖北片区实际情况，选用了森林覆盖率增速作为秦巴山脉湖北片区的生态环境潜力评价标准，来表征秦巴山脉湖北片区生态环境潜力。森林被誉为“地球之肺”，是“大自然的总调度室”。本书将秦巴山脉湖北片区的森林覆盖率增速分为四个级别，通过插值分析，得到秦巴山脉湖北片区生态环境潜力。

（八）区位优势

区位优势即区位的综合资源优势，是某一地区在发展经济方面客观存在的有利条件或优越地位（杨文哲和郑志祥，2009）。区位优势越大的地区，经济发展能力和潜力越大，反之，区位优势越小的地区，经济发展能力和潜力越小。本书主要通过多因子综合和单因子研究两个方面，对与秦巴山脉湖北片区区位优势分析相关的因子进行研究分析。利用GIS技术的空间叠加分析功能，分别对各单项参评要素进行加权叠加分析，本书选用了两个三级指标参数来评价秦巴山脉湖北片区的区位优势，分别是城镇等级和道路可达性。对以上因子加权叠加分析，得到秦巴山脉湖北片区社会经济发展程度分级等级评价。

1. 城镇等级

城镇是经济、技术、资本和人口最为集中的地域。受城镇集聚效应的影响，新兴城镇的发展首先要考虑与原有城镇的区位关系，往往与原有城镇区位关系良好的区域能最先得到发展机会。分析时主要考虑了县政府驻地以上级别的行政区域，对全区域土地与这些城镇的区位关系进行了评价。将秦巴山脉湖北片区内各市、县、区划分为四级，其中一级、二级、三级、四级分别赋值为7、5、3、1以表征其区位优势程度，如表2.8所示。

表2.8 秦巴山脉湖北片区城镇等级

城镇等级	城镇名称
一级	襄阳市、十堰市
二级	神农架林区
三级	丹江口市、老河口市
四级	郧县、郧西县、竹山县、竹溪县、保康县、房县、南漳县、谷城县

2. 道路可达性

根据地理学基本理论和实践经验，一般情况下城镇布局都有向交通便利、可达性高的地区布局的特征。因此，交通可达性对城镇的发展具有十分重要的作用，这里主要考虑了其他公路、省道、国道、铁路的可达性对城乡总体规划用地适宜性的影响。秦巴山脉湖北片区交通便利，水陆交通形成网络，客货运输四通八达。片区内江河纵横、公路如织、铁路横卧、交通发达，根据秦巴山脉湖北片区道路的实际情况，将道路分为四个等级，如表2.9所示。

表2.9 秦巴山脉湖北片区道路等级

道路等级	其他公路	省道	国道	铁路
赋值	1	3	5	7

秦巴山脉湖北片区区位优势参评要素选取及权重如表2.10所示，参评的两个要素均与秦巴山脉湖北片区区位优势程度正相关，利用GIS技术的空间叠加分析功能，分别对各单项参评要素进行加权叠加分析，得到片区区位优势程度。

表2.10 秦巴山脉湖北片区区位优势参评要素选取及权重

参评要素大类	参评要素名称	参评要素权重	相关性
区位优势	城镇等级	0.6	正
	道路可达性	0.4	正

（九）经济活力

经济活力，是指城市经济发展过程中的能力和潜力。城市的经济活力是一个动态概念，随时间的变动而不断变化，通过对城市经济活力的分析与评价，不仅可以确定一个城市的经济活力状况，而且将对探索提升城市经济活力的有效途径，进而提高城市竞争力起到重要的作用。城市的经济活力不仅是经济问题，同时还包括了社会、环境等方面的因素。城市经济活力评价指标体系应以经济指标为主导，社会、环境指标为辅助。经济活力越高的地区，经济发展能力和潜力越大，反之，经济活力越低的地区，经济发展能力和潜力越小。本书结合秦巴山脉湖北片区实际情况，运用了财政收入、建设用地增速、固定资产投资这三个指标参数来评价片区的经济活力。

1. 财政收入

财政收入，是指政府为履行其职能、实施公共政策和提供公共物品与服务需要而筹集的一切资金的总和。根据秦巴山脉的实际财政收入情况，本书依据十堰市、襄阳市、神农架林区统计年鉴数据，运用空间插值分析，得到秦巴山脉财政收入单因子评价结果。

2. 建设用地增速

建设用地增速就是建设用地的增加速度，本书运用2013年土地利用数据、1990年土地利用数据求得。建设用地增速在一定程度上反映了某个地区的经济发展活力，建设用地增速越快，经济发展活力越高，反之，建设用地增速越慢，经济发展活力越低。

3. 固定资产投资

固定资产投资是建造和购置固定资产的经济活动，即固定资产再生产活动。固定资产再生产过程包括固定资产更新（局部和全部更新）、改建、扩建、新建等活动，是社会固定资产再生产的主要手段，对中国的社会主义现代化建设具有重要意义。

秦巴山脉湖北片区经济活力参评要素选取及权重如表2.11所示，参评的三个要素均与经济活力正相关，利用GIS技术的空间叠加分析功能，分别对各单项参评要素进行加权叠加分析，得到片区经济活力。

表2.11　秦巴山脉湖北片区经济活力参评要素选取及权重

参评要素大类	参评要素名称	参评要素权重	相关性
经济活力	财政收入	0.4	正
	建设用地增速	0.3	正
	固定资产投资	0.3	正

二、主体功能区初步划分

（一）评价资源环境承载能力

资源环境承载能力是在自然生态环境不受危害并维系良好生态系统的前提下，特定区域的资源禀赋和环境容量所能承载的经济规模和人口规模（毛汉英和余丹林，2001）。它从本质上反映了资源、环境与人类社会经济活动之间的辩证关系。本书主要考虑秦巴山脉湖北片区的资源保护重要度、生态敏感度、资源丰度参评要素选取及权重，具体如表2.12所示。根据上述分析评价，利用GIS技术的空间叠加分析功能，分别对各单项参评要素进行加权叠加分析，用于秦巴山脉湖北片区资源环境承载能力分析的二级指标有资源保护重要度、生态敏感度、资源丰度，运用GIS加权叠加分析功能，对以上因子加权叠加分析，得到秦巴山脉湖北片区资源环境承载能力。

表2.12 秦巴山脉湖北片区资源环境承载能力参评要素选取及权重

参评要素大类	参评要素名称	参评要素权重	相关性
资源环境承载力	资源保护重要度	0.30	负
	生态敏感度	0.42	负
	资源丰度	0.28	正

（二）评价现有开发密度

现有开发密度主要指特定区域工业化、城镇化的程度，包括土地资源、水资源开发强度，代表了一个区域的已开发水平。根据秦巴山脉湖北片区的实际状况，本书选择了区域内土地利用强度、土地利用效益、社会经济发展程度三个要素作为秦巴山脉湖北片区现有开发密度评价标准，利用GIS技术的空间叠加分析功能，分别对各单项参评要素进行加权叠加分析。本书对秦巴山脉湖北片区现有开发密度参评要素选取及权重见表2.13。

表2.13 秦巴山脉湖北片区现有开发密度参评要素选取及权重

参评要素大类	参评要素名称	参评要素权重	相关性
现有开发密度	土地利用强度	0.35	正
	土地利用效益	0.20	正
	社会经济发展程度	0.45	正

运用GIS加权叠加分析功能，对以上因子进行加权叠加分析，得到秦巴山脉

湖北片区现有开发密度等级分布情况。对二级指标图层按照各要素之间的权重运用线性因素叠加法进行合成，得到秦巴山脉现有开发密度。

（三）评价发展潜力

发展潜力主要指在该区域经济、社会发展所依赖的现状环境的基础上，能够支持区域未来可持续发展的全面的、协调的潜在能力（郭亚军等，2002）。本书结合秦巴山脉湖北片区实际情况，着重研究秦巴山脉湖北片区县域内生态环境潜力、区位优势和经济活力。

运用GIS加权叠加分析功能，对以上因子进行加权叠加分析，得到秦巴山脉湖北片区发展潜力情况（表2.14）。对二级指标图层按照各要素之间的权重运用线性因素叠加法进行合成，得到秦巴山脉湖北片区发展潜力。

表2.14 秦巴山脉湖北片区发展潜力参评要素选取及权重

参评要素大类	参评要素名称	参评要素权重	相关性
发展潜力	生态环境潜力	0.25	负
	区位优势	0.25	正
	经济活力	0.50	正

三、综合评价

根据上述分析评价，用于秦巴山脉湖北片区主体功能区评价的三个一级指标，均与主体功能区正相关，参评要素选取及权重见表2.15。

表2.15 秦巴山脉湖北片区主体功能区参评要素选取及权重

参评要素大类	参评要素名称	权重	相关性
主体功能区	资源环境承载力	0.3	正
	现有开发密度	0.3	正
	发展潜力	0.4	正

运用GIS加权叠加分析功能，对以上因子进行加权叠加分析，得到秦巴山脉湖北片区主体功能区划分综合评价。

第四节 主体功能区划方案

根据上述分析评价，对结果进行分级评价，在不考虑特殊功能用地限制情况下，使用自然断点法（natural breaks）分类，分类的原则是相近的放在一起，分成若干类。统计上可以用方差来衡量，通过计算每类的方差，再计算这些方差之和，用方差和的大小来比较分类的好坏。因而需要计算各种分类的方差和，其值最小的就是最优的分类结果。另外，当观察数据的分布时，可以比较明显地发现断裂之处，这些断裂之处和自然断点法算出的结果一致。依据自然断点法得到秦巴山脉湖北片区主体功能区初步分布图。

得分最高的区域资源环境承载能力低，现有开发密度、发展潜力都非常好，适合作为城市重点开发区开发；得分中间的区域生态敏感度较低，现有开发密度和发展潜力适中，主体功能适合作为农产品主产区；得分最低的区域生态敏感度很高，持续开发会对生态环境造成不可逆影响，应当重点保护，主体功能适合作为重点生态功能区。结合秦巴山脉湖北片区县域内相应划分的自然保护区，严禁对这些区域的开发和破坏，这部分区域的主体功能划分为禁止开发区。最终得到秦巴山脉湖北片区主体功能区划区域分布，以及秦巴山脉湖北片区功能分区面积及所占比例（表2.16）。

表2.16　秦巴山脉湖北片区功能分区面积及所占比例

功能分区		面积/公顷	比例
重点开发区	省级重点开发区	330 339.510 0	8.06%
	县级一般开发区	450 041.040 0	10.97%
农产品主产区	农产品主产区	928 225.170 0	22.64%
生态功能区	重点生态功能区	1 068 375.330 0	26.06%
	一般生态功能区	1 323 041.940 0	32.27%
合计		4 100 022.990 0	100%

一、重点开发区

重点开发区域是重点进行工业化、城镇化开发的地区。重点开发区域又可以分为省级重点开发区与县级一般开发区，省级重点开发区的面积是330 339.510 0公顷，占片区面积的8.06%；县级一般开发区的面积是450 041.040 0公顷，占片区面积的10.97%。

（一）功能定位

重点开发区是支持区域经济增长的重要增长极，是促进区域协调发展的重要支撑点。重点开发区域应在优化结构、提高效益、降低消耗、保护环境的基础上大力推动经济快速可持续发展；推进新型工业化进程，加快推进城市化、区域一体化进程，提高秦巴山脉湖北片区经济实力。

（二）发展方向和开发原则

统筹规划国土空间。适度扩大先进制造业空间，扩大服务业、交通和居住等建设空间，减少农村生活空间，扩大绿色生态空间。

促进人口向城镇集聚，适度提高开发强度，不断提高发展质量，加强基础设施和公共服务设施建设，保护生态环境，加强重点水域，如汉江、滔河、堵河的水资源保护和防护林建设。形成合理的开发时序，区分近期、中期和远期，实施有序开发。

二、农产品主产区

农产品主产区，即耕地面积较多，农业发展条件较好，把增强农业综合生产能力作为首要任务，从而限制大规模、高强度工业化、城镇化开发的地区。农产品主产区的面积是928 225.170 0公顷，占片区面积的22.64%。

（一）功能定位

农产品主产区是关系农产品供给安全的重要区域，需要统筹规划和保护，需要在国土空间开发中限制进行大规模、高强度工业化、城镇化开发，以保障农产品的供给安全。

（二）发展方向和开发原则

农产品主产区应着力保护耕地，稳定农产品的生产和供给，大力发展现代农业，保障粮食安全和食品安全。发展方向和开发原则是：稳定耕地面积，严格保护基本农田，提高耕地产出水平；促进农业综合生产能力不断提高，农民人均收入增加，农产品加工业迅速发展；优化产品结构，做好农业布局规划，形成优势农业产业带；大力推进农村基础设施建设，完善小城镇公共服务和居住功能。

三、生态功能区

（一）重点生态功能区

重点生态功能区，即生态系统脆弱、生态功能重要、资源环境承载能力较弱，不具备大规模、高强度工业化、城镇化开发条件，必须把增强生态产品生产能力作为首要任务，从而限制大规模、高强度工业化、城镇化开发的地区。重点生态功能区的面积是1 068 375.330 0公顷，占片区面积的26.06%。

1. 功能定位

重点生态功能区是保障区域内生态安全的重要区域，人与自然和谐相处的示范区。生态系统十分重要，需要在国土空间开发中限制进行大规模、高强度的工业化、城镇化开发，以保持并提高生态产品的供给能力。

2. 发展方向和开发原则

以维护生物多样性为核心，建设以自然保护区为主体的物种保护体系；建设一批农产品基地，培育绿色、有机农产品品牌；在保护生态环境的前提下，稳步发展绿色食品加工业；注重发展旅游等服务业。

（二）一般生态功能区

一般生态功能区是以修复生态、保护环境、提供生态产品为首要任务，不适宜进行大规模、高强度工业化、城镇化开发的区域。一般生态功能区的面积是1 323 041.940 0公顷，占片区面积的32.27%。

1. 功能定位

维持生态系统平衡和稳定，保障片区生态安全；提供优质生态产品，满足人们对清新空气、清洁水源、舒适环境、宜人气候等生态产品的需求。

2. 发展方向和开发原则

产业结构得到调整，积极发展高效经济作物；经济发展与生态环境更加协调，促进地区经济发展与生态环境保护的有机结合；人口总量逐步减少，人民生活明显改善，社会发展水平明显提高。

第三章　水资源保护与利用发展战略

秦巴山脉湖北片区中的南水北调中线工程是整个南水北调工程的重中之重，本章中水资源保护与利用发展战略主要围绕丹江口水库展开。有水可调，水质优良是持续发挥工程效益的保证，故本章对水量的分析以丹江口水库的水域面积监测为主来展开；而对水质的分析，以对丹江口水库水体污染最重要的方面——面源污染的载体土壤侵蚀为主展开。在水量水质分析的基础上，提出水资源保护与利用发展战略。

第一节　丹江口水库水量分析——水域面积监测

水是地球万物的生命之源，是人类赖以生存和发展的基本条件，是自然环境和社会环境中极为重要而活跃的因素，是维系地球生态系统功能和支撑社会经济系统发展不可替代的基础性的自然资源和战略资源（刘齐，2010）。我国水资源时空分布不均，制约了经济社会的发展（张野，2012）。通过大量的野外勘查和测量，形成了南水北调东线、中线和西线调水的基本方案。而中线工程则是从汉江与其最大支流丹江交汇处的丹江口水库引水，全长1 276千米，自流供水给黄淮海平原大部分地区。

一、丹江口水库概况

丹江口水库横跨鄂、豫两省，位于长江中游支流汉江的上游，地处伏牛山南麓，由湖北境内的汉江库区和河南境内的丹江库区两大部分组成，是以供水、防洪、发电为主，兼具灌溉、养殖等功能的大型人工水库，由1958年修建的丹江口水利枢纽工程和2005年10月开工的丹江口大坝主体加高工程完工后蓄水形成。2014年12月12日，南水北调中线陶岔渠首缓缓开启闸门，清澈的汉江水奔流北上，南水北调中线一期工程正式通水。截至2015年10月31日，南水北调中线工程首个水量调度年度顺利结束，累计供水21.67亿立方米，惠及京、津、冀、豫四省市3 500万人，不仅有效解决了受水区用水紧张局面，提高了供水保证程度，也为各地压减地下水开采、改善生态环境提供了有利条件（杨立富，2016）。

随着中线一期工程的正式通水，丹江口水库作为缓解北方干渴的输水源头，作用将越发明显，其水资源变化情况和环境变化情况不仅关系到所在地区的社会生活和生态安全，同时也影响着输水沿线城市的供水用水安全。近几年来，洪涝灾害频繁交替发生，尤其2014年的“旱涝急转”现象，3月入春至5月底长江中下游地区干旱，导致丹江口水库水位跌破历史最低，6月初天气状况急剧变化，接连而来的强降雨又使库区陷入了严重的水灾之中。洪涝灾害交替发生及“旱涝急转”现象对丹江口库区调蓄带来极大影响，在一定程度上严重影响水库的正常调水（李鹏和李荔，2011）。因此，加强对丹江口水库的水域变化监测，不仅在水库水量管理，确保南水北调中线工程水量调度方面起着重要的参考作用，而且在库区生态恢复、水质监测和面源污染控制方面起着不可或缺的指导作用（王剑等，2015）。

二、水域动态变化遥感监测方法

遥感技术作为一门逐渐成熟的探测技术，以其探测范围大，获取资料的速度快、周期短，受地面条件限制少的特点，广泛应用于农业、林业、地质、地理、海洋、水文、气象、测绘、环境保护和军事侦察等许多领域（杨桂清，1991）。而以往受制约的数据源获取问题，随着我国遥感事业的发展，中巴资源卫星、环境系列卫星、高分系列卫星的成功发射以及逐步开放的遥感影像获取渠道，得到了很大程度的改善。遥感技术，使人类对地球表层的认识提升到了一个新的高度，同时也给大范围水体的水域动态变化监测和相关参数的反演研究带来了便利（王海波和马国明，2009）。

利用遥感手段对水库进行动态变化监测的主要任务是监测水库水域是否发生变化及变化的具体情况，它包括了对水库信息的识别与提取和对水库水域动态变化信息的检测。大致来看，利用遥感信息对水库水域面积进行提取的方法大致可分为三类，即单波段法、多波段法和水体指数法。随着遥感分类技术的发展，同样也涌现出了新的遥感水体提取新方法，如神经网络分类法、决策树分类方法、小波分析法、数学形态学方法、混合像元分解方法等（王海波和马国明，2009）。

三、数据源介绍

随着我国遥感卫星事业的发展，特别是2008年9月，环境与灾害监测预报小卫星星座A、B星（HJ-1A/1B星）的发射，使得在丹江口水库区域的遥感影像数据积累得到了很大程度的提高，这为进行丹江口水库水域面积逐月变化监测提供了数据支撑。本书采用了Landsat TM/ETM+/OLI影像51景和HJ-1A/1B影像35景共计86景影像。其中Landsat-5 TM 7景，Landsat-7 ETM+ 39景和Landsat-8 OLI 5景无云影像，HJ-1A影像22景和HJ-1B影像13景。

Landsat-5 TM为光学对地观测卫星，是美国陆地卫星系列（Landsat卫星）的第五颗卫星，于1984年3月1日发射Landsat TM影像，包含7个波段（波段介绍见表3.1），波段1~5和波段7的空间分辨率为30米，波段6（热红外波段）的空间分辨率为120米。南北的扫描范围大约为170千米，东西的扫描范围大约为183千米。

表3.1　Landsat-5 TM波段介绍

波段	波段类型	波长/微米	分辨率/米	主要作用
波段1	蓝波段	0.45~0.52	30	用于水体穿透，分辨土壤植被
波段2	绿波段	0.52~0.60	30	分辨植被
波段3	红波段	0.63~0.69	30	观测道路、裸露土壤、植被种类
波段4	近红外波段	0.76~0.90	30	估算生物数量
波段5	中红外波段	1.55~1.75	30	分辨道路、裸土、水，在不同植被间有较好的对比度，并有较强的穿透大气、云雾的能力
波段6	热红外波段	10.4~12.5	120	感应发出热辐射的目标
波段7	短波红外波段	2.09~2.35	30	分辨岩石、矿物，辨识植被覆盖和湿润土壤

Landsat-7 ETM+于1999年由美国国家航空航天局（National Aeronautics and Space Administration，NASA）发射升空，其携带的主要传感器为增强型主题成像仪（ETM+），包括8个波段（波段介绍见表3.2），南北的扫描范围大约为170千米，东西的扫描范围大约为183千米。

表3.2　Landsat-7 ETM+波段介绍

波段	波段类型	波长/微米	分辨率/米	主要作用
波段1	蓝波段	0.45~0.52	30	用于水体穿透，分辨土壤植被
波段2	绿波段	0.52~0.60	30	分辨植被
波段3	红波段	0.63~0.69	30	用于观测道路、裸露土壤、植被种类效果很好
波段4	近红外波段	0.76~0.90	30	用于估算生物数量
波段5	中红外波段	1.55~1.75	30	分辨道路、裸土、水，在不同植被间有较好的对比度，并有较强的穿透大气、云雾的能力
波段6	热红外波段	10.4~12.5	30	感应发出热辐射的目标
波段7	短波红外波段	2.09~2.35	30	分辨岩石、矿物，辨识植被覆盖和湿润土壤
波段8	全色波段	0.52~0.90	15	黑白图像，用于增强分辨率，提高分辨能力

Landsat-8 OLI于2013年2月11号发射，Landsat-8上携带有两个主要载荷：OLI（operational land imager，陆地成像仪）和TIRS（thermal infrared sensor，热红外传感器）。OLI包括9个波段，空间分辨率为30米，其中包括一个15米的全色波段，成像宽幅为185千米×185千米。

HJ-1A星搭载了CCD（charge coupled device，电荷耦合器件）相机和HSI（hyper spectral imager，超光谱成像仪），HJ-1B星搭载了CCD相机和IRS（infrared cameras，红外相机）。在HJ-1A卫星和HJ-1B卫星上均装载的两台CCD相机设计原理完全相同，以星下点对称放置，平分视场、并行观测，联合完成对地刈幅宽度为700千米。在HJ-1B卫星上还装载有一台红外相机，完成地刈幅宽度为720千米，地面像元分辨率为150米/300米，近、短、中、长4个光谱谱段的成像（白照广，2009）（表3.3）。

表3.3 HJ-1A/1B卫星波段介绍

HJ-1A卫星			HJ-1B卫星		
传感器名称	波谱范围/微米	空间分辨率/米	传感器名称	波谱范围/微米	空间分辨率/米
CCD相机	B1：0.43~0.52	30	CCD相机	B1：0.43~0.52	30
	B2：0.52~0.60			B2：0.52~0.60	
	B3：0.63~0.69			B3：0.63~0.69	
	B4：0.76~0.90			B4：0.76~0.90	
超光谱成像仪	0.45~0.95（110~128个波段）	100	红外相机	B5：0.75~1.10	150
				B6：1.55~1.75	150
				B7：3.5~3.9	150
				B8：10.5~12.5	300

本书选用丹江口水库2000年3月至2015年10月的86景遥感影像，其中Landsat系列卫星丹江口水库区域遥感影像条带号为125，行编号为37，环境系列卫星丹江口水库区域遥感影像条带号为76，行编号为4，具有较高空间分辨率、波谱分辨率、极为丰富的信息量和较高定位精度，能够准确获取湖泊及其周围流入流出河流的空间分布信息。由于Landsat-7 ETM+影像数据存在条带化现象，采用自适应局部回归方法对条带进行修复。具体影像数据见表3.4。

表3.4　遥感数据采集时间和数据标识

年份	月	数据标识	年份	月	数据标识
2000	3	LE71250372000087SGS00	2008	6	LE71250372008157PFS00
	4	LE71250372000103EDC00		10	HJ1ACCD157620081031
	6	LE71250372000167SGS00		11	HJ1ACCD177620081109
	8	LT51250372000223BJC00		12	HJ1BCCD147620091208
2001	2	LE71250372001041EDC00	2009	1	HJ1BCCD147620090124
	7	LE71250372001185SGS00		3	HJ1BCCD147620090307
	11	LE71250372001313EDC00		4	LE71250372009095EDC00
	12	LE71250372001361SGS00		5	LE71250372009127EDC00
2002	4	LE71250372002092SGS00		6	LE71250372009175EDC00
	9	LE71250372002268SGS00		7	HJ1ACCD157620090718
	11	LE71250372002332SGS00		8	HJ1ACCD157620090718
	12	LE71250372002364EDC00		9	HJ1ACCD157620090815
2003	3	LE71250372003079EDC00		10	HJ1ACCD157620091001
	5	LE71250372003127EDC00		11	HJ1ACCD257620091105
2004	6	LE71250372004178PFS01		12	LT51250372009327BJC00
	11	LE71250372004306EDC00	2010	1	HJ1ACCD157620100114
2005	2	LE71250372005052EDC00		2	LE71250372010050EDC00
	3	LE71250372005068EDC00		3	HJ1BCCD257620100319
	9	LE71250372005244EDC00		4	LE71250372010098EDC00
	12	LE71250372005356EDC00		5	LE71250372010168EDC00
2006	5	LE71250372006135EDC00		6	HJ1BCCD147620100617
	6	LE71250372006167PFS00		8	HJ1ACCD257620100829
	9	LT51250372006255IKR00		9	HJ1BCCD257620100911
	10	LT51250372006287IKR00		10	HJ1BCCD257620101008
2007	5	LE71250372007122EDC00		11	HJ1ACCD157620101111
	6	LT51250372007162IKR00		12	HJ1ACCD157620101204
	8	LT51250372007226IKR00	2011	2	HJ1ACCD157620110203
	9	LT51250372007258IKR00		3	HJ1ACCD157620110318
	10	LE71250372007298EDC00		4	HJ1ACCD157620110416

续表

年份	月	数据标识	年份	月	数据标识
2011	5	HJ1ACCD157620110424	2013	11	HJ1ACCD277620131114
	7	LE71250372011197EDC00		12	LC81250372013338LGN00
	12	LE71250372011357EDC00	2014	1	LC81250372014021LGN00
2012	2	HJ1ACCD157620120211		2	LE71250372014029EDC00
	5	HJ1ACCD157620120505		4	LC81250372014117LGN00
	6	HJ1BCCD147620120613		5	LC81250372014149LGN00
	9	HJ1ACCD157620120929		8	LE71250372014237EDC00
	10	HJ1ACCD157620121017		9	LE71250372014269EDC00
	12	LE71250372012344EDC00		11	LE71250372014317EDC00
2013	4	LC81260372013105LGN01	2015	4	HJ1BCCD147620150427
	5	HJ1ACCD237620130512		5	HJ1BCCD147620150513
	8	LE71250372013218EDC00		6	HJ1BCCD147620150611
	9	HJ1ACCD237620130914		9	HJ1BCCD147620150920
	10	LE71250372013298EDC01		10	HJ1BCCD147620151002

四、水域面积提取

图像的预处理包括图像的辐射校正和几何校正（王宇舟等，2008）。在遥感图像处理软件的支持下，对所选影像进行配准和镶嵌工作。在控制点的选取上，丹江口水库面积变化可能导致岸线的改变，故选择明显、易于辨认、距离湖岸相对较远的变化较小的地物（如山脊、河流、道路交叉点等），误差控制在一个像元之内。对丹江口水库区域进行裁剪，减少数据存储量，加快水域面积提取速度并提高效率。

在对遥感影像数据进行水体提取时，通常使用的方法有目视解译法、单波段法、多波段法和水体指数法。水体指数法是用不同波段进行波段运算提取地物的方法。本书采用的是NDWI（normalized difference water index，归一化差异水体指数），具体公式为

$$\text{NDWI}=(\text{Green}-\text{NIR})/(\text{Green}+\text{NIR}) \tag{3.1}$$

式中，Green代表绿光波段，NIR代表近红波段，分别是Landsat系列卫星及环境系列卫星的2波段与4波段。

选用NDWI对2000~2015年的86景遥感影像数据进行处理。模型建立后首先结合目视解译法设定合适阈值（不同传感器拍摄影像阈值不同）提取水体，通过

图像分割得到丹江口水库的水域信息；其次对其进行栅格到矢量的转换，进行面积计算和叠置分析，分析丹江口水库的水域动态变化特征。对所有86景数据利用NDWI建立模型并结合目视解译法设定合适阈值提取水体后，对其进行面积统计汇总。

五、结果与分析

通过对提取的丹江口水库水域面积进行统计分析，利用各月水域面积平均值得到丹江口水库水域面积月际平均曲线（图3.1）。通过图3.1可以看出，丹江口水库月际平均水域面积均超过400平方千米，11月至次年3月呈波动减少趋势，其中1~2月出现较大的波峰，可能原因是2月样本选取的数据主要集中在丹江口大坝加高工程发挥效益比较明显的2009年之后。3~6月平均水域面积基本不超过440平方千米，在3月降到最低，为421.97平方千米，是一年中丹江口水库水域面积最小的一段时期。7~11月月际平均水域面积较大，都超过500平方千米，尤其是6~7月，平均水域面积增长最快，是一年中水域面积增长速度最快的时期，8~11月，平均水域面积基本保持稳定，在11月达到最大，为528.90平方千米。

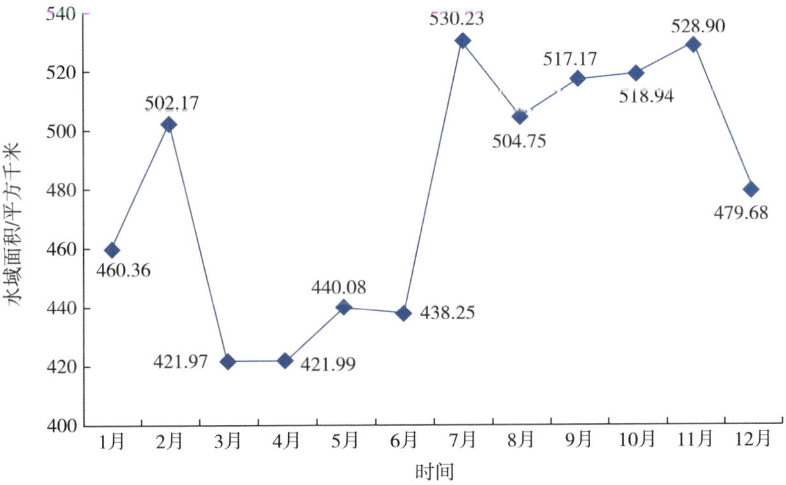

图3.1 丹江口水库水域面积月际平均曲线

分析丹江口水库月际平均水域面积，根据其变化趋势，大致可以将水库划分为两个时期：3~7月为枯水期，8月至次年2月为丰水期。丰水期包括了41景影像，平均水域面积为508.57平方千米，最大水域面积出现在2014年11月，为745.98平方千米，最小水域面积出现在2002年11月，为339.33平方千米，最大最小水域面积比为2.20。相应地，枯水期包括了45景影像，平均水域面积为439.58平方千米，最大水域面积出现在2015年5月，为646.97平方千米，最小水域面积出现在2000年3月，为319.65平方千米，最大最小水域面积比为2.02。

依据丹江口水库地区气候特征，其四季大致可以分为3~5月为春季，6~8月为夏季，9~11月为秋季，12月至次年2月为冬季。统计每个季节的最大水域面积和最小水域面积，计算每个季节的水域面积平均值及最大最小水域面积比，具体见表3.5。

表3.5　丹江口水库四季水域面积最大最小值分布

水域面积	春季	夏季	秋季	冬季
水域面积最大值/千米^2	646.97（2015.5）	646.08（2015.6）	745.98（2014.11）	612.74（2012.2）
水域面积最小值/千米^2	319.65（2000.3）	339.21（2000.6）	339.33（2002.11）	365.82（2002.1）
水域面积平均值/千米^2	377.42	455.00	519.02	502.43
最大最小水域面积比	2.02	1.90	2.20	1.67

注：括号中数字为出现时间

从图3.2中可以看出丹江口水库春季结束到秋季结束，水域面积呈现增长趋势，秋季结束到次年春节开始，水域面积呈减小趋势。

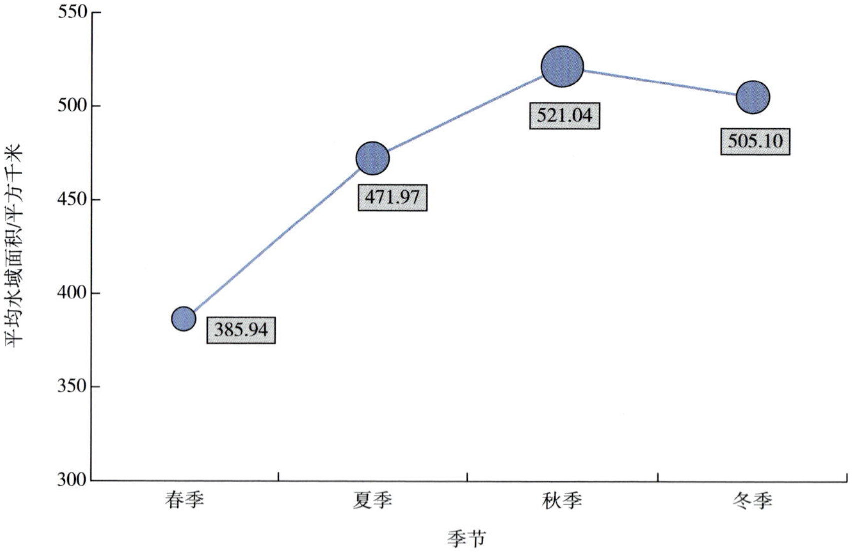

图3.2　丹江口水库四季水域面积平均值

2000~2015年水域面积最大值出现在2014年11月，以其提取的水域范围为外框线，分别做出丹江口水库春、夏、秋、冬四季的最大最小水域面积对比示意图（图3.3）。

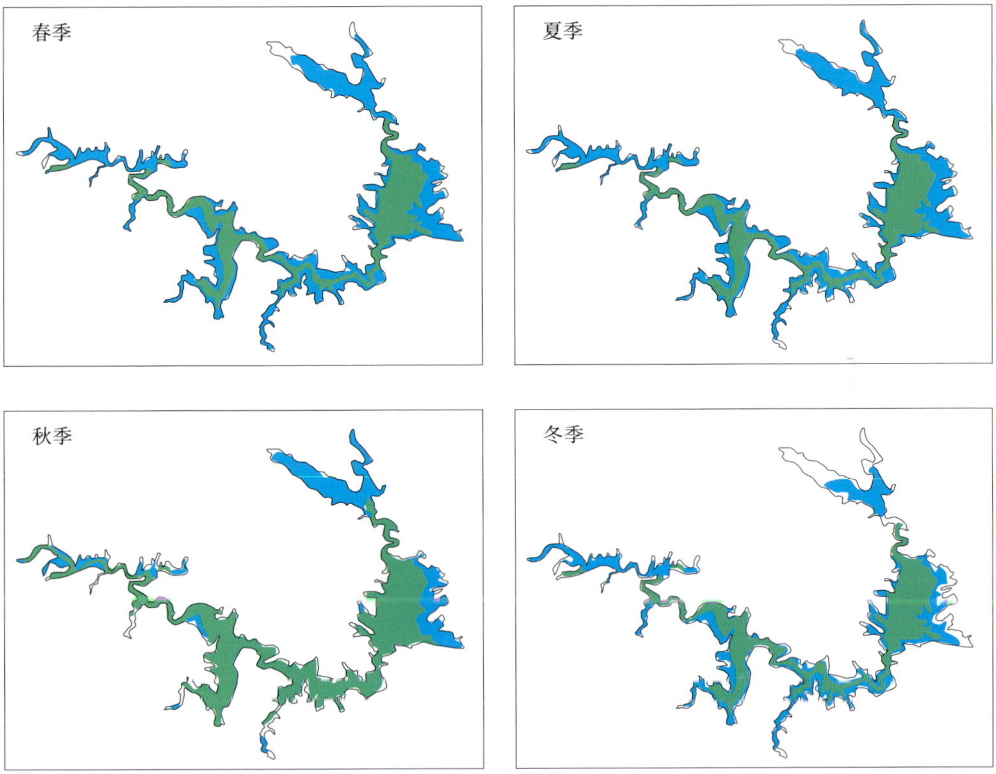

图3.3　丹江口水库四季最大最小水域面积对比示意图

由表3.5可以发现，丹江口水库在春季（3~5月）水域面积最小，平均只有377.42平方千米，最大水域面积出现在2015年5月，为646.97平方千米，最小水域面积出现在2000年3月，为319.65平方千米，水域面积最大最小值比为2.02，反映了丹江口水库在春季的年际变化较为剧烈。对应地，在秋季（9~11月），平均水域面积最大，达到519.02平方千米，最大水域面积出现在2014年11月，为745.98平方千米，最小水域面积出现在2002年11月，为339.33平方千米，水域面积最大最小值比为2.20，反映了丹江口水库秋季的年际变化很剧烈。就水域面积最大最小值比来说，在冬季降为1.67，为最小，反映了丹江口水库在冬季的年际变化幅度较其他季节要小。

分析所采用的遥感影像数据，6月的数据积累较其他月多一些，采用2000~2015年6月水域面积数据分析丹江口水库在此期间的年际变化和每年平均水域面积变化（图3.4）。

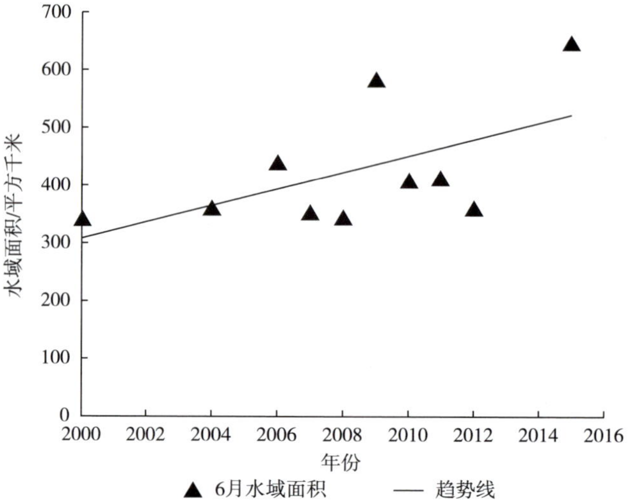

（a）6月水域面积的年际变化趋势

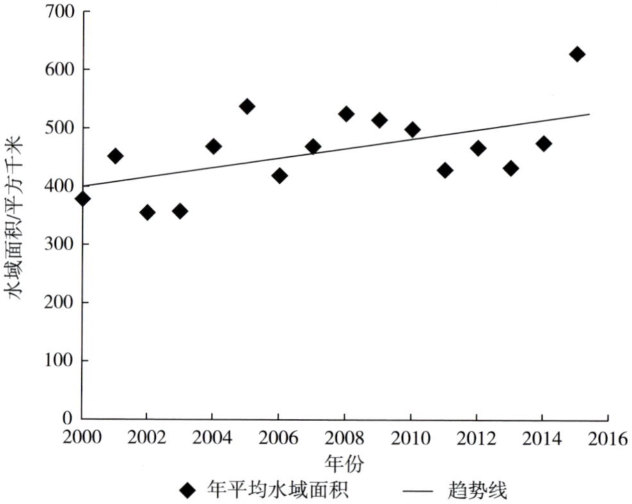

（b）年平均水域面积变化趋势

图3.4　丹江口水库2000~2015年水域面积变化趋势

从图3.4中可以看出，2000~2015年丹江口水库水域面积在6月呈增大趋势，这与每年丹江口水库平均水域面积的统计结果一致。

六、讨论

遥感技术能够克服时间、地形的影响，进行实时、长期的水域动态监测（吴川等，2013）。丹江口水库库区及其上游降雨主要集中在5~10月，这个时期的降雨量占全年降雨量的70%以上，形成了7月、8月的夏汛和9月、10月的秋汛。因此，7~8月的月际平均水域面积呈大幅度增长，这与7~8月丹江口水库及其上游地区降水增多有密切的关系，当水库水域面积持续增大，水库水量达到一定的警戒线值，便要开始加大泄洪量，因此8~11月，水库水域平均面积较大，但波动幅度较7~8月小很多。2月的月际平均水域面积较1月有较大程度的增长，可能是采集的遥感影像样本数据多分布在丹江口大坝加高产生影响的2009年之后的缘故，并且2月数据累计较其他月要少，如2012年2月丹江口水库水域面积达到612.74平方千米，这些异常的数据可能会造成2月的平均水域面积距离真实值有较大差距，因此，2月的月际平均水域面积应该在采集相对长期的遥感数据的基础上进一步研究。丹江口水库会在2~3月开闸向下游泄水，以迎接接下来的汛期，防止水库蓄水量过大，对水库安全造成影响，这就导致了丹江口水库在3月的月际平均水域面积最小。而3月之后，丹江口库区也已开始有一定程度的来水量，但是来水量相对比较少，而且随着农民的播种和灌溉需求，气温上升，蒸发量增加，月际平均水域面积基本保持稳定，但仍然是一年中水域面积最小的时期。从年际平均水域面积来看，水库水域面积随着丹江口水库大坝加高，呈逐步增大趋势。同时从2014年9月开始，水库持续保持较大的水域面积，与丹江口水库开始蓄水，为南水北调中线正式向受水区供水做准备有较密切的关系。从2014年12月至2015年10月，水库水域面积较往年同期相比，一直维持在550平方千米以上，说明丹江口水库在当前的调水量情况下，能够维持其自身的库存量要求，同时也显示出了丹江口水库还有一定的调水潜能。

洪水到来时，大坝加高前淹没的区域集中在丹江水库的上游东北部区域，即淅川县的盛湾镇、黄庄乡、老城镇区域，同时丹江口水库的东部区域，即邓州市凤凰镇、香花镇、九重镇区域，也会不同程度地被洪水淹没；而大坝加高后，新增了淹没区域大石桥、滔河乡、马蹄镇，说明这些区域地势较为平坦，容易被夏汛和秋汛造成的洪水淹没。而这些地区经济发展中，农业仍占较大比重，土地利用类型仍以耕地为主，而农业种植所喷洒的农药、使用的化肥容易随着洪水的淹没直接汇入丹江口水库，造成水库的水质质量下降和水土流失程度加剧，因此，应该在这些重点区域加强植被恢复、减少农药化肥的使用。

第二节 丹江口水库水质分析——土壤侵蚀

一、研究背景及意义

我国是世界上土壤侵蚀最为严重的国家之一，土壤侵蚀导致土地资源遭受破坏、粮食减产、灾害发生、土壤肥力下降、水资源环境污染、库塘湖泊淤积、生物多样性受损、城市安全受到威胁等一系列危害（周为峰和吴炳方，2005）。秦巴山脉湖北片区是湖北境内长江与汉江的分水岭，位于汉江上游流域，也是南水北调中线工程重要的水源涵养地，还是三峡库区最大的天然绿色屏障，因此该片区生态环境保护非常重要。

依据土壤流失的特点和影响因素，针对秦巴山脉湖北片区水土流失的危害和存在的问题，提出水土保持措施与对策，为该片区生态环境保护提供参考。

二、研究内容、方法及技术路线

（一）研究内容

基于地形数据，研究秦巴山脉湖北片区流域范围划定方法，划定该地区各流域范围。以水土保持学、统计学及3S技术[①]为指导，基于USLE（universal soil loss equation，通用土壤流失方程），结合该片区内部流域分布格局，研究秦巴山脉湖北片区土壤侵蚀变化趋势，分析土壤流失的特点和影响因素。基于水利部《土壤侵蚀分类分级标准》（SL 190—2007）对土壤侵蚀进行评价，研究秦巴山脉湖北片区土壤侵蚀变化趋势，分析土壤流失的特点和影响因素，针对秦巴山脉湖北片区水土流失的危害和存在的问题，提出水土保持措施与对策，为秦巴山脉湖北片区生态环境保护提供参考。

（二）研究方法与技术路线

本书在空间信息技术（RS和GIS）的辅助下，将USLE应用于秦巴山脉湖北片区对土壤侵蚀各因子的计算，定量研究1990年、2000年和2013年土地利用、覆盖和气象要素的变化对秦巴山脉湖北片区土壤流失方程各因子取值和土壤侵蚀变化的影响，对该片区土壤侵蚀情况进行定性和定量评价，探索不同时空条件下土地利用与土壤侵蚀变化规律。

本书选取的是USLE的一般表达式：

$$A = R \cdot K \cdot L \cdot S \cdot C \cdot P \tag{3.2}$$

式中，A为年土壤侵蚀量，单位为吨/公顷；R为降雨侵蚀力因子，单位为兆焦耳·毫米/（公顷·小时）；K为土壤可蚀性因子，单位为吨·小时/（兆焦耳·毫米）；L为坡长因子；S为坡度因子；C为植被与作物管理因子（cover and management factor）；P为土壤保持措施因子（Fournier，1960）。

本书选取的USLE属于经验模型范畴。技术路线如图3.5所示。

---

① 3S技术是RS（remote sensing，遥感技术）、GIS、GPS（global positioning system，全球定位系统）的统称。

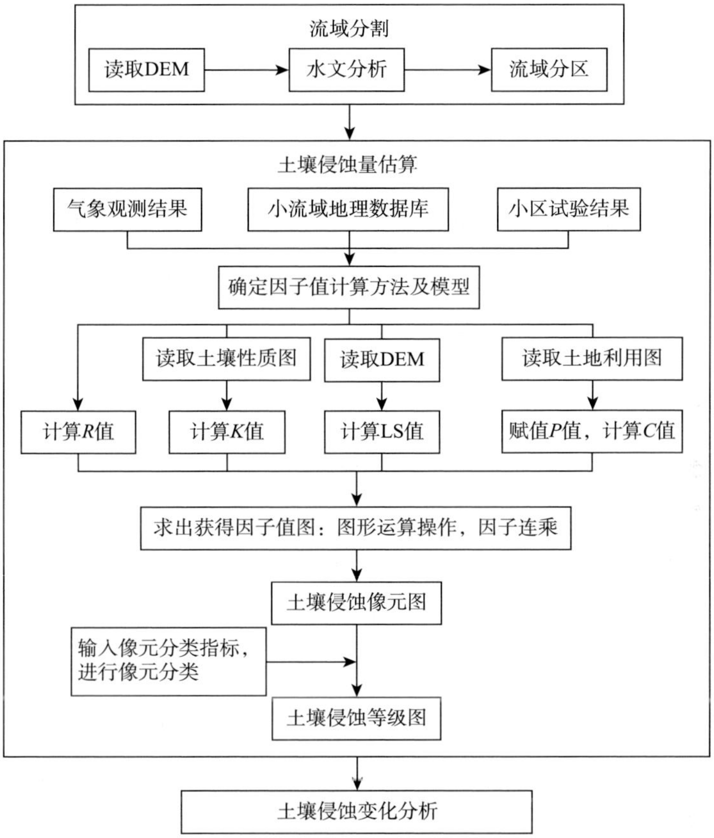

图3.5 技术路线图

三、秦巴山脉湖北片区流域划分

（一）片区概况

秦巴山脉湖北片区（图3.6）位于鄂西北，地处秦岭和大巴山余脉之间，与河南、陕西、重庆三省市交界，汉江穿流而过，该片区含十堰市、神农架林区及襄阳市大部分地区（吴江，2014）。

（二）流域划分

本书流域划分主要通过水文分析对DEM进行流域分析，其提取的主要过程包括DEM的生成和预处理、区域洼地填充、无洼地区域水流方向的确定、汇流累积量的计算、河网的提取和子流域的划分。

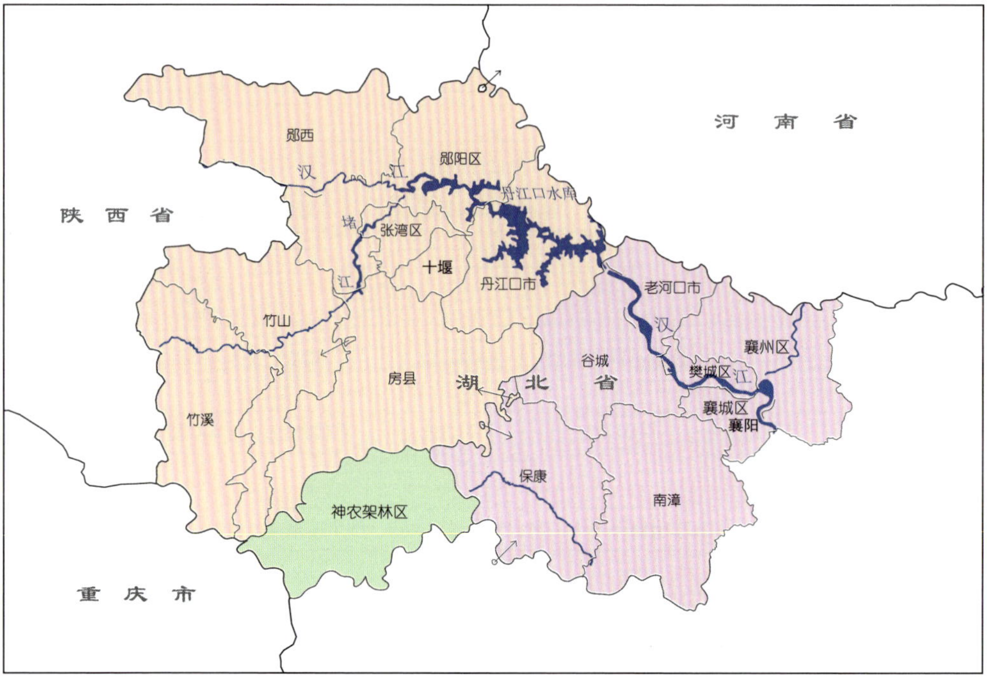

图3.6　秦巴山脉湖北片区区域分布图

1. 数据来源和预处理

本书的DEM数据采用的是国际科学数据服务平台提供的SRTM（shuttle radar topography mission，航天飞机雷达地形测绘使命）空间分辨率基础高程的数据，提取出秦巴山脉湖北片区所在区域的DEM数据。

进行DEM的初步处理，即高程异常点回归正常高程区间的处理。通过进行填洼处理生成了无洼地DEM，在无洼地DEM中，自然流水可以顺利地流至区域地形的边缘，进而借助无洼地DEM对原数字模型区域进行自然流水模拟分析。

2. 水流方向与汇流累积量

地表径流在流域内总是从地势高处流向地势低处，经流域出口排出流域。通过将中心栅格的8个邻域栅格编码（D8算法），来确定水流方向（陈闻晨，2010）。无洼地数据经过D8处理得到流向。

汇流累积量矩阵表示区域地形每点的流水累积量，可用区域地形曲面的流水模拟方法获得。假定降雨量未被地表截留、蒸发或损失，输出的流水累积量矩阵表示流经每个栅格的降雨量。从每个栅格单元格出发依次扫描水流方向矩阵，沿水流方向追踪直到DEM边界。当整个水流方向矩阵扫描完毕，就可以得到流域汇流能力的分布图（原立峰和周启刚，2006）。

3. 河网的提取

假设每一个栅格处携带一份水流，那么当汇流量达到一定值，就会产生地表水流，所有那些汇流量大于临界数值的栅格就是潜在的水流路径，由这些水流路径构成的网络就是河网。在设定临界数值时，应充分对片区和研究对象进行分析，通过不断的实验并利用现有地形图等其他数据辅助检验的方法来确定能满足研究需要并且符合片区地形地貌条件的合适阈值（原立峰和周启刚，2006）。本书以片区的DEM数据为基础，分别将提取河网的阈值设置为20万、50万、80万、100万。利用上述过程得到不同尺度的河网。这种方法通过不同阈值的改变即可得到相对合理的河网提取结果。

通过对比可以发现，当阈值设为50万时得到的河网与真实河网分布相符。

4. 流域分割

流域又称集水区域，是指流经其中的水流和其他物质从一个公共的出水口排出从而形成一个集中的排水区域。

考虑到片区水系分布特点，本书采用了水文分析的Watershed工具，生成集水流域。上述生成的河流连接数据代替了捕捉汇流点数据作为汇水区的出水口数据，是因为数据中隐含着河网中每一条河网弧段的联结信息，包括弧段的起点和终点等，相对而言，弧段的终点就是该汇水区域的出水口所在位置（孙庆艳等，2008；李俊超等，2012）。

在流域分割完成之后，为了使该流域分布图能更准确地符合研究的实际需要，结合1：400万国家基础数据原始河网分布以及汉江流域水系三级分级数据，对原始流域分割进行合并、删减以后，得到最终的秦巴山脉湖北片区流域划分结果（表3.6）。

表3.6　秦巴山脉湖北片区各流域面积信息

流域名	面积/千米^2	面积所占比例
汉江流域	8 960.24	21.78%
堵河流域	5 173.69	12.57%
南河流域	4 189.57	10.18%
官渡河流域	2 925.03	7.11%
蛮河流域	2 374.85	5.77%
马栏河流域	2 300.12	5.59%

续表

流域名	面积/千米²	面积所占比例
夹河流域	1 693.13	4.12%
唐白河流域	1 601.71	3.89%
沮漳河流域	1 559.48	3.79%
潭口河流域	1 554.45	3.78%
霍河流域	1 368.88	3.33%
漳河流域	1 209.63	2.94%
北河流域	1 185.23	2.88%
天河流域	1 182.75	2.87%
小清河流域	1 120.08	2.72%
滔河流域	1 050.14	2.55%
泗河流域	627.81	1.53%
沿渡河流域	618.63	1.50%
香溪流域	447.27	1.09%

四、土壤侵蚀估算

（一）土壤侵蚀因子估算

1. 降雨侵蚀力因子*R*值估算

1）片区1990~2013年降雨情况概述

秦巴山脉湖北片区属于亚热带季风气候区，气候温和，年均气温15℃左右，年均降雨量在800毫米左右，降雨集中在4~10月（占全年的84.5%），年均有效降雨日数（日降雨量≥0.1毫米）占全年总天数三分之一以上，且人为活动频繁，容易产生水土流失。

2）所用资料

逐日降雨量是目前我国公开发布的气象站最详细雨量整编资料（罗健等，2010），资料时间跨度均在60年左右，本书所使用的降雨量数据来自中国气象科学数据共享服务网。由于逐次降雨过程资料难以获取，又为了保证降雨侵蚀力计算结果的精度（伍育鹏等，2001），本书以秦巴山脉湖北片区范围内及其邻接县市的镇安、安康、商州、郧西、房县、老河口、西峡、南阳、枣阳、奉节、巴东、宜昌、钟祥、卢氏和栾川等15个气象站点（表3.7）多年逐日降雨量资料为基础估算降雨侵蚀力因子*R*，以便更好地了解秦巴山脉湖北片区土壤侵蚀情况，进而推算出该片区的环境状况，为该片区制定相应的生态保护措施，提出适当的水土保持规划提供依据。

表3.7　秦巴山脉湖北片区气象站点基本情况

区站号	省（直辖市）	台站名	纬度/（°）	经度/（°）	海拔/米	类别
57067	河南	卢氏	34.05	111.03	568.8	基本站
57077	河南	栾川	33.78	111.60	750.3	基本站
57156	河南	西峡	33.30	111.50	250.3	基本站
57178	河南	南阳	33.03	112.58	129.2	基准站
57251	湖北	郧西	33.00	110.42	249.1	基准站
57259	湖北	房县	32.03	110.77	426.9	基本站
57265	湖北	老河口	32.38	111.67	90.0	基本站
57279	湖北	枣阳	32.15	112.75	125.5	基本站
57355	湖北	巴东	31.03	110.37	334.0	基本站
57378	湖北	钟祥	31.17	112.57	65.8	基准站
57461	湖北	宜昌	30.70	111.30	133.1	基本站
57143	陕西	商州	33.87	109.97	742.2	基本站
57144	陕西	镇安	33.43	109.15	693.7	基本站
57245	陕西	安康	32.72	109.03	290.8	基准站
57348	重庆	奉节	31.02	109.53	299.8	基本站

3）研究方法

（1）降雨侵蚀力因子*R*。

降雨侵蚀力是降雨引起土壤侵蚀的潜在能力，降雨侵蚀力因子*R*是评价这种潜在能力的一个动力指标。自美国学者韦斯奇迈尔（Wischemerier）等提出*R*指标的计算方法并将其应用于USLE以来，随着USLE在世界各国的普遍应用，有关*R*值的研究越来越被人们重视（李璐，2011）。降雨侵蚀力因子*R*值与降雨量、降雨强度、降雨历时、雨滴大小及雨滴下降速度有关，它反映了降雨对土壤的潜在侵蚀能力（陆建忠等，2011）。

（2）模型选取。

虽然已获得的降雨量数据已足够翔实，资料长度也能满足研究的需要，但这些实测数据量仍不能满足模型计算的精度要求，因此选择一个既能使现有数据被充分利用又不失精度的*R*值计算方法成了关键的一步。

本书降雨侵蚀力因子计算模型的选取，借鉴朱明勇等（2009）在丹江口水库湖北段库区降雨侵蚀力特征的研究中，依据多模型计算结果的对比所选取的降雨侵蚀力因子最佳模型，同时参考游松财和李文卿（1999）对江西泰和县土壤侵蚀量选取模型的研究，综合考虑该片区的数据特征，最终选择如下公式：

$$F_{\text{mod}} = \sum_{i=1}^{12} p_i^2 / p \tag{3.3}$$

$$R = aF_{\text{mod}} + b \tag{3.4}$$

式中，F_{mod} 为改进后的傅里叶指数，用以反映一段时期内年降雨量各月分配状况对年降雨侵蚀力的影响；p_i为第i月降雨量；p 为年降雨量；常数a、b分别为气候带决定的常数。

（3）计算过程及结果。

选择秦巴山脉湖北片区及其邻接县市15个观测点的逐月降雨数据，并且根据本书数据的时空分布特征，用FAO（Food and Agriculture Organization of the United Nations，联合国粮食及农业组织）加以改进的傅里叶指数替换原来的傅里叶指数，因此在本书中涉及的时间尺度是在1990年、2000年和2013年三个时期内单独展开，以这三个具有代表性的年份反映该片区一段时间的降雨量的变化情况，该方法既考虑了年降雨总量，又考虑了各月的降雨分布，数据容易获取，使用较为广泛（Fournier，1960；游松财和李文卿，1999；陆建忠等，2011），计算方程如下：

$$F_{\text{mod}} = \sum_{i=1}^{12} p_i^2 / p \tag{3.5}$$

式中，F_{mod} 为改进后的傅里叶指数，用以反映一段时期内年降雨量在各月分配状况对年降雨侵蚀力的影响；p_i为第i月降雨量；p为年降雨量。

把改进后的傅里叶指数相加，发现与降雨侵蚀力因子R成正比线性相关关系：

$$R = aF_{\text{mod}} + b \tag{3.6}$$

式中，R为降雨侵蚀力因子；a和b为气候带决定的常数，在本书中a和b的取值借鉴游松财和李文卿（1999）研究江西泰和县土壤侵蚀量估算中，依据研究地区气候条件与世界其他地区的类比分析，得到的a和b的取值，a取4.17，b取−152。

计算得到每个站点的R值之后，对其进行插值计算——由于普通克里金插值法，无论是拟合误差，还是插值空间分布结果均表现较高（孟庆香等，2010）。因此，本书采用普通克里金插值法，该方法利用原始数据和半方差函数的结构性，对未采样点的区域化变量进行最优无偏估值，从而利用普通克里金插值法得到1990年、2000年和2013年降雨侵蚀力因子值。

2. 坡长坡度因子LS值估算

1）片区地形概况

秦巴山脉湖北片区位于湖北省西北部汉江流域和南阳盆地中西部，地处秦岭和大巴山余脉之间，是一个相对独立的自然地理单元，地形复杂，地貌多姿，海拔分布范围为80~3 100米，构成地形起伏多变、交差悬殊、气候明显的地貌特征。

2）坡长坡度因子

坡长坡度因子是影响土壤侵蚀和水土保持措施布设的主要地形参数，在USLE中，地形对侵蚀的影响用坡度坡长因子（LS因子）来表征。地形因子主要是指坡度因子S和坡长因子L，由坡度β和坡长l来计算，综合反映了地形和水文对水土流失的影响。它表示其他因子相同时，一定坡度、坡长的坡面上，土壤流失量与标准径流小区典型坡面土壤流失量的比值，是侵蚀加速因子，坡度与坡长一起反映地形地貌特征对土壤侵蚀的影响，故在本书中，通常将坡长因子L和坡度因子S合并为LS来估算（秦伟等，2009；陆建忠等，2011）。

3）研究方法

（1）数据来源。

对于小流域而言，土壤侵蚀定量评价中的地形因子（LS因子），通常是基于DEM提取的，研究使用的无洼地DEM数据来自SRTM。

（2）方法及过程。

第一，计算流程（图3.7）。

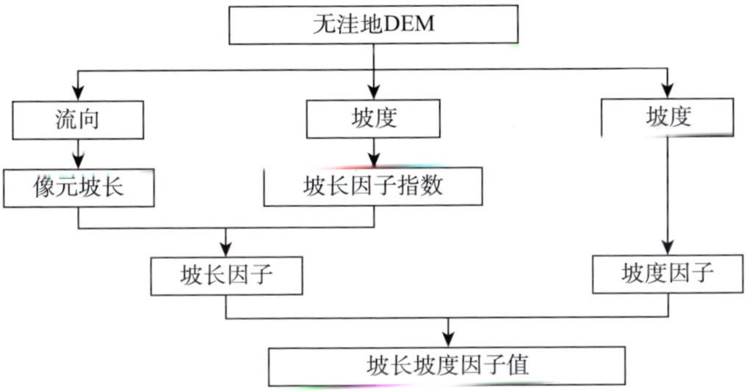

图3.7　坡长坡度因子LS计算流程图

第二，计算原理与方法。

本书对于流域和区域坡长坡度LS的计算，是利用了坡面模型中的LS算法，以DEM为数据。根据坡面水文学和土壤侵蚀学原理，通过分析地表径流和泥沙物质迁移过程，在GIS环境下利用数字地形分析的技术方法完成的（杨勤科等，2010）。

在LS因子的计算中，坡度因子的计算已经比较成熟，采用如下模型：

$$S=\begin{cases}10.8\times\sin\theta+0.03(\theta<5^\circ)\\16.8\times\sin\theta-0.50(5^\circ\leqslant\theta<10^\circ)\\21.9\times\sin\theta-0.96(\theta\geqslant10^\circ)\end{cases}\qquad(3.7)$$

式中，θ为坡度。

所以对于模型的选择重点在于坡长计算模型的选取。早在1936年H. L. Cook就提出坡长是影响侵蚀的重要因素，在现有的坡面土壤侵蚀模型中，通常采用土壤侵蚀量随坡长增加而增加的关系，坡长因子描述了坡长与土壤侵蚀量之间的定量关系。坡长因子通常写为

$$L = a\lambda^{m} \tag{3.8}$$

式中，L为单位面积单位时间的土壤侵蚀量，即坡长因子；λ为像元坡长；a取值为1/22.13（陈思旭等，2014）；m为坡长因子指数。m取值为

$$m=\begin{cases}0.5 & \beta \geqslant 5\% \\ \text{üüü} & \leqslant \beta < \\ \text{üüü} & \leqslant \beta < \\ 0.2 & \beta < 1\%\end{cases} \tag{3.9}$$

式中，β为坡度。

同时结合水文分析利用无洼地DEM数据得到的该片区流向数据，得到像元坡长计算表达式为

$$\lambda_i = \sum_{i=1}^{n}\left(\frac{D_i}{\cos\theta_i}\right) - \sum_{i=1}^{n-1}\left(\frac{D_i}{\cos\theta_i}\right) \tag{3.10}$$

即

$$\lambda_i = D_i / \cos\theta_i$$

式中，λ_i为像元坡长；D_i为沿径流方向每像元坡长的水平投影距（在栅格图像中为两相邻像元中心距，随方向而异）；θ_i为每个像元的坡度；i为自山脊像元至待求像元个数，n为自山脊像元至待求像元个数。

综上，得到坡长坡度因子LS计算结果。

（3）地形因子LS计算结果（表3.8）。

表3.8 秦巴山脉湖北片区地形因子LS特征值

特征值	坡度因子	坡长因子	LS
最小值	0.00	0.21	0.00
最大值	20.00	4.62	92.47
平均值	5.37	0.96	5.43
STD	4.15	0.72	6.77

3. 土壤可蚀性因子K估算

1）片区土壤分布情况概述

秦巴山脉湖北片区土壤主要有棕壤、黄棕壤、水稻土和潮土等，土层一般厚20~40厘米。土壤的分布存在明显的垂直差异：棕壤分布在中高山；黄棕壤主要

分布在低山、丘陵区；水稻土集中分布在海拔较低地区；潮土主要分布在汉江支流的河谷冲积区。水源区土壤酸碱度适中，氮、磷、钾等营养元素水平低，有机质含量小，加之土层较薄及砂石含量高等原因，库区土壤肥力较差。高产优质土壤只占耕地面积的10%，中低产土壤占到90%。

2）土壤可蚀性因子*K*

1971年，Wischmeier根据实测的土壤可蚀性因子*K*值与土壤性质的相关性，建立了土壤可蚀性因子*K*值与土壤质地、土壤有机质、土壤结构和土壤通透性的关系式。此后，国际上开始将通用土壤可蚀性因子*K*值这一指标作为除了降雨、径流、地形、地表植被、人为活动等侵蚀外营力外的一个重要指标，它反映了土壤本身的抗蚀抗冲能力，即侵蚀内营力。土壤可蚀性因子*K*是土壤侵蚀性的量度，它反映了不同类型土壤抵抗侵蚀能力的高低，与土壤质地和有机质含量密切相关。不论是目前世界上应用很广的USLE，还是20世纪80年代中期开始研究的WEPP（water erosion prediction project，水蚀预报）模型，都把它作为一个主要因子，作为水土保持研究的重要内容而进行深入研究。在目前的实际应用中，土壤可蚀性因子*K*值可作为土壤侵蚀预报、土地利用规划、水土保持规划、土地利用评价和土壤环境潜在危险性评价的重要参数。

3）数据来源

本书所确定的核心水源区土壤类型分布是以中国科学院南京土壤研究所以“中华人民共和国1：400万土壤类型图”为蓝本绘制的数字化土地类型图作为依据，同时结合全国土壤普查办公室编写的《中国土种志（第一卷）》内容将各土壤类型统一到土壤命名系统中“亚类”级别，并根据当地土壤类型分布实际情况得到片区土壤类型。

在此基础上依据岑奕等（2011）对华中地区土壤可蚀性因子的研究成果，以及张科利等（2007）对中国土壤可蚀性值及其估算的研究成果得到秦巴山脉湖北片区不同土壤类型可蚀性因子*K*值（表3.9）。

表3.9 秦巴山脉湖北片区不同土壤类型可蚀性因子*K*值

单位：吨·小时/（兆焦耳·毫米）

土壤类型	棕壤	水稻土	黄棕壤	潮土
*K*值（国际制）	0.038 4	0.033 4	0.029 7	0.037 8

4. 植被与作物管理因子*C*值估算

1）片区植被分布情况及农业情况概述

秦巴山脉湖北片区内森林覆盖率分布不均，片区内森林植被以落叶阔叶—针叶混交林为主，森林多为中幼、中龄林和低效林。片区属于农业主产区，种植业占主导地位。

2）植被与作物管理因子*C*值

作为USLE中控制土壤流失强度的一个重要影响因子——植被与作物管理因子*C*，以其值的多变性（美国玉米*C*值有120余种）和变化幅度之大（其值虽在0~1范围内，但是USLE诸因子中变化幅度最大的，可相差2.3个数量级）成为各国学者研究USLE的焦点。*C*因子在1965年版的USLE中被称为耕作—管理因子（cropping-management factor），自1978年版的USLE，改称为植被与作物管理因子。虽然*C*因子名称发生了改变，但其本质并未发生任何变化，均是指一定条件下有植被覆盖或实施田间管理的土地土壤流失总量与同等条件下实施清耕连续休闲地土壤流失总量的比值，为无量纲数，介于0~1。

USLE中，植被与作物管理因子反映的是有关植被覆盖和管理变量对土壤侵蚀的综合作用，其定义为有特定植被覆盖或田间管理土地上的土壤流失量与其他条件相同时，清耕休闲地上的土壤流失量之比，*C*值的取值主要与植被覆盖和土地利用类型有关，所以*C*值估算是在土地利用类型已经确定的基础上进行的。

3）计算过程及结果

在土地利用类型已经确定的基础之上，参考了马超飞等（2001）利用遥感数据估算植被与作物管理因子以及刘爱霞等（2009）对于三峡库区土壤侵蚀的研究，结合秦巴山脉湖北片区土地利用现状，确定了各土地利用类型的平均*C*因子值（表3.10）。

表3.10　秦巴山脉湖北片区植被与作物管理因子平均*C*值表

土地利用类型	水体	城镇用地	林地	草地	湿地	耕地	未利用地
*C*值	0.000	0.003	0.006	0.030	0.120	0.310	1.000

5. 土壤保持措施因子*P*估算

1）土壤保持措施因子*P*

土壤保持措施因子*P*是采用专门措施后的土壤流失量与顺坡种植时的土壤流失量的比值，介于0~1，对无任何土壤保持措施的土地类型*P*值取为1。土壤保持措施可以分为耕作措施与工程措施两大类，主要是通过采取一定的耕作方式或者改变小地形、增加降雨入渗，充分利用各种资源改善农业生产条件，达到保护土壤的目的。确定*P*值的方法较少，被认为是USLE中最难确定的因子，在实际中常通过对比的方法求出。本书对土壤保持措施因子的估算，是在综合考虑土地利用类型与地形坡度的基础上估算得到。

2）计算过程及结果

土壤保持措施因子*P*被认为是USLE中最难确定的因子，因此，只能粗略估算P值。本书在对水土保持现状调查的基础上，利用栅格分析模块，从流域DEM计算出百分比坡度，再将其按照0~5%、5%~10%、10%~20%、20%~30%、30%~50%及>50%重分为六类，得到秦巴山脉湖北片区坡度分级。

而后将1990年、2000年和2013年土地利用类型重分类为农业用地、林地及其他三类，将得到的秦巴山脉湖北片区各年份土地利用重分类图和土地坡度进行叠置分析，从而确定秦巴山脉湖北片区土壤保持措施因子P值。

P值与坡度和土地利用类型之间的关系见表3.11。

表3.11 秦巴山脉湖北片区土壤保持措施因子P值

土地利用类型	坡度/%	P值
农业用地	0~5	0.11
	5~10	0.12
	10~20	0.14
	20~30	0.19
	30~50	0.25
	>50	0.33
林地	0~400	0.80
其他	0~400	1.00

（二）土壤侵蚀量估算

在估算秦巴山脉湖北片区流域三个时期的土壤侵蚀所需的六个因子中，土壤可蚀性、坡度、坡长分别是由片区流域的土壤类型数据、DEM数据得到，土壤类型与DEM在秦巴山脉湖北片区流域三个时期内变化较少，假设其保持不变，故这里在三个时期对土壤可蚀性、坡度、坡长取相同的值。降雨侵蚀力因子与降雨相关，由秦巴山脉湖北片区流域三个时期的降雨数据计算得到。植被与作物管理因子和土壤保持措施因子与土地利用类型有关，三个时期的土地利用数据采用已提取的秦巴山脉湖北片区流域三个时期的土地利用类型。依据USLE，估算得到秦巴山脉湖北片区流域三个时期每个栅格像元土壤侵蚀量。

五、土壤侵蚀变化分析

（一）土壤侵蚀等级变化分析

根据《开发建设项目水土保持技术规范》和《土壤侵蚀分类分级标准》侵蚀强度标准确定土壤侵蚀分级指标，并生成秦巴山脉湖北片区1990年、2000年和2013年三个时期的土壤侵蚀强度等级图，统计各等级侵蚀面积与侵蚀量（表3.12）。

表3.12 秦巴山脉湖北片区各时期土壤侵蚀分级统计

侵蚀等级	侵蚀面积比例		
	1990年	2000年	2013年
微度侵蚀	34.73%	28.89%	38.45%
轻度侵蚀	37.38%	35.36%	38.85%
中度侵蚀	14.20%	16.44%	12.89%
强度侵蚀	6.62%	8.61%	5.11%
极强度侵蚀	4.75%	6.74%	3.21%
剧烈侵蚀	2.32%	3.97%	1.48%

注：由于舍入修约，数据存在误差

从土壤侵蚀量来看，秦巴山脉湖北片区全区从1990~2000年，中度侵蚀、强度侵蚀、极强度侵蚀和剧烈侵蚀量在增加，而微度侵蚀和轻度侵蚀量在减少，可见秦巴山脉湖北片区2000年土壤侵蚀在由微轻度等级向高侵蚀等级转化。相反，从2000~2013年，微度侵蚀、轻度侵蚀在增加，中度侵蚀、强度侵蚀、极强度侵蚀和剧烈侵蚀量在减少，可见秦巴山脉湖北片区2013年土壤侵蚀在由中强及其以上等级向低侵蚀等级转化。由此表明，目前秦巴山脉湖北片区流域极强度侵蚀和剧烈侵蚀在减弱，土壤侵蚀量增长速率降低，因此在片区保持中强及其以上强度侵蚀减少的前提下，微度侵蚀区与轻度侵蚀区是预防和加强侵蚀整治、水土保持规划的重点区域。

（二）各流域土壤侵蚀变化分析

各个流域的地貌形态和水文特征不同，因而流域之间的土壤侵蚀状况也存在一定差异。基于上文得到的秦巴山脉湖北片区流域各年的土壤侵蚀量，计算秦巴山脉湖北片区流域各子流域土壤侵蚀模数（表3.13）。土壤侵蚀模数是指单位时间和单位时段内的土壤侵蚀量，常用每年每平方千米的土壤侵蚀量表示，单位为吨/（千米^2·年）或米^3/（千米^2·年）；或者用每年侵蚀土层的厚度表示，单位为（毫米/年）。

表3.13 秦巴山脉湖北片区各年各子流域土壤侵蚀模数

单位：吨/（千米^2·年）

流域名	1990年	2000年	2013年
滔河流域	3 649.3	5 752.9	3 135.0
汉江流域	1 763.1	2 327.8	1 115.7
泗河流域	2 838.4	3 573.0	2 060.5
堵河流域	3 145.4	4 371.2	2 602.1
小清河流域	240.8	431.2	150.3

续表

流域名	1990年	2000年	2013年
唐白河流域	190.3	416.3	214.7
北河流域	1 168.8	1 411.2	602.9
马栏河流域	2 916.1	3 605.5	1 532.1
霍河流域	3 467.2	4 511.8	2 345.4
南河流域	2 689.8	3 594.4	2 338.7
蛮河流域	1 702.8	2 401.2	1 872.0
沮漳河流域	2 403.7	3 317.6	2 533.6
天河流域	3 246.7	4 300.3	2 796.1
夹河流域	3 950.4	5 103.4	3 460.4
官渡河流域	4 153.9	5 553.9	3 098.7
香溪流域	3 243.6	4 232.9	2 913.4
沿渡河流域	3 807.0	4 721.2	2 895.1
漳河流域	2 100.6	2 939.8	2 763.3
潭口河流域	2 462.6	3 625.4	2 082.6
全区	2 504.0	3 377.7	1 995.2

根据不同时期各流域土壤侵蚀模数分布，计算得到秦巴山脉湖北片区各子流域不同时期土壤侵蚀模数变化率，如表3.14所示。

表3.14　秦巴山脉湖北片区各子流域不同时期土壤侵蚀模数变化率

流域名	1990~2000年	2000~2013年	1990~2013年
滔河流域	57.64%	−45.51%	−14.09%
汉江流域	32.03%	−52.07%	−36.72%
泗河流域	25.88%	−42.33%	−27.41%
堵河流域	38.97%	−40.47%	−17.27%
小清河流域	79.07%	−65.14%	−37.58%
唐白河流域	118.76%	−48.43%	12.82%
北河流域	20.74%	−57.28%	−48.42%
马栏河流域	23.64%	−57.51%	−47.46%
霍河流域	30.13%	−48.02%	−32.35%
南河流域	33.63%	−34.93%	−13.05%
蛮河流域	41.01%	−22.04%	9.94%
沮漳河流域	38.02%	−23.63%	5.40%
天河流域	32.45%	−34.98%	−13.88%
夹河流域	29.19%	−32.19%	−12.40%
官渡河流域	33.70%	−44.21%	−25.40%
香溪流域	30.50%	−31.17%	−10.18%

续表

流域名	1990~2000年	2000~2013年	1990~2013年
沿渡河流域	24.01%	−38.68%	−23.95%
漳河流域	39.95%	−6.00%	31.55%
潭口河流域	47.22%	−42.56%	−15.43%
全区	34.89%	−40.93%	−20.32%

对照表3.13，从秦巴山脉湖北片区的各流域土壤侵蚀量的年际变化来看，1990~2000年全区所有流域土壤侵蚀量都在增加，其中以唐白河流域侵蚀量增幅最大，达到118.76%，从各子流域土壤侵蚀量的增幅看，小清河流域和滔河流域增幅超过了50%，可见该时期全区土壤侵蚀情况十分严重。2000~2013年，全区各流域土壤侵蚀模数均下降，小清河流域下降幅度最大，为65.14%，可见该时期全区水土保持情况呈大幅好转趋势。总体而言，从1990~2013年，除唐白河流域、蛮河流域、沮漳河流域和漳河流域土壤侵蚀模数增加外，其余各流域均呈不同幅度降低，其中北河流域降幅最大，为48.42%。

（三）土壤侵蚀空间分布变化

为了研究三个年份土壤侵蚀空间分布变化，将1990年、2000年和2013年三个年份土壤侵蚀分布图进行叠置分析，计算了秦巴山脉湖北片区2000年相对于1990年土壤侵蚀增幅、2013年相对于2000年土壤侵蚀增幅、2013年相对于1990年土壤侵蚀增幅。

秦巴山脉湖北片区2000年相对于1990年土壤侵蚀量呈现负增长的区域主要集中在秦巴山脉湖北片区的东北部地区，而其他区域只零星点缀着负增长区。增幅最大的区域主要集中在秦巴山脉湖北片区西部和东部部分地区。2013年相对于2000年，全区大部分地区土壤侵蚀量均呈现负增长，仅极少数区域有增加。总体而言，2013年相对于1990年土壤侵蚀量增长的区域主要集中在秦巴山脉湖北片区的东南部及西北部地区，而其他区域呈大面积负增长态势。

将土壤侵蚀量增量分布与1990年、2000年和2013年USLE各因子的分布格局进行比较发现，土壤侵蚀量呈现负增长的区域分布与各年流域降雨侵蚀力因子的低值区域分布极其相似，与降雨高值或低值站点区域分布相似，而与其他因子的分布不是特别明显；另外从USLE各因子量的大小对计算的土壤侵蚀量的贡献来看，降雨侵蚀力因子的取值在数量级上是其他因子的102~103倍，对估算土壤侵蚀量的影响是格外显著的。因此搜集高密度的雨量站点数据对准确估算流域土壤侵蚀量具有非常重要的意义，雨量对于土壤侵蚀量影响颇大。

（四）各土地利用类型土壤侵蚀变化分析

为研究秦巴山脉湖北片区各土地利用类型土壤侵蚀变化，分别统计了1990

年、2000年和2013年土地利用情况（表3.15），各年不同土地利用类型年平均土壤侵蚀模数（表3.16），各年不同土地利用类型下各侵蚀等级的面积分布（表3.17、表3.18、表3.19）。

表3.15 秦巴山脉湖北片区各年土地利用情况 单位：千米²

土地利用类型	1990年	2000年	2013年
林地	236 381.59	248 267.54	258 017.51
草地	55 309.91	51 083.57	35 468.28
水体	9 203.57	8 908.62	10 573.82
湿地	9 612.60	9 579.02	5 495.90
城镇用地	8 194.41	9 165.13	10 509.27
耕地	136 799.38	128 514.62	135 580.21
未利用地	404.21	387.02	289.69

表3.16 秦巴山脉湖北片区各年不同土地利用类型年平均土壤侵蚀模数

单位：吨/（千米²·年）

土地利用类型	1990年	2000年	2013年
林地	1 694.8	2 357.5	1 444.9
草地	1 602.9	2 064.9	1 576.6
水体	2 187.0	2 913.0	1 776.4
湿地	7 597.1	10 284.9	4 809.2
城镇用地	2 315.0	3 350.4	2 000.5
耕地	3 920.5	5 364.2	3 040.4
未利用地	9 897.3	11 289.3	6 946.8

表3.17 1990年秦巴山脉湖北片区不同土地利用类型下各侵蚀等级的面积分布表

单位：千米²

土地利用类型	微度	轻度	中度	强度	极强度	剧烈
林地	6 479.1	10 028.7	3 264.3	1 117.4	360.4	5.4
草地	2 546.4	1 428.7	531.7	265.7	189.2	24.8
水体	481.7	153.2	66.1	50.0	54.0	22.5
湿地	146.7	170.3	149.8	117.9	148.0	132.7
城镇用地	447.5	122.5	59.7	36.8	44.6	26.3
耕地	4 135.1	3 418.2	1 743.2	1 121.4	1 146.7	731.8
未利用地	6.0	7.5	6.0	3.9	4.9	8.0

表3.18　2000年秦巴山脉湖北片区不同土地利用类型下各侵蚀等级的面积分布表

单位：千米²

土地利用类型	微度	轻度	中度	强度	极强度	剧烈
林地	5 013.9	10 058.0	4 254.0	1 939.2	985.3	73.5
草地	2 228.1	1 264.4	516.0	270.9	239.7	79.3
水体	464.0	134.9	56.2	45.4	55.9	44.0
湿地	135.3	128.2	130.7	109.1	158.3	201.3
城镇用地	472.5	116.2	73.4	45.8	60.8	53.6
耕地	3 525.3	2 789.8	1 706.5	1 114.1	1 257.2	1 169.0
未利用地	5.3	6.7	5.8	4.8	5.1	7.5

表3.19　2013年秦巴山脉湖北片区不同土地利用类型下各侵蚀等级的面积分布表

单位：千米²

土地利用类型	微度	轻度	中度	强度	极强度	剧烈
林地	7 936.9	11 040.1	3 148.7	883.5	187.3	2.0
草地	1 527.3	1 053.9	344.4	152.8	99.8	19.0
水体	597.1	171.6	68.6	47.3	46.5	18.2
湿地	172.9	88.4	63.6	50.1	62.4	41.4
城镇用地	582.7	161.1	77.9	52.2	48.6	23.1
耕地	4 938.5	3 407.7	1 576.6	906.3	868.9	496.4
未利用地	12.6	9.1	6.6	4.8	4.6	5.7

从表3.15中可以看出，1990~2000年，草地、水体、耕地和未利用地在减少，林地和城镇用地增加；2000~2013年，草地、湿地和未利用地减少，尤其湿地由2000年的9 579.02平方千米减少到2013年的5 495.90平方千米，减少了42.63%，而林地、水体、城镇用地和耕地面积增加。总体而言，1990~2013年，林地、水体和城镇用地面积增加，其余土地利用类型呈减少趋势。

从秦巴山脉湖北片区不同土地利用类型年平均土壤侵蚀模数来看（表3.16），2000年不同土地利用类型年平均土壤侵蚀模数均较1990年年平均土壤侵蚀模数有不同程度增加。其中，湿地增幅最大，增加了近2 688吨/（千米²·年）；草地增幅最小，为462吨/（千米²·年）。相反，2013年不同土地利用类型年平均土壤侵蚀模数较2000年均则呈现下降趋势。其中湿地减少了5 475.7吨/（千米²·年）；林地减幅最小，为912.6吨/（千米²·年）。此外，在7种不同土地利用类型之间，同一年份内土壤侵蚀模数的大小顺序基本保持为未利用地>湿地>耕地>城镇用地>水体>草地>林地，表明草地、水体是恢复和减少土壤侵蚀的首选，草地土壤侵蚀治理的效果也比较明显，而未利用地则是土壤侵蚀综合治理的难题和关键。

表3.17~表3.19给出了1990年、2000年和2013年秦巴山脉湖北片区不同土地利用类型下各侵蚀等级面积分布的统计情况。可以看出，除未利用地外，对于其余各土地利用类型而言，其主要处于微度侵蚀到中度侵蚀的水平；而未利用地在各个侵蚀等级的面积分布相当，处于中度侵蚀及其以上等级的土地面积总和达未利用地总面积的50%以上，是控制流域整体土壤侵蚀状况的关键类型。上述分析结果表明，随着侵蚀强度的增加，除未利用地外，其余各土地利用类型的侵蚀面积均呈逐渐减少趋势。对于水土保持而言，可按当地土壤侵蚀特点进行分类型、分区综合水保防治。

第三节　保护与利用发展战略

一、建立降低南水北调水量风险的保障机制

气候变化使得流域内降水的变幅增大，洪涝、干旱等自然灾害频发，入库流量的稳定性降低，可调水量的不确定性逐年升高。为了减小气候变化及无序开发调度引起的水量不确定性，以及降低水量调度过程中的灾害风险，应建立水量保障与预警机制，积极防范影响核心水源区稳定供水的风险，保证“有水可调，安全调水”。成立相关机构，构建与气象部门有效沟通的平台。在确定年调水量调度方案前，动态分析近年来降水量的变化趋势，建立可调水量的气候评估机制，降低调水中的气候变化风险，构建调水运行中的气象风险预警机制。联合库区水利部门，建立水资源规划协调机制，合理规划不同区域的水库截留与调度水量，避免水资源开发的无序性。在可调水量难以长期保证的情况下，考虑从区外调水，保证调水工程的长期稳定性。通过对库区各水利部门的统一调度，以保证调水的安全性。

二、构建保障南水北调安全的水质监控系统

从丹江口水库流域生态水质监测现状出发，结合国内外生态水质监测的发展方向，建立长效体制机制，形成统一、合理的环境保护整体性战略。要求既考虑近期，又考虑长远，既要突破条块分割，又要有可行性和可操作性，使方案科学合理而具有创新性。引入高新技术手段，充分利用无线传感器网络技术的实时监测能力和遥感技术的空间大面积同步监测能力，增强南水北调中线水源区水质的时空监测能力，构建丹江口水库流域生态水质监测网络体系与技术体系，成立丹

江口水库流域生态水质监测综合信息管理服务中心。在现有水质监测机构和站网的基础上，组建南水北调中线工程水环境监测中心，协调流域内现有各单位水质监测站点，实现水质监测数据的共享，规范水质监测流程，实现流域水质一体化监测，从而保证监测数据的可靠性与可比性。

三、加强水环境保护

提升水资源环境质量，以生态文明建设为统领，以转变发展方式为主线，以保障和改善民生为出发点，以“保护优先，防治结合；河库统筹，水陆兼顾”为原则进行水源地全指标监测分析，强化饮用水源区和核心水源区保护，强化水污染综合防治，统筹开展水流域综合治理，强化丹江口库区和汉江流域的水环境安全保护，大力开展江河湖库源头水源涵养林，生态公益林和河道、湖滨、农田防护林等生态隔离带建设，增强森林固土护坡、涵养水源、调节径流能力。

划定生态红线。通过生态红线划定规划的实施，形成满足生产、生活和生态空间基本需求，符合流域实际的生态红线区域空间分布格局。科学实施水环境红线制度，动态监测和评价重要水功能区水质状况。

加强水环境保护与改善。坚持实行最严格的饮用水水源地保护制度，综合整治秦巴山脉湖北片区内的违法排污行为和违章建筑、排污口、环境安全隐患。开展城市集中式饮用水水源地全指标监测分析，加快城市备用水源地建设，积极推进农村饮水安全工程，实现城乡人人享有安全饮用水。加大畜禽养殖、水产养殖环境污染防治力度，建设农业面源污染控制示范区，大力推进农业源减排。

加强水生态保护与修复。统筹河道治理、防洪能力建设、水源保障、污染防治和水资源综合利用，开展流域综合治理，建立流域水生态环保长效机制，加快推进洲滩、湿地保护与治理。积极开展水生生物保护，维持汉江生物多样性。形成“流域水质保持优良，生态环境全面提升，生态经济高效发展，人与自然和谐共处”的水生态格局。

推进水污染防治与水土保持工作。深入推进丹江口水库、汉江及其他主要重点流域的水污染防治，新建和改造城区污水主次干管网，加快污水处理厂配套管网建设；加强工业点源达标治理，实施村庄环境集中连片整治、农业面源污染治理工程；建成点线面一体化的水环境监测网络。

四、加强水资源管理

把水资源作为统筹配置要素资源的龙头，坚持以水定需、量水而行，坚持人口规模、发展布局与水资源环境承载能力相匹配、相均衡，把“生水”“增水”作为首要任务，着力在节水上做文章，科学治水、节水、贵水、保水，切实保障区域用水安全。

落实用水总量控制和效率控制制度。严格执行取水许可制度，实行两级取用水总量控制。严格执行用水阶梯式计价制度和水资源有偿使用制度，规范水资源费征收、使用和管理。

落实水资源管理责任和考核制度。将水资源开发利用、节约保护、污染防治指标纳入地方政府领导干部综合考核，实行水资源、水环境损害责任终身追究制。鼓励公众参与，落实水资源管理“三条红线”监督管理机制。

加强水管理能力建设。境内主要流域还存在水质和水量监测站网不全、频次监测不足，未建立跨界水环境自动监测网络的问题，通过加强水管理能力建设，满足应急处置突发跨界水污染事故及处理纠纷的需要。

发展高效节水农业。实施企业节水技改工程，强化企业用水管理，降低单位产品取水量和排污量，建设节水示范企业。通过水源改造、基础设施建设、城市供水管网改造，以及推广节水器具的应用和升级，不断提升城市生活节水水平，建设节水示范社区。

五、加强生态水利建设

按照“节水优先、空间均衡、系统治理、两手发力”治水思路，因地制宜确定生态水利建设的主要内容，通过强化生态水利基础设施建设、加强水资源保护与水生态修复、推进流域水生态文明建设试点、创新流域生态水利体制机制，构建与流域和区域经济社会战略布局相协调的生态水利体系。

实施江河湖泊治理骨干工程。综合考虑防洪、供水、航运、生态保护等要求，提高抵御洪涝灾害能力[①]。加快病险水库除险加固，消除安全隐患，增强防洪能力。健全防灾减灾体系，增强抵御自然灾害能力。

提升防洪减灾能力。加快推进重点流域梯级开发，加强主要河流堤防建设、中小河流治理、病险水库除险加固，基本建成重点河流防洪安全保障体系，完善城市防洪保护圈，进一步提升城区和重点城镇的防洪能力。加强重点城区防洪除涝设施建设，提高防洪排涝能力。

实施病险水库除险加固工程建设。对水库进行除险加固工程，对大坝进行防渗处理，整修内外坝坡及输水隧洞，对溢洪道进行加固，启闭设备更换，建立完善消能防冲设施，整治泄洪河道淤堵，新修通坝防汛公路等。

---

① 人民日报：李克强主持召开国务院常务会议 部署加快推进节水供水重大水利工程建设. http://www.mwr.gov.cn/xw/mtzs/rmrb/201702/t20170213_849339.html，2014-05-22.

六、加强秦巴山脉有关片区协作

加强与秦巴山脉有关片区水资源保护与开发协作，构建水资源保护利用机制，共同实施《丹江口库区及上游水污染防治和水土保持“十三五”规划》，加强对汉江流域水环境的协同保护，完善库区跨区、跨界流域联席定期会议制度、联合监测预警制度和环境应急联动制度等相关制度，实现互联、互动、协防、协同。共同争取国家编制库区地质灾害防治规划，争取国家加大投入和治理力度。

第四章　文化旅游绿色发展战略研究

秦巴山脉湖北片区是鄂西文化旅游的重要组成部分，旅游资源等级和发展水平较高。在旅游发展方面要以生态文明为指导，以文化底蕴为灵魂，开拓大市场、发展大旅游、建设大产业。发挥十堰武当山、神农架、襄阳古隆中等国内外知名旅游目的地的品牌效应，强化资源整合和区域协同开发，把秦巴山脉湖北片区建设成为旅游功能多样、文化特色鲜明、生态环境优越、基础设施完善、旅游产品优化的国际知名的生态文化旅游目的地。

第一节　文化旅游发展现状

一、旅游发展总体状况

秦巴山脉湖北片区主要涵盖了神农架林区、十堰市全境及襄阳市部分地区。为了数据获取的便捷性，我们将襄阳市作为一个整体进行数据统计。片区2012~2015年旅游发展总体状况如表4.1所示。

表4.1　秦巴山脉湖北片区2012~2015年旅游发展总体状况

总体状况指标		2012年	2013年	2014年	2015年	平均值
旅游总人次数/万人次	全省	34 494.98	40 889.00	46 900.00	50 668.24	43 238.06
	十堰市	2 333.30	2 910.00	3 435.40	4 010.41	3 172.28
	襄阳市	2 353.70	2 829.10	3 357.30	3 550.10	3 022.55
	神农架林区	471.30	520.30	701.20	878.30	642.78
旅游总收入/亿元	全省	2 629.54	3 205.61	3 675.98	4 308.76	3 454.97
	十堰市	161.20	202.00	242.70	299.83	226.43
	襄阳市	150.70	180.90	221.40	262.00	203.75
	神农架林区	140.08	186.47	251.69	313.82	223.02

续表

总体状况指标		2012年	2013年	2014年	2015年	平均值
入境旅游人次数/万人次	全省	264.72	268.00	277.07	311.76	280.39
	十堰市	16.80	17.10	17.70	18.27	17.47
	襄阳市	4.90	4.90	4.90	5.27	4.99
	神农架林区	9.30	3.20	2.65	4.12	4.82
入境旅游收入/万美元	全省	120 296.72	121 892.18	123 851.30	167 190.01	133 307.55
	十堰市	5 649.00	5 824.00	5 900.00	5 908.31	5 820.33
	襄阳市	2 947.10	2 986.10	3 685.50	3 692.28	3 327.75
	神农架林区	2 769.20	882.55	699.18	857.43	1 302.09

旅游总人次数：各地的旅游接待人次数的增长趋势比较明显，为了衡量三地的总体状况，采用全省和三地年平均值进行比较。十堰市、襄阳市和神农架林区三地旅游接待人次数分别占全省的7.3%、7.0%和1.49%，三地所接待量占全省的15.79%。

旅游总收入：对三地年平均值进行比较，十堰市、襄阳市和神农架林区三地旅游总收入分别占全省的6.55%、5.90%、6.45%，三地旅游收入之和占全省的比重达到18.90%。

入境旅游人次数：对三地年平均值进行比较，十堰市、襄阳市和神农架林区三地旅游总收入分别占全省的6.23%、1.78%、1.72%，三地旅游收入之和占全省的比重达到9.73%。

入境旅游收入：对三地年平均值进行比较，十堰市、襄阳市和神农架林区三地入境旅游总收入分别占全省的4.36%、2.50%、0.98%，三地入境旅游收入之和占全省的比重达到7.84%。

综合分析：从旅游接待人次数和旅游收入状况所占比例的不同可知：2012~2015年秦巴山脉湖北片区旅游创收能力较强，入境旅游创收能力较弱。三地在旅游接待量和收入总量方面，排序是十堰市、襄阳市和神农架林区，但旅游创收能力的排序却是神农架林区、襄阳市和十堰市。

二、旅游发展质量状况

一般而言，旅游发展质量取决于人均停留时间和人均天花费两个指标，2012~2015年三地的人均停留时间和人均天花费指标的统计结果见表4.2~表4.5。

表4.2　2015年各市州人均停留时间、人均天花费

城市	人均停留时间		人均天花费	
	国内旅游/（天/人）	入境旅游/（天/人）	国内旅游/（元/人）	入境旅游/（美元/人）
全省	2.34	2.33	830.11	536.28
十堰市	1.98	2.80	788.48	323.36
襄阳市	2.25	1.70	732.76	700.62
神农架林区	3.62	1.02	737.54	207.91

表4.3　2014年各市州人均停留时间、人均天花费

城市	人均停留时间		人均天花费	
	国内旅游/（天/人）	入境旅游/（天/人）	国内旅游/（元/人）	入境旅游/（美元/人）
全省	2.09	2.30	782.29	447.01
十堰市	1.92	1.90	709.22	333.81
襄阳市	1.93	3.04	653.73	758.85
神农架林区	3.57	1.03	677.04	219.72

表4.4　2013年各市州人均停留时间、人均天花费

城市	人均停留时间		人均天花费	
	国内旅游/（天/人）	入境旅游/（天/人）	国内旅游/（元/人）	入境旅游/（美元/人）
全省	2.03	2.24	770.5	454.45
十堰市	2.25	1.53	695.69	293.84
襄阳市	1.89	1.71	633.84	337.25
神农架林区	2.21	1.58	646.80	305.33

表4.5　2012年各市州人均停留时间、人均天花费

城市	人均停留时间		人均天花费	
	国内旅游/（天/人）	入境旅游/（天/人）	国内旅游/（元/人）	入境旅游/（美元/人）
全省	2.16	2.24	745.99	454.44
十堰市	2.65	1.71	680.40	337.25
襄阳市	1.83	3.14	633.73	607.79
神农架林区	2.77	1.45	649.97	298.72

在国内旅游人均停留时间指标上，2012年和2013年襄阳市均低于十堰市、神农架林区和全省平均水平；2014年和2015年，襄阳市国内旅游人均停留时间高于十堰市，低于神农架林区和全省平均水平。但是从变化趋势上看，十堰市和神农架林区趋于稳定，而襄阳市的国内旅游人均停留时间则处于小幅上升的趋势。

在入境旅游人均停留时间指标上，除2015年之外，其他几个年份襄阳市显著优于十堰市和神农架林区，并且在2012年和2014年高于全省平均水平。

在国内旅游人均天花费上的排名分别是十堰市、神农架林区和襄阳市，三地均低于全省平均水平。

在入境旅游人均天花费指标上的排名分别是襄阳市、十堰市和神农架林区，2012年、2014年和2015年襄阳市入境旅游人均天花费指标高于全省平均水平，十堰市和神农架林区四年均低于全省平均水平。

第二节　文化旅游发展定位

秦巴山脉湖北片区是湖北省生态文化旅游[①]资源富集区。按照以湖北省发展战略定位为主，兼顾有利于与周边地区协调和整合的原则，我们将秦巴山脉湖北片区的生态文化旅游发展战略定位为一江两山四文化（汉江，武当山、神农架，武当文化、三国文化、荆楚文化、神农文化）（图4.1）。

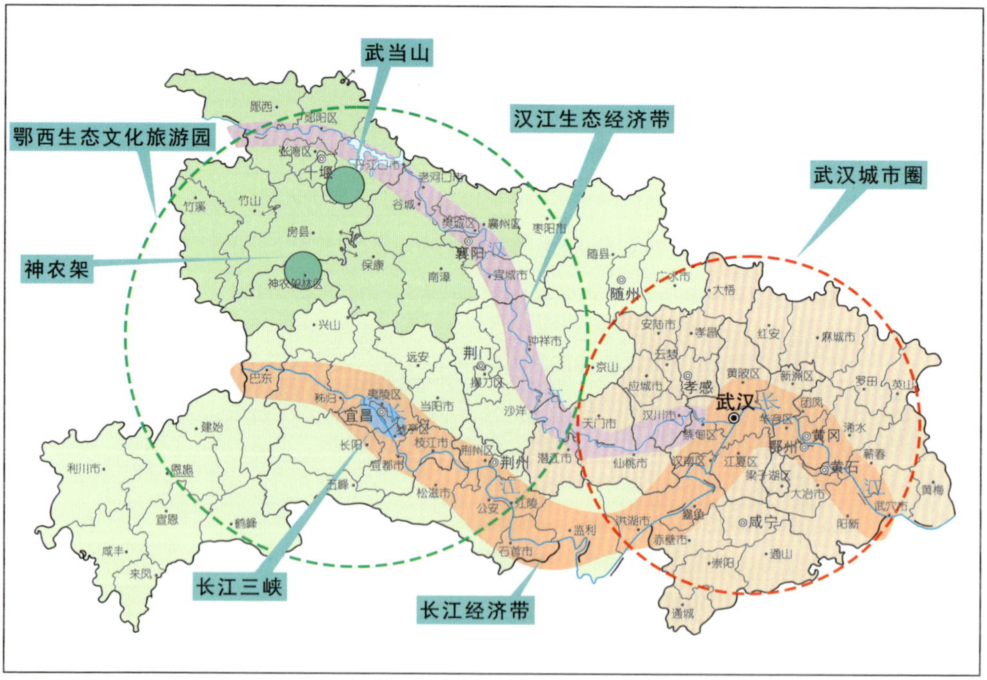

图4.1　一江两山四文化所在地

四种文化没有明确的行政界限，且各文化之间存在一些重叠的区域，故四文化没有在图中标出

① 本文是指秦巴山脉湖北片区的传统文化与生态旅游。

一、一江：汉江生态文化旅游带

汉江是我国仅有的一条南北走向的、连接黄河文明和长江文明的重要河流。文化史研究表明，汉江流域在不同历史时期均是联系中国南北与东西的纽带，是南北文化交汇和转换的轴心地带，是古楚国和汉王朝的发祥地，是中国农耕文化、道家文化、楚文化和汉文化的发源地，三国文化的中心区（潘世东，2008）。汉江中游地区历史文化积淀深厚、文化遗产赋存丰富，有世界文化遗产两处（武当山、明显陵）、世界遗产预备名单一处（“中国明清城墙”之襄阳城墙）、国家风景名胜区三个（武当山、大洪山、古隆中）、国家级历史文化名城五座（襄阳、随州、钟祥、江陵、南阳）、国家级重点文物保护单位和国家级非物质文化遗产数量众多。然而，由于行政区划和地理分割，其多处于独自开发的状态，虽已形成武当山、明显陵等单个旅游品牌，但难以形成品牌合力，在和其他地区旅游竞争中往往处于被动局面，难以做大做强。

汉江流域的经济发展在长江流域和全国占有重要的地位，对鄂、豫、陕三个省具有重要的影响，随着南水北调工程中线工程的建设和完工，以及汉江下游引江济汉工程的建设等，都为汉江的综合开发和文化生态旅游发展提供了难得的机遇。鉴于汉江流域的资源赋存状况，我们认为可以将其打造成一个多元素汇集的景观长廊。一般而言，景观长廊是集旅游交通线和旅游景观于一体的线状旅游功能轴和发展轴，立足于汉江中游的资源特色可以重点打造八大旅游景观长廊。

（1）历史文化景观长廊：该流域有武当山古建筑群和明显陵两个世界文化遗产，有襄阳等国家级历史文化名城，有代表史前文明的郧县梅铺猿人遗址、房县七里河遗址，有先秦时期的古邓城遗址、郧西上津古城，以及以武当山金殿、襄阳古城、南漳山寨群等为代表的大量明清时期的古建筑和遗址，表现出时间跨度大、类型丰富、数量大、规格高等特征。

（2）宗教文化景观长廊：名扬海内外的武当道教文化在汉江流域尤其是襄阳至十堰一线，自古就有襄阳真武山（小武当）、南漳九龙观（中武当）及十堰武当山（大武当）之说。汉江流域的佛教主要以襄阳释道安影响最大，现有国家级文物保护单位广德寺、承恩寺等名刹。

（3）三国文化景观长廊：汉江流域是三国故事异彩纷呈的地方之一，魏、蜀、吴三国在此区域你方唱罢，我方登场。诸葛亮曾在汉江中游的襄阳生活十年之久，从隆中以“隆中对”出山辅佐刘备打天下到五丈原临终前遗嘱葬汉江上游沔阳定军山，可谓出也汉江，归也汉江。

（4）古建筑群落景观长廊：汉江流域具有以城市、宗教、陵墓和战争工事为代表的类型完整的明清古建筑群落。武当山古建筑群是明清时期宗教建筑的杰出代表，已被列为世界文化遗产；襄阳古城池被称为华夏第一城池，襄阳城墙于2010年进入《中国世界文化遗产预备名单》中的“中国明清城墙”申遗项目；襄阳南漳的古山寨群则是明清时期战争建筑的遗址，是中部地区的集战争与居住于一体的堡垒式建筑，已被列入国家级文物保护单位。

（5）汽车产业景观长廊：汉江中游的襄阳、随州和十堰是湖北汽车走廊中重要的节点城市，三地错位发展形成了独具特色的汽车产业集群。

（6）休闲农业景观长廊：襄阳是全省乃至长江流域首个千亿元粮食产值的大市。随州炎帝陵已确定是神农故乡，而因神农氏在此尝百草、植五谷而得名谷城，居于随州和神农架之间，是随州至神农架的必经之地，因此汉江流域以神农文化为线索可以开发出一条以文化朝圣和农业休闲观光为主题的休闲农业景观长廊。

（7）水体旅游景观长廊：汉江古称“汉水”，河道曲折，自古有“曲莫如汉”之说，多年来，古人及许多书籍宝典都认为“汉水”名称美好而又吉祥。《左传》云：“汉，水祥也。”孟子更是把“江、淮、河、汉”四大文化之河并称。《诗经》里更是写道：“汉之广矣，不可泳思，江之永矣，不可方思。”汉江是中国中部区域水质最好的大河，沿岸分布着众多生态文化旅游资源，汉江就像一条玉带串起颗颗珍珠，随着襄阳水上游轮的运营，为汉江水体旅游的开发提供了便利。

（8）汉江城市印象长廊：汉江沿岸城市各具特色，构成一个丰富多彩的城市印象长廊——“武当山”“丹江水”“汽车城”是十堰三张世界级名片。襄阳因地处襄水之阳而得名，汉江穿城而过，分出南北两岸的襄城及樊城，素有“华夏第一城池”“铁打的襄阳”的美誉，今已形成“一洲四城”（鱼梁洲、襄城、樊城、襄州、东津）的城市格局。南阳有“南都”“帝乡”之称，素有“南都帝乡”“五圣故里”“卧龙之地”“千年玉都”“中华药都”之称，是全国楚文化与汉文化最集中的旅游区之一。

二、两山：武当山与神农架

（一）武当山

道教圣地武当山，位于湖北十堰的丹江口市境内。武当山又名太和山，古有“太岳”“玄岳”“大岳”之称。明代，武当山被皇帝封为“大岳”“治世玄岳”，被尊为至高无上的“皇室家庙”。武当山是世界文化遗产，国家5A级景区，以“四大名山皆拱揖，五方仙岳共朝宗”的“五岳之冠”的显赫地位闻名于世。武当武术，是中华武术的重要流派。元末明初，道士张三丰集其大成，开创武当派，并影响至今。截至2013年，武当山有古建筑53处，建筑面积2.7万平方米，建筑遗址9处，占地面积20多万平方米，全山保存各类文物5 035件。

从发展旅游的角度来看，武当山旅游资源具有以下七大特征：道教建筑气势恢宏、武当武术博大精深、道教养生文化独树一帜、武当道教音乐神秘空灵、武当道教医药珍贵神奇、道教思想源远流长、名人文化影响深远（胡孚琛和吕锡琛，1999）。

大武当旅游发展思路：以鄂西圈文化旅游专项规划为指导，以建设鄂西生态文化旅游圈的核心板块和重要支撑为目标，以“水”（丹江口水库）、“山”（武当山）、“城”（汽车城）、“遗迹”（恐龙）等为核心元素，综合分析现有交通设施对生态经济发展的支撑程度，探寻核心水源区形象系统的塑造，以及生态旅游发展与生态保护有机结合的实现路径，构建有效的核心水源区生态旅游发展模式，实现生态旅游发展与生态环境保护的互动，促进核心水源区经济与生态环境协调发展。

（1）积极融入鄂西生态文化旅游圈的构建，把十堰打造成鄂西生态文化旅游圈的核心板块。近年来，十堰提出建设汽车城、旅游城、水电城、生态城和区域性中心城市发展目标，提出要利用十堰山水和人文资源的优势，以生态文化旅游为切入点，大打武当山、源头水、汽车城三张金字招牌，整合特色优势资源，构建精品旅游线路，开发重点景区景点，努力把十堰建设成鄂西生态文化旅游圈的核心板块和重要支撑。

（2）以武当山为支点，以“一山一湖一片”为载体，围绕“龙头”，打造品牌（董文波和秦芬，2009）。《十堰市旅游产业发展实施意见》中提出要按照省委、省政府提出的“保护为主、合理利用、科学规划、严格管理”的十六字方针，整体包装武当武术、武当古建筑、道教音乐、道家膳食、道教法事及武当系列旅游商品，打造集道教朝圣、武术修学、古建筑鉴赏、旅游观光、休闲度假于一体的旅游胜地，并以此为核心，整合旅游线路，带动周边旅游景区（点），打响武当品牌，达到提升十堰城市品牌和地方产品价值的目的。

（3）加大宣传力度，树立良好的旅游形象，开拓客源市场。宣传是旅游发展的火车头，必须借助现代传媒手段，向外推介十堰旅游。大力推进旅游产业与信息产业对接，利用现代科学技术，改造与提升生态文化旅游产业服务平台。建设旅游信息中心，建立旅游信息数据库，打造信息化平台，开展网上查询、预订和统一结算服务，实现旅游信息互通、资源共享、服务便捷。

（4）发挥承东启西区位作用，促进线路互通，加强区域旅游对接。多年来十堰立足旅游目的地建设的目标，加快实施“四线工程”（十堰—北京、襄渝铁路沿线、银沪高速沿线、机场航空沿线），在这些地区开展整体性、连续性促销，形成稳定客源市场。充分发挥十堰在“东进西出”和“西进东出”交通线路上的战略支点作用，实现“一江两山”湖北旅游精品与西安历史古都旅游线路的对接，东部古隆中、三国旅游线路与西部的交接，打造承东启西的旅游枢纽城市。

（5）完善基础设施，改善旅游环境，提升旅游行业素质。旅游发展过程中，交通是瓶颈，不仅需要较为通达的外部交通，更需要加强区内交通建设，特别是市区与景区，景区与景区，景区内部的交通建设。加快相关配套服务设施建设，完善与旅游景区（点）配套的道路、停车场、给排水、公厕、垃圾及污水处理、供电、通信、消防、安全防护等基础设施，健全城市道路旅游标志系统。此外还需加强旅游从业人员的素质提升，加大人才培训、交流、引进力度，推动高校与地方共建合作，培养急需紧缺人才。

（二）神农架

神农架位于中国地势第二阶梯的东部边缘，由大巴山脉东延的余脉组成中高山地貌，山体高大，由西南向东北逐渐降低。神农架最高峰神农顶海拔3 105.4米，平均海拔1 700米。随海拔增高渐次迭现暖温带、中温带、寒潮带等多种气候类型。神农架最有名的非物质文化遗产是《黑暗传》，被中国神话学专家袁珂先生誉为汉民族广义的神话史诗。

神农架是湖北境内长江与汉江的分水岭，是南水北调中线工程重要的水源涵养地，是三峡库区最大的天然绿色屏障，作为全球同纬度地区唯一的绿色奇迹而备受关注。1990年被联合国教科文组织接纳为人与生物圈保护区成员，2012年神农架生态旅游区由国家旅游局授予国家5A级旅游景区，2013年被联合国教科文组织接纳为世界地质公园网络成员，2016年神农架正式列入“世界遗产名录”，荣膺“世界自然遗产地”称号。神农架因此成为我国首个同时获得联合国教科文组织人与生物圈保护区、世界地质公园、世界遗产名录三大保护制度共同录入的遗产地。

2015年，全区接待国内外游客878.30万人次，同比增长25.26%。其中，海外游客4.12万人次，同比增长55.48%。

神农架旅游发展思路：充分利用人与生物圈保护区、世界地质公园、世界遗产名录三大世界级桂冠，深入实施世界著名生态旅游目的地建设行动计划和旅游产业倍增计划，创新发展机制，壮大市场主体，优化旅游结构，完善基础设施，彰显生态文化，拓展旅游市场，提升核心品牌，推进生态旅游由休闲观光向体验养生转型升级。

（1）壮大市场主体。以湖北神农旅游投资集团有限公司为战略引擎和合作平台，引进整合市场主体，发展旅游产业集群，形成规模效应。加大区域合作力度，构建“一江两山”区域旅游联盟和长江旅游联盟，共同打造精品旅游线路。

（2）丰富旅游产品。树立“大健康”旅游理念，依托森林、湿地和滑雪等特色旅游资源，打造神农健康文化品牌，突出健康养生主题，实施“神农论健”工程，挖掘神农文化、中药养生、野人传说、民间歌舞等特色地域文化，丰富旅游内容和文化内涵，重点开发度假休闲、科考科研、运动健体以及康体、亲子、孕婴、农趣、养老等“三养”（养生、养心、养能）旅游产品。

（3）完善服务功能。加快星级宾馆建设，提高游客接待能力和服务水平。建设宜居宜游环境，完善旅游标识系统、自驾游和旅游换乘等体系，完善配套服务设施，提高旅游服务质量和水平。强化行业管理，营造规范有序、服务优良的旅游环境。

三、四文化：武当文化、三国文化、荆楚文化、神农文化

（一）武当文化

武当文化，是人们在以道教精神为主的中国传统哲学影响下，在以武当山为中心的地域内，在长期的社会历史实践中所创造的物质财富和精神财富的总和，是中华民族优秀文化遗产的组成部分（杨立志，2008）。春秋战国时期，武当山位于楚、秦、韩三国交界处，这里山高壑深，地势险要，历来为兵家必争之地，“武当山”名之由来即与历史上抵挡外敌有关。明代帝王把武当山视为“皇室家庙”，并把真武神作为“护国家神”来祭祀，加封武当山为“大岳太和山”，位尊五岳之上。如今，武当山以其宏伟的古建筑群、珍贵的道教文物、神奇的道教医药、独特的道教音乐及玄妙的武术、深奥的道教哲理成为世人心中的圣山。武当文化历史悠久，内容涵盖道教史、道教理论、道教建筑和文学艺术、民俗民风、武术医药等各个方面。

（二）三国文化

三国（220年—280年）上承东汉下启西晋，是我国历史上由统一到分裂，再由分裂到统一的特殊历史发展时期。从编年史的角度而言，三国的历史始于公元220年——曹丕篡汉称帝，建立魏国，终于公元280年——西晋灭东吴，统一中国。事实上自公元184年黄巾之乱以来，东汉王朝开始失去政权实体，逐渐形成了群雄割据的局面，为曹魏代汉创造了历史条件，所以历史学家往往将公元184年到公元220年这段时间也纳入三国时期加以讨论，遂形成了广义的三国观。按照广义的三国观，三国历史先后经历了汉末混战→三国鼎立→晋吴对峙三个阶段近100年的时间。“三国文化”这一概念是随着三国历史和《三国演义》研究的逐步深入而提出的，其在现在社会经济发展中的应用性功能使其在旅游和娱乐产业中开始被频繁使用，但对这一概念的内涵和外延并未予以明确的界定。对这一问题做出初步努力的是沈伯俊先生，他认为“三国文化”是一个宽泛的概念，包含有三个层次：第一个层次是历史上三国时期的精神文化；第二个层次是历史上三国时期的物质文明与精神文明的总和，包括政治、军事、经济、文化等领域；

第三个层次是广义的“三国文化”观，认为“三国文化”并不等同于“三国时期的文化”，而是指以三国时期的历史文化为源，以三国故事和三国精神的传播演变为流，以《三国演义》及其诸多衍生现象为重要内容的综合性文化（沈伯俊，2003）。三个层次的“三国文化”观，并非对立的概念，而是如一组同心圆，围绕着三国时期文化的基本内核，层递扩大其范畴，共同承担着阐述和研究三国文化的任务。沈先生对“三国文化”概念的表述到目前为止，最为全面、准确。从旅游开发角度，可将“三国文化”界定为：“三国文化”是三国时期物质文明、精神文明与制度文明的总和，并以此为源，以三国故事和三国精神的传播演变为流，以《三国演义》及其诸多衍生现象为重要内容的综合性文化。今天，以“三国文化”为对象的游戏、旅游开发、电影、文学艺术的应用，以及三国时期及其相关的历史文化遗迹、出土文物，都属于“三国文化”的范畴（朱运海，2014）。

（三）荆楚文化

楚文化是汉文明的重要组成部分，用以概括我国春秋时期南方诸侯国楚国的物质文化和精神文化的总称（吁彦群，2011）。楚国有800多年历史，在襄阳经历了两个重要的发展阶段，长达500多年。自西周初周成王封熊绎于荆山丹阳，到公元前689年楚文王定都鄢郢，历时300多年；从定都鄢郢，先后经历了十代楚王，到迁都纪南城，历时186年。这里孕育了楚赋开山鼻祖宋玉，“下里巴人”“阳春白雪”“曲高和寡”等典故流传至今。这里留下了穿天节、端公舞、牵钩戏、唢呐巫音、苞茅缩酒等楚风遗俗，留下了西周邓城、宜城楚皇城、南漳楚寨群、枣阳九连墩等楚文化遗址，无不彰显着襄阳荆楚文化的厚重（范锐平，2012）。

从熊绎受封开始“辟在荆山，筚路蓝缕”，到正式建都宜城鄢郢，早期的楚国长期活动在南漳、保康之间的荆山地区。为了更好地发掘利用楚原文化，保康县专门编撰了大型舞台剧《荆山楚源》，讲述3 000多年前楚先王熊绎与湖北荆山地区人民披荆斩棘，使楚国从一个弱小之邦发展壮大成“春秋五霸”的故事，具有很强的历史性。该剧聚焦于鄂西北的这座由南折北而东的大荆山，反映的是保康、南漳一带早期楚国先民的生活，具有浓郁的襄阳特色，是历史性、地方性与观赏性相结合的一部佳作。南保地区将抓住打造“天下楚人朝圣之地”这一愿景，与周边打“楚文化”牌的城市形成差异化竞争，不做“大楚文化”，只做“楚源地”；通过项目创意策划注重自然景观和人文内涵的统一协调，细分观光型、体验型、养生型游客。

（四）神农文化

汉江流域是炎帝最早开发的地方——炎帝二世（烈山氏）在向东南发展的过

程中，率先由褒斜道进入汉江，经过汉中、安康、十堰、襄阳，到达随州，随后又逆流而上，全面开发了汉江、鄂西北。汉江也是炎帝族繁衍发展并走向世界的主要干道，从炎帝二世帝柱（炎帝二世名曰柱，生于湖北省随州市的厉山，又有烈山氏炎帝柱之称）越过秦岭、进入汉江流域开始向南迁移起，由汉江走向了华南、中南、大西南，炎帝的子孙已广泛地分布于中国南方。汉江流域留下了许多神农建功立业、发明创造的足迹和美妙动人的传说。据说神农遍尝百草，还意外获得了石花、茶叶、灵芝这三件宝。湖北的石花、谷城和神农架等地名都和神农的活动有关。

炎帝神农是中国上古时期享有最尊地位的人物之一，可以与他并驾齐驱的只有轩辕黄帝一人。如果说伏羲女娲主要解决的是人类自身生产、繁衍的问题，那么，炎帝神农所解决的是人类生存、发展的问题（潘世东，2008）。

第三节　重要旅游节点

秦巴山脉湖北片区生态文化旅游所依托的主要中心城市有襄阳和宜昌。

一、襄阳

襄阳，因地处襄水之阳而得名，汉江穿城而过，分出南北两岸的襄阳、樊城，隔江相望。两城历史上都是军事与商业重镇。1949年以后两城合二为一称襄樊市，分设襄城、樊城两区。2010年12月9日，襄樊市正式更名为襄阳市。襄阳自古即为交通要塞，素有“南船北马、七省通衢”之称，为南北通商和文化交流的通道。区位优越，交通便捷。襄阳西接川陕，东临江汉，南通湘粤，北达中原，是鄂、豫、渝、陕四省市毗邻地区的交通枢纽。襄阳已建构起陆、水、空立体化交通运输网络。

襄阳名胜古迹旅游以三国文化为主要特色，著名景点有襄阳古城、古隆中风景名胜区、水镜庄、黄家湾等，“三顾茅庐”“隆中对”“水淹七军”等历史故事就发生在这里。2013年襄阳入围首批国家智慧城市，2014年襄阳入围信息惠民国家试点城市。襄阳现有4A级景区5家，分别是古隆中、凤凰温泉、春秋寨、尧治河和五道峡。

二、宜昌

宜昌位于湖北省西南部、长江中游，古称夷陵。宜昌之名始于东晋，市的建制始于1949年，于1992年形成地级市体制。现辖五区、三市、五县，全市总人口415万人，土地面积2.1万平方千米，市区面积4 249平方千米。截至2015年底，宜昌城市建成区面积达152.6平方千米，市区户籍人口120万人。

宜昌依江而建，和湖北襄阳一道被称为省域副中心城市，是中国中部重要的交通枢纽，拥有汉宜高速公路、汉宜高速铁路、焦柳铁路、318国道等国家重要的交通动脉。宜昌是三峡大坝、葛洲坝等国家战略设施的所在地，被誉为“世界水电之都”。宜昌是中国优秀旅游城市，拥有4处国家5A级旅游景区，数量居全国城市第四位。宜昌是湖北省唯一一座国家环境保护模范城市，是湖北省第一座全国文明城市，同时享有国家园林城市、国家卫生城市、国家森林城市、中国钢琴之城等美誉。

宜昌交通原以内河航运和铁路为主，到2010年，宜昌形成了1条黄金水道（长江）、3条铁路（焦柳、宜万、汉宜）、5条高速（沪渝、荆宜、三峡翻坝、宜巴、保宜）和1个区域性机场（宜昌三峡机场），水、陆、铁、空立体交通网络。

宜昌旅游业发达，是全国11个重点旅游城市之一；长江三峡风景区居“中国旅游胜地四十佳”榜首。宜昌有中国优秀旅游城市，鄂西文化旅游圈最佳旅游城市等称号。全市总共拥有各类旅游景点747处，已开放的旅游点有350多处，享有盛誉的有100多处。

第四节　重要旅游景区

一、武当山

武当山，位于湖北省西北部，十堰市丹江口市境内。景区面积古称“方圆八百里”，现有面积312平方千米，是道教名山和武当武术的发源地，被称为“亘古无双胜境，天下第一仙山”。武当山景区东接历史名城湖北省襄阳市，西靠车城十堰市城区，南依原始森林神农架林区，北临大型人工淡水湖、南水北调中线工程源头——丹江口水库。

二、神农架

神农架风景区位于湖北省西部，在神农架南部的自然保护区内，山峰海拔均在3 000米以上，堪称“华中屋脊”，是以秀丽的亚高山自然风光，多样的动植物种类，人与自然和谐共存为主题的森林生态旅游区。主要景点有神农顶、风景垭、板壁岩、瞭望塔、小龙潭、大龙潭、金猴岭等。

三、九路寨

九路寨旅游景区位于保康县歇马镇西南边陲，与宜昌、兴山等市、县交界，地跨歇马、马良两个乡镇，平均海拔1 200多米，景区总面积90多平方千米，覆盖歇马镇12个自然村。九路寨村三面为悬崖所断，一面与外界相连，古时只有九条小路依靠青藤、绳索攀岩上下，因此而得名。

第五节 重要旅游目的地

依托秦巴山脉湖北片区一江两山四文化的大旅游格局，结合片区内旅游发展的现状可以将该片区打造成十一大旅游目的地（表4.6）。

表4.6 重要旅游目的地

旅游目的地	重要旅游景点（项目）
宗教文化旅游目的地	襄阳真武山，襄阳广德寺、谷隐寺，谷城承恩寺，十堰武当山
神农文化旅游目的地	神农架风景区，谷城汉江国家湿地公园
特色乡镇旅游目的地	保康尧治河，南漳漫云、麻城河、樱桃谷，十堰樱桃沟，谷城堰河
水文化旅游目的地	丹江口水库，神农架大九湖，汉江生态文化观光带
地质公园旅游目的地	郧县龙山恐龙蛋化石群国家地质公园、武当山国家地质公园，神农架国家地质公园
先楚文化旅游目的地	南漳玉印岩、白起渠，保康五道峡景区
三国文化旅游目的地	襄阳古隆中、襄阳古城、习家池，南漳春秋寨、水镜庄、徐庶庙
唐文化旅游目的地	唐朝皇家监狱、庐陵王故居、唐古墓群
温泉度假旅游目的地	保康汤池峡温泉、房县温泉、襄阳凤凰温泉
古城文化旅游目的地	襄阳古城墙、护城河，邓城遗址，樊城城墙遗址
生态度假旅游目的地	襄阳岘山森林公园、谷城薤山、保康九路寨、神农架国际森林公园

第六节 重要旅游交通廊道

一、汉江旅游廊道

汉江，长江最大的支流，湖北省襄阳市以下简称襄河。汉江长1 577千米，流域面积15.9万平方千米，较大的支流有夹河、堵河、丹江、南河和唐白河等（表4.7）。汉江干流丹江口以上为上游，河谷狭窄，长约925千米，属盆地峡谷相间河段；丹江口至钟祥为中游，河谷较宽，沙滩多，为丘陵和河谷盆地，长约270千米；钟祥至汉口为下游，长约382千米，流经江汉平原，两岸筑有堤防，河道蜿蜒曲折逐步缩小，泄洪能力逐渐下降。

表4.7 湖北省境内汉江主要支流情况表

支流名	岸别	河源	河口	集水面积/千米^2	河长/千米	平均坡降
金钱（夹河）	左	陕西络南山	夹河口	5 670.0	210.0	22.1%
天河	左	陕西天桥洞	天河口	1 614.0	68.7	61.8%
丹江	左	陕西赵家湾	丹江口	17 190.0	310.0	—
唐白河	左	河南老君山	襄阳张湾	25 800.0	310.0	—
汉北河	左	京山官桥	武汉新沟	8 691.0	242.0	1.1%
堵河	右	陕西大巴山	郧县堵河口	12 431.0	338.0	21.0%
南河	右	神农架	谷城	6 497.0	303.0	12.7%
北河	右	房县南进沟	谷城宋家洲	1 212.0	103.0	33.3%
蛮河	右	保康聚龙山	宜城小河口	3 244.0	188.0	9.4%

二、十天高速自驾游廊道

十天线东起湖北十堰市，西至甘肃天水市，连接湖北、陕西、甘肃三省，总里程约750千米。依托十天高速（G7011）国家景观大道，以汉中、安康、十堰城区等城市为重要节点，建设中国秦巴山脉水生态城市景观长廊，打造中国秦巴山脉山水城市生态休闲度假旅游产业带。

三、西武、郑万高铁游廊道

西武客专①是连接“古都西安”到“江城武汉”的高速客运专线，目标时速为350千米/小时，线路由西安引出，途经商洛、十堰、襄阳、随州、孝感直达武汉。线路建成后西安到武汉最多只需2小时。

郑万高铁（河南郑州—重庆万州），又名郑万客运专线，是纳入国家“十二五”规划的重要客运专线，是郑渝（郑州—重庆）铁路的重要组成部分，同时也是联系西南地区和中原地区的主要客运快速通道，兼顾沿线城际及旅游客流运输。郑万高铁建成通车后，重庆到郑州车程时间将缩短至4小时以内。

① 客运专线的简称。

第五章　绿色农林畜药发展战略

第一节　秦巴山脉湖北片区农用地适宜性评价

一、研究背景与研究意义

土地资源是进行农业生产最基本的物质条件，土地和自然环境在农业生产中具有至关重要的作用。《国土资源“十三五”规划纲要》是根据《中华人民共和国国民经济和社会发展第十三个五年规划纲要》，按照全面建成小康社会对国土资源管理工作的要求而编制的规划纲要。该规划纲要要求扣除生态退耕、退地减水等规划期间可减少的耕地，以及东北、西北难以稳定利用的耕地，全国适宜稳定利用的耕地保有量在18.65亿亩以上，基本农田保护面积在15.46亿亩以上，完成永久基本农田划定工作，确保耕地数量基本稳定，质量有所提升（朱德举，2004）。

农用地指直接用于农业生产的土地，包括耕地、林地、草地、农田水利用地及养殖水面等，是县域土地资源的重要组成部分（石俊华，2009）。现阶段我国人地矛盾突出，提高单位土地的利用率，优化土地资源利用，实现生态效益、社会效益、经济效益的最大化是实现土地可持续利用、经济可持续发展的重要途径。以农用地适宜性评价结果为依据，将农用地资源与农用地空间分布相结合，从空间适宜性角度讨论土地资源空间分布差异，在此基础上进行农用地资源合理分配，具有较高的精度和效率，代表土地资源优化配置研究的方向，为完成土地利用规划任务提供有力的参考依据。

本书以秦巴山脉湖北片区为研究对象，以2015年土地利用现状数据为依据，基于GIS技术，采用层次分析法从社会经济因素、自然资源要素、水文地貌条件三个方面出发，构建农用地适宜性评价指标体系，并对片区农用地适宜性进行分级。在此基础上，一方面基于行政区区划以农用地分级所覆盖县区为评价单元进行评价，另一方面以农用地适宜性分析对片区农用地利用现状进行分析。通过分析对片区农用地利用现状提出建议，为后续土地开发利用提供理论参考。

二、研究内容

本书采用遥感数据、基础地理数据、水文气象数据、社会经济数据等，在GIS技术支持下，运用层次分析法对片区农用地适宜性进行评价，评价选取相关因子，根据不同地类划分适宜性标准，赋予参评因子权重，最终通过叠加分析得到农用地适宜性评价。秦巴山脉湖北片区以林地和耕地为主，所以本书针对片区宜耕、宜林两类农用地资源数量、质量进行评价，并根据评价结果对片区农用地利用现状进行分析，为后续土地开发提供参考。

具体内容包括：

（1）评价方法的确定。本书采用层次分析法构建评价体系，采用专家打分法、层次分析法确定参评因子权重。以GIS技术为支持结合不同地类参评因子权重，最终将片区耕地、林地划分为三等。

（2）参评因子选取。结合片区地形地貌、自然气候条件，本书从社会经济因素、自然资源因素、水文地貌因素等方面选取12个参评因子构成评价体系。

（3）农用地适宜性综合评价。首先对参评因子分别划定耕地、林地适宜范围，其次根据专家打分法确定两种地类参评因子权重，再次进行叠加分析，最后得到片区耕地、林地的适宜性分区结果。

（4）结果分析。基于2015年秦巴山脉湖北片区土地利用现状数据，最终农用地评价结果将以区（县）为单位分析现有农用地利用合理性，对后续农用地开发、调整具有参考意义。

三、片区概况与数据准备

（一）片区概况

秦巴山脉湖北片区地跨甘肃、四川、陕西、重庆、河南、湖北六省市，有众多的小盆地和山间谷地相连接，其中以汉中盆地、西乡盆地、安康盆地、汉阴盆地、商丹盆地和洛南盆地著称。片区地处中西结合部，具有独特的地理优势（蔡云辉，2003），是我国"两屏三带"生态安全战略格局的重要组成部分，也是长江中下游地区一个重要的生态屏障，其水源涵养功能十分重要，是我国的战略水源地之一。

片区位于湖北省西北部，与陕西省、重庆市、河南省接壤，规划范围涉及10余个县（市、区），分别是十堰市全域（包括十堰市辖区、郧阳区、丹江口市、郧西县、竹溪县、竹山县、房县）、襄阳市部分区域（襄阳市辖区、老河口市、南漳县、保康县）和神农架林区。片区属于北亚热带大陆性季风气候，光热资源较丰富，受海拔高度、坡向等地形地貌因素影响，气候复杂多样。湖北片区水量充沛，丹江口水库是南水北调中线工程的调水源头和核心水源区，水质达到国家二类标准，建成后年调水可超过100亿立方米。

（二）数据来源与处理

本书从地理空间数据云平台（http://www.gscloud.cn/）收集2015年片区Landsat 8遥感影像，通过遥感影像解译判读，获得片区土地利用现状数据；收集片区90米分辨率的DEM数据，获取片区坡度、坡向、高程数据；在LAADS Web平台下载2015年7月、8月时序MODIS遥感影像，在GIS软件的支持下采用NDVI（normalized difference vegetation index，归一化植被指数）提取植被覆盖度信息。

秦巴山脉湖北片区总面积4 123 673.92公顷。通过数据统计可以发现，片区内面积最大的两种地类是林地和耕地，占片区总面积近90%。其中林地2 861 938.76公顷，是片区面积最大的地类，占片区总面积近70%。耕地（包括水田和旱地）面积为694 512.43公顷，占片区总面积近20%，仅低于林地面积。为了直观反映片区土地分布现状以及耕地、林地空间分布情况，依据数据统计结果，叠加行政边界数据得到秦巴山脉湖北片区土地利用现状（图5.1）。

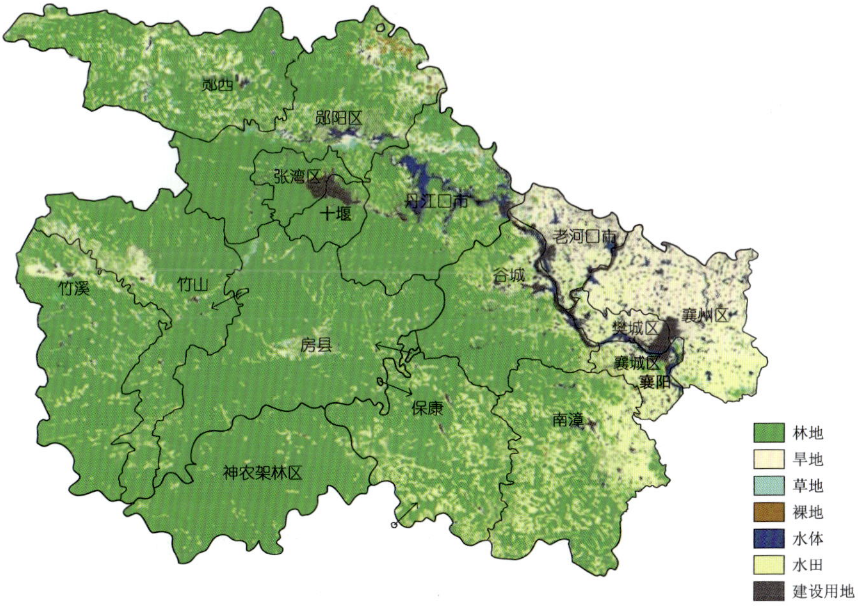

图5.1 土地利用现状图

四、评价体系构建

（一）评价方法选取

层次分析法是美国运筹学家T. L. Saaty 教授于20世纪70年代初期提出的，是一种定性分析和定量分析相结合的系统分析方法（Klingebiel and Montgomery，1961；Yu and Shi，2010）。层次分析法是将与决策有关的元素分解成目标、准则、方案等层次，在此基础上进行的决策方法。层次分析法在土地利用评价上得到了广泛的使用（武锦官和张涛，1999；Bascetin，2007），其基本思想是根据某一层次的元素对上一层次中某一元素的相对重要性确定判断矩阵，求取判断矩阵的最大特征值及该特征值所对应的特征向量，该特征向量即这一层次的元素所对应的权重值。本书从社会经济因素、自然气候因素、水文地貌因素等方面选取12个参评因子，采用层次分析法构建评价体系。同时邀请该领域专家对参评因子进行排序，并用层次分析法计算出参评因子权重，对每个参评因子叠加权重，求得最终分类结果。最终评价结果包含林地和耕地，依照不同地类适宜性标准，对最终分类结果进行重分类，分别划定Ⅰ、Ⅱ、Ⅲ等，将分类结果叠加片区现有土地利用数据，最终以区（县）为单位对片区现有土地利用情况进行分析，为片区后续土地利用开发提供参考。评价体系见图5.2。

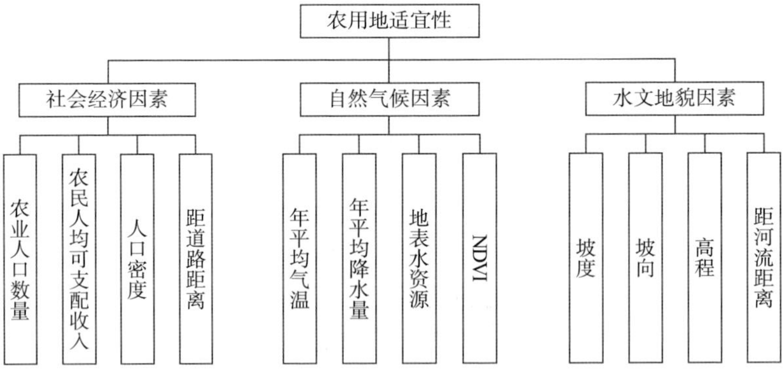

图5.2 评价体系

（二）单因子指标评价

在构建指标评价体系过程中，为了避免烦琐，不宜选择过多因子，参评因子的选择主要依据经验判断，同时遵循差异性、主导性、相互独立性、综合性、现实性等原则（刘殿伟等，2009；关小克等，2010；胡学东等，2016）。为确保评价结果的精确性和客观性，参考《联合国粮食及农业组织土地评价纲要》《中国1：100万土地资源图》《耕地地力调查与质量评价技术规程》等相关规程以及相关学者的研究（倪绍祥和陈传康，1993；金涛，2006），本书从社会经济因素、自然气候因素、水文地貌因素三方面入手，选取12个参评因子构建片区农用地评价体系。

1. 社会经济因素

社会经济因素主要选取农业人口数量、农民人均可支配收入、人口密度、距道路距离四个参评因子作为评价单元。社会经济因素反映人类活动对农用地适宜性的影响程度。农业人口数量是指居住在农村或集镇，从事农业生产，以农业收入为主要生活来源的人口，代表着一个地区从事农业生产的人数，是进行农用地资源评价的一个重要因素。农民人均可支配收入反映一个地区从事农业活动人口的生活质量，农民人均可支配收入越高表明地区农业生产较好，经济发展较好。农业人口数量、农民人均可支配收入来源于片区统计年鉴。人口密度是指一定时期一定单位面积土地上人口平均数量。人口密度是反映人口分布疏密程度的常用数量指标。人口密度状况能反映地区人口集聚状况，是耕地适宜性评价的一个重要参考因素。人口密度选用片区统计年鉴人口总数除以片区行政区面积。距离主要交通干道或者中心城区越近，交通越便利，区位优势越明显，方便耕作工具运输和耕作条件的改善，方便农产品运输，地区经济发展能力和潜力就会越高。距道路距离从全国道路数据中提取，采用距离分析方法得到片区距道路距离。

2. 自然气候因素

自然气候因素选定年平均气温、年平均降水量、地表水资源、NDVI等四个参评因子。年平均气温和年平均降水量作为气候因素反映了水热条件对农作物生长的影响，在一定的温度区间里，温度越高，农作物进行光合作用和呼吸作用也就越强，有利于农作物生长。年平均气温、年平均降水量来源于国家气象科学数据共享服务平台（http://data.cma.cn/）。地表水资源指地表水中可以逐年进行更新的淡水量，是水资源的重要组成部分。地表水资源充足的地方可以为农业人口及农作物生长提供水源，便于农业种植及农作物的生长。地表水资源数据来源于各行政区水资源公报。本书将NDVI作为一个参评因子，由于单一时期NDVI不足以反映植被生长，所以获取2015年6~9月NDVI，进行4个月NDVI数据合成，形成一个整个植物生长期内的NDVI时间序列，农用地质量的好坏，直接表现为植物生长的状况，而本书将整个生长期内植物作为评价因子，可以实现对农用地质量评价的一种动态监测。在进行NDVI数据处理时，需要分别提取出不同农用地类型的NDVI数据，根据各种地类的NDVI值的情况进行归一

化处理，使整个片区内的这种评价因素在同一量纲下进行（Mori et al.，2010）。NDVI计算公式为

$$NDVI=(CH_2-CH_1)/(CH_2+CH_1) \quad (5.1)$$

式中，CH_1、CH_2分别为MODIS数据波段1、2的地表反射率。

叠加行政区划数据，得到自然气候因素各参评因子对片区的影响程度。

3. 水文地貌因素

水文地貌因素选择对农用地分等有最直接影响的坡度、坡向、高程及距河流距离等四个因素作为参评因子。坡度是最基本的地貌形态指标，表示地面倾斜大小。它是影响地表径流、土壤侵蚀和土地利用的主要因素之一。根据《土地利用现状调查技术规程》，当坡度≤6°时一般无水土流失现象；6°~15°可发生中度水土流失，应采取相应措施加强水土保持；15°~25°水土流失严重，必须采取工程、生物等综合措施防治水土流失；>25°为《中华人民共和国水土保持法》规定的开荒限制坡度，即不准开荒种植农作物，已经开垦为耕地的，要逐步退耕还林还草。所以坡度也是影响农用地适宜性评价的一个重要指标。坡向影响着植物的光照和降雨量，向光坡（阳坡或南坡）和背光坡（阴坡或北坡）之间温度或植被的差异常常是很大的。南坡或西南坡最暖和，而北坡或东北坡最寒冷。坡向对降水的影响也很明显。一山之隔，降水量却可以差好几倍。来自西南的暖湿气流在南北或偏南北走向山脉的西坡和西南坡形成大量降水；东南暖湿气流在东坡和东南坡造成丰富的降水。同一地区的不同高程是导致温度、湿度、降水等动植物的生态环境组成要素不同的主要原因。秦巴山脉地形复杂，多山地，神农架林区高程差导致水热条件空间上分布不均匀，并伴随着土壤、温度、降水等其他因子的改变而变化，最终影响着植物群落的垂直分布及结构变化。坡度、坡向、高程均从地理空间数据（http://www.gscloud.cn/）获取，90米分辨率的DEM数据经过填洼提取得到。距河流距离作为影响植物生长的重要因素之一，植物生长离不开水源，距离水源较近的地区灌溉条件较好，对于片区农业、林业发展具有重要意义。河流数据来源于中国1：400万地理要素底图数据，使用到5级河流。设定500、2 000、5 000、>5 000的等级得到距河流距离图。叠加片区行政边界图便可以得到水文地貌因素对区域影响程度。

4. 参评因子权重

本书采用层次分析法判断各因子权重，把耕地、林地质量评价作为目标层，水文地貌因素、自然气候因素、社会经济因素作为中间层，12个参评因子作为最底层，构建层次结构和判断矩阵，同时采用专家打分法来确定参评因子之间的重要性关系，用方根法计算出矩阵的最大特征值及其对应的特征向量，并进行一致

性检验，当一致性系数小于0.1时，说明一致性较好，权重分配合理，通过层次单元排序及其一致性检验、总层次排序及其一致性检验得出各因子的组合权重。由于各参评因子对耕地和林地的影响程度不同，所以两种地类相同参评因子权重也不同，具体如表5.1和表5.2所示。

表5.1　耕地适宜性评价表

目标层	耕地											
中间层	水文地貌因素				自然气候因素				社会经济因素			
权重	0.444				0.346				0.210			
最底层	高程	坡度	坡向	距河流距离	年平均气温	年平均降水量	地表水资源	NDVI	农业人口数量	距道路距离	人口密度	农民人均可支配收入
权重	0.047	0.254	0.089	0.133	0.055	0.055	0.093	0.165	0.054	0.016	0.022	0.018

表5.2　林地适宜性评价表

目标层	林地											
中间层	水文地貌因素				自然气候因素				社会经济因素			
权重	0.400				0.400				0.200			
最底层	高程	坡度	坡向	距河流距离	年平均气温	年平均降水量	地表水资源	NDVI	农业人口数量	距道路距离	人口密度	农民人均可支配收入
权重	0.076	0.180	0.097	0.047	0.055	0.049	0.148	0.148	0.034	0.079	0.039	0.048

5. 适宜性评价

耕地、林地对坡度和高程要求不同，耕地适宜在较为平坦、海拔较低地带，方便种植，而林地对坡度和高程的要求和耕地不同。根据不同地类适宜性评价标准将参评因子分等，分为Ⅰ、Ⅱ、Ⅲ、Ⅳ等，Ⅰ等为最适宜类，Ⅳ为最不适宜类。对两种地类影响差别不大的参评因子不做分类，最终分类结果见表5.3。

表5.3　分等表

林地	Ⅰ	Ⅱ	Ⅲ	Ⅳ	耕地	Ⅰ	Ⅱ	Ⅲ	Ⅳ
坡度/（°）	<15	15~25	25~35	>35	坡度/（°）	<2	2~6	6~15	>15
坡向	阳坡	半阳坡	半阴坡	阴坡	坡向	阳坡	半阳坡	半阴坡	阴坡
高程	>2 500	1 600~2 500	400~1 600	<400	高程	<300	300~1 000	1 000~2 000	>2 000
人口密度	200~300	>300	100~200	<100	人口密度	>300	200~300	100~200	<100

对分等参评因子进行重新分类。由于各参评因子值单位不同，为了便于分析，需对因子值进行标准化处理，标准化处理公式如下：

$$C_i=\begin{cases}(X_i-X_{\min})/(X_{\max})(\text{正相关})\\(X_{\max}-X_i)/(X_{\max}-X_{\min})(\text{负相关})\end{cases}\tag{5.2}$$

式中，C_i 为标准化处理后指标取值；X_i 为处理前指标取值；$X_{\min}$ 为指标最小值；$X_{\max}$ 为指标最大值。评价单元综合分值是宜耕适宜性评价的基本依据，本书使用加权求和模型和极限条件法进行分析。首先利用极限条件法确定备份参评因子不具有加权求和资格的已经超过评价范围的临界值，确定超过评价范围的评价单元；其次用加权求和模型计算剩下的评价单元的综合分值，加权求和模型公式为

$$P=\sum_{i=1}^{m}C_i\times W_i\tag{5.3}$$

式中，m为参评因子个数；C_i 第i个参评因子标准处理后取值；W_i 为第i个参评因子权重。将各参评因子乘以对应权重，并累加，得到片区耕地、林地最终评价结果。

耕地最终评价结果范围在0.066~0.812，对结果进行重分类，最终分为三类。Ⅰ类：0.514~0.812，耕地地势平坦，海拔较低，灌溉水源条件较好，耕作方便，具有较高生产率和经济效益。Ⅱ类：0.377~0.514，耕地地势有起伏，水源较为便利，各项指标处于一般状态，可以发展为耕地，但是不能带来很好的经济效益。Ⅲ类：0.066~0.377，耕地坡度变化大，海拔较高不利于耕作，水源灌溉条件不好，对耕地发展具有较大的限制性，不适宜发展为耕地。

林地适宜性评价结果范围在0.137~0.847，对结果进行重分类，最终分为三类。Ⅰ类：0.600~0.847，Ⅰ类林地立地条件最好，对林业使用限制最小或没有限制。Ⅱ类：0.426~0.600，Ⅱ类林地质量中等，各项参评因子表现一般，对林业发展有一定限制作用。Ⅲ类：0.137~0.426，Ⅲ类林地质量较差，对林业发展具有较大的限制性，不适宜发展为林地。

五、分类结果评价

（一）耕地分类结果分析

对整个片区耕地适宜性结果进行分析，片区Ⅰ类耕地数量3 123.03平方千米，占片区耕地总面积的8%，主要分布在片区东部老河口市、襄阳市及谷城县。Ⅱ类耕地19 107.54平方千米，占全区耕地总面积的47%，主要分布在东部谷城县、南漳县、襄阳市，南部神农架林区，西部竹山县与竹溪县边界处及北部十堰

市。Ⅲ类耕地18 540.70平方千米，占片区耕地总面积的45%，主要分布在片区西北部丹江口市、郧阳区、郧西县及房县。耕地适宜性分等表见表5.4。

表5.4 耕地适宜性分等表

耕地质量	面积/千米^2	所占比例
Ⅰ类	3 123.03	8%
Ⅱ类	19 107.54	47%
Ⅲ类	18 540.70	45%

整体来看片区Ⅰ类耕地面积较少，整体耕地质量较差，Ⅲ类耕地占耕地总面积的45%，所占面积较大，这与片区地形复杂、坡度变化较大、地势平缓区域较少、整体海拔较高有关。Ⅰ类耕地较为集中地分布在东部襄阳市和老河口市，这两个行政区地势平缓，灌溉条件、社会经济条件较好。对耕地质量分区统计得出Ⅰ、Ⅱ、Ⅲ类耕地在各行政区分布状况，具体见表5.5。

表5.5 耕地适宜性分区表 单位：千米^2

行政区	Ⅰ类	Ⅱ类	Ⅲ类
襄阳市	1 984.20	1 547.70	65.22
老河口市	582.03	457.18	16.83
南漳县	200.04	2 850.31	776.11
谷城县	292.56	1 663.01	571.58
保康县	15.60	1 558.38	1 626.59
丹江口市	0.86	806.36	2 207.80
房县	9.58	2 238.09	2 849.96
神农架林区	5.57	1 671.95	1 509.98
竹溪县	9.00	1 628.70	1 640.29
竹山县	13.82	1 871.22	1 676.54
郧阳区	3.16	1 285.40	2 469.63
郧西县	1.68	904.66	2 550.72
十堰市	4.95	622.63	575.54

统计发现，襄阳市Ⅰ类耕地面积最多，占襄阳市耕地总面积的55%，老河口市次之，占老河口市耕地总面积的55%，同时南漳县、谷城县Ⅰ类耕地面积分布较多，这四个地区耕地质量较高，特别是襄阳市和老河口市Ⅲ类耕地面积较少，

这两个地区耕地适宜性高，适合发展耕地。丹江口市、房县、郧阳区、郧西县Ⅲ类耕地面积较多，同时Ⅰ类耕地面积很少，房县Ⅲ类耕地面积最多，占房县耕地总面积的56%，Ⅰ类耕地占耕地总面积的0.2%。丹江口市Ⅲ类耕地面积高达73%，耕地质量较差，不适宜耕作。

将2015年耕地利用数据和耕地适宜性评价数据叠加，将耕地利用数据值赋为10，和耕地适宜性评价数据叠加，最终叠加结果估值在10.07~10.81。10.07~10.38为Ⅲ类耕地，10.38~10.51为Ⅱ类耕地，10.51~10.81为Ⅰ类耕地。将最终分类结果叠加行政边界得到现有耕地适宜性分区。

现有耕地总面积9 738.20平方千米，其中Ⅰ类耕地4 134.26平方千米，Ⅱ类耕地5 603.94平方千米，无Ⅲ类耕地。Ⅰ类耕地占耕地总面积的42%，主要分布在襄阳市、老河口市、谷城县和南漳县；Ⅱ类耕地占耕地总面积的58%，主要分布在郧西县、郧阳区、丹江口市、保康县、南漳县。片区耕地利用情况与耕地适宜性评价结果吻合度较高，耕地利用情况较好。

综合评价结果，片区整体耕地质量差，耕地资源分布不平衡。东部襄阳市、老河口市耕地质量好，南漳县、谷城县耕地质量较好，其他地区耕地质量差。高度适宜性耕地多分布于地势平坦、海拔较低、灌溉条件好的地区。

（二）林地分类结果分析

根据片区林地适宜性评价结果来看，片区Ⅰ类林地面积为6 043.89平方千米，占片区林地总面积的15%；Ⅱ类林地面积为23 816.12平方千米，占片区林地总面积的58%；Ⅲ类林地面积为10 904.41平方千米，占片区林地总面积的27%。在空间上，Ⅰ类林地主要分布于片区东部的老河口市、谷城县，西部的竹山县、竹溪县，南部神农架林区。Ⅱ类林地面积较多，分布地区较广。Ⅲ类林地分布于北部郧阳区、丹江口市及西部襄阳市。林地适宜性分等表见表5.6。

表5.6　林地适宜性分等表

林地质量	面积/千米^2	所占比例
Ⅰ类	6 043.89	15%
Ⅱ类	23 816.12	58%
Ⅲ类	10 904.41	27%

片区整体林地质量较好，Ⅰ类、Ⅱ类林地所占比例较大。叠加行政边界对片区林地分区进行统计，林地适宜性分区见表5.7。

表5.7　林地适宜性分区表　单位：千米²

行政区	Ⅰ类	Ⅱ类	Ⅲ类
襄阳市	964.50	2 240.59	392.02
老河口市	770.84	278.75	6.46
南漳县	754.19	2 705.57	366.70
谷城县	1 030.37	1 295.81	200.94
保康县	332.45	2 176.13	692.00
丹江口市	41.73	1 076.50	1 896.42
房县	266.93	3 288.71	1 541.37
神农架林区	728.87	1 966.74	491.89
竹溪县	553.49	2 116.38	608.12
竹山县	443.55	2 290.79	827.24
郧阳区	26.69	1 815.27	1 916.23
郧西县	101.92	1 931.85	1 423.29
十堰市	28.36	633.03	541.73
总计	6 043.89	23 816.12	10 904.41

统计发现，Ⅰ类林地面积较大的地区有襄阳市、老河口市、谷城县、南漳县、神农架林区。老河口市Ⅰ类林地面积占全市林地面积的73%，襄阳市Ⅰ类林地面积占全市林地总面积的27%，神农架林区Ⅰ类林地面积占全区林地总面积的23%。丹江口市、房县、郧阳区、郧西县Ⅲ类林地面积较大。整体来看，片区林地质量较高，Ⅰ类、Ⅱ类林地面积较大。

将2015年林地利用数据值赋为10，和林地适宜性评价数据叠加，最终叠加结果估值在10.14~10.85。10.14~10.43为Ⅲ类林地，10.43~10.60为Ⅱ类林地，10.60~10.85为Ⅰ类林地。将最终分类结果叠加行政边界得到现有林地适宜性分区。

现有林地22 991.16平方千米，其中Ⅰ类林地2 478.32平方千米，占现有林地总面积的11%。Ⅱ类林地13 806.68平方千米，占现有林地总面积的60%。Ⅲ类林地6 706.16平方千米，占现有林地总面积的29%。Ⅰ类林地主要分布在谷城县和神农架林区，片区林地利用率较好，但是现有林地中还存在Ⅲ类林地，主要分布在丹江口市、十堰市、郧阳区。在后续林地利用时应该避免利用Ⅲ类林地，有利于充分合理地利用林地资源，改善林种结构，提高林地生产力。

依据耕地、林地适宜性评价数据可以看出，襄阳市、老河口市农用地质量较高，两类地类适宜性评分较高。这两个地区地势平坦，灌溉条件、经济条件较好，从事农业利用、开发较为便利。

六、总结

以秦巴山脉湖北片区为研究区，充分考虑片区多山地，坡度、高程变化较大等因素，选取水文地貌因素、自然气候因素、社会经济因素三个方面12个参评因子，构建片区农用地适宜性。评价体系运用层次分析法分地类计算参评因子权重，最终得到片区耕地、林地适宜性评价结果，叠加片区行政边界便可以得到农用地分等数据空间分布。

本书基于2015年土地利用数据，叠加适宜性评价数据将片区现有耕地、林地划分为Ⅰ、Ⅱ、Ⅲ类。采用层次分析法构建评价体系，借助GIS工具进行计算分析，最终得到片区耕地、林地质量评价结果。结合行政区数据以及现有耕地、林地空间分布情况，表明现有耕地、林地空间分布与适宜性评价结果较为吻合，评价结果充分考虑地类的各种功能，对其适宜性做了评价，以避免在市场条件下单纯从经济方面评价耕地效益，而忽视其利用的生态效益和社会效益，在确定耕地、林地总体适宜性的基础上，防止在土地资源配置中出现把土地作为低价值的用途转变为城市建设用地的情况，从而尽量规避由于土地的用途转化而带来的社会价值损失，为农用地资源的优化配置和开发利用提供参考。

第二节　农业发展现状分析

一、分析指标选择

依据现有的资料和统计数据，从县域尺度和市域尺度选择指标分析秦巴山脉湖北片区农业现状。县域尺度指标主要包括耕地面积、农村用电量和化肥施用量、有效灌溉面积、粮食作物产量、水产品产量、油料作物产量、蔬菜产量、畜产品产量、板栗产量及茶叶产量；市域尺度指标主要有农业产值、林业产值、牧业产值、渔业产值、农林牧渔服务业产值。

（一）耕地面积

耕地面积是指能够种植农作物、进行耕作的田地。其包括熟地、当年新开荒地、连续撂荒未满三年的耕地和当年的休闲地（轮歇地）。以种植农作物为主并附带种植桑树、茶树和其他林木的土地以及沿海、沿湖地区已围垦利用的“海涂”“湖田”也应包括在内。

（二）农村用电量和化肥施用量

农村用电量和化肥施用量在一定程度上可以反映一个地区的农业生产条件。

（三）有效灌溉面积

有效灌溉面积通常是指灌溉工程设施基本配套，有一定水源、土地较平整，一般年景下当年可进行正常灌溉的耕地面积（石丽忠和陈金良，2014）。

（四）粮食作物产量

粮食作物是以收获成熟果实为目的，经去壳、碾磨等加工程序而成为人类基本食粮的一类作物。主要分为谷类作物、薯类作物和豆类作物，主要包括小麦、水稻、玉米、燕麦、黑麦、大麦、谷子、高粱和青稞等。

（五）水产品产量

水产品产量指本年度内捕捞的水产品产量，包括人工养殖并捕捞的水产品和捕捞的天然生长的水产品。捕捞多少即多少产量，不论自食的还是出售的，都应计算在内。

用作继续扩大再生产的水产品（如鱼种、鱼苗、素鱼、鱼饵及转塘鱼、存塘鱼等）不作水产品产量统计。在渔业生产单位出售以前已经变质的水产品，不论是改作饲料、肥料还是其他用途，也不作水产品产量统计。在淡水中生长的各种水生植物，如莲藕、菱角等，同属农作物的范畴，均不包括在水产品产量之内。

（六）油料作物产量

油料作物是以榨取油脂为主要用途的一类作物。这类作物主要有油菜、大豆、花生、芝麻、向日葵、棉籽、蓖麻、苏子、油用亚麻和大麻等。

（七）农业产值、林业产值、牧业产值、渔业产值、农林牧渔服务业产值

以货币表现的农、林、牧、渔四产业产品的产量，用价值量形式综合说明了一定时期内（通常指一年）农、林、牧、渔业的规模和成果，是观察农、林、牧、渔业生产水平和发展速度，研究其内部比例关系及其在国民经济中产业布局的一个重要指标。

二、发展分析

查询统计年鉴，统计秦巴山脉湖北片区各个市、县的指标值，见表5.8、表5.9。从县域、市域角度分析片区农业现状，发现片区农业问题，选择合适的片区农业发展模式，提出未来片区农业发展战略。

表5.8　秦巴山脉湖北片区县域尺度指标值

行政区		耕地面积/万亩	农村用电量/（千瓦·时）	化肥施用量/吨	有效灌溉面积/万亩	粮食作物产量/吨	水产品产量/吨	油料作物产量/吨	蔬菜产量/吨	畜产品产量/吨	板栗产量/吨	茶叶产量/吨
十堰市	郧阳区	55.74	10 547	31 664	11.54	237 300	3 475	20 365	398 960	69 458	999	1 278
	张湾区	7.13	1 397	2 930	0.81	3 840	1 112	555	110 495	3 117	585	29
	茅箭区	2.25	2 058	1 037	0.17	1 800	3	95	16 680	2 139	13	26
	郧西县	64.43	7 258	19 100	5.07	190 500	735	16 300	308 895	33 194	1 833	95
	竹山县	60.69	6 589	9 522	8.12	235 300	3 150	42 720	192 055	30 184	650	5 788
	竹溪县	47.27	4 278	39 198	9.33	241 100	441	25 685	176 270	30 477	201	5 862
	房县	64.59	12 053	14 483	9.80	149 000	1 915	17 190	207 445	38 080	2 734	990
	丹江口市	34.67	11 779	16 624	9.52	120 100	61 999	10 785	169 925	35 607	318	244
	合计	336.77	55 959	134 558	54.36	1 178 940	72 830	133 695	1 580 725	242 256	7 333	14 312
襄阳市	襄州区	26.70	13 744	108 357	113.92	1 334 000	41 845	103 975	422 160	243 639	0	0
	樊城区	28.50	19 494	105 324	26.55	226 700	10 211	19 540	487 760	52 300	0	20
	谷城县	43.91	5 099	57 858	2.12	263 180	8 190	13 245	350 185	95 244	1 226	5 192
	南漳县	64.02	5 326	53 093	36.43	420 915	6 780	8 420	169 450	101 539	179	866
	保康县	36.78	4 177	12 458	3.31	128 945	880	10 370	142 375	27 637	1 247	3 823
	老河口市	66.56	4 461	31 519	35.91	350 755	36 928	26 780	563 720	126 692	0	66
	合计	266.47	52 301	368 609	218.24	2 724 495	104 834	182 330	2 135 650	647 051	2 652	9 967
神农架林区		9.48	1 176	3 600	0.38	22 000	226	510	42 390	8 900	804	84
合计		612.72	109 436	506 767	272.98	3 925 435	177 890	316 535	3 758 765	898 207	10 789	24 363

表5.9　秦巴山脉湖北片区市域尺度指标值　　　　单位：万元

行政区	农业产值	林业产值	牧业产值	渔业产值	农林牧渔服务业产值
十堰市	1 569 549	117 959	879 654	150 186	13 782
襄阳市	1 553 844	53 701	1 356 980	213 170	63 745
神农架林区	21 200	3 000	800	200	400
合计	3 144 593	174 660	2 237 434	363 556	77 927

从县域角度分析，老河口市的耕地面积最大，为66.56万亩，占整个片区耕地面积的10.86%；茅箭区的耕地面积最小，为2.25万亩，占整个片区耕地面积的0.37%。樊城区的农村用电量最高，为19 494千瓦·时，占整个片区的17.81%；神农架林区的农村用电量最低，为1 176千瓦·时，占整个片区的1.07%。襄州区

的化肥施用量最大，为108 357吨，占整个片区的21.38%；茅箭区的化肥施用量最小，为1 037吨，占整个片区的0.20%。襄州区的有效灌溉面积最大，为113.92万亩，占片区的41.73%；茅箭区的有效灌溉面积最小，为0.17万亩，占片区的0.06%。襄州区的粮食作物产量最高，为1 334 000吨，占整个片区的33.98%；茅箭区的粮食作物产量最低，为1 800吨，占整个片区的0.05%。丹江口市的水产品产量最高，为61 999吨，占片区的34.85%；茅箭区的水产品产量最低，为3吨。襄州区的油料作物产量最高，为103 975吨，占整个片区的32.85%；茅箭区的油料作物产量最低，为95吨，占片区的0.03%。老河口市的蔬菜产量最高，为563 720吨，占片区的15.00%；茅箭区的蔬菜产量最低，为16 680吨，占片区的0.44%。襄州区畜产品产量最高，为243 639吨，占片区的27.13%；茅箭区畜产品产量最小，为2 139吨，占片区的0.24%。房县的板栗产量最高，为2 734吨，占片区的25.34%；老河口市、襄州区、樊城区的板栗产量为0。竹溪县的茶叶产量最高，为5 862吨，占全区的24.06%；襄州区的茶叶产量为0。

从市域角度分析，分别比较三地农业产值、林业产值、牧业产值、渔业产值、农林牧渔服务业产值与三地总产值的比值：十堰市各指标占三地总产值的百分比分别为49.91%、67.54%、39.32%、41.31%、17.69%；襄阳市各指标占三地总产值的百分比分别为49.41%、30.75%、60.65%、58.63%、81.80%；神农架林区各指标占三地总产值的百分比分别为0.67%、1.72%、0.04%、0.06%、0.51%。分别比较三地农业产值、林业产值、牧业产值、渔业产值、农林牧渔服务业产值与五个行业总产值比值：十堰市农业产值占五个行业总产值的57.47%，林业占五个行业总产值的4.32%，牧业占五个行业总产值的32.21%，渔业占五个行业总产值的5.50%，农林牧渔服务业占五个行业总产值的0.50%；襄阳市农业产值占五个行业总产值的47.94%，林业占五个行业总产值的1.66%，牧业占五个行业总产值的41.86%，渔业占五个行业总产值的6.58%，农林牧渔服务业占五个行业总产值的1.97%；神农架林区农业产值占五个行业总产值的82.81%，林业占五个行业总产值的11.72%，牧业占五个行业总产值的3.13%，渔业占五个行业总产值的0.78%，农林牧渔服务业占五个行业总产值的1.56%。

第三节 发展战略

一、加快建设现代农业示范区

围绕建设现代农业强区的目标定位，以深化农业农村改革为动力，重点发展汉江生态农业经济带和城郊都市农业示范区，大力实施粮食增产工程、农产品加工倍增工程、新型农业经营主体培育工程、农业社会化服务体系建设工程和农村体制机制改革示范工程，加快建设现代化加工业的复合型示范区和全国粮食主产区农业现代化发展样板，为走生产技术先进、经营规模适度、市场竞争力强、生态环境可持续的中国特色新型农业现代化道路提供示范。

加快建设汉江生态农业经济带。在汉江沿江地区和秦巴山脉农区重点推广农业生态种养、立体种养和养殖业污染治理等模式，大力发展循环农业。围绕粮食、蔬菜、林特、肉类、水产品等主导产业和优势产业，大力发展“三品一标”农业，建设一批优质、生态、安全的绿色农产品生产基地，形成富有地域特色，经济、社会与生态综合效益明显的现代农业产业体系。

加快建设城郊都市农业示范区。在紧邻中心城区城郊，合理确定“菜篮子”产品生产用地保有量，统筹新一轮“菜篮子”工程建设，大力发展设施蔬菜、水果、花卉和休闲农业等高效产业，适度发展畜禽水产业，提高“菜篮子”产品的自给率。在稳定增强城市副食品供应保障能力的基础上，依托城市、服务城市、融入城市，进一步挖掘农业的科普教育、田园情趣、休闲体验、餐饮娱乐等功能，建成三产融合发展的新示范、城郊“四化同步”发展的新亮点。

二、提升农业产业化经营水平

扶持壮大农产品加工龙头企业，以龙头企业带动生态农业发展，加速推进农业产业化、规模化、集约化经营。大力发展粮油、畜禽产品、水产品、果蔬及特色农产品深加工，完善农产品加工的产业链条，提高农产品附加值，打响湖北生态农产品品牌（湖北省人民政府，2015）。

引导龙头企业与农户建立利益联结机制，大力推广“公司+基地+农户”等经营模式，提高农业经营的组织化程度，加快培育一批专业大户、家庭农场、农民合作社等新型农业经营主体（湖北省人民政府，2015）。

健全农产品物流配送体系，以襄阳竹叶山农产品交易中心等为依托，建设区域性农产品物流配送中心。以神农架、房县食用菌等交易市场为重点，加快农副产品专业配送中心和交易市场建设，拓展特色农副产品的市场范围。

三、创新农业生产方式

推行种养结合、立体养殖、种养加一体化的生态农业模式，实施农业清洁生产，推广节地、节水、节肥、节能等农业清洁生产技术，推广使用有机肥、可降解农膜、生物农药、低毒低残留农药等清洁生产资料，加大对保护性耕作、节水灌溉、深松整地、秸秆还田、高效植保等生产方式的扶持力度。

大力发展农业科技服务实体，启动一批农业科技项目，支持发展智能农业，鼓励创建各类生态农业技术模式示范园，推进农业科技进村入户，提高主导品种和主推技术到位率，扩大主导品种、主推技术的应用范围（湖北省人民政府，2015）。

支持“两谷”试点示范建设。发挥襄阳“中国有机谷”[①]和十堰“中国养生谷”[②]的示范作用，创新生态农业生产和发展新模式，为湖北生态经济带转变农业发展方式探索新路径。

四、加快推进农业综合服务体系建设

创新农业社会化服务机构建设。建立“综合性、跨区域、信息化、大统筹”的农业综合服务机构，构建“管理在县、服务在乡”农村公益性社会化服务新机制，实行农技推广、防疫治病、质量监管职能“三合一”。切实发挥基层公益性农技推广机构的主渠道作用。以实施全国农技推广示范县为抓手，创新农技推广方式方法，理顺优化体制机制，积极整合科研、栽培、植保、土肥、农机等部门的技术力量，加快构建功能完善、运转高效、服务有力的市、县、乡三级农技推广体系和网络。鼓励社会力量兴办各类经营性服务组织，逐步扩大政府购买社会化服务的范围，促进社会化服务组织发展。

加快农产品标准化和质监体系建设。加快推进全市农业标准体系建设。健全完善农产品质量标准体系和农业技术标准体系，建立完善农业生产示范管理体系，构建覆盖产地环境、生产过程、加工包装等各环节的标准体系。加强农产品质量安全全程监管。加强产地环境监控和重点农业投入品的源头监管，逐步完善市级农产品质量安全检验检测站，进一步完善农产品质量安全检测体系，健全农产品质量安全配合机制、检打联动机制、风险预警机制和应急处置机制。

健全农业科技创新体系。深入实施农业创新型企业成长工程、现代农业产业技术创新工程、农业科技创新平台建设工程，促进农科教、产学研紧密结合。以农产品科技创新平台建设为重点，着力打造区域性育种中心、农产品技术研发中心、检验检测中心，创建一批省级农产品加工工程技术研发中心和校企共建研发中心，提高农产品加工创新平台服务能力和水平。

推进农业信息化服务体系建设。以争创全国农业农村信息化示范基地为契机，促进互联网与农业融合发展，加快传统农业生产、经营、管理、服务等方式

---

① 襄阳“中国有机谷”：建设以南漳为核心的“南（漳）保（康）谷（城）老（河口）”绿色无公害安全食品示范区，推进高端粮油产业、有机蔬菜、精品果业、有机茶园、有机特色养殖、有机农产品加工园区工程建设，加快鄂北岗地国家现代农业、樊城都市农业示范区建设（湖北省人民政府，2015）。

② 十堰“中国养生谷”：加快建设郧阳古镇、樱桃沟绿色幸福村、柳陂创意农业（花卉）博览园、茶溪谷、生态茶果园、养老养生基地、月亮湖生态园、安阳绿谷等重点项目，大力发展以生态养生为核心的生态文化旅游产业。

及方法的转变，实现智慧兴农。综合利用大数据、云计算等技术，提升农业信息监测体系服务能力；鼓励互联网企业建立农业服务平台，支撑新型农业生产经营主体发展电子商务，加强产销对接；利用互联网对传统农业生产方式进行改造升级，发展网络化、智能化、精细化的现代“种养加”生态农业。

健全农产品市场体系。加大农产品批发市场升级改造力度，积极推进水产品交易大市场建设，鼓励引入网络交易、仓单经营等营销方式，吸引周边区域农产品进场交易。支持大型涉农企业投资建设农产品物流设施，发展农产品冷链物流，推进区域性农产品交易中心、物流中心建设。深入推进农超对接、农批对接、场厂挂钩等新型流通模式加快发展。大力发展农业节会经济，办好汉江流域农博会、年货节（湖北省人民政府，2015）。

第六章　其他重要发展战略研究

第一节　绿色交通体系战略研究

一、战略基础

十堰市交通便利，襄渝铁路横贯东西，银福高速穿市而过，十天高速和十房高速、谷竹高速、郧十高速，将十堰市打造成三横一纵的交通枢纽。

襄阳市是国家高速公路网中“二连浩特—广州”（9条南北纵线之一）和“福州—银川”（18条东西横线之一）的交汇之地。襄阳市是汉丹、焦柳、襄渝铁路干线交汇之地，是进出川、陕、豫、鄂的咽喉通道，也是鄂、豫、陕三省交界处客货运输总量最大的车站，属客货一等甲类车站。正在修建的西武高铁和郑万高铁也将在襄阳交汇。在水运方面，汉江襄阳港被定位为国家“西煤东调、北煤南运”的主要中转港口，成为汉江中、上游广大地区物资交流的一个重要节点和平台。

目前，该片区的对外交通已形成以“西安—商洛—南阳”“九寨—汉中—十堰—襄阳”为代表的二横和以“洛阳—南召—襄阳”“三门峡—十堰—恩施”为代表的二纵的格局。

二、战略设想

秦巴山脉湖北片区是湖北省汉江生态经济带和鄂西生态文化旅游圈的重要组成部分，湖北省“一江两山四文化”旅游发展战略中的“两山”（神农架、武当山），以及“两圈两带”经济发展战略中的“一圈一带”（鄂西生态文化旅游圈和汉江生态经济带），“一主两副”城市发展战略的中“一副”（襄阳）均在该片区。该片区生态旅游资源和农业矿产资源丰富，汽车工业基础较好，交通体系的完善对于该区域社会经济的发展具有重要意义。为了更好地推动该区域的发展，需要以武西客专和汉江为开发双轴线，加快形成“一条铁线、一条水线”并驾齐驱的“两线”开发格局；以丹江口水利枢纽为界，明确坝上和坝下发展侧重点，促进湖北省汉江生态经济带城市、人口、经济、资源环境协调发展。

三、战略任务

目前，汉江和汉丹铁路是该片区的两条发展轴，优质旅游资源和湖北省的“武汉—随州—襄阳—十堰”汽车走廊也在该发展轴上。因此，绿色交通体系战略要为产业经济服务，重点打造“铁线”和“水线”发展轴。

（一）“铁线”开发主轴

以武西客专汉十段和汉丹铁路所形成的“铁线”为依托，以汽车产业走廊为基础，重点推进传统优势产业转型升级，大力发展战略性新兴产业；优化城镇化布局，重点推进襄（阳）十（堰）随（州）城市群发展，将其打造成湖北省汉江生态经济带的重要增长极。

十堰市加快建设国际商用车之都、国家生态文明先行示范区、国际旅游休闲目的地，发展生态文化旅游等特色产业，提升和完善“汽车城”“丹江水”“武当山”的品牌和功能，实现由传统山城向现代化山水园林城市转变，建设现代化、生态型的区域性中心城市。

襄阳市努力打造全国重要乘用汽车及零部件生产基地、新能源汽车产业基地、优质农产品生产加工基地、区域性综合交通枢纽、历史文化旅游名城，做大做强省域副中心城市和汉江流域中心城市，增强引领带动作用。

（二）“水线”开发主轴

以汉江为纽带，加快发展步伐，形成湖北省汉江生态经济带“水线”开发主轴；发挥水运优势，发展近水产业，促进港城融合发展，完善带状串珠式城镇发展格局。

汉江入鄂第一县郧西，加强与陕西毗邻地区的合作，坚持“旅游立县”，打造文化旅游强县、湖北省西北门户。

郧阳区加快生态滨江新区建设，与十堰市老城区对接发展，打造现代化山水园林城市。

充分发挥丹江口市、老河口市、谷城县依汉江毗邻而立的地缘优势，打破行政区域束缚，创新经济协作发展模式，打造丹河谷组群，共建生态经济发展试验区。支持丹江口市加快建设“中国水都”。

推进宜城与襄阳中心城区一体化发展，加快建设小河港区，打造襄阳市水运中心；推进宜城水晶产业发展，加强与钟祥市的跨区域合作，共推磷化工产业升级，共建低碳产业园。

第二节　绿色城乡空间建设战略研究

城乡建设事关该片区百姓的安居乐业问题，是民生问题的根本。长期以来该片区交通不便，百姓靠山吃山，居住分散，不便于基础设施的配套和生态保护工作。经过多年的发展，上述现象已有所改观，但距离绿色循环发展的要求还存在较大距离。

一、战略基础

目前，该片区内的襄阳市和十堰市属于大城市（Ⅱ型）（常住人口在100万~300万人），南漳县、谷城县、房县、竹山县、郧西县、竹溪县、保康县、神农架林区等都是常住人口在20万人以下的小城市（Ⅱ型）。

二、战略设想

该片区是国家集中连片特困地区，在绿色城乡空间建设方面，尤其需要全面提高城镇发展质量，统筹城乡发展，建设富有活力、彰显汉江文化的特色城镇带。这就要坚持以人为本，加快推进扶贫开发，提升公共服务水平，促进城乡基本公共服务均等化及构建现代城镇体系，加快武汉、襄阳中心城市建设；积极推进襄（阳）十（堰）随（州）城市群和襄（阳）宜（城）南（漳）、丹（江口）河（老河口）谷（城）等城市组群发展；促进中等城市发展，支持50万人口以下的小城市发展成为中等城市；加快发展县级城市，发展壮大一批中心镇。

三、战略任务

（一）襄阳市城镇化空间结构

（1）加快构建“一体两翼、五轴放射”的城镇空间形态结构。按照“集聚发展、轴线带动”的空间原则和“东西拓展、南北联通”的城镇空间发展趋势，形成“一体两翼、五轴放射”的空间结构。

中心一体：中部由襄阳中心城区、南漳、宜城及周边小城镇构成都市核心板块，形成“一核”（襄阳中心城区）“两极”（南漳、宜城城区）“八城”（双沟、古驿、黄集、龙王、牛首、太平店、九集、小河—欧庙组合8个城市）一体化发展的格局。

东西两翼：东部以枣阳为核心、西部以老河口—谷城组合城市为核心形成沿汉十轴线两翼发展板块。

五轴放射：强化交通轴带对市域城镇发展的组织作用，以中心城市为核心，与外围城市构建中心城区至枣阳、中心城区至河谷组群城市、中心城区至宜城、中心城区经南漳至保康、中心城区经黄集镇向北至市域边界，形成市域城镇化发展轴。

（2）构建“四位一体”的城镇体系。加快构建以中心城市为核心、中小城市（县级城市、镇级市）为支撑、特色镇为节点、新型农村社区（中心村、风貌村）为基础的“四位一体”城镇体系。

（3）坚持新区建设与旧城更新双核带动，产业集聚与城市功能融合发展，以新城新区建设为重点推动中小城市空间布局优化。

（二）十堰市城镇化空间结构

深入推进“一城两带”建设，坚持走以人为本、集约高效、绿色智能、五化同步的新型城镇化道路，着力构建以中心城区为核心、以县城和中心镇为骨架、以各具特色的小城镇为网络的山区特色生态城镇体系。加大统筹城乡发展，强化基础设施支撑，完善公共服务，加快县域经济发展，增强农村发展活力，促进城乡共同发展、共同繁荣。争取中国人居环境奖和联合国人居奖特别荣誉奖，建设宜居宜人十堰市。

1. 推进“一城两带”建设

“一城两带”是指十堰市中心城区、竹房城镇带和汉江生态经济带。

“一城”发展战略：优化中心城区建设，推进城区东拓、北扩、西优、南通，加快老城区改造和新城区建设，大力建设生态滨江新区，加快主城区与郧阳区融合发展，建成依山傍水的现代化大城市。

“竹房城镇带”发展战略：进一步巩固竹房城镇带建设成果，努力探索符合贫困山区实际的城乡一体、绿色转型发展道路。建成全省山区城乡统筹的引领区、绿色发展的试验区、扶贫攻坚的示范区和精神文明的样板区。

“汉江生态经济带”发展战略：根据汉江生态经济带资源环境特征、社会经济发展现状及未来发展目标，优化空间布局，打造以汉江、337省道和316国道为轴线的生态经济与城镇分布带，培育以重点镇、一般建制镇和中心村为核心的各级节点，形成“一心三极三轴多点”的整体空间布局结构，形成以点串线、以线带面的空间发展格局，构建功能完善、布局合理、生态宜居的特色城镇带和产业带。

2. 提升新型城镇化质量

推进以人为核心、绿色低碳的新型城镇化，稳步转移和扩散部分城市功能，加快近郊区和辐射区的发展，拓展城市空间。构建以中心城区（含郧阳区）为核心，以丹江口市和房县为副中心，以县域中心城镇（其他三个县城关镇）为支撑，以重点镇为节点，一般乡镇和新型农村社区协调发展、互促共进的现代生态城镇体系。

第三节　循环工业化与信息化战略研究

一、战略基础

一是主导产业培育工程得到强力推进。秦巴山脉湖北片区加快推进骨干企业成长工程和千亿级产业集聚区建设工程。加快改造提升传统产业，突破性发展高新技术和战略性新兴产业，努力建设中国汽车新城和中国新能源之都，加快打造全国重要的现代装备制造业基地和电子信息产业基地。

二是地方特色产业获得快速发展。水电开发、农产品加工、生物医药、食品饮料等产业迅速壮大，农产品加工生产、生物医药等产业成为秦巴山脉湖北片区重点成长型产业集群。农业综合生产能力显著提升，新型农业经营主体快速成长，“中国有机谷”建设取得积极进展。

三是现代服务业突破性发展。打造区域性服务业中心，着力提升产业核心竞争力，全力推进产业建设。着力推进现代服务业跨越发展，云计算、电子商务、现代物流等新兴服务业快速壮大，“襄阳云谷”成为区信息化支撑平台。全区成为国家二级物流园区布局城市、全国城市共同配送试点城市、国家电子商务示范城市创建试点；旅游“二次创业”取得重大进展。

四是园区整合成效显著。依托现有各级开发区或新建园区，重点培育一批特色产业园区，促进主导产业专业化、集群化、集约化发展，加快培育具有较强综合竞争力的优势产业集群。积极转向抓产业配套能力，建好产业园区，实现产业集聚，形成招商引资新的比较优势。

二、战略设想

循环型工业是秦巴山脉湖北片区绿色循环发展的必然选择，坚持把经济发展建立在科技进步的基础上，带动工业化在高起点上迅速发展，培育战略性新兴产业；坚持更加注重资源节约和环境保护，提升节能环保技术水平，提高能源资源利用效率，突破能源资源约束，强化污染防治，保护生态环境，使工业经济与生态建设和谐发展；坚持信息化与工业化融合发展，协调推进工业化、城镇化和农业农村现代化，发展现代服务业。

秦巴山脉湖北片区必须紧紧围绕建设国家循环经济发展先行区的总体要求，着力推动制造业信息技术集成应用，加快传统产业改造升级。着力提高信息产业支撑融合发展能力，加快走新型工业化道路，促进工业结构整体优化升级。坚持绿色发展，牢固树立“生态保护优先”理念，在资源环境可承载限度内发展和布局产业，强化能耗控制，推进清洁生产。

大力发展循环经济，促进社会、企业、园区、行业间链接共生、原料互供、资源共享，围绕构建重点产业链加强资源节约和综合利用。加快推进经济技术开发区循环化改造，形成园区企业产业上下游对接、废弃物综合利用的循环发展格局，巩固提升循环经济试点园区示范带动作用。推行绿色集约生产方式，对传统制造业开展“绿色改造”。支持企业强化技术创新和管理，大幅降低能耗、物耗和水耗水平，持续提升整体能效水平。

三、战略任务

加快秦巴山脉湖北片区工业和信息化绿色循环发展，必须以推进资源深度转化和产业多元化为核心，以构筑优势产业链为重点，以产业园区为载体，以重大项目为抓手，着力构造以壮大能源资源产业为主导、传统产业改造升级为主体、发展战略性新兴产业为重点、提高农林加工产业为支撑，产业结构优化、产业布局合理、产业发展集聚、产业竞争高端，低能耗、低污染、低排放、高效益的高端绿色低碳现代产业体系。

坚持优势产业优先发展；优化空间布局，实施产业集聚发展；培育战略性新兴产业和高新技术产业，拉动工业结构加速升级；建设特色园区，支撑工业；经济跨越式发展；完善城市信息化，以信息化和城镇化相融合助推经济与社会和谐发展。

第四节　矿产资源保护与利用战略研究

一、战略基础

（一）矿产资源特点

矿产资源种类多，总量较丰富。2014年矿产资源储量探查，秦巴山脉湖北片区共开采利用47种，其中包括钒、锆、铌、钛铁矿、铝土矿、金红石、玉石、滑石等16种在全省资源储量中占据第一的矿产资源，锌、镉、镓、磷、石煤、钛、锑、金、银、耐火黏土等27种在全省资源储量中排在前列的矿产资源。

化工、建材及部分冶金矿产丰富，能源等矿产短缺。磷为优势矿产，钛、钒为潜在优势矿产。水泥配料、玻璃硅质原料、冶金辅助原料、建筑用花岗岩、饰面石材资源前景较好。镁、金、银、铅、锌、耐火黏土、石榴子石、建筑用辉绿岩等矿产和地热资源潜力较大。

资源分布广泛，地域特色明显。主要行政单位均有矿产资源分布，银、金、钒、轻稀土等矿产占据重要地位，绿松石等矿产具有地方特色。

共伴生矿多，主要矿产资源集中度高。70%以上的金属矿床为共生矿床，80%以上的金属矿床伴生多种有用组分。铁、铜、岩金、银、磷、水泥用灰岩等主要矿产的80%以上资源储量被大中型矿区（矿床）占有，有利于建立较完备、规模化矿山及矿产品加工业体系。

矿床规模总体偏小，中贫矿、难采选矿多。小型矿产地占矿产地总数的68%，中型矿产地占22%，大型矿产地占10%。

（二）矿产资源开发利用

片区矿产资源开发利用程度较高，主要集中在磷矿、铁矿、铝矿、钒矿、锌矿、铅矿、金矿、银矿和煤。在矿产资源开发利用方面，尧治河磷矿取得了一致认可的成绩。湖北尧治河化工股份有限公司尧治河磷矿为湖北省“三型矿山”创建试点。“三型矿山”是指资源节约型、安全环保型和矿地和谐型矿山。

二、战略设想

秦巴山脉湖北片区要进一步建立和完善适应市场经济要求的矿产资源管理体制和运行机制，全面提升矿产资源管理能力和服务水平；加大基础地质调查和矿产资源勘查力度，力争重要矿产资源及大中型矿山接替资源的找矿取得突破，主要矿产资源储量下降的局面得到扭转；加大科技投入，开拓中低品位及难选冶、共伴生矿产资源开发利用的新途径；构筑高度开放、结构优化、布局合理的矿业循环经济体系，实现矿产资源的有序开发、有偿开采、集约利用、有效保护，使资源优势转变为经济优势；矿山环境状况明显改善，矿山环境污染和环境恶化趋势得到基本控制，形成矿业开发与矿山环境保护、南水北调中线工程安全调水协调发展的局面。

三、战略任务

（一）进一步建立和完善矿产资源管理体制和运行机制

建立和完善以法律、法规、政策和规划为主要依据的矿产资源调查评价、勘查、开发利用与保护的宏观调控体系。继续治理整顿矿产资源勘查开发秩序，建立较为完善的矿业监督管理体系。加快形成以矿业权市场、矿业资本市场为核心的矿产资源要素市场体系。

（二）合理制定调控指标，优化资源开发利用布局与结构

大矿小开、一矿多开状况得到遏制；矿山“多、小、散”状况得到有效改善；开发利用基本走上规模化、集约化发展道路。进一步巩固和发展以磷和建材非金属矿开发利用为主的矿产开发基地，推进铅锌等金属矿开发新基地建设。改善采、选、冶、加工结构；稳定金属矿产选冶能力，增强非金属矿产深加工能力，提高矿产品技术含量和附加值。

（三）推进矿业科技进步，完善矿业科技创新体系

大力推进成矿理论、找矿方法和勘查开发关键技术的自主创新。积极开展低品位、难利用矿产及尾矿资源的开发利用技术研究，力争高磷赤铁矿、银钒矿、金红石、中低品位胶磷矿等难选冶矿产的工业选冶试验取得突破。

（四）完善管理体制，有效保护矿山地质环境

初步建立矿山地质环境保护管理体系与监测网络。逐步建立矿山地质环境恢复治理和保护责任机制、矿山地质环境恢复补偿制度。

第七章　区域协调发展战略建议

第一节　汉江生态经济带上升到国家战略

一、背景意义

2014年《政府工作报告》明确提出："把培育新的区域经济带作为推动发展的战略支撑。""要谋划区域发展新棋局，由东向西、由沿海向内地，沿大江大河和陆路交通干线，推进梯度发展。"①

国务院出台《关于依托黄金水道推动长江经济带发展的指导意见》，明确提出促进经济增长空间从沿海向沿江内陆拓展。部署将长江经济带建设成为具有全球影响力的内河经济带、东中西互动合作的协调发展带、沿海沿江沿边全面推进的对内对外开放带和生态文明建设的先行示范带。包括湖北汉江生态经济带在内的长江流域正在成为国家开发建设的重点区域。

汉江作为长江第一大支流，是长江与欧亚大陆桥相距近千千米的南北区间内重要的经济走廊，应将其培育成"新的区域经济带"。在这一过程中，要加强与国家新的"三大战略"（"一带一路"战略、京津冀协同发展战略、长江经济带战略）对接，使汉江生态经济带得到国家重视，使这一"新的区域经济带"有更高的价值，在国家对内对外开放体系中发挥更大作用。

陕西境内汉江是古代丝绸之路的起点，也是当今丝绸之路经济带建设的重点；湖北、河南是茶马古道的重要省份，挖掘这一历史文化可以加快融入丝绸之路经济带，还可利用南水北调及对口协作的机遇加强与京津冀联系。

汉江生态经济带是长江经济带的重要组成部分，也是南水北调中线工程的核心水源区和重要影响区，利用汉江水道、汉十城际铁路和福银高速公路等通道，

① 李克强. 政府工作报告——2014年3月5日在第十二届全国人民代表大会第二次会议上. 北京：人民出版社，2014.

对接长江经济带和21世纪海上丝绸之路。发挥承东启西、连南接北的纽带作用，在经济社会发展中具有重要的战略地位。

国家大力推进新型城镇化，强调“城镇化是现代化应有之义和基本之策”、“城镇化蕴含着最大的内需潜力，是现代化建设的载体”，并明确要求“引导约1亿人在中西部地区就近城镇化”①。汉江生态经济带作为中西部条件较好的区域，将在新型城镇化中发挥更大的作用。

二、战略定位

长江经济带绿色增长极。抓住长江经济带建设的重大机遇，探索流域综合开发新模式，推进汉江流域绿色发展、节约集约发展，高起点构建现代产业体系和生态城市群，实现经济发展、生态环保、民生改善的有机统一，将湖北省汉江生态经济带打造成为长江经济带重要的绿色增长极。

全国生态文明先行示范带。加快实施主体功能区制度，优化国土空间开发格局。全面推进“两型”社会建设，大力发展循环经济。加大自然生态系统和环境保护力度。实施最严格的水生态保护和水污染防治制度，确保“一库清水北送”“一江清水东流”。加强生态文明制度体系建设，健全生态文明建设目标体系、考核办法、奖惩机制，努力建成全国生态文明先行示范带（湖北省人民政府，2015）。

全国流域水利现代化示范带。坚持科学治水、人水和谐，建立适应经济社会发展的水利运行机制。实施最严格的水资源综合管理，增强洪旱灾害综合防御能力、水资源合理配置与高效利用能力、水生态环境保护与修复能力、科学治水与依法管水能力，建成全国流域水利现代化示范带。

全国生态农业示范带。转变传统农业生产方式，推行“两型”生态种养模式，走产业化之路，为推进农业现代化提供示范。通过开展生态农业示范基地、示范村、示范县创建工作，建设全国生态农业示范带。

世界知名生态文化旅游带。充分发挥生态资源、历史文化资源聚集优势，建设全国一流生态文化旅游综合区，打造世界知名旅游目的地。

第二节　建立“环丹江口国家级生态经济综合改革试验区”

一、背景意义

环丹江口地区与中国其他区域一样，在当前和未来较长的一段时期，所面临

① 李克强. 政府工作报告，第十二届全国人民代表大会第二次会议，2014-03-05.

的主要问题是经济社会发展不够的问题，如果把该区域定位为“限制发展区域”，该区域的经济社会发展必然受到制约。经济发展问题解决得不好，移民问题解决得不好，就业不充分，人们的生活水平得不到提高，则必然导致民怨，各种矛盾丛生，社会不稳定因素剧增，其环境和生态问题也不可能得到很好的解决，“一江清水”就不能得到保障。环丹江口地区的发展模式没有别的选择，只能是选择走一条真正可持续发展的道路（何报寅和曾群，2015）。

为探索和建立新的可持续发展模式，环丹江口地区应该争取国家将核心水源区设立为一个特殊区域，即“国家级生态经济综合改革试验区”，在试验区内，取消以GDP增长为唯一的评估考核指标的考核体系，建立和采用一套符合可持续发展原则的新的考核评估指标，先行先试，逐步完善，使其既能保障丹江口水库水源的安全，又能持续推进自身的经济社会发展，提高人民的生活和幸福水平。

对试验区内部：要通过发展经济、医疗保健、教育等措施，来提高环境质量、提高社会保障水平、促进就业和公平等，持续地、逐步地提高区域内的人类发展指数。

对试验区外部：要产生良好的生态和环境效应或者输出。要减少本区域的污染物、营养物质、悬浮物和泥沙向丹江口水库的输出，为丹江口水库保持良好的水质和稳定可靠的水量做出应有的贡献；减少碳排放，保护和种植碳汇林，增加碳汇，为应对全球变化做出贡献。

为实现上述目标，试验区首先要立足自身的特点和优势，同时要紧紧地抓住南水北调中线工程建设带来的机调，实施新的发展战略，探索新的发展模式，建立新的管理体制。在试验区建立和实施新的有利于实现上述目标的综合评价、考核体系和机制，对试验区的区域发展、城镇化建设、基础设施建设、新农村建设、生态建设和环境保护等进行科学合理的规划，加快生态经济建设，促进工业结构调整和增长方式转变，促进生态农业和循环经济的发展，建立符合科学发展观要求和适应水源保护的新发展模式，实现水源保护和经济社会发展的双赢（李德仁等，2011），从而为国家其他调水工程水源区的建设提供发展范例。

二、建设策略

试验区生态经济建设总的策略为：以有效地提高核心水源区整体可持续发展指数（sustainable development index of the core water source area，SDI-CW）为目标，紧紧把握和积极面对南水北调中线工程实施所带来的机遇和挑战，积极推进产业结构的调整和升级，继续高效稳妥地推进城镇化，把新型工业化、城镇化与移民安置、基础设施建设、环境污染治理、生态建设以及提高人们的医疗保障水平和教育水平有机地结合起来，相互协调，互相促进，把核心水源区建设为人民健康富足、社会和谐、环境友好、生态平衡的可持续发展的生态经济综合改革试验区（李德仁等，2011）。

总之，试验区应该围绕如何实现其发展目标，也就是围绕着如何提高试验区的SDI-CW，制定未来的各种发展规划，制定各种能有效提高SDI-CW的政策和法规支持体系，包括智力、财税金融和产业发展的政策支持体系，同时积极争取国家和南水北调中线工程受水区的生态补偿、财政转移支付、产业政策及对口支持。

联合国开发计划署在2008年的《人类发展报告》中，在比较分析了中国人类发展指数的基础上，针对中国提出了提高人类发展指数的途径：实施更加有利于低收入人群的经济增长方式；实施就业优先政策，为社会创造更多的就业岗位；投资于农村基础设施，改善农村发展条件；投资于教育，提高人民的发展能力；投资于健康，加强公共卫生和基础医疗，缩小卫生服务的不平等；健全社会保障体制，降低各类社会风险；消除社会歧视壁垒，逐步取消城乡户籍差别，鼓励社会和谐互助；完善法律体系，建设法治社会；改革财税体制，实现公平分配；政府主动转型改革，提高社会治理能力，建设服务型政府（舒泰峰，2005）。

南水北调中线工程给环丹江口地区带来了前所未有的发展机遇的同时，也带来了严峻的挑战。必须坚持以人为本，以大局为重，坚持保护开发并举，投入利用并重，正确处理经济发展与水源保护的关系，正确处理移民安置与社会稳定的关系，正确处理眼前利益与长远利益的关系，全面改善经济、社会、生态环境，提高区域综合实力和竞争实力，实现经济、社会、环境、生态协调发展的多赢目标（王治安和邵荣华，2009）。

（一）打“调水牌”，夯实跨越式发展基础

经济社会生态良性发展的重点在于优化调整产业结构和实现规模经济。完善各种基础设施是优化调整产业结构的必要条件，放大区域中心城市的功能是实现规模经济的有效途径。环丹江口地区要以南水北调为契机，巧打“南水北调牌”，以建设成南水北调核心水源经济区为中心，制定并实施“追赶型、跨越式”发展战略，加强基础设施建设，增强基础设施对经济增长的支撑能力，增强区域内经济实力，带动区域发展，提高自身的战略地位。

放大区域中心城市的功能，要突破行政区域的束缚进行超前城市规划。借淹没区城镇迁建机遇，优先考虑建立以十堰城区周边中心建制镇和库周乡镇为结点的区域网络，逐步增强十堰市作为区域性中心城市的辐射功能。

（二）走“特色路”，推进经济结构战略性调整

在湖北推进武汉城市圈建设和其他发达地区保持较快发展的背景下，环丹江口地区在肩负水源保护重任的同时在经济发展上也要有所作为，必须走“特色

路”，着力推进经济结构调整，以更快的增长速度提高收入。要以体制创新、环境创新为前提，以挖掘内部潜力为基础，以激发各方积极性、创造性为着力点，以建立内在、自主、良性循环的增长要素为目标，建立起具有持续营利能力的产业结构。一是面向城市，借南水北调品牌优势，重点瞄准关联产业带动作用大、有良好发展前景和巨大发展潜力的山水旅游等朝阳产业。二是面向农村，从水源保护出发，结合绿色食品和生物医药资源优势，发展高附加值的现代农业、有机农业及标准化的安全农副产品加工业，重点扶持生物医药、有机茶叶等优势企业、优势产品，综合提高山区资源的生产力和经济效益。三是发挥比较优势，大力推进现有产业结构升级和产品结构优化，加强对企业研究开发活动的政策引导、鼓励和支持，创造有利于高科技创业的政策环境和社会经济环境，促进高新技术转移，提升经济运行质量、效益和水平，提高产业综合竞争实力和产业结构抵御市场经济周期风险的能力。逐步形成与饮用水源保护相适应，用高新技术改造升级，推进清洁生产，发展循环经济，以高新技术产业为先导，以汽车水电产业为支撑，旅游及生态农业全面发展的产业格局（王治安和邵荣华，2009）。

（三）举“创新旗”，建立招商引资暨对口支援新体制

水源保护将密切中央国家机关及京津等受水区与环丹江口地区的鱼水关系，“调水源头”是环丹江口地区进行招商引资和争取对口支援的金字招牌，为环丹江口地区引进资本提供了千载难逢的机遇。在中线工程建设中，环丹江口地区应积极争取受水地区的对口支援，加强招商引资工作。要借鉴三峡对口支援库区的成功做法，发挥市场经济的活力，以水为“媒”，改革体制，创新发展。认真分析水源区优势资源现状，研究受水区市场优势产业和高新企业，找准双方优势互补、互惠互利、共同发展的结合点，实行“一对一、点对点”的服务体系，建立起与受水区的经济文化等方面相匹配的招商引资暨对口支援管理体制及工作机制，既可以吸引京津企业来环丹江口地区投资兴业，环丹江口地区企业也可以积极参与到发达地区的市场分工中去，分享南水北调给受水区带来的经济繁荣成果。

（四）安“推进器”，妥善安置库区移民

移民工作涉及面广，政策性、社会性强，是南水北调中线工程成败的关键。丹江口库区移民具有二次淹没二次搬迁的特殊性。移民安置要符合水源区实情，符合时代发展要求，本着对工程负责，对移民负责，对历史负责的精神，做好丹江口水库大坝加高工程征地补偿和移民安置工作。一要落实责任，规范征地移民工作的管理。要研究相关政策和规划，采取相应措施保障移民权益，把确保移民搬迁后收入高于现状、生活水平高于现状、生存环境优于现状作为移民安置工作

的底线。二要实事求是、科学严谨制定实施规划，提高征地移民工作的质量。农村移民安置，要防止出现失地移民。城镇、工业企业、专项设施的迁建，要考虑长远问题，促进区域发展。三要精心组织征地补偿和移民安置工作，严格依法监督和检查。注意尊重移民意愿，公正公开按章办事。四要加强移民技能培训，提高劳动就业率。要用培训手段促使移民学习技能，掌握谋生和创收本领，早日实现安稳和致富目标，维护库区社会稳定。

（五）铸“闪光点”，扩大环丹江口地区对外影响力

对外影响力是区域综合竞争实力的具体体现，南水北调中线工程建设为环丹江口地区提供了难得的宣传机遇。中线工程建设，环丹江口地区贡献最大，损失最大，水源保护最敏感。要充分挖掘、利用南水北调的品牌优势，宣传优势资源，抢占宣传战略高地，先声夺人造势，形成聚集效应展示形象。以“服务南水北调，促进环丹江口地区发展”为宣传主题，把环丹江口地区在南水北调中线工程中的地位、南水北调中线工程对环丹江口地区的影响、环丹江口地区人民的牺牲与奉献、环丹江口地区未来与工程效益的关系等闪光点作为宣传的重要内容，精心策划选题，利用强势媒体宣传造势，扩大环丹江口地区对外影响力。

第三节　秦巴山脉湖北片区周边城市协同发展

一、背景意义

2013年9月和10月，习近平主席在出访中亚和东南亚国家期间，先后提出共建“丝绸之路经济带”和“21世纪海上丝绸之路”（简称“一带一路”）的重大倡议。2015年3月27日在海南博鳌亚洲论坛上，国家发展和改革委员会、外交部、商务部发布了《推动共建丝绸之路经济带21世纪海上丝绸之路的愿景与行动》。这标志着“一带一路”倡议进入全面推进建设的阶段。

秦巴山脉湖北片区是集革命老区、贫困地区、大型库区、深山区于一体的地域空间，是国家南水北调中线工程核心水源涵养区，是生物多样性保护区，是湖北省新一轮扶贫攻坚主战区。其生态保护与经济发展需要将秦巴山脉与周边区域作为整体进行综合认知和研判。片区生态保护、扶贫发展、移民承接、工业疏解、城乡整理等问题的解决离不开周边城市的支撑，只有周边城市形成良好的协同发展平台，才能共同带动片区的保护与发展（周庆华和牛俊蜻，2016）。

"一带一路"倡议的实施，这一宏伟构想有着极其深远的意义，蕴藏了无限的机遇。秦巴山脉湖北片区是"一带一路"沿线上的重要枢纽，抓住这一机遇，实现区域协同发展意义十分深远。

二、秦巴山脉湖北片区融入"一带一路"建设的路径

"一带一路"倡议和生态文明战略为秦巴山脉湖北片区的保护与发展提供了难得的历史机遇。通过绿色循环发展和生态文明建设，才能够留下绿水青山，才能够支撑"一带一路"倡议形成跨越式发展的新路径；而"一带一路"倡议带来的多种资源汇聚和城市区域发展，又在片区外围提供了强大的生态保护和扶贫攻坚支撑平台，是带动片区的重要动力源。因此，推动秦巴山脉湖北片区周边城市地区协同发展，具有多重价值（周庆华和牛俊蜻，2016）。具体路径包括以下三方面。

（一）做好对接，激活发展潜能

一是思想对接。片区城市要在"一带一路"大背景下进一步明确发展思路，抢抓长江中游城市群一体化建设和汉江生态经济带开放开发的契机，加快推进与"一带一路"的对接发展，形成对接发展合力。

二是规划对接。利用十堰市作为丝绸之路的东大门这一区位交通和资源优势，东向联动对接海上丝绸之路，西向拓展连接成渝经济区，实现与"渝新欧"的对接，在空间上形成大开放格局，互联互通，借加强区域协作之机融入丝绸之路经济带，整合"两圈二带"（武汉城市圈"两型"社会建设、鄂西生态文化旅游圈、湖北长江经济带、汉江生态经济带）的辐射效应，把以十堰市为发展中心的片区打造成为长江经济带与"一带一路"联动的重要枢纽，构建"一带一路"国际大通道。

三是交通对接。片区要坚定走出开放之路，打下积极外联的框架，加快基础设施建设，尤其是要搭建交通对接发展平台，对外强化武西复合交通廊道，对内建设聚心高速公路网络，构筑全面开放、高效快捷的干线公路网络，拓展与"一带一路"城市沟通的联动枢纽，加快由封闭山区走向全面开放的步伐，使十堰市成为鄂西北地区交通网络上的重要枢纽，确保片区搭乘"一带一路"宏观规划的快车道，激活和释放片区的发展潜能。

（二）做强产业，提升发展量级

一是错位发展汽车及零部件制造业。全力支持十堰作为"国家商用车零部件高新技术产业化基地"的发展，壮大龙头企业，服务东风汽车集团有限公司扩能升级，提升技术创新水平，结合供给侧改革的要求，支持片区汽配企业差异化发

展，推进产品向整车、总成、终端产品和社会性产品转变，延伸产业链条，推进创新型产业集群建设，推动制造业升级步伐，形成出口竞争增长点，打造国际商用车之都。

二是绿色发展提升农业附加值。依托片区特色自然资源，坚持走出生态、高效、绿色发展的路子，重点发展特色农业产业，推动“互联网+生态农业”，真正实现“将青山绿水变为金山银山”，促进生态农业可持续发展和农民增收。

三是大力发展文化旅游业。秦巴山脉湖北片区自然和人文景观独特而珍贵，应借助“互联网+生态旅游”建设，以保护自然生态和发展文化旅游为主线，充分发挥武当山、神农架等旅游品牌的国际效应，打造国际知名、国内一流的绿色生态文化旅游区。

（三）创新驱动，助力片区发展

积极助推十堰、襄阳争创国家创新型城市，启动国家科技成果转化服务（十堰）示范基地建设，发挥十堰高新区创业服务中心作为国家级高新技术创业服务中心的科技孵化能力，支持高等院校、科研院所与秦巴山脉湖北片区企业协同创新，开展校企共建、技术中心等创新平台建设，立足片区实际，引进高新技术成果，培育创新型企业，加快关键领域核心技术的突破，推广科技示范，形成发展新优势。加大创新投入，发挥资本市场对创新型企业发展的引导、示范和带动作用，为自主创新保驾护航。

参 考 文 献

白照广. 2009. 中国的环境与灾害监测预报小卫星星座A/B星[J]. 中国航天，（5）：10-15.

蔡国强，范昊明. 2004. 泥沙输移比影响因子及其关系模型研究现状与评述[J]. 地理科学进展，23（5）：1-9.

蔡云辉. 2003. 洪灾与近代陕南城镇[J]. 西安电子科技大学学报，13（3）：77-82.

曹建军，刘永娟. 2010. GIS支持下上海城市生态敏感性分析[J]. 应用生态学报，（7）：1805-1812.

岑奕，丁文峰，张平仓. 2011. 华中地区土壤可蚀性因子研究[J]. 长江科学院院报，28（10）：65-68，74.

陈共. 2015. 财政学[M]. 北京：中国人民大学出版社.

陈健生. 1992. 对社会商品零售总额划分界限的探讨[J]. 统计与预测，（3）：51-52.

陈思旭，杨小唤，肖林林，等. 2014. 基于rusle模型的南方丘陵山区土壤侵蚀研究[J]. 资源科学，36（6）：1288-1297.

陈闻晨. 2010. 泾河流域DEM流域信息提取[J]. 水资源与水工程学报，（3）：111-114.

丁四保. 2009. 中国主体功能区划面临的基础理论问题[J]. 地理科学，（4）：587-592.

董文波，秦芬. 2009. 十堰与鄂西生态文化旅游圈核心板块的构建[J]. 技术与教育，（1）：21-24.

范锐平. 2012. 坚持文化立市 建设文化襄阳 努力打造国内外有重要影响的文化名城[J]. 政策，（9）：9-20.

方先知. 2004. 土地利用效率测度的指标体系与方法研究[J]. 系统工程，（12）：22-26.

高开元，任世茂，张二江，等. 1994. 武当山志[M]. 北京：新华出版社.

葛强，李林，李奎. 2011. 浅析如何加强水资源管理[J]. 黑龙江科技信息，（1）：284.

关小克，张凤荣，郭力娜，等. 2010. 北京市耕地多目标适宜性评价及空间布局研究[J]. 资源科学，32（3）：580-587.

郭亚军，董会娟，王杨. 2002. 区域发展潜力的评价方法及其应用[J]. 东北大学学报（社会科学版），（3）：172-174.

国家发展和改革委员会，外交部，商务部. 2015. 推动共建丝绸之路经济带和21世纪海上丝绸之路的愿景与行动[R]. 北京：外交出版社.

何报寅，曾群. 2015. 南水北调中线工程十堰市核心水源区可持续发展指数及发展战略研究[J]. 华中师范大学学报（自然科学版），（2）：261-266.

胡孚琛，吕锡琛. 1999. 道学通论[M]. 北京：社会科学文献出版社.
胡学东，王占岐，邹立林. 2016. 基于贝叶斯概率模型的鄂西北山地区耕地整治适宜性评价[J]. 资源科学，384（1）：83-92.
湖北省人民政府. 2015-06-08. 省人民政府关于印发湖北汉江生态经济带开放开发总体规划（2014—2025年）的通知[EB/OL]. http://www.hubei.gov.cn/govfile/ezf/201506/t20150608_1032775.shtml.
黄中朝. 2007-09-20. 魅力武当的实现路径[N]. 湖北日报，（11）.
季利宾，张子祥，范永同，等. 2016. 南水北调中线水源地丹江口库区船舶污染现状及应急对策建议[J]. 中国水运（下半月），（2）：135-137.
金涛. 2006. 基于GIS的土地适宜性评价研究[D]. 长沙：湖南师范大学硕士学位论文.
晋宏忠，刘克勤，王界敏. 2003. 论诸葛亮文化[M]. 广州：新世纪出版社.
柯长青. 2004. 湖泊遥感研究进展[J]. 海洋湖沼通报，（4）：81-86.
李德仁，龚健雅，陈晓玲，等. 2011. 浅论南水北调中线工程核心水源区生态经济的可持续发展[J]. 地球环境学报，（5）：555-568.
李俊超，马倩，陶钧. 2012. 基于ArcGIS的水文流域分析及应用[J]. 地理空间信息，（6）：121-123.
李璐. 2011. 江苏省降雨侵蚀力研究[D]. 南京农业大学硕士学位论文.
李鹏，李荔. 2011-06-20. 长江中下游地区“旱涝急转”不罕见[N]. 北京科技日报，（028）.
刘爱霞，王静，刘正军. 2009. 三峡库区土壤侵蚀遥感定量监测——基于GIS和修正通用土壤流失方程的研究[J]. 自然灾害学报，18（4）：25-30.
刘昌明，李道峰，田英，等. 2003. 基于DEM的分布式水文模型在大尺度流域应用研究[J]. 地理科学进展，22（5）：437-445.
刘殿伟，黄妮，王宗明，等. 2009. 基于GIS的三江平原耕地适宜性评价研究[J]. 农业系统科学与综合研究，25（4）：414-422.
刘海，殷杰，陈晶，等. 2016. 基于遥感影像的丹江口水库水域面积动态变化与原因研究[J]. 长江流域资源与环境，（11）：1759-1766.
刘立诚，吴光环. 1992. 巫山县农民人均纯收入究竟有多少？——兼议如何使用“农民人均纯收入”指标[J]. 农村经济，（8）：25-26.
刘齐. 2010. 重视水安全问题的战略意义[J]. 经济研究导刊，（22）：32-33.
刘叔鹤. 1996. 浅析“农民人均纯收入”指标[J]. 统计与决策，（7）：2-43.
陆建忠，陈晓玲，李辉，等. 2011. 基于GIS/RS和USLE鄱阳湖流域土壤侵蚀变化[J]. 农业工程学报，27（2）：337-344.
罗健，胡耀国，荣艳淑，等. 2010. 近48年广东省降雨侵蚀力的变化[J]. 热带气象学报，（4）：499-503.
马超飞，马建文，布和敖斯尔. 2001. USLE模型中植被覆盖因子的遥感数据定量估算[J]. 水土保持通报，21（4）：6-9.
马勇. 2013-11-27. 千年灵秀地传奇襄阳城[N]. 湖北日报，（008）.

毛汉英，余丹林. 2001. 环渤海地区区域承载力研究[J]. 地理学，56（3）：363-371.
孟庆香，刘国彬，杨勤科. 2010. 基于GIS的黄土高原气象要素空间插值方法[J]. 水土保持研究，（1）：10-14.
缪驰远，何丙辉，陈晓燕. 2005. 水蚀模型USLE与WEPP在紫色土水蚀预测中的应用对比研究[J]. 农业工程学报，21（11）：13-16.
倪绍祥，陈传康. 1993. 我国土地评价研究的近今进展[J]. 地理学报，48（1）：75-83.
欧阳志云，王效科，苗鸿. 2000. 中国生态环境敏感性及其区域差异规律研究[J]. 生态学报，（1）：10-13.
潘世东. 2008. 汉水文化论纲[M]. 武汉：湖北人民出版社.
彭国甫，李树丞，盛明科. 2004. 应用层次分析法确定政府绩效评估指标权重研究[J]. 中国软科学，（6）：136-138.
秦伟，朱清科，张岩. 2009. 基于 GIS 和 RUSLE 的黄土高原小流域土壤侵蚀评估[J]. 农业工程学报，25（8）：157-163.
任亮平，刘海，严圣华. 2013. 基于GIS的乡镇土地生态适宜性评价研究——以马口镇为例[J]. 国土与自然资源研究，（4）：60-62.
沈伯俊. 2003. 开发“三国文化之旅”的几个问题[J]. 中华文化论坛，（2）：111-113.
石俊华. 2009. 征占用林地调查中若干问题的探讨[J]. 吉林林业科技，（3）：33-35.
石丽忠，陈金良. 2014. Logistic方程灰色建模预测辽宁省有效灌溉面积[J]. 节水灌溉，（11）：84-86.
舒泰峰. 2005-12-30. 中国人类发展报告出台记：关注公平及城乡差距[J]. 瞭望东方周刊.
孙庆艳，余新晓，胡淑萍，等. 2008. 基于ArcGIS环境下DEM流域特征提取及应用[J]. 北京林业大学学报，（S2）：144-147.
谭荣，曲福田. 2005. 自然资源合理利用与经济可持续发展[J]. 自然资源学报，20（6）：797-805.
唐新. 2002. 亚洲最大的人工淡水湖——丹江口水库[J]. 地理教育，（6）：25.
陶涛. 2014. 湖北秦巴山连片地区区域发展与扶贫攻坚调查[J]. 政策，（7）：49-51.
佟香宁，杨钢桥，李美艳. 2006. 城市土地利用效益综合评价指标体系与评价方法——以武汉市为例[J]. 华中农业大学学报（社会科学版），（4）：53-57.
王刚，管东山. 2012. 植被覆盖度和归一化湿度指数对热力景观格局的影像——以广州为例[J]. 应用生态学报，23（9）：2429-2436.
王海波，马国明. 2009. 基于遥感的湖泊水域动态变化监测研究进展[J]. 遥感技术与应用，（5）：674-684.
王剑，尹炜，赵晓琳，等. 2015. 丹江口水库新增淹没区农田土壤潜在风险评估[J]. 中国环境科学，（1）：157-164.
王靖，张金锁. 2001. 综合评价中确定权重向量的几种方法比较[J]. 河北工业大学学报，30（2）：52-57.

王丽丽，王永刚，盖艾鸿. 2014. GIS支持下可利用土地资源研究——以庆阳市为例[J]. 中国农学通报，（17）：289-293.
王宇舟，刘爱平，陶孙杰. 2008. CBERS-2CCD遥感图像辐射校正技术[J]. 电讯技术，48（4）：44-48.
王治安，邵荣华. 2009-05-27. 南水北调中线核心水源区开发与保护对策研究[EB/OL]. 水信息网，http://info.cjk3d.net/viewnews-52783.
吴川，张玉龙，许秀贞，等. 2013. 基于Landset TM/ETM和HJ-1A/B影像的丹江口水库水域变化监测研究[J]. 长江流域资源与环境，（9）：1207-1213.
吴江. 2014. 湖北秦巴山区贫困现状及致贫机理研究[J]. 农业部管理干部学院学报，（2）：61-64.
伍育鹏，谢云，章文波. 2001. 国内外降雨侵蚀力简易计算方法的比较[J]. 水土保持学报，（3）：31-34.
武锦官，张涛. 1999. 耕地后备资源评价方法及其应用——以山西省为例[J]. 国土与自然资源研究，（3）：1-3.
吁彦群. 2011. 楚文化熏陶下的战国漆器的纹饰[J]. 大众文艺，（23）：154-155.
杨桂清. 1991. 遥感技术及其应用[J]. 农业科学研究，（1）：65-68.
杨立富. 2016. 关于南水北调中线水源地可持续发展思考[C]//徐德龙. 中国工程科技论坛——秦巴论坛秦巴山脉绿色循环发展战略研究（论文集）. 西安：中国工程院：271-274.
杨立志. 2008. 武当文化概论[M]. 北京：社会科学文献出版社.
杨勤科，郭伟玲，张宏鸣，等. 2010. 基于DEM的流域坡度坡长因子计算方法研究初报[J]. 水土保持通报，（2）：203-206，211.
杨文哲，郑志祥. 2009. "大三通"后利用区位优势发展海西经济区的策略[J]. 中国科技博览，（18）：155-156.
姚治国，赵黎明，相敏. 2013. 武当山世界遗产地景区制度变迁及其动因[J]. 地理与地理信息科学，29（1）：101-104.
叶玉瑶，张虹鸥，李斌. 2008. 生态导向下的主体功能区划方法初探[J]. 地理科学进展，（1）：39-45.
游松财，李文卿. 1999. GIS支持下的土壤侵蚀量估算：以江西省泰和县灌溪乡为例[J]. 自然资源学报，14（1）：62-68.
原立峰，周启刚. 2006. 基于DEM的流域水文特征提取方法研究[J]. 人民黄河，28（5）：20-22.
岳连宏，张建华. 1997. 农民人均纯收入指标的统计计算须改进[J]. 统计与决策，（6）：27-28.
张科利，彭文英，杨红丽. 2007. 中国土壤可蚀性值及其估算[J]. 土壤学报，44（1）：7-13.
张野. 2012. 只有南水北调能解决北方水资源短缺问题[J]. 科学世界，（12）：1.
赵廷宁. 2004. 生态环境建设与管理[M]. 北京：中国环境科学出版社.
中华人民共和国水利部. 1988. 水土保持技术规范（SD 238-87）. 北京：中国水利水电出版社.
中华人民共和国水利部. 2008. 土壤侵蚀分类分级标准（SL 190—2007）. 北京：中国水利水电

出版社.
周庆华，牛俊蜻. 2016. 秦巴山脉周边城市地区协同发展研究[J]. 中国工程科学，（5）：10-16.
周为峰，吴炳方. 2005. 土壤侵蚀调查中的遥感应用综述[J]. 遥感技术与应用，（5）：81-86.
周永生. 1983. 广东省生态环境若干问题[J]. 生态科学，（1）：103-109.
朱德举. 2004. 赵克志同志在全省国土资源工作会议上的讲话（摘要）[J]. 山东国土资源，（1）：1-3.
朱明勇，党海山，谭淑端，等. 2009. 湖北丹江口水库库区降雨侵蚀力特征[J]. 长江流域资源与环境，18（9）：837-842.
朱运海. 2014. 襄阳文化旅游发展研究[M]. 武汉：华中科技大学出版社.
Bascetin L A. 2007. A decision support system using analytical hierarchy process（AHP）for the optimal environmental reclamation of an open-pit mine[J]. Environmental Geology，52（4）：663-672.
Fournier F. 1960. Climate et Erosion[M]. Paris：Press Universitarires de France.
Klingebiel A A，Montgomery P H. 1961. Land-capability Classification[M]. Washington：Soil Conservation Service.
Mori S，Kato M，Ido T. 2010. Takahumi. GISELA—GIS-based evaluation of land use and agriculture market analysis under global warming[J]. Applied Energy，87：236-242.
Nilsson C N，Nilsson G. 1995. The frality of ecosystems：a review[J]. Journal of Applied Ecology，32：677-692.
Rossi P，Pecci A，Amadio V，et al. 2008. Coupling in dicators of ecological value and ecological sensitivity with indicators of demographic pressure in the demarcation of new are as to be protected：the case of the Oltrepo Pavese and the Ligurian-Emilian Apenni nea rea（Itlay）[J]. Landscape and Urban Planning，85：12-26.
Wischmeier W，Smith D. 1978. Predicting Rainfall Erosion Losses—A Guide to Conservation Planning[S]. Agriculture Handbook 537. Washington，DC：USA-ARS.
Wischmeier W，Smith D. 1965. Predicting Rainfall Erosion Losses From Cropland East of the Rocky Mountains[S]. Agriculture Handbook 282. Washington，DC：USDA-ARS.
Yu D S，Shi X Z. 2010. Dynamics of recent cultivated land in Zhejiang Province and relevant driving factors[J]. Chinese Journal of Applied Ecology，21（12）：3120-3126.